线性系统理论

蔡林沁　袁荣棣　钟佳岐　侯　杰　编著

科学出版社
北京

内 容 简 介

本书以状态空间法为主线，系统地介绍线性系统分析与综合的基本理论与方法。全书共7章，主要内容包括线性系统状态空间模型、系统运动分析、线性系统的能控性和能观测性、稳定性理论与李雅普诺夫方法、极点配置、系统镇定、解耦控制、渐近跟踪和鲁棒控制、状态观测器设计、线性二次型最优控制、多项式矩阵分式描述和多项式矩阵描述的基本理论等内容。本书注重线性系统理论的基础性、完整性、实践性和实用性，将机器人、自动驾驶等前沿工程案例融入相关章节，并结合Matlab/Simulink工具，加强读者对物理概念、基本原理、基本方法的理解，培养学生控制系统分析与设计的综合实践能力。

本书适合作为控制科学与工程、电气工程、电子信息、智能交通及相关学科的研究生教材，也可作为自动化及相关专业高年级本科生的教材，可供自动控制相关领域的工程技术人员学习参考。

图书在版编目(CIP)数据

线性系统理论 / 蔡林沁等编著. —北京：科学出版社，2024.3
ISBN 978-7-03-075912-2

Ⅰ. ①线… Ⅱ. ①蔡… Ⅲ. ①线性系统理论 Ⅳ. ①O231

中国国家版本馆CIP数据核字（2023）第117960号

责任编辑：孟 锐 / 责任校对：彭 映
责任印制：罗 科 / 封面设计：墨创文化

科学出版社 出版
北京东黄城根北街16号
邮政编码：100717
http://www.sciencep.com

成都锦瑞印刷有限责任公司 印刷
科学出版社发行 各地新华书店经销

*

2024年3月第 一 版 开本：787×1092 1/16
2024年3月第一次印刷 印张：23 3/4
字数：563 000

定价：85.00元

（如有印装质量问题，我社负责调换）

前　言

线性系统理论主要研究线性系统分析与综合的基本理论与方法，旨在揭示线性系统固有的结构特征，建立系统的结构、参数和性能之间的定性和定量分析方法，以及为满足特定性能指标要求的系统综合与控制器设计方法。线性系统理论是系统控制理论中研究最为充分、发展最为成熟、应用最为广泛的一个分支，其基本概念、原理、方法与结论，对于研究非线性系统、最优控制、自适应控制、鲁棒控制、随机控制等众多学科分支，都是不可或缺的基础。

本书主要面向控制科学与工程、电气工程、电子信息、智能交通及相关学科的研究生，自动化及相关专业的高年级本科生，以及自动控制领域相关工程技术人员，以状态空间法为主线，系统地讲述线性系统分析与综合的基本理论与方法。本书编写过程中，注重线性系统理论的基础性、完整性、实践性与实用性，结合机器人、自动驾驶等前沿工程案例，加深读者对物理概念、基本原理、基本方法的理解；利用 Matlab/Simulink 工具，实现基本算法，求解典型例题，培养学生线性系统分析与设计的综合能力。

全书共分 7 章。第 1 章介绍线性系统理论的发展简况、研究方法和本书的主要内容、定位与特色。第 2 章阐述线性系统状态空间模型的建立方法，以及线性系统的传递函数矩阵、特征结构和线性变换方法。第 3 章讲述线性系统运动过程的定量分析方法。第 4 章讲述线性系统的能控性和能观测性分析、以及系统对偶原理、能控标准型、能观标准型、结构分解和最小实现。第 5 章讲述系统稳定性分析的基本概念、李雅普诺夫稳定性理论及其应用。第 6 章讲述线性系统综合理论，包括线性反馈控制系统的基本结构、极点配置、系统镇定、解耦控制、渐近跟踪和鲁棒控制、状态观测器设计和线性二次型最优控制。第 7 章讲述多项式矩阵及其性质、多项矩阵分式描述和多项式矩阵描述的基本理论、方法和结论。

本书是作者在总结了十余年教学经验的基础上，参阅了国内外同类优秀著作和教材编写而成。本书由蔡林沁教授、侯杰副教授、钟佳岐副教授、袁荣棣博士编写。其中，蔡林沁教授负责编写第 1 章、第 5 章和第 6 章；钟佳岐副教授负责编写第 3 章；侯杰副教授负责编写第 4 章；袁荣棣博士负责编写第 2 章和第 7 章。全书由蔡林沁教授统一整理定稿。

本书获得重庆市研究生教育优质课程建设项目（201725）、重庆市研究生教育教学改革研究项目（YJG233086）的资助，特此致谢。本书编写过程中参阅和引用了国内外同行的相关著作和教材，谨在此表示衷心致谢。

由于作者水平有限，书中难免有不当之处，恳请广大读者批评指正。本书配备了电子教案、Matlab 原代码等资源，读者可以通过邮件联系作者获得相关材料。作者的电子邮箱为 cailq@cqupt.edu.cn。

蔡林沁

2023 年 8 月于重庆

目　录

第1章 绪　　论

系统控制的理论和实践被认为是20世纪对人类生产活动和社会生活产生重大影响的科学领域之一。线性系统理论是系统控制理论一个最为基础和最为成熟的分支。本章对线性系统理论的研究对象、基本内容、发展历程等进行简要介绍，以便对线性系统理论形成一个总体的认识。

1.1 概　　述

线性系统理论是一门以研究线性系统分析以及综合的理论与方法为基本任务的学科，是系统控制理论中研究最为充分、发展最为成熟、应用最为广泛的一个分支。线性系统理论的很多概念和方法，对于研究系统控制理论的其他分支，如非线性系统理论、最优控制理论、自适应控制理论、鲁棒控制理论、随机控制理论等，都是不可或缺的基础。

线性系统是最简单、最基本的一类动态系统，其模型方程具有线性属性，即满足叠加原理。叠加性导致了线性系统在数学处理上的简便性，使得其可以采用比较成熟和比较简便的数学工具，如数学变换(傅里叶变换、拉普拉斯变换等)和线性代数等，来分析和综合系统的动态过程。严格地说，一切实际动态系统都是非线性的，真正的线性系统在现实世界中是不存在的。但是，对于很大一部分实际系统，其主要关系特性可以在一定范围内足够精确地用线性系统加以近似表达。因此，从这个意义上说，线性系统或者线性化系统在现实问题中又是大量存在的，这正是研究线性系统的实际背景。

线性系统可以分为线性时不变系统和线性时变系统两类。线性时不变系统也被称为线性定常系统。其特点是，描述系统动态过程的线性微分方程或差分方程中，每个系数都是不随时间变化的常数。线性时不变系统也是实际系统的一种理想化模型，实质上是对实际系统经过近似化和工程化处理后所导出的一类理想化系统。由于线性时不变系统在研究上具有简便性和基础性，并且为数众多的实际系统都可以在一定范围内足够精确地用线性时不变系统来代表，因此其自然地成为线性系统理论中的主要研究对象。

线性时变系统也被称为线性变系数系统。其特点是，表征系统动态过程的线性微分方程或差分方程中，至少包含一个参数为随时间变化的函数。在现实中，由于系统外部和内部的原因，参数的变化是不可避免的，因此严格地说几乎所有系统都属于时变系统的范畴。但是，从研究的角度看，只要参数随时间的变化远慢于系统状态随时间的变化，就可将系统按时不变系统来研究，由此导致的误差完全可以达到忽略不计的程度。

线性时不变系统和线性时变系统在系统描述上的这种区别，既决定了两者在运动状态特性上的实质性差别，也决定了两者在分析和综合方法的复杂程度上的重要差别。事实上，相比线性时不变系统，对线性时变系统的研究要复杂得多。本书以研究线性时不变系统为重点，对线性时变系统仅给出最基本的讨论。

1.2 线性系统理论的发展简况

线性系统理论是在社会发展需求的推动下，从解决相应时代的重大实际生产和工程问题的需要中产生和发展起来的。一般认为，奈奎斯特(H. Nyquist)在20世纪30年代初对反馈放大器稳定性的研究，是系统控制作为一门学科发展的开端。线性系统理论的发展过程经历了“经典线性系统理论”和“现代线性系统理论”两个阶段。

1. 经典线性系统理论

在控制理论未形成之前，人们对控制理论中一个最为重要的概念——反馈就有了认识，并利用它创造一些装置或机器，最有代表性的是1765年瓦特(J. Watt)发明了蒸汽机离心调速器。在使用过程中，人们发现在某些条件下，蒸汽机有可能自发地产生剧烈的振荡。1868年，物理学家麦克斯韦(J. C. Maxwell)解释了这种不稳定现象，并提出避免这种现象的调速器设计规则。通过线性常系数微分方程的系数和根的关系，推导出一个简单的代数判据。数学家罗斯(Routh)和赫尔维茨(Hurwitz)分别于1877年和1895年独立地提出了对于高阶微分方程描述的较为复杂系统的稳定性代数判据，沿用至今。1892年俄国数学家李雅普诺夫(A. M. Lyapunov)发表了论文《论运动稳定性的一般问题》。他用严格的数学分析方法全面地论述了稳定性理论及方法，为控制理论奠定了坚实的基础。总之，这一时期的控制工程出现的多是稳定性问题，所用的数学工具是常系数微分方程。

1927年，布莱克(H. S. Black)发明了负反馈放大器。20世纪30年代，美国贝尔实验室建设一个长距离电话网，需要配置高质量的高增益放大器。在使用中，放大器在某些条件下，会不稳定而变成振荡器。1932年，奈奎斯特提出了关于布莱克反馈放大器稳定性的结果，揭示了反馈系统中产生条件不稳定的原因，给出了判断反馈系统稳定性的准则，即奈奎斯特判据。奈奎斯特判据是一个频率判据，它不仅可以判别系统稳定与否，而且给出稳定裕量，提供了避免不稳定振荡的方法。1940年，伯德(H.W.Bode)引入对数坐标系，提出对数增益图和线性相位图，即伯德图。伯德图大大简化了当时已经十分流行的运算和作图过程，使基于频率响应的分析与综合反馈控制系统的实用理论和方法得以形成。1942年，哈里斯(H. Harris)引入了传递函数的概念。1945年，伯德发表了《网络分析和反馈放大器设计》，奠定了自动控制理论的基础。1948年，伊文思(W.R.Evans)提出了根轨迹法，指出了用改变系统中的某些参数去改善反馈系统动态特性的方法，开辟了以复变量理论为基础的控制系统分析与设计的新途径，这是对奈奎斯特判据的补充。在此期间，尼科尔斯(Nichols)和菲利普(R. Philips)介绍了随机噪声对系统性能的影响，其理论基础是建立在维纳(Wiener)滤波理论之上的；雷加基尼(Ragazzini)和扎德(Zadeh)领导40多人研究了线性采样系统。

至此，以奈奎斯特稳定性判据、伯德频率响应特性图、伊文思根轨迹法为标志的经典线性系统控制理论基本成熟。以单输入单输出(单变量)线性定常系统为主要研究对象，以传递函数作为系统基本的描述，以频率法和根轨迹法作为系统分析和设计方法的经典线性自动控制理论被建立起来，通常称其为经典控制理论。这个理论采用频(复)域法研究，主要优点是：①与时域法相比，计算量小，而且有的工作可用作图法完成；②物理概念清晰；③可以用实验方法建立系统数学模型。因此该理论受到工程技术人员的欢迎。

经典线性系统控制理论的应用在第二次世界大战期间取得了巨大的成功。集自动跟踪和自动控制功能的雷达-火炮系统，以及具有基本自动控制功能的 V2 火箭等，就是其中较为突出的范例。到 20 世纪 50 年代中期，线性系统控制理论已经发展成熟，并在大量的武器自动控制和工业过程与装置的自动控制领域中得到了成功的应用。与此同时，线性系统控制理论对经典非线性系统理论的发展也产生了深刻的影响。经典线性系统理论的局限性表现在一般难以有效地处理多输入多输出线性系统的分析综合，以及难以揭示系统内部结构更为深刻的特性。

2. 现代线性系统理论

到了 20 世纪 50 年代，世界进入和平发展时期。对于核反应堆的控制以及航空航天的控制(尤其是后者，其特点是飞行高度高、一次性飞行、精度要求高、控制参数多等)，经典控制理论就显出局限性，难以解决复杂的控制问题。而此期间，计算机发展很快，高速、高精度的数字计算机相继推出，为控制理论的发展提供了强有力的工具。此时期提出了最优控制方法。其理论就是 1956 年苏联数学家庞特里亚金的极大化原理和 1957 年美国学者贝尔曼(Bellman)的动态规划法。1959 年，在美国达拉斯召开的第一次自动控制年会上，卡尔曼(Kalman)及伯策姆(Bertram)严谨地介绍了非线性系统稳定性。他们用基于状态变量的系统方程来描述系统，讨论了自适应控制系统的问题，并首次提出了现代控制理论。随后，卡尔曼又发表了《控制系统的一般理论》《线性估计和辨识问题的新结果》，奠定了现代线性理论的基础。

现代线性系统理论以状态空间模型为基础，研究系统内部结构的关系，提出了能控性、能观测性等重要概念，以及不少设计方法。首先得到实际应用的是 20 世纪 60 年代出现的各种空间技术，这在相当大的程度上依赖最优控制问题的解决，例如，将空间运载火箭用最少燃料消耗、最少时间送入轨道等。然而在一般工业控制应用中遇到了一些困难。原因是：①大多数工业对象和宇航问题不一样，很难精确得到其数学模型，系统的性能指标常给出一定范围，不便写成明确的数学表达式；②直接采用最优控制方法设计的控制器往往过于复杂，不便于实际应用；③工业上的应用希望投资少，控制效果好。因此，20 世纪 70 年代，在状态空间法蓬勃发展的同时，不少学者对频域法研究开始感兴趣，特别值得提出的是英国学者罗森布罗克(H. H. Rosenbrock)，他系统地、开创性地研究了如何将单变量系统的频率法推广到多变量系统的设计中。他的著名论文《采用逆奈奎斯特阵列法设计多变量系统》，利用矩阵对角优势的概念，把一个多变量系统的设计转化为人们熟知的多个单变量系统的设计问题。这个方法的成功带来了频域法的复兴。20 世纪 70 年代，相继出现了梅奈(Mayne)的序列回差法、麦克法兰(MacFarlane)的特征轨迹法和欧文斯

(Owens) 的并矢展开法等，使频域法日趋完善，这些方法被称为现代频域法。它们的一个共同特点是把一个相关联的多输入多输出系统的设计问题转化为多个单输入单输出系统的设计问题，进而可以用任何一种经典控制理论中的方法完成系统的设计。显然这对于广大熟悉单输入单输出系统设计方法的人来说，具有很大的吸引力。

在状态空间法的基础上，线性系统理论在研究内容和研究方法上又出现了一系列新的发展。例如，出现了着重从几何方法角度研究线性系统的结构和特性的线性系统几何理论；出现了以抽象代数为工具的线性系统代数理论；出现了在推广经典频率法的基础上发展起来的多变量频率域理论。与此同时，随着计算机硬软件技术的发展和普及，线性系统分析和综合中的计算问题，特别是其中的病态问题和数值稳定性问题，以及利用计算机对线性系统进行辅助分析和辅助设计的问题，也都得到了广泛研究。可以说，线性系统理论是系统与控制理论中最为成熟和最为基础的一个组成分支。系统与控制理论的其他分支，如最优控制理论、最优估计理论、随机控制理论、非线性系统理论、大系统理论、鲁棒控制理论等，都不同程度地受到线性系统理论的概念、方法和结果的影响和推动。

1.3 线性系统理论的研究方法

在线性系统理论研究领域中，基于所采用的分析工具和系统描述方法的不同，已经形成了四个平行的分支，包括线性系统的状态空间法、几何法、代数法和多变量频域法。通常认为，它们以不同的研究方法构成了线性系统理论中的四个主要学派。

(1) 状态空间法。状态空间法是线性系统理论中形成最早且影响最广的方法。在状态空间法中，表征系统动态过程的数学模型是反映输入变量、状态变量和输出变量之间关系的一对向量方程，被称为状态方程和输出方程。状态空间法本质上是一种时间域方法，主要的数学基础是线性代数和矩阵理论，系统分析和综合中所涉及的计算主要为矩阵运算和矩阵变换，并且这类计算问题已经有比较完备的软件，适宜在计算机上进行。不管是系统分析还是系统综合，状态空间法都已经发展出一整套较为完整的和较为成熟的理论和算法。从发展历史的角度来说，线性系统理论的其他分支大都是在状态空间法的影响和推动下形成和发展起来的。

(2) 几何法。几何法是把对线性系统的研究转化为状态空间中相应的几何问题，并采用几何语言来对系统进行描述、分析和综合。几何法的主要数学工具是以几何形式表述的线性代数，基本思想是把能控性和能观测性等系统结构特性表述为不同的状态子空间的几何属性。在几何法中，具有关键意义的两个概念是基于线性系统状态方程的系统矩阵 A 和输入矩阵 B 所组成的 $\langle A, B\rangle$ 不变子空间和 $\langle A, B\rangle$ 能控子空间，它们在用几何方法解决系统综合问题时起到基本的作用。几何方法的特点是简洁明了，避免了状态空间法中大量繁杂的矩阵推演计算，而一旦需要计算时，几何方法的结果都能较为容易地转化为相应的矩阵运算。但是，对于工程背景的学习者和研究者来说，线性系统的几何理论比较抽象，因而需要具备一定的数学基础。线性系统的几何理论由旺纳姆 (W.M.Wonham) 在 20 世纪 70 年代初创立和发展，其代表作是《线性多变量控制：一种几何方法》一书。

(3) 代数法。线性系统的代数法是采用抽象代数工具表征和研究线性系统的一种方法。其主要特点是，把系统各组变量之间的关系看作某些代数结构之间的映射关系，从而可以实现对线性系统描述和分析的完全形式化和抽象化，使之转化为一些抽象代数问题。代数法起源于卡尔曼在 20 世纪 60 年代末运用模论工具对域上线性系统的研究。随后，在模论方法的影响下，相关学者在比域更弱和更一般的代数系(如环、群、泛代数、集合)上，相继建立了相应的线性系统代数理论。这些研究发现了线性系统的不同于状态空间描述中的某些属性，并且试图把线性系统代数理论和计算机科学结合起来以建立起统一的理论。

(4) 多变量频域法。多变量频域法的实质，是以状态空间法为基础，采用频率域的系统描述和频率域的计算方法，以分析和综合线性时不变系统。在多变量频域法中，平行、独立地发展了两类分析综合方法。一是频率域方法，其特点是把一个多输入多输出系统转化为一组单输入单输出系统来进行处理，并把经典线性系统控制理论频率响应方法中的许多行之有效的分析综合技术和方法推广到多输入多输出系统中。通常，由此导出的综合理论和方法可以通过计算机辅助设计而方便地用于系统的综合。这类综合理论和方法主要是由罗森布罗克、麦克法兰等英国学者所建立，习惯性地称其为英国学派(有关多变量频域控制理论可参看相关的著作)。二是多项式矩阵方法，其特点是采用传递函数矩阵的矩阵分式描述作为系统的数学模型，并在多项式矩阵的计算和单模变换的基础上，建立了一整套分析和综合线性时不变系统的理论和方法。多项式矩阵方法是由罗森布罗克、沃罗维奇(W.A.Wolovich)等在 20 世纪 70 年代初提出的，并在随后的发展中不断完善且广泛应用。一般而言，相比状态空间法，多变量频域法具有物理直观性强、便于综合和调整等特点。

1.4　本书的主要内容

线性系统理论的内容丰富，材料众多，不同分支在理论和方法上不相同，难以在一门课程或一本教材中给出全面的介绍。鉴于此，本书从基础性、通用性和应用性的角度考虑，以状态空间法为主线来系统地介绍线性系统的分析与综合的理论和方法，在最后一章简单介绍多项式矩阵法，为学习线性系统的频域理论奠定基础。具体章节内容安排如下。

第 1 章概述线性系统的特点和研究对象，介绍了线性系统理论的发展简况和研究方法，论述了本书的主要内容与定位。

第 2 章对状态空间描述进行较为系统的讨论。针对本书的研究对象(线性系统)，在引入状态和状态空间描述等基本概念的基础上，着重从机理法建模、输入输出系统实现、结构框图建模三个方面论述线性系统状态空间模型构建方法。特别是在机理法建模中，除一些典型的力学系统、电学系统、机械系统建模外，引入两个典型实际工程案例，即自动平衡车模型和自动驾驶汽车机器人模型。在后续各章中，除介绍通用的例题外，也适当结合这两个案例，对相关物理概念与控制方法进行阐述，使读者更加容易掌握相关理论与方法。进而在这些基础上讨论状态空间描述的特性和线性变换。本章的内容属于状态空间法的基础，其概念和描述将贯穿于时间域理论的整个部分。

第 3 章着重讨论线性系统运动过程的定量分析。分别针对线性连续时间系统和线性离散时间系统、线性时不变系统和线性时变系统，重点建立和导出系统状态相对于初始状态和外部输入的时域响应的一般表达式。本章的讨论对于分析系统的性能和特性具有基本的意义。

第 4 章讨论线性系统的能控性和能观测性。能控性和能观测性是线性系统理论中最基本和最重要的两个概念。本章在对能控性和能观测性严格定义的基础上，就线性系统的各类情形，系统地讨论判别这两个结构特性的常用准则。在此基础上导出规范分解定理，进一步揭示了状态空间描述和传递函数矩阵描述间的内在关系。

第 5 章讨论李雅普诺夫稳定性理论。稳定性是系统一个最基本的运动属性。稳定是一切控制系统能够正常工作的前提。本章对李雅普诺夫稳定性理论的概念和方法进行一个较为系统和全面的介绍。研究对象除线性系统外还拓展到非线性系统。

第 6 章讨论线性时不变系统的综合问题。针对工程中常用的一些典型综合指标，如极点配置、镇定、动态解耦控制、渐近跟踪和鲁棒控制、状态观测器、线性二次型最优控制等，重点介绍如何设计系统的状态反馈控制使系统闭环稳定且具有优良的动态响应。

第 7 章介绍线性系统复频率域理论基础，包括多项式矩阵理论基本知识、多项矩阵分式描述(matrix fraction description，MFD)和多项式矩阵描述(polynomial matrix description，PMD)的基本理论、方法和结论，为学习线性系统复频率域理论奠定基础。

1.5 本书的定位与特色

本书主要面向控制科学与工程、电子信息工程及相关学科领域的研究生、高年级本科生及工程技术人员，以状态空间法为主线，系统介绍线性系统的分析与综合的理论和方法。本书编写过程中注重线性系统理论的基础性与完整性、实用性与实践性、启发性与自主性等特色。

(1) 基础性与完整性。注重内容体系的基本结构，强调线性系统时域理论的基本概念、基本原理和基本方法，突出线性系统理论状态空间分析的方法论，围绕连续时间线性时不变系统的分析与综合这一主线，阐述线性系统的状态空间描述(数学模型)—能控性、能观测性和稳定性(系统分析)—状态反馈与状态观测器(系统综合)，力求让读者由浅入深地掌握线性系统基本理论的分析方法。同时兼顾连续时间线性时变系统、离散时间线性系统的基本理论与方法。在此基础上，简要介绍线性时不变系统的多项式矩阵描述理论与方法，为深入学习线性系统频域理论奠定基础。

(2) 实用性与实践性。将线性系统理论与方法实用性和实践性有机结合，在不破坏理论的严谨性和系统性的前提下，不刻意追求定理证明其在数学上的严密性，而是结合大量案例，突出物理概念，理论阐述力求严谨、实用、简练，内容叙述力求深入浅出、层次分明。一方面，在各章节中对典型例题除理论计算外，还给出 Matlab/Simulink 求解方法；另一方面，将实际工程案例融入相关章节以例题模式进行讲解，加深读者对物理概念、基本原理、基本方法的理解。

(3) 启发性与自主性。在注重理论完整性的同时，从不同角度对线性系统理论方法进行论述，启发读者的创造性思维；加强实际工程案例的讲解，培养读者应用线性系统理论与方法解决实际问题的能力。同时，对仿真工具 Matlab 的应用，本书重点介绍典型例题的具体实现方法，详细注释程序代码，而不再强调 Matlab 命令的使用，培养读者的自主学习能力。

第 2 章　线性系统的状态空间描述

进行系统的分析和设计，首先要建立数学模型。控制系统的状态空间模型是分析和综合线性系统的基础。本章的内容包括状态空间模型的基本概念、组成、构建方法、特性、线性变换等。本章的研究内容和结果是随后各章讨论的基础。

2.1　控制系统状态空间描述

2.1.1　基本概念

1. 系统动态过程的数学描述

考察一个动态系统，它是由相互制约和相互作用的一些部分所组成的一个整体，采用图 2-1 来表征，方块外为系统环境，对系统的作用为系统输入，设输入变量组为 $u_1,u_2,\cdots,u_r$；系统对环境的作用为系统输出，设输出变量组为 $y_1,y_2,\cdots,y_m$；输入和输出构成系统的外部变量。用以描述系统在每个时刻所处态势的变量为系统状态，状态变量组设为 $x_1,x_2,\cdots,x_n$，它们属于系统的一个内部变量组。通常，可把系统的数学描述分为外部描述和内部描述两种基本类型。

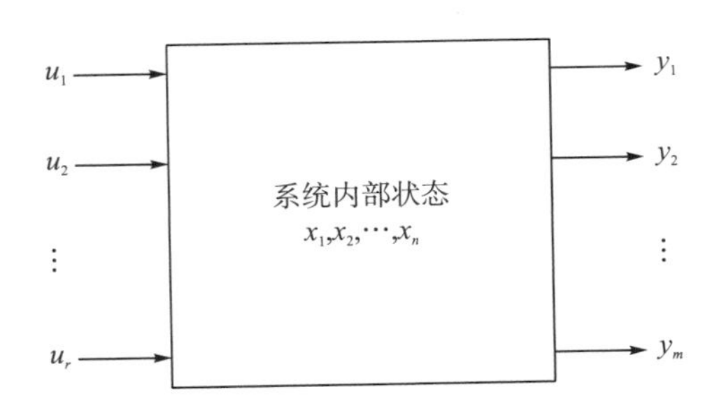

图 2-1　系统的方块图表示及其变量

1) 外部描述

外部描述常被称作输出-输入描述，是把系统当作一个“黑箱”来处理，即假设系统的内部结构和内部信息是无法知道的。外部描述避开了系统内部动态过程，直接反映系统外部变量组(输出变量组和输入变量组)间的动态因果关系。

设一个线性的、参数不随时间改变的单输入单输出系统，输入变量为 u，输出变量为

y。系统在时域内的外部描述可表示为如下高阶常系数微分方程：

$$y^{(n)}+a_{n-1}y^{(n-1)}+\cdots+a_1y^{(1)}+a_0y=b_{n-1}u^{(n-1)}+b_{n-2}u^{(n-2)}+\cdots+b_1u^{(1)}+b_0u$$

其中，$y^{(i)}\triangleq \mathrm{d}^i y/\mathrm{d}t^i, u^{(j)}\triangleq \mathrm{d}^j u/\mathrm{d}t^j$，$a_i$ 和 b_j 为实常数，$i=1,2,\cdots,n$，$j=1,2,\cdots,n-1$。

对上述常系数微分方程取拉普拉斯变换，并假定系统具有零初始条件，则可导出系统的复频率域描述，即传递函数：

$$G(s)=\frac{Y(s)}{U(s)}=\frac{b_{n-1}s^{n-1}+b_{n-2}s^{n-2}+\cdots+b_1s+b_0}{s^n+a_{n-1}s^{n-1}+\cdots+a_1s+a_0}$$

其中，$U(s)$ 和 $Y(s)$ 分别为输入变量 $u(t)$ 和输出变量 $y(t)$ 的拉普拉斯变换；s 为复变量。

2) 内部描述

内部描述认为系统是一个“白箱”，即系统的内部结构和内部信息是可以知道的。内部描述是基于系统的内部结构分析的一类数学模型，需要由两个数学方程来表征。一个是状态方程，用以反映“系统状态变量组 $x_1,x_2,\cdots,x_n$”和“输入变量组 $u_1,u_2,\cdots,u_r$”之间的动态因果关系。一个是输出方程，用以表征“系统状态变量组 $x_1,x_2,\cdots,x_n$ 与输入变量组 $u_1,u_2,\cdots,u_r$”和“输出变量组 $y_1,y_2,\cdots,y_m$”之间的转换关系。

一般来说，外部描述只是对系统的一种不完全的描述，仅表示系统在初始条件为零的情况下，系统输入-输出之间的数学关系。内部描述则是系统的一种完全性的描述，能够完全表征系统结构的一切部分，能够完全反映系统的所有动力学特性。在第 4 章将详细讨论，只有在系统满足一定条件的前提下，系统的外部描述和内部描述之间才具有等价关系。

2. 状态、状态变量和状态空间

现以例 2-1 所示的充电器电路为例，引出状态、状态变量和状态空间表达式及输入输出量的概念。

例 2-1　图 2-2 所示的电路，已知电压 $u(t)$ 为电路的输入量，电容上的电压 $u_C(t)$ 为电路的输出量。R、L 和 C 分别为电路的电阻、电感和电容。由电路理论可知，回路中的电流 $i(t)$ 和电容上的电压 $u_C(t)$ 的变化规律满足如下方程：

$$\begin{cases} L\dfrac{\mathrm{d}i(t)}{\mathrm{d}t}+Ri(t)+u_C(t)=u(t) \\ i(t)=C\dfrac{\mathrm{d}u_C(t)}{\mathrm{d}t} \end{cases} \tag{2-1}$$

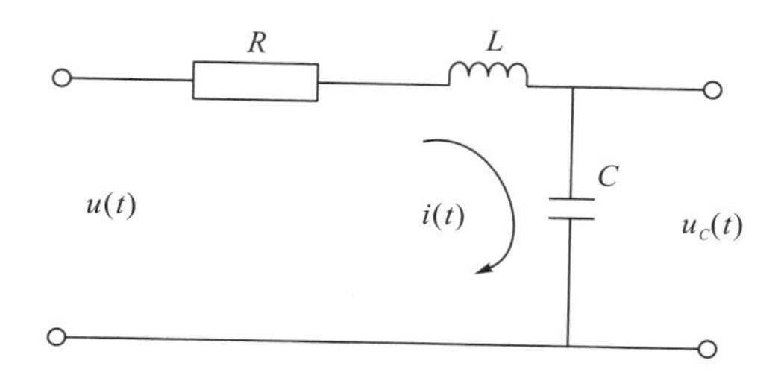

图 2-2　充电器电路

求解这个微分方程组，出现两个积分常数。它们由初始条件来确定。

$$\begin{cases} i(t)|_{t=t_0} = i(t_0) \\ u_C(t)|_{t=t_0} = u_C(t_0) \end{cases} \tag{2-2}$$

欲知 $i(t)$ 和 $u_C(t)$ 的变化规律，必须在初始值 $i(t_0)$ 、$u_C(t_0)$ 以及电路在 $t \geqslant t_0$ 时的输入量 $u(t)$ 的基础上，求解微分方程组式(2-1)。因此，$i(t)$ 和 $u_C(t)$ 就可以表征这个电路的动态行为。若将 $i(t)$ 和 $u_C(t)$ 视为一组信息量，这样一组信息量就称为状态。这组信息量中的每一个变量均是该电路的状态变量。

定义 2-1 [**状态**]控制系统的状态是指系统过去、现在和将来的状况。图 2-2 电路系统的状态就是电路中的电流 $i(t)$ 和输出电压 $u_C(t)$ 。

定义 2-2 [**状态变量**]系统状态变量指在时间域内能完全表征系统运动状态的一组个数最小的变量。

对状态变量的说明如下。

(1)所谓完全表征是指：①在任何时刻 $t=t_0$ ，这组状态变量的值 $x_1(t_0),x_2(t_0),\cdots,x_n(t_0)$ 就表示系统该时刻的状态；②当 $t \geqslant t_0$ 时，给定系统输入 $u(t)$ ，且上述初始状态确定后，状态变量便能完整地确定系统在时刻 t 的状态。

(2)所谓“最小”即变量的个数最少。从物理直观上看，减少其中的一个变量就会破坏它们对系统行为表征的完全性，而增加一个变量将不增加行为表征的信息量，即完全表征系统行为所不需要的。从数学的角度看，它们是系统所有内部变量中线性无关的一个极大变量组，即 $x_1(t),x_2(t),\cdots,x_n(t)$ 以外的系统内部变量都必和它们线性相关。一般地，系统状态变量的个数即系统状态空间的维数，等于系统中储能元件的个数。

很显然，对于图 2-2 所示的电路来说，选择 $i(t)$ 、$u_C(t)$ 两个变量作为状态变量就够了。再增加一个变量，如电流 $i(t)$ 的变化量 $\mathrm{d}i/\mathrm{d}t$ ，对完整地确定电路的运动情况来说并不是必要的；但若去掉一个变量，如 $i(t)$ ，只选 $u_C(t)$ 一个变量作为状态变量，就不能完整地确定系统的全部运动情况。

(3)系统的状态变量的选取不是唯一的。导致不唯一性的原因在于，系统内部变量的个数一般大于状态的维数 n，而任意 n 个线性无关的内部变量组都有资格取为系统的状态变量组。同一个系统可以选取不同的变量作为状态变量。例如，例 2-1 中所示的电路，式(2-1)经过简单的变换得到电路的微分方程为

$$\frac{\mathrm{d}^2 u_C}{\mathrm{d}t^2} + \frac{R\mathrm{d}u_C}{L\mathrm{d}t} + \frac{1}{LC}u_C = \frac{1}{LC}u$$

如果选取电容上的电压 u_C 和 u_C 随时间的变化率 $\dfrac{\mathrm{d}u_C}{\mathrm{d}t}$ 作为状态变量，同样可以完全表征该电路的动态行为。由此可知，系统状态变量的选取不是唯一的，但同一个系统状态变量的个数是唯一的。

(4)系统状态变量在系统分析中是一个辅助变量，它可以是具有物理意义的量，也可以是没有物理意义的量。在进行系统状态变量的选择时，应优先考虑物理上可以测量的量作为状态变量，如电路系统中的电感电流和电容电压，机械系统中的转角、位移和速度等。这个可以测量的变量能够通过状态反馈实现反馈控制，以改善系统性能。

定义 2-3　[**状态向量**]若一个系统有 n 个状态变量 $x_1(t), x_2(t), \cdots, x_n(t)$，则由这些状态变量为分量构成的一个列向量称为状态向量，即

$$x(t) = \begin{bmatrix} x_1(t) \\ x_2(t) \\ \vdots \\ x_n(t) \end{bmatrix}$$

且状态 x 的维数定义为其组成状态变量 $x_1(t), x_2(t), \cdots, x_n(t)$ 的个数，即 $\dim x = n$。

定义 2-4　[**状态空间**]以状态变量的分量为坐标轴构成的正交空间(欧几里得空间)称为状态空间。

对于图 2-2 所示的电路，选择 $i(t)$、$u_C(t)$ 为状态变量，由 $i(t)$、$u_C(t)$ 为坐标轴构成的正交空间如图 2-3 所示。

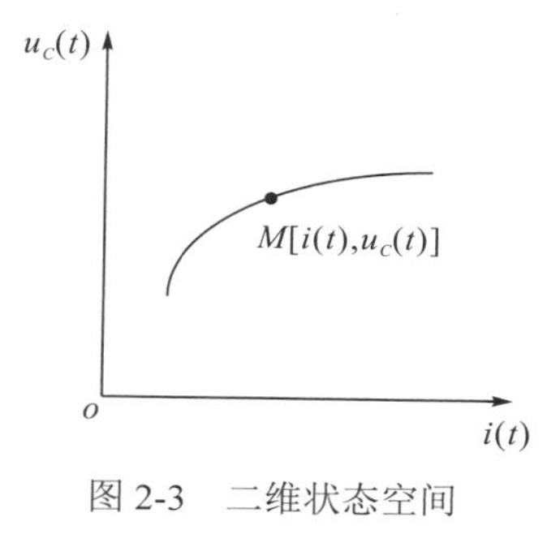

图 2-3　二维状态空间

系统在任意时刻的状态可以用状态空间中的一个点来表示。例如，t_1 时刻的状态，在状态空间中的表示为 $M[i(t_1), u_C(t_1)]$ 点。状态空间中状态转移的轨线称为状态轨线，它表征系统运动的行为或形态。

2.1.2　线性系统状态空间描述

定义 2-5　[**状态方程**]描述系统输入和状态变量之间关系的方程组称为系统的状态方程。

针对图 2-2 所示的电路，式(2-1)可改写成

$$\begin{cases} \dfrac{\mathrm{d}i(t)}{\mathrm{d}t} = -\dfrac{R}{L}i(t) - \dfrac{u_C(t)}{L} + \dfrac{u(t)}{L} \\ \dfrac{\mathrm{d}u_C(t)}{\mathrm{d}t} = \dfrac{1}{C}i(t) \end{cases}$$

这个方程组描述了系统状态变量和输入量之间的关系，称为电路的状态方程。换句话说，状态方程就是由状态变量、输入量和电路参数构成的一阶微分方程组。为了书写简便，统一采用向量、矩阵的形式表示，即

$$\begin{bmatrix} \dfrac{\mathrm{d}i(t)}{\mathrm{d}t} \\ \dfrac{\mathrm{d}u_C(t)}{\mathrm{d}t} \end{bmatrix} = \begin{bmatrix} -\dfrac{R}{L} & -\dfrac{1}{L} \\ \dfrac{1}{C} & 0 \end{bmatrix} \begin{bmatrix} i(t) \\ u_C(t) \end{bmatrix} + \begin{bmatrix} \dfrac{1}{L} \\ 0 \end{bmatrix} u(t) \tag{2-3}$$

定义 2-6 [**输出方程**]系统输出量和状态变量及输入量之间的关系方程称为输出方程。

例 2-1 中，若将电容电压 u_C 作为电路的输出量 $y(t)$，则

$$y(t)=[0 \quad 1]\begin{bmatrix} i(t) \\ u_C(t) \end{bmatrix} \tag{2-4}$$

这是表示状态变量和输出量之间关系的方程，称为电路的输出方程或观测方程。

定义 2-7 [**状态空间模型**]系统的状态空间模型描述的是系统输入、状态及输出的动态关系，故把状态方程与输出方程联合称为动态系统状态空间模型。

如果令 $x=\begin{bmatrix} i(t) \\ u_C(t) \end{bmatrix}$，$u=u(t)$，$y=u_C(t)$，$A=\begin{bmatrix} -\dfrac{R}{L} & -\dfrac{1}{L} \\ \dfrac{1}{C} & 0 \end{bmatrix}$，$b=\begin{bmatrix} \dfrac{1}{L} \\ 0 \end{bmatrix}$，$c=[0 \quad 1]$

则式(2-3)、式(2-4)可写改写成

$$\begin{cases} \dot{x}=Ax+bu \\ y=cx \end{cases} \tag{2-5}$$

式中，x 为二维状态向量；u 为标量输入；y 为标量输出；A 为 2×2 系数矩阵；b 为 2×1 输入矩阵；c 为 1×2 输出矩阵。

如果将电路视为一个系统，则状态方程是描述系统状态变量和输入量之间动力学特性的方程，是矩阵微分方程；而输出方程是描述系统输出量和状态变量之间的变换关系，是矩阵代数方程。系统的状态方程和输出方程合称状态空间表达式、系统动态方程或系统方程，式(2-5)就是图 2-2 所示系统的状态空间模型。

现在将该例子的分析结果推广到一般情况，如图 2-4 所示。从系统状态空间描述的角度，一个动态系统的结构可区分为“动力学部件”和“输出部件”。图中，$x_1,x_2,\cdots,x_n$ 是表征系统行为的状态变量组，$u_1,u_2,\cdots,u_r$ 和 $y_1,y_2,\cdots,y_m$ 分别为系统的输入变量组和输出变量组，箭头表示信号的作用方向和部件变量组间的因果关系。动态系统的状态空间描述需要由两个过程来反映。它们是由动力学部件所决定的“输入引起状态变化的过程”和由输出部件所决定的“状态与输入导致输出变化的过程”。输入引起状态变化是一个动态性过程，对连续时间系统由微分方程所表征，即状态方程。状态与输入导致输出变化是一个转换过程，转换因果关系的数学描述为代数方程，即输出方程。

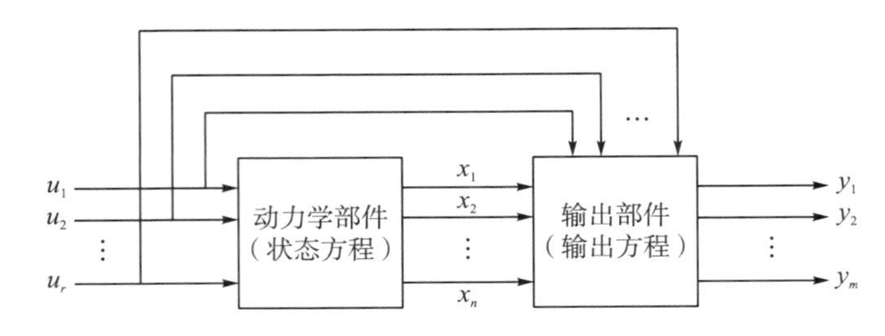

图 2-4 控制系统的状态空间模型

x 为 n 维状态向量，u 为 r 维输入向量，y 为 m 维输出向量，即

$$x(t)=\begin{bmatrix} x_1(t) \\ x_2(t) \\ \vdots \\ x_n(t) \end{bmatrix}，简记为 x=\begin{bmatrix} x_1 \\ x_2 \\ \vdots \\ x_n \end{bmatrix}$$

$$u(t)=\begin{bmatrix} u_1(t) \\ u_2(t) \\ \vdots \\ u_r(t) \end{bmatrix}，简记为 u=\begin{bmatrix} u_1 \\ u_2 \\ \vdots \\ u_r \end{bmatrix}$$

$$y(t)=\begin{bmatrix} y_1(t) \\ y_2(t) \\ \vdots \\ y_m(t) \end{bmatrix}，简记为 y=\begin{bmatrix} y_1 \\ y_2 \\ \vdots \\ y_m \end{bmatrix}$$

则系统状态空间模型为

$$\begin{cases} \dot{x}=Ax+Bu \\ y=Cx+Du \end{cases} \tag{2-6}$$

式中，A 为 $n\times n$ 状态矩阵；B 为 $n\times r$ 输入矩阵；C 为 $m\times n$ 输出矩阵；D 为 $m\times r$ 直接传输矩阵，即

$$A=\begin{bmatrix} a_{11} & a_{12} & \cdots & a_{1n} \\ a_{21} & a_{22} & \cdots & a_{2n} \\ \vdots & \vdots & \ddots & \vdots \\ a_{n1} & a_{n2} & \cdots & a_{nn} \end{bmatrix}_{n\times n}, \quad B=\begin{bmatrix} b_{11} & b_{12} & \cdots & b_{1r} \\ b_{21} & b_{22} & \cdots & b_{2r} \\ \vdots & \vdots & \ddots & \vdots \\ b_{n1} & b_{n2} & \cdots & b_{nr} \end{bmatrix}_{n\times r}$$

$$C=\begin{bmatrix} c_{11} & c_{12} & \cdots & c_{1n} \\ c_{21} & c_{22} & \cdots & c_{2n} \\ \vdots & \vdots & \ddots & \vdots \\ c_{m1} & c_{m2} & \cdots & c_{mn} \end{bmatrix}_{m\times n}, \quad D=\begin{bmatrix} d_{11} & d_{12} & \cdots & d_{1r} \\ d_{21} & d_{22} & \cdots & d_{2r} \\ \vdots & \vdots & \ddots & \vdots \\ d_{m1} & d_{m2} & \cdots & d_{mr} \end{bmatrix}_{m\times r}$$

由于式(2-6)是多输入多输出(multiple input multiple output，MIMO)系统，称为多变量系统；如果是单输入单输出(single input single output，SISO)系统，则称为单变量系统。此时系统方程表示成

$$\begin{cases} \dot{x}=Ax+bu \\ y=cx+du \end{cases} \tag{2-7}$$

若式(2-6)中的矩阵 A、B、C、D 的诸元素是实常数，则称这样的系统为线性定常系统或线性时不变系统。一般系数矩阵 A、B、C、D 由组成该系统的设备元器件参数构成。如果这些元素是时间 t 的函数，即

$$\begin{cases} \dot{x}=A(t)x+B(t)u \\ y=C(t)x+D(t)u \end{cases} \tag{2-8}$$

则称系统为线性时变系统。其中 x、u 和 y 分别为 n、r 和 m 维的状态向量、输入向量和输出向量。$A(t)$、$B(t)$、$C(t)$ 和 $D(t)$ 为满足矩阵加(减)法、乘法运算的矩阵，即 $A(t)$ 为 $n\times n$ 矩阵，$B(t)$ 为 $n\times r$ 矩阵，$C(t)$ 为 $m\times n$ 矩阵，$D(t)$ 为 $m\times r$ 矩阵。简便起见，系统状态空间表达式(2-6)和式(2-8)可分别简记为 $\sum(A,B,C,D)$ 和 $\sum[A(t),B(t),C(t),D(t)]$。

2.1.3 状态空间表达式的结构框图

与经典控制理论类似，状态空间表达式也可以用结构框图表示。式(2-8)描述的线性时变系统的结构框图如图 2-5(a)所示。式(2-6)描述的线性定常系统的结构框图如图 2-5(b)所示。图中符号∫为积分运算。很显然，状态空间表达式结构框架是描述系统输入量、状态变量和输出量之间函数关系的图形表达。图中的信号传输线一般表示列向量，方框中字母代表状态空间表达式的系数矩阵。

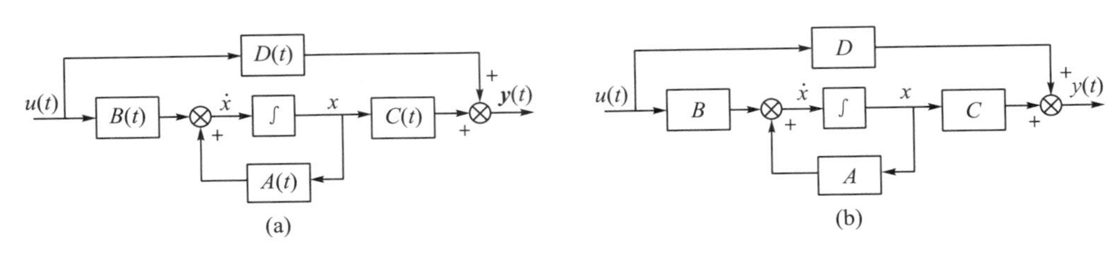

图 2-5 状态空间表达式的结构框图

2.1.4 状态空间表达式的状态变量图

在状态空间分析中，常以状态变量图来表示系统各变量之间的关系，其源自模拟计算机的模拟结构图，有助于加深对状态空间的理解。状态变量图又称为模拟结构图。

状态变量图由积分器、加法器和放大器三种基本元素构成。加法器、积分器和放大器的常用符号如图 2-6 所示。

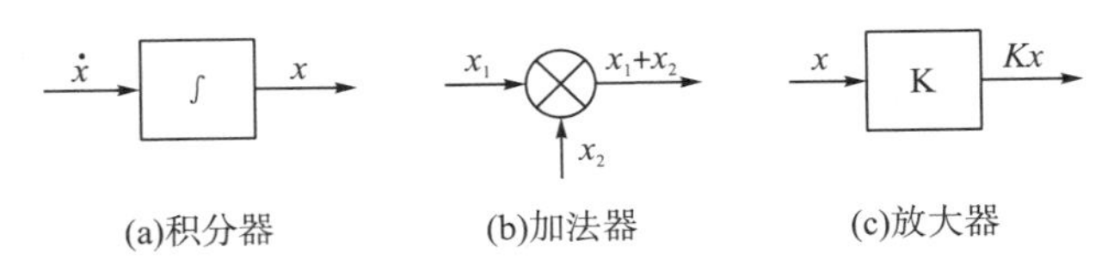

图 2-6 状态变量图的基本元素常用表示符号

绘制状态变量图的一般步骤如下：首先根据所给的状态方程，在适当位置画出相应的积分器，其数目应等于状态变量个数，每个积分器的输出表示相应的某个状态变量，将其标注在图上；然后根据给定的状态方程和输出方程画出相应的加法器和放大器；最后用箭头将这些元件连接起来，箭头表示信号的传递方向。

例 2-2 设一阶系统的状态方程为 $\dot{x}(t)=ax(t)+bu(t)$，则它的状态变量图如图 2-7 所示。

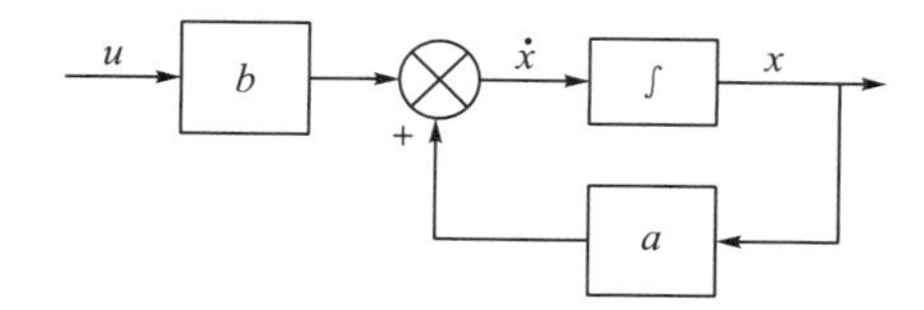

图 2-7　一阶系统状态变量图

例 2-3　双输入-双输出线性定常系统的状态空间表达式如下：

$$\begin{bmatrix}\dot{x}_1\\ \dot{x}_2\end{bmatrix}=\begin{bmatrix}a_{11} & a_{12}\\ a_{21} & a_{22}\end{bmatrix}\begin{bmatrix}x_1\\ x_2\end{bmatrix}+\begin{bmatrix}b_{11} & b_{12}\\ b_{21} & b_{22}\end{bmatrix}\begin{bmatrix}u_1\\ u_2\end{bmatrix}$$

$$\begin{bmatrix}y_1\\ y_2\end{bmatrix}=\begin{bmatrix}c_{11} & c_{12}\\ c_{21} & c_{22}\end{bmatrix}\begin{bmatrix}x_1\\ x_2\end{bmatrix}+\begin{bmatrix}d_{11} & d_{12}\\ d_{21} & d_{22}\end{bmatrix}\begin{bmatrix}u_1\\ u_2\end{bmatrix}$$

将状态空间表达式写成一阶方程组的形式：

$$\dot{x}_1=a_{11}x_1+a_{12}x_2+b_{11}u_1+b_{12}u_2$$
$$\dot{x}_2=a_{21}x_1+a_{22}x_2+b_{21}u_1+b_{22}u_2$$
$$y_1=c_{11}x_1+c_{12}x_2+d_{11}u_1+d_{12}u_2$$
$$y_2=c_{21}x_1+c_{22}x_2+d_{21}u_1+d_{22}u_2$$

则系统状态变量图如图 2-8 所示。

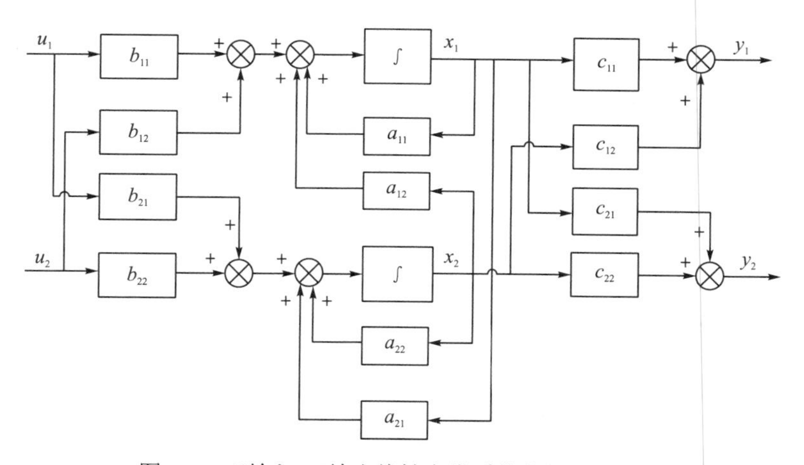

图 2-8　双输入-双输出线性定常系统的状态变量图

从图 2-8 可以看出，一个具有双输入-双输出的二阶系统，其结构图比较复杂，若系统再复杂一点，则其信息传递关系将更加烦琐。所以，MIMO 系统的结构图多以图 2-5 所示的框图形式表示。

2.1.5　连续变量动态系统按状态空间描述分类

动态系统的状态空间描述是其动力学特性的完整表征。各类连续变量动态系统在结构和特性上的区别可由其状态空间描述直观显示。不失一般性，本节首先讨论连续时间系统的分类，然后介绍离散系统的基本性质。

1. 时变系统和时不变系统

设连续时间系统的状态为 $x=[x_1,x_2,\cdots,x_n]^{\mathrm{T}}$，系统输入为 $u=[u_1,u_2,\cdots,u_p]^{\mathrm{T}}$，系统输出为 $y=[y_1,y_2,\cdots,y_q]^{\mathrm{T}}$。当且仅当系统状态空间描述中向量函数 $f()$ 和 $g()$ 显含时间变量 t 时，称系统为时变系统，即

$$\begin{cases}\dot{x}=f(x,u,t)\\ y=g(x,u,t)\end{cases} \tag{2-9}$$

当且仅当系统状态空间描述中向量函数 $f()$ 和 $g()$ 不显含时间变量 t 时，称系统为时不变系统，即

$$\begin{cases}\dot{x}=f(x,u)\\ y=g(x,u)\end{cases} \tag{2-10}$$

时不变系统物理上代表结构和参数都不随时间变化的一类系统。严格地说，由于内部影响和外部影响的存在，使实际系统的参数或结构做到完全不变几乎是不可能的。从这个意义上来说，时不变系统只是时变系统的一种理想化模型。但是，只要这种时变过程与系统动态过程相比足够慢，那么采用时不变系统代替时变系统进行分析，仍可保证具有足够的精确度。本书重点讨论线性时不变系统。

2. 线性系统和非线性系统

当且仅当系统状态空间描述中向量函数 $f()$ 和 $g()$ 的所有组成元均为状态变量 $x_1,x_2,\cdots,x_n$ 和输入量 $u_1,u_2,\cdots,u_p$ 的线性函数时，称系统为线性系统。

对于线性时不变系统，其状态空间描述为

$$\begin{cases}\dot{x}(t)=f(x,u)=Ax(t)+Bu(t)\\ y(t)=g(x,u)=Cx(t)+Du(t)\end{cases} \tag{2-11}$$

对于线性时变系统，其状态空间描述为

$$\begin{cases}\dot{x}(t)=f(x,u,t)=A(t)x(t)+B(t)u(t)\\ y(t)=g(x,u,t)=C(t)x(t)+D(t)u(t)\end{cases} \tag{2-12}$$

当且仅当系统状态空间描述中向量函数 $f()$ 和 $g()$ 的全部组成元或至少一个组成元为状态变量 $x_1,x_2,\cdots,x_n$ 和输入量 $u_1,u_2,\cdots,u_p$ 的非线性函数时，称系统为非线性系统。

现实世界中的一切实际系统严格地说都属于非线性系统。线性系统只是实际系统在忽略次要非线性因素后所导出的理想化模型。但同时也要指出，完全可以把相当多的实际系统按照线性系统对待和处理，其在简化分析的同时所得结果可在足够的精度下吻合于系统实际运动状态。特别是，如果限于讨论系统在某个点 (x_0,u_0) 的足够小邻域内的运动，那么非线性系统就可在该点的邻域内用一个线性化系统来代替，且其状态空间描述可以很容易地通过泰勒展开方法来导出。相对于非线性系统，线性系统无论在系统分析上还是系统综合上都要简单得多。

下面给出化非线性系统为线性化系统的泰勒展开方法。设非线性系统指定状态和输入 (x_0,u_0) 的状态空间描述为

$$\begin{cases} \dot{x}_0 = f(x_0, u_0) \\ y_0 = g(x_0, u_0) \end{cases} \tag{2-13}$$

在 (x_0,u_0) 足够小的邻域内，将非线性系统状态空间描述式(2-10)中的向量函数 $f(x,u)$ 和 $g(x,u)$ 进行泰勒展开，可得

$$\begin{cases} f(x,u) = f(x_0,u_0) + \left(\dfrac{\partial f}{\partial x^{\mathrm{T}}}\right)_0 \Delta x + \left(\dfrac{\partial f}{\partial u^{\mathrm{T}}}\right)_0 \Delta u + \alpha(\Delta x, \Delta u) \\ g(x,u) = g(x_0,u_0) + \left(\dfrac{\partial g}{\partial x^{\mathrm{T}}}\right)_0 \Delta x + \left(\dfrac{\partial g}{\partial u^{\mathrm{T}}}\right)_0 \Delta u + \beta(\Delta x, \Delta u) \end{cases}$$

其中，$\Delta x = x - x_0$，$\Delta u = u - u_0$，$\alpha(\Delta x, \Delta u, t)$ 和 $\beta(\Delta x, \Delta u, t)$ 为高阶小项。略去高阶小项后可导出非线性系统在点 (x_0,u_0) 的邻域内线性化状态空间描述为

$$\begin{cases} \dot{x}(t) = f(x_0,u_0) + A(x - x_0) + B(u - u_0) \\ y(t) = g(x_0,u_0) + C(x - x_0) + D(u - u_0) \end{cases} \tag{2-14}$$

其中，

$$\left(\frac{\partial f}{\partial x^{\mathrm{T}}}\right)_0 = \left(\frac{\partial f}{\partial x^{\mathrm{T}}}\right)_{x_0,u_0} = \begin{bmatrix} \dfrac{\partial f_1}{\partial x_1} & \cdots & \dfrac{\partial f_1}{\partial x_n} \\ \vdots & \ddots & \vdots \\ \dfrac{\partial f_n}{\partial x_1} & \cdots & \dfrac{\partial f_n}{\partial x_n} \end{bmatrix}_{x_0,u_0} = A$$

$$\left(\frac{\partial f}{\partial u^{\mathrm{T}}}\right)_0 = \left(\frac{\partial f}{\partial u^{\mathrm{T}}}\right)_{x_0,u_0} = \begin{bmatrix} \dfrac{\partial f_1}{\partial u_1} & \cdots & \dfrac{\partial f_1}{\partial u_p} \\ \vdots & \ddots & \vdots \\ \dfrac{\partial f_n}{\partial u_1} & \cdots & \dfrac{\partial f_n}{\partial u_p} \end{bmatrix}_{x_0,u_0} = B$$

$$\left(\frac{\partial g}{\partial x^{\mathrm{T}}}\right)_0 = \left(\frac{\partial g}{\partial x^{\mathrm{T}}}\right)_{x_0,u_0} = \begin{bmatrix} \dfrac{\partial g_1}{\partial x_1} & \cdots & \dfrac{\partial g_1}{\partial x_n} \\ \vdots & \ddots & \vdots \\ \dfrac{\partial g_q}{\partial x_1} & \cdots & \dfrac{\partial g_q}{\partial x_n} \end{bmatrix}_{x_0,u_0}, \quad \left(\frac{\partial g}{\partial u^{\mathrm{T}}}\right)_0 = \left(\frac{\partial g}{\partial u^{\mathrm{T}}}\right)_{x_0,u_0} = \begin{bmatrix} \dfrac{\partial g_1}{\partial u_1} & \cdots & \dfrac{\partial g_1}{\partial u_p} \\ \vdots & \ddots & \vdots \\ \dfrac{\partial g_q}{\partial u_1} & \cdots & \dfrac{\partial g_q}{\partial u_p} \end{bmatrix}_{x_0,u_0}$$

这是一个仿射系统，称为在点 (x_0,u_0) 的切线系统。式(2-13)中，如果 $f(x_0,u_0)=0$，则点 (x_0,u_0) 就是一个工作点；如果 $u_0=0$，则为平衡点。首先指出，如果 $x=x_0$，$u=u_0$，则 $\dot{x}=0$，也就是，如果系统处于平衡状态，即系统处于 $x=x_0$ 时保持控制 $u=u_0$，则该系统状态就不再进化。在这种情况下系统输出 $y=y_0=g(x_0,u_0)$。在工作点 (x_0,u_0) 邻域内，系统的切线系统为

$$\begin{cases} \dot{x}(t) = A(x - x_0) + B(u - u_0) \\ y(t) = y_0 + C(x - x_0) + D(u - u_0) \end{cases} \tag{2-15}$$

第 5 章会进一步讨论自治系统的平衡态分析。设定 $\tilde{x} = x - x_0$，$\tilde{u} = u - u_0$ 和 $\tilde{y} = y - y_0$，

可得系统在工作点(x_0,u_0)的线性化系统为

$$\begin{cases}\dot{\tilde{x}} = A\tilde{x} + B\tilde{u} \\ \tilde{y} = C\tilde{x} + D\tilde{u}\end{cases} \tag{2-16}$$

3. 连续时间系统和离散时间系统

当且仅当系统的输入变量、状态变量和输出变量取值于连续时间点，反映变量间因果关系的动态过程为时间的连续过程时，称动态系统为连续时间系统。当且仅当系统的输入变量、状态变量和输出变量只取值于离散的时间点，反映变量间因果关系的动态过程为时间的不连续过程时，称动态系统为离散时间系统。

连续时间系统和离散时间系统在状态空间描述上存在本质区别。对于连续时间系统，状态方程为微分方程，输出方程为连续变换方程；对于离散时间系统，状态方程为差分方程，输出方程为离散变换方程。连续时间系统(包括非线性系统和线性系统)的状态空间描述如前所述，这里不再赘述。对离散时间系统，非线性时变系统的状态空间描述为

$$x(k+1) = f[x(k),u(k),k], \quad k = 0,1,2,\cdots \tag{2-17}$$

$$y(k) = g[x(k),u(k),k] \tag{2-18}$$

非线性时不变系统的状态空间描述为

$$x(k+1) = f[x(k),u(k)], \quad k = 0,1,2,\cdots \tag{2-19}$$

$$y(k) = g[x(k),u(k)] \tag{2-20}$$

应当指出，由于时间本质上的连续性，自然界和工程界中几乎所有的系统都毫无例外地归属于连续时间系统的范畴。另外，时间度量上的离散特点，如年、季、月、日、时、分、秒、毫秒、微秒、纳秒等，又使得社会经济领域中的许多问题适宜作为离散时间系统来处理和研究。从一定意义上来说，离散时间系统是对实际问题因需要和简便而导出的一类“等价性”系统。特别是随着计算机的发展和普及，大量连续时间系统由于采用数字计算机进行分析或控制的需要，被人为地通过时间离散化而化成离散时间系统。因此，在系统控制理论中，离散时间系统正变得越来越重要。

4. 确定性系统和不确定性系统

当且仅当系统的特性和参数或系统的输入和扰动都是随时间按确定的规律变化时，称动态系统为确定性系统。确定性系统的一个基本特点是，其动态过程即状态和输出随时间的演化过程是时间变量的确定性函数。通过对状态方程和输出方程的求解和分析，可唯一确定出系统的演化行为(即状态和输出)在任一时刻的态势。

如果系统的特性与参数中包含某种不确定性，即其变化不能采用确定的规律来描述，或者作用于系统的输入和扰动是随机变量，即其随时间的变化是随机性的，则称动态系统为不确定性系统。通常，把后一类情形的不确定性系统称为随机系统，需要采用随机过程的理论和方法来描述和分析。在系统控制理论中，对随机系统的分析和控制的研究已经成为一个独立的分支。不确定性系统的基本特点是，系统的动态过程(即状态和输出)随时间的演化过程或者是不确定的，或者是随机的，但满足一定的区域分析规律或一定的统计分析规律。

不论是描述还是分析，不确定性系统都远复杂于确定性系统。对于非随机类型的不确定性系统，常采用区间分析等理论和方法来研究和处理，相应的理论和方法常被称为鲁棒分析理论。对于随机类型的不确定性系统，需要采用概率统计和随机过程的理论与方法来研究和处理，相应的理论和方法被称为随机系统理论。本书限于研究确定性系统分析和综合的理论和方法，关于不确定性系统分析与综合的理论和方法可参阅其他相关的著作。

2.2　状态空间表达式的建立

控制系统的状态空间表达式一般可以从三个途径求得：一是由系统机理建立；二是由系统输入输出描述导出；三是由系统结构图建立，即根据系统各个环节的实际连接写出相应的状态空间表达式。

2.2.1　由系统机理建立状态空间表达式

常见控制系统按其能量属性可分为电气、机械、机电、气动液压、热力等系统。根据其物理或化学规律(如基尔霍夫定律、牛顿定律、能量守恒定律等)，建立系统状态空间模型，也称为机理法建模。本节首先结合典型的机械系统和电路系统，说明机理法建立状态空间模型的一般方法，然后结合典型工程案例，介绍实际工业控制系统状态空间模型的建立。

例 2-4　建立如图 2-9 所示的机械系统的状态空间表达式。系统由弹簧、质量块和阻尼器组成。阻尼器是一种产生黏性摩擦或阻尼的装置，它由活塞和充满油液的缸体组成。活塞杆和缸体之间的任何相对运动，都将受到油液的阻滞，这是因为发生相对运动时，油液必须从活塞的一端经过活塞周围的间隙(或通过活塞上的专用小孔)流到活塞的另一端。阻尼器主要用来吸收系统的能量，并将吸收的能量转变为热量散失掉，而阻尼器本身不储存任何动能或位能。在质量块 m 上作用一个外力 F，质量块 m 的位移为 y。为了建立这个机械系统的状态空间表达式，设阻尼器的摩擦力与 $\dot{y}$ 成正比，并设弹簧为线性弹簧，即弹力与 y 成正比。

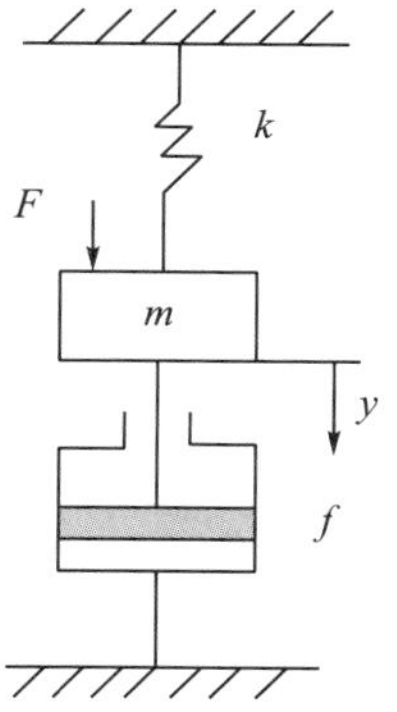

图 2-9　阻尼器原理图

解：由牛顿第二定律，有

$$\sum F = m\frac{\mathrm{d}^2 y}{\mathrm{d}t^2} \tag{2-21}$$

设 f 为黏性摩擦系数，k 为弹簧刚度，则有

$$\sum F = F - ky - f\frac{\mathrm{d}y}{\mathrm{d}t} = m\frac{\mathrm{d}^2 y}{\mathrm{d}t^2} \tag{2-22}$$

或表示成

$$m\frac{\mathrm{d}^2 y}{\mathrm{d}t^2} + f\frac{\mathrm{d}y}{\mathrm{d}t} + ky = F \tag{2-23}$$

如果选择位移 y 和速度 $\mathrm{d}y/\mathrm{d}t$ 为状态变量，而位移为系统的输出，力 F 为输入量，则有

$$\begin{cases} x_1 = y \\ \dot{x}_1 = x_2 = \dot{y} \\ \dot{x}_2 = -\dfrac{k}{m}y - \dfrac{f}{m}\dfrac{\mathrm{d}y}{\mathrm{d}t} + \dfrac{1}{m}F = -\dfrac{k}{m}x_1 - \dfrac{f}{m}x_2 + \dfrac{1}{m}F \end{cases} \tag{2-24}$$

于是该机械系统的系统方程为

$$\begin{bmatrix} \dot{x}_1 \\ \dot{x}_2 \end{bmatrix} = \begin{bmatrix} 0 & 1 \\ -\dfrac{k}{m} & -\dfrac{f}{m} \end{bmatrix} \begin{bmatrix} x_1 \\ x_2 \end{bmatrix} + \begin{bmatrix} 0 \\ \dfrac{1}{m} \end{bmatrix} F \tag{2-25}$$

$$y = [1 \quad 0] \begin{bmatrix} x_1 \\ x_2 \end{bmatrix} \tag{2-26}$$

该机械系统的状态图如图 2-10 所示。

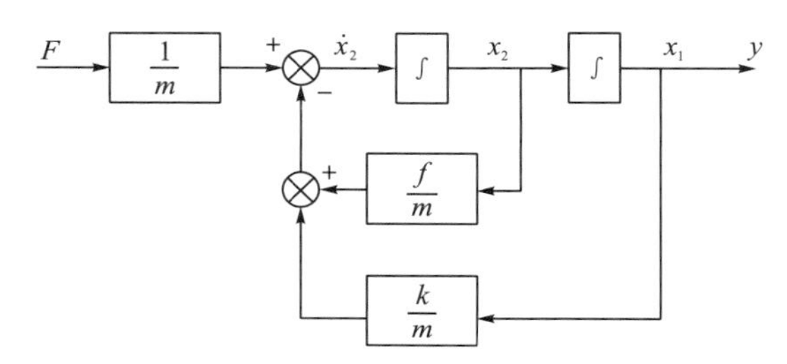

图 2-10 机械系统的状态图

例 2-5 一个由电阻、电容和电感元件组成的四端无源网络如图 2-11 所示，试建立以输入电压 u_i 为输入量，以输出电压 u_o 为输出量的状态空间模型。

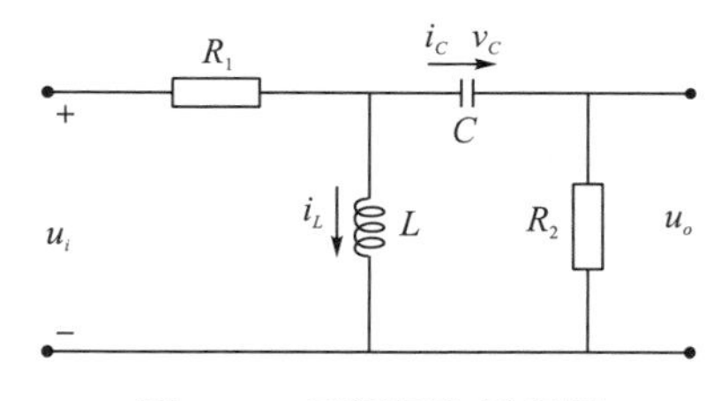

图 2-11 无源网络原理图

解： 假设流经电感的电流为 i_L，流经电容的电流为 i_C，电容上的电压为 v_C，则由基尔霍夫定律可得

$$\begin{cases} R_1(i_L + i_C) + L\dfrac{\mathrm{d}i_L}{\mathrm{d}t} = u_\mathrm{i} \\ R_1(i_L + i_C) + v_C + R_2 i_C = u_\mathrm{i} \\ u_o = R_2 i_C \\ i_C = C\dfrac{\mathrm{d}v_C}{\mathrm{d}t} \end{cases} \tag{2-27}$$

选取电容电压 v_C 和电感电流 i_L 为状态变量，即 $x=[x_1 \quad x_2]^{\mathrm{T}}=[v_C \quad i_L]^{\mathrm{T}}$，消去中间变量，整理得

$$\begin{cases} v_C + R_2 C\dfrac{\mathrm{d}v_C}{\mathrm{d}t} - L\dfrac{\mathrm{d}i_L}{\mathrm{d}t} = 0 \\ R_1\left(i_L + C\dfrac{\mathrm{d}v_C}{\mathrm{d}t}\right) + L\dfrac{\mathrm{d}i_L}{\mathrm{d}t} = e \end{cases} \tag{2-28}$$

$$\begin{cases} \begin{bmatrix} \dot{u}_C \\ \dot{i}_L \end{bmatrix} = \begin{bmatrix} -\dfrac{1}{(R_1+R_2)C} & -\dfrac{R_1}{(R_1+R_2)C} \\ \dfrac{R_1}{L(R_1+R_2)} & -\dfrac{R_1R_2}{L(R_1+R_2)} \end{bmatrix} \begin{bmatrix} v_C \\ i_L \end{bmatrix} + \begin{bmatrix} \dfrac{1}{(R_1+R_2)C} \\ \dfrac{R_2}{L(R_1+R_2)} \end{bmatrix} e \\ u_{R_2} = \begin{bmatrix} -\dfrac{R_2}{R_1+R_2} & -\dfrac{R_1R_2}{R_1+R_2} \end{bmatrix} \begin{bmatrix} v_C \\ i_L \end{bmatrix} + \begin{bmatrix} \dfrac{R_2}{R_1+R_2} \end{bmatrix} e \end{cases} \tag{2-29}$$

容易得系统的状态方程和输出方程，即

$$\begin{cases} \dot{x} = Ax + Bu_{\mathrm{i}} \\ y = Cx + Du_{\mathrm{i}} \end{cases} \tag{2-30}$$

式中，各系数矩阵为

$$A = \begin{bmatrix} -\dfrac{1}{C(R_1+R_2)} & -\dfrac{R_1}{C(R_1+R_2)} \\ \dfrac{R_1}{L(R_1+R_2)} & -\dfrac{R_1R_2}{L(R_1+R_2)} \end{bmatrix}, \quad B = \begin{bmatrix} \dfrac{1}{C(R_1+R_2)} \\ \dfrac{R_2}{L(R_1+R_2)} \end{bmatrix}$$

$$C = \begin{bmatrix} -\dfrac{R_2}{R_1+R_2} & -\dfrac{R_1R_2}{R_1+R_2} \end{bmatrix}, \qquad D = \begin{bmatrix} \dfrac{R_2}{R_1+R_2} \end{bmatrix}$$

系统的动态方程结构如图 2-12 所示。

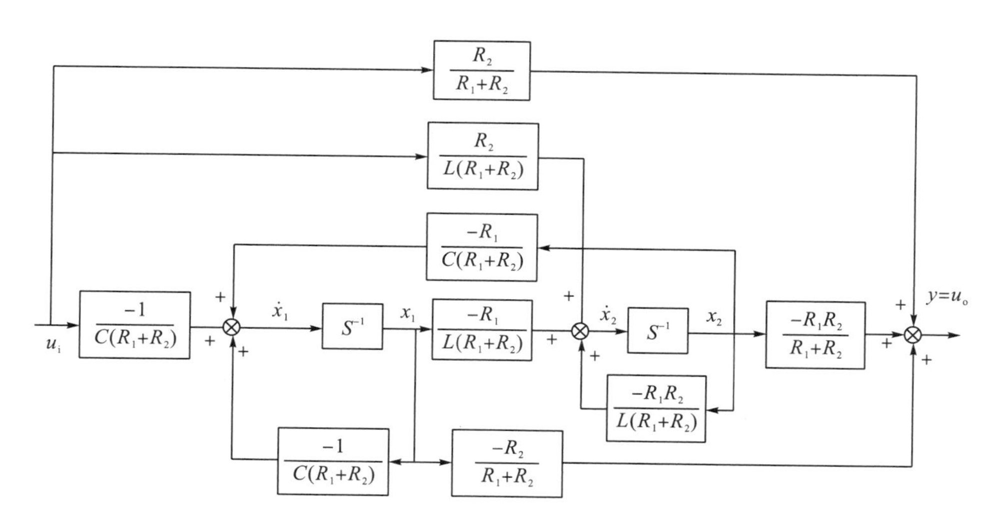

图 2-12　系统结构图

例 2-6 建立图 2-13 所示的电枢控制直流他励电动机的状态空间表达式。电动机电枢在供电电压 u_D 作用下，产生电流 i_D、转矩 T_D，使电动机轴克服黏性摩擦负载以角速度 ω 转动。

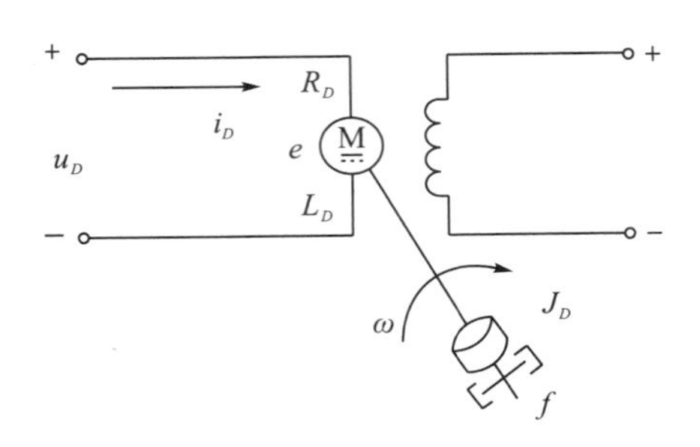

图 2-13 直流他励电动机结构图

解： 电枢回路的电压方程为

$$L_D\frac{\mathrm{d}i_D}{\mathrm{d}t}+R_Di_D+e=u_D \tag{2-31}$$

式中，R_D 和 L_D 分别为电动机电枢回路的电阻和电感。

因为励磁电流保持不变，励磁磁通不变，所以电动机反电动势 $e=K_e\omega$，K_e 为电动势常数。

$$L_D\frac{\mathrm{d}i_D}{\mathrm{d}t}+R_Di_D+K_e\omega=u_D \tag{2-32}$$

系统运动方程式为

$$T_D-f\omega=J_D\frac{\mathrm{d}\omega}{\mathrm{d}t} \tag{2-33}$$

考虑电动机的电磁转矩 $T_D=K_mi_D$，K_m 为转矩常数，于是有

$$K_mi_D-f\omega=J_D\frac{\mathrm{d}\omega}{\mathrm{d}t} \tag{2-34}$$

式中，J_D 为电动机及负载折合到电动机轴上的转动惯量；f 为电动机及负载折合到电动机轴上的黏性摩擦系数。

如果选取电流 i_D 和角速度 ω 为状态变量，角速度为电动机的输出量，电枢电压 u_D 为输入量，建立状态空间表达式，则有

$$\begin{cases}\dfrac{\mathrm{d}i_D}{\mathrm{d}t}=-\dfrac{R_D}{L_D}i_D-\dfrac{K_e}{L_D}\omega+\dfrac{1}{L_D}u_D\\[2ex]\dfrac{\mathrm{d}\omega}{\mathrm{d}t}=\dfrac{K_m}{J_D}i_D-\dfrac{f}{J_D}\omega\end{cases} \tag{2-35}$$

$$\begin{bmatrix}\dfrac{\mathrm{d}i_D}{\mathrm{d}t}\\[2ex]\dfrac{\mathrm{d}\omega}{\mathrm{d}t}\end{bmatrix}=\begin{bmatrix}-\dfrac{R_D}{L_D} & -\dfrac{K_e}{L_D}\\[2ex]\dfrac{K_m}{J_D} & -\dfrac{f}{J_D}\end{bmatrix}\begin{bmatrix}i_D\\ \omega\end{bmatrix}+\begin{bmatrix}\dfrac{1}{L_D}\\ 0\end{bmatrix}u_D \tag{2-36}$$

$$y = [1 \quad 0]\begin{bmatrix} i_D \\ \omega \end{bmatrix} \tag{2-37}$$

状态图如图 2-14 所示。

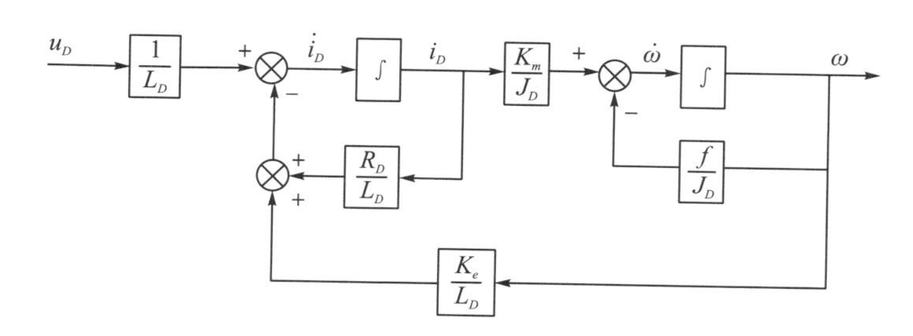

图 2-14　直流他励电动机状态图

由上述例子可以归纳出由机理法建立状态空间模型的一般步骤：①确定系统的输入变量和输出变量；②根据变量遵循的物理、化学、热力学定律，列出描述系统动态特性或运动规律的微分方程；③选择合适的状态变量，消去中间变量，得出状态变量的一阶导数与各状态变量、输入变量的关系式，以及输出变量与各状态变量、输入变量的关系式；④将方程整理成状态方程、输出方程的标准形式。

关于选取状态变量的说明如下。

(1) 状态变量的选取可以根据所研究的问题性质和输入特性而定。从便于检测和控制的角度考虑，可以选择能测量到的物理量为状态变量，也可以选择分析研究所需要却不能测量到的量为状态变量。当无特殊要求时，对于一个物理系统而言，通常选择系统中反映独立储能元件状态的特征量作为状态变量。例如机械系统中弹性元件的变形（反映位能）和质量元件的速度（反映动能）；电气系统中的电容电压（反映电能）和电感电流（反映磁能）。电路中电容两端的电压和流过电感的电流，以及机械系统中的速度和位置（转角）均可作为系统的状态变量。

(2) 状态变量选取的非唯一性。同一个系统可以选取不同的变量作为状态变量。如图 2-2 所示的电路，经过简单的推导，得到电路的微分方程为

$$\frac{\mathrm{d}^2 u_C}{\mathrm{d}t^2} + \frac{R\mathrm{d}u_C}{L\mathrm{d}t} + \frac{1}{LC}u_C = \frac{1}{LC}u$$

如果选取电容上的电压 u_C 和 u_C 随时间的变化率 $\frac{\mathrm{d}u_C}{\mathrm{d}t}$ 作为状态变量，则有

$$\begin{cases} x_1 = u_C \\ \dot{x}_1 = \dot{u}_C = x_2 \\ \dot{x}_2 = \ddot{u} = -\frac{R}{L}x_2 - \frac{1}{LC}x_1 + \frac{1}{LC}u \end{cases}$$

记成向量、矩阵形式为

$$
\begin{cases}
\begin{bmatrix} \dot{x}_1 \\ \dot{x}_2 \end{bmatrix} = \begin{bmatrix} 0 & 1 \\ -\dfrac{1}{LC} & -\dfrac{R}{L} \end{bmatrix} \begin{bmatrix} x_1 \\ x_2 \end{bmatrix} + \begin{bmatrix} 0 \\ \dfrac{1}{LC} \end{bmatrix} u \\
y = [1 \quad 0] \begin{bmatrix} x_1 \\ x_2 \end{bmatrix}
\end{cases}
\tag{2-38}
$$

显然它与式(2-3)、式(2-4)的形式不同。也就是说，状态变量的选取并非唯一的。状态变量选取不同，系统方程不同，即状态空间表达式不是唯一的。但由于状态是系统的最小变量组，状态变量的个数等于系统的独立储能元件的个数，同一个系统的不同状态空间模型总可以利用线性变换方法互相转换(详见 2.5 节)。

在 2.1.5 节中已经指出，现实世界中的一切实际系统严格地说都属于非线性系统。根据系统机理建立实际系统的微分方程往往是非线性的，此时应考虑系统实际情况，在系统工作点(平衡态)对系统进行线性化处理。

例 2-7 电动平衡车已成为城市现代生活中一种非常方便的代步工具。它是一种不稳定、可控、非线性的两轮单轴小车。如果仅考虑直立稳定和前进后退，电动平衡车可以简化为一个倒立摆模型，其控制分解为两个基本任务，即控制车模平衡和控制车模速度，两个控制任务最终都是以控制左右两个电机的脉宽调制(pulse-width modulation，PWM)来达到预期效果的。电动平衡车模型如图 2-15 所示。

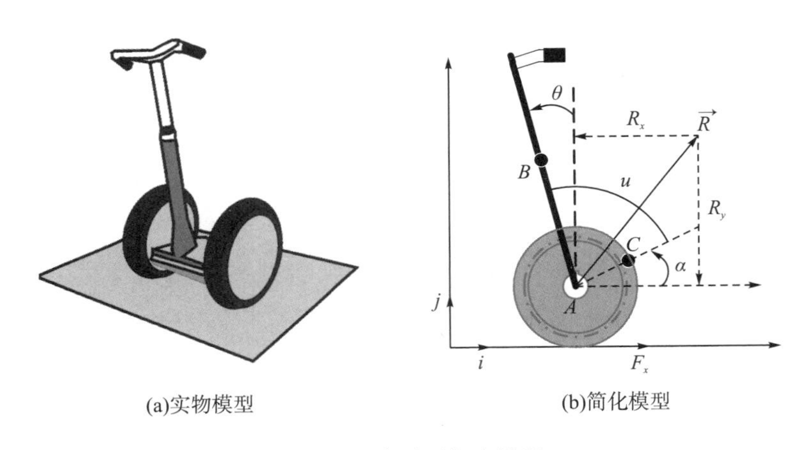

图 2-15 电动平衡车模型

只考虑车体保持直立和直线运动，其开环特性非常接近图 2-15(b)的平面独轮车，由车体和车轮两个部分组成，中间通过枢轴销连接。图中 A 为车轮的中心点，B 为车体的中心点，C 为车轮上的固定点，θ 为车体与垂直轴线的夹角，α 为 AC 与水平轴线的夹角，u 为外部输入动量，F_x 为摩擦力，$\vec{R}$ 为车轮作用在车体上的转矩。设车轮半径为 a，J_M 为车轮转动惯量，J_p 为车体转动惯量，$\dot{v}_B$ 为 B 点的加速度矢量，M 为车轮质量，m 为车体质量，l 为 AB 的长度。

分别对车体和车轮进行动力学分析，如图 2-16 所示。

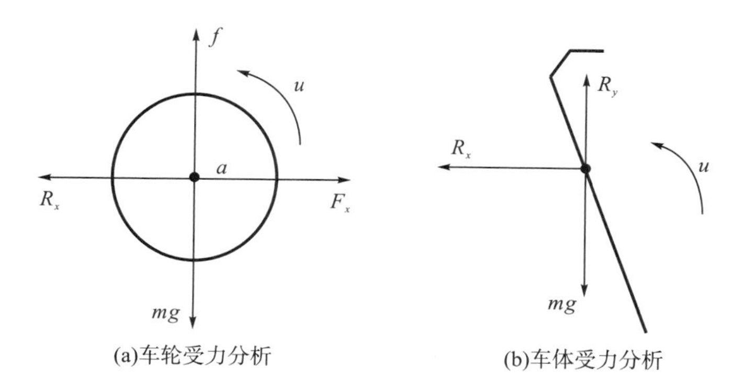

图 2-16　平衡车运动受力分析

运用牛顿第二定律和刚体的定轴转动定律得到动力学公式：

$$\begin{cases} -R_x + F_x = -Ma\ddot{\alpha} \\ F_x a + u = J_M \ddot{\alpha} \\ R_x i + R_y j - mgj = m\dot{v}_B \\ R_x l\cos\theta + R_y l\sin\theta - u = J_P \ddot{\theta} \end{cases} \tag{2-39}$$

其中，$\dot{v}_B$ 是 B 点的加速度矢量。在广义坐标下，定义 O 点在小车的最低点，如图 2-17 所示，则 B 点的位移矢量为

$$OB = (-a\alpha - l\sin\theta)i + (l\cos\theta + a)j \tag{2-40}$$

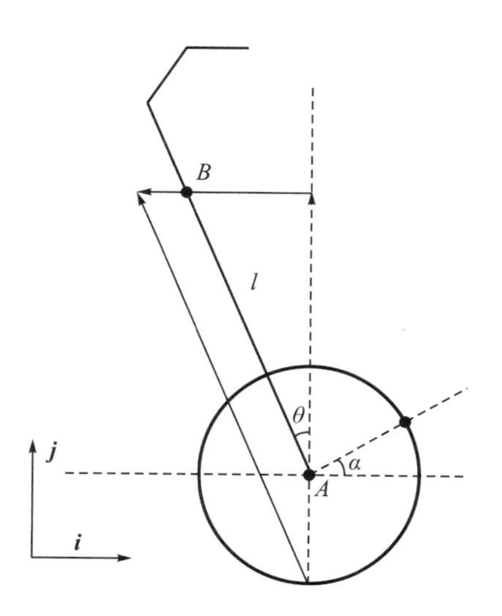

图 2-17　B 点位移矢量示意图

求导得

$$v_B = (-a\dot{\alpha} - l\dot{\theta}\cos\theta)i - l\dot{\theta}\sin\theta j \tag{2-41}$$

$$\dot{v}_B = (-a\ddot{\alpha} - l\ddot{\theta}\cos\theta + l\dot{\theta}^2\sin\theta)i - (l\ddot{\theta}\sin\theta + l\dot{\theta}^2\cos\theta)j \tag{2-42}$$

将式(2-42)代入式(2-39)，进行标量分解，则动力学方程变为

$$\begin{cases}-R_x+F_x=-Ma\ddot{\alpha}\\F_xa+u=J_M\ddot{\alpha}\\R_x=m(-a\ddot{\alpha}-l\ddot{\theta}\cos\theta+l\dot{\theta}^2\sin\theta)\\R_y-mg=-m(l\ddot{\theta}\sin\theta+l\dot{\theta}^2\cos\theta)\\R_xl\cos\theta+R_yl\sin\theta-u=J_p\ddot{\theta}\end{cases}\tag{2-43}$$

消去内力分量R_x、R_y和中间变量F_x，令

$$\mu_1=J_M+a^2(m+M),\ \mu_2=J_p+ml^2,\ \mu_3=aml,\mu_g=glm$$

则其微分方程可以写为

$$\begin{cases}\ddot{\alpha}=\dfrac{\mu_3(\mu_2\dot{\theta}^2-\mu_g\cos\theta)\sin\theta+(\mu_2+\mu_3\cos\theta)u}{\mu_1\mu_2-\mu_3^2\cos^2\theta}\\\ddot{\theta}=\dfrac{(\mu_1\mu_g-\mu_3^2\dot{\theta}^2\cos\theta)\sin\theta-(\mu_1+\mu_3\cos\theta)u}{\mu_1\mu_2-\mu_3^2\cos^2\theta}\end{cases}\tag{2-44}$$

取状态变量为$\alpha,\theta,\dot{\alpha},\dot{\theta}$，即$x=[\alpha,\theta,\dot{\alpha},\dot{\theta}]^{\mathrm{T}}$，可得状态方程：

$$\begin{bmatrix}\dot{x}_1\\\dot{x}_2\\\dot{x}_3\\\dot{x}_4\end{bmatrix}=\begin{bmatrix}\dot{\alpha}\\\dot{\theta}\\\ddot{\alpha}\\\ddot{\theta}\end{bmatrix}=\begin{bmatrix}x_3\\x_4\\\dfrac{\mu_3(\mu_2x_4^2-\mu_g\cos x_2)\sin x_2+(\mu_2+\mu_3\cos x_2)u}{\mu_1\mu_2-\mu_3^2\cos^2x_2}\\\dfrac{(\mu_1\mu_g-\mu_3^2x_4^2\cos x_2)\sin x_2-(\mu_1+\mu_3\cos x_2)u}{\mu_1\mu_2-\mu_3^2\cos^2x_2}\end{bmatrix}\tag{2-45}$$

该状态方程为非线性方程，需要对其进行线性化处理。首先要求出系统的工作点x_e，非线性系统工作点满足$f(x_e,u_e)=0$，即

$$\begin{cases}x_{3e}=0\\x_{4e}=0\\\mu_3(\mu_2x_{4e}^2-\mu_g\cos x_{2e})\sin x_{2e}+(\mu_2+\mu_3\cos x_{2e})u_e=0\\(\mu_1\mu_g-\mu_3^2x_{4e}^2\cos x_{2e})\sin x_{2e}-(\mu_1+\mu_3\cos x_{2e})u_e=0\end{cases}\tag{2-46}$$

故平衡车工作点的形式为$x_e=[\overline{x},0,0,0]^{\mathrm{T}}$和$u_e=0$。将式(2-46)在平衡点$x_e=0$附近做线性化处理，即令$|\theta|\leqslant10°$，此时$\sin x_2=x_2$，$\cos x_2=1$，得

$$\dot{x}=\begin{bmatrix}0&0&1&0\\0&0&0&1\\0&-\dfrac{\mu_3\mu_g}{\mu_1\mu_2-\mu_3^2}&0&0\\0&\dfrac{\mu_1\mu_g}{\mu_1\mu_2-\mu_3^2}&0&0\end{bmatrix}x+\begin{bmatrix}0\\0\\\dfrac{\mu_2+\mu_3}{\mu_1\mu_2-\mu_3^2}\\-\dfrac{\mu_1+\mu_3}{\mu_1\mu_2-\mu_3^2}\end{bmatrix}u\tag{2-47}$$

根据实际物理参数，设$m=10\text{kg}$，$M=1\text{kg}$，$l=1\text{m}$，$g=10\text{m}/\text{s}^2$，$a=0.3\text{m}$，

$J_P = 10\text{kg}\cdot\text{m}^2$ 和 $J_M = \dfrac{1}{2}Ma^2$。得到系统的状态空间模型：

$$\dot{x} = \begin{bmatrix} 0 & 0 & 1 & 0 \\ 0 & 0 & 0 & 1 \\ 0 & -25.64 & 0 & 0 \\ 0 & 8.85 & 0 & 0 \end{bmatrix} x + \begin{bmatrix} 0 \\ 0 \\ 1.96 \\ -0.34 \end{bmatrix} u \tag{2-48}$$

例 2-8　考虑图 2-18(a)所示直角坐标系下汽车机器人模型。在汽车行驶过程中，司机可以通过油门控制前轮加速度，通过方向盘控制前轮转向角，若刹车则是负加速度。简化起见，对图 2-18(a)所示的汽车机器人模型进行以下假设：①汽车为前轮驱动；②忽略汽车转向系统，两侧车轮速度相同(尽管实际转弯时外轮比内轮快)；③车轮与地面无滑动，前后轮可以用车轴中心的两个轮子近似；④地面为水平平面。在此基础上，图 2-18(a)所示的汽车机器人模型可简化为图 2-18(b)所示的两轮模型，其中，A 为前桥中心点，M 为后桥中心点，$v(t)$ 为前桥中心点速度，$v_M(t)$ 为后桥中心点速度，δ 为前轮转向角，θ 为车体航向角，L 为前后轮间距。描述汽车的动态状态变量应包括位置坐标和运动坐标。其中位置坐标包括后桥中心点坐标 (x,y)、汽车行驶方向 θ 和前轮的转角 δ，运动坐标表示前桥中心点的速度 v。

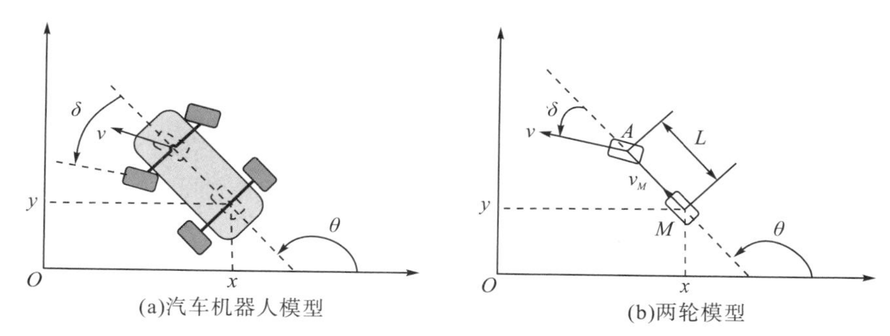

图 2-18　直角坐标系下汽车机器人运动模型

由图 2-18(b)可列出运动学方程：

$$v_M(t) = v(t)\cos\delta(t) \tag{2-49}$$

$$\dot{\theta}(t) = \frac{v(t)\sin\delta(t)}{L} \tag{2-50}$$

$$\dot{x}(t) = v_M(t)\cos\theta(t) \tag{2-51}$$

$$\dot{y}(t) = v_M(t)\sin\theta(t) \tag{2-52}$$

汽车机器人的状态方程为

$$\begin{bmatrix} \dot{x}(t) \\ \dot{y}(t) \\ \dot{\theta}(t) \\ \dot{v}(t) \\ \dot{\delta}(t) \end{bmatrix} = \begin{bmatrix} v(t)\cos\delta(t)\cos\theta(t) \\ v(t)\cos\delta(t)\sin\theta(t) \\ \dfrac{v(t)\sin\delta(t)}{L} \\ u_1(t) \\ u_2(t) \end{bmatrix} \tag{2-53}$$

显然，这是一个非线性状态方程。

对于汽车驾驶行为，一般情况下不会太在意汽车行进的距离，真正在意的是汽车在道路上的相对位置。所以在自然坐标系下就省略了行进方向的距离参数。对于自动驾驶行为，控制一辆汽车沿着道路正常行驶，需要控制的就是方向盘和油门，所以输入就是前轮的加速度 $\dot{v}$ 和方向盘的角速度 $\dot{\delta}$ ，以及三个输出量，即后桥中心到道路边缘的距离 d（通过测距仪进行测量），前轮的速度 v（通过速度传感器测量），方向盘的角度 δ（通过角度传感器测量），如图 2-19 所示。因此，一般选择车辆的相对位置，即 d、θ（车体航向角）、v 和 δ 为状态变量。

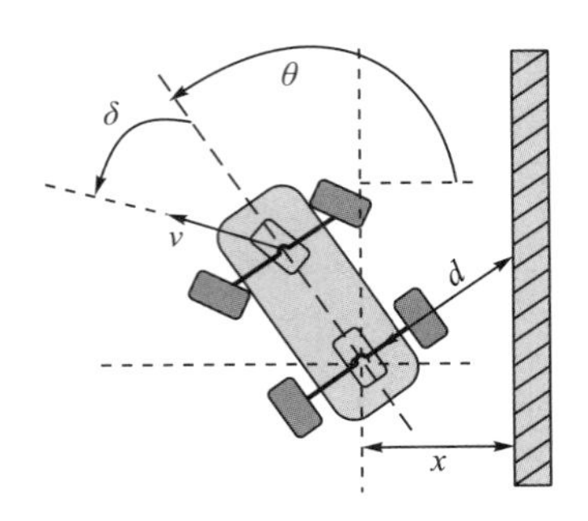

图 2-19　自然坐标系下的自动驾驶汽车机器人模型

根据上述分析，自然坐标系下的汽车机器人模型的输入方程、状态方程和输出方程如下。

(1) 输入方程。

通过油门控制加速度： $u_1(t)=\dot{v}(t)$

通过方向盘控制转向： $u_2(t)=\dot{\delta}(t)$

(2) 状态方程。

$$\dot{x}_1(t)=\dot{d}(t)=-v(t)\cos\delta(t)\cos\theta(t)=-x_3(t)\cos x_2(t)\cos x_4(t)$$

$$\dot{x}_2(t)=\dot{\theta}(t)=\frac{v(t)\sin\delta(t)}{L}=\frac{x_3(t)\sin x_4(t)}{L}$$

$$\dot{x}_3(t)=\dot{v}(t)=u_1(t)$$

$$\dot{x}_4(t)=\dot{\delta}(t)=u_2(t)$$

(3) 输出方程。

测距仪测量距离： $y_1(t)=d(t)=\dfrac{x(t)}{\sin\theta(t)}=\dfrac{x_1(t)}{\sin x_2(t)}$

速度传感器测量速度： $y_2(t)=v(t)=x_3(t)$

方向盘的角度： $y_3(t)=\delta(t)=x_4(t)$

如图 2-19 所示，设汽车初始时刻与道路边缘平行行驶，距路边的距离 d=5m，行驶速度为 7m/s，汽车长度 L=3m，故在指定初始工作点 $x_0=\begin{bmatrix}5 & \dfrac{\pi}{2} & 7 & 0\end{bmatrix}^{\mathrm{T}}$ ， $u_0=[0\quad 0]^{\mathrm{T}}$ 附近，对系统线性化可得

$$\dot{x}_1(t) = -x_3(t)\cos x_2(t)\cos x_4(t) = 7x_2(t)$$

$$\dot{x}_2(t) = \frac{x_3(t)\sin x_4(t)}{L} = \frac{7}{3}x_4(t)$$

$$y_1(t) = \frac{x_1(t)}{\sin x_2(t)} = x_1(t)$$

得到汽车机器人自动驾驶的状态空间表达式为

$$\dot{x}(t) = \begin{bmatrix} \dot{x}_1(t) \\ \dot{x}_2(t) \\ \dot{x}_3(t) \\ \dot{x}_4(t) \end{bmatrix} = \begin{bmatrix} 0 & 7 & 0 & 0 \\ 0 & 0 & 0 & 7/3 \\ 0 & 0 & 0 & 0 \\ 0 & 0 & 0 & 0 \end{bmatrix} \begin{bmatrix} x_1(t) \\ x_2(t) \\ x_3(t) \\ x_4(t) \end{bmatrix} + \begin{bmatrix} 0 & 0 \\ 0 & 0 \\ 1 & 0 \\ 0 & 1 \end{bmatrix} \begin{bmatrix} u_1(t) \\ u_2(t) \end{bmatrix} \tag{2-54}$$

$$y(t) = \begin{bmatrix} y_1(t) \\ y_2(t) \\ y_3(t) \end{bmatrix} = \begin{bmatrix} 1 & 0 & 0 & 0 \\ 0 & 0 & 1 & 0 \\ 0 & 0 & 0 & 1 \end{bmatrix} \begin{bmatrix} x_1(t) \\ x_2(t) \\ x_3(t) \\ x_4(t) \end{bmatrix} \tag{2-55}$$

2.2.2　由系统输入输出描述导出状态空间表达式

在经典控制理论中，系统的输入输出关系常采用微分方程和传递函数来描述。如何从系统输入、输出关系来建立状态空间描述表达式，是现代控制理论研究的一个基本问题，称为系统实现问题。它要求在将高阶微分方程或传递函数转化为状态空间表达式时，既要保持原系统的输入输出关系不变，又能揭示系统的内部关系。

一般情况下，单变量线性系统的输入和输出关系由 n 阶微分方程描述，即

$$y^{(n)} + a_{n-1}y^{(n-1)} + a_{n-2}y^{(n-2)} + \cdots + a_2\ddot{y} + a_1\dot{y} + a_0 y = b_m u^{(m)} + b_{m-1}u^{(m-1)} + \cdots + b_2\ddot{u} + b_1\dot{u} + b_0 u \tag{2-56}$$

相应的传递函数为

$$G(s) = \frac{Y(s)}{U(s)} = \frac{b_m s^m + b_{m-1}s^{m-1} + \cdots + b_1 s + b_0}{s^n + a_{n-1}s^{n-1} + \cdots + a_1 s + a_0}, \quad m \leqslant n \tag{2-57}$$

并非任意传递函数或微分方程都能求得实现，从物理可实现性角度，一般有 $m \leqslant n$。当 $m<n$ 时，称 $G(s)$ 为严格真有理式。当 $m = n$ 时，应用综合除法可将式(2-57)化为严格真有理分式函数，即

$$G(s)=b_n + \frac{(b_{n-1} - a_{n-1}b_n)s^{n-1} + \cdots + (b_1 - a_1 b_n)s + (b_0 - a_0 b_n)}{s^n + a_{n-1}s^{n-1} + \cdots + a_1 s + a_0} = G_o(s) + d \tag{2-58}$$

式中，$b_n = d$ 为常数，反映了系统输入输出间的直接传输部分。

只有当传递函数分子阶次等于分母阶次时，才会有输入输出直接传输项 d，一般情况下 d=0。

1. 传递函数不包含零点或微分方程中不含输入信号导数项

当输入函数中没有导数项时，系统的输入和输出关系由 n 阶微分方程描述：

$$y^{(n)}+a_{n-1}y^{(n-1)}+a_{n-2}y^{(n-2)}+\cdots+a_2\ddot{y}+a_1\dot{y}+a_0y=b_0u \tag{2-59}$$

对应传递函数为

$$G(s)=\frac{Y(s)}{U(s)}=\frac{b_0}{s^n+a_{n-1}s^{n-1}+\cdots+a_1s+a_0}$$

如果选取系统输出变量 $y,\dot{y},\ddot{y},\cdots,y^{(n-1)}$ 为状态变量，

$$x_1=\frac{y}{b_0}$$

$$\dot{x}_1=x_2=\frac{\dot{y}}{b_0}$$

$$\dot{x}_2=x_3=\frac{\ddot{y}}{b_0}$$

$$\vdots$$

$$\dot{x}_{n-1}=x_n=y^{(n-1)}$$

$$\begin{aligned}\dot{x}_n=y^{(n)}&=-a_{n-1}y^{(n-1)}-a_{n-2}y^{(n-2)}-\cdots-a_2\ddot{y}-a_1\dot{y}-a_0y+u\\&=-a_{n-1}x_n-a_{n-2}x_{n-1}-\cdots-a_2x_3-a_1x_2-a_0x_1+u\end{aligned}$$

则式(2-59)可以写成 n 个一阶微分方程：

$$\begin{aligned}&\dot{x}_1=x_2\\&\dot{x}_2=x_3\\&\vdots\\&\dot{x}_{n-1}=x_n\\&\dot{x}_n=-a_{n-1}x_n-a_{n-2}x_{n-1}-\cdots-a_2x_3-a_1x_2-a_0x_1+b_0u\end{aligned}$$

记成向量、矩阵形式为

$$\begin{cases}\begin{bmatrix}\dot{x}_1\\\dot{x}_2\\\vdots\\\dot{x}_{n-1}\\\dot{x}_n\end{bmatrix}=\begin{bmatrix}0&1&0&0&\cdots&0\\0&0&1&0&\cdots&0\\\vdots&\vdots&\vdots&\vdots&\ddots&\vdots\\0&0&0&0&\cdots&1\\-a_0&-a_1&-a_2&-a_3&\cdots&-a_{n-1}\end{bmatrix}\begin{bmatrix}x_1\\x_2\\\vdots\\x_{n-1}\\x_n\end{bmatrix}+\begin{bmatrix}0\\0\\\vdots\\0\\1\end{bmatrix}u\\y=[b_0\quad 0\quad 0\quad\cdots\quad 0]\begin{bmatrix}x_1\\x_2\\\vdots\\x_{n-1}\\x_n\end{bmatrix}\end{cases} \tag{2-60}$$

系统的状态图如图 2-20 所示。

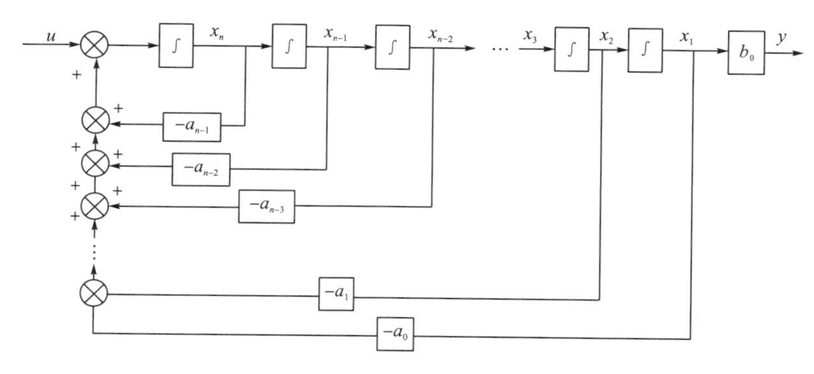

图 2-20　系统状态变量图

注意，按该方法选择的状态变量称为相变量，可以得到状态空间描述[式(2-60)]。其状态矩阵 A 称为友矩阵，特点是在主对角线上方的元素均为 1，最下一行各元素是微分方程系数取负号组成，其余各元素都为 0。控制矩阵 B 的特点是最后一个元素为 1，其余元素均为 0。这种形式的状态空间表达式又称能控标准型，会在第 4 章进一步讨论。

2. 传递函数中包含零点或微分方程中含有输入信号的导数项

对于传递函数中包含零点或微分方程中含有输入信号的导数项，此时不能选用 $y,\dot{y},\ddot{y},\cdots,y^{(n-1)}$ 为状态变量，因为此时方程中包含输入的导数项，它可能导致系统在状态空间中的运动出现无穷大的跳变，方程解的存在性和唯一性被破坏。因此，通常可以选择输出 y 和输入 u 及其各阶导数项组成状态变量，以保证状态方程中不含输入的导数项。

对式(2-56)，设系统输入阶次 n 与输出阶次 m 相等，即 $m=n$，系统由如下更全面的 n 阶微分方程描述。

$$\begin{aligned} & y^{(n)}+a_{n-1}y^{(n-1)}+a_{n-2}y^{(n-2)}+\cdots+a_2\ddot{y}+a_1\dot{y}+a_0y \\ & =b_nu^{(n)}+b_{n-1}u^{(n-1)}+\cdots+b_2\ddot{u}+b_1\dot{u}+b_0u \end{aligned} \tag{2-61}$$

相应传递函数为

$$G(s)=\frac{Y(s)}{U(s)}=\frac{b_ns^n+b_{n-1}s^{n-1}+\cdots+b_1s+b_0}{s^n+a_{n-1}s^{n-1}+\cdots+a_1s+a_0}$$

当 $m<n$ 时，$b_n=0$。

1)待定参数法

将状态变量组取为如下所示的输出 y 和输入 u 以及其各阶导数的一个线性组合：

$$\begin{cases} x_1=y-\beta_0u \\ x_2=\dot{x}_1-\beta_1u=y^{(1)}-\beta_0u^{(1)}-\beta_1u \\ x_3=\dot{x}_2-\beta_2u=y^{(2)}-\beta_0u^{(2)}-\beta_1u^{(1)}-\beta_2u \\ \quad\vdots \\ x_{n-1}=\dot{x}_{n-2}-\beta_{n-2}u=y^{(n-2)}-\beta_0u^{(n-2)}-\beta_1u^{(n-3)}-\cdots-\beta_{n-3}u^{(1)}-\beta_{n-2}u \\ x_n=\dot{x}_{n-1}-\beta_{n-1}u=y^{(n-1)}-\beta_0u^{(n-1)}-\beta_1u^{(n-2)}-\cdots-\beta_{n-2}u^{(1)}-\beta_{n-1}u \end{cases} \tag{2-62}$$

其中，$\beta_0,\beta_1,\cdots,\beta_{n-1},\beta_n$ 为 $n+1$ 个待定常系数，将方程组(2-62)由上至下依次乘以系数 $a_0,a_1,\cdots,a_{n-1}$，并注意到 $x_{n+1}=\dot{x}_n-\beta_n u=y^{(n)}-\beta_0 u^{(n)}-\beta_1 u^{(n-1)}-\cdots-\beta_{n-1}u^{(1)}$，即 $x_{n+1}=y^{(n)}-\beta_0 u^{(n)}-\beta_1 u^{(n-1)}-\cdots-\beta_{n-1}u^{(1)}-\beta_n u$，有

$$\begin{cases} a_0 y=a_0 x_1+a_0\beta_0 u \\ a_1 y^{(1)}=a_1 x_2+a_1\beta_0 u^{(1)}+a_1\beta_1 u \\ a_2 y^{(2)}=a_2 x_3+a_2\beta_0 u^{(2)}+a_2\beta_1 u^{(1)}+a_2\beta_2 u \\ \qquad\vdots \\ a_{n-1}y^{(n-1)}=a_{n-1}x_n+a_{n-1}\beta_0 u^{(n-1)}+\cdots+a_{n-1}\beta_{n-1}u \\ y^{(n)}=x_{n+1}+\beta_0 u^{(n)}+\beta_1 u^{(n-1)}+\cdots+\beta_{n-1}u^{(1)}+\beta_n u \end{cases} \tag{2-63}$$

可以看出，式(2-63)各方程等式左边相加结果即为输入输出描述式(2-61)左边表达式。相应地，式(2-63)各方程等式右边相加结果必等于输入输出描述式(2-61)右边表达式，从而有

$$\begin{aligned} &(x_{n+1}+a_{n-1}x_n+\cdots+a_1x_2+a_0x_1)+[\beta_0 u^{(n)}+(\beta_1+a_{n-1}\beta_0)u^{(n-1)}+\cdots \\ &+(\beta_{n-1}+a_{n-1}\beta_{n-2}+\cdots+a_2\beta_1+a_1\beta_0)u^{(1)}+(\beta_n+a_{n-1}\beta_{n-1}+\cdots+a_1\beta_1+a_0\beta_0)u] \\ &=b_n u^{(n)}+\cdots+b_1 u^{(1)}+b_0 u \end{aligned} \tag{2-64}$$

于是，比较式(2-64)等式两边 $u^{(i)}(i=0,1,\cdots,n)$ 的系数，即可导出 $\beta_0,\beta_1,\cdots,\beta_{n-1},\beta_n$ 的计算式为

$$\begin{cases} \beta_0=b_n \\ \beta_1=b_{n-1}-a_{n-1}\beta_0 \\ \beta_2=b_{n-2}-a_{n-1}\beta_1-a_{n-2}\beta_0 \\ \qquad\vdots \\ \beta_n=b_0-a_{n-1}\beta_{n-1}-a_{n-2}\beta_{n-2}-\cdots-a_1\beta_1-a_0\beta_2 \end{cases} \tag{2-65}$$

且有

$$x_{n+1}+a_{n-1}x_n+\cdots+a_1x_2+a_0x_1=0 \tag{2-66}$$

进而，由式(2-62)、式(2-63)和式(2-66)，可得

$$\begin{aligned} \dot{x}_{n-1}&=y^{(n-1)}-\beta_0 u^{(n-1)}-\cdots-\beta_{n-2}u^{(1)}=x_n+\beta_{n-1}u \\ \dot{x}_n&=y^{(n)}-\beta_0 u^{(n)}-\beta_1 u^{(n-1)}-\cdots-\beta_{n-1}u^{(1)}=x_{n+1}+\beta_n u \\ &=-a_0x_1-a_1x_2-\cdots-a_{n-1}x_n+\beta_n u \\ y&=x_1+\beta_0 u \end{aligned} \tag{2-67}$$

从而，引入状态 $x=[x_1,x_2,\cdots,x_n]^{\mathrm{T}}$，并利用 $\beta_0=b_n$ 导出状态空间描述为

$$\begin{bmatrix} \dot{x}_1 \\ \dot{x}_2 \\ \vdots \\ \dot{x}_{n-1} \\ \dot{x}_n \end{bmatrix}=\begin{bmatrix} 0 & 1 & 0 & 0 & \cdots & 0 \\ 0 & 0 & 1 & 0 & \cdots & 0 \\ \vdots & \vdots & \vdots & \vdots & \ddots & \vdots \\ 0 & 0 & 0 & 0 & \cdots & 1 \\ -a_0 & -a_1 & -a_2 & -a_3 & \cdots & -a_{n-1} \end{bmatrix}\begin{bmatrix} x_1 \\ x_2 \\ \vdots \\ x_{n-1} \\ x_n \end{bmatrix}+\begin{bmatrix} \beta_1 \\ \beta_2 \\ \vdots \\ \beta_{n-1} \\ \beta_n \end{bmatrix}u \tag{2-68}$$

$$y=[1 \quad 0 \quad 0 \quad \cdots \quad 0]x+\beta_0 u \tag{2-69}$$

式中

$$\begin{cases}\beta_0=b_n\\ \beta_1=b_{n-1}-a_{n-1}\beta_0\\ \beta_2=b_{n-2}-a_{n-2}\beta_0-a_{n-1}\beta_1\\ \beta_3=b_{n-3}-a_{n-3}\beta_0-a_{n-2}\beta_1-a_{n-1}\beta_2\\ \qquad\vdots\\ \beta_n=b_0-a_0\beta_0-a_1\beta_1-\cdots-a_{n-1}\beta_{n-1}\end{cases} \tag{2-70}$$

该表达式可以记为

$$\begin{bmatrix}1 & & & & & \\ a_{n-1} & 1 & & & & \\ a_{n-2} & a_{n-1} & 1 & & & \\ \vdots & \vdots & \ddots & \ddots & & \\ a_1 & a_2 & \ddots & \ddots & \ddots & \\ a_0 & a_1 & a_2 & \cdots & a_{n-1} & 1\end{bmatrix}\begin{bmatrix}\beta_0\\ \beta_1\\ \beta_2\\ \vdots\\ \beta_{n-1}\\ \beta_n\end{bmatrix}=\begin{bmatrix}b_n\\ b_{n-1}\\ b_{n-2}\\ \vdots\\ b_1\\ b_0\end{bmatrix} \tag{2-71}$$

系统的状态图如图 2-21 所示。

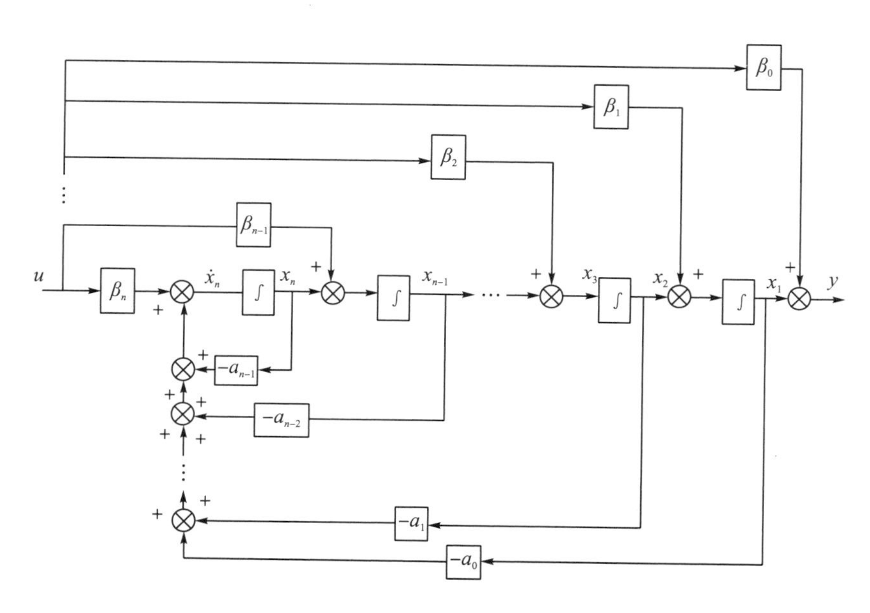

图 2-21　系统的状态图

例 2-9　已知描述系统的输入和输出的微分方程为

$$\dddot{y}+18\ddot{y}+192\dot{y}+640y=160\dot{u}+640u$$

试求系统的状态空间表达式。

解：(1) 确定待定系统 β_i。由式(2-70)可得

$$b_0=640, b_1=160, b_2=0, b_3=0$$

$$a_0 = 640, a_1 = 192, a_2 = 18$$

$$\beta_0 = b_3 = 0$$

$$\beta_1 = b_2 - a_2\beta_0 = 0$$

$$\beta_2 = b_1 - a_1\beta_0 - a_2\beta_1 = 160 - 192\times 0 - 18\times 0 = 160$$

$$\beta_3 = b_0 - a_0\beta_0 - a_1\beta_1 - a_2\beta_2 = 640 - 640\times 0 - 192\times 0 - 18\times 160 = -2240$$

(2)确定系统的状态空间表达式为

$$\begin{bmatrix} \dot{x}_1 \\ \dot{x}_2 \\ \dot{x}_3 \end{bmatrix} = \begin{bmatrix} 0 & 1 & 0 \\ 0 & 0 & 1 \\ -640 & -192 & -18 \end{bmatrix} \begin{bmatrix} x_1 \\ x_2 \\ x_3 \end{bmatrix} + \begin{bmatrix} 0 \\ 160 \\ -2240 \end{bmatrix} u$$

$$y = [1 \quad 0 \quad 0] \begin{bmatrix} x_1 \\ x_2 \\ x_3 \end{bmatrix}$$

系统的状态图如图 2-22 所示。

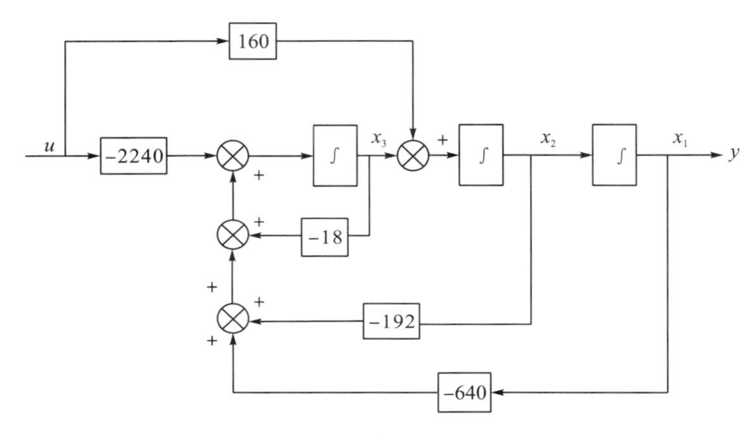

图 2-22 系统的状态图

例 2-10 假设系统的传递函数为

$$G(s) = \frac{Y(s)}{U(s)} = \frac{2s^3 + 5s^2 + 2s + 1}{s^4 + s^3 + 3s^2 + 2s + 1}$$

试求其状态空间数学模型。

解： 由传递函数可得相关系数为

$$b_0 = 1, b_1 = 2, b_2 = 5, b_3 = 2, b_4 = 0$$

$$a_0 = 1, a_1 = 2, a_2 = 3, a_3 = 1$$

$$\beta_0 = b_4 = 0$$

$$\beta_1 = b_3 - a_3\beta_0 = 2$$

$$\beta_2 = b_2 - a_2\beta_0 - a_3\beta_1 = 5 - 3\times 0 - 1\times 2 = 3$$

$$\beta_3 = b_1 - a_1\beta_0 - a_2\beta_1 - a_3\beta_2 = 2 - 2\times 0 - 3\times 2 - 1\times 3 = -7$$

$$\beta_4 = b_0 - a_0\beta_0 - a_1\beta_1 - a_2\beta_2 - a_3\beta_3 = 1 - 1\times 0 - 2\times 2 - 3\times 3 - 1\times(-7) = -5$$

因此，状态空间表达式为

$$\dot{x}=\begin{bmatrix}0&1&0&0\\0&0&1&0\\0&0&0&1\\-1&-2&-3&-1\end{bmatrix}x+\begin{bmatrix}2\\3\\-7\\-5\end{bmatrix}u$$

$$y=[1\quad 0\quad 0\quad 0]x$$

对于本例中传递函数为严格真有理分式函数，用下面的串联分解法更容易直接获得其状态空间表达式。

2）串联实现法

对于式(2-56)微分方程中含有输入信号的导数项，系统输入阶次 n 与输出阶次 m 相等，即

$$y^{(n)}+a_{n-1}y^{(n-1)}+a_{n-2}y^{(n-2)}+\cdots+a_2\ddot{y}+a_1\dot{y}+a_0y=b_nu^{(n)}+b_{n-1}u^{(n-1)}+\cdots+b_2\ddot{u}+b_1\dot{u}+b_0u$$

相应传递函数为

$$G(s)=\frac{Y(s)}{U(s)}=\frac{b_ns^n+b_{n-1}s^{n-1}+\cdots+b_1s+b_0}{s^n+a_{n-1}s^{n-1}+\cdots+a_1s+a_0}\tag{2-72}$$

应用综合除法将式(2-72)化为严格真有理分式函数：

$$G(s)=\frac{Y(s)}{U(s)}=b_n+\frac{(b_{n-1}-a_{n-1}b_n)s^{n-1}+\cdots+(b_1-a_1b_n)s+(b_0-a_0b_n)}{s^n+a_{n-1}s^{n-1}+\cdots+a_1s+a_0}$$

对应的系统结构如图 2-23 所示。

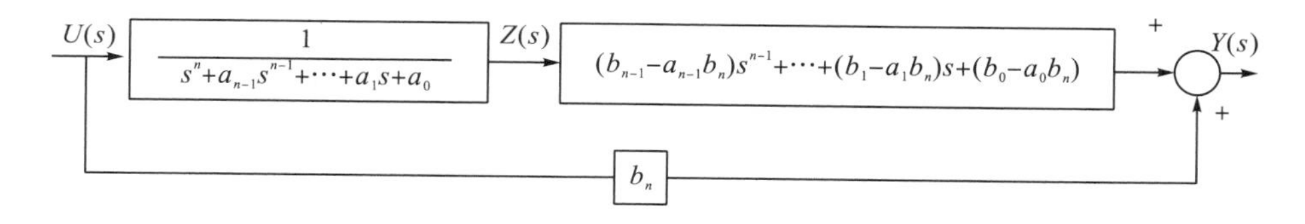

图 2-23　系统结构

如图 2-23 所示，引入中间变量 $Z(s)$，可得

$$Z(s)=\frac{1}{s^n+a_{n-1}s^{n-1}+\cdots+a_1s+a_0}U(s)\tag{2-73}$$

$$(s^n+a_{n-1}s^{n-1}+\cdots+a_1s+a_0)Z(s)=U(s)\tag{2-74}$$

$$Y(s)=[(b_{n-1}-a_{n-1}b_n)s^{n-1}+\cdots+(b_1-a_1b_n)s+(b_0-a_0b_n)]Z(s)+b_nU(s)\tag{2-75}$$

对式(2-74)和式(2-75)进行拉普拉斯逆变换，可得

$$z^{(n)}+a_{n-1}z^{(n-1)}+\cdots+a_1\dot{z}+a_0z=u\tag{2-76}$$

$$y=(b_{n-1}-a_{n-1}b_n)z^{(n-1)}+\cdots+(b_1-a_1b_n)\dot{z}+(b_0-a_0b_n)z+b_nu\tag{2-77}$$

由式(2-76)，选取如下一组变量作为状态变量。

$$x_1 = z$$
$$x_2 = \dot{z}$$
$$x_3 = \ddot{z}$$
$$\vdots$$
$$x_{n-1} = z^{(n-2)}$$
$$x_n = z^{(n-1)}$$

对以上诸式求一阶导数并代入定义的状态变量，可得

$$\dot{x}_1 = \dot{z} = x_2 \tag{2-78}$$
$$\dot{x}_2 = \ddot{z} = x_3 \tag{2-79}$$
$$\dot{x}_3 = z^{(3)} = x_4 \tag{2-80}$$
$$\vdots$$
$$\dot{x}_{n-1} = z^{(n-1)} = x_n \tag{2-81}$$
$$\dot{x}_n = z^{(n)} \tag{2-82}$$

联立式(2-76)和式(2-77)并代入定义的状态变量，可得

$$\dot{x}_n = -a_0 x_1 - a_1 x_2 - \cdots - a_{n-2} x_{n-1} - a_{n-1} x_n + u \tag{2-83}$$

式(2-78)、式(2-81)及式(2-83)即系统状态方程，其向量表达式为

$$\dot{x} = Ax + bu \tag{2-84}$$

式中

$$A = \left[\begin{array}{c|cccc} 0 & 1 & 0 & \cdots & 0 \\ 0 & 0 & 1 & \cdots & 0 \\ \vdots & \vdots & \vdots & \ddots & \vdots \\ 0 & 0 & 0 & \cdots & 1 \\ \hline -a_0 & -a_1 & -a_2 & \cdots & -a_{n-1} \end{array}\right],\ b = \begin{bmatrix} 0 \\ 0 \\ \vdots \\ 0 \\ 1 \end{bmatrix},\ x = \begin{bmatrix} x_1 \\ x_2 \\ \vdots \\ x_{n-1} \\ x_n \end{bmatrix}$$

将定义的状态变量代入式(2-77)，可得系统输出方程，即

$$y = (b_{n-1} - a_{n-1} b_n) x_n + \cdots + (b_1 - a_1 b_n) x_2 + (b_0 - a_0 b_n) x_1 + b_n u \tag{2-85}$$

或

$$y = Cx + Du \tag{2-86}$$

式中，

$$C = [\beta_0 \quad \beta_1 \quad \cdots \quad \beta_{n-1}],\ D = b_n$$

其中，$\beta_i = b_i - a_i b_n (i = 0,1,2,\cdots,n-1)$。

系统矩阵和输入矩阵具有如上形式的状态空间模型称为能控标准型，记为$\sum(A_c, b_c)$。其状态变量图如图 2-24 所示。

另须指出，当系统传递函数为严格真有理分式时（即$b_n = 0$），$\beta_i = b_i (i = 0,1,2,\cdots,n-1)$，输出矩阵的元素为传递函数分子多项式的系数，即$C = [b_0 \quad b_1 \quad \cdots \quad b_{n-1}]$。特别地，当传递函数分子为常数$b_0$时，$C = [b_0 \quad 0 \quad \cdots \quad 0]$。

因此，对于例 2-10 所示的传递函数$G(s) = \dfrac{2s^3 + 5s^2 + 2s + 1}{s^4 + s^3 + 3s^2 + 2s + 1}$，其状态空间数学模型

可以直接写出能控标准型$\sum(A_c,b_c)$，即

$$\dot{x}=\begin{bmatrix}0&1&0&0\\0&0&1&0\\0&0&0&1\\-1&-2&-3&-1\end{bmatrix}x+\begin{bmatrix}0\\0\\0\\1\end{bmatrix}u$$

$$y=[1\quad 2\quad 5\quad 2]x$$

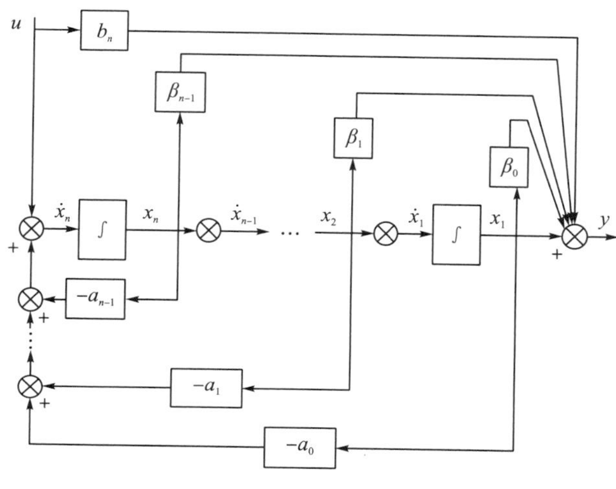

图 2-24 状态变量图

3) 并联实现法

设给定分子次数小于分母次数的单输入单输出线性时不变系统的传递函数为

$$G(s)=\frac{\beta_{n-1}s^{n-1}+\beta_{n-2}s^{n-2}+\cdots+\beta_1 s+\beta_0}{s^n+a_{n-1}s^{n-1}\cdots+a_1 s+a_0} \tag{2-87}$$

将特征方程进行因式分解，极点可能出现单根和重根两种情况。

首先假设传递函数式(2-87)的极点只有单根，记为$\lambda_i(i=1,2,\cdots,n)$且$\lambda_i\neq\lambda_j(i\neq j)$，则传递函数可以表示为

$$G(s)=\frac{\beta_{n-1}s^{n-1}+\beta_{n-2}s^{n-2}+\cdots+\beta_1 s+\beta_0}{\prod_{i=1}^{n}(s-\lambda_i)}$$

展成部分分式，得

$$G(s)=\frac{c_1}{s-\lambda_1}+\frac{c_2}{s-\lambda_2}\cdots+\frac{c_n}{s-\lambda_n}=\sum_{i=1}^{n}\frac{c_i}{s-\lambda_i}$$

将每个积分器并联，积分器的输出选为一个状态变量，即

$$\dot{x}_i=u+\lambda_i x_i$$

$$y=\sum c_i x_i$$

可得

$$\dot{x} = \Lambda x + bu, \quad y = Cx \tag{2-88}$$

式中，

$$\Lambda = \begin{bmatrix} \lambda_1 & & & 0 \\ & \lambda_2 & & \\ & & \ddots & \\ 0 & & & \lambda_n \end{bmatrix}, b = \begin{bmatrix} 1 \\ 1 \\ \vdots \\ 1 \end{bmatrix}, x = \begin{bmatrix} x_1 \\ x_2 \\ \vdots \\ x_n \end{bmatrix}, C = [c_1 \quad c_2 \quad \cdots \quad c_n]$$

系统矩阵为对角线矩阵的状态空间模型称为对角线规范型，其状态图如图 2-25 所示。

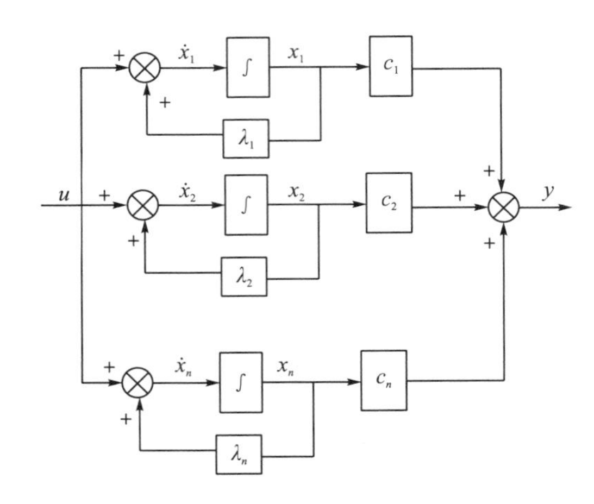

图 2-25　并联实现状态变量图

进而假设传递函数的极点有一个 ρ 重极点 λ_ρ，其余为 $\lambda_i(i=\rho+1,\rho+2,\cdots,n)$ 且 $\lambda_i \neq \lambda_j \neq \lambda_\rho(i \neq j)$，则式(2-87)可化为

$$G(s)=\frac{Y(s)}{U(s)}=\frac{\beta_{n-1}s^{n-1}+\beta_{n-2}s^{n-2}+\cdots+\beta_1 s+\beta_0}{(s-\lambda_\rho)^\rho \prod_{i=\rho+1}^{n}(s-\lambda_i)} \tag{2-89}$$

展成部分公式，得

$$G(s)=\frac{Y(s)}{U(s)}=\frac{c_1}{(s-\lambda_\rho)^\rho}+\cdots+\frac{c_{\rho-1}}{(s-\lambda_\rho)^2}+\frac{c_\rho}{s-\lambda_\rho}+\sum_{i=\rho+1}^{n}\frac{c_i}{s-\lambda_i} \tag{2-90}$$

$$G(s)=\frac{c_1}{(s-\lambda_\rho)^\rho}U(s)+\cdots+\frac{c_{\rho-1}}{(s-\lambda_\rho)^2}U(s)+\frac{c_\rho}{s-\lambda_\rho}U(s)+\sum_{i=\rho+1}^{n}\frac{c_i}{s-\lambda_i}U(s) \tag{2-91}$$

式中，$c_i(i=1,\cdots,n)$ 为常数。

与式(2-91)对应的系统结构如图 2-26 所示，重根间为串联形式，单根间为并联形式。如图 2-26 所示，在各一次项导数环节的输出端定义一个状态变量，可得

$$X_i(s)=\frac{1}{s-\lambda_\rho}X_{i+1}(s), \quad i=1,2,\cdots,\rho-1$$

$$X_i(s)=\frac{1}{s-\lambda_i}U(s), \quad i=\rho,\rho+1,\cdots,n$$

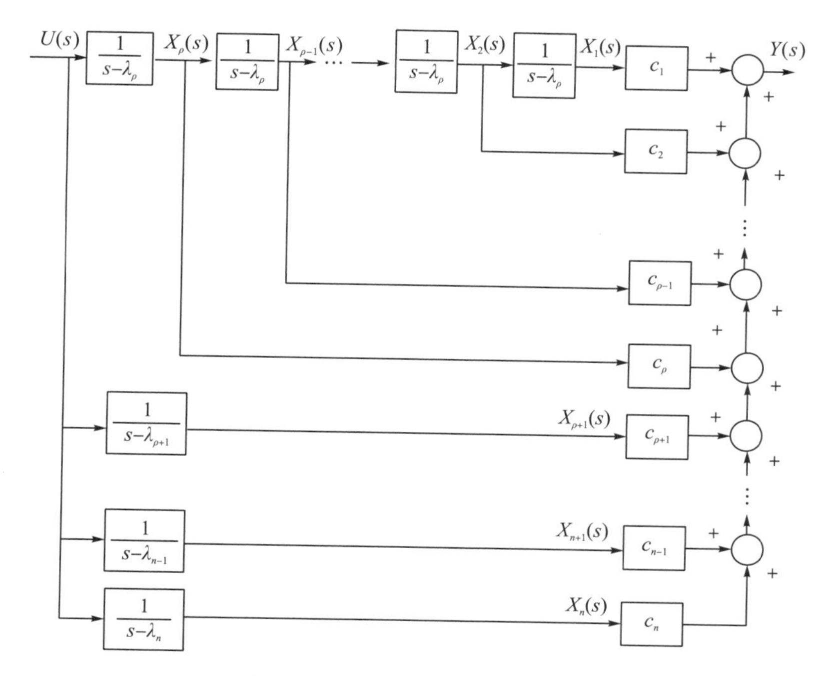

图 2-26　并联实现状态变量图

去分母并移项，可得

$$sX_i(s)=\lambda_\rho X_i(s)+X_{i+1}(s),\quad i=1,2,\cdots,\rho-1$$
$$sX_i(s)=\lambda_i X_i(s)+U(s),\quad i=\rho,\rho+1,\cdots,n$$

进行拉普拉斯逆变换，可得

$$\dot{x}_i=\lambda_\rho x_i+x_{i+1},\quad i=1,2,\cdots,\rho-1$$
$$\dot{x}_i=\lambda_i x_i+u,\quad i=\rho,\rho+1,\cdots,n$$

这便是状态方程，其向量表达式为

$$\dot{x}=Jx+bu \tag{2-92}$$

式中，

$$J=\left[\begin{array}{cccc|cccc}
\lambda_\rho & 1 & & 0 & & & & 0\\
 & \ddots & \ddots & & & & & \\
 & & \lambda_\rho & 1 & & & & \\
 & & & \lambda_\rho & & & & \\
\hline
 & & & & \lambda_{\rho+1} & & & 0\\
 & & & & & \ddots & & \\
 & & & & & & \lambda_{n-1} & \\
0 & & & & 0 & & & \lambda_n
\end{array}\right],\ b=\left[\begin{array}{c}0\\ \vdots\\ 0\\ 1\\ \hline 1\\ \vdots\\ 1\\ 1\end{array}\right],\ x=\left[\begin{array}{c}x_1\\ \vdots\\ x_{\rho-1}\\ x_\rho\\ \hline x_{\rho+1}\\ \vdots\\ x_{n-1}\\ x_n\end{array}\right]$$

由图 2-26 直接可得输出方程，即

$$y=\sum_{i=1}^{n}c_i x_i \text{ 或 } y=Cx$$

式中，$C=[c_1\quad c_2\quad \cdots\quad c_n]$。

式(2-92)中系统矩阵 J 为约当矩阵，其状态空间模型称为约当规范型。显然，J 的对角线元素为系统的极点，而约当小块中的对角元素就是重极点。上文给出了只有一个 ρ 重极点，其余为单极点的约当规范型。对角规范型和约当规范型在 2.6 节中会详细讨论。

例 2-11 给定一个单输入单输出线性时不变系统的传递函数如下，求系统状态空间模型。

$$g(s)=\frac{7s^2+2s+1}{s^3+6s^2+11s+6}$$

解： 系统为严真，通过计算分母方程的三个根 $\lambda_1=-1$，$\lambda_2=-2$，$\lambda_3=-3$ 为两两相异。再可定出：

$$k_1=\lim_{s\to -1} g(s)(s+1)=3$$

$$k_2=\lim_{s\to -2} g(s)(s+2)=-25$$

$$k_3=\lim_{s\to -3} g(s)(s+3)=29$$

于是，可导出一个状态空间描述为

$$\begin{bmatrix}\dot{x}_1\\ \dot{x}_2\\ \dot{x}_3\end{bmatrix}=\begin{bmatrix}-1 & & \\ & -2 & \\ & & -3\end{bmatrix}\begin{bmatrix}x_1\\ x_2\\ x_3\end{bmatrix}+\begin{bmatrix}1\\ 1\\ 1\end{bmatrix}u$$

$$y=[3\quad -25\quad 29]\begin{bmatrix}x_1\\ x_2\\ x_3\end{bmatrix}$$

利用 Matlab 的 tf2ss(s) 函数可将多项式形式传递函数转换为状态空间模型。求解例 2-11 所示传递函数的状态空间模型的 Matlab 程序为

```
%将传递函数转换为状态空间模型程序 Model1.m
num=[72 1];                    %传递函数分子多项式系数矩阵
den=[1 6 116];                 %传递函数分母多项式系数矩阵
G=tf(num, den)                 %调用 tf()函数显示传递函数
[A B C D]=tf2ss(num, den)      %传递函数的状态空间模型
```

2.2.3 由结构图建立状态空间表达式

已知系统的传递函数结构图时，仿照上述约当规范型的状态变量定义方法，对每个积分环节和一次项倒数环节的输出端定义一个状态变量，再通过简单数学运算即可建立状态空间模型。当结构图中含有二次项或更高次有理分式函数环节时，可运用梅逊公式和结构图等效变换方法将其化为一次项倒数环节的组合形式。还可以综合运用以上几种方法来建立状态空间模型。下面举例说明。

例 2-12 设系统方块图如图 2-27 所示，试列写其状态空间描述。

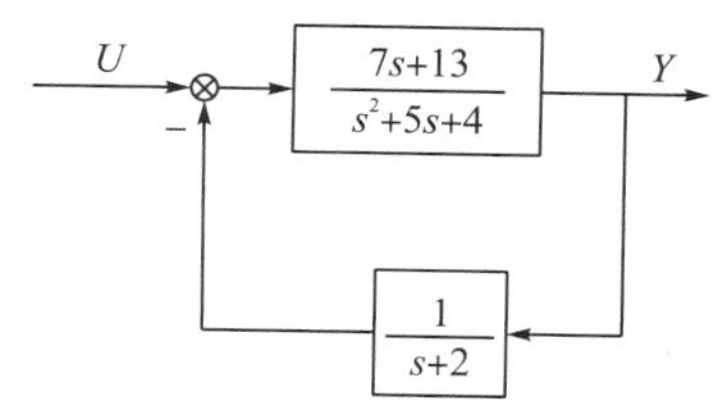

图 2-27　系统方块图

解： 因为$\dfrac{7s+13}{s^2+5s+4}=\dfrac{2}{s+1}+\dfrac{5}{s+4}$，则结构图变为

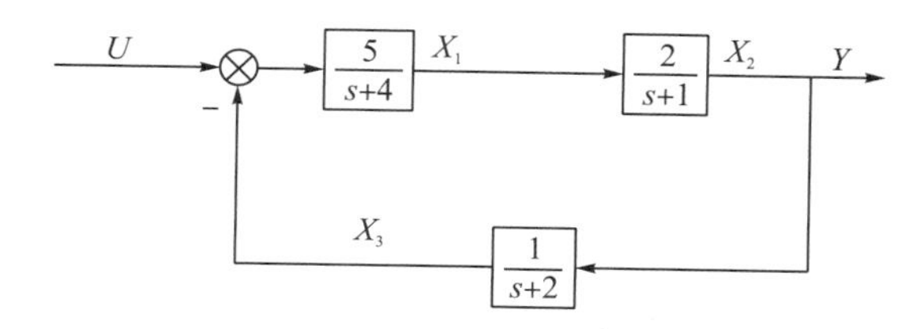

因此，

$$X_1=\frac{5}{s+4}(U-X_3),X_2=\frac{2}{s+1}X_1,X_3=\frac{1}{s+2}Y$$

取拉普拉斯逆变换，整理得

$$\begin{cases}\dot{x}_1=-4x_1+5(u-x_3)\\ \dot{x}_2=-x_2+2x_1\\ \dot{x}_3=-2x_3+y\\ y=x_2\end{cases}$$

例 2-13　假设系统的结构如图 2-28(a)所示，试建立其状态空间模型。

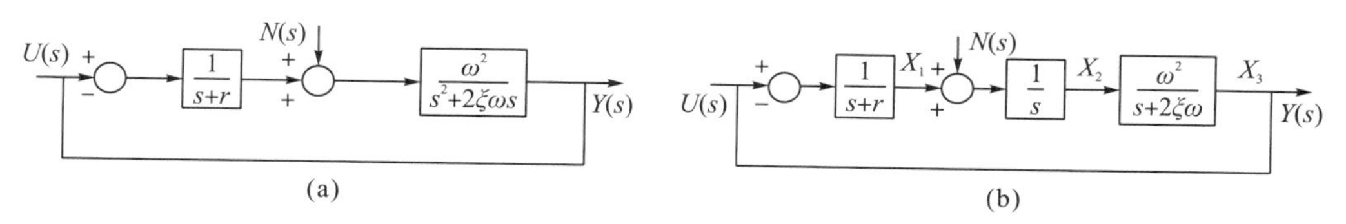

图 2-28　系统的结构

解： 将图 2-28(a)等效变换为图 2-28(b)，并在各一次项倒数环节的输出端定义一个状态变量，可得

$$\begin{cases}X_1(s)=\dfrac{1}{s+r}[U(s)-X_3(s)]\\ X_2(s)=\dfrac{1}{s}[N(s)+X_1(s)]\\ X_3(s)=\dfrac{\omega^2}{s+2\xi\omega}X_2(s)\\ Y(s)=X_3(s)\end{cases}$$

取拉普拉斯逆变换，整理得

$$\begin{cases}\dot{x}_1 = -rx_1 - x_3 + u \\ \dot{x}_2 = x_1 + n \\ \dot{x}_3 = \omega^2 x_2 - 2\xi\omega x_3 \\ y = x_3\end{cases}$$

将以上状态方程和输出方程写成向量形式，可得

$$\begin{cases}\dot{x} = \begin{bmatrix}\dot{x}_1 \\ \dot{x}_2 \\ \dot{x}_3\end{bmatrix} = \begin{bmatrix}-r & 0 & -1 \\ 1 & 0 & 0 \\ 0 & \omega^2 & -2\xi\omega\end{bmatrix}\begin{bmatrix}x_1 \\ x_2 \\ x_3\end{bmatrix} + \begin{bmatrix}1 & 0 \\ 0 & 1 \\ 0 & 0\end{bmatrix}\begin{bmatrix}u \\ n\end{bmatrix} \\ y = [0 \quad 0 \quad 1]\begin{bmatrix}x_1 \\ x_2 \\ x_3\end{bmatrix}\end{cases}$$

2.3 线性系统的传递函数矩阵

在经典控制理论中，单输入单输出线性定常系统的传递函数，是系统初始条件为零时，输出量的拉普拉斯变换与输入量的拉普拉斯变换之比。这是一种用系统结构和参数表示的线性定常系统的输入量和输出量之间的关系式，它表达了系统本身的特性。前面介绍了如何通过控制系统的微分方程和传递函数构建系统的状态空间模型。本节研究当线性定常系统多输入向量和多输出向量之间的关系是由一阶微分方程组给出状态空间模型时，如何获得描述系统输入输出关系的传递函数(矩阵)。

2.3.1 单输入单输出线性系统的传递函数

单输入单输出线性定常系统状态空间表达式为

$$\dot{x} = Ax + bu \tag{2-93}$$

$$y = cx + du \tag{2-94}$$

式中，x 为 n 维状态向量；u 为标量输入；y 为标量输出；A、b、c、d 为满足矩阵运算的矩阵。

对式(2-93)进行拉普拉斯变换，得

$$sx(s) - x(0) = Ax(s) + bu(s)$$

式中，$x(0)$ 为系统初始状态。

$$[sI - A]x(s) = bu(s) + x(0)$$

若 $[sI - A]^{-1}$ 存在，则有

$$x(s) = [sI - A]^{-1}bu(s) + [sI - A]^{-1}x(0)$$

若系统初始值 $x(0) = 0$，则有

$$x(s) = [sI - A]^{-1}bu(s) = G_{xu}(s)u(s)$$

式中，$G_{xu}(s)$ 称为状态变量对输入量的传递函数。

$$G_{xu}(s)=\frac{X(s)}{U(s)}=[sI-A]^{-1}b=\frac{\mathrm{adj}[sI-A]}{\det[sI-A]}b \tag{2-95}$$

式中，$\mathrm{adj}[sI-A]$ 是矩阵 $[sI-A]$ 的伴随矩阵；$\det[sI-A]$ 是矩阵 $[sI-A]$ 的行列式。

对式(2-94)进行拉普拉斯变换，得

$$\begin{aligned}y(s)&=cx(s)+du(s)\\&=c[sI-A]^{-1}bu(s)+\mathrm{d}u(s)\\&=\{c[sI-A]^{-1}b+d\}u(s)=g_{yu}(s)u(s)\end{aligned} \tag{2-96}$$

式中，$g_{yu}(s)$ 称为系统输出量对输入量的传递函数，简称传递函数。

$$g_{yu}(s)=\frac{y(s)}{u(s)}=c[sI-A]^{-1}b+d=c\frac{\mathrm{adj}[sI-A]}{\det[sI-A]}b+d \tag{2-97}$$

例 2-14　系统状态空间表达式为

$$\dot{x}=\begin{bmatrix}0 & 1\\-6 & -5\end{bmatrix}x+\begin{bmatrix}0\\1\end{bmatrix}u$$
$$y=[1\quad 1]x$$

求系统的传递函数。

解： 由式(2-95)得

$$\begin{aligned}g(s)&=c[sI-A]^{-1}b=[1\quad 1]\begin{bmatrix}s & -1\\6 & s+5\end{bmatrix}^{-1}\begin{bmatrix}0\\1\end{bmatrix}\\&=[1\quad 1]\frac{\mathrm{adj}\begin{bmatrix}s & -1\\6 & s+5\end{bmatrix}}{\det\begin{bmatrix}s & -1\\6 & s+5\end{bmatrix}}\begin{bmatrix}0\\1\end{bmatrix}\\&=[1\quad 1]\frac{\begin{bmatrix}s+5 & 1\\-6 & s\end{bmatrix}}{s^2+5s+6}\begin{bmatrix}0\\1\end{bmatrix}=\frac{s+1}{s^2+5s+6}\end{aligned}$$

利用 Matlab 的 ss2tf()函数可将状态空间模型转换为传递函数。求解例 2-14 所示传递函数的状态空间模型的 Matlab 程序为

```
%求状态空间模型的传递函数程序 Model2.m
A=[0 1;-6 -5];B=[1;1];C=[1 0];D=0;%状态空间模型的系数矩阵
[num, den]=ss2tf(A, B, C, D);%传递函数的状态空间模型，num, den 分别为
                              传递函数分子、分母多项式系数
G=tf(num, den)%调用 tf()函数显示传递函数
```

2.3.2 多输入多输出线性系统的传递函数矩阵

对于多输入多输出线性定常系统(MIMO)，状态空间表达式为

$$\begin{cases}\dot{x}=Ax+Bu\\ y=Cx+Du\end{cases} \tag{2-98}$$

式中，x 为$n\times 1$维状态向量；u 为$r\times 1$维输入向量；y 为$m\times 1$维输出向量；A、B、C、D为满足矩阵运算相应维数的矩阵。

对式(2-98)进行拉普拉斯变换，得

$$sx(s)-x(0)=Ax(s)+Bu(s)$$

$$[sI-A]x(s)=Bu(s)+x(0)$$

若$[sI-A]^{-1}$存在，则有

$$x(s)=[sI-A]^{-1}Bu(s)+[sI-A]^{-1}x(0)$$

若$x(0)=0$，则有

$$\begin{aligned}x(s)&=[sI-A]^{-1}Bu(s)=G_{xu}(s)u(s)\\ G_{xu}(s)&=[sI-A]^{-1}B=\frac{\operatorname{adj}[sI-A]}{\det[sI-A]}B\end{aligned} \tag{2-99}$$

式中，$G_{xu}(s)$为状态变量对输入向量的传递函数矩阵，是一个$n\times r$矩阵。

$$\begin{aligned}y(s)&=Cx(s)+Du(s)\\ &=C[sI-A]^{-1}Bu(s)+Du(s)\\ &=\{C[sI-A]^{-1}B+D\}u(s)\\ &=G_{yu}(s)u(s)\end{aligned} \tag{2-100}$$

$$G_{yu}(s)=C[sI-A]^{-1}B+D=C\frac{\operatorname{adj}[sI-A]}{\det[sI-A]}B+D \tag{2-101}$$

式中，$G_{yu}(s)$为系统输出向量对输入向量的传递函数矩阵，简称传递函数矩阵，是一个$m\times n$矩阵。其结构为

$$G_{yu}(s)=\begin{bmatrix}g_{11}(s) & g_{12}(s) & \cdots & g_{1r}(s)\\ g_{21}(s) & g_{22}(s) & \cdots & g_{2r}(s)\\ \vdots & \vdots & \ddots & \vdots\\ g_{m1}(s) & g_{m2}(s) & \cdots & g_{mr}(s)\end{bmatrix} \tag{2-102}$$

式中，$g_{ij}(s)$表示第j个输入对第i个输出的传递函数$(i=1,2,\cdots,m$；$j=1,2,\cdots,r)$。

例 2-15 线性定常系统状态空间表达式为

$$\begin{cases}\dot{x}=\begin{bmatrix}0 & 1 & 0\\ 0 & -4 & 3\\ -1 & -1 & -2\end{bmatrix}x+\begin{bmatrix}0 & 0\\ 1 & 0\\ 0 & 1\end{bmatrix}u\\ y=\begin{bmatrix}1 & 0 & 0\\ 0 & 0 & 1\end{bmatrix}x\end{cases}$$

求系统的传递函数矩阵。

解： 由式(2-101)可得

$$G_{yu}(s)=C[sI-A]^{-1}B=\begin{bmatrix}1&0&0\\0&0&1\end{bmatrix}\begin{bmatrix}s&-1&0\\0&s+4&-3\\1&1&s+2\end{bmatrix}^{-1}\begin{bmatrix}0&0\\1&0\\0&1\end{bmatrix}$$

$$=\begin{bmatrix}1&0&0\\0&0&1\end{bmatrix}\frac{\begin{bmatrix}s^2+6s+11&s+2&3\\-3&s(s+2)&3s\\-(s+4)&-(s+1)&s(s+4)\end{bmatrix}\begin{bmatrix}0&0\\1&0\\0&1\end{bmatrix}}{s^3+6s^2+11s+3}$$

$$=\frac{1}{s^3+6s^2+11s+3}\begin{bmatrix}s+2&3\\-(s+1)&s(s+4)\end{bmatrix}$$

$$=\begin{bmatrix}\dfrac{s+2}{s^3+6s^2+11s+3}&\dfrac{3}{s^3+6s^2+11s+3}\\\dfrac{-(s+1)}{s^3+6s^2+11s+3}&\dfrac{s(s+4)}{s^3+6s^2+11s+3}\end{bmatrix}$$

求解例 2-15 所示的多输入多输出状态空间模型的传递函数的 Matlab 程序为

```
%求 MIMO 状态空间模型的传递函数程序 Model3.m
clear all%清空工作窗口
syms s;%声明要用到的符号变量
I=eye(3)%创建一个三阶单位阵
A=[0 1 0;0 -4 3; ;-1 -1 -2];    %状态空间模型的系数矩阵
B=[0 0;1 0;0 1];%状态空间模型的系数矩阵
C=[1 0 0;0 0 1];                %状态空间模型的系数矩阵
F=inv(s*I-A);%inv 函数用来对矩阵取反
collect(C*F*B)%/collect 函数是合并同类项
```

当 $D=0$ 时，式(2-100)可展开为

$$\begin{bmatrix}y_1(s)\\y_2(s)\\\vdots\\y_m(s)\end{bmatrix}=\begin{bmatrix}g_{11}(s)&g_{12}(s)&\cdots&g_{1r}(s)\\g_{21}(s)&g_{22}(s)&\cdots&g_{2r}(s)\\\vdots&\vdots&\ddots&\vdots\\g_{m1}(s)&g_{m2}(s)&\cdots&g_{mr}(s)\end{bmatrix}\begin{bmatrix}u_1(s)\\u_2(s)\\\vdots\\u_r(s)\end{bmatrix}\tag{2-103}$$

如果 $G_{yu}(s)$ 不是对角矩阵，则多输入多输出系统中的输入量和输出量之间就存在相互作用的耦合(或关联)关系。这种耦合关系对控制来说是不方便的。消除第 i 个输出量和非第 i 个输入量之间的耦合关系，实现 $y_1(s)$ 只受 $u_1(s)$ 的作用，$y_2(s)$ 只受 $u_2(s)$ 的作用等，这种方法称为解耦。显然，解耦系统的传递矩阵必为对角矩阵。

下面对传递函数矩阵 $G(s)$ 的特性和属性做进一步分析和讨论。

1）$G(s)$ 的函数属性

对 r 维输入 m 维输出的线性时不变系统，传递函数矩阵 $G(s)$ 在函数属性上是复变量 s 的 $m\times r$ 有理分式矩阵。

2）$G(s)$ 的真性和严真性

真性和严真性是传递函数矩阵 $G(s)$ 的一个基本属性。当且仅当 $G(s)$ 为真或严真时，$G(s)$ 才是物理上可以实现的。作为判别准则，一个 $G(s)$ 为真的，当且仅当

$$\lim_{s\to\infty} G(s) = \text{非零常阵} \tag{2-104}$$

一个 $G(s)$ 为严真的，当且仅当

$$\lim_{s\to\infty} G(s) = \text{零阵} \tag{2-105}$$

从组成元函数属性的角度，严真 $G(s)$ 的特征是所有元传递函数 $g_{ij}(s)$ 均为严真有理分式，真 $G(s)$ 的特征是组成元传递函数 $g_{ij}(s)$ 中除严真有理分式外至少包含一个真有理分式。

3）$G(s)$ 的特征多项式和最小多项式

对 r 维输入 m 维输出的线性时不变系统，计算 $G(s)$ 的特征多项式和最小多项式的基本关系式为

$G(s)$ 的特征多项式 $\alpha_G(s)$=$G(s)$ 所有 1 阶、2 阶、…、$\min(r,m)$ 阶子式的最小公分母 (2-106)

$G(s)$ 的最小多项式 $\phi_G(s) = G(s)$ 所有 1 阶子式的最小公分母 (2-107)

例 2-16 给定一个 2×3 传递函数矩阵 $G(s)$ 为

$$G(s) = \begin{bmatrix} \dfrac{s+1}{s+2} & \dfrac{s+3}{s+2} & 0 \\ \dfrac{1}{s+2} & 0 & \dfrac{1}{s+2} \end{bmatrix}$$

容易定出：1 阶子式的最小公分母为 $(s+2)$；2 阶子式的最小公分母为 $(s+2)^2$。

利用上述基本关系式，就可导出：特征多项式 $\alpha_G(s)=(s+2)^2$；最小多项式 $\phi_G(s)=(s+2)$。

4）$G(s)$ 的极点

$G(s)$ 的极点对系统输出行为具有重要影响。对 r 维输入 m 维输出的线性时不变系统，令 $\alpha_G(s)$ 为传递函数矩阵 $G(s)$ 的特征多项式，则 $G(s)$ 的极点为特征方程 $\alpha_G(s)=0$ 的根。

5）$G(s)$ 的循环性

在系统的综合问题中循环性是一个有用的特性。对 p 维输入 q 维输出的线性时不变系统，称其 $G(s)$ 是循环的，当且仅当 $G(s)$ 的特征多项式 $\alpha_G(s)$ 和最小多项式 $\phi_G(s)$ 之间只有常数性公因子时，即有

$$\alpha_G(s) = k\phi_G(s)，k=\text{常数} \tag{2-108}$$

6) $G(s)$ 的正则性和奇异性

正则性和奇异性也是表征传递函数矩阵 $G(s)$ 的一个基本特性。称一个 $G(s)$ 是正则的，当且仅当 $G(s)$ 是(输入输出维数相等)有理分式阵和 $\det G(s)\neq 0$ (即不等于有理分式域上的零元)。称一个 $G(s)$ 为奇异的，当且仅当 $G(s)$ 是非正则的。通常，可以采用多种方式表征 $G(s)$ 的奇异性和奇异程度，对此在第 7 章中进行讨论。

基本关系式(2-101)建立了 $G(s)$ 和 $\{A,B,C,D\}$ 间的显式关系，为分析和揭示系统两种描述间的关系提供了基础。但是，由于基本关系式中包含矩阵求逆运算，对高维系统直接运用于计算 $G(s)$ 将是不方便的。下面不加证明地给出一种实用计算方法。

结论 2-1　[**传递函数矩阵的实用算法**]对多输入多输出线性时不变系统式(2-98)，基于状态空间描述 $\{A,B,C,D\}$ 计算定出特征多项式：

$$\alpha(s)=\det(sI-A)=s^n+a_{n-1}s^{n-1}+\cdots+a_1s+a_0 \tag{2-109}$$

和一组系数矩阵

$$\begin{cases} E_{n-1}=CB \\ E_{n-2}=CAB+\alpha_{n-1}CB \\ \quad\vdots \\ E_1=CA^{n-2}B+\alpha_{n-1}CAB^{n-3}+\cdots+\alpha_2CB \\ E_0=CA^{n-1}B+\alpha_{n-1}CAB^{n-2}+\cdots+\alpha_1CB \end{cases} \tag{2-110}$$

则计算 $G(s)$ 的一个实用关系式为

$$G(s)=\frac{1}{\alpha(s)}(E_{n-1}s^{n-1}+E_{n-2}s^{n-2}+\cdots+E_1s+E_0)+D \tag{2-111}$$

例 2-17　给定一个线性时不变系统的状态空间描述为

$$\begin{cases} \dot{x}=\begin{bmatrix}2&0&0\\0&2&0\\0&3&1\end{bmatrix}x+\begin{bmatrix}1&2\\1&0\\3&1\end{bmatrix}u \\ y=[1\quad 1\quad 2]x \end{cases}$$

计算系统的传递函数矩阵 $G(s)$ 。

1)计算特征多项式

$$\alpha(s)=\det(sI-A)=(s-2)^2(s-1)=s^2-5s^2+8s-4$$

2)计算系数矩阵

$$E_2=CB=[1\quad 1\quad 2]\begin{bmatrix}1&2\\1&0\\3&1\end{bmatrix}=[8\quad 4]$$

$$\begin{aligned} E_1&=CAB=\alpha_2CB \\ &=[1\quad 1\quad 2]\begin{bmatrix}2&0&0\\0&2&0\\0&3&1\end{bmatrix}\begin{bmatrix}1&2\\1&0\\3&1\end{bmatrix}+[-40\quad -20] \\ &=[-24\quad -14] \end{aligned}$$

$$
\begin{aligned}
E_0 &= CA^2B = \alpha_2 CAB + \alpha_1 CB \\
&= [1 \quad 1 \quad 2]\begin{bmatrix} 2 & 0 & 0 \\ 0 & 2 & 0 \\ 0 & 3 & 1 \end{bmatrix}\begin{bmatrix} 2 & 4 \\ 2 & 0 \\ 6 & 1 \end{bmatrix} + [-80 \quad -30] + [64 \quad 32] \\
&= [16 \quad 12]
\end{aligned}
$$

3) 计算传递函数矩阵

$$
G(s) = \frac{1}{\alpha(s)}[E_2 s^2 + E_1 s + E_0] = \left[\frac{8s^2 - 24s + 16}{s^3 - 5s^2 + 8s - 4} \quad \frac{4s^2 - 14s + 12}{s^3 - 5s^2 + 8s - 4}\right]
$$

2.3.3 传递函数(矩阵)描述和状态空间描述的比较

(1) 传递函数是系统在初始松弛(初始条件为 0)的假定下输入-输出的关系描述。因此对于非初始松弛的系统，不能应用这种描述。若用传递函数去描述非初始松弛的系统，所能得到的将是不完全描述。状态空间表达式可以描述初始松弛系统，也可以描述非初始松弛系统。

(2) 传递函数适用于线性定常系统，不能应用于时变系统。而状态空间表达式既可以在定常系统中应用，也可以在时变系统中应用。

(3) 对于机理不甚明确的复杂系统，建立状态空间表达式是很复杂的，有时是不可能的，然而借助超低频频率特性测试仪等，用实验方法可以求得系统频率特性，进而获得系统传递函数。这种方法往往是方便的、有效的。

(4) 在经典控制理论中，系统分析与设计都借助传递函数描述。但仅限于单输入单输出系统，不能用于多输入多输出系统；而状态空间表达式不仅用于单输入单输出系统，而且可用于多输入多输出系统，并有相同形式的公式。20 世纪 70 年代，英国学者罗森布罗克将频率特性法推广到多输入多输出系统，建立了线性多变量系统的频域法，使得在状态空间表达式描述中得到的各种结果以传递函数矩阵描述一般也能得到，而在概念和计算方法上更为简单。

(5) 传递函数只能给出系统的输出信息，而不能提供系统内部状态的信息。这就有可能出现这样一种情况，即系统是稳定的，但系统内部元件的某个(些)物理量有可能超过它们的额定值。状态空间表达式描述不仅可以给出系统输出信息，而且可以给出内部的状态信息。一般地，状态变量的维数高于输出量的维数，即 $m \leqslant n$。因此在控制中，用状态实现控制，可调参数多，容易得到比较满意的系统性能。

综上所述，传递函数(矩阵)和状态空间表达式两种描述各有所长，在系统的分析和设计中都得到了广泛应用。究竟选取哪种描述，应视所研究的问题以及对这两种描述的熟悉程度而定。

2.4　线性系统的特征结构

线性时不变系统的特征结构由特征值和特征向量所表征。特征结构对系统运动的特性和行为具有重要影响。

2.4.1　特征多项式

考察连续时间线性时不变系统，其状态方程为

$$\dot{x} = Ax + Bu \tag{2-112}$$

1) 特征多项式的形式

对 $n \times n$ 系统矩阵 A，其特征多项式为复变量 s 的一个 n 阶多项式：

$$\alpha(s) \triangleq \det(sI - A) = s^n + \alpha_{n-1}s^{n-1} + \cdots + \alpha_1 s + \alpha_0 \tag{2-113}$$

式中，系数 $\alpha_0, \alpha_1, \cdots, \alpha_{n-1}$ 均为实常数，它们由系统矩阵 A 的元素(即系统参数)所决定。

2) 特征方程

特征方程可表示为 $\det(sI - A) = 0$。对 $n \times n$ 系统矩阵 A，特征方程是一个 n 阶代数方程：

$$\alpha(s) = s^n + \alpha_{n-1}s^{n-1} + \cdots + \alpha_1 s + \alpha_0 = 0 \tag{2-114}$$

3) 凯莱-哈密顿(Caley-Hamilton)定理

凯莱-哈密顿定理指出，系统矩阵 A 必是其特征方程的一个“矩阵根”，即下式成立：

$$\alpha(A) = A^n + \alpha_{n-1}A^{n-1} + \cdots + \alpha_1 A + \alpha_0 I = 0 \tag{2-115}$$

凯莱-哈密顿定理揭示了线性时不变系统的一个基本特性。这个特性指出，对 $n \times n$ 系统矩阵 A，有且仅有 $\{I, A, A_2, \cdots, A^{n-1}\}$ 为线性无关，所有 $A^i = (i = n, n+1, \cdots)$ 都可表示为它们的线性组合。在线性时不变系统的分析中，由凯莱-哈密顿定理导出的这个特性具有重要的应用。

4) 最小多项式

给定 $n \times n$ 系统矩阵 A，由系统的预解矩阵(即特征矩阵)的逆，可以导出

$$(sI - A)^{-1} = \frac{\operatorname{adj}(sI - A)}{\alpha(s)} = \frac{P(s)}{\phi(s)} \tag{2-116}$$

式中，$\alpha(s)$ 为特征多项式；$\operatorname{adj}(sI - A)$ 是特征矩阵 $(sI - A)$ 的伴随矩阵且为多项式矩阵。

完全消去 $\alpha(s)$ 和 $\operatorname{adj}(sI - A)$ 各个元多项式间的公因式，从而得到式(2-116)最右端的表达式。其中，$P(s)$ 为多项式矩阵，$\phi(s)$ 为次数小于或等于 $\alpha(s)$ 的多项式，且 $\phi(s)$ 和 $P(s)$ 的各个元多项式之间互质。

在此基础上，定义 $\phi(s)$ 为系统矩阵 A 的最小多项式。最小多项式 $\phi(s)$ 也满足凯莱-哈密顿定理，即 $\phi(A) = 0$ 成立。通常也可定义最小多项式就是满足凯莱-哈密顿定理的矩阵 A 的次数最小的多项式。

5) 循环矩阵与循环系统

如果系统状态矩阵 A 的特征多项式 $\alpha(s)$ 和最小多项式 $\phi(s)$ 之间只存在常数类型的公因子 k，即有

$$\alpha(s)=k\phi(s) \tag{2-117}$$

则称矩阵 A 是循环矩阵，称其对应的系统为循环系统。循环矩阵与循环系统在系统综合中具有重要的应用。

6) 特征多项式迭代算法

特征多项式的计算是线性系统理论中的一个基本问题。对于线性时不变系统，不论是系统分析还是系统综合，都常面临特征多项式计算问题。对系统矩阵为 2 维和 3 维的情形，线性代数中提供有简便的算法，对此不会有实质性的困难。当系统矩阵维数等于或大于 4 时，线性代数存在算法步骤复杂或者是计算过程复杂的问题，从而难以在控制工程中有效应用。不少研究者对此进行了广泛研究，提出了各种不同类型的算法。下面介绍基于迹计算的特征多项式迭代算法。该算法较为简便，具有迭代性，易于在计算机上实现。

通常，基于迹计算的特征多项式迭代算法也称为莱弗勒(Leverrier)算法，其基础是计算矩阵的迹。对 $n\times n$ 矩阵 H，H 的迹定义为其对角线元素之和，即

$$\operatorname{tr}H=(h_{11}+h_{22}+\cdots+h_{nn})=\sum_{i=1}^{n}h_{ii} \tag{2-118}$$

算法 2-1 [**特征多项式算法**]给定 $n\times n$ 系统矩阵 A，其特征多项式具有如下形式：

$$\alpha(s)\triangleq\det(sI-A)=s^n+\alpha_{n-1}s^{n-1}+\cdots+\alpha_1 s+\alpha_0 \tag{2-119}$$

则其系数 $\alpha_{n-1},\alpha_{n-2},\cdots,\alpha_1,\alpha_0$ 可按下述步骤递推定出。

步骤 1：计算

$$R_{n-1}=I$$
$$a_{n-1}=-\frac{\operatorname{tr}R_{n-1}A}{1}$$

步骤 2：计算

$$R_{n-2}=R_{n-1}A+a_{n-1}I$$
$$a_{n-2}=-\frac{\operatorname{tr}R_{n-2}A}{2}$$

步骤 3：计算

$$R_{n-3}=R_{n-2}A+a_{n-2}I$$
$$a_{n-3}=-\frac{\operatorname{tr}R_{n-3}A}{3}$$

步骤 $n-1$：计算

$$R_1=R_2A+a_2I$$
$$a_1=-\frac{\operatorname{tr}R_1A}{n-1}$$

步骤 n：计算

$$R_0 = R_1 A + a_1 I$$

$$a_0 = -\frac{\text{tr} R_0 A}{n}$$

步骤 $n+1$：计算停止。

上述算法中，矩阵积 $R_i A(i=0,\ 1,\cdots,n-1)$ 也可以用 $AR_i(i=0,\ 1,\cdots,n-1)$ 来代替，不影响计算结果的正确性。

例 2-18　给定 4×4 系统矩阵 $A=\begin{bmatrix} -2 & 0 & 1 & 1 \\ 1 & -1 & 1 & 2 \\ 1 & 2 & -1 & 1 \\ 1 & 1 & 1 & 2 \end{bmatrix}$，采用莱弗勒算法计算其特征多项式。

首先计算

$$R_3 = I = \begin{bmatrix} 1 & 0 & 0 & 0 \\ 0 & 1 & 0 & 0 \\ 0 & 0 & 1 & 0 \\ 0 & 0 & 0 & 1 \end{bmatrix},\quad R_3 A = A = \begin{bmatrix} -2 & 0 & 1 & 1 \\ 1 & -1 & 1 & 2 \\ 1 & 2 & -1 & 1 \\ 1 & 1 & 1 & 2 \end{bmatrix}$$

$$\alpha_3 = -\frac{\text{tr} R_3 A}{2} = 2$$

再计算

$$R_2 = R_3 A + \alpha_3 I = \begin{bmatrix} 0 & 0 & 1 & 1 \\ 1 & 1 & 1 & 2 \\ 1 & 2 & 1 & 1 \\ 1 & 1 & 1 & 4 \end{bmatrix},\quad R_2 A = \begin{bmatrix} 2 & 3 & 0 & 3 \\ 2 & 3 & 3 & 8 \\ 2 & 1 & 3 & 8 \\ 4 & 5 & 5 & 12 \end{bmatrix}$$

$$\alpha_2 = -\frac{\text{tr} R_2 A}{2} = -10$$

进而计算

$$R_1 = R_2 A + \alpha_2 I = \begin{bmatrix} -8 & 3 & 0 & 3 \\ 2 & -7 & 3 & 8 \\ 2 & 1 & -7 & 8 \\ 4 & 5 & 5 & 2 \end{bmatrix},\quad R_1 A = \begin{bmatrix} 22 & 0 & -2 & 4 \\ 0 & 21 & 0 & 7 \\ -2 & -7 & 18 & 13 \\ 4 & 7 & 6 & 23 \end{bmatrix}$$

$$\alpha_1 = -\frac{\text{tr} R_1 A}{3} = -28$$

最后计算

$$R_0 = R_1 A + \alpha_1 I = \begin{bmatrix} -6 & 0 & -2 & 4 \\ 0 & -7 & 0 & 7 \\ -2 & -7 & -10 & 13 \\ 4 & 7 & 6 & -5 \end{bmatrix},\quad R_0 A = \begin{bmatrix} 14 & 0 & 0 & 0 \\ 0 & 14 & 0 & 0 \\ 0 & 0 & 14 & 0 \\ 0 & 0 & 0 & 14 \end{bmatrix}$$

$$\alpha_0 = -\frac{\text{tr} R_0 A}{4} = -14$$

于是，基于上述对系数的计算结果，可以定出对应的特征多项式：

$$\alpha(s)=\det(sI-A)=s^4+2s^3-10s^2-28s-14$$

2.4.2 特征值及其属性

给定连续时间线性时不变系统的状态方程：

$$\dot{x}=Ax+Bu \tag{2-120}$$

系统特征值定义为特征方程的根，即 $\det(sI-A)=0$，

$$\alpha(s)=s^n+\alpha_{n-1}s^{n-1}+\cdots+\alpha_1 s+\alpha_0=0$$

1）特征值的代数属性

对线性时不变系统式（2-120），从代数角度可以等价地定义 λ_i 为系统的一个特征值，当且仅当特征矩阵 $(sI-A)$ 在 $s=\lambda_i$ 处降秩。换句话说，系统特征值就是使特征矩阵 $(sI-A)$ 降秩的所有 s 值。

2）特征值的代数重数

对 n 维线性时不变系统式（2-120），$\lambda_i\in\Lambda$ 的代数重数定义为

$$\lambda_i\text{ 的代数重数 }\sigma_i\triangleq\text{满足}\begin{cases}\det(sI-A)=(s-\lambda_i)^{\sigma_i}\beta_i(s)\\ \beta_i(\lambda_i)\neq 0\end{cases}\text{的正整数 }\sigma_i \tag{2-121}$$

直观上，代数重数 σ_i 代表特征值集 Λ 中值为 λ_i 的特征值个数。

3）特征值的几何重数

对 n 维线性时不变系统式（2-120）的几何重数定义为

$$\lambda_i\text{ 的几何重数}\triangleq n-\operatorname{rank}(\lambda_i I-A) \tag{2-122}$$

式中，$\operatorname{rank}(\cdot)$ 为所示矩阵的秩。现对属于特征值 λ_i 的特征矩阵 $(\lambda_i I-A)$ 引入右零空间，右零空间为满足式（2-123）的 $n\times 1$ 非零向量 h 的集合。

$$(\lambda_i I-A)h=0 \tag{2-123}$$

再由 λ_i 的几何重数的定义式，可以导出

$$\operatorname{rank}(\lambda_i I-A)=n-\alpha_i \tag{2-124}$$

从而

$$(\lambda_i I-A)\text{ 右零空间维数}=n-\operatorname{rank}(\lambda_i I-A)=\alpha_i \tag{2-125}$$

而这正是 α_i 称为 λ_i 的几何重数的由来。

4）特征值重数和类型的关系

对 n 维线性时不变系统式（2-120），若特征值两两互不相等，则其代数重数 σ_i 和几何重数 α_i 之间有下式成立。

$$\sigma_i=\alpha_i=1 \tag{2-126}$$

若 $\lambda_i\in\Lambda$ 为重特征值，则其代数重数 σ_i 和几何重数 α_i 之间有下式成立。

$$1\leqslant\alpha_i\leqslant\sigma_i \tag{2-127}$$

2.4.3　特征向量与广义特征向量

在线性时不变系统的分析和综合中，特征向量和广义特征向量有着重要的应用。

1. 特征向量

对 n 维线性时不变系统[式(2-120)]，设 $\lambda_i\ (i=1,2,\cdots,n)$ 为系统矩阵 A 的一个特征值，则有

$$A\text{ 的属于 }\lambda_i\text{ 的右特征向量为满足 }\lambda_i v_i = A v_i\text{ 的 }n\times 1\text{ 非零向量 }v_i \tag{2-128}$$

$$A\text{ 的属于 }\lambda_i\text{ 的左特征向量为满足 }v_i^{\mathrm{T}}\lambda_i = v_i^{\mathrm{T}} A\text{ 的 }1\times n\text{ 非零向量 }v_i^{\mathrm{T}} \tag{2-129}$$

下面进一步对特征向量的有关属性进行阐述。

1) 特征向量的几何特征

对 n 维线性时不变系统，可从几何的角度将矩阵 A 的特征值 $\lambda_i \in \Lambda$ 的右特征向量 v_i 和左特征向量 v_i^{T} 分别改写为

$$(\lambda_i I - A)v_i = 0 \tag{2-130}$$

$$v_i^{\mathrm{T}}(\lambda_i I - A) = 0 \tag{2-131}$$

上述关系式的几何含义为：右特征向量 v_i 为 λ_i 的特征矩阵 $(\lambda_i I - A)$ 右零空间中的列向量；左特征向量 v_i^{T} 为 λ_i 的特征矩阵 $(\lambda_i I - A)$ 左零空间中的行向量。

2) 特征向量的不唯一性

对 n 维线性时不变系统，系统矩阵 A 的属于特征值 λ_i 的右特征向量 v_i 和左特征向量 v_i^{T} 不唯一。

3) 单特征值所属特征向量的属性

对 n 维线性时不变系统，系统矩阵 A 的属于特征值 $\{\lambda_1,\lambda_2,\cdots,\lambda_n\}$ 的一组相应特征向量 $\{v_1,v_2,\cdots,v_n\}$ 为线性无关，当且仅当特征值 $\{\lambda_1,\lambda_2,\cdots,\lambda_n\}$ 为两两相异。

2. 广义特征向量

对 n 维线性时不变系统[式(2-120)]，设 λ_i 为 $n\times n$ 系统矩阵 A 的一个 σ_i 重特征值，$i=1,2,\cdots,\mu$，$\lambda_i \neq \lambda_j$，$i\neq j$，则 A 的属于 λ_i 的 k 级广义右特征向量为满足式(2-132)的 $n\times 1$ 非零向量 v_i。

$$(\lambda_i I - A)^k v_i = 0, (\lambda_i I - A)^{k-1}\ v_i \neq 0 \tag{2-132}$$

A 的属于 λ_i 的 k 级广义左特征向量为满足式(2-133)的非零向量 v_i^{T}。

$$v_i^{\mathrm{T}}(\lambda_i I - A)^k v_i = 0, v_i^{\mathrm{T}}(\lambda_i I - A)^{k-1} v_i \neq 0 \tag{2-133}$$

1) 广义特征向量链

对 n 维线性时不变系统，设 v_i 为系统矩阵 A 的属于 σ_i 重特征值 λ_i 的 k 级广义右特征向量，则按式(2-134)定义的 k 个特征向量必为线性无关：

$$
\begin{aligned}
v_i^{(k)} &\triangleq v_i \\
v_i^{(k-1)} &\triangleq (\lambda_i I - A)v_i \\
&\vdots \\
v_i^{(1)} &\triangleq (\lambda_i I - A)^{k-1} v_i
\end{aligned}
\tag{2-134}
$$

且称此组特征向量为λ_i的长度为k的广义右特征向量链。

2) 确定广义特征向量组的算法

对n维线性时不变系统，设系统矩阵A的特征值λ_i的代数重数为σ_i，则A的属于λ_i的右广义特征向量组由σ_i个线性无关$n\times 1$维非零向量组成，$i=1,2,\cdots,\mu$，$\lambda_i \neq \lambda_j$，$i\neq j$。

算法 2-2 [**右广义特征向量组**]A的属于σ_i重特征值λ_i的右广义特征向量组可按照如下的步骤来确定。

步骤 1：计算

$$\text{rank}(\lambda_i I - A)^m = n - \nu_m,\ m = 0,1,2,\cdots$$

直到$m=m_0$，$\nu_{m_0}=\sigma_i$。为使讨论更为清晰且符号不致过于复杂，不失普遍性，以下步骤中假定$n=10$，$\sigma_i=8$，$m_0=4$，并设计算结果为$\nu_0=0$，$\nu_1=3$，$\nu_2=6$，$\nu_3=7$，$\nu_4=8$。

步骤 2：确定广义特征向量组的分块表。基本原则为：表的列数=广义特征向量组分块数=m_0=4；表的“列j”=“分块j”，$j=1,\cdots,m_0$，$m_0=4$；列j(即分块j)中特征向量个数$=\nu_{m_0-j+1}-\nu_{m_0-j}$，$j=1,\cdots,m_0$，$m_0=4$；列$j$(即分块$j$)中特征向量按由下而上排列。

基于此，A的属于σ_i重特征值λ_i的右广义特征向量组分块表的形式如下。

	列 1 分块 1 特征向量数 $\nu_4-\nu_3=1$	列 2 分块 2 特征向量数 $\nu_3-\nu_2=1$	列 3 分块 3 特征向量数 $\nu_2-\nu_1=3$	列 4 分块 4 特征向量数 $\nu_1-\nu_0=3$
行 1			$v_{i3}^{(2)} \triangleq v_{i3}$	$v_{i3}^{(1)} \triangleq -(\lambda_i I - A)\, v_{i3}$
行 2			$v_{i2}^{(2)} \triangleq v_{i2}$	$v_{i2}^{(1)} \triangleq -(\lambda_i I - A)\, v_{i2}$
行 3	$v_{i1}^{(4)} \triangleq v_{i1}$	$v_{i1}^{(3)} \triangleq -(\lambda_i I - A)v_{i1}$	$v_{i1}^{(2)} \triangleq (\lambda_i I - A)^2 v_{i1}$	$v_{i1}^{(1)} \triangleq -(\lambda_i I - A)^3 v_{i1}$

步骤 3：定义表中的独立型特征向量和导出型特征向量。独立型特征向量定义为表的每个行中位于最左位置的特征向量，即v_{i1}、v_{i2}、v_{i3}。导出型特征向量定义为表的每个行中位于独立型特征向量右侧的各个特征向量，由v_{i1}、v_{i2}、v_{i3}所生成。

步骤 4：确定独立型特征向量v_{i1}、v_{i2}、v_{i3}。

确定方法为

$v_{i1} \triangleq$满足$(\lambda_i I - A)^4 v_{i1} = 0,\ (\lambda_i I - A)^3 v_{i1} \neq 0$的$n\times 1$非零向量

$\{v_{i2}, v_{i3}\} \triangleq$满足如下条件的$n\times 1$非零向量：

$$\{v_{i3},\ v_{i2},\ (\lambda_i I - A)^2 v_{i1}\}\ \text{线性无关}$$

$$(\lambda_i I - A)^2 v_{i2} = 0,\ (\lambda_i I - A)\ v_{i2} \neq 0$$
$$(\lambda_i I - A)^2 v_{i3} = 0,\ (\lambda_i I - A)\ v_{i3} \neq 0$$

步骤 5：确定导出型特征向量。

基于独立型特征向量 v_{i1}、v_{i2}、v_{i3}，导出型特征向量可按下述关系式确定：

$$v_{i1}^{(3)} \triangleq -(\lambda_i I - A)^3 v_{i1},\ v_{i2}^{(2)} \triangleq (\lambda_i I - A)^2 v_{i1},\ v_{i3}^{(1)} \triangleq -(\lambda_i I - A)\ v_{i1}$$
$$v_{i2}^{(1)} \triangleq -(\lambda_i I - A)\ v_{i2}$$
$$v_{i3}^{(1)} \triangleq -(\lambda_i I - A)\ v_{i3}$$

步骤 6：对 A 的属于 σ_i 重特征值 λ_i 的右特征向量组，确定广义特征向量链。其中，

广义特征向量链的数目=分块表中行的数目= 3

广义特征向量链=分块表中行的特征向量组

由表可以看出，3 个广义特征向量链为

$$\{v_{i1}^{(1)} \triangleq -(\lambda_i I - A)^3 v_{i1},\ v_{i1}^{(2)} \triangleq (\lambda_i I - A)^2 v_{i1},\ v_{i1}^{(3)} \triangleq -(\lambda_i I - A)\ v_{i1},\ v_{i1}^{(4)} \triangleq v_{i1}\}$$
$$\{v_{i2}^{(1)} \triangleq -(\lambda_i I - A)\ v_{i2},\ v_{i2}^{(2)} \triangleq v_{i2}\}$$
$$\{v_{i3}^{(1)} \triangleq -(\lambda_i I - A)\ v_{i3},\ v_{i3}^{(2)} \triangleq v_{i3}\}$$

3) 不同广义特征向量组间的关系

对 n 维线性时不变系统，设 λ_i 为 $n \times n$ 系统矩阵 A 的一个 σ_i 重特征值，$i = 1, 2, \cdots, \mu$，$\lambda_i \neq \lambda_j$，$i \neq j$，则矩阵 A 的属于不同特征值的 μ 个广义特征向量组间必为线性无关。

2.5　状态空间的线性变换

状态变量的选取是非唯一的，选取不同的状态变量得到的状态空间表达式也不同。由于都是同一系统的状态空间描述，它们之间必然存在某种关系。这个关系就是线性变换关系。本节将研究这个关系，即线性系统坐标变换。这是状态空间方法分析和综合中广为采用的一种基本方法。

2.5.1　状态向量的线性变换

对于给定线性定常系统的状态空间模型 $\Sigma(A,B,C,D)$ 为

$$\begin{cases} \dot{x} = Ax + Bu \\ y = Cx + Du \end{cases} \tag{2-135}$$

式中，x 为 n 维状态向量；u 为 r 维输入向量；y 为 m 维输出向量；A、B、C、D 为满足矩阵运算的矩阵。

引入 $n \times n$ 非奇异变换矩阵 P，对状态向量 x 进行线性变换，得

$$\overline{x} = P^{-1}x \text{ 或 } x = P\overline{x} \tag{2-136}$$

则

$$\begin{cases}\dot{\overline{x}} = P^{-1}\dot{x} = P^{-1}(AP\overline{x} + Bu) = P^{-1}AP\overline{x} + P^{-1}Bu = \overline{A}\overline{x} + \overline{B}u \\ y = \overline{C}\overline{x} + \overline{D}u\end{cases} \tag{2-137}$$

比较两边对应项，可得到

$$\begin{cases}\overline{A} = P^{-1}AP \\ \overline{B} = P^{-1}B \\ \overline{C} = CP \\ \overline{D} = D\end{cases} \tag{2-138}$$

于是系统状态空间模型 $\overline{\Sigma}(\overline{A},\overline{B},\overline{C},\overline{D})$ 为

$$\begin{cases}\dot{x} = \overline{A}\overline{x} + \overline{B}u \\ y = \overline{C}\overline{x} + \overline{D}u\end{cases} \tag{2-139}$$

对于线性时变系统，其状态空间模型为

$$\begin{cases}\dot{x} = A(t)x + B(t)u \\ y = C(t)x + D(t)u\end{cases} \tag{2-140}$$

式中，x 为 n 维状态向量；u 为 r 维输入向量；y 为 m 维输出向量；$A(t)$、$B(t)$、$C(t)$ 和 $D(t)$ 为满足矩阵运算的矩阵，且它们的元素都是 t 的连续函数。

引入 $n \times n$ 变换矩阵 $P(t)$。且 $P(t)$、$\dot{P}(t)$ 对所有 t 都是非奇异且连续的，令

$$\overline{x} = P(t)x \tag{2-141}$$

或

$$x = P^{-1}(t)\overline{x} \tag{2-142}$$

由式(2-136)可得

$$\begin{aligned}\dot{\overline{x}} &= \dot{P}(t)x + P(t)\dot{x} \\ &= \dot{P}(t)P^{-1}(t)\overline{x} + P(t)[A(t)x + B(t)u] \\ &= \dot{P}(t)P^{-1}(t)\overline{x} + P(t)A(t)x + P(t)B(t)u \\ &= \dot{P}(t)P^{-1}(t)\overline{x} + P(t)A(t)P^{-1}(t)\overline{x} + P(t)B(t)u \\ &= \overline{A}(t)\overline{x} + \overline{B}(t)u\end{aligned}$$

比较上面等式两边对应项，可以得到

$$\begin{cases}\overline{A}(t) = \dot{P}(t)P^{-1}(t) + P(t)A(t)P^{-1}(t) = [P(t)A(t) + \dot{P}(t)]P^{-1}(t) \\ \overline{B}(t) = P(t)B(t)\end{cases} \tag{2-143}$$

又由

$$y(t) = C(t)x + D(t)u = C(t)P^{-1}(t)\overline{x} + D(t)u = \overline{C}(t)\overline{x} + \overline{D}(t)u$$

比较两边对应项，可以得到

$$\begin{cases}\overline{C}(t) = C(t)P^{-1}(t) \\ \overline{D}(t) = D(t)\end{cases} \tag{2-144}$$

于是系统方程为

$$\begin{cases}\dot{\overline{x}} = \overline{A}(t)\overline{x} + \overline{B}(t)u \\ y = \overline{C}(t)x + \overline{D}(t)u\end{cases} \tag{2-145}$$

由于变换矩阵 $P(t)$ 或 P 是非奇异的，所以系统方程之间的等价变换是可逆的。

2.5.2　线性变换的基本特性

1. 线性变换不改变系统特征值

对于系统状态空间模型式(2-135)：

$$\dot{x} = Ax + Bu$$
$$y = Cx + Du$$

系统的特征多项式为

$$\Delta(\lambda) = \det[\lambda I - A] = \lambda^n + a_{n-1}\lambda^{n-1} + \cdots + a_2\lambda^2 + a_1\lambda + a_0 \tag{2-146}$$

系统式(2-135)的等价系统式(2-137)的系统特征值为

$$\begin{aligned}\overline{\Delta}(\lambda) &= \det[\lambda I - \overline{A}] = \det[\lambda I - P^{-1}AP] \\ &= \det(\lambda P^{-1}P - P^{-1}AP) = \det(P^{-1}\lambda P - P^{-1}AP) \\ &= \det P^{-1}\det(\lambda I - A)\det P = \det(\lambda I - A) = 0\end{aligned} \tag{2-147}$$

可见，经过线性变换，其系统特征值是不变的。或者说，等价系统的矩阵 A 和 $\overline{A}$ 是相似矩阵，即它们有相同的特征值。

2. 线性变换不改变系统的传递函数矩阵

简便起见，令式(2-135)中 $D=0$ 时的传递函数矩阵为

$$G_{yu}(s) = C[sI - A]^{-1}B$$

而式(2-137)的传递函数矩阵为

$$\begin{aligned}\overline{G}_{yu}(s) &= \overline{C}[sI - \overline{A}]^{-1}\overline{B} \\ &= CP^{-1}[sI - P^{-1}AP]^{-1}PB \\ &= C[P^{-1}(sI - PAP^{-1})P]^{-1}B \\ &= C[P^{-1}sIP - A]^{-1}B \\ &= C[sI - A]^{-1}B = G_{yu}(s)\end{aligned}$$

可见，经过线性变换，其系统的传递函数矩阵是不变的。除上述两个基本特性之外，线性变换还有许多特性，下面就有关问题进行如下讨论。

1) 非奇异变换表达形式

对线性非奇异变换采取哪种表达形式，如基本结论中所取的 $\overline{x} = P^{-1}x$ 或者相反表达形式 $\overline{x} = Px$，一般既没有特定的限制，也不影响结论实质的普遍性。事实上，若对上述基本结论采用 $\overline{x} = Px$ 形式，那么除系数矩阵关系式在符号上需作相应改动外，不会改变结论的实质含义。

2) 特征多项式在线性变换下的特性

对线性时不变系统，不管是系统矩阵还是传递函数矩阵，其特征多项式在线性变换下保持不变。也就是说，若令 $\alpha(s)$ 和 $\overline{\alpha}(s)$ 分别为系统矩阵在变换前后的特征多项式，$\alpha_G(s)$

和 $\bar{\alpha}_G(s)$ 分别为传递函数矩阵在变换前后的特征多项式，则式(2-148)必成立：

$$\bar{\alpha}(s)=\alpha(s),\quad \bar{\alpha}_G(s)=\alpha_G(s) \tag{2-148}$$

3) 特征结构在线性变换下的特性

对线性时不变系统，系统矩阵 A 的特征值在线性变换下保持不变，而特征向量在线性变换下具有相同的变换关系。也就是说，若令 ν_i 和 $\bar{\nu}_i$ 分别为变换前后的特征值所对应的特征向量，则对形式为 $\bar{x}=P^{-1}x$ 的线性非奇异变换，具有如下的关系：

$$\bar{\nu}_i=P^{-1}\nu_i,\quad i=1,2,\cdots,n \tag{2-149}$$

同样，传递函数矩阵 $G(s)$ 的极点在线性变换下将保持不变。也就是说，若令 s_j 和 $\bar{s}_j$ 分别为 $G(s)$ 在线性变换前后的极点，则式(2-150)必成立：

$$\bar{s}_j=s_j,\quad j=1,2,\cdots,n \tag{2-150}$$

4) 约当规范型在线性变换下的特性

对线性时不变系统，不管是系统矩阵 A 的特征值为两两相异情形还是包含重值情形，其约当规范型在线性变换下保持不变，但将影响化为约当规范型的变换矩阵。

5) 代数等价系统

具有相同输入和输出的两个同维线性时不变系统称为代数等价系统(当且仅当它们的系数矩阵之间满足状态空间描述线性非奇异变换中给出的关系)。作为上述定义的直接推论，同一线性时不变系统的两个状态空间描述必为代数等价。进而，由传递函数矩阵在线性变换下保持不变的属性所决定，所有代数等价系统均具有等同的输入输出特性。代数等价系统的基本特征是具有相同的代数结构特性，如特征多项式、特征值、极点等，以及随后章节中讨论的稳定性、能控性、能观测性等。

6) 线性变换的人为属性

状态空间坐标系的选择具有人为属性。系统不依赖于状态选择的所有特性具有客观性。因此，系统在线性变换下的不变量(如特征多项式、特征值、极点等)和不变属性(如稳定性、能控性、能观测性等)反映了系统运动和结构的固有特性。

2.6 状态方程的约当规范型

约当规范型被广泛应用于线性时不变系统结构特性的分析。约当规范型定义为直接以特征值表征系统矩阵的一种状态方程规范型。线性时不变系统的状态方程都可通过适当的线性非奇异变换而化为约当规范型。随系统特征值类型和属性的不同约当规范型具有不同形式。本节介绍系统特征值为两两相异和包含重值两类情形的约当规范型及其算法。

1. 特征值为两两相异的情形

考察 n 维连续时间线性时不变系统，状态方程为

$$\dot{x}=Ax+Bu \tag{2-151}$$

设系统矩阵 A 的 n 个两两相异的特征值为 $\{\lambda_1,\lambda_2,\cdots,\lambda_n\}$，任取矩阵 A 的属于各个特征值的 n 个 $n\times 1$ 特征向量为 $\{v_1,v_2,\cdots,v_n\}$，构成非奇异变换阵 P，即 $P=\{v_1,v_2,\cdots,v_n\}$，则状态方程式(2-151)经非奇异变换 $\bar{x}=P^{-1}x$ 化为约当规范型：

$$\dot{\bar{x}}=\begin{bmatrix}\lambda_1 & & & \\ & \lambda_2 & & \\ & & \ddots & \\ & & & \lambda_n\end{bmatrix}\bar{x}+\bar{B}u,\bar{B}\triangleq P^{-1}B \tag{2-152}$$

证明：由特征值 $\{\lambda_1,\lambda_2,\cdots,\lambda_n\}$ 两两相异可知，n 维特征向量组 $\{v_1,v_2,\cdots,v_n\}$ 为线性无关，即变换阵 $P=\{v_1,v_2,\cdots,v_n\}$ 为非奇异。由 $\bar{x}=P^{-1}x$，可得

$$\dot{\bar{x}}=P^{-1}\dot{x}=P^{-1}AP\bar{x}+P^{-1}Bu=\bar{A}\bar{x}+\bar{B}u \tag{2-153}$$

再由变换阵 $P=\{v_1,v_2,\cdots,v_n\}$ 和特征向量关系式 $\lambda_i v_i=Av_i$，可得到

$$\begin{aligned}AP&=[Av_1,\cdots,Av_n]=[\lambda_1v_1,\cdots,\lambda_nv_n]\\&=[v_1,\cdots,v_n]\begin{bmatrix}\lambda_1 & & \\ & \ddots & \\ & & \lambda_n\end{bmatrix}=P\begin{bmatrix}\lambda_1 & & \\ & \ddots & \\ & & \lambda_n\end{bmatrix}\end{aligned} \tag{2-154}$$

于是，将式(2-154)左乘 P^{-1}，即得

$$\bar{A}=P^{-1}AP=\begin{bmatrix}\lambda_1 & & \\ & \ddots & \\ & & \lambda_n\end{bmatrix} \tag{2-155}$$

从而，将式(2-155)代入式(2-153)就可导出式(2-152)。证明完成。

1)特征值相异约当规范型的特点

对特征值两两相异的 n 维线性时不变系统，由上述结论[式(2-152)]可以看出，系统的约当规范型是一类对角线规范型，其系统矩阵是以特征值为元素的一个对角线矩阵。

2)对角线规范型下状态的解耦性

对特征值两两相异的 n 维线性时不变系统，约当规范型中系统矩阵为对角线矩阵意味着系统状态在这种表达下可实现完全的解耦。为更直观地说明这一点，把对角线规范型状态方程[式(2-152)]进一步表示为状态变量方程组，有

$$\begin{cases}\dot{x}_1=\lambda_1x_1+\dot{b}_1u\\ \dot{x}_2=\lambda_2x_2+\dot{b}_2u\\ \qquad\vdots\\ \dot{x}_n=\lambda_nx_n+\dot{b}_nu\end{cases} \tag{2-156}$$

可以看出，对角规范型下的上述方程组实际上是 n 个独立的状态变量方程，系统状态变量间的耦合已被完全解除。

3)系统矩阵的两类典型规范型间的关系

在线性时不变系统的分析与综合中，对系统矩阵还常采用另一种称为能控规范型的规范形式：

$$A=\begin{bmatrix}0 & 1 & & \\ \vdots & & \ddots & \\ 0 & & & 1 \\ -a_0 & -a_1 & \cdots & -a_{n-1}\end{bmatrix} \tag{2-157}$$

容易证明，在 n 个系统特征值 $\{\lambda_1,\lambda_2,\cdots,\lambda_n\}$ 为两两相异的前提下，通过将上述结论中的变换矩阵 $P=[v_1,v_2,\cdots,v_n]$ 取为

$$P=\begin{bmatrix}1 & \cdots & 1 \\ \lambda_1 & \cdots & \lambda_n \\ \vdots & \ddots & \vdots \\ \lambda_1^{n-1} & \cdots & \lambda_n^{n-1}\end{bmatrix} \tag{2-158}$$

可把式(2-157)规范型的系统矩阵 A 化为形如式(2-152)的对角线矩阵。从另一个角度看，由式(2-158)给出的变换矩阵 P 中的每一列向量为式(2-157)给出的系统矩阵 A 的属于相应特征值的一个特征向量。

4)包含复数特征值情形的对角线规范型

对特征值两两相异的 n 维线性时不变系统，如果特征值 $\{\lambda_1,\lambda_2,\cdots,\lambda_n\}$ 中包含复数特征值，那么由于结论中引入的变换阵 P 包含共轭复数元，对角线规范型状态方程的系数矩阵 A 和 B 也必包含共轭复数元。在系统分析与综合中，为避免这种应用上的不方便，对其做进一步的实数化处理可导出实数化处理后的“对角线”规范型为

$$\begin{bmatrix}\dot{x}_1 \\ \vdots \\ \dot{x}_{i-1} \\ \dot{x}_i^{(R)} \\ \dot{x}_i^{(I)} \\ \dot{x}_{i+2} \\ \vdots \\ \dot{x}_n\end{bmatrix}=\begin{bmatrix}\lambda_1 & & & & & & & \\ & \ddots & & & & & & \\ & & \lambda_{i-1} & & & & & \\ & & & \alpha_i & -\beta_i & & & \\ & & & \beta_i & \alpha_i & & & \\ & & & & & \lambda_{i+2} & & \\ & & & & & & \ddots & \\ & & & & & & & \lambda_n\end{bmatrix}\begin{bmatrix}x_1 \\ \vdots \\ x_{i-1} \\ x_i^{(R)} \\ x_i^{(I)} \\ x_{i+2} \\ \vdots \\ x_n\end{bmatrix}+\bar{B}u \tag{2-159}$$

例 2-19 给定一个线性时不变系统的状态方程为

$$\dot{x}=\begin{bmatrix}2 & -1 & -1 \\ 0 & -1 & 0 \\ 0 & 2 & 1\end{bmatrix}x+\begin{bmatrix}7 \\ 2 \\ 3\end{bmatrix}u$$

导出其约当规范型。

解：(1)定出系统特征值和特征向量。由系统特征方程 $(s-2)(s+1)(s-1)=0$，可定出特征值为

$$\lambda_1=2,\lambda_2=1,\lambda_3=-1$$

显然，它们为两两相异。再由求解：

$$\lambda_i\begin{bmatrix}v_{i1}\\v_{i2}\\v_{i3}\end{bmatrix}=\begin{bmatrix}2&-1&-1\\0&-1&0\\0&2&1\end{bmatrix}\begin{bmatrix}v_{i1}\\v_{i2}\\v_{i3}\end{bmatrix},\quad i=1,2,3$$

可定出一组特征向量为

$$v_1=\begin{bmatrix}1\\0\\0\end{bmatrix},\quad v_2=\begin{bmatrix}1\\0\\1\end{bmatrix},\quad v_3=\begin{bmatrix}0\\1\\-1\end{bmatrix}$$

(2) 构造变换矩阵并求逆：

$$P=[v_1,v_2,v_3]=\begin{bmatrix}1&1&0\\0&0&1\\0&1&-1\end{bmatrix},\quad P^{-1}=\begin{bmatrix}1&-1&-1\\0&1&1\\0&1&0\end{bmatrix}$$

(3) 计算变换后系数矩阵：

$$\overline{A}=P^{-1}AP=\begin{bmatrix}2&0&0\\0&1&0\\0&0&-1\end{bmatrix},\quad \overline{b}=P^{-1}b=\begin{bmatrix}2\\5\\2\end{bmatrix}$$

(4) 定出对角线规范型状态方程：

$$\begin{bmatrix}\dot{x}_1\\\dot{x}_2\\\dot{x}_3\end{bmatrix}=\begin{bmatrix}2&0&0\\0&1&0\\0&0&-1\end{bmatrix}\begin{bmatrix}x_1\\x_2\\x_3\end{bmatrix}+\begin{bmatrix}2\\5\\2\end{bmatrix}u$$

利用 Matlab 求解例 2-19 的程序为

```
%将状态空间模型转换为约当规范型程序 Model4.m
clear all%清空工作窗口
A=[2 -1 -1;0 -1 0;0 2 1];B=[7;2;3];        %状态空间模型系数矩阵
[P, J] = jordan(sym(A))                     %P为变换矩阵,J为约当矩阵
```

2. 特征值为包含重值的情形

对于一个 n 维连续时间线性时不变系统，状态方程为

$$\dot{x}=Ax+Bu \tag{2-160}$$

对于系统矩阵 A 的 n 个特征值包含重值的情形，其约当规范型一般不再具有对角线型的形式，只可能具有准对角线型的形式。

下面不加证明地以结论的形式给出包含重特征值情形的系统状态方程的约当规范型。

结论 2-2　［**重特征值情形约当规范型**］对包含重特征值的 n 维线性时不变系统式(2-160)，设系统的特征值为

$$\lambda_1(\sigma_1\text{重},\alpha_1\text{重}),\lambda_2(\sigma_2\text{重},\alpha_2\text{重}),\cdots,\lambda_l(\sigma_l\text{重},\alpha_l\text{重}),\quad \lambda_i\neq\lambda_j,\quad \forall i\neq j$$

σ_i 和 α_i 分别为特征值的代数重数和几何重数，$i=1,2\cdots,l$，

$$(\sigma_1+\sigma_2+\cdots+\sigma_l)=n$$

那么，基于相应于各特征值的广义特征向量组所组成的变换矩阵 Q，系统状态方程可通过线性非奇异变换 $\hat{x}=Q^{-1}x$ 化为约当规范型：

$$\dot{\hat{x}}=Q^{-1}AQ\hat{x}+Q^{-1}Bu=\begin{bmatrix} J_1 & & \\ & \ddots & \\ & & J_l \end{bmatrix}\hat{x}+\hat{B}u,\quad \hat{B}=Q^{-1}B \tag{2-161}$$

其中，称 J_i 为相应于特征值 λ_i 的约当块，且 J_i 可进一步表示为 α_i 个约当小块组成的对角线分块矩阵：

$$\underset{(\sigma_i\times\sigma_i)}{J_i}=\begin{bmatrix} J_{i1} & & \\ & \ddots & \\ & & J_{i\alpha_i} \end{bmatrix},\quad i=1,2,\cdots,l \tag{2-162}$$

称 J_{ik} 为相应于特征值 λ_i 的约当小块，且 J_{ik} 具有如下形式：

$$\underset{(r_{ik}\times r_{ik})}{J_{ik}}=\begin{bmatrix} \lambda_i & 1 & & \\ & \lambda_i & \ddots & \\ & & \ddots & 1 \\ & & & \lambda_i \end{bmatrix},\quad k=1,2,\cdots,\alpha_i,\sum_{k=1}^{\alpha_i}r_{ik}=\sigma_i \tag{2-163}$$

进一步还可对重特征值情形的约当规范型作如下几点讨论。

1) 重特征值情形约当规范型的特点

对包含重特征值的 n 维线性时不变系统，系统矩阵的约当规范型是一个“嵌套式”的对角块阵。“外层”反映整个矩阵，其形式是以相应于各个特征值的约当块为块元的对角线分块阵，约当块的个数等于相异特征值个数 l，约当块的维数等于相应特征值的代数重数 σ_i。“中层”就是约当块，其形式是以约当小块为块元的对角线分块阵，约当小块的个数等于相应特征值的几何重数 α_i。“内层”为约当小块，约当小块为“以相应特征值为对角元，其右邻元均为 1，而其余元均为 0”的矩阵。

2) 重特征值情形约当规范型的最简耦合性

对包含重特征值的 n 维线性时不变系统，系统矩阵的约当规范型意味着系统状态在规范型下可实现可能的最简耦合。为直观地说明这一属性，从约当规范型状态方程中取出相应于约当小块 J_{ik} 的部分，有

$$\dot{\hat{x}}_{ik}=\begin{bmatrix} \lambda_i & 1 & & \\ & \lambda_i & \ddots & \\ & & \ddots & 1 \\ & & & \lambda_i \end{bmatrix}\hat{x}_{ik}+B_{ik}u \tag{2-164}$$

可以看出，由式(2-164)导出的每个状态变量方程至多只和下一序号的状态变量发生耦合。这就表明，约当规范型可实现可能情形下的最简耦合。

3) 约当块为对角线矩阵的条件

对包含重特征值的 n 维线性时不变系统的约当规范型，由相应于特征值 λ_i 的约当块 J_i 的组成形式[式(2-162)]可以看出，约当块 J_i 为对角线矩阵的充分必要条件是特征

值 λ_i 的几何重数等同于代数重数，即 $\sigma_i = \alpha_i$。整个约当规范型矩阵 A 为对角线矩阵的充分必要条件是所有特征值的几何重数均等同于代数重数，即 $\sigma_i = \alpha_i$，$i = 1,2,\cdots,l$。显然，一般情形不可能满足上述条件，因此重特征值情形的约当规范型通常不具有对角线规范型的形式。

4) 循环系统的约当规范型

对于循环系统，即状态矩阵 A 是循环的，其约当规范型中相应于每个不同特征值仅有一个约当块。

5) 广义特征向量方法求变换矩阵

当 A 有重特征值时，要求变换矩阵 Q 将状态方程化为约当规范型是比较麻烦的。一般可以通过 2.4.3 节的广义特征向量方法求变换矩阵，后面将通过例题说明。

6) 重特征值只有一个特征向量时变换矩阵的求法

矩阵 A 有 n 个重特征值 λ_1，并且 λ_1 只对应有一个特征向量 q_1，即几何重数等于 1。很显然，这时矩阵 A 可以通过线性变换化成如下形式的约当阵：

$$J = \begin{bmatrix} \lambda_1 & 1 & & 0 \\ & \lambda_1 & \ddots & \\ & & \ddots & 1 \\ & & & \lambda_1 \end{bmatrix}_{n\times n} = Q^{-1}AQ \tag{2-165}$$

这时求矩阵 Q 的方法如下：设对应 n 个重特征值的 n 个特征向量为 $q_1, q_2, \cdots, q_n$。由式(2-165)可得

$$A[q_1 \quad q_2 \quad \cdots \quad q_n] = [q_1 \quad q_2 \quad \cdots \quad q_n]\begin{bmatrix} \lambda_1 & 1 & & 0 \\ & \lambda_1 & \ddots & \\ & & \ddots & 1 \\ 0 & & & \lambda_1 \end{bmatrix}_{n\times n}$$

由此可得

$$[Aq_1 \quad Aq_2 \quad \cdots \quad Aq_n] = [\lambda_1 q_1 \quad q_1 + \lambda_1 q_2 \quad q_2 + \lambda_1 q_3 \quad \cdots \quad q_{n-1} + \lambda_1 q_n]$$

或

$$\begin{cases} \lambda_1 q_1 = Aq_1 \\ q_1 + \lambda_1 q_2 = Aq_2 \\ q_2 + \lambda_1 q_3 = Aq_3 \\ \qquad \vdots \\ q_{n-1} + \lambda_1 q_n = Aq_n \end{cases}$$

上式可写成

$$\begin{cases} [\lambda_1 I - A]q_1 = 0 \\ [\lambda_1 I - A]q_2 = -q_1 \\ [\lambda_1 I - A]q_3 = -q_2 \\ \qquad \vdots \\ [\lambda_1 I - A]q_n = -q_{n-1} \end{cases} \tag{2-166}$$

利用式(2-166)可以求出 n 重特征值对应的特征向量。其中 $q_2,q_3,\cdots,q_n$ 即为对应于特征值 λ_1 的广义特征向量。特征向量 q_1 是广义特征向量的特殊情况，即普通的特征向量。变换矩阵为

$$Q=[q_1 \quad q_2 \quad \cdots \quad q_n] \tag{2-167}$$

7) 当状态矩阵 A 为友矩阵时，变换矩阵的形式

当状态矩阵 A 具有友矩阵形式[式(2-157)]时，变换矩阵具有式(2-158)类似的形式。为了简单并不失一般性，以 4×4 的矩阵 A 为例进行讨论。若有三重特征值 λ_i 和一个普通特征值 λ_2。由式(2-166)，经过不太复杂的推导，可得到对应 λ_1 的三个特征向量，加上 λ_2 对应的特征向量，得到变换矩阵为

$$Q=\begin{bmatrix} 1 & 0 & 0 & 1 \\ \lambda_1 & 1 & 0 & \lambda_2 \\ \lambda_1^2 & 2\lambda_1 & 1 & \lambda_2^2 \\ \lambda_1^3 & 3\lambda_1^2 & 3\lambda_1 & \lambda_2^3 \end{bmatrix} \tag{2-168}$$

再根据约当标准型方程式(2-165)可将矩阵 A 化成标准的 J 形式。

例 2-20 给定一个线性时不变系统的状态方程如下，导出其约当规范型。

$$x=\begin{bmatrix} 3 & -1 & 1 & 1 & 0 & 0 \\ 1 & 1 & -1 & -1 & 0 & 0 \\ 0 & 0 & 2 & 0 & 1 & 1 \\ 0 & 0 & 0 & 2 & -1 & -1 \\ 0 & 0 & 0 & 0 & 1 & 1 \\ 0 & 0 & 0 & 0 & 1 & 1 \end{bmatrix}x+\begin{bmatrix} 1 & 0 \\ -1 & 1 \\ 2 & 1 \\ 0 & -1 \\ 0 & 2 \\ 1 & 0 \end{bmatrix}u$$

解：(1) 计算特征值。利用分块矩阵特征多项式的算法，对系统矩阵 A 定出特征多项式 $\det(sI-A)=(s-2)^5 s$。进而可由此定出特征值为 $\lambda_1=2(\sigma_1=5)$，$\lambda_2=0(\sigma_2=1)$。

(2) 计算重特征值的几何重数 $\lambda_1=2$。由

$$(2I-A)=\begin{bmatrix} -1 & 1 & -1 & -1 & 0 & 0 \\ -1 & 1 & 1 & 1 & 0 & 0 \\ 0 & 0 & 0 & 0 & -1 & -1 \\ 0 & 0 & 0 & 0 & 1 & 1 \\ 0 & 0 & 0 & 0 & 1 & -1 \\ 0 & 0 & 0 & 0 & -1 & 1 \end{bmatrix}, \quad \operatorname{rank}(2I-A)=4=6-2$$

可以定出 $\alpha_1=2$。

(3) 对重特征值 $\lambda_1=2$ 计算 $\operatorname{rank}(2I-A)^m=6-\nu_m$ 中的 ν_m，其中取 $m=0,1,\cdots$。对此，由

$$(2I-A)^0=I, \quad \operatorname{rank}(2I-A)^0=6=6-0$$

可知 $\nu_0=0$。由

$$(2I-A) = \begin{bmatrix} -1 & 1 & -1 & -1 & 0 & 0 \\ -1 & 1 & 1 & 1 & 0 & 0 \\ 0 & 0 & 0 & 0 & -1 & -1 \\ 0 & 0 & 0 & 0 & 1 & -1 \\ 0 & 0 & 0 & 0 & 1 & -1 \\ 0 & 0 & 0 & 0 & -1 & 1 \end{bmatrix},\quad \mathrm{rank}(2I-A)^1 = 4 = 6-2$$

可知 $\nu_1 = 2$ 。由

$$(2I-A)^2 = \begin{bmatrix} 0 & 0 & 2 & 2 & 0 & 0 \\ 0 & 0 & 2 & 2 & 0 & 0 \\ 0 & 0 & 0 & 0 & 0 & 0 \\ 0 & 0 & 0 & 0 & 0 & 0 \\ 0 & 0 & 0 & 0 & 2 & -2 \\ 0 & 0 & 0 & 0 & -2 & 2 \end{bmatrix},\quad \mathrm{rank}(2I-A)^2 = 2 = 6-4$$

可知 $\nu_2 = 4$ 。由

$$(2I-A)^3 = \begin{bmatrix} 0 & 0 & 0 & 0 & 0 & 0 \\ 0 & 0 & 0 & 0 & 0 & 0 \\ 0 & 0 & 0 & 0 & 0 & 0 \\ 0 & 0 & 0 & 0 & 0 & 0 \\ 0 & 0 & 0 & 0 & 4 & -4 \\ 0 & 0 & 0 & 0 & -4 & 4 \end{bmatrix},\quad \mathrm{rank}(2I-A)^3 = 1 = 6-5$$

可知 $\nu_3 = 5$ 。并且由 $\nu_3 = 5 = \sigma_1$ 知，计算可到此为止。

(4) 确定矩阵 A 的属于特征值 $\lambda_1 = 2$ 的广义特征向量组。首先，列出

$\nu_3-\nu_2=1$	$\nu_2-\nu_1=2$	$\nu_1-\nu_0=2$
	$v_{12}^{(2)} \triangleq v_{12}$	$v_{12}^{(1)} \triangleq -(2I-A)v_{12}$
$v_{11}^{(3)} \triangleq v_{11}$	$v_{11}^{(2)} \triangleq -(2I-A)v_{11}$	$v_{11}^{(1)} \triangleq (2I-A)^2 v_{11}$

进而满足：

$$(2I-A)^3 v_{11} = 0,\quad (2I-A)^2 v_{11} \neq 0$$

定出一个独立型列向量 $v_{11} = [0\quad 0\quad 1\quad 0\quad 0\quad 0]^{\mathrm{T}}$ 。基于此，可导出其各个导出型列向量为

$$v_{11}^{(1)} \triangleq (2I-A)^2 v_{11} = \begin{bmatrix} 2 \\ 2 \\ 0 \\ 0 \\ 0 \\ 0 \end{bmatrix},\quad v_{11}^{(2)} \triangleq -(2I-A)\ v_{11} = \begin{bmatrix} 1 \\ -1 \\ 0 \\ 0 \\ 0 \\ 0 \end{bmatrix},\quad v_{11}^{(3)} \triangleq v_{11} = \begin{bmatrix} 0 \\ 0 \\ 1 \\ 0 \\ 0 \\ 0 \end{bmatrix}$$

再者，满足$\{v_{12}, v_{11}^{(2)}\}$线性无关，$(2I-A)^2 v_{12}=0$, $(2I-A)\ v_{12}\neq 0$可定出另一个独立型列向量$v_{12}=[0\quad 0\quad 1\quad -1\quad 1\quad 1]^{\mathrm{T}}$。基于此，可导出其各个导出型列向量为

$$v_{12}^{(1)}\triangleq-(2I-A)v_{12}=\begin{bmatrix}0\\0\\2\\-2\\0\\0\end{bmatrix},\quad v_{12}^{(2)}\triangleq v_{12}=\begin{bmatrix}0\\0\\1\\-1\\1\\1\end{bmatrix}$$

(5) 确定矩阵A的属于特征值的特征向量。由

$$(\lambda_2 I-A)\ v_2=-Av_2=0$$

可定出一个特征向量为

$$\boldsymbol{v}_2=[0\quad 0\quad 0\quad 0\quad 1\quad -1]^{\mathrm{T}}$$

(6) 组成变换阵Q并计算Q^{-1}。

$$Q=[v_{11}^{(1)}\quad v_{11}^{(2)}\quad v_{11}^{(3)}\quad v_{12}^{(1)}\quad v_{12}^{(2)}\quad v_2]=\begin{bmatrix}2&1&0&0&0&0\\-2&-1&0&0&0&0\\0&0&1&2&1&0\\0&0&0&-2&-1&0\\0&0&0&0&1&1\\0&0&0&0&1&-1\end{bmatrix}$$

$$Q^{-1}=\begin{bmatrix}1/4&1/4&0&0&0&0\\1/2&-1/2&0&0&0&0\\0&0&1&1&1&0\\0&0&0&-1/2&-1/4&-1/4\\0&0&0&0&1/2&1/2\\0&0&0&0&1/2&-1/2\end{bmatrix}$$

(7) 导出状态方程的约当规范型。对此，有

$$\dot{\hat{x}}=Q^{-1}AQ\hat{x}+Q^{-1}Bu=\begin{bmatrix}2&1&0&0&0&0\\0&2&1&0&0&0\\0&0&2&0&0&0\\0&0&0&2&1&0\\0&0&0&0&2&0\\0&0&0&0&0&0\end{bmatrix}\hat{x}+\begin{bmatrix}0&1/4\\1&-1/2\\2&0\\-1/4&0\\1/2&1\\-1/2&1\end{bmatrix}u$$

且变换后的状态向量为

$$\hat{x}=Q^{-1}x=\begin{bmatrix}\frac{1}{4}x_1+\frac{1}{4}x_2\\\frac{1}{2}x_1-\frac{1}{2}x_2\\x_3+x_4\\-\frac{1}{2}x_4-\frac{1}{4}x_5-\frac{1}{4}x_6\\\frac{1}{2}x_5+\frac{1}{2}x_6\\\frac{1}{2}x_5-\frac{1}{2}x_6\end{bmatrix}$$

利用 Matlab 求解例 2-20 的程序为

```
%将状态空间模型转换为约当规范型程序 Model5.m
clear all
A=[3 -1 1 1 0 0; 1 1 -1 -1 0 0; 0 0 2 0 1 1;
0 0 0 2 -1 -1;0 0 0 0 1 1;0 0 0 0 1 1];
B=[1 0;-1 1;2 1;0 -1;0 2;1 0];                %状态空间模型系数矩阵
[Q,J] = jordan(sym(A))                         %Q 为变换矩阵,J 为约当矩阵
Bbar=inv(Q)*B                                  %变换后的输入矩阵 Bbar
```

例 2-21　化 $A=\begin{bmatrix}0&1&0\\0&0&1\\2&-5&4\end{bmatrix}$ 为标准型矩阵。

解： $\det[sI-A]=\det\begin{bmatrix}\lambda&-1&0\\0&\lambda&-1\\-2&5&\lambda-4\end{bmatrix}=(\lambda-1)^2(\lambda-2)=0$，$\lambda_1=\lambda_2=1$，$\lambda_3=2$

可见矩阵 A 有二重特征值 $\lambda_1=\lambda_2=1$ 和特征值 $\lambda_3=2$。由式(2-166)求二重特征值对应的特征向量 q_1 和 q_2。

$$[\lambda_1 I-A]q_1=0$$

即

$$\left\{\begin{bmatrix}1&0&0\\0&1&0\\0&0&1\end{bmatrix}-\begin{bmatrix}0&1&0\\0&0&1\\2&-5&4\end{bmatrix}\right\}q_1=0,\quad \begin{bmatrix}1&-1&0\\0&1&-1\\-2&5&-3\end{bmatrix}q_1=0$$

得 $q_1=\begin{bmatrix}1\\1\\1\end{bmatrix}$，而由 $[\lambda_1 I-A]q_2=-q_1$ 得

$$\begin{bmatrix} 1 & -1 & 0 \\ 0 & 1 & -1 \\ -2 & 5 & -3 \end{bmatrix} q_2 = -\begin{bmatrix} 1 \\ 1 \\ 1 \end{bmatrix}$$

得 $q_2 = \begin{bmatrix} 0 \\ 1 \\ 2 \end{bmatrix}$，对于 $\lambda_3 = 2$ 对应的特征向量，有

$$[\lambda_3 I - A]q_3 = 0$$

$$\begin{bmatrix} 2 & -1 & 0 \\ 0 & 2 & -1 \\ -2 & 5 & -2 \end{bmatrix} q_3 = 0$$

得 $q_3 = \begin{bmatrix} 1 \\ 2 \\ 4 \end{bmatrix}$，故 $Q = [q_1 \quad q_2 \quad q_3] = \begin{bmatrix} 1 & 0 & 1 \\ 1 & 1 & 2 \\ 1 & 2 & 4 \end{bmatrix}$

$$Q^{-1} = \begin{bmatrix} 1 & 0 & 1 \\ 1 & 1 & 2 \\ 1 & 2 & 4 \end{bmatrix}^{-1} = \begin{bmatrix} 0 & 2 & -1 \\ -2 & 3 & -1 \\ 1 & -2 & 1 \end{bmatrix}$$

$$J = Q^{-1}AQ = \begin{bmatrix} 0 & 2 & -1 \\ -2 & 3 & -1 \\ 1 & -2 & 1 \end{bmatrix}\begin{bmatrix} 0 & 1 & 0 \\ 0 & 0 & 1 \\ 2 & -5 & 4 \end{bmatrix}\begin{bmatrix} 1 & 0 & 1 \\ 1 & 1 & 2 \\ 1 & 2 & 4 \end{bmatrix} = \begin{bmatrix} 1 & 1 & 0 \\ 0 & 1 & 0 \\ 0 & 0 & 2 \end{bmatrix}$$

2.7 组合系统的动态方程

工程中较为复杂的系统通常是由若干个子系统按某种方式连接而成的，这样的系统称为组合系统。组合系统有很多形式，但在大多数情况下，其是由并联、串联和反馈三种方式连接而成的。为了简单并不失一般性，这里讨论由两个子系统 S_1 和 S_2 构成的组合系统。

S_1 的系统方程为

$$\dot{x}_1 = A_1 x_1 + B_1 u_1 \tag{2-169}$$

$$y_1 = C_1 x_1 + D_1 u_1 \tag{2-170}$$

传递函数矩阵为

$$G_1(s) = C_1[sI - A_1]^{-1} B_1 + D_1 \tag{2-171}$$

S_2 的系统方程为

$$\dot{x}_2 = A_2 x_2 + B_2 u_2 \tag{2-172}$$

$$y_2 = C_2 x_2 + D_2 u_2 \tag{2-173}$$

传递函数矩阵为

$$G_2(s) = C_2[sI - A_2]^{-1} B_2 + D_2 \tag{2-174}$$

现在研究并联、串联和反馈三种连接的组合系统的系统方程和传递函数矩阵。在研究时，假定子系统连接时，彼此之间没有负载效应，各子系统的矩阵、向量和传递函数矩阵的维数都满足子系统连接时进行运算所需要的适当维数。

2.7.1 并联连接

两个子系统并联连接，如图 2-29 所示。

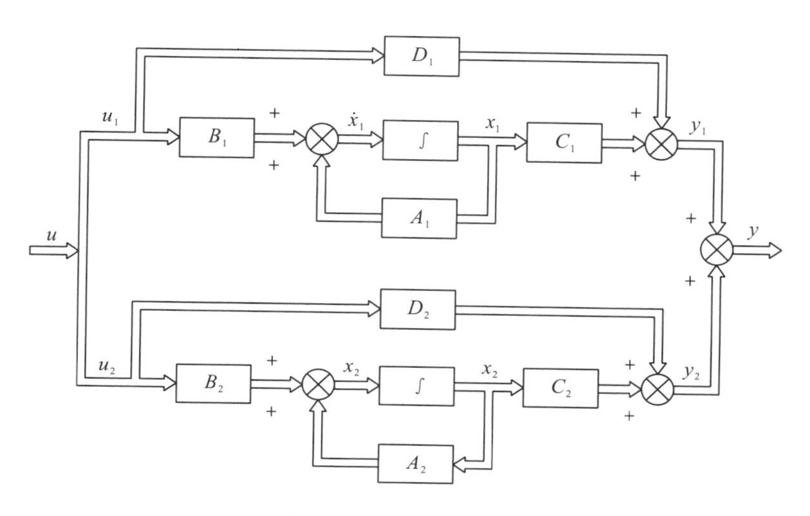

图 2-29 子系统并联连接

组合系统的输入向量 u 和两个子系统输入向量 u_1、u_2 相同，即

$$u = u_1 = u_2$$

并联连接组合系统的输出向量 y 是两个子系统输出向量 y_1、y_2 之和，即

$$y = y_1 + y_2$$

故并联连接组合系统的系统方程为

$$\begin{bmatrix} \dot{x}_1 \\ \dot{x}_2 \end{bmatrix} = \begin{bmatrix} A_1 & 0 \\ 0 & A_2 \end{bmatrix} \begin{bmatrix} x_1 \\ x_2 \end{bmatrix} + \begin{bmatrix} B_1 \\ B_2 \end{bmatrix} u \tag{2-175}$$

$$y = [C_1 \quad C_2] \begin{bmatrix} x_1 \\ x_2 \end{bmatrix} + [D_1 + D_2] u \tag{2-176}$$

并联连接组合系统的传递函数矩阵 $G_{yu}(s)$ 由图 2-29 可得

$$G_{yu}(s) = G_1(s) + G_2(s) \tag{2-177}$$

或由并联连接组合系统的系统方程式(2-175)和式(2-176)求得

$$\begin{aligned} G_{yu}(s) &= [C_1 \quad C_2] \begin{bmatrix} sI - A_1 & 0 \\ 0 & sI - A_2 \end{bmatrix}^{-1} \begin{bmatrix} B_1 \\ B_2 \end{bmatrix} + [D_1 + D_2] \\ &= C_1[sI - A_1]^{-1} B_1 + D_1 + C_2[sI - A_2]^{-1} B_2 + D_2 \\ &= G_1(s) + G_2(s) \end{aligned}$$

可见结果与式(2-177)一样，即并联组合系统传递函数矩阵等于各子系统传递函数矩阵之和。

2.7.2 串联连接

图 2-30 是子系统 S_1 在前、子系统 S_2 在后的串联连接而成的组合系统。这时串联连接组合系统的输入向量 $u = u_1$，输出向量 $y = y_2$。并且子系统 S_1 的输出向量 y_1 等于子系统 S_2 的输入向量 u_2。

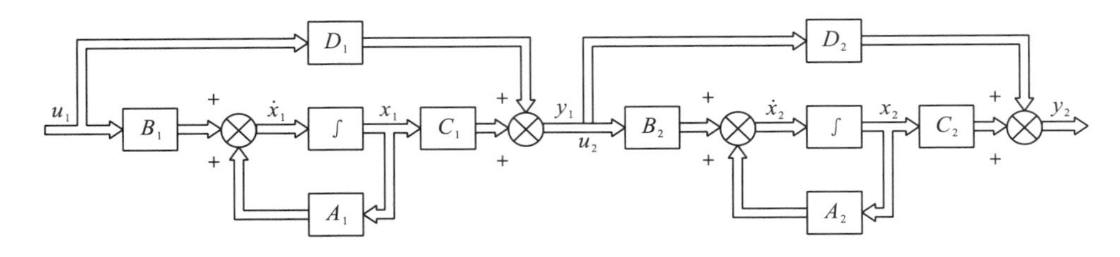

图 2-30 系统串联连接

于是有

$$
\begin{aligned}
\dot{x}_1 &= A_1x_1 + B_1u_1 = A_1x_1 + B_1u \\
y_1 &= C_1x_1 + D_1u_1 = C_1x_1 + D_1u \\
\dot{x}_2 &= A_2x_2 + B_2u_2 = A_2x_2 + B_2y_1 \\
&= A_2x_2 + B_2(C_1x_1 + D_1u) \\
&= A_2x_2 + B_2C_1x_1 + B_2D_1u \\
y_2 &= C_2x_2 + D_2u_2 = C_2x_2 + D_2y_1 \\
&= C_2x_2 + D_2(C_1x_1 + D_1u) \\
&= C_2x_2 + D_2C_1x_1 + D_2D_1u
\end{aligned}
$$

故子系统 S_1 在前、子系统 S_2 在后串联连接的组合系统的系统方程为

$$
\begin{bmatrix} \dot{x}_1 \\ \dot{x}_2 \end{bmatrix} = \begin{bmatrix} A_1 & 0 \\ B_2C_1 & A_2 \end{bmatrix} \begin{bmatrix} x_1 \\ x_2 \end{bmatrix} + \begin{bmatrix} B_1 \\ B_2D_1 \end{bmatrix} u \tag{2-178}
$$

$$
y = [D_2C_1 \quad C_2] \begin{bmatrix} x_1 \\ x_2 \end{bmatrix} + D_2D_1u \tag{2-179}
$$

子系统 S_1 在前、子系统 S_2 在后串联连接组合系统的输出：

$$
y(s) = G_2(s)y_1(s) = G_2(s)G_1(s)u(s) = G_{yu}(s)u(s)
$$

故

$$
G_{yu}(s) = G_2(s)G_1(s) \tag{2-180}
$$

可见，子系统 S_1 在前、子系统 S_2 在后的串联连接组合系统传递函数矩阵等于子系统 S_2 的传递函数矩阵 $G_2(s)$ 和子系统 S_1 的传递函数矩阵 $G_1(s)$ 的乘积。注意，$G_2(s)G_1(s)$ 的次序是不能随意改变的，这里是 S_1 在前、S_2 在后串联连接组合系统的传递函数矩阵。

2.7.3　反馈连接

若子系统 S_1 的系统方程为

$$\dot{x}_1 = A_1x_1 + B_1u_1 \tag{2-181}$$

$$y_1 = C_1x_1 \tag{2-182}$$

子系统 S_2 的系统方程为

$$\dot{x}_2 = A_2x_2 + B_2u_2 \tag{2-183}$$

$$y_2 = C_2x_2 \tag{2-184}$$

则构成反馈连接的组合系统如图 2-31 所示。

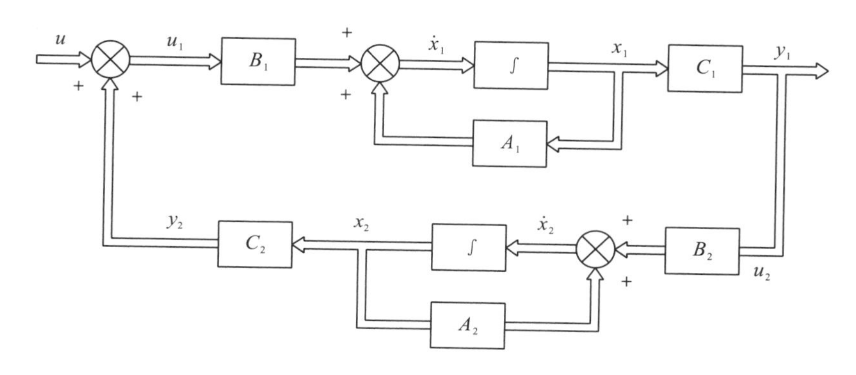

图 2-31　反馈连接的组合系统

子系统 S_1 在向前通道，子系统 S_2 在反馈通道。由图 2-31 可知：

$$u_1 = u - y_2$$

或

$$u = u_1 + y_2$$

$$y = y_1 = u_2$$

$$\dot{x}_1 = A_1x_1 + B_1u_1 = A_1x_1 + B_1(u - y_2) = A_1x_1 + B_1u - B_1C_2x_2$$

$$\dot{x}_2 = A_2x_2 + B_2u_2 = A_2x_2 + B_2y_1 = A_2x_2 + B_2C_1x_1$$

$$y = y_1 = C_1x_1$$

故反馈连接的组合系统的系统方程为

$$\begin{bmatrix} \dot{x}_1 \\ \dot{x}_2 \end{bmatrix} = \begin{bmatrix} A_1 & -B_1C_2 \\ B_2C_1 & A_2 \end{bmatrix} \begin{bmatrix} x_1 \\ x_2 \end{bmatrix} + \begin{bmatrix} B_1 \\ 0 \end{bmatrix} u \tag{2-185}$$

$$y = [C_1 \quad 0] \begin{bmatrix} x_1 \\ x_2 \end{bmatrix} \tag{2-186}$$

反馈连接的组合系统传递函数矩阵 $G_{yu}(s)$ 可由图 2-31 求得

$$\begin{aligned} y(s) &= G_1(s)u_1(s) = G_1(s)[u(s) - y_2(s)] \\ &= G_1(s)[u(s) - G_2(s)y(s)] \end{aligned} \tag{2-187}$$

进而可得

$$[I+G_1(s)G_2(s)]y(s)=G_1(s)u(s) \tag{2-188}$$

如果式(2-188)中的矩阵$[I+G_1(s)G_2(s)]$非奇异，可得

$$y(s)=[I+G_1(s)G_2(s)]^{-1}G_1(s)u(s)=G_{yu}(s)u(s) \tag{2-189}$$

式中，

$$G_{yu}(s)=[I+G_1(s)G_2(s)]^{-1}G_1(s) \tag{2-190}$$

式(2-190)就是反馈连接的组合系统传递函数矩阵。

如果$[I+G_1(s)G_2(s)]^{-1}$和$[I+G_2(s)G_1(s)]^{-1}$均存在，则反馈连接的组合系统传递函数矩阵$G_{yu}(s)$也可以表示成

$$G_{yu}(s)=G_1(s)[I+G_2(s)G_1(s)]^{-1} \tag{2-191}$$

应该强调，在反馈连接的组合系统中，$[I+G_1(s)G_2(s)]^{-1}$或$[I+G_2(s)G_1(s)]^{-1}$存在的条件是至关重要的。否则反馈系统对于某些输入就没有一个满足式(2-190)或式(2-191)的输出。就这个意义来说，反馈连接就变得无意义。

组合系统传递函数矩阵必须是正则有理传递函数矩阵。非正则有理传递函数矩阵将放大高频噪声，使系统信噪比变小，显然不是好的，在实际中是不能应用的。如果组合系统中各子系统传递函数矩阵是正则的，则并联连接、串联连接的组合系统传递函数矩阵是正则的。但在反馈连接时，虽然组成反馈连接的子系统传递函数矩阵是正则的，而且$[I+G_1(s)G_2(s)]^{-1}$存在，可以得到反馈的组合系统传递函数矩阵，但组合系统的传递函数矩阵未必正则。

例 2-22 两个子系统S_1、S_2组成反馈连接：

$$G_1(s)=\begin{bmatrix}-1 & \dfrac{1}{s}\\ \dfrac{1}{s+1} & \dfrac{-s-2}{s+1}\end{bmatrix},\quad G_2(s)=\begin{bmatrix}1 & 0\\ 0 & 1\end{bmatrix}$$

(1) 分别求S_1与S_2串联、并联时组合系统的传递函数矩阵。

(2) 设S_1在前向通道，S_2在反向通道，构成反馈连接，如图 2-32 所示。求传递函数矩阵组合系统。

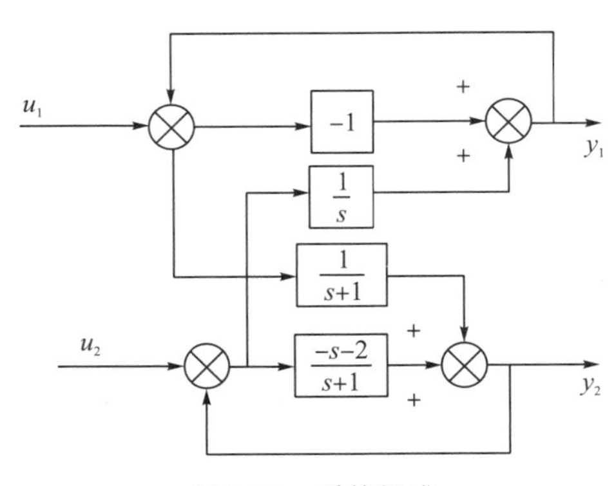

图 2-32 系统组成

解：(1) 串联连接时组合系统的传递函数矩阵为

$$G_1(s)=\begin{bmatrix}-1 & \dfrac{1}{s}\\ \dfrac{1}{s+1} & \dfrac{-s-2}{s+1}\end{bmatrix},\quad G_2(s)=\begin{bmatrix}1 & 0\\ 0 & 1\end{bmatrix}$$

$$G(s)=G_2(s)G_1(s)=\begin{bmatrix}1 & 0\\ 0 & 1\end{bmatrix}\begin{bmatrix}-1 & \dfrac{1}{s}\\ \dfrac{1}{s+1} & \dfrac{-s-2}{s+1}\end{bmatrix}=\begin{bmatrix}-1 & \dfrac{1}{s}\\ \dfrac{1}{s+1} & \dfrac{-s-2}{s+1}\end{bmatrix}$$

并联连接时组合系统的传递函数矩阵为

$$G(s)=G_1(s)+G_2(s)=\begin{bmatrix}1 & 0\\ 0 & 1\end{bmatrix}+\begin{bmatrix}-1 & \dfrac{1}{s}\\ \dfrac{1}{s+1} & \dfrac{-s-2}{s+1}\end{bmatrix}=\begin{bmatrix}0 & \dfrac{1}{s}\\ \dfrac{1}{s+1} & \dfrac{-1}{s+1}\end{bmatrix}$$

(2) 可见 $G_1(s)$、$G_2(s)$ 均为正则有理函数矩阵。反馈连接的组合系统传递函数矩阵为

$$\begin{aligned}G_{yu}(s)&=[I+G_2(s)G_1(s)]^{-1}G_1(s)\\&=\begin{bmatrix}0 & \dfrac{1}{s}\\ \dfrac{1}{s+1} & \dfrac{-1}{s+1}\end{bmatrix}^{-1}\begin{bmatrix}-1 & \dfrac{1}{s}\\ \dfrac{1}{s+1} & \dfrac{-s-2}{s+1}\end{bmatrix}\\&=\begin{bmatrix}-s+1 & -s-1\\ -s & 1\end{bmatrix}\end{aligned}$$

或

$$\begin{aligned}G_{yu}(s)&=G_1(s)[I+G_2(s)G_1(s)]^{-1}\\&=\begin{bmatrix}-1 & \dfrac{1}{s}\\ \dfrac{1}{s+1} & \dfrac{-s-2}{s+1}\end{bmatrix}\begin{bmatrix}0 & \dfrac{1}{s}\\ \dfrac{1}{s+1} & \dfrac{-1}{s+1}\end{bmatrix}^{-1}\\&=\begin{bmatrix}-s+1 & -s-1\\ -s & 1\end{bmatrix}\end{aligned}$$

在这个例子中，各子系统的传递函数矩阵均为正则有理传递函数矩阵，但组合系统传递函数矩阵却是非正则有理传递函数矩阵。

在什么条件下反馈连接的组合系统传递函数矩阵才是正则有理传递函数矩阵呢？其结论为，当子系统传递函数矩阵都是正则有理传递函数矩阵时，S_1 在前向通道，S_2 在反馈通道的反馈连接组合系统，其传递函数矩阵是正则有理传递函数矩阵的充分条件是反馈连接的组合系统特征矩阵 $\Delta(s)=I+G_1(s)G_2(s)$，当 $s=\infty$ 时，$\Delta(\infty)$ 非奇异。

2.8 离散系统的状态空间描述

离散时间系统在社会、经济、工程等领域广泛存在，描述了一大批离散动态问题的数学模型，也代表了连续时间系统的时间离散化模型。离散时间系统是系统输入和输出的状态变量仅定义在一些离散时间上的系统，其外部描述数学模型有差分方程和脉冲传递函数。连续系统的状态空间分析方法完全适用于离散时间系统。在离散系统中，可以根据差分方程或脉冲传递函数建立离散系统状态模型，也可以根据离散系统状态空间表达式求解系统的脉冲传递函数。为了方便起见，假定离散时间系统采样周期 T 等间隔，并用 $u(k)$ 代表 $u(kT)$， $y(k)$ 代表 $y(kT)$， $k=0,1,2,\cdots$ 。

2.8.1 离散系统状态空间表达式

线性离散系统的状态空间表达式的形式与连续系统类似，其状态空间表达式为

$$\begin{cases} x(k+1)=G(k)x(k)+H(k)u(k) \\ y(k)=C(k)x(k)+D(k)u(k) \end{cases} \tag{2-192}$$

式中，$x(k)$ 为 n 维状态向量；$u(k)$ 为 r 维输入向量；$y(k)$ 为 m 维输出向量；$G(k)$、$H(k)$、$C(k)$、$D(k)$ 为满足矩阵运算的矩阵。

当 $G(k)$、$H(k)$、$C(k)$、$D(k)$ 的诸元素与时刻 k 无关时，即得到线性定常离散系统状态空间表达式：

$$\begin{cases} x(k+1)=Gx(k)+Hu(k) \\ y(k)=Cx(k)+Du(k) \end{cases} \tag{2-193}$$

线性离散系统状态空间表达式的方框图如图 2-33 所示。图中 z^{-1} 代表单位延迟环节。

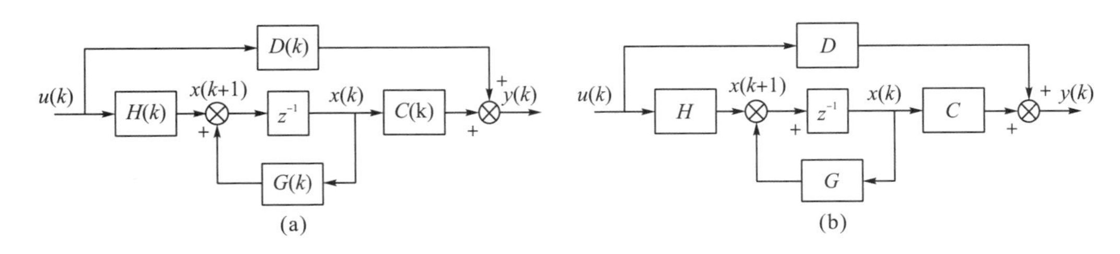

图 2-33 离散系统状态空间模型配图

2.8.2 由差分方程建立离散系统状态空间模型

1. 差分方程中不含有输入量的高阶差分项

当线性定常差分方程不含输入量的高阶差分时，所描述的系统为

$$y(k+n)+a_{n-1}y(k+n-1)+\cdots+a_2y(k+2)+a_1y(k+1)+a_0y(k)=b_0u(k) \tag{2-194}$$

选取 $y(k), y(k+1), \cdots, y(k+n-1)$ 为 n 个状态变量，即

$$
\begin{aligned}
x_1(k) &= y(k) \\
x_2(k) &= y(k+1) \\
x_3(k) &= y(k+2) \\
&\vdots \\
x_{n-1}(k) &= y(k+n-2) \\
x_n(k) &= y(k+n-1)
\end{aligned}
$$

则高阶差分方程可转化为一阶差分方程组：

$$
\begin{aligned}
x_1(k+1) &= y(k+1) = x_2(k) \\
x_2(k+1) &= y(k+2) = x_3(k) \\
x_3(k+1) &= y(k+3) = x_4(k) \\
&\vdots \\
x_{n-1}(k+1) &= y(k+n-1) = x_n(k) \\
x_n(k+1) &= x_{n+1}(k) = -a_n x_1(k) - a_{n-1} x_2(k) - \cdots - a_1 x_n(k) + b_0 u(k) \\
y(k) &= x_1(k)
\end{aligned}
$$

写成向量矩阵的形式如下。

系统的状态方程为

$$
\begin{bmatrix} x_1(k+1) \\ x_2(k+1) \\ \vdots \\ x_n(k+1) \end{bmatrix} = \begin{bmatrix} 0 & 1 & 0 & 0 & \cdots & 0 \\ 0 & 0 & 1 & 0 & \cdots & 0 \\ \vdots & \vdots & \vdots & \vdots & \ddots & \vdots \\ 0 & 0 & 0 & 0 & \cdots & 1 \\ -a_0 & -a_1 & -a_2 & -a_3 & \cdots & -a_{n-1} \end{bmatrix} \begin{bmatrix} x_1(k) \\ x_2(k) \\ \vdots \\ x_n(k) \end{bmatrix} + \begin{bmatrix} 0 \\ 0 \\ \vdots \\ 0 \\ b_0 \end{bmatrix} u(k) \tag{2-195}
$$

输出方程：

$$
y(k) = [1 \quad 0 \quad \cdots \quad 0] \begin{bmatrix} x_1(k) \\ x_2(k) \\ \vdots \\ x_n(k) \end{bmatrix}
$$

或

$$
\begin{cases} x(k+1) = Gx(k) + Hu(k) \\ y(k) = Cx(k) \end{cases} \tag{2-196}
$$

式中，

$$
x(k) = \begin{bmatrix} x_1(k+1) \\ x_2(k+1) \\ \vdots \\ x_n(k+1) \end{bmatrix}, \quad G = \begin{bmatrix} 0 & 1 & 0 & 0 & \cdots & 0 \\ 0 & 0 & 1 & 0 & \cdots & 0 \\ \vdots & \vdots & \vdots & \vdots & \ddots & \vdots \\ 0 & 0 & 0 & 0 & \cdots & 1 \\ -a_0 & -a_1 & -a_2 & -a_3 & \cdots & -a_{n-1} \end{bmatrix}, \quad H = \begin{bmatrix} 0 \\ 0 \\ \vdots \\ 0 \\ b_0 \end{bmatrix}, \quad C = [1 \quad 0 \quad \cdots \quad 0]
$$

2. 当差分方程中含有输入量的高阶差分项时

当线性定常差分方程为含输入量的高阶差分时，所描述系统为

$$
\begin{aligned}
&y(k+n)+a_{n-1}y(k+n-1)+\cdots+a_2y(k+2)+a_1y(k+1)+a_0y(k)\\
&=b_nu(k+n)+b_{n-1}u(k+n-1)+\cdots+b_1u(k+1)+b_0u(k)
\end{aligned}
\tag{2-197}
$$

与连续系统类似采用待定系数法，选取状态变量为

$$
\begin{aligned}
x_1(k)&=y(k)-\beta_0u(k)\\
x_2(k)&=y(k+1)-\beta_0u(k+1)-\beta_1u(k)\\
x_3(k)&=y(k+2)-\beta_0u(k+2)-\beta_1u(k+1)-\beta_2u(k)\\
&\vdots\\
x_n&=y(k+n-1)-\beta_0u(k+n-1)-\beta_1u(k+n-2)-\cdots-\beta_{n-1}u(k)
\end{aligned}
$$

其中，$\beta_0,\beta_1,\cdots,\beta_{n-1},\beta_n$ 为 n+1 个待定常系数，由式(2-198)确定：

$$
\begin{cases}
\beta_0=b_n\\
\beta_1=b_{n-1}-a_{n-1}\beta_0\\
\beta_2=b_{n-2}-a_{n-1}\beta_1-a_{n-2}\beta_0\\
\qquad\vdots\\
\beta_n=b_0-a_{n-1}\beta_{n-1}-a_{n-2}\beta_{n-2}-\cdots-a_1\beta_1-a_0\beta_0
\end{cases}
\tag{2-198}
$$

则系统状态空间表达式为

$$
\begin{cases}
x(k+1)=\begin{bmatrix}0&1&0&0&\cdots&0\\0&0&1&0&\cdots&0\\\vdots&\vdots&\vdots&\vdots&\ddots&\vdots\\0&0&0&0&\cdots&1\\-a_0&-a_1&-a_2&-a_3&\cdots&-a_{n-1}\end{bmatrix}x(k)+\begin{bmatrix}\beta_1\\\beta_2\\\vdots\\\beta_{n-1}\\\beta_n\end{bmatrix}u(k)\\
y(k)=[1\quad 0\quad\cdots\quad 0]x(k)+\beta_0u(k)
\end{cases}
\tag{2-199}
$$

或

$$
\begin{cases}
x(k+1)=Gx(k)+Hu(k)\\
y(k)=Cx(k)
\end{cases}
$$

式中，

$$
G=\begin{bmatrix}0&1&0&0&\cdots&0\\0&0&1&0&\cdots&0\\\vdots&\vdots&\vdots&\vdots&\ddots&\vdots\\0&0&0&0&\cdots&1\\-a_0&-a_1&-a_2&-a_3&\cdots&-a_{n-1}\end{bmatrix},\quad H=\begin{bmatrix}\beta_1\\\beta_2\\\vdots\\\beta_{n-1}\\\beta_n\end{bmatrix}
$$

$$
C=[1\quad 0\quad\cdots\quad 0],\quad D=\beta_0
$$

例 2-23 已知线性定常离散系统差分方程为

$$
y(k+3)+4y(k+2)+3y(k+1)+y(k)=u(k+3)+2u(k+2)+u(k+1)+3u(k)
$$

试求其状态空间表达式。

解：

$$\beta_0 = b_3 = 1$$

$$\beta_1 = b_2 - a_2\beta_0 = 2 - 4\times1 = -2$$

$$\beta_2 = b_1 - a_1\beta_0 - a_2\beta_1 = 1 - 3\times1 - 4\times(-2) = 6$$

$$\beta_3 = b_0 - a_0\beta_0 - a_1\beta_1 - a_2\beta_2 = 3 - 1\times1 - 3\times(-2) - 4\times6 = -16$$

故

$$\begin{bmatrix} x_1(k+1) \\ x_2(k+1) \\ x_3(k+1) \end{bmatrix} = \begin{bmatrix} 0 & 1 & 0 \\ 0 & 0 & 1 \\ -1 & -3 & -4 \end{bmatrix}\begin{bmatrix} x_1(k) \\ x_2(k) \\ x_3(k) \end{bmatrix} + \begin{bmatrix} -2 \\ 6 \\ -16 \end{bmatrix} u(k)$$

$$y(k) = [1 \quad 0 \quad 0]\begin{bmatrix} x_1(k) \\ x_2(k) \\ x_3(k) \end{bmatrix} + u(k)$$

系统状态图如图 2-34 所示。

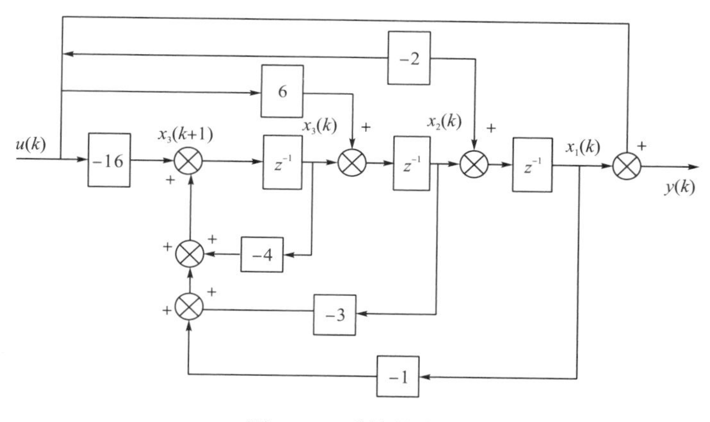

图 2-34　系统状态图

2.8.3　脉冲传递函数(矩阵)

脉冲传递函数是复数域中描述单输入单输出线性定常离散系统的输入量和输出量之间关系的数学模型，定义为在零初始条件下输出量的 z 变换和输入量的 z 变换之比。

对于描述线性定常离散系统的差分方程，通过 z 变换，在系统初始松弛时，可求得系统的脉冲传递函数(矩阵)。而当给出系统状态空间表达式时，通过 z 变换也可以得到脉冲传递函数(矩阵)。

将式(2-196)进行 z 变换得

$$zx(z) - zx(0) = Gx(z) + H(z)$$

式中，$x(0)$ 为初始状态。

$$[zI - A]x(z) = Hu(z) + zx(0)$$

如果 $[zI - A]^{-1}$ 存在，则有

$$x(z)=[zI-G]^{-1}Hu(z)+[zI-G]^{-1}zx(0)$$

当初始松弛时， $x(0)=0$ ，有

$$x(z)=[zI-G]^{-1}Hu(z)=G_{xu}(z)u(z) \tag{2-200}$$

式中， $G_{xu}(z)=[zI-G]^{-1}H$ 为系统状态对输入向量的 $n\times r$ 脉冲传递函数矩阵。

$$\begin{aligned}y(z)&=Cx(z)+Du(z)=C[zI-G]^{-1}Hu(z)+Du(z)\\&=\{C[zI-G]^{-1}H+D\}u(z)=G_{yu}(z)u(z)\end{aligned} \tag{2-201}$$

式中，

$$G_{yu}(z)=C[zI-G]^{-1}H+D(\text{多输入多输出}) \tag{2-202}$$

为系统输出向量对输入向量的 $m\times r$ 脉冲传递函数矩阵。

例 2-24 已知线性定常离散系统方程为

$$\begin{cases}x(k+1)=\begin{bmatrix}0&-1\\-0.4&0.3\end{bmatrix}x(k)+\begin{bmatrix}0\\1\end{bmatrix}u(k)\\ y(k)=\begin{bmatrix}1&1\\0&1\end{bmatrix}x(k)\end{cases}$$

求其脉冲传递函数矩阵。

解： 由式(2-202)可得

$$\begin{aligned}G_{yu}(z)&=C[zI-G]^{-1}H=\begin{bmatrix}1&1\\0&1\end{bmatrix}\begin{bmatrix}z&1\\0.4&z-0.3\end{bmatrix}^{-1}\begin{bmatrix}0\\1\end{bmatrix}\\&=\begin{bmatrix}1&1\\0&1\end{bmatrix}\begin{bmatrix}\dfrac{z-0.3}{(z-0.8)(z+0.5)}&\dfrac{-1}{(z-0.8)(z+0.5)}\\\dfrac{-0.4}{(z-0.8)(z+0.5)}&\dfrac{z}{(z-0.8)(z+0.5)}\end{bmatrix}\begin{bmatrix}0\\1\end{bmatrix}\\&=\begin{bmatrix}\dfrac{z-1}{(z-0.8)(z+0.5)}\\\dfrac{z}{(z-0.8)(z+0.5)}\end{bmatrix}\end{aligned}$$

如果系统为单输入单输出线性定常离散系统，即

$$\begin{cases}x(k+1)=Gx(k)+hu(k)\\y(k)=C(k)+du(k)\end{cases} \tag{2-203}$$

系统脉冲传递函数为

$$G_{yu}(z)=C[zI-G]^{-1}h+d(\text{单输入单输出}) \tag{2-204}$$

2.9 本 章 小 结

本章介绍了线性系统状态空间表达式的基本概念、建立方法、线性变换及其特性、状态空间表达式的约当规范型、组合系统的状态空间模型等内容，具体包括以下几点。

(1) 本章属于状态空间分析法的基础，围绕线性时不变系统状态空间表达式的建立，论述状态空间描述的基本概念与内涵、状态空间模型的构建方法、状态空间线性变换与特性，以及其对组合系统的推广。本章的概念和方法对研究线性系统时间域是必需的。

(2) 状态空间描述属于由系统结构导出的一类内部描述，可完全表征系统的动态行为和结构特性。具有不同结构属性的系统可基于状态空间描述来分类。动态系统的基本分类有线性系统和非线性系统、时不变系统和时变系统、连续时间系统和离散时间系统。相比系统输入输出描述，状态空间描述是对系统的一种完全描述。

(3) 本章重点介绍了建立状态空间表达式的基本方法，包括基于系统原理特性的机理方法、基于系统输入输出特性的实现方法和基于系统结构图的方法。机理方法是把系统看作“白箱”，归结为正确选择状态变量组和合理运用相应的物理定律或广义物理定律。实现方法把系统看作“黑箱”，以输入输出描述的传递函数或微分方程为出发点，归结为构造状态和空间描述的系数矩阵。

(4) 在基于机理法构建线性系统状态空间模型的过程中，本章首先结合常见的机械系统和电路系统，说明机理法建立状态空间模型的一般方法，然后通过典型工程案例介绍了实际控制系统状态空间模型的构建，旨在培养学生应用状态空间模型解决实际工程问题的能力，为线性系统状态空间分析与综合奠定坚实基础。

(5) 线性时不变系统状态空间描述的基本特性由特征结构所表征。特征结构包括特征值和特征向量，对于系统的动态特性(如运动规律和稳定性)以及系统的结构特性(如能控性和能观测性)，都有直接的影响和内在联系。

(6) 状态变量的选取是非唯一的。选取不同状态变量建立的不同状态空间表达式可以通过线性变换进行转换。状态空间描述的线性非奇异变换是研究线性系统分析与综合的基本手段，其基本作用是导出反映各种层面系统结构特征的状态空间描述规范型，简化系统分析和综合的计算过程。线性时不变系统的固有特性，如特征多项式、特征值、传递函数矩阵、极点等，在线性非奇异变换下保持不变。

(7) 组合系统由一些子系统按各种组合方式连接构成。典型的组合方式包括并联、串联和反馈。基于子系统的状态空间描述和组合系统的组合特征，可以导出并联系统、串联系统和反馈系统的状态空间描述。

习　　题

2-1　如图 2-35 所示的电路，以电压 $u(t)$ 为输入量，求以电感中的电流和电容上的电压作为状态变量的状态方程和以电阻 R_2 上的电压作为输出量的输出方程。

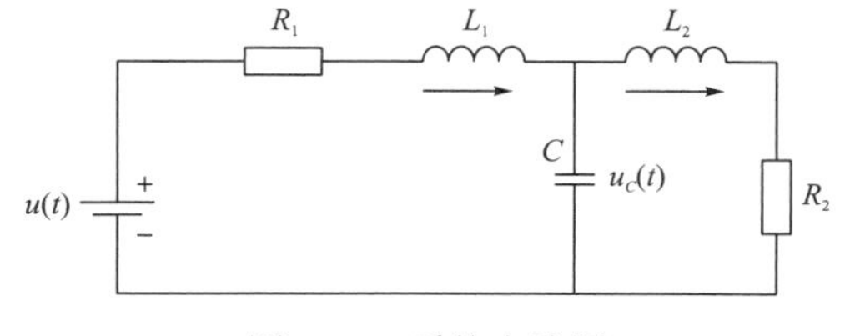

图 2-35　系统电路图

2-2 图 2-36 为登月舱在月球软着陆的示意图。登月舱的运动方程为

$$m\ddot{y} = -k\dot{m} - mg$$

式中，m 为登月舱质量；g 为月球表面重力常数；$-k\dot{m}$ 为反向推力；k 为常数；y 为登月舱相对于月球表面着陆点的距离。现指定状态变量组 $x_1 = y$，$x_2 = \dot{y}$ 和 $x_3 = m$，输入变量 $u = \dot{m}$，试列出系统的状态方程。

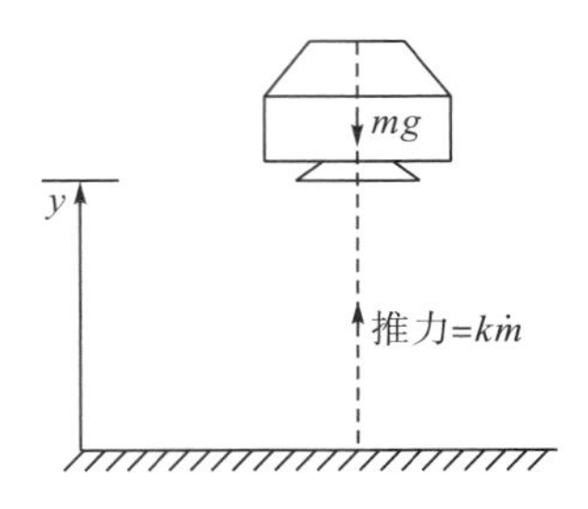

图 2-36 登月舱在月球软着陆

2-3 试求图 2-37 所示系统的模拟结构图，并建立其状态空间表达式。

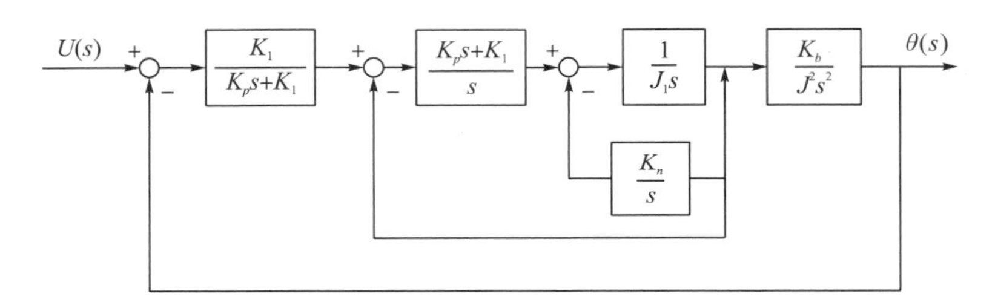

图 2-37 系统方块图

2-4 试根据下列微分方程建立状态空间模型。

(1) $2\ddddot{y} + 20\dddot{y} + 6\ddot{y} + 10\dot{y} + 2y = 2\dddot{u} + 6\ddot{u} - 130\dot{u} - 12u$

(2) $\dddot{y} + 5\ddot{y} + 2\dot{y} + 3y = 2\dddot{u} + 10\ddot{u} + 6\dot{u} + u$

(3) $\dddot{y} + t\ddot{y} + 3\dot{y} + 2e^{-3t}y = 5\ddot{u} + 8\dot{u} + u$

(4) $\dfrac{1}{y}\dddot{y} + 3\ddot{y} + 4\dot{y} + y = 8u$

2-5 试根据下列传递函数建立状态空间模型，并画出系统状态图。

(1) $W(s) = \dfrac{Y(s)}{U(s)} = \dfrac{2s^2 + 18s + 40}{s^3 + 6s^2 + 11s + 6}$

(2) $W(s) = \dfrac{Y(s)}{U(s)} = \dfrac{3(s+5)}{(s+3)^2(s+1)}$

2-6 给定图 2-38 所示的一个系统方块图，输入变量和输出变量分别为 u 和 y，试求出系统的一个状态空间描述。

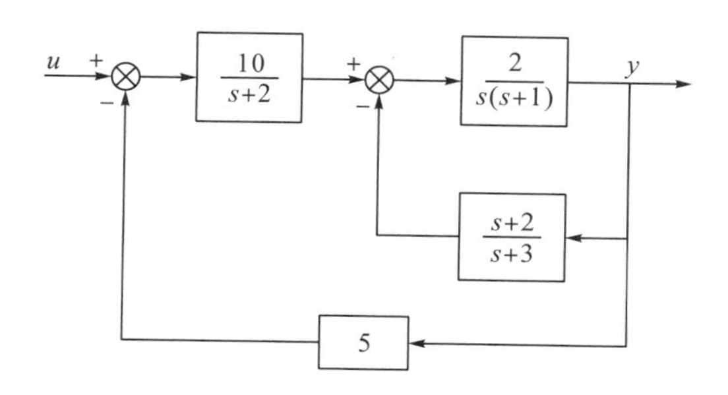

图 2-38 系统方块图

2-7 给定下列状态空间表达式，求系统的传递函数。

$$\begin{cases} \dot{x} = \begin{bmatrix} 0 & 1 & 0 \\ -2 & -3 & 0 \\ -1 & 1 & -3 \end{bmatrix} x + \begin{bmatrix} 0 \\ 1 \\ 2 \end{bmatrix} u \\ y = [0 \quad 0 \quad 1] x \end{cases}$$

2-8 将下列状态方程化为约当标准型。

(1) $\begin{cases} \dot{x} = \begin{bmatrix} 0 & 1 & 0 \\ 0 & 0 & 1 \\ -6 & -11 & -6 \end{bmatrix} x + \begin{bmatrix} 0 \\ 0 \\ 1 \end{bmatrix} u \\ y = [1 \quad 0 \quad 0] \end{cases}$

(2) $\begin{cases} \begin{bmatrix} \dot{x}_1 \\ \dot{x}_2 \\ \dot{x}_3 \end{bmatrix} = \begin{bmatrix} 4 & 1 & -2 \\ 1 & 0 & 2 \\ 1 & -1 & 3 \end{bmatrix} \begin{bmatrix} x_1 \\ x_2 \\ x_3 \end{bmatrix} + \begin{bmatrix} 3 & 1 \\ 2 & 7 \\ 5 & 3 \end{bmatrix} u \\ \begin{bmatrix} y_1 \\ y_2 \end{bmatrix} = \begin{bmatrix} 1 & 2 & 0 \\ 0 & 1 & 1 \end{bmatrix} \begin{bmatrix} x_1 \\ x_2 \\ x_3 \end{bmatrix} \end{cases}$

2-9 给定一个单输入系统的状态方程为

$$\begin{bmatrix} \dot{x}_1 \\ \dot{x}_2 \\ \dot{x}_3 \end{bmatrix} = \begin{bmatrix} 0 & 2 & 0 \\ 0 & 0 & 2 \\ 1 & -3 & 5 \end{bmatrix} = \begin{bmatrix} x_1 \\ x_2 \\ x_3 \end{bmatrix} + \begin{bmatrix} 2 \\ 3 \\ 5 \end{bmatrix} u$$

现取输出变量 $y = x_2 + 3x_3$，试列出相应的 $y - u$ 高阶微分方程。

2-10 已知两个子系统的系统方程为

$$\Sigma_{\text{I}}: x_{\text{I}} = \begin{bmatrix} 0 & 1 \\ 0 & -1 \end{bmatrix} x_{\text{I}} + \begin{bmatrix} 0 \\ 1 \end{bmatrix} u_{\text{I}}$$

$$y_{\text{I}} = [2 \quad 1] x_{\text{I}}$$

$$\Sigma_{\text{II}}: \dot{x}_{\text{II}} = -x_{\text{II}} + 2u_{\text{II}}$$

$$y_{\text{II}} = -x_{\text{II}} - u_{\text{II}}$$

(1) 求 Σ_{I} 在前、Σ_{II} 在后串联连接的组合系统状态空间表达式。

(2) 求 $\sum_{\mathrm{I}}$ 与 $\sum_{\mathrm{II}}$ 并联连接的组合系统传递函数。

2-11 已知两系统的传递函数分别为 $G_1(s)$ 和 $G_2(s)$

$$G_1(s)=\begin{bmatrix}\dfrac{1}{s+1} & \dfrac{1}{s+2}\\ 0 & \dfrac{s+1}{s+2}\end{bmatrix},\quad G_2(s)=\begin{bmatrix}\dfrac{1}{s+3} & \dfrac{1}{s+4}\\ \dfrac{1}{s+1} & 0\end{bmatrix}$$

(1) 试求两子系统串联连接和并联连接时，系统的传递函数；

(2) 试求以 $G_2(s)$ 为反馈通道的负反馈组全系统传递函数。

第3章　线性系统的运动分析

系统运动分析有定量分析与定性分析两种。定量分析是对系统运动规律进行精确的研究，即定量地确定系统在输入量的作用下，系统内部状态和外部输出随时间变化的规律，亦称为系统的时间响应。由于状态方程是矩阵微分(差分)方程，输出方程是矩阵代数方程，因此求系统方程的解主要是求状态方程的解。在定性分析中，重点介绍对系统行为和性质具有决定意义的几个性质，如能控性、能观测性和稳定性。本章主要讨论线性系统的定量分析。

3.1　线性系统运动分析的数学实质

对系统运动的分析，归结为从状态空间描述出发研究由输入作用和初始状态的激励所引起的状态或输出响应，为分析系统的运动形态和性能行为提供基础。从数学的角度，运动分析的实质就是求解系统状态方程，以解析形式或数值分析形式，建立系统状态随输入和初始状态的演化规律，特别是状态演化形态对系统结构和参数的依赖关系。

3.1.1　运动分析的数学实质

对连续时间线性系统，运动分析归结为给定初始状态 x_0 和输入向量 u，求解向量微分方程型状态方程：

$$\dot{x} = A(t)x + B(t)u,\quad x(t_0) = x_0,\quad t \in [t_0, t_\alpha] \tag{3-1}$$

或

$$\dot{x} = Ax + Bu,\quad x(0) = x_0,\quad t \geqslant 0 \tag{3-2}$$

对离散时间线性系统，运动分析归结为相对于给定初始状态 x_0 和输入向量 u，求解向量差分方程型状态方程：

$$x(k+1) = G(k)x(k) + H(k)u(k),\quad x(0) = x_0,\quad k = 0,1,2,\cdots \tag{3-3}$$

或

$$x(k+1) = Gx(k) + Hu(k),\ x(0) = x_0,\quad k = 0,1,2,\cdots \tag{3-4}$$

其中，式(3-2)和式(3-4)为时不变系统，式(3-1)和式(3-3)为时变系统。显然，对微分方程型状态方程的求解，远复杂于对差分方程型状态方程的求解。

系统运动分析的目的，就是要从系统的数学模型出发，定量、精确地确定系统运动的变化规律，由式(3-1)～式(3-4)可以看出，对于给定的线性系统，其状态运动是由初始状态 x_0 和输入向量 u 确定的，求系统的状态运动，从数学角度看，就是求解在给定 x_0 和 u 作用下的向量微分方程或向量差分方程。在求得系统状态运动 $x(t)$ 或 $x(k)$ 后，代入输出方程即可得到系统的输出。

尽管运动响应是由初始状态 x_0 和输入向量 u 所激励的，但系统运动形态主要由系统的结构和参数所决定。对连续时间线性系统，由矩阵对 $[A(t),B(t)]$ 或 (A,B) 决定；对离散时间线性系统，由矩阵对 $[G(k),H(k)]$ 或 (G,H) 决定。对于线性系统，必可得到解析形式的状态解 $x(t)$ 或 $x(k)$，即能以显式形式给出运动过程对系统结构与参数的依赖关系。

3.1.2 解的存在性和唯一性条件

在建立状态空间表达式时，选择的状态变量不同，所得到的状态空间模型也不相同，即同一个系统其状态方程不是唯一的。因此，对于任意给定的初始状态，只有当线性系统的状态方程的解存在且唯一时，对系统的运动分析才有意义。从数学角度，这就要求状态方程中的系数矩阵和输入作用必须满足一定的假设条件，即需要对状态方程的系数矩阵和输入引入附加的限制条件，以保证状态方程解的存在性和唯一性。

容易理解，当且仅当状态方程的解为存在和唯一时，对系统的运动分析才是有意义的。为此，需要对状态方程的系数矩阵和输入引入附加的限制条件，以保证状态方程解的存在性和唯一性。

不失一般性，考察连续时间线性时变系统，其状态方程如式(3-1)所示。由微分方程理论可知，如果系数矩阵 $[A(t),B(t)]$ 的所有元在时间定义区间 $[t_0,t_\alpha]$ 上为时间 t 的连续实函数，输入 $u(t)$ 的所有元在时间定义区间 $[t_0,t_\alpha]$ 上为时间 t 的连续实函数，那么状态方程式(3-1)的解 $x(t)$ 为存在且唯一。对于大多数实际物理系统，上述条件一般是能够满足的。但从数学观点来看，上述条件可能显得过强而可减弱为如下三个条件。

(1) 系统矩阵 $A(t)$ 的各个元 $a_{ij}(t)$ 在时间区间 $[t_0,t_\alpha]$ 上为绝对可积，即有

$$\int_{t_0}^{t_\alpha}\left|a_{ij}(t)\right|\mathrm{d}t<\infty,\quad i,j=1,2,\cdots,n \tag{3-5}$$

(2) 输入矩阵 $B(t)$ 的各个元 $b_{ik}(t)$ 在时间区间 $[t_0,t_\alpha]$ 上为平方可积，即有

$$\int_{t_0}^{t_\alpha}[b_{ik}(t)]^2\mathrm{d}t<\infty,\quad i=1,2,\cdots,n;\quad k=1,2,\cdots,p \tag{3-6}$$

(3) 输入 $u(t)$ 的各个元 $u_k(t)$ 在时间区间 $[t_0,t_\alpha]$ 上为平方可积，即有

$$\int_{t_0}^{t_\alpha}[u_k(t)]^2\mathrm{d}t<\infty,\quad k=1,2,\cdots,p \tag{3-7}$$

其中，n 为状态 x 的维数；p 为输入 u 的维数。进而，利用施瓦茨(Schwarz)不等式，可以导出：

$$\sum_{k=1}^{p}\int_{t_0}^{t_\alpha}\left|b_{ik}(t)u_k(t)\right|\mathrm{d}t\leqslant\sum_{k=1}^{p}\left[\int_{t_0}^{t_\alpha}[b_{ik}(k)]^2\mathrm{d}t\int_{t_0}^{t_\alpha}[u_k(t)]^2\mathrm{d}t\right]^{1/2} \tag{3-8}$$

式(3-8)表明，条件(2)和条件(3)还可进一步合并为要求 $B(t)u(t)$ 的各元在时间区间 $[t_0,t_\alpha]$ 上绝对可积。对于连续时间线性时不变系统，系数矩阵 A 和 B 为常阵且元为有限值，式(3-5)和式(3-6)自然满足，存在性唯一性条件只归结为式(3-7)。在本章随后各节的讨论中，总是假定系统满足上述存在性和唯一性条件，并在这一前提下分析系统状态运动的演化规律。

在本章随后各节的讨论中，总是假定系统满足上述存在性和唯一性条件，在这一前提下分析系统状态运动的演化规律。

3.1.3　系统响应

线性系统的一个基本属性是满足叠加原理。基于叠加原理，可如图 3-1 所示那样，把系统同时在初始状态 x_0 和输入 u 作用下的状态运动 $x(t)$ 分解为初始状态 x_0 和输入 u 分别单独作用所产生的运动 $x_{0u}(t)$ 和 $x_{0x}(t)$ 的叠加，即 $x(t)=x_{0u}(t)+x_{0x}(t)$。称 $x_{0u}(t)$ 为系统的零输入响应，$x_{0x}(t)$ 为系统的零初态响应。

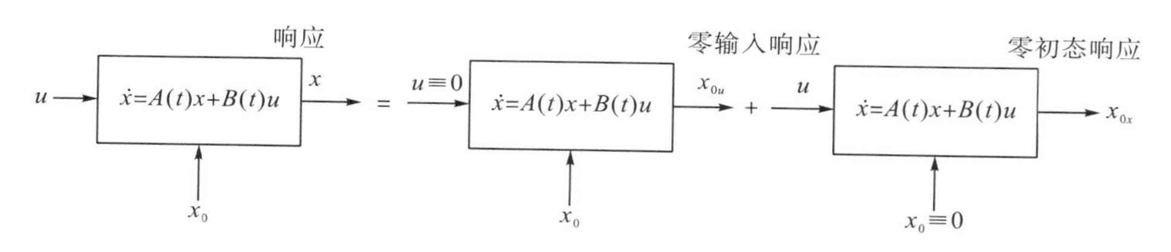

图 3-1　线性系统运动的分解

1. 零输入响应

线性系统的零输入响应 $x_{0u}(t)$ 是指只有初始状态作用(即 $x_0 \neq 0$)而无输入作用[即 $u(t)\equiv 0$]时系统的状态响应。此时，系统的状态方程为

$$\dot{x}_{0u} = Ax\,,\quad x(t_0)=x_0,\quad t\in[t_0,t_a] \tag{3-9}$$

在数学上，零输入响应 $x_{0u}(t)$ 就是无输入自治状态方程的状态解。物理上，零输入响应 $x_{0u}(t)$ 代表系统状态的自由运动，特点是响应形态只由系统矩阵所决定，不受系统外部输入变量的影响。

2. 零初态响应

线性系统的零初态响应 $x_{0x}(t)$ 是指只有输入作用[即 $u(t)\neq 0$]而无初始状态作用(即 $x_0=0$)时系统的状态响应。此时，系统的状态方程为

$$\dot{x}_{0x} = Ax+Bu,\quad x(t_0)=0,\quad t\in[t_0,t_a] \tag{3-10}$$

数学角度，零初态响应 $x_{0x}(t)$ 即零初始状态强迫状态方程。物理角度，零初态响应 $x_{0x}(t)$ 代表系统状态由输入 u 所激励的强迫运动，特点是响应稳态时具有和输入相同的函数形态。

3.2 线性定常系统齐次状态方程的解

连续时间线性时不变系统的运动分析是本章讨论的重点。这不仅在于其在现实世界中存在的普遍性，而且在于其基本结果和分析方法在运动分析中的基础性。基于运动分解同样可对这类系统的运动分为零输入响应和零初态响应。本节以线性时不变系统为对象，先讨论系统零输入响应和作为分析基础的矩阵指数函数，再在此基础上拓展讨论零初态响应，最后基于叠加原理给出系统状态响应的完整表达式。

线性定常系统中，输入向量为零向量时的状态方程叫齐次状态方程，数学表达式为

$$\dot{x} = Ax,\ \ x(0) = x_0,\ \ t \geqslant 0 \tag{3-11}$$

式中，x 为 n 维状态向量；A 为 $n \times n$ 系数矩阵。

设初始时刻 $t_0 = 0$，系统的初始状态 $x(0) = x_0$。仿照标量微分方程求解方法，向量微分方程式(3-11)求解可用待定系数直接求解和拉普拉斯变换求解两种方法。

3.2.1 直接解法——待定系数法

设式(3-11)的解 $x(t)$ 为 t 的向量幂级数形式，即

$$x_{0u}(t) = b_0 + b_1 t + b_2 t^2 + b_3 t^3 + \cdots + b_k t^k + \cdots \tag{3-12}$$

式中，$b_k(i = 0,1,2,\cdots)$ 为 n 维向量。

将式(3-12)代入式(3-11)得

$$b_1 + 2b_2 t + 3b_3 t^2 + \cdots + kb_k t^{k-1} + \cdots = A(b_0 + b_1 t + b_2 t^2 + b_3 t^3 + \cdots + b_k t^k + \cdots) \tag{3-13}$$

式(3-13)的等式两边 t 的同次幂项的系数应相等，有

$$\begin{cases} b_1 = Ab_0 \\ b_2 = \dfrac{1}{2}Ab_1 = \dfrac{1}{2!}A^2 b_0 \\ b_3 = \dfrac{1}{3}Ab_2 = \dfrac{1}{3!}A^3 b_0 \\ \quad\quad \vdots \\ b_k = \dfrac{1}{k}Ab_k = \dfrac{1}{k!}A^k b_0 \end{cases} \tag{3-14}$$

当 $t = 0$ 时，由式(3-12)可得到

$$b_0 = x(0) \tag{3-15}$$

将式(3-15)和式(3-14)代入式(3-12)，得到齐次状态方程的解

$$x_{0u}(t) = \left(I + At + \frac{1}{2!}A^2 t^2 + \cdots + \frac{1}{k!}A^k t^k + \cdots\right)x(0) \tag{3-16}$$

式(3-16)右边括号内的级数是 $n\times n$ 矩阵指数函数，记成 e^{At}，即

$$e^{At} \triangleq I + At + \frac{1}{2!}A^2t^2 + \cdots + \frac{1}{k!}A^kt^k + \cdots \tag{3-17}$$

故式(3-16)可写成

$$x_{0u}(t) = e^{At}x(0) \tag{3-18}$$

如果初始时刻 $t_0 \neq 0$，初始状态 $x(t_0)$，则齐次状态方程的解为

$$x_{0u}(t) = e^{A(t-t_0)}x(t_0) \tag{3-19}$$

式(3-19)是式(3-11)的解，其正确性可以通过证明式(3-19)满足方程及初始条件 $x(t_0)$ 加以证明。

因为

$$\dot{x}(t) = \frac{d}{dt}x(t) = Ae^{A(t-t_0)}x(t_0) = Ax(t)$$

和

$$x(t)\Big|_{t=t_0} = e^{A(t_0-t_0)}x(t_0) = x(t_0)$$

故 $x(t) = e^{A(t-t_0)}x(t_0)$ 是 $\dot{x} = Ax$ 满足 $x(t)\Big|_{t=t_0} = x(t_0)$ 的解。

例 3-1　线性定常系统齐次状态方程为

$$\begin{bmatrix}\dot{x}_1\\ \dot{x}_2\end{bmatrix} = \begin{bmatrix}0 & 1\\ -2 & -3\end{bmatrix}\begin{bmatrix}x_1\\ x_2\end{bmatrix}$$

$$x(0) = \begin{bmatrix}1\\ 0\end{bmatrix}$$

求齐次状态方程的解。

解： 将矩阵 A 代入式(3-17)，即

$$\begin{aligned}
e^{At} &\triangleq I + At + \frac{1}{2!}A^2t^2 + \frac{1}{3!}A^3t^3 + \cdots \\
&= \begin{bmatrix}1 & 0\\ 0 & 1\end{bmatrix} + \begin{bmatrix}0 & 1\\ -2 & -3\end{bmatrix}t + \frac{1}{2!}\begin{bmatrix}0 & 1\\ -2 & -3\end{bmatrix}^2 t^2 + \frac{1}{3!}\begin{bmatrix}0 & 1\\ -2 & -3\end{bmatrix}^3 t^3 + \cdots \\
&= \begin{bmatrix}1 - t^2 + t^3 + \cdots & t - \frac{3}{2}t^2 + \frac{7}{6}t^3 + \cdots \\ -2t + 3t^2 - \frac{7}{3}t^3 + \cdots & 1 - 3t + \frac{7}{2}t^2 - \frac{5}{2}t^3 + \cdots\end{bmatrix}
\end{aligned}$$

$$\begin{aligned}
x(t) &= e^{At}x(0) \\
&= \begin{bmatrix}1 - t^2 + t^3 + \cdots & t - \frac{3}{2}t^2 + \frac{7}{6}t^3 + \cdots \\ -2t + 3t^2 - \frac{7}{3}t^3 + \cdots & 1 - 3t + \frac{7}{2}t^2 - \frac{5}{2}t^3 + \cdots\end{bmatrix}\begin{bmatrix}1\\ 0\end{bmatrix} \\
&= \begin{bmatrix}1 - t^2 + t^3 + \cdots \\ -2t + 3t^2 - \frac{7}{3}t^3 + \cdots\end{bmatrix}
\end{aligned}$$

3.2.2 间接解法——拉普拉斯变换法

对式(3-11)进行拉普拉斯变换，得

$$sX(s)-x(0)=AX(s)$$

合并同类项，得到复数域解为

$$X(s)=(sI-A)^{-1}x(0)$$

令 $e^{At}=(sI-A)^{-1}$，可得 $X(s)=e^{At}x(0)$。

对上式进行拉普拉斯逆变换，得

$$x_{0u}(t)=L^{-1}[e^{At}]x(0)$$

由式(3-18)和式(3-19)可得

$$e^{At}=L[(sI-A)^{-1}] \tag{3-20}$$

对于线性时不变系统，由解的表达式[式(3-18)和式(3-19)]可以得到零输入响应的一些相关讨论。

1)零输入响应的几何表征

系统的初始状态 $x(t_0)$ 和 $t>t_0$ 的状态 $x(t)$ 之间是一种向量变换关系，几何上对应于状态空间中由初始状态点 x_0 经线性变换 $e^{A(t-t_0)}$ 导出的一个变换点。因此，零输入响应 $x_{0u}(t)$ 随时间 t 的演化过程，几何上即状态空间中由初始状态点 x_0 出发和由各个时刻变换点构成的一条轨迹。其变换矩阵就是 $n\times n$ 矩阵指数函数 $e^{A(t-t_0)}$。因此，矩阵指数函数 $e^{A(t-t_0)}$ 又称为状态转移矩阵，一般记为 $\Phi(t-t_0)=e^{A(t-t_0)}$。

对于一个 2×2 状态转移矩阵，其几何意义如图 3-2 所示。系统从初始状态 $x(t_0)$ 开始，随着时间的推移，由 $e^{A(t_1-t_0)}$ 移到 $x(t_1)$，再由 $e^{A(t_2-t_1)}$ 移到 $x(t_2)$，…，$x(t)$ 的形态完全由 $e^{A(t-t_0)}$ 决定。

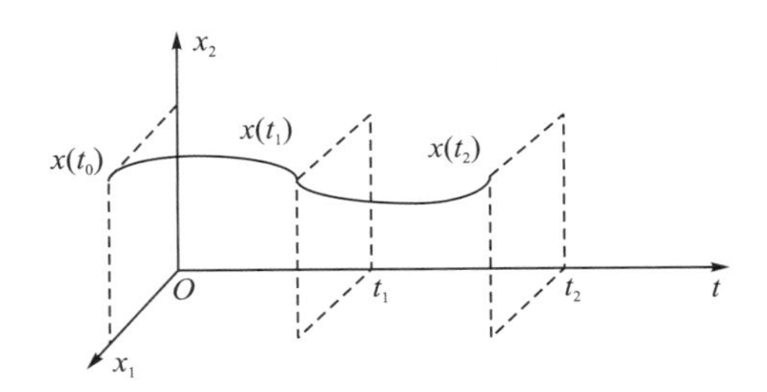

图 3-2 状态转移矩阵的几何解释

2)零输入响应的运动属性

对线性时不变系统，由零输入响应为其自治状态方程解的属性决定，状态空间中 $x_{0u}(t)$ 随时间 t 的演化轨迹，属于由偏离系统平衡状态的初始状态 x_0 引起的自由运动。一个典型的例子是，人造卫星在末级火箭脱落后的运行轨迹就属于以脱落时刻运行状态为初始状态的自由运动，即零输入响应。

3) 零输入响应趋向平衡状态属性

对线性时不变系统，由 $x_{0u}(t)$ 表达式看出，零输入响应即自由运动轨迹最终趋向于系统平衡状态 $x=0$，当且仅当状态转移矩阵函数 e^{At} 最终趋向于 0 时，即

$$\lim_{t\to 0}\mathrm{e}^{At}=0 \tag{3-21}$$

在系统控制理论中，称上述属性为渐近稳定。式(3-21)是线性时不变系统为渐近稳定的充分必要条件。

4) 零输入响应的形态

对线性时不变系统，由式(3-18)可以看出，零输入响应即自由运动轨迹的形态，由且仅由系统的状态转移矩阵 e^{At} 决定。不同的系数矩阵 A，导致不同形态的状态转移矩阵 e^{At}，从而导致不同形态的零输入响应，即自由运动轨迹。这就表明，状态转移矩阵 $\Phi(t)=\mathrm{e}^{At}$ 包含了零输入响应(即自由运动形态)的全部信息。引入状态转移矩阵后，连续时间线性定常系统的零输入响应表达式[式(3-18)和式(3-19)]分别为：当 $t_0=0$ 时，$x_{0u}(t)=\Phi(t)x_0$，$x(0)=x_0$，$t\geqslant 0$；当 $t_0\neq 0$ 时，$x_{0u}(t)=\Phi(t-t_0)x_0$，$x(t_0)=x_0$，$t\geqslant t_0$。

状态转移矩阵是线性系统理论中最重要的概念之一，完全表征了系统自由运动的动态特性。下面对其定义、属性、性质和运算进行阐述。

3.3　状态转移矩阵

3.3.1　状态转移矩阵的定义

考察连续时间线性时不变系统，状态方程为

$$\dot{x}=Ax+Bu,\ x(t_0)=x_0,\ t\geqslant t_0 \tag{3-22}$$

式中，x 为 n 维状态向量；u 为 r 维输入向量；A 和 B 分别为 $n\times n$ 和 $n\times r$ 的常阵。

定义 3-1　[**状态转移矩阵**]连续时间线性时不变系统的状态转移矩阵，定义为基于状态方程式(3-22)构造的式(3-23)矩阵方程的 $n\times n$ 解阵 $\Phi(t-t_0)$：

$$\dot{\Phi}(t-t_0)=A\Phi(t-t_0),\quad \Phi(0)=I,\quad t\geqslant t_0 \tag{3-23}$$

定义 3-2　[**基本解阵**]连续时间线性时不变系统的基本解阵，定义为基于状态方程式(3-22)构造的式(3-24)矩阵方程的 $n\times n$ 解阵 $\Psi(t)$：

$$\dot{\Psi}(t)=A\Psi(t),\quad \Psi(t_0)=H,\quad t\geqslant t_0 \tag{3-24}$$

其中，H 为任意非奇异实常阵。

下面就状态转移矩阵和基本解阵的属性和形式作进一步的讨论。

1. 基本解阵的构成

对连续时间线性时不变系统的基本解阵方程式(3-24)，由初始常阵 H 的任意性所决定，基本解阵[即解矩阵 $\Psi(t)$]是不唯一的，其一个基本解阵 $\Psi(t)$ 可由系统自治状态方程式(3-25)的任意 n 个线性无关解为列构成。

$$\dot{x} = Ax , \quad x(t_0) = x_0 , \quad t \geqslant t_0 \tag{3-25}$$

证明： 显然，对 n 维系统自治状态方程式(3-25)，有且仅有 n 个线性无关解。现任意选取的 n 个线性无关解为

$$X(t) = [x_{(1)}(t), x_{(2)}(t), \cdots, x_{(n)}(t)], \quad t \geqslant t_0 \tag{3-26}$$

进而，由 $x_{(i)}$ 为式(3-25)的解，可以导出：

$$\begin{aligned} \dot{X}(t) &= [\dot{x}_{(1)}(t), \dot{x}_{(2)}(t), \cdots, \dot{x}_{(n)}(t)] \\ &= [Ax_{(1)}(t), Ax_{(2)}(t), \cdots, Ax_{(n)}(t)] \\ &= Ax(t), \quad t \geqslant t_0 \end{aligned} \tag{3-27}$$

和

$$X(t_0) = [x_{(1)}(t_0), x_{(2)}(t_0), \cdots, x_{(n)}(t_0)] = H(\text{非奇异}) \tag{3-28}$$

这表明，式(3-26)给出的 $X(t)$ 为满足基本解阵方程和初始条件的一个 $n \times n$ 解阵。证明完成。

2. 基本解阵形式

对连续时间线性时不变系统的基本解阵方程式(3-24)，一个基本解阵 $\varPsi(t)$ 具有如下形式：

$$\varPsi(t) = \mathrm{e}^{At}, \ t \geqslant t_0 \tag{3-29}$$

证明： 由矩阵指数函数的定义式(3-17)可知：

$$\frac{\mathrm{d}\mathrm{e}^{At}}{\mathrm{d}t} = A\left(I + At + \frac{1}{2!}A^2t^2 + \cdots + \frac{1}{k!}A^kt^k + \cdots\right) = A\mathrm{e}^{At}$$

因此

$$\dot{\psi}(t) = \frac{\mathrm{d}\mathrm{e}^{At}}{\mathrm{d}t} = A\mathrm{e}^{At} = A\varPsi(t), \quad t \geqslant t_0 \tag{3-30}$$

再由 e^{At} 对任意 t_0 为非奇异，得

$$\varPsi(t_0) = \mathrm{e}^{At_0} = H(\text{非奇异}) \tag{3-31}$$

即 e^{At} 满足基本解阵方程和初始条件，因此 e^{At} 为一个基本解阵。证明完成。

3. 状态转移矩阵和基本解阵的关系

对连续时间线性时不变系统的状态转移矩阵方程式(3-23)，其解阵(即状态转移矩阵) $\varPhi(t - t_0)$ 可由基本解阵 $\varPsi(t)$ 给出：

$$\varPhi(t - t_0) = \varPsi(t)\varPsi^{-1}(t_0), \quad t \geqslant t_0 \tag{3-32}$$

证明： 结论归结为证明 $\varPsi(t)\varPsi^{-1}(t_0)$ 满足状态转移矩阵方程和初始条件。为此，对式(3-32)求导并利用基本矩阵方程式(3-24)，可证得 $\varPsi(t)\varPsi^{-1}(t_0)$ 满足状态转移矩阵方程：

$$\dot{\varPhi}(t - t_0) = \dot{\varPsi}(t)\varPsi^{-1}(t_0) = A\varPsi(t)\varPsi^{-1}(t_0) = A\varPhi(t - t_0) \tag{3-33}$$

再在式(3-32)中令 $t = t_0$，可证得 $\varPsi(t)\varPsi^{-1}(t_0)$ 满足初始条件：

$$\varPhi(0) = \varPhi(t_0 - t_0) = \varPsi(t_0)\varPsi^{-1}(t_0) = I \tag{3-34}$$

因此结论成立。证明完成。

4. 状态转移矩阵的唯一性

对连续时间线性时不变系统的状态转移矩阵方程式(3-23)，其解阵(即状态转移矩阵) $\Phi(t-t_0)$ 为唯一，并且在运用式(3-32)确定 $\Phi(t-t_0)$ 时，与所选择基本解阵 $\Psi(t)$ 无关。

证明： 由常微分方程理论知，时不变矩阵方程式(3-23)在指定初始条件下解为唯一。设 $\Psi_1(t)$ 和 $\Psi_2(t)$ 为系统任意两个基本解阵，且知它们必为线性非奇异变换关系，即 $\Psi_2(t)=\Psi_1(t)P$ 成立，P 为非奇异实常阵。那么，利用式(3-32)可得

$$\Phi(t-t_0)=\Psi_2(t)\Psi_2^{-1}(t_0)=\Psi_1(t)PP^{-1}\Psi_1^{-1}(t_0)=\Psi_1(t)\Psi_1^{-1}(t_0)$$

从而，证得 $\Phi(t-t_0)$ 与 $\Psi(t)$ 的选取无关。证明完成。

5. 状态转移矩阵的形式

对连续时间线性时不变系统的状态转移矩阵方程式(3-23)，其解阵(即状态转移矩阵) $\Phi(t-t_0)$ 的形式为

$$\Phi(t-t_0)=\mathrm{e}^{A(t-t_0)},\quad t\geqslant t_0 \tag{3-35}$$

或者

$$\Phi(t)=\mathrm{e}^{At},\quad t\geqslant 0 \tag{3-36}$$

证明： 对 $t_0\neq 0$ 时，由式(3-32)和式(3-29)可得

$$\Phi(t-t_0)=\Psi(t)\Psi^{-1}(t_0)=\mathrm{e}^{At}\mathrm{e}^{-At_0}=\mathrm{e}^{A(t-t_0)},\quad t\geqslant t_0$$

令 $t_0=0$，即可证得式(3-36)。证明完成。

3.3.2 状态转移矩阵的基本性质

1. 初始阵

状态转移矩阵的初始阵为单位阵 I。式(3-32)中令 $t=t_0$ 可得

$$\Phi(0)=\Phi(t-t_0)=\Psi(t_0)\Psi^{-1}(t_0)=I \tag{3-37}$$

初始阵也可在状态转移矩阵式(3-36)或矩阵指数函数定义式(3-17)中，令 t=0 获得。

2. 微分性

$$\dot{\Phi}(t)=\frac{\mathrm{d}}{\mathrm{d}t}\mathrm{e}^{At}=A\mathrm{e}^{At}=\mathrm{e}^{At}A \tag{3-38}$$

证明： 设初始时刻 $t_0=0$，由于

$$\begin{aligned}\frac{\mathrm{d}}{\mathrm{d}t}\mathrm{e}^{At}&=\frac{\mathrm{d}\left(I+At+\frac{1}{2!}A^2t^2+\frac{1}{3!}A^3t^3+\cdots\right)}{\mathrm{d}t}\\&=A+A^2t+\frac{1}{2!}A^3t^2+\cdots\\&=A\left(I+At+\frac{1}{2!}A^2t^2+\cdots\right)=A\mathrm{e}^{At}\end{aligned}$$

又因为

$$\frac{\mathrm{d}}{\mathrm{d}t}\mathrm{e}^{At}=\left(I+At+\frac{1}{2!}A^2t^2+\cdots\right)A=\mathrm{e}^{At}A$$

故

$$\dot{\Phi}(t)=\frac{\mathrm{d}}{\mathrm{d}t}\mathrm{e}^{At}=A\mathrm{e}^{At}=\mathrm{e}^{At}A$$

即

$$\dot{\Phi}(t)=A\Phi(t)=\Phi(t)A$$

证明完成。

该性质表明，$\Phi(t)=\mathrm{e}^{At}$ 满足齐次状态方程 $\dot{x}=Ax$ 的解，且 $\Phi(t)A$ 和 $A\Phi(t)$ 满足交换律。

3. 可逆性

$$[\Phi(t)]^{-1}=[\mathrm{e}^{At}]^{-1}=\mathrm{e}^{-At}=\Phi(-t) \tag{3-39}$$

证明：由 $\Phi(t)=\mathrm{e}^{At}$，等式两边右乘 e^{-At}，得

$$\Phi(t)\mathrm{e}^{-At}=\mathrm{e}^{At}\mathrm{e}^{-At}=I$$

等式两边左乘 $\Phi(t)^{-1}$，得

$$\Phi(t)^{-1}\Phi(t)\mathrm{e}^{-At}=\Phi(t)^{-1}$$

所以，$\Phi(t)^{-1}=\mathrm{e}^{-At}=\Phi(-t)$。证明完成。

该性质表明，状态转移矩阵的逆等于时间的逆转。当 $t_0\neq 0$ 时，可得

$$[\Phi(t-t_0)]^{-1}=[\mathrm{e}^{A(t-t_0)}]^{-1}=\mathrm{e}^{A(t_0-t)}=\Phi(t_0-t) \tag{3-40}$$

该性质也可由基本解阵来证明，即 $[\Phi(t)]^{-1}=[\Psi(t)\Psi^{-1}(0)]^{-1}=\Psi(0)\Psi^{-1}(t)=\Phi(-t)=\mathrm{e}^{-At}$。

4. 传递性

$$\mathrm{e}^{A(t-t_1)}\mathrm{e}^{A(t_1-t_0)}=\mathrm{e}^{A(t-t_0)} \tag{3-41}$$

或

$$\Phi(t-t_1)\Phi(t_1-t_0)=\Phi(t-t_0) \tag{3-42}$$

证明：因为

$$x(t_1)=\mathrm{e}^{A(t_1-t_0)}x(t_0)$$
$$x(t)=\mathrm{e}^{A(t-t_1)}x(t_1)$$

所以

$$x(t)=\mathrm{e}^{A(t-t_1)}\mathrm{e}^{A(t_1-t_0)}x(t_0)=\mathrm{e}^{A(t-t_0)}x(t_0)$$

即

$$\Phi(t-t_1)\Phi(t_1-t_0)=\Phi(t-t_0)$$

证明完成。

5. 组合性

对于 $n\times n$ 方阵 A 和 B，当且仅当 $AB=BA$ 时，有

$$e^{At}e^{Bt}=e^{(A+B)t} \tag{3-43}$$

如果 $AB\neq BA$，则 $e^{At}e^{Bt}\neq e^{(A+B)t}$ 。

证明：

$$\begin{aligned}e^{At}e^{Bt}&=\left(I+At+\frac{1}{2!}A^2t^2+\frac{1}{3!}A^3t^3+\cdots\right)\left(I+Bt+\frac{1}{2!}B^2t^2+\frac{1}{3!}B^3t^3+\cdots\right)\\&=I+(A+B)t+\frac{1}{2!}(A^2+2AB+B^2)t^2+\frac{1}{3!}(A^3+3A^2B+3AB^2+B^3)t^3+\cdots\end{aligned}$$

而

$$\begin{aligned}e^{(A+B)t}&=I+(A+B)t+\frac{1}{2!}(A+B)^2t^2+\frac{1}{3!}(A+B)^3t^3+\cdots\\&=I+(A+B)t+\frac{1}{2!}(A^2+AB+BA+B^2)t^2\\&\quad+\frac{1}{3!}(A^3+A^2B+ABA+AB^2+BA^2+BAB+B^2A+B^3)t^3+\cdots\end{aligned}$$

比较上面两个式子中 t 的同次幂项的系数可见，只有 $AB=BA$ 时，才有

$$e^{At}e^{Bt}=e^{(A+B)t}$$

如果 $AB\neq BA$，则 $e^{At}e^{Bt}\neq e^{(A+B)t}$ 。证明完成。

该性质表明，只有当 A 和 B 是可以交换的方阵时，它们各自的状态转移矩阵之积与 $(A+B)$ 的状态转移矩阵才相等。这与标量指数函数的性质是不同的。

6. 时间变量为独立变量和的状态转移矩阵

$$\Phi(t+\tau)=\Phi(t)\Phi(\tau) \tag{3-44}$$

证明： 由状态转移矩阵的传递性式(3-42)可得

$$\Phi(t+\tau)=\Phi[t-(-\tau)]=\Phi(t-0)\Phi[0-(-\tau)]=\Phi(t)\Phi(\tau)$$

即

$$e^{A(t+\tau)}=e^{At}e^{A\tau}$$

证明完成。

7. 状态转移矩阵的 k 次方

$$[\Phi(t)]^k=\Phi(kt) \tag{3-45}$$

即

$$(e^{At})^k=e^{kAt}\ (k\text{ 为整数})$$

证明： 由性质 6 时间变量为独立变量和的状态转移矩阵可知：

$$[\Phi(t)]^k=\prod_{i=1}^{k}\Phi(t)=\Phi\left(\sum_{i=1}^{k}t\right)=\Phi(kt)$$

证明完成。

8. 状态转移矩阵的逆阵对时间求导

$$\frac{\mathrm{d}}{\mathrm{d}t}[\Phi(t-t_0)]^{-1}=-A\Phi(t_0-t)=-\Phi(t_0-t)A \tag{3-46}$$

证明： 由状态转移矩阵的可逆性式(3-40)和状态转移矩阵的微分性可知

$$\begin{aligned}\frac{\mathrm{d}}{\mathrm{d}t}[\Phi(t-t_0)]^{-1}&=\frac{\mathrm{d}}{\mathrm{d}t}\Phi(t_0-t)\\&=\frac{\mathrm{d}}{\mathrm{d}t}\mathrm{e}^{A(t_0-t)}\\&=-A\mathrm{e}^{A(t_0-t)}=-\mathrm{e}^{A(t_0-t)}A\\&=-A\Phi(t_0-t)=-\Phi(t_0-t)A\end{aligned}$$

证明完成。

例 3-2 试判定下列矩阵是否满足状态转移矩阵的条件。如果满足，试求与之对应的 A 阵。

$$\Phi(t)=\begin{bmatrix}\frac{1}{2}(\mathrm{e}^{-t}+\mathrm{e}^{3t}) & \frac{1}{4}(-\mathrm{e}^{-t}+\mathrm{e}^{3t})\\ -\mathrm{e}^{-t}+\mathrm{e}^{3t} & \frac{1}{2}(\mathrm{e}^{-t}+\mathrm{e}^{3t})\end{bmatrix}$$

解： 主要通过性质 1 初始阵和性质 3 可逆性判断矩阵是否满足状态转移矩阵的条件，即

$$\Phi(0)=\begin{bmatrix}1&0\\0&1\end{bmatrix}=I$$

$$\Phi(t)\Phi(-t)=\begin{bmatrix}\frac{1}{2}(\mathrm{e}^{-t}+\mathrm{e}^{3t}) & \frac{1}{4}(-\mathrm{e}^{-t}+\mathrm{e}^{3t})\\ -\mathrm{e}^{-t}+\mathrm{e}^{3t} & \frac{1}{2}(\mathrm{e}^{-t}+\mathrm{e}^{3t})\end{bmatrix}\begin{bmatrix}\frac{1}{2}(\mathrm{e}^{t}+\mathrm{e}^{-3t}) & \frac{1}{4}(-\mathrm{e}^{t}+\mathrm{e}^{-3t})\\ -\mathrm{e}^{t}+\mathrm{e}^{-3t} & \frac{1}{2}(\mathrm{e}^{t}+\mathrm{e}^{-3t})\end{bmatrix}=I$$

故该矩阵满足状态转移矩阵的条件。

由性质 2 微分性可知，当时间 $t=0$ 时， $\dot{\Phi}(t)|_{t=0}=\frac{\mathrm{d}}{\mathrm{d}t}\mathrm{e}^{At}|_{t=0}=A$ ，即

$$A=\dot{\Phi}(t)|_{t=0}=\begin{bmatrix}\frac{1}{2}(-\mathrm{e}^{-t}+3\mathrm{e}^{2t}) & \frac{1}{4}(\mathrm{e}^{-t}+3\mathrm{e}^{3t})\\ \mathrm{e}^{-t}+3\mathrm{e}^{3t} & \frac{1}{2}(-\mathrm{e}^{-t}+3\mathrm{e}^{3t})\end{bmatrix}\Bigg|_{t=0}=\begin{bmatrix}1&1\\4&1\end{bmatrix}$$

3.3.3 状态转移矩阵的计算

线性定常系统的状态转移矩阵的求法很多，下面介绍常用的四种方法。

1. 定义法

根据定义计算：

$$\Phi(t)=\mathrm{e}^{At}=I+At+\frac{1}{2!}A^2t^2+\cdots+\frac{1}{k!}A^kt^k+\cdots \tag{3-47}$$

这种方法不论是用人工运算还是用计算机运算，通常取有限项计算近似值。至于取多少项，取决于对精度的要求。一般来说，这种方法不易得到闭式解。

2. 预解矩阵法

对于线性定常系统的齐次状态方程：

$$\dot{x}(t)=Ax(t)$$

若初始时刻$t_0=0$，则初始状态为$x(0)$。对上式进行拉普拉斯变换，得

$$sX(s)-x(0)=AX(s)$$

$$[sI-A]X(s)=x(0)$$

若$[sI-A]$非奇异，则等式两边左乘$[sI-A]^{-1}$，得

$$X(s)=[sI-A]^{-1}x(0)$$

取$X(s)$的拉普拉斯逆变换，得

$$x(t)=L^{-1}\{[sI-A]^{-1}x(0)\}=L^{-1}[sI-A]^{-1}x(0) \tag{3-48}$$

由微分方程解的唯一性可知：

$$\Phi(t)=\mathrm{e}^{At}=L^{-1}[sI-A]^{-1} \tag{3-49}$$

例 3-3　线性定常系统的齐次状态方程为

$$\begin{bmatrix}\dot{x}_1\\ \dot{x}_2\end{bmatrix}=\begin{bmatrix}0 & 1\\ -2 & -3\end{bmatrix}\begin{bmatrix}x_1\\ x_2\end{bmatrix}$$

求$\Phi(t)$。

解：由式(3-49)，得

$$\Phi(t)=L^{-1}[sI-A]^{-1}$$

而

$$[sI-A]^{-1}=\begin{bmatrix}s & -1\\ 2 & s+3\end{bmatrix}^{-1}=\frac{\mathrm{adj}\begin{bmatrix}s & -1\\ 2 & s+3\end{bmatrix}}{\det\begin{bmatrix}s & -1\\ 2 & s+3\end{bmatrix}}=\frac{1}{(s+1)(s+2)}\begin{bmatrix}s+3 & 1\\ -2 & s\end{bmatrix}$$

$$=\begin{bmatrix}\dfrac{s+3}{(s+1)(s+2)} & \dfrac{1}{(s+1)(s+2)}\\ \dfrac{-2}{(s+1)(s+2)} & \dfrac{s}{(s+1)(s+2)}\end{bmatrix}=\begin{bmatrix}\dfrac{2}{s+1}-\dfrac{1}{s+2} & \dfrac{1}{s+1}-\dfrac{1}{s+2}\\ \dfrac{-2}{s+1}+\dfrac{2}{s+2} & \dfrac{-1}{s+1}+\dfrac{2}{s+2}\end{bmatrix}$$

于是

$$\Phi(t)=L^{-1}[sI-A]^{-1}=\begin{bmatrix}2\mathrm{e}^{-t}-\mathrm{e}^{-2t} & \mathrm{e}^{-t}-\mathrm{e}^{-2t}\\ -2\mathrm{e}^{-t}+2\mathrm{e}^{-2t} & -\mathrm{e}^{-t}+2\mathrm{e}^{-2t}\end{bmatrix}$$

在 Matlab 中求解例 3-3 的程序代码 Dyn_eAt 如下：

```
%预解矩阵法求状态转移矩阵 Dyn_eAt
syms s t x0 x tao phi phi0;%声明符号变量
A=[0 1;-2 -3];I=[1 0;0 1];
E=s*I-A;%求 sI-A
C=det(E);%求 A 的行列式
D=collect(inv(E));            %合并同类项
phi0=ilaplace(D)              %拉普拉斯逆变换
```

其中函数 det() 的作用是求方阵的行列式，collect() 函数的作用是合并同类项，而 ilaplace() 函数的作用是求取拉普拉斯逆变换。

3. 凯莱-哈密顿计算法

应用凯莱-哈密顿定理计算 $\varPhi(t)$。

凯莱-哈密顿定理为：$n\times n$ 矩阵 A 满足自身的特征方程，即矩阵 A 的特征方程，矩阵 A 的特征多项式是 A 的零化多项式。

$$\varDelta(\lambda)=\det[\lambda I-A]=\lambda^n+a_{n-1}\lambda^{n-1}+\cdots+a_2\lambda^2+a_1\lambda+a_0=0$$

即 $\lambda^n=-a_{n-1}\lambda^{n-1}-\cdots-a_2\lambda^2-a_1\lambda-a_0$。

用 A 代替 λ，代入 $\varDelta(\lambda)$ 表达式，根据凯莱-哈密顿定理，有

$$\varDelta(A)=A^n+a_{n-1}A^{n-1}+\cdots+a_2A^2+a_1A+a_0I=0 \tag{3-50}$$

于是

$$A^n=-a_{n-1}A^{n-1}-\cdots-a_2A^2-a_1A-a_0I \tag{3-51}$$

式(3-51)表明，A^n 是 $A^{n-1},A^{n-2},\cdots,A,I$ 的线性组合。显然有

$$A^{n+1}=AA^n=-a_{n-1}A^n-a_{n-2}A^{n-1}-\cdots a_1A^2-a_0A$$

将式(3-51)代入上式得

$$A^{n+1}=(a^2{}_{n-1}-a_{n-2})A^{n-1}+(a_{n-1}a_{n-2}-a_{n-2})A^{n-2}+\cdots+(a_{n-1}a_1-a_0)A+a_{n-1}a_0I \tag{3-52}$$

以此类推，可知 $A^{n+1},A^{n+2},\cdots$ 均是 $A^{n-1},A^{n-2},\cdots,A,I$ 的线性组合。将式(3-51)、式(3-52)代入 e^{At} 定义式中，便可以消去 e^{At} 中高于 A^{n-1} 的幂次项。结果 e^{At} 就化成一个 A 的最高幂次为 $n-1$ 的 n 项幂级数的形式，即

$$\begin{aligned}\varPhi(t)=\mathrm{e}^{At}&=I+At+\frac{1}{2!}A^2t^2+\cdots+\frac{1}{n!}A^nt^n+\frac{1}{(n+1)!}A^{n+1}t^{n+1}+\cdots\\&=a_0(t)I+a_1(t)A+\cdots+a_{n-1}(t)A^{n-1}\end{aligned} \tag{3-53}$$

式中，$a_i(t)$ 为待定系数，$i=0,1,\cdots,(n-1)$。$a_i(t)$ 的计算方法如下。

(1) A 的特征值 $\lambda_i(i=0,1,\cdots,n)$ 互异。应用凯莱-哈密顿定理，λ_i 和 A 均是特征多项式的零根。因此，λ_i 满足

$$\mathrm{e}^{\lambda_i t}=a_0(t)+a_1(t)\lambda_i+\cdots+a_{n-1}(t)\lambda_i^{\,n-1},\quad i=1,2,\cdots,n$$

或

$$\begin{bmatrix} e^{\lambda_1 t} \\ e^{\lambda_2 t} \\ \vdots \\ e^{\lambda_n t} \end{bmatrix} = \begin{bmatrix} 1 & \lambda_1 & \lambda_1^2 & \cdots & \lambda_1^{n-1} \\ 1 & \lambda_2 & \lambda_2^2 & \cdots & \lambda_2^{n-1} \\ \vdots & \vdots & \vdots & \ddots & \vdots \\ 1 & \lambda_n & \lambda_n^2 & \cdots & \lambda_n^{n-1} \end{bmatrix} \begin{bmatrix} a_0(t) \\ a_1(t) \\ \vdots \\ a_{n-1}(t) \end{bmatrix} \tag{3-54}$$

于是

$$\begin{bmatrix} a_0(t) \\ a_1(t) \\ \vdots \\ a_{n-1}(t) \end{bmatrix} = \begin{bmatrix} 1 & \lambda_1 & \lambda_1^2 & \cdots & \lambda_1^{n-1} \\ 1 & \lambda_2 & \lambda_2^2 & \cdots & \lambda_2^{n-1} \\ \vdots & \vdots & \vdots & \ddots & \vdots \\ 1 & \lambda_n & \lambda_n^2 & \cdots & \lambda_n^{n-1} \end{bmatrix}^{-1} \begin{bmatrix} e^{\lambda_1 t} \\ e^{\lambda_2 t} \\ \vdots \\ e^{\lambda_n t} \end{bmatrix} \tag{3-55}$$

(2) A 的特征值均相同。设 A 的特征值为 λ_1，待定系数 $a_i(t)$ 的计算公式如下：

$$\begin{bmatrix} a_0(t) \\ a_1(t) \\ \vdots \\ a_{n-3}(t) \\ a_{n-2}(t) \\ a_{n-1}(t) \end{bmatrix} = \begin{bmatrix} 0 & 0 & \cdots & 0 & \cdots & 0 & 1 \\ 0 & \vdots & \vdots & \vdots & \cdots & 1 & (n-1)\lambda_1 \\ \vdots & \vdots & \vdots & 1 & \ddots & \vdots & \vdots \\ 0 & 0 & 1 & 3\lambda_1 & \cdots & 0 & \dfrac{(n-1)(n-2)}{2!}\lambda_1^{n-3} \\ 0 & 1 & 2\lambda_1 & 3\lambda_1^2 & \cdots & 0 & \dfrac{(n-1)}{1!}\lambda_1^{n-2} \\ 1 & \lambda_1 & \lambda_1^2 & \lambda_1^3 & \cdots & \lambda_1^{n-2} & \lambda_1^{n-1} \end{bmatrix}^{-1} \begin{bmatrix} \dfrac{1}{(n-1)!}t^{n-1}e^{\lambda_1 t} \\ \dfrac{1}{(n-2)!}t^{n-2}e^{\lambda_1 t} \\ \vdots \\ \dfrac{1}{2!}t^2 e^{\lambda_1 t} \\ \dfrac{1}{1!}t\, e^{\lambda_1 t} \\ e^{\lambda_1 t} \end{bmatrix} \tag{3-56}$$

该式是对特征值方程求一致 $n-1$ 阶导数后再求解关于待定系数 $a_i(t)$ 的方程组所得。

(3) 当 A 的 n 个特征值有重根和互异特征值时，待定系数 $a_i(t)$ 可以根据式(3-56)和式(3-55)求得，然后代入式(3-53)，求出状态转移矩阵 $\Phi(t)$ 。

例 3-4　应用凯莱-哈密顿定理计算例 3-3 的状态转移矩阵。

解： $\Delta(\lambda)=\det[\lambda I-A]=\lambda(\lambda+3)+2=(\lambda+1)(\lambda+2)=0$ 。$\lambda_1=-1$，$\lambda_2=-2$，即矩阵 A 的两个特征值互异。由式(3-55)有

$$\begin{bmatrix} a_0(t) \\ a_1(t) \end{bmatrix} = \begin{bmatrix} 1 & \lambda_1 \\ 1 & \lambda_2 \end{bmatrix}^{-1} \begin{bmatrix} e^{\lambda_1 t} \\ e^{\lambda_2 t} \end{bmatrix} = \begin{bmatrix} 1 & -1 \\ 1 & -2 \end{bmatrix}^{-1} \begin{bmatrix} e^{-t} \\ e^{-2t} \end{bmatrix} = \begin{bmatrix} 2 & -1 \\ 1 & -1 \end{bmatrix} \begin{bmatrix} e^{-t} \\ e^{-2t} \end{bmatrix} = \begin{bmatrix} 2e^{-t}-e^{-2t} \\ e^{-t}-e^{-2t} \end{bmatrix}$$

即

$$a_0(t)=2e^{-t}-e^{-2t},\quad a_1(t)=e^{-t}-e^{-2t}$$

$$\begin{aligned} \Phi(t)=e^{At} &= a_0(t)I+a_1(t)A=(2e^{-t}-e^{-2t})\begin{bmatrix} 1 & 0 \\ 0 & 1 \end{bmatrix}+(e^{-t}-e^{-2t})\begin{bmatrix} 0 & 1 \\ -2 & -3 \end{bmatrix} \\ &= \begin{bmatrix} 2e^{-t}-e^{-2t} & 0 \\ 0 & 2e^{-t}-e^{-2t} \end{bmatrix}+\begin{bmatrix} 0 & e^{-t}-e^{-2t} \\ -2e^{-t}+2e^{-2t} & -3e^{-t}+3e^{-2t} \end{bmatrix} \\ &= \begin{bmatrix} 2e^{-t}-e^{-2t} & e^{-t}-e^{-2t} \\ -2e^{-t}+2e^{-2t} & -e^{-t}+2e^{-2t} \end{bmatrix} \end{aligned}$$

可见与用预解矩阵法的计算结果一样。

例 3-5 线性定常系统齐次状态方程：

$$\dot{x}=\begin{bmatrix}0&1&0\\0&0&1\\-2&-5&-4\end{bmatrix}x$$

求系统状态转移矩阵。

解： 应用凯莱-哈密顿定理计算 $\varPhi(t)$ 。

$$\varDelta(\lambda)=\det\left[\lambda I-A\right]=\begin{bmatrix}\lambda&-1&0\\0&\lambda&-1\\2&5&\lambda+4\end{bmatrix}=\lambda^3+4\lambda^2+5\lambda+2=(\lambda+1)^2(\lambda+2)=0$$

即 A 的特征值为

$$\lambda_1=\lambda_2=-1,\quad \lambda_3=-2$$

对于重特征值，按式(3-56)计算 $a_i(t)$，非重特征值按式(3-55)计算 $a_i(t)$。于是有

$$\begin{bmatrix}a_0(t)\\a_1(t)\\a_2(t)\end{bmatrix}=\begin{bmatrix}0&1&2\lambda_1\\1&\lambda_1&\lambda_1^2\\1&\lambda_3&\lambda_3^2\end{bmatrix}^{-1}\begin{bmatrix}t\,\mathrm{e}^{\lambda_1 t}\\\mathrm{e}^{\lambda_1 t}\\\mathrm{e}^{\lambda_3 t}\end{bmatrix}=\begin{bmatrix}0&1&-2\\1&-1&1\\1&-2&4\end{bmatrix}^{-1}\begin{bmatrix}t\,\mathrm{e}^{-t}\\\mathrm{e}^{-t}\\\mathrm{e}^{-2t}\end{bmatrix}$$

$$=\begin{bmatrix}2&0&1\\3&-2&2\\1&-1&1\end{bmatrix}\begin{bmatrix}t\,\mathrm{e}^{-t}\\\mathrm{e}^{-t}\\\mathrm{e}^{-2t}\end{bmatrix}=\begin{bmatrix}2t\,\mathrm{e}^{-t}+\mathrm{e}^{-2t}\\3t\,\mathrm{e}^{-t}-2\,\mathrm{e}^{-t}+2\,\mathrm{e}^{-2t}\\t\,\mathrm{e}^{-t}-\mathrm{e}^{-t}+\mathrm{e}^{-2t}\end{bmatrix}$$

利用式(3-53)求得系统状态转移矩阵

$$\varPhi(t)=\mathrm{e}^{At}=a_0(t)I+a_1(t)A+a_2(t)A^2$$

$$=(2t\,\mathrm{e}^{-t}+\mathrm{e}^{-2t})\begin{bmatrix}1&0&0\\0&1&0\\0&0&1\end{bmatrix}+(3t\,\mathrm{e}^{-t}-2\,\mathrm{e}^{-t}+2\,\mathrm{e}^{-2t})\begin{bmatrix}0&1&0\\0&0&1\\-2&-5&-4\end{bmatrix}$$

$$+(t\,\mathrm{e}^{-t}-\mathrm{e}^{-t}+\mathrm{e}^{-2t})\begin{bmatrix}0&1&0\\0&0&1\\-2&-5&-4\end{bmatrix}^2$$

$$=\begin{bmatrix}2t\,\mathrm{e}^{-t}+\mathrm{e}^{-2t}&3t\,\mathrm{e}^{-t}-2\,\mathrm{e}^{-t}+2\,\mathrm{e}^{-2t}&t\,\mathrm{e}^{-t}-\mathrm{e}^{-t}+\mathrm{e}^{-2t}\\-2t\,\mathrm{e}^{-t}+2\,\mathrm{e}^{-t}-2\,\mathrm{e}^{-2t}&-3t\,\mathrm{e}^{-t}+5\,\mathrm{e}^{-t}-4\,\mathrm{e}^{-2t}&t\,\mathrm{e}^{-t}+2\,\mathrm{e}^{-t}-2\,\mathrm{e}^{-2t}\\2t\,\mathrm{e}^{-t}-4\,\mathrm{e}^{-t}+4\,\mathrm{e}^{-2t}&3t\,\mathrm{e}^{-t}-8\,\mathrm{e}^{-t}+8\,\mathrm{e}^{-2t}&t\,\mathrm{e}^{-t}-3\,\mathrm{e}^{-t}+4\,\mathrm{e}^{-2t}\end{bmatrix}$$

4. 约当规范型法

通过线性变换把矩阵简化为约当规范型再计算 $\varPhi(t)$ 。

1)矩阵 A 特征值两两互异

当矩阵 A 的特征值两两互异时，设 P 是使 A 经过线性变换化为对角型的变换矩阵 $P=[p_1\quad p_2\quad \cdots\quad p_n]$，$p_i$ 是 λ_i 对应的特征向量。上一章关于约当规范型的讨论中已经证明，对特征值两两互异情形，基于变换矩阵 P，可得

$$A = P\Lambda P^{-1} = P\begin{bmatrix} \lambda_1 & & & 0 \\ & \lambda_2 & & \\ & & \ddots & \\ 0 & & & \lambda_n \end{bmatrix} P^{-1}$$

这时系统的状态转移矩阵为

$$\begin{aligned}
\mathrm{e}^{\Lambda t} &= I + \Lambda t + \frac{1}{2!}\Lambda^2 t^2 + \cdots \\
&= \begin{bmatrix} 1 & & & \\ & 1 & 0 & \\ & 0 & \ddots & \\ & & & 1 \end{bmatrix} + \begin{bmatrix} \lambda_1 & & & \\ & \lambda_2 & 0 & \\ & 0 & \ddots & \\ & & & \lambda_n \end{bmatrix} t + \frac{1}{2!}\begin{bmatrix} \lambda_1 & & & \\ & \lambda_2 & 0 & \\ & 0 & \ddots & \\ & & & \lambda_n \end{bmatrix}^2 t^2 + \cdots \\
&= \begin{bmatrix} 1 + \lambda_1 t + \frac{1}{2!}\lambda_1^2 t^2 + \cdots & & & \\ & 1 + \lambda_2 t + \frac{1}{2!}\lambda_2^2 t^2 + \cdots & & 0 \\ 0 & & \ddots & \\ & & & 1 + \lambda_n t + \frac{1}{2!}\lambda_n^2 t^2 + \cdots \end{bmatrix} \\
&= \begin{bmatrix} \mathrm{e}^{\lambda_1 t} & & & 0 \\ & \mathrm{e}^{\lambda_2 t} & & \\ & & \ddots & \\ 0 & & & \mathrm{e}^{\lambda_n t} \end{bmatrix}
\end{aligned}$$

故矩阵 A 的状态转移矩阵为

$$\begin{aligned}
\Phi(t) &= \mathrm{e}^{At} = \mathrm{e}^{P\Lambda P^{-1} t} = I + P\Lambda P^{-1} t + \frac{1}{2!}(P\Lambda P^{-1})^2 t^2 + \cdots \\
&= PP^{-1} + P\Lambda t P^{-1} + P\left(\frac{1}{2!}\Lambda^2 t^2\right)P^{-1} + \cdots \\
&= P\left[I + \Lambda t + \frac{1}{2!}\Lambda^2 t^2 + \cdots\right]P^{-1} \\
&= P\mathrm{e}^{\Lambda t}P^{-1} = P\begin{bmatrix} \mathrm{e}^{\lambda_1 t} & & & 0 \\ & \mathrm{e}^{\lambda_2 t} & & \\ & & \ddots & \\ 0 & & & \mathrm{e}^{\lambda_n t} \end{bmatrix}P^{-1}
\end{aligned} \tag{3-57}$$

例 3-5　线性定常系统齐次状态方程为

$$\begin{bmatrix} \dot{x}_1 \\ \dot{x}_2 \end{bmatrix} = \begin{bmatrix} 0 & 1 \\ -2 & -3 \end{bmatrix}\begin{bmatrix} x_1 \\ x_2 \end{bmatrix}$$

求状态转移矩阵。

解： 由例 3-4 可知，矩阵 A 的两个特征值 $\lambda_1 = -1$，$\lambda_2 = -2$。因此通过线性变换可以将矩阵 A 化为对角型。A 为友矩阵，变换矩阵计算如下：

$$P=\begin{bmatrix}1 & 1\\ \lambda_1 & \lambda_2\end{bmatrix}=\begin{bmatrix}1 & 1\\ -1 & -2\end{bmatrix},\quad P^{-1}=\begin{bmatrix}1 & 1\\ -1 & -2\end{bmatrix}^{-1}=\begin{bmatrix}2 & 1\\ -1 & -1\end{bmatrix}$$

$$\begin{aligned}\mathrm{e}^{At}=P\mathrm{e}^{\Lambda t}P^{-1}&=\begin{bmatrix}1 & 1\\ -1 & -2\end{bmatrix}\begin{bmatrix}\mathrm{e}^{-t} & 0\\ 0 & \mathrm{e}^{-2t}\end{bmatrix}\begin{bmatrix}2 & 1\\ -1 & -1\end{bmatrix}=\begin{bmatrix}\mathrm{e}^{-t} & \mathrm{e}^{-2t}\\ -\mathrm{e}^{-t} & -2\mathrm{e}^{-2t}\end{bmatrix}\begin{bmatrix}2 & 1\\ -1 & -1\end{bmatrix}\\ &=\begin{bmatrix}2\mathrm{e}^{-t}-\mathrm{e}^{-2t} & \mathrm{e}^{-t}-\mathrm{e}^{-2t}\\ -2\mathrm{e}^{-t}+2\mathrm{e}^{-2t} & -\mathrm{e}^{-t}+2\mathrm{e}^{-2t}\end{bmatrix}\end{aligned}$$

这个结果与例 3-3 的计算结果一样。

2) 矩阵 A 的 n 个特征值均相同

当矩阵 A 的 n 个特征值均相同且为 λ_1 时，λ_1 的代数重数为 n，几何重数为 1，经过线性变换，可化为约当规范型矩阵 J，即

$$P^{-1}AP=J=\begin{bmatrix}\lambda_1 & 1 & & 0\\ & \lambda_1 & \ddots & \\ & & \ddots & 1\\ 0 & & & \lambda_1\end{bmatrix}$$

则

$$\mathrm{e}^{Jt}=\begin{bmatrix}1 & t & & \dfrac{1}{(n-1)!}t^{n-1}\\ & 1 & t & \dfrac{1}{(n-2)!}t^{n-2}\\ & & \ddots\quad\ddots & \vdots\\ & & & t\\ 0 & & & 1\end{bmatrix}\mathrm{e}^{\lambda_1 t}$$

则系统状态转移矩阵为

$$\Phi(t)=\mathrm{e}^{At}=P\mathrm{e}^{Jt}P^{-1} \tag{3-58}$$

式中，P 为使 A 化为约当标准型的变换矩阵，具体求法参见第 2 章中关于约当规范型的讨论。

3) 矩阵 A 既有重根又有单根

给定 $n\times n$ 矩阵 A，其特征值属于包含重根和单根情形。简化起见，设 $n=6$，特征值 λ_1（代数重数 $\sigma_1=3$，几何重数 $\alpha_1=1$）、$\lambda_2(\sigma_2=2$，$\alpha_2=1)$、λ_3 为单根。设由矩阵 A 的属于 λ_1、λ_2 和 λ_3 的广义特征向量组所构成的变换矩阵为 P，基于第 2 章约当规范型变换方法，可把 A 化为如下形式：

$$A=PJP^{-1}=P\begin{bmatrix}\lambda_1 & 1 & 0 & 0 & 0 & 0\\ 0 & \lambda_1 & 1 & 0 & 0 & 0\\ 0 & 0 & \lambda_1 & 0 & 0 & 0\\ 0 & 0 & 0 & \lambda_2 & 1 & 0\\ 0 & 0 & 0 & 0 & \lambda_2 & 0\\ 0 & 0 & 0 & 0 & 0 & \lambda_3\end{bmatrix}P^{-1} \tag{3-59}$$

则 $\Phi(t)$ 的计算式为

$$\Phi(t)=\mathrm{e}^{At}=P\begin{bmatrix}\mathrm{e}^{\lambda_1 t} & t\mathrm{e}^{\lambda_1 t} & \frac{1}{2!}t^2\mathrm{e}^{\lambda_1 t} & 0 & 0 & 0\\ 0 & \mathrm{e}^{\lambda_1 t} & t\mathrm{e}^{\lambda_1 t} & 0 & 0 & 0\\ 0 & 0 & \mathrm{e}^{\lambda_1 t} & 0 & 0 & 0\\ 0 & 0 & 0 & \mathrm{e}^{\lambda_2 t} & t\mathrm{e}^{\lambda_2 t} & 0\\ 0 & 0 & 0 & 0 & \mathrm{e}^{\lambda_2 t} & 0\\ 0 & 0 & 0 & 0 & 0 & \mathrm{e}^{\lambda_3 t}\end{bmatrix}P^{-1} \tag{3-60}$$

例 3-6　线性定常系统的齐次状态方程为

$$\dot{x}=\begin{bmatrix}0 & 1 & 0\\ 0 & 0 & 1\\ -1 & -3 & -3\end{bmatrix}x$$

求系统状态转移矩阵。

解： $\Delta(t)=\det[\lambda I-A]=\det\begin{bmatrix}\lambda & -1 & 0\\ 0 & \lambda & -1\\ 1 & 3 & \lambda+3\end{bmatrix}=\lambda^3+3\lambda^2+3\lambda+1=(\lambda+1)^3=0$

矩阵 A 的三重特征值为 $\lambda_1=-1$。

$$P=\begin{bmatrix}1 & 0 & 0\\ \lambda_1 & 1 & 0\\ \lambda_1^2 & 2\lambda_1 & 1\end{bmatrix}=\begin{bmatrix}1 & 0 & 0\\ 1 & 1 & 0\\ 1 & 2 & 1\end{bmatrix},\quad \mathrm{e}^{Jt}=\begin{bmatrix}\mathrm{e}^{\lambda_1 t} & t\mathrm{e}^{\lambda_1 t} & \frac{1}{2!}t^2\mathrm{e}^{\lambda_1 t}\\ 0 & \mathrm{e}^{\lambda_1 t} & t\mathrm{e}^{\lambda_1 t}\\ 0 & 0 & \mathrm{e}^{\lambda_1 t}\end{bmatrix}=\begin{bmatrix}\mathrm{e}^{-t} & t\mathrm{e}^{-t} & \frac{1}{2}t^2\mathrm{e}^{-t}\\ 0 & \mathrm{e}^{-t} & t\mathrm{e}^{-t}\\ 0 & 0 & \mathrm{e}^{-t}\end{bmatrix}$$

故系统的状态转移矩阵为

$$\Phi(t)=P\mathrm{e}^{Jt}P^{-1}=\begin{bmatrix}1 & 0 & 0\\ 1 & 1 & 0\\ 1 & 2 & 1\end{bmatrix}\begin{bmatrix}\mathrm{e}^{-t} & t\mathrm{e}^{-t} & \frac{1}{2}t^2\mathrm{e}^{-t}\\ 0 & \mathrm{e}^{-t} & t\mathrm{e}^{-t}\\ 0 & 0 & \mathrm{e}^{-t}\end{bmatrix}\begin{bmatrix}1 & 0 & 0\\ -1 & 1 & 0\\ 1 & -2 & 1\end{bmatrix}$$

$$=\begin{bmatrix}\left(1+t+\frac{1}{2}t^2\right)\mathrm{e}^{-t} & (t+t^2)\mathrm{e}^{-t} & \frac{1}{2}t^2\mathrm{e}^{-t}\\ -\frac{1}{2}t^2\mathrm{e}^{-t} & (1+t-t^2)\mathrm{e}^{-t} & \left(t-\frac{1}{2}t^2\right)\mathrm{e}^{-t}\\ \left(-t+\frac{1}{2}t^2\right)\mathrm{e}^{-t} & (-3t+t^2)\mathrm{e}^{-t} & \left(1-2t+\frac{1}{2}t^2\right)\mathrm{e}^{-t}\end{bmatrix}$$

4) 矩阵 A 有共轭复数根

如果矩阵 A 的特征值为共轭复数特征值 $\lambda_{1,2}=\sigma\pm\mathrm{j}\omega$，经过线性变换，可化为模态矩阵 M：

$$M=P^{-1}AP=\begin{bmatrix}\sigma & \omega\\ -\omega & \sigma\end{bmatrix}$$

对于模态矩阵 M，有

$$e^{Mt}=e^{\begin{bmatrix}\sigma & \omega\\ -\omega & \sigma\end{bmatrix}t}=e^{\begin{bmatrix}\sigma & 0\\ 0 & \sigma\end{bmatrix}t}e^{\begin{bmatrix}0 & \omega\\ -\omega & 0\end{bmatrix}t}$$

其中，

$$e^{\begin{bmatrix}\sigma & 0\\ 0 & \sigma\end{bmatrix}t}=\begin{bmatrix}e^{\sigma t} & 0\\ 0 & e^{\sigma t}\end{bmatrix}$$

$$\begin{aligned}
e^{\begin{bmatrix}0 & \omega\\ -\omega & 0\end{bmatrix}t}&=\begin{bmatrix}1 & 0\\ 0 & 1\end{bmatrix}+\begin{bmatrix}0 & \omega\\ -\omega & 0\end{bmatrix}t+\frac{1}{2!}t^2\begin{bmatrix}0 & \omega\\ -\omega & 0\end{bmatrix}^2+\cdots\\
&=\begin{bmatrix}1-\frac{t^2}{2!}\omega^2+\frac{t^4}{4!}\omega^4-\frac{t^6}{6!}\omega^6+\cdots & \omega t-\frac{t^3}{3!}\omega^3+\frac{t^5}{5!}\omega^5-\cdots\\ -\left(\omega t-\frac{t^3}{3!}\omega^3+\frac{t^5}{5!}\omega^5-\cdots\right) & 1-\frac{t^2}{2!}\omega^2+\frac{t^4}{4!}\omega^4-\frac{t^6}{6!}\omega^6+\cdots\end{bmatrix}\\
&=\begin{bmatrix}\cos\omega t & \sin\omega t\\ -\sin\omega t & \cos\omega t\end{bmatrix}
\end{aligned}$$

则

$$\begin{aligned}
e^{Mt}&=\begin{bmatrix}e^{\sigma t} & 0\\ 0 & e^{\sigma t}\end{bmatrix}\begin{bmatrix}\cos\omega t & \sin\omega t\\ -\sin\omega t & \cos\omega t\end{bmatrix}=\begin{bmatrix}e^{\sigma t}\cos\omega t & e^{\sigma t}\sin\omega t\\ -e^{\sigma t}\sin\omega t & e^{\sigma t}\cos\omega t\end{bmatrix}\\
&=e^{\sigma t}\begin{bmatrix}\cos\omega t & \sin\omega t\\ -\sin\omega t & \cos\omega t\end{bmatrix}
\end{aligned}$$

于是系统状态转移矩阵为

$$\Phi(t)=e^{At}=Pe^{Mt}P^{-1} \tag{3-61}$$

例 3-7 线性定常齐次状态方程为

$$\dot{x}=\begin{bmatrix}0 & 1\\ -2 & -2\end{bmatrix}x$$

求系统的状态转移矩阵 $\Phi(t)$。

解： $\Delta(\lambda)=\det[\lambda I-A]=\det\begin{bmatrix}\lambda & -1\\ 2 & \lambda+2\end{bmatrix}=\lambda^2+2\lambda+2=0$

$$\lambda_{1,2}=-1\pm j1$$

$$M=\begin{bmatrix}-1 & 1\\ -1 & -1\end{bmatrix}$$

对应于 $\lambda_1=-1+j1$ 的特征向量，可以容易地求出，为

$$q_1=\begin{bmatrix}1\\ -1+j1\end{bmatrix}=\begin{bmatrix}1\\ -1\end{bmatrix}+j\begin{bmatrix}0\\ 1\end{bmatrix}$$

故变换矩阵：

$$P=\begin{bmatrix}1 & 0\\ -1 & 1\end{bmatrix},\quad P^{-1}=\begin{bmatrix}1 & 0\\ 1 & 1\end{bmatrix},\quad e^{Mt}=e^{-t}\begin{bmatrix}\cos t & \sin t\\ -\sin t & \cos t\end{bmatrix}$$

为系统状态转移矩阵。

$$\Phi(t)=Pe^{Mt}P^{-1}=\begin{bmatrix}1 & 0\\ -1 & 1\end{bmatrix}e^{-t}\begin{bmatrix}\cos t & \sin t\\ -\sin t & \cos t\end{bmatrix}\begin{bmatrix}1 & 0\\ 1 & 1\end{bmatrix}=e^{-t}\begin{bmatrix}\cos t+\sin t & \sin t\\ -2\sin t & \cos t-\sin t\end{bmatrix}$$

3.4　线性定常系统非齐次状态方程的解

线性定常系统非齐次状态方程是指系统输入向量不等于零时的状态方程，即

$$\dot{x}(t)=Ax(t)+Bu(t),\quad t\geqslant 0 \tag{3-62}$$

研究式(3-62)的解，即研究系统在输入向量作用下的运动，称为强迫运动或受控运动。

设初始时刻$t_0=0$，初始状态为$x(0)$。将状态式(3-62)改写成

$$\dot{x}(t)-Ax(t)=Bu(t)$$

等式两边左乘e^{-At}，得

$$e^{-At}[\dot{x}(t)-Ax(t)]=e^{-At}Bu(t)$$

由状态转移矩阵的基本性质，可进一步写成

$$\frac{d}{dt}[e^{-At}x(t)]=e^{-At}Bu(t)$$

对上式在$[0,t]$时间内积分，有

$$e^{-At}x(t)\Big|_0^t=\int_0^t e^{-A\tau}Bu(\tau)d\tau$$

$$e^{-At}x(t)-x(0)=\int_0^t e^{-A\tau}Bu(\tau)d\tau$$

上式两边同时左乘e^{At}，得

$$x(t)=e^{At}x(0)+e^{At}\int_0^t e^{-A\tau}Bu(\tau)d\tau=e^{At}x(0)+\int_0^t e^{A(t-\tau)}Bu(\tau)d\tau \tag{3-63}$$

式中，e^{At}就是系统状态转移矩阵，沿用$\Phi(t)$表示，则

$$x(t)=\Phi(t)x(0)+\int_0^t\Phi(t-\tau)Bu(\tau)d\tau \tag{3-64}$$

如果$t_0\neq 0$，即一般情况下非齐次状态方程的解为

$$x(t)=e^{A(t-t_0)}x(t_0)+\int_{t_0}^t e^{A(t-\tau)}Bu(\tau)d\tau \tag{3-65}$$

或

$$x(t)=\Phi(t-t_0)x(t_0)+\int_{t_0}^t\Phi(t-\tau)Bu(\tau)d\tau \tag{3-66}$$

由式(3-64)或式(3-66)可知，系统的运动$x(t)$包括两部分。第一部分是输入向量为零时，由初始状态引起，相当于自由运动，称为状态方程的零输入响应；第二部分是初始状态为零时，由输入向量引起，相当于强迫运动，称为状态方程的零状态响应。正是由于第二部分的存在，为控制提供这样的可能性，即通过选择输入向量$u(t)$，使$x(t)$的形态满足期望。

此外，在初始时刻$t_0=0$的情况下，也可采用拉普拉斯变换法对非齐次状态方程式(3-62)进行求解，请读者自己推导。

例 3-8　线性定常系统的状态方程为

$$\begin{bmatrix}\dot{x}_1\\ \dot{x}_2\end{bmatrix}=\begin{bmatrix}0 & 1\\ -2 & -3\end{bmatrix}\begin{bmatrix}x_1\\ x_2\end{bmatrix}+\begin{bmatrix}0\\ 1\end{bmatrix}u$$

$$y=[1 \quad 0]x$$

$$x(0)=\begin{bmatrix}1\\ 0\end{bmatrix} \quad u(t)=1(t)$$

求系统的解。

解：系统状态转移矩阵 $\varPhi(t)=\mathrm{e}^{At}$ 已在例 3-3 中求得，即

$$\varPhi(t)=\mathrm{e}^{At}=\begin{bmatrix}2\mathrm{e}^{-t}-\mathrm{e}^{-2t} & \mathrm{e}^{-t}-\mathrm{e}^{-2t}\\ -2\mathrm{e}^{-t}+2\mathrm{e}^{-2t} & -\mathrm{e}^{-t}+2\mathrm{e}^{-2t}\end{bmatrix}$$

由式(3-64)可得

$$\begin{aligned}
x(t)&=\varPhi(t)x(0)+\int_0^t \varPhi(t-\tau)Bu(\tau)\mathrm{d}\tau\\
&=\begin{bmatrix}2\mathrm{e}^{-t}-\mathrm{e}^{-2t} & \mathrm{e}^{-t}-\mathrm{e}^{-2t}\\ -2\mathrm{e}^{-t}+2\mathrm{e}^{-2t} & -\mathrm{e}^{-t}+2\mathrm{e}^{-2t}\end{bmatrix}\begin{bmatrix}1\\ 0\end{bmatrix}+\int_0^t\begin{bmatrix}2\mathrm{e}^{-(t-\tau)}-\mathrm{e}^{-2(t-\tau)} & \mathrm{e}^{-(t-\tau)}-\mathrm{e}^{-2(t-\tau)}\\ -2\mathrm{e}^{-(t-\tau)}+2\mathrm{e}^{-2(t-\tau)} & -\mathrm{e}^{-(t-\tau)}+2\mathrm{e}^{-2(t-\tau)}\end{bmatrix}\begin{bmatrix}0\\ 1\end{bmatrix}1(\tau)\mathrm{d}\tau\\
&=\begin{bmatrix}2\mathrm{e}^{-t}-\mathrm{e}^{-2t}\\ -2\mathrm{e}^{-t}+2\mathrm{e}^{-2t}\end{bmatrix}+\int_0^t\begin{bmatrix}\mathrm{e}^{-(t-\tau)}-\mathrm{e}^{-2(t-\tau)}\\ -\mathrm{e}^{-(t-\tau)}+2\mathrm{e}^{-2(t-\tau)}\end{bmatrix}\mathrm{d}\tau\\
&=\begin{bmatrix}2\mathrm{e}^{-t}-\mathrm{e}^{-2t}\\ -2\mathrm{e}^{-t}+2\mathrm{e}^{-2t}\end{bmatrix}+\begin{bmatrix}\dfrac{1}{2}-\mathrm{e}^{-t}+\dfrac{1}{2}\mathrm{e}^{-2t}\\ \mathrm{e}^{-t}-\mathrm{e}^{-2t}\end{bmatrix}\\
&=\begin{bmatrix}\dfrac{1}{2}+\mathrm{e}^{-t}-\dfrac{1}{2}\mathrm{e}^{-2t}\\ -\mathrm{e}^{-t}+\mathrm{e}^{-2t}\end{bmatrix}
\end{aligned}$$

$$y(t)=Cx(t)=[1 \quad 0]\begin{bmatrix}\dfrac{1}{2}+\mathrm{e}^{-t}-\dfrac{1}{2}\mathrm{e}^{-2t}\\ -\mathrm{e}^{-t}+\mathrm{e}^{-2t}\end{bmatrix}=\frac{1}{2}+\mathrm{e}^{-t}-\frac{1}{2}\mathrm{e}^{-2t}$$

如果系统的输出方程为

$$y(t)=Cx(t)+Du(t) \tag{3-67}$$

将式(3-65)或式(3-63)代入式(3-67)，得

$$y(t)=C\mathrm{e}^{A(t-t_0)}x(t_0)+C\int_{t_0}^t \mathrm{e}^{A(t-\tau)}Bu(\tau)\mathrm{d}\tau+Du(t) \tag{3-68}$$

或

$$y(t)=C\mathrm{e}^{At}x(0)+C\int_0^t \mathrm{e}^{A(t-\tau)}Bu(\tau)\mathrm{d}\tau+Du(t) \tag{3-69}$$

可见系统的输出 $y(t)$ 由三部分组成。第一部分是当输入向量等于零时，初始状态 $x(t_0)$ 激励引起的，故为系统的零输入响应；第二部分是当初始状态 $x(t_0)$ 为零时，输入向量引起的，故为系统的零状态响应；第三部分是系统的直接传输部分。当求出系统状态转移矩阵后，不同的输入向量作用下系统响应即可求出。进而能定量分析系统的运动性能，以及通过输入向量的选取，使 $y(t)$ 具有期望的特点。

在 Matlab 中求解例 3-8 的程序代码 Dynamics.m 如下。

```
%求非齐次状态方程的解 Dynamics.m
clear all;
syms t tao;                                  %变量
A=[0 1;-2 -3];B=[0;1];C=[1 0];D=0;           % A,B,C,D 分别为系数矩阵
u=1;xt0=[1;0];                               %u 为输入量,xt0 为初始状态向量
t0=0;tmax=4;                                 %t0 为初始时刻,tmax 为曲线图
                                              时间上限值。
phit=expm(A*t);                              %求状态转移矩阵
phit0=subs(phit,t,t-t0)
xx0=phit0*xt0                                %自由分量
phitao=subs(phit, 't', 't-tao')              % phit(t)换成 phit(t-tao)
utao=subs(u, 't', 'tao');                    %u(t)换成 u(tao)
xu=simplify(int(phitao*B*utao,tao,t0,t))     %从 t0 到 t 关于 tao 积分,受控分量
x=simplify(xx0+xu)                           %状态响应
y=simplify(C*x+D*u);                         %输出响应
q=size(C,1);
for k=1:q
subplot(2,2,k);ezplot(t,y(k),[t0,tmax]);title(' ')
grid;xlabel('时间 t');ylabel('输出量 y')
end
```

其中，expm()函数是计算矩阵指数函数 e^{At} 。

3.5　线性系统的脉冲响应分析

脉冲响应矩阵和传递函数矩阵一样，也是线性系统的一个基本特性。不同于传递函数矩阵，脉冲响应矩阵是从时间域角度来表征系统的输出输入关系。本节讨论线性定常系统脉冲响应矩阵和系统状态空间描述及传递函数矩阵之间的关系。

3.5.1　脉冲响应与脉冲响应矩阵

对单输入单输出连续时间线性时不变系统，脉冲响应定义为零初始条件下以单位脉冲 $\delta(t-\tau)$ 信号为输入的系统输出响应 $h(t-\tau)$ 。由线性系统满足因果性和初始状态为零的假设， $h(t-\tau)$ 具有属性：

$$h(t-\tau)=0,\ \forall\tau \text{ 和 } \forall t<\tau \tag{3-70}$$

定义 3-3 [**脉冲响应**]对于任意输入$u(t)$，用脉冲函数表示为$u(t)=\int_{t_0}^{t}u(\tau)\delta(t-\tau)\mathrm{d}\tau$，则对单输入单输出连续时间线性时不变系统，假设初始状态为零，则系统在$u(t)$作用下基于脉冲响应的输出响应$y(t)$为

$$y(t)=\int_{t_0}^{t}h(t-\tau)\,u(\tau)\mathrm{d}\tau,\ t\geqslant t_0 \tag{3-71}$$

或

$$y(t)=\int_{t_0}^{t}h(\tau)\,u(t-\tau)\mathrm{d}\tau,\ t\geqslant t_0 \tag{3-72}$$

其中，可取初始时间为$t_0\neq 0$或$t_0=0$。

定义 3-4 [**脉冲响应矩阵**]对于r维输入m维输出的多输入多输出连续时间线性时不变系统，设初始状态为零，在时刻τ对第j个输入端施加单位脉冲$\delta(t-\tau)$，而所有其他输入端的输入取为零时，则第i个输出端在时刻t的脉冲响应为$h_{ij}(t-\tau)$，系统脉冲响应矩阵定义为以脉冲响应$h_{ij}(t-\tau)(i=1,2,\cdots,m$； $j=1,2,\cdots,r)$为元构成的一个$m\times r$的输出响应矩阵，即

$$H(t-\tau)=\begin{bmatrix} h_{11}(t-\tau) & h_{12}(t-\tau) & \cdots & h_{1r}(t-\tau) \\ h_{21}(t-\tau) & h_{22}(t-\tau) & \cdots & h_{2r}(t-\tau) \\ \vdots & \vdots & \ddots & \vdots \\ h_{m1}(t-\tau) & h_{m2}(t-\tau) & \cdots & h_{mr}(t-\tau) \end{bmatrix} \tag{3-73}$$

线性系统满足因果性和假设初始状态为零，故脉冲响应矩阵$H(t-\tau)$具有属性：

$$H(t-\tau)=0,\ \forall\tau\text{和}\forall t<\tau \tag{3-74}$$

基于脉冲响应矩阵[式(3-73)]，系统在任意输入u作用下的输出响应$y(t)$表示为

$$y(t)=\int_{t_0}^{t}H(t-\tau)u(\tau)\mathrm{d}\tau,\ t\geqslant t_0 \tag{3-75}$$

或

$$y(t)=\int_{t_0}^{t}H(\tau)u(t-\tau)\mathrm{d}\tau,\ t\geqslant t_0 \tag{3-76}$$

其中，可取初始时间为$t_0\neq 0$或$t_0=0$。

3.5.2 基于状态空间描述的脉冲响应矩阵

考虑连续时间线性时不变系统，状态空间描述为

$$\begin{aligned} \dot{x}&=Ax+Bu,\ x(t_0)=x_0,\ t\geqslant t_0 \\ y&=Cx+Du \end{aligned} \tag{3-77}$$

式中，A、B、C、D分别为$n\times n$、$n\times r$、$m\times n$、$m\times r$的实常阵。则系统的输出为

$$y(t)=C\mathrm{e}^{A(t-t_0)}x_0+\int_{t_0}^{t}C\mathrm{e}^{A(t-\tau)}Bu(\tau)\mathrm{d}\tau+Du(t) \tag{3-78}$$

设系统初始状态为零，即$x_0=0$。式(3-78)中$Du(t)=\int_{t_0}^{t}D\delta(t-\tau)\,u(\tau)\mathrm{d}\tau$，则

$$y(t)=\int_{t_0}^{t}[C\mathrm{e}^{A(t-\tau)}B+D\delta(t-\tau)]u(\tau)\mathrm{d}\tau \tag{3-79}$$

比较式(3-79)和基于脉冲响应矩阵输出响应关系式(3-75)，可得到系统基于状态空间描述的脉冲响应矩阵为

$$H(t-\tau)=Ce^{A(t-\tau)}B+D\delta(t-\tau) \tag{3-80}$$

将式(3-80)作变量置换 $t=t-\tau$，则

$$H(t)=Ce^{At}B+D\delta(t) \tag{3-81}$$

式(3-80)和式(3-81)中用状态转移矩阵 $\Phi(t-\tau)$ 表示可得

$$H(t-\tau)=C\Phi(t-\tau)B+D\delta(t-\tau) \tag{3-82}$$

或

$$H(t)=C\Phi(t)B+D\delta(t) \tag{3-83}$$

3.5.3　脉冲响应矩阵和传递函数矩阵的关系

对连续时间线性时不变系统式(3-77)，设 $H(t)$ 和 $G(s)$ 分别为系统的脉冲响应矩阵和传递函数矩阵，则两者具有如下关系：

$$G(s)=L[H(t)],\quad t\geqslant 0 \tag{3-84}$$

$$H(t)=L^{-1}[G(s)],\quad t\geqslant 0 \tag{3-85}$$

证明：由脉冲响应矩阵基本关系式(3-81)可知：

$$H(t)=Ce^{At}B+D\delta(t)$$

对上式取拉普拉斯变换，且由 $L[e^{At}]=(sI-A)^{-1}$，$L[\delta(t)]=1$，可得

$$L[H(t)]=C(sI-A)^{-1}B+D=G(s)$$

对上式取拉普拉斯逆变换可得

$$H(t)=L^{-1}[G(s)]=L^{-1}[C(sI-A)^{-1}B+D]=Ce^{At}B+D\delta(t)$$

证明完成。

例 3-9　已知线性定常系统状态空间表达式如下，求系统脉冲响应矩阵和传递函数矩阵。

$$\begin{cases}\dot{x}=\begin{bmatrix}0 & 1\\ 0 & -2\end{bmatrix}x+\begin{bmatrix}0\\ 1\end{bmatrix}u\\ y=\begin{bmatrix}1 & 0\\ 0 & 1\end{bmatrix}x\end{cases}$$

解：采用预解矩阵法求状态转移矩阵。

$$[sI-A]^{-1}=\begin{bmatrix}s & -1\\ 0 & s+2\end{bmatrix}^{-1}=\frac{\begin{bmatrix}s+2 & 1\\ 0 & s\end{bmatrix}}{s(s+2)}=\begin{bmatrix}\dfrac{1}{s} & \dfrac{1}{s(s+2)}\\ 0 & \dfrac{1}{s(s+2)}\end{bmatrix}$$

状态转移矩阵为

$$\Phi(t)=\mathrm{e}^{At}=L^{-1}[sI-A]^{-1}=L^{-1}\begin{bmatrix}\dfrac{1}{s} & \dfrac{1}{s(s+2)}\\ 0 & \dfrac{1}{s(s+2)}\end{bmatrix}=\begin{bmatrix}1 & 0.5(1-\mathrm{e}^{-2t})\\ 0 & \mathrm{e}^{-2t}\end{bmatrix}$$

因此，脉冲响应矩阵为

$$H(t)=C\mathrm{e}^{At}B=\begin{bmatrix}1 & 0\\ 0 & 1\end{bmatrix}\begin{bmatrix}1 & 0.5(1-\mathrm{e}^{-2t})\\ 0 & \mathrm{e}^{-2t}\end{bmatrix}\begin{bmatrix}0\\ 1\end{bmatrix}=\begin{bmatrix}0.5(1-\mathrm{e}^{-2t})\\ \mathrm{e}^{-2t}\end{bmatrix}$$

系统传递函数矩阵为

$$G(s)=L[H(t)]=L\begin{bmatrix}0.5(1-\mathrm{e}^{-2t})\\ \mathrm{e}^{-2t}\end{bmatrix}=\begin{bmatrix}\dfrac{1}{s(s+2)}\\ \dfrac{1}{s+2}\end{bmatrix}$$

3.5.4 基于脉冲响应矩阵的状态空间模型输出响应

当系统的脉冲响应已知时，可以利用脉冲响应矩阵 $H(t)$ 计算系统在其他输入作用下的输出响应 $y(t)$ 。

已知用脉冲函数表示任意输入向量 $u(t)$ ，有 $u(t)=\int_{t_0}^{t}u(\tau)\delta(t-\tau)\mathrm{d}\tau$ ，将其代入线性定常系统的输出表达式(3-78)可得

$$\begin{aligned}y(t)&=C\mathrm{e}^{A(t-t_0)}x(t_0)+C\int_{t_0}^{t}\mathrm{e}^{A(t-\tau)}Bu(\tau)\mathrm{d}\tau+D\int_{t_0}^{t}u(\tau)\delta(t-\tau)\mathrm{d}\tau\\&=C\mathrm{e}^{A(t-t_0)}x(t_0)+\int_{t_0}^{t}C\mathrm{e}^{A(t-\tau)}Bu(\tau)\mathrm{d}\tau+\int_{t_0}^{t}Du(\tau)\delta(t-\tau)\mathrm{d}\tau\\&=C\mathrm{e}^{A(t-t_0)}x(t_0)+\int_{t_0}^{t}[C\mathrm{e}^{A(t-\tau)}B+D\delta(t-\tau)]u(\tau)\mathrm{d}\tau\\&=C\mathrm{e}^{A(t-t_0)}x(t_0)+\int_{t_0}^{t}H(t-\tau)u(\tau)\mathrm{d}\tau\end{aligned}\tag{3-86}$$

可见，当系统初始状态 $x(t_0)$ 和脉冲响应矩阵 $H(t-\tau)$ 已知时，就可以求得任意输入向量作用下系统的输出响应。当系统初始状态 $x(t_0)\equiv 0$ 时，则有

$$y(t)=\int_{t_0}^{t}H(t-\tau)u(\tau)\mathrm{d}\tau\tag{3-87}$$

3.6 线性时变系统的运动分析

实际系统中的系统参数往往是随着时间变化的，如温度变化常常会导致电阻阻值变化、火箭燃料的消耗会使其质量发生变化等。线性时变系统的运动分析方法比线性定常系统复杂得多，但运动规律表达形式类似于线性定常系统。

考虑连续时间线性时变系统状态空间表达式为

$$\begin{cases} \dot{x}(t) = A(t)x(t) + B(t)u(t) \\ y(t) = C(t)x(t) + D(t)u(t) \end{cases}, \quad t \in [t_0, t_f] \tag{3-88}$$

式中，$x(t)$ 为 n 维状态向量；$u(t)$ 为 r 维输入向量；$y(t)$ 为 m 维输出向量；$A(t)$ 为 $n \times n$ 系数矩阵；$B(t)$ 为 $n \times r$ 输入矩阵；$C(t)$ 为 $m \times n$ 输出矩阵；$D(t)$ 为 $m \times r$ 直接传输矩阵。

如果 $A(t)$、$B(t)$、$C(t)$ 的所有元素在 $[t_0, \infty]$ 上均是连续函数，则对于任意的初始状态 $x(t_0)$ 和输入量 $u(t)$，系统状态方程的解存在并且唯一。

3.6.1　时变系统状态转移矩阵

1. 状态转移矩阵定义

定义 3-5　[**状态转移矩阵**]对连续时间线性时变系统，t_0 为初始时刻，则线性时变系统状态转移矩阵定义为基于式(3-88)的状态方程构造如下矩阵方程的 $n \times n$ 解矩阵 $\varPhi(t, t_0)$。

$$\dot{\varPhi}(t, t_0) = A(t)\varPhi(t, t_0), \ \varPhi(t, t_0) = I \tag{3-89}$$

定义 3-6　[**基本解阵**]对连续时间线性时变系统，t_0 为初始时刻，则基本解阵定义为基于式(3-88)状态方程构造如下矩阵方程的 $n \times n$ 解矩阵 $\varPsi(t)$。

$$\dot{\varPsi}(t) = A(t)\varPsi(t), \ \varPsi(0) = H, \ t \in [t_0, t_\alpha] \tag{3-90}$$

式中，H 为任意非奇异实常值矩阵。

与线性定常系统类似，下面给出线性时变系统状态转移矩阵与基本解阵的属性和形式，其证明方法与 3.2.1 节的线性定常系统类似。

1) 基本解阵不唯一性

对连续时间线性时变系统[式(3-88)]，由矩阵 H 为任意非奇异实常值矩阵决定，其基本解阵[即矩阵方程式(3-90)解阵 $\varPsi(t)$]不唯一。

2) 基本解阵构成

对连续时间线性时变系统[式(3-88)]，其一个基本解阵[即矩阵方程式(3-90)的一个解阵 $\varPsi(t)$]可由系统自治状态方程式(3-91)的任意 n 个线性无关解为列构成。

$$\dot{x} = A(t)x, \ x(t_0) = x_0, \ t \in [t_0, t_\alpha] \tag{3-91}$$

3) 基本解阵形式

对连续时间线性时变系统[式(3-88)]，其一个基本解阵[即矩阵方程式(3-90)的一个解阵 $\varPsi(t)$]具有如下形式：

$$\varPsi(t) = \varPhi(t, t_0)\varPsi(t_0), \ t \in [t_0, t_\alpha] \tag{3-92}$$

4) 状态转移矩阵和基本解阵的关系

对连续时间线性时变系统[式(3-88)]，其状态转移矩阵[即矩阵方程式(3-89)解阵 $\varPhi(t, t_0)$]基于基本解阵 $\varPsi(t)$ 的关系式为

$$\varPhi(t, t_0) = \varPsi(t)\varPsi^{-1}(t_0), \ t \in [t_0, t_\alpha] \tag{3-93}$$

5) 状态转移矩阵的唯一性

对连续时间线性时变系统[式(3-88)]，其状态转移矩阵[即矩阵方程式(3-89)的解阵 $\varPhi(t, t_0)$]唯一，并在运用式(3-93)确定 $\varPhi(t, t_0)$ 时，与选取的基本解阵 $\varPsi(t)$ 无关。

6) 状态转移矩阵的形式

线性时变系统的状态转移矩阵 $\varPhi(t,t_0)$ 既是时间 t 的函数，又是初始时刻 t_0 的函数。因此其计算较线性定常系统的状态转移矩阵 $\varPhi(t-t_0)$ 要困难得多。一般用级数表示：

$$\varPhi(t,t_0)=I+\int_{t_0}^{t}A(\tau)\,\mathrm{d}\tau+\int_{t_0}^{t}A(\tau)\int_{t_0}^{\tau}A(\tau_1)\,\mathrm{d}\tau_1\,\mathrm{d}\tau+\int_{t_0}^{t}A(\tau)\int_{t_0}^{\tau}A(\tau_1)\int_{t_0}^{\tau_1}A(\tau_2)\,\mathrm{d}\tau_2\,\mathrm{d}\tau_1\,\mathrm{d}\tau+\cdots \tag{3-94}$$

在特殊情况下，当且仅当 $A(t)$ 和 $\int_{t_0}^{t}A(\tau)\,\mathrm{d}\tau$ 为可交换的，即满足：

$$A(t)\left[\int_{t_0}^{t}A(\tau)\,\mathrm{d}\tau\right]=\left[\int_{t_0}^{t}A(\tau)\,\mathrm{d}\tau\right]A(t) \tag{3-95}$$

$\varPhi(t,t_0)$ 可由如下指数函数矩阵给出：

$$\varPhi(t,t_0)=\exp\left[\int_{t_0}^{t}A(\tau)\,\mathrm{d}\tau\right] \tag{3-96}$$

式(3-95)和式(3-96)的正确性可以通过验证其是否满足式(3-89)来证明。

2. 状态转移矩阵的基本性质

1) 传递性

$$\varPhi(t_2,t_1)\varPhi(t_1,t_0)=\varPhi(t_2,t_0) \tag{3-97}$$

证明： 由式(3-93)可得

$$\varPhi(t_2,t_1)\varPhi(t_1,t_0)=\varPsi(t_2)\varPsi^{-1}(t_1)\varPsi(t_1)\varPsi^{-1}(t_0)=\varPsi(t_2)\varPsi^{-1}(t_0)=\varPhi(t_2,t_0)$$

证明完成。

2) 可逆性

$$\varPhi^{-1}(t,t_0)=\varPhi(t_0,t) \tag{3-98}$$

证明： 根据状态转移矩阵的传递性，有

$$\varPhi(t,t)=\varPhi(t,t_0)\varPhi(t_0,t)=I=\varPhi(t,t_0)\varPhi^{-1}(t,t_0)$$

又

$$\varPhi(t_0,t_0)=\varPhi(t_0,t)\varPhi(t,t_0)=I=\varPhi^{-1}(t,t_0)\varPhi(t,t_0)$$

由上两式可见，无论对 $\varPhi(t,t_0)$ 右乘 $\varPhi^{-1}(t,t_0)$ 还是左乘 $\varPhi^{-1}(t,t_0)$，式(3-98)均成立，故 $\varPhi(t,t_0)$ 是非奇异矩阵，其逆存在，且等于 $\varPhi(t_0,t)$，即

$$\varPhi^{-1}(t,t_0)=\varPhi(t_0,t)$$

3) 状态转移矩阵逆阵求导

$$\frac{\mathrm{d}}{\mathrm{d}t}\varPhi^{-1}(t,t_0)=\frac{\mathrm{d}}{\mathrm{d}t}\varPhi(t_0,t)=-\varPhi(t_0,t)A(t) \tag{3-99}$$

证明： 由状态转移矩阵的可逆性可知：

$$\varPhi^{-1}(t,t_0)=\varPhi(t_0,t)，\quad \varPhi(t,t_0)\varPhi(t_0,t)=I$$

$$\frac{\mathrm{d}}{\mathrm{d}t}\varPhi^{-1}(t,t_0)=\frac{\mathrm{d}}{\mathrm{d}t}\varPhi(t_0,t)$$

进一步，

$$\dot{\varPhi}(t,t_0)\varPhi(t_0,t)+\varPhi(t,t_0)\dot{\varPhi}(t_0,t)=0$$

$$A(t)\varPhi(t,t_0)\varPhi(t_0,t)+\varPhi(t,t_0)\dot{\varPhi}(t_0,t)=0$$

$$A(t)+\Phi(t,t_0)\dot{\Phi}(t_0,t)=0$$

$$\Phi(t,t_0)\dot{\Phi}(t_0,t)=-A(t)$$

$$\dot{\Phi}(t_0,t)=-\Phi^{-1}(t,t_0)A(t)=-\Phi(t_0,t)A(t)$$

证明完成。

3. 线性时变系统和线性时不变系统在状态转移矩阵上的区别

(1) 对线性时变系统，状态转移矩阵 $\Phi(t,t_0)$ 依赖于“绝对时间”，随初始时刻 t_0 选择不同具有不同结果；对线性时不变系统，状态转移矩阵 $\Phi(t-t_0)$ 依赖于“相对时间”，随初始时刻 t_0 选择不同具有相同结果。

(2) 对线性时不变系统，可以定出状态转移矩阵 $\Phi(t-t_0)$ 的闭合形式表达式；对线性时变系统，除极为特殊类型和简单情形外，状态转移矩阵 $\Phi(t,t_0)$ 一般难以求得闭合解。

3.6.2 状态转移矩阵的计算

1. 数值近似计算

一般情况下，线性时变系统的状态转移矩阵采用下式进行数值计算近似求解。

$$\Phi(t,t_0)=I+\int_{t_0}^{t}A(\tau)\mathrm{d}\tau+\int_{t_0}^{t}A(\tau)\int_{t_0}^{\tau}A(\tau_1)\mathrm{d}\tau_1\mathrm{d}\tau+\int_{t_0}^{t}A(\tau)\int_{t_0}^{\tau}A(\tau_1)\int_{t_0}^{\tau_1}A(\tau_2)\mathrm{d}\tau_2\mathrm{d}\tau_1\mathrm{d}\tau+\cdots \quad (3\text{-}100)$$

2. 解析法

当且仅当 $A(t)$ 和 $\int_{t_0}^{t}A(\tau)\mathrm{d}\tau$ 满足可交换条件 $A(t)\left[\int_{t_0}^{t}A(\tau)\mathrm{d}\tau\right]=\left[\int_{t_0}^{t}A(\tau)\mathrm{d}\tau\right]A(t)$ 时，有

$$\begin{aligned}\Phi(t,t_0)&=\exp\left[\int_{t_0}^{t}A(\tau)\mathrm{d}\tau\right]\\&=I+\int_{t_0}^{t}A(\tau)\mathrm{d}\tau+\frac{1}{2!}\left[\int_{t_0}^{t}A(\tau)\mathrm{d}\tau\right]^2+\frac{1}{3!}\left[\int_{t_0}^{t}A(\tau)\mathrm{d}\tau\right]^3+\cdots\end{aligned} \quad (3\text{-}101)$$

$A(t)$ 和 $\int_{t_0}^{t}A(\tau)\mathrm{d}\tau$ 可交换条件可由式(3-102)进行验证：

$$A(t_1)A(t_2)=A(t_2)A(t_1) \quad (3\text{-}102)$$

由 $A(t)\left[\int_{t_0}^{t}A(\tau)\mathrm{d}\tau\right]=\left[\int_{t_0}^{t}A(\tau)\mathrm{d}\tau\right]A(t)$ 可得

$$A(t)\left[\int_{t_0}^{t}A(\tau)\mathrm{d}\tau\right]-\left[\int_{t_0}^{t}A(\tau)\mathrm{d}\tau\right]A(t)=0$$

则

$$\int_{t_0}^{t}[A(t)A(\tau)-A(\tau)A(t)]\mathrm{d}\tau=0$$

显然，此时 $A(t_1)A(t_2)=A(t_2)A(t_1)$。

例 3-10 线性时变系统齐次状态方程为

$$\dot{x}=A(t)x=\begin{bmatrix}0&1\\0&t\end{bmatrix}x$$

计算系统状态转移矩阵。

解： 由式(3-100)可知

$$\Phi(t,0)=I+\int_0^t A(\tau)\mathrm{d}\tau+\int_0^t A(\tau)\int_0^\tau A(\tau_1)\mathrm{d}\tau_1\mathrm{d}\tau+\int_0^t A(\tau)\int_0^\tau A(\tau_1)\int_0^{\tau_1} A(\tau_2)\mathrm{d}\tau_2\mathrm{d}\tau_1\mathrm{d}\tau+\cdots$$

其中，$\int_0^t A(\tau)\mathrm{d}\tau=\int_0^t\begin{bmatrix}0 & 1\\ 0 & \tau\end{bmatrix}\mathrm{d}\tau=\begin{bmatrix}0 & t\\ 0 & \frac{1}{2}t^2\end{bmatrix}$。

$$\int_0^t A(\tau)\int_0^\tau A(\tau_1)\mathrm{d}\tau_1\mathrm{d}\tau=\int_0^t\begin{bmatrix}0 & 1\\ 0 & \tau\end{bmatrix}\int_0^\tau\begin{bmatrix}0 & 1\\ 0 & \tau_1\end{bmatrix}\mathrm{d}\tau_1\mathrm{d}\tau$$

$$=\int_0^t\begin{bmatrix}0 & 1\\ 0 & \tau\end{bmatrix}\begin{bmatrix}0 & \tau\\ 0 & \frac{1}{2}{\tau_0}^2\end{bmatrix}\mathrm{d}\tau=\int_0^t\begin{bmatrix}0 & \frac{1}{2}\tau^2\\ 0 & \frac{1}{2}\tau^3\end{bmatrix}\mathrm{d}\tau=\begin{bmatrix}0 & \frac{t^3}{6}\\ 0 & \frac{t^4}{8}\end{bmatrix}$$

于是

$$\Phi(t,0)=\begin{bmatrix}1 & 0\\ 0 & 1\end{bmatrix}+\begin{bmatrix}0 & t\\ 0 & \frac{1}{2}t^2\end{bmatrix}+\begin{bmatrix}0 & \frac{t^3}{6}\\ 0 & \frac{t^4}{8}\end{bmatrix}+\cdots=\begin{bmatrix}1 & t+\frac{t^3}{6}+\cdots\\ 0 & 1+\frac{1}{2}t^2+\frac{t^4}{8}+\cdots\end{bmatrix}$$

注意，计算$\Phi(t,t_0)$的式(3-100)是一个无穷级数。计算多少项取决于精度的要求。

例 3-11 线性时变系统齐次状态方程为

$$\dot{x}=A(t)x=\begin{bmatrix}t & 1\\ 1 & t\end{bmatrix}x$$

计算系统状态转移矩阵。

解：

$$A(t_1)A(t_2)=\begin{bmatrix}t_1 & 1\\ 1 & t_1\end{bmatrix}\begin{bmatrix}t_2 & 1\\ 1 & t_2\end{bmatrix}=\begin{bmatrix}t_1t_2+1 & t_1+t_2\\ t_1+t_2 & 1+t_1t_2\end{bmatrix}$$

$$A(t_2)A(t_1)=\begin{bmatrix}t_2 & 1\\ 1 & t_2\end{bmatrix}\begin{bmatrix}t_1 & 1\\ 1 & t_1\end{bmatrix}=\begin{bmatrix}t_1t_2+1 & t_1+t_2\\ t_1+t_2 & 1+t_1t_2\end{bmatrix}$$

所以，$A(t_1)A(t_2)=A(t_2)A(t_1)$。

即$A(t)$和$\int_0^t A(\tau)\mathrm{d}\tau$是可交换的，故可按式(3-101)计算$\Phi(t,0)$。

$$\Phi(t,0)=\exp\left[\int_0^t A(\tau)\mathrm{d}\tau\right]$$

$$=\begin{bmatrix}1 & 0\\ 0 & 1\end{bmatrix}+\begin{bmatrix}\frac{1}{2}t^2 & t\\ t & \frac{1}{2}t^2\end{bmatrix}+\frac{1}{2}\begin{bmatrix}\frac{1}{2}t^2 & t\\ t & \frac{1}{2}t^2\end{bmatrix}^2+\cdots$$

$$=\begin{bmatrix}1+t^2+\frac{1}{8}t^4+\cdots & t+\frac{1}{2}t^3+\cdots\\ t+\frac{1}{2}t^3+\cdots & 1+t^2+\frac{1}{8}t^4+\cdots\end{bmatrix}$$

可见，这种情况下$\Phi(t,t_0)$的计算要方便得多。因此，在计算线性时变系统状态转移矩阵时，先检查其是否满足式(3-102)。当不满足这个条件时，才采用式(3-100)计算。

在 Matlab 中求解例 3-11 的程序代码 Dyn_tvar_eAt 如下：

```
%时变系统状态转移矩阵 Dyn_tvar_eAt
syms  t  tao;
A=[t 1;1 t];t1=0;
I=eye(size(A));n=size(A,1);
intA=I;phi=zeros(n,n);
Atao=subs(A,'t','tao');
if(A*Atao==Atao*A)
   A1= int(Atao,tao,'t1','t');
for i=1:n
intA=A1*intA/I;
      phi=phi+intA;
end
else
for i=1:n
subsA=subs(intA,'t','tao')
intA=int(Atao*subsA,tao,t1,t);
      phi=phi+intA;
end
end
phit=I+phi%状态转移矩阵
```

3.6.3　线性时变系统状态方程的解

考虑线性时变系统的状态方程：

$$\begin{cases}\dot{x}=A(t)x+B(t)u\\ x(t)|_{t=t_0}=x(t_0)\end{cases}\tag{3-103}$$

式中，$A(t)$为$n\times n$系数矩阵；$B(t)$为$n\times r$输入矩阵。其解为

$$x(t)=\Phi(t,t_0)x(t_0)+\int_{t_0}^{t}\Phi(t,\tau)B(\tau)u(\tau)\mathrm{d}\tau\tag{3-104}$$

其中，$\Phi(t,t_0)$为系统状态转移矩阵。

证明：与线性时不变系统类似，把系统运动表征为“初始状态x_0转移项”与“输入作用等价状态$\xi(t)$转移项”之和，即

$$x(t)=\Phi(t,t_0)x_0+\Phi(t,t_0)\xi(t)=\Phi(t,t_0)[x_0+\xi(t)]\tag{3-105}$$

由要求 $x(t)$ 满足式(3-103)的初始条件，还可导出

$$x_0 = x(t_0) = \Phi(t,t_0)[x_0 + \xi(t_0)] = x_0 + \xi(t_0) \tag{3-106}$$

由此，可以定出等价状态 $\xi(t)$ 的初态：

$$\xi(t_0) = 0 \tag{3-107}$$

再要求 $x(t)$ 满足方程式(3-103)，则

$$\begin{aligned} A(t)x + B(t)u = \dot{x} &= \dot{\Phi}(t,t_0)[x_0 + \xi(t)] + \Phi(t,t_0)\dot{\xi}(t) \\ &= A(t)\Phi(t,t_0)[x_0 + \xi(t)] + \Phi(t,t_0)\dot{\xi}(t) \\ &= A(t)x + \Phi(t,t_0)\dot{\xi}(t) \end{aligned} \tag{3-108}$$

所以

$$\Phi(t,t_0)\dot{\xi}(t) = B(t)u \tag{3-109}$$

或

$$\dot{\xi}(t) = \Phi(t_0,t)B(t)u \tag{3-110}$$

式(3-110)中以 τ 代替 t，并从 t_0 到 t 取积分，则由 $\xi(t_0)=0$ 得到等价状态为

$$\xi(t) = \int_{t_0}^{t} \Phi(t_0,\tau)B(\tau)u(\tau)\mathrm{d}\tau \tag{3-111}$$

将式(3-111)代入式(3-105)得

$$\begin{aligned} x(t) &= \Phi(t,t_0)x_0 + \Phi(t,t_0)\int_{t_0}^{t} \Phi(t_0,\tau)B(\tau)u(\tau)\mathrm{d}\tau \\ &= \Phi(t,t_0)x_0 + \int_{t_0}^{t} \Phi(t,\tau)B(\tau)u(\tau)\mathrm{d}\tau,\ t\in[t_0,t_\alpha] \end{aligned} \tag{3-112}$$

证明完成。

本结论也可用直接代入法证明式(3-104)满足状态方程式(3-103)及其初始条件。在证明过程中用到积分公式 $\dfrac{\partial}{\partial t}\displaystyle\int_{t_0}^{t} f(t,\tau)\mathrm{d}\tau = f(t,\tau)|_{\tau=t} + \int_{t_0}^{t}\dfrac{\partial}{\partial t} f(t,\tau)\mathrm{d}\tau$。

证明： 将式(3-104)代入状态方程式(3-103)：

$$\begin{aligned} \frac{\mathrm{d}}{\mathrm{d}t}x(t) &= \frac{\partial}{\partial t}\Phi(t,t_0)x(t_0) + \frac{\partial}{\partial t}\int_{t_0}^{t}\Phi(t,\tau)B(\tau)u(\tau)\mathrm{d}\tau \\ &= A(t)\Phi(t,t_0)x(t_0) + \Phi(t,t)B(t)u(t) + \int_{t_0}^{t}\frac{\partial}{\partial t}\Phi(t,\tau)B(\tau)u(\tau)\mathrm{d}\tau \\ &= A(t)\left[\Phi(t,t_0)x(t_0) + \int_{t_0}^{t}\Phi(t,\tau)B(\tau)u(\tau)\mathrm{d}\tau\right] + B(t)u(t) \\ &= A(t)x(t) + B(t)u(t) \end{aligned}$$

当 $t=t_0$ 时，有

$$x(t_0) = \Phi(t_0,t_0)x(t_0) + \int_{t_0}^{t_0}\Phi(t_0,\tau)B(\tau)u(\tau)\mathrm{d}\tau = x(t_0)$$

证明完成。

基于状态运动关系式(3-86)，分析连续时间线性时变系统的运动性质可得出以下结论。

(1) 零输入响应和零初态响应。

由运动关系式(3-104)可以看出，线性时变系统的状态运动 $x(t)$ 由零输入响应 x_{0u} 和零初态响应 x_{0x} 叠加组成。x_{0u} 和 x_{0x} 基于状态转移矩阵的表达式分别为

$$x_{0u}(t)=\Phi(t,t_0)x_0,\ \ t\in[t_0,t_\alpha] \tag{3-113}$$

和

$$x_{0x}(t)=\int_{t_0}^{t}\Phi(t,\tau)B(t)u(\tau)\mathrm{d}\tau,\ \ t\in[t_0,t_\alpha] \tag{3-114}$$

(2) 由运动关系式(3-104)可以看出，一旦定出状态转移矩阵 $\Phi(t,\tau)$，则线性时变系统状态运动 $x(t)$ 就可通过计算得到。在前面状态转移矩阵的计算一节中已经看到，除极为简单的情况外，一般难以确定状态转移矩阵 $\Phi(t,\tau)$ 的解析表达式，因此关系式(3-104)的意义主要在于理论分析中的应用。现今对线性时变系统状态运动通常采用数值方法进行求解，后面将应用 Matlab 工具求解。

(3) 线性系统状态运动表达式在形式上的统一性。

前面已导出，对线性时不变系统，状态运动的关系式为

$$x(t)=\Phi(t-t_0)x(t_0)+\int_{t_0}^{t}\Phi(t-\tau)Bu(\tau)\mathrm{d}\tau,\ \ t\geqslant t_0$$

对线性时变系统，状态运动的关系式为

$$x(t)=\Phi(t,t_0)x(t_0)+\int_{t_0}^{t}\Phi(t,\tau)Bu(\tau)\mathrm{d}\tau,\ \ t\in[t_0,t_a]$$

由此可以看出，两者运动规律表达式的形式类同，区别仅在于时不变系统 $\Phi(t-t_0)$ 中“-”在时变系统 $\Phi(t,t_0)$ 中代之为“,”。表达形式的这种统一性为理论研究提供了方便性。表达形式的这种区别则反映了一个基本物理事实，即时变系统运动形态对初始时刻 t_0 的选取具有直接依赖关系，时不变系统的运动形态和初始时刻 t_0 没有直接关系。

3.6.4　脉冲响应矩阵与系统输出

对于连续时间线性时变系统及其零初始状态，其状态空间描述为

$$\begin{cases}\dot{x}=A(t)x+B(t)u\\ y=C(t)x+D(t)u\end{cases},x(t_0)=0,\ t\in[t_0,t_\alpha] \tag{3-115}$$

如同时变系统状态转移矩阵那样，脉冲响应矩阵的符号表示对应地采用 $H(t,\tau)$。通过与线性时不变系统类似的推导，可得到线性时变系统式(3-115)的脉冲响应矩阵基于状态空间描述的表达式为

$$H(t,\tau)=C(t)\Phi(t,\tau)B(\tau)+D(t)\delta(t-\tau) \tag{3-116}$$

式中，$\Phi(t,\tau)$ 为状态转移矩阵；$\delta(t-\tau)$ 是作用点为 τ 的单位脉冲。

同理，对零初始状态即 $x(t_0)=0$ 的连续时间线性时变系统式(3-115)，取 u 为任意输入，则输出响应 $y(t)$ 基于脉冲响应矩阵的表达式为

$$y(t)=\int_{t_0}^{t}H(t,\tau)\ u(\tau)\mathrm{d}\tau,\ t\in[t_0,t_\alpha] \tag{3-117}$$

3.7 线性离散系统的运动分析

对线性离散系统的运动分析数学上归结为求解时变或时不变线性差分方程。

3.7.1 线性连续系统的离散化模型

当代控制系统一般为数字控制系统，在这种系统中，控制器一般为数字控制器[如可编程控制器(programmable logic controller，PLC)、通用标准总线(standard，STD)工业控制机、单片机、专用控制计算机等]，其内部及输入/输出信号为数字信号，而被控制对象和其他元件为非数字装置，这些装置的信号为连续信号。由于数字控制器只能处理数字信号，非数字装置只能用连续信号驱动，因此，在这两种信号之间需要转换装置。把连续信号转换为数字信号的元件是模数(A/D)转换器，把数字信号转换为连续信号的元件是数模(D/A)转换器。在系统分析中，需要把两种不同类型的信号转换为统一形式，即把连续部分的数学模型离散化，或者把离散部分的数学模型连续化。由于离散化模型更适合计算机运算，所以通常把连续部分的数学模型离散化。

对连续时间线性系统的时间离散化，随采样方式和保持方式的不同，通常其状态空间描述也不同。为使系统的时间离散化状态空间描述具有简单形式，并使离散化变量在原理上是可复原的，需要对采样方式和保持方式引入如下三个基本约定。

(1) 采样器按等采样周期 T 进行采样，采样时刻为 $t_k = kT$，$k = 0,1,2,\cdots$，采样脉冲为理想脉冲，采样时间宽度 $\varDelta$ 比采样周期 T 小得多，即 $\varDelta \ll T$。

(2) 采样周期 T 满足香农(Shannon)采样定理。

(3) 保持器采用零阶保持器。在采样瞬时，保持器输出 $u(t) = u(kT)$，$kT \leqslant t \leqslant (k+1)T$。为简化起见，采样周期 T 可以省略。

1. 线性时不变系统的离散化模型

线性定常连续系统的状态空间表达式为

$$\begin{cases} \dot{x}(t) = A\dot{x}(t) + Bu(t) \\ y(t) = Cx(t) + Du(t) \end{cases} \tag{3-118}$$

则连续系统离散化后得到离散时间状态空间表达式为

$$\begin{cases} x(k+1) = Gx(k) + Hu(k) \\ y(k) = Cx(k) + Du(k) \end{cases} \tag{3-119}$$

式中，

$$G = \mathrm{e}^{AT} \tag{3-120}$$

$$H = \int_0^T \mathrm{e}^{At} B\mathrm{d}t \tag{3-121}$$

证明： 由线性时不变系统状态方程的解可知，系统状态方程式(3-118)的解的一般

式为

$$x(t)=\mathrm{e}^{A(t-t_0)}x(t_0)+\int_{t_0}^{t}\mathrm{e}^{A(t-\tau)}Bu(\tau)\mathrm{d}\tau \tag{3-122}$$

考虑系统从 $t_0=kT$ 到 $t=(k+1)T$ 这段时间内：

$$u(\tau)=u(k),\quad \tau\in[kT,(k+1)T]$$

于是，式(3-122)可化为

$$x(k+1)=\mathrm{e}^{AT}x(k)+\left[\int_{kT}^{(k+1)T}\mathrm{e}^{A[(k+1)T-\tau]}B\mathrm{d}\tau\right]u(k) \tag{3-123}$$

比较式(3-123)与式(3-119)可得

$$\begin{aligned}G&=\mathrm{e}^{AT}\\ H&=\int_{kT}^{(k+1)T}\mathrm{e}^{At}B\mathrm{d}t\end{aligned} \tag{3-124}$$

对式(3-124)右边的积分作变量代换 $t=(k+1)T-\tau$ ，则 $\mathrm{d}\tau=-\mathrm{d}t$ ；积分下限 $t=kT$ 时，相应 $t=T$ ；积分上限 $\tau=(k+1)T$ 时相应 $t=0$ 。故

$$H=\int_{kT}^{(k+1)T}\mathrm{e}^{A[(k+1)T-\tau]}B\mathrm{d}\tau=-\int_{T}^{0}\mathrm{e}^{At}B\mathrm{d}t=\int_{0}^{T}\mathrm{e}^{At}B\mathrm{d}t$$

输出方程是状态方程和控制输入的线性组合，离散后组合关系不改变，故 C 和 D 不变。证明完成。

2. 线性时变系统的离散化模型

对于给定连续时间线性时变系统：

$$\begin{cases}\dot{x}(t)=A(t)x+B(t)u\\ y(t)=C(t)x+D(t)u\end{cases},\quad x(t_0)=x_0,t\in[t_0,t_\infty] \tag{3-125}$$

则其在基本约定下的时间离散化描述为

$$\begin{cases}x(k+1)=G(k)x(k)+H(k)u(k)\\ y(k)=C(k)x(k)+D(k)u(k)\end{cases},\quad x(t_0)=x_0,k=0,1,2,\cdots,l \tag{3-126}$$

其中，两者在变量和系数矩阵上具有如下关系：

$$x(k)=[x(t)]_{t=kT},u(k)=[u(t)]_{t=kT},y(k)=[y(t)]_{t=kT} \tag{3-127}$$

$$\begin{aligned}G(k)&=\varPhi[(k+1)T,kT]\triangleq\varPhi(k+1,k)\\ H(k)&=\int_{kT}^{(k+1)T}\varPhi[(k+1)T,\tau]B(\tau)\mathrm{d}\tau\\ C(k)&=[C(t)]_{t=kT},D(k)=[D(t)]_{t=kT}\end{aligned} \tag{3-128}$$

证明过程与线性时不变系统离散化模型的证明类似。

例 3-12　给定一个连续时间线性时不变系统：

$$\dot{x}=\begin{bmatrix}0&1\\0&1\end{bmatrix}x+\begin{bmatrix}0\\1\end{bmatrix}u,\quad t\geqslant 0$$

取采样周期 T=2s，求其时间离散化模型。

解： 首先，确定连续时间系统的矩阵指数函数 e^{At} 。

$$(sI-A)^{-1}=\begin{bmatrix} s & -1 \\ 0 & s \end{bmatrix}^{-1}=\begin{bmatrix} \frac{1}{s} & \frac{1}{s^2} \\ 0 & \frac{1}{s} \end{bmatrix}$$

取拉普拉斯逆变换，即可得到

$$\mathrm{e}^{At}=L^{-1}\begin{bmatrix} \frac{1}{s} & \frac{1}{s^2} \\ 0 & \frac{1}{s} \end{bmatrix}=\begin{bmatrix} 1 & t \\ 0 & 1 \end{bmatrix}$$

然后，确定时间离散化系统的系统矩阵。

$$G=\mathrm{e}^{AT}=\begin{bmatrix} 1 & 2 \\ 0 & 1 \end{bmatrix}$$

$$H=\left(\int_0^T \mathrm{e}^{At}\mathrm{d}t\right)B=\left(\int_0^T \begin{bmatrix} 1 & t \\ 0 & 1 \end{bmatrix}\mathrm{d}t\right)\begin{bmatrix} 0 \\ 1 \end{bmatrix}=\begin{bmatrix} T & 0.5T^2 \\ 0 & T \end{bmatrix}\begin{bmatrix} 0 \\ 1 \end{bmatrix}=\begin{bmatrix} 2 \\ 2 \end{bmatrix}$$

最后，确定时间离散化描述。基于上述计算结果，即可定出给定连续时间线性时不变系统的时间离散化描述为

$$\begin{bmatrix} x_1(k+1) \\ x_2(k+1) \end{bmatrix}=G\begin{bmatrix} x_1(k) \\ x_2(k) \end{bmatrix}+Hu(k)=\begin{bmatrix} 1 & 2 \\ 0 & 1 \end{bmatrix}\begin{bmatrix} x_1(k) \\ x_2(k) \end{bmatrix}x+\begin{bmatrix} 2 \\ 2 \end{bmatrix}u(k)$$

3.7.2 线性离散系统的运动分析

考察离散时间线性系统，线性时不变离散时间状态空间表达式为

$$\begin{cases} x(k+1)=Gx(k)+Hu(k) \\ y(k)=Cx(k)+Du(k) \end{cases},\quad x(0)=x_0,\quad k=0,1,2,\cdots \tag{3-129}$$

线性时变离散系统状态空间表达式为

$$\begin{cases} x(k+1)=G(k)x(k)+H(k)u(k) \\ y(k)=C(k)x(k)+D(k)u(k) \end{cases},\quad x(0)=x_0,\quad k=0,1,2,\cdots \tag{3-130}$$

线性定常离散系统的运动分析方法有时域递推法和 Z 变换法两种。时域递推法也叫迭代法，适用于定常系统和时变系统；Z 变换法只适用于定常系统。

1. 迭代法求解线性离散系统状态方程

迭代法是用第 1 步的采样值推定第 2 步的采样值，再用第 2 步的采样值推定第 3 步的采样值，按此规律，一步一步向未来递推。

设线性时不变离散系统状态方程为式(3-129)，则其解为

$$x(k)=G^k x_0+\sum_{j=0}^{k-1}G^{k-j-1}Hu(j),\quad k=1,2,\cdots \tag{3-131}$$

或

$$x(k)=G^k x_0+\sum_{i=0}^{k-1}G^i Hu(k-i-1),\quad k=1,2,\cdots \tag{3-132}$$

证明： 利用迭代法解离散系统状态差分方程式(3-129)如下。

由给定初始状态 $x(0)=x_0$ 和控制信号序列 $u(j)(j=0,1,2,\cdots)$，则状态方程解的序列值为

$$k=0,\ x(1)=Gx(0)+Hu(0)$$

$$k=1,\ x(2)=Gx(1)+Hu(1)=G^2x(0)+GHu(0)+Hu(1)$$

$$k=2,\ x(3)=Gx(2)+Hu(2)=G^3x(0)+G^2Hu(0)+GHu(1)+Hu(2)$$

$$\vdots$$

$$k=k-1,\ x(k)=Gx(k-1)+Hu(k-1)=G^kx(0)+G^{k-1}Hu(0)+\cdots+GHu(k-2)+Hu(k-1)$$

已知 $x(0)=x_0$，将上式中“与输入 u 相关的项”按从左至右的顺序相加，写成一般形式即得到式(3-131)，按从右至左的顺序相加写成一般式即得到式(3-132)。证明完成。

从以上分析可以看出，与连续系统状态方程的解相类似，离散系统状态方程的解也由自由运动分量和受控制运动分量叠加。第 k 步采样的自由运动分量为 $A^k x(0)$，与输入量无关，受控运动分量为 $\sum_{j=0}^{k-1}G^{k-j-1}Hu(j)$ 或 $\sum_{j=0}^{k-1}G^{j}Hu(k-j-1)$，与初始状态无关。同时，第 k 步的自由分量 $G^k x(0)$ 也是由 $x(0)$ 经 k 步转移而得到的，这种转移由 $x(0)$ 经过与 G^k 相乘而实现，故 G^k 称为离散系统的状态转移矩阵，记作 $\Phi(k)$ 或 $\Phi(k-k_0)$，即

$$\Phi(k)=G^k \tag{3-133}$$

$$\Phi(k-k_0)=G^{k-k_0} \tag{3-134}$$

利用状态转移矩阵，线性时不变离散系统的状态方程的解[式(3-131)和式(3-132)]可分别写成

$$x(k)=\Phi(k)x_0+\sum_{j=0}^{k-1}\Phi(k-j-1)Hu(j),\quad k=1,2,\cdots \tag{3-135}$$

或

$$x(k)=\Phi(k)x_0+\sum_{j=0}^{k-1}\Phi(j)Hu(k-j-1),\quad k=1,2,\cdots \tag{3-136}$$

从式(3-135)、式(3-136)可以看出，与连续系统不同，离散系统第 k 步的采样状态值与第 k 步的采样输入值没有关系，而只与第 k 步以前的输入采样序列值有关。

如果给定的初始状态向量为 $x(k_0)$，控制信号序列为 $u(j)(j=k_0,k_0+1,k_0+2,\cdots)$，则状态方程解的序列值为

$$x(k)=\Phi(k-k_0)x(k_0)+\sum_{j=k_0}^{k-1}\Phi(k-j-1)Hu(j),\quad k=k_0+1,k_0+2,\cdots \tag{3-137}$$

离散系统的状态转移矩阵与连续系统的状态转移矩阵有相似的性质。下面仅给出主要性质，证明方法与连续系统类似，请读者自己推导。

(1) 满足自身的矩阵差分方程及初始条件，即

$$\Phi(k+1)=G\Phi(k),\quad \Phi(0)=I \tag{3-138}$$

(2)传递性。

$$\Phi(k-h)=\Phi(k-k_1)\Phi(k_1-h),\quad k\geqslant k_1\geqslant h \tag{3-139}$$

(3)可逆性。

$$\Phi^{-1}(k)=\Phi(-k) \tag{3-140}$$

线性定常离散系统状态转移矩阵的运算方法也与线性定常连续系统的状态转移矩阵计算方法类似，包括定义计算法、逆 Z 变换法、凯莱-哈密顿定理计算、线性变换法。限于篇幅，仅结合例题介绍相关方法的应用。

对于线性时变离散系统，其状态方程为

$$\begin{cases}x(k+1)=G(k)x(k)+H(k)u(k)\\ x(0)=x_0\end{cases},\quad k=0,1,2,\cdots \tag{3-141}$$

则其解为

$$x(k)=\Phi(k,0)x_0+\sum_{j=0}^{k-1}\Phi(k,j+1)H(j)u(j) \tag{3-142}$$

其中，$\Phi(k,h)$ 为时变离散系统的状态转移矩阵，它满足如下矩阵差分方程及初始条件：

$$\begin{cases}\Phi(k,h)=\prod_{i=h}^{k-1}G(i)=G(k-1)G(k-2)\cdots G(h+1)G(h)\\ \Phi(k,k)=I\end{cases},\quad k>h \tag{3-143}$$

其证明方法与定常系统类似，对式(3-141)进行迭代求解即可得到线性时变离散系统的解的一般形式[式(3-142)]。读者可自行推导。

2. Z 变换法求解线性离散系统状态方程

Z 变换法只适用于求解定常系统。对式(3-129)状态方程两边进行 Z 变换，得

$$zX(z)-zx(0)=GX(z)+Hu(z)$$

合并同类项并求出 $X(z)$，得

$$X(z)=(zI-G)^{-1}zx(0)+(zI-G)^{-1}Hu(z)$$

进行逆 Z 变换，可得

$$x(k)=Z^{-1}[(zI-G)^{-1}z]x_0+Z^{-1}[(zI-G)^{-1}Hu(z)] \tag{3-144}$$

将上式与式(3-135)、式(3-136)进行比较，可得

$$\Phi(k)=Z^{-1}[(zI-A)^{-1}z] \tag{3-145}$$

用 Z 变换法求得的解可写成闭合形式，但运算较复杂。

3. 脉冲传递函数矩阵

对应于连续时间线性时不变系统的传递函数矩阵，对离散时间线性时不变系统同样可以采用脉冲传递函数矩阵作为系统的输入输出描述。

设 $\hat{u}(z)$ 和 $\hat{y}(z)$ 分别为输入 $u(k)$ 和输出 $y(k)$ 的 Z 变换，即有

$$\hat{u}(z)=Z[u(k)z^{-k}]\triangleq\sum_{k=0}^{\infty}u(k)z^{-k},\quad \hat{y}(z)=Z[y(k)z^{-k}]\triangleq\sum_{k=0}^{\infty}y(k)z^{-k}$$

脉冲传递函数矩阵 $\hat{G}(z)$ 为零初始状态，即 $x_0=0$ 条件下，满足关系式(3-146)的一个 $r\times m$ 有理分式矩阵：

$$\hat{G}(z)=\frac{\hat{y}(z)}{\hat{u}(z)} \tag{3-146}$$

其中 z 为复变量。

对离散时间线性时不变系统式(3-129)，令初始条件为零，即 $x_0=0$，对 $x(k)$ 取 Z 变换，$\hat{x}(z)$ 为 $x(k)$ 的 Z 变换，即有

$$\hat{x}(z)=Z[x(k)]\triangleq\sum_{k=0}^{\infty}x(k)z^{-k} \tag{3-147}$$

由此导出

$$Z[Gx(k)]=G\sum_{k=0}^{\infty}x(k)z^{-k}=G\hat{x}(z) \tag{3-148}$$

$$\begin{aligned}Z[x(k+1)]&=\sum_{k=0}^{\infty}x(k+1)z^{-k}=z\sum_{k=0}^{\infty}x(k+1)z^{-(k+1)}\\&=z\left[\sum_{k=-1}^{\infty}x(k+1)z^{-(k+1)}-x(0)\right]\\&=z\left[\sum_{k=0}^{\infty}x(k)z^{-k}-x(0)\right]=z[\hat{x}(z)-x(0)]\end{aligned} \tag{3-149}$$

于是，对系统状态空间描述式(3-129)取 Z 变换。并利用式(3-149)和式(3-148)，可以得到

$$\begin{aligned}&z\hat{x}(z)-zx_0=G\hat{x}(z)+H\hat{u}(z)\\&\hat{y}(z)=C\hat{x}(z)+D\hat{u}(z)\end{aligned} \tag{3-150}$$

进一步还可导出

$$\hat{y}(z)=C(zI-G)^{-1}zx_0+[C(zI-G)^{-1}H+D]\hat{u}(z) \tag{3-151}$$

考虑到初始状态 $x_0=0$，则由式(3-151)得到系统输入输出关系式为

$$\hat{y}(z)=[C(zI-G)^{-1}H+D]\hat{u}(z)=G(z)\hat{u}(z) \tag{3-152}$$

对离散时间线性时不变系统式(3-129)，基于状态空间描述的表达式的脉冲传递函数矩阵为

$$\hat{G}(z)=C(zI-G)^{-1}H+D \tag{3-153}$$

4. 系统的输出响应

将状态向量序列和输入向量序列代入式(3-129)输出方程，可得时不变离散系统输出响应序列，即

$$y(k)=CG^kx_0+C\sum_{i=0}^{k-1}G^{k-i-1}Hu(i)+Du(k) \tag{3-154}$$

可见 $y(k)$ 包含三项。等式右边第一项是系统零输入响应，第二项是零状态响应，第三项是直接传输项。有了式(3-154)就可以分析系统的运动形态，了解系统的性能，同时也可以利用 $u(k)$ 对系统实现控制，以达到期望的控制要求。

必须强调的是，在以上计算公式中，均依惯例省略了采样周期 T，在实际计算中，输入量中的采样节点序数 k 须用采样节点时间 kT 代替。当输入量为常数时，同一采样时间上的响应序列值相同而不论采样周期 T 多大。但当输入量为 k 的函数时，同一采样时间上的响应序列值因采样周期 T 的不同而不同。

例 3-13 离散系统齐次状态方程为

$$x(k+1)=\begin{bmatrix}0 & -1\\ -0.4 & 0.3\end{bmatrix}x(k)$$

求状态转移矩阵。

解：

$$[zI-A]^{-1}=\begin{bmatrix}z & 1\\ 0.4 & z-0.3\end{bmatrix}=\begin{bmatrix}\dfrac{z-0.3}{(z-0.8)(z+0.5)} & \dfrac{-1}{(z-0.8)(z+0.5)}\\ \dfrac{-0.4}{(z-0.8)(z+0.5)} & \dfrac{z}{(z-0.8)(z+0.5)}\end{bmatrix}$$

$$=\begin{bmatrix}\dfrac{\frac{5}{13}}{z-0.8}+\dfrac{\frac{8}{13}}{z+0.5} & \dfrac{\frac{10}{13}}{z-0.8}+\dfrac{\frac{10}{13}}{z+0.5}\\ \dfrac{-\frac{4}{13}}{z-0.8}+\dfrac{\frac{4}{13}}{z+0.5} & \dfrac{\frac{8}{13}}{z-0.8}+\dfrac{\frac{5}{13}}{z+0.5}\end{bmatrix}$$

$$\varPhi(k)=G^k=L^{-1}\{[zI-G]^{-1}z\}$$

$$=\begin{bmatrix}\frac{5}{13}(0.8)^k+\frac{8}{13}(-0.5)^k & -\frac{10}{13}(0.8)^k+\frac{10}{13}(-0.5)^k\\ -\frac{4}{13}(0.8)^k+\frac{4}{13}(-0.5)^k & \frac{8}{13}(0.8)^k+\frac{5}{13}(-0.5)^k\end{bmatrix}$$

例 3-14 系统齐次状态方程同例 3-13，应用凯莱-哈密顿定理计算状态转移矩阵。

解： 系统的特征方程为

$$\varDelta(z)=\det[zI-G]=\det\begin{bmatrix}z & 1\\ 0.4 & z-0.3\end{bmatrix}=z^2-0.3z-0.4=0$$

特征值为 $z_1=0.8$， $z_2=-0.5$ 。

参照 3.3.2 节连续系统状态转移矩阵计算式(3-55)计算待定系数 $\alpha_0(k)$、$\alpha_1(k)$ 的方法，由于是离散系统，故式(3-55)中 $\mathrm{e}^{\lambda_i t}$ 在此变成 z_j^k， 于是有

$$\begin{bmatrix}\alpha_0(k)\\ \alpha_1(k)\end{bmatrix}=\begin{bmatrix}1 & 0.8\\ 1 & -0.5\end{bmatrix}^{-1}\begin{bmatrix}0.8^k\\ (-0.5)^k\end{bmatrix}=-\frac{1}{1.3}\begin{bmatrix}-0.5 & -0.8\\ -1 & 1\end{bmatrix}\begin{bmatrix}0.8^k\\ (-0.5)^k\end{bmatrix}$$

$$=\begin{bmatrix}\frac{5}{13}0.8^k+\frac{8}{13}(-0.5)^k\\ \frac{10}{13}0.8^k-\frac{10}{13}(-0.5)^k\end{bmatrix}$$

$$\Phi(k)=G^k=\alpha_0(k)I+\alpha_1(k)G$$

$$=\begin{bmatrix}\frac{5}{13}0.8^k+\frac{8}{13}(-0.5)^k & -\frac{10}{13}0.8^k+\frac{10}{13}(-0.5)^k\\ -\frac{4}{13}0.8^k+\frac{4}{13}(-0.5)^k & \frac{8}{13}0.8^k+\frac{5}{13}(-0.5)^k\end{bmatrix}$$

可见与用逆 Z 变换法计算的 $\Phi(k)$ 相同。

例 3-15　线性定常离散系统状态方程如下，求 $x(k)$。

$$\begin{cases}x(k+1)=\begin{bmatrix}0 & 1\\ -0.16 & -1\end{bmatrix}x(k)+\begin{bmatrix}1\\ 1\end{bmatrix}u(k)\\ x(0)=\begin{bmatrix}1\\ -1\end{bmatrix}\end{cases}，\quad u(k)=1(k)$$

解：(1)求状态转移矩阵 $\Phi(k)$。

$$[zI-G]^{-1}=\begin{bmatrix}z & 1\\ 0.16 & z+1\end{bmatrix}^{-1}=\begin{bmatrix}\frac{z+1}{(z+0.2)(z+0.8)} & \frac{1}{(z+0.2)(z+0.8)}\\ \frac{-0.16}{(z+0.2)(z+0.8)} & \frac{z}{(z+0.2)(z+0.8)}\end{bmatrix}$$

$$=\begin{bmatrix}\frac{\frac{4}{3}}{z+0.2}-\frac{\frac{1}{3}}{z+0.8} & \frac{\frac{5}{3}}{z+0.2}-\frac{\frac{5}{3}}{z+0.8}\\ \frac{-\frac{0.8}{3}}{z+0.2}+\frac{\frac{0.8}{3}}{z+0.8} & \frac{-\frac{1}{3}}{z+0.2}+\frac{\frac{4}{3}}{z+0.8}\end{bmatrix}$$

$$\Phi(k)=G^k=L^{-1}[(zI-G)^{-1}z]$$

$$=\begin{bmatrix}\frac{4}{3}(-0.2)^k-\frac{1}{3}(-0.8)^k & \frac{5}{3}(-0.2)^k-\frac{5}{3}(-0.8)^k\\ \frac{-0.8}{3}(-0.2)^k+\frac{0.8}{3}(-0.8)^k & -\frac{1}{3}(-0.2)^k+\frac{4}{3}(-0.5)^k\end{bmatrix}$$

(2)状态轨线 $x(k)$。对状态方程进行 Z 变换

$$zx(z)-zx(0)=Gx(z)+Hu(z)$$

$$[zI-G]x(z)=zx(0)+Hu(z)$$

$$x(z)=[zI-G]^{-1}[zx(0)+Hu(z)]$$

当 $u(z)=\frac{z}{z-1}$ 时，

$$zx(0)+Hu(z)=\begin{bmatrix}z\\ -z\end{bmatrix}+\begin{bmatrix}\frac{z}{z-1}\\ \frac{z}{z-1}\end{bmatrix}=\begin{bmatrix}\frac{z^2}{z-1}\\ \frac{-z^2+2z}{z-1}\end{bmatrix}$$

$$x(z)=[zI-G]^{-1}[zx(0)+Hu(z)]=\begin{bmatrix}\dfrac{(z^2+2)z}{(z+0.2)(z+0.8)(z-1)}\\ \dfrac{(-z^2+1.84z)z}{(z+0.2)(z+0.8)(z-1)}\end{bmatrix}=\begin{bmatrix}-\dfrac{\frac{17z}{6}}{z+0.2}+\dfrac{\frac{22z}{9}}{z+0.8}+\dfrac{\frac{25z}{18}}{z-1}\\ \dfrac{\frac{3.4z}{6}}{z+0.2}-\dfrac{\frac{17.6z}{9}}{z+0.8}+\dfrac{\frac{7z}{18}}{z-1}\end{bmatrix}$$

$$x(k)=L^{-1}[x(z)]=\begin{bmatrix}-\dfrac{17}{6}(-0.2)^k+\dfrac{22}{9}(-0.8)^k+\dfrac{25}{18}\\ \dfrac{3.4}{6}(-0.2)^k-\dfrac{17.6}{9}(-0.8)^k+\dfrac{7}{18}\end{bmatrix}$$

在 Matlab 中求解例 3-15 的程序代码 Dyn_Disecrete.m 如下：

```
%求离散系统状态方程的解 Dyn_Disecrete.m
clear all;syms k uk
A=[0 1;-0.16 -1];B=[1;1];
xk0=[1;-1];uk=1+0*k;xk=[];yk=[];
zi_A=z*eye(size(A))-A;                          %求 z*(zI-A)
Phik=simplify(iztrans(z*inv(zi_A)));            %Z 变换求状态转移矩阵
xx0=Phik*xk0;                                   %自由分量
uz=ztrans(uk);                                  %对 u(k)进行 Z 变换
xu=iztrans(inv(zi_A)*B*uz);                     %逆 Z 变换求受迫运动
x=simplify(xx0+xu)                              %状态响应
```

其中，ztrans()为求 Z 变换函数，iztrans()为求逆 Z 变换函数。

3.8 本 章 小 结

(1) 本章是对线性系统运动规律的定量分析，分别就连续时间线性系统和离散时间线性系统给出系统状态运动相对于初始状态和输入作用的显示关系，是进一步研究系统能控性、能观测性和稳定性等基本结构特性不可缺少的基础。

(2) 系统运动分析的数学实质，归结为相对于给定输入和初始状态求解系统状态方程，建立反映因果关系的解析形式解。状态方程是矩阵微分(差分)方程，输出方程是矩阵代数方程。因此，求系统方程的解的关键在于求状态方程的解。

(3) 状态转移矩阵是求解状态方程的关键。本章详细介绍了线性时不变系统状态转移矩阵的定义、性质和求解方法。对于线性时变系统，除参数矩阵随时间为不变和变化的差异外，两者形式上的差别仅在于时不变情形状态转移矩阵 $\boldsymbol{\Phi}(t-\tau)$ 中的“−”在时变情形状态转移矩阵 $\boldsymbol{\Phi}(t,\tau)$ 中为“,”。

(4) 与连续时间线性系统相比，离散时间线性系统的分析结果只反映采样时刻上状态响应的形态。将连续时间系统离散化，建立相应于连续时间系统的离散化状态空间描述，有助于利用计算机对连续型线性系统的分析与控制。

(5) 对于离散时间线性系统不管为时变或时不变，其状态运动分析在计算上归结为矩阵的代数运算，如“乘”和“加”，不存在计算上的困难。对于连续时间线性系统，状态运动分析在计算上主要归结为状态转移矩阵的计算，这对时变系统将是一项困难的任务。本章最后介绍了 Matlab 在线性系统运动分析中的应用，包括连续系统与离散系统、时变系统与时不变系统的运动分析编程方法与典型命令。

习　题

3-1　线性定常系统齐次状态方程为 $\dot{x} = Ax$，若矩阵 A 为

(1) $A=\begin{bmatrix}1 & 1\\4 & 1\end{bmatrix}$

(2) $A=\begin{bmatrix}0 & 1\\-5 & -6\end{bmatrix}$

(3) $A=\begin{bmatrix}-4 & 1 & 0\\0 & -4 & 0\\0 & 0 & -3\end{bmatrix}$

求状态转移矩阵 $\Phi(t)$。

3-2　利用凯莱-哈密顿定理，计算下列线性定常系统齐次状态方程的状态转移矩阵。

(1) $\dot{x}=\begin{bmatrix}1 & 1\\0 & -3\end{bmatrix}x$

(2) $\dot{x}=\begin{bmatrix}0 & 1 & 0\\0 & 0 & 1\\-6 & -11 & -6\end{bmatrix}x$

3-3　下列矩阵是否满足状态转移矩阵的条件？如果满足，求对应的矩阵 A。

(1) $\Phi(t)=\begin{bmatrix}1 & 0 & 0\\0 & \sin t & \cos t\\0 & -\cos t & \sin t\end{bmatrix}$

(2) $\Phi(t)=\begin{bmatrix}2\mathrm{e}^{-t}-2\mathrm{e}^{-2t} & -4\mathrm{e}^{-t}+2\mathrm{e}^{-2t}\\ \mathrm{e}^{-t}-2\mathrm{e}^{-t} & -\mathrm{e}^{-t}+2\mathrm{e}^{-2t}\end{bmatrix}$

(3) $\Phi(t,t_0)=\begin{bmatrix}\dfrac{t}{t_0} & 0\\0 & \mathrm{e}^{t-t_0}\end{bmatrix}$

(4) $\Phi(t)=\begin{bmatrix}\dfrac{1}{2}(\mathrm{e}^{-t}+\mathrm{e}^{3t}) & \dfrac{1}{4}(-\mathrm{e}^{-t}+\mathrm{e}^{3t})\\ -\mathrm{e}^{-t}+\mathrm{e}^{3t} & -\dfrac{1}{2}\mathrm{e}^{-t}+\dfrac{3}{2}\mathrm{e}^{3t}\end{bmatrix}$

3-4　求下列系统状态空间表达式的解

（1）$\dot{x}=\begin{bmatrix}0 & 1\\ -3 & -2\end{bmatrix}x$，$x(0)=\begin{bmatrix}1\\ 1\end{bmatrix}$

（2）$\begin{cases}\dot{x}=\begin{bmatrix}0 & 1\\ 0 & 0\end{bmatrix}x+\begin{bmatrix}0\\ 1\end{bmatrix}u\\ y=[1\quad 0]x\end{cases},x(0)=\begin{bmatrix}1\\ 1\end{bmatrix},u(t)=1(t)$

（3）$\dot{x}=\begin{bmatrix}0 & 1\\ -2 & -3\end{bmatrix}x+\begin{bmatrix}2\\ 0\end{bmatrix}u,x(0)=\begin{bmatrix}0\\ 1\end{bmatrix},u(t)=\mathrm{e}^{-t}$

3-5　线性定常系统的状态方程为 $\dot{x}=Ax+xB,x(0)=C$，试证明 $x(t)=\mathrm{e}^{At}C\mathrm{e}^{Bt}$ 是状态方程的解。

3-6　线性定常系统齐次状态方程为 $\dot{x}=Ax$。

（1）当 $x(0)=\begin{bmatrix}1\\ -2\end{bmatrix}$ 时，$x(t)=\begin{bmatrix}\mathrm{e}^{t}\\ (t-2)\mathrm{e}^{t}\end{bmatrix}$

（2）当 $x(0)=\begin{bmatrix}1\\ -1\end{bmatrix}$ 时，$x(t)=\begin{bmatrix}\mathrm{e}^{t}\\ (t-1)\mathrm{e}^{t}\end{bmatrix}$

求出矩阵 A 和状态转移矩阵。

3-7　设系统的动态方程为

$$\begin{bmatrix}\dot{x}_1\\ \dot{x}_2\end{bmatrix}=\begin{bmatrix}\frac{1}{t} & 0\\ 0 & 1\end{bmatrix}\begin{bmatrix}x_1\\ x_2\end{bmatrix}+\begin{bmatrix}-1\\ 1\end{bmatrix}u,\quad y(t)=[1\quad 0]x(t)$$

若 $x(1)=\begin{bmatrix}2\\ 5\end{bmatrix}$，$u=2$，试求系统的响应。

3-8　系统的动态方程为

$$\dot{x}(t)=\begin{bmatrix}-2+\mathrm{e}^{-2t} & 0\\ 1 & -2+\mathrm{e}^{-2t}\end{bmatrix}x(t)+\begin{bmatrix}0\\ 1\end{bmatrix}u(t),\quad y(t)=[1\quad 0]x(t)$$

若 $x(0)=[1\quad 0]^{\mathrm{T}}$，$u(t)=1$，求系统的响应。

3-9　系统的动态方程为

$$x(k+1)=\begin{bmatrix}0 & 1\\ -0.5 & -0.6\end{bmatrix}x(k)+\begin{bmatrix}0\\ 1\end{bmatrix}u(k),\quad y(k)=\begin{bmatrix}1 & 0\\ 0 & 1\end{bmatrix}x(k)$$

若 $x(0)=[1\quad 5]^{\mathrm{T}}$，$u(k)=10[1+\mathrm{e}^{-2k}\cos(3k)]$，采样周期 $T=1\mathrm{s}$，试求系统第 5 步采样以前的响应序列。

3-10　写出下列连续时间线性时不变系统的时间离散化方程，其中，采样周期 T=2s。

$$\begin{bmatrix}\dot{x}_1\\ \dot{x}_2\end{bmatrix}=\begin{bmatrix}0 & 1\\ 0 & 0\end{bmatrix}\begin{bmatrix}x_1\\ x_2\end{bmatrix}+\begin{bmatrix}0\\ 1\end{bmatrix}u$$

第 4 章　控制系统的能控性和能观测性

能控性和能观测性是从控制和观测角度表征系统结构的两个基本特性。自卡尔曼在20 世纪 60 年代初提出这两个概念以来，已经证明它们对于系统控制和系统估计问题的研究具有基本的重要性。本章重点研究线性系统能控性/能观测性的基本概念、判别方法、规范形式、结构分解等内容。本章属于线性系统定性分析，也是线性系统综合的基础。

4.1　能控性和能观测性的直观讨论

经典控制理论着眼于研究对系统输出的控制。对于单输入单输出系统来说，系统的输出量既是被控量，也是观测量。因此，输出量明显地受输入信号控制，同时也能观测。现代控制理论着眼于研究系统状态的控制和观测，这就涉及系统的能控性和能观测性问题。从物理直观性看，能控性研究系统内部状态“是否可由输入影响”的问题，能观测性研究系统内部状态“是否可由输出反映”的问题。如果系统内部每个状态变量都可由输入完全影响，则称系统的状态为完全能控。如果系统内部每个状态变量都可由输出完全反映，则称系统的状态为完全能观测。下面通过案例对能控性和能观测性的概念进行直观性解释。

例 4-1　电路如图 4-1 所示。若选取电容两端的电压 u_C 为状态变量，记成 $x=u_C$。输入取为电压源 $u(t)$，输出取为电压 $y(t)$，R_1=R_2=R。

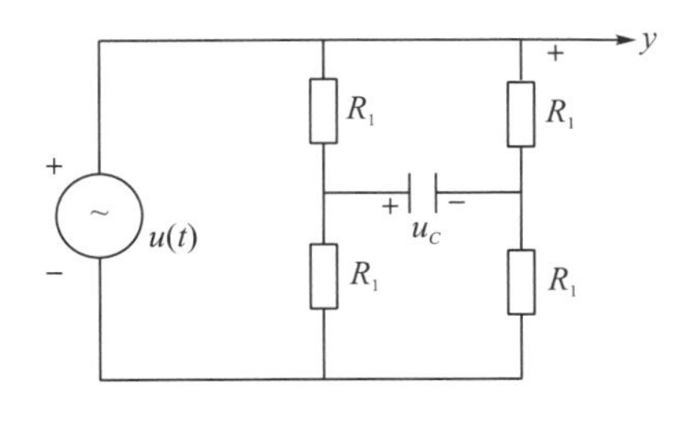

图 4-1　不能控不能观电路

从电路可以直观看出，若有初始状态 $x(t_0)=u_C(t_0)=0$，则不管如何选取输入 $u(t)$，对所有时刻 $t\geqslant t_0$ 都恒有 $x(t)=0$，即状态 x 不受输入 $u(t)$ 影响，系统状态为不能控。若有输入 $u(t)=0$，则不论电容初始端电压[即初始状态 $x(t_0)$]取为多少，对所有时刻 $t\geqslant t_0$ 都恒有输出 $y(t)=0$，即状态 x 不能由输出 $y(t)$ 反映，系统状态为不能观测。因此，该电路为状态不能控和不能观测系统。

例 4-2 电路如图 4-2 所示。如果选择电容 C_1 和 C_2 两端的电压为状态变量，即 $x_1 = u_{C_1}$，$x_2 = u_{C_2}$，电路的输出 y 为 C_2 上的电压，即 $y = x_2$，则电路的系统方程为

$$\dot{x} = \begin{bmatrix} -2 & 1 \\ 1 & -2 \end{bmatrix} x + \begin{bmatrix} 1 \\ 1 \end{bmatrix} u = Ax + bu,\ \ y = [0 \quad 1]x = Cx$$

系统的状态转移矩阵为 $e^{At} = \dfrac{1}{2}\begin{bmatrix} e^{-t} + e^{-3t} & e^{-t} - e^{-3t} \\ e^{-t} - e^{-3t} & e^{-t} + e^{-3t} \end{bmatrix}$。

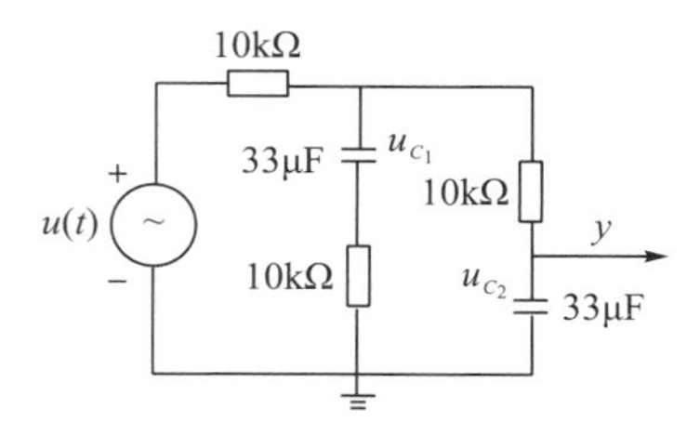

图 4-2 系统电路图

如果电容电压初始值为零，即 $x(0) = 0$，则 $x(t) = \int_0^1 e^{A(t-\tau)} bu(\tau) d\tau = \begin{bmatrix} 1 \\ 1 \end{bmatrix} \int_0^1 e^{-(t-\tau)} u(\tau) d\tau$。由此可见，无论如何选取输入信号 $u(t)$，系统状态 $x(t)$ 总是正比于向量 $[1 \quad 1]^{\mathrm{T}}$，即 $x_1(t) = x_2(t)$。因为输入信号 $u(t)$ 不能使状态变成 $x_1(t) \neq x_2(t)$。这意味着，在 x_1 和 x_2 的二维空间中，位于 $x_1(t) = x_2(t)$ 直线上的所有状态都是能控的，但在直线外的所有状态都为不能控。所以，图 4-2 所示电路是不完全能控的。同时，$y = [0 \quad 1]x = x_2$，不能反映 x_1 的状态，所以该电路也是不能完全观测的。

通过例 4-1 和例 4-2 可知，研究系统状态变量与输入信号之间的关系时，存在能控与不能控的问题。

一般情况下，系统方程为

$$\begin{cases} \dot{x} = Ax + Bu \\ y = Cx \end{cases} \tag{4-1}$$

式中，x 为 n 维状态向量；u 为 r 维输入向量；y 为 m 维输出向量；A、B、C 为满足矩阵运算相应维数的矩阵。

在研究状态向量 x 和输入向量 u 之间存在能控和不能控的问题时，对于不能控的系统，其不能控的状态分量与输入向量 u 既无直接关系，又无间接关系。由系统方程可知，状态能控或不能控不仅取决于矩阵 B（直接关系），而且与矩阵 A 有关（间接关系），即取决于矩阵 A、矩阵 B 的形态。

在例 4-1 中，若 $R_1 \neq R_2$，状态变量可控。在例 4-2 中，适当地改变矩阵 A 或矩阵 b 的元素，如 $b = [1 \quad 2]^{\mathrm{T}}$，则状态向量 x 在输入向量 u 的控制下可实现 $x_1 \neq x_2$。

例 4-3 电路如图 4-3 所示。选取 $u(t)$ 为输入量，$y(t)$ 为输出量，电感中的电流作为系统的状态变量，则系统状态空间模型为

$$\begin{cases}\dot{x}=\begin{bmatrix}-2 & 1\\ 1 & -2\end{bmatrix}x+\begin{bmatrix}1\\ 0\end{bmatrix}u=Ax+bu\\ y=[1\quad -1]x=Cx\end{cases}$$

系统的状态转移矩阵为$\mathrm{e}^{At}=\dfrac{1}{2}\begin{bmatrix}\mathrm{e}^{-t}+\mathrm{e}^{-3t} & \mathrm{e}^{-t}-\mathrm{e}^{-3t}\\ \mathrm{e}^{-t}-\mathrm{e}^{-3t} & \mathrm{e}^{-t}+\mathrm{e}^{-3t}\end{bmatrix}$。

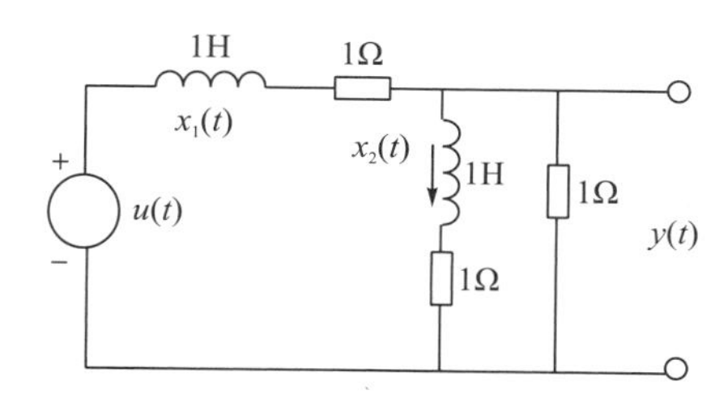

图 4-3　电路

状态方程的解为$x(t)=\mathrm{e}^{At}x(0)+\int_0^t \mathrm{e}^{A(t-\tau)}bu(\tau)\mathrm{d}\tau$。式中，$x(0)$是初始状态。由于$u(t)$是已知的，通过上式即可求得$x(t)$。由于$x(t)$和$x(0)$之间有确定关系，因此通过对$y(t)$的观测，确定系统状态变量$x(t)$的问题就可以转化为确定系统的初始状态$x(0)$。

为简便起见，令输入$u(t)\equiv 0$，则

$$x(t)=\mathrm{e}^{At}x(0)$$
$$y(t)=C\mathrm{e}^{At}x(0)=[x_1(0)-x_2(0)]\mathrm{e}^{-3t}$$

从上式可知，不论初始状态$[x_1(0)\quad x_2(0)]^{\mathrm{T}}$等于什么数值，输出$y(t)$仅取决于差值$[x_1(0)-x_2(0)]$。当$x_1(0)=x_2(0)$，输出恒等于零，即初始状态$x_1(0)=x_2(0)$时，系统的初始状态在输出不产生任何响应，当然也就无法通过对输出的观测确定初始状态，称这样的系统是不能观测的。

一般情况下，对于式(4-1)所描述的系统，状态x同样存在能观测和不能观测的问题。对于不能观测的系统，其不能观测的状态分量与y既无直接关系，又无间接关系。由系统方程可知，状态能观测和不能观测不仅取决于矩阵C(直接关系)，还与矩阵A有关(间接关系)，即取决于矩阵A、矩阵C的形态。对于例 4-3，如果适当改变矩阵A或矩阵C，可以使系统能观测。

如上所述，在基于状态空间描述的线性系统理论中，存在状态能控性和能观测性问题。能控性是系统状态变量和输出量能用输入量予以控制的特性，能观测性是系统状态变量能通过输出量实现观测的特性。这是两个反映系统本身固有构造特性的基本概念，只与系统本身的结构及参数有关，与具体的输入量无关。上述对能控性和能观测性的讨论，只是对这两个概念的一种直观的和不严密的说明，只能用来解释和判断非常直观和非常简单的系统的能控性和能观测性。为揭示能控性和能观测性的本质属性，并在此基础上给出可用于分析和判断更为一般和更为复杂的系统的能控性和能观测性的一般性准则，须对其进行严格定义。

4.2 线性连续系统能控性与能观测性定义

4.2.1 能控性定义

定义 4-1 ［**能控性**］考虑连续时间线性时不变系统状态空间模型：

$$\begin{cases}\dot{x}=Ax+Bu\\ y=Cx\end{cases} \tag{4-2}$$

式中，x、u、y 分别为 n、r、m 维向量；A、B、C 为满足矩阵运算相应维数的常值矩阵。

若给定系统的一个初始状态 $x(t_0)\neq 0$（t_0 可为 0），如果在 $t_1>t_0$ 的有限时间区间 $[t_0,t_1]$ 内，存在无约束容许控制 $u(t)$ 使 $x(t_1)=0$，则称系统状态在 t_0 时刻是能控的；如果系统对任意一个初始状态都能控，则称系统是状态完全能控的，简称系统是状态能控的或系统是能控的。

由定义 4-1 可得出以下几点。

(1) 系统能控性定义中的初始状态 $x(t_0)$ 是状态空间中任意的非零有限点，控制的目标是状态空间的坐标原点。

(2) 如果在时间区域 $[t_0,t_1]$ 内存在无约束容许控制 $u(t)$，使系统从状态空间坐标原点［即 $x(t_0)=0$］转移到预先指定的状态 $x(t_1)$，则称非零初始状态 $x(t_1)$ 是能达的。

(3) 能控性与能达性定义只有微小差别，但两者的等价是有条件的。对连续时间线性时不变系统，其状态转移矩阵是非奇异的，故其能控性和能达性必为等价。对离散时间的线性时不变系统和线性时变系统，若系统矩阵为非奇异，则其能控性和能达性为等价。对连续时间线性时变系统，其能控性和能达性一般为不等价。

(4) 在能控性研究中，考察的并不是由 $x(t_0)$ 转移到 $x(t_1)=0$ 的时变形式，而是考察能控状态在状态空间中的分布。很显然，只有整个状态空间中所有的有限点都是能控的，系统才是能控的。

(5) 若 $t_0=0$，$x(t_0)=x(0)$，则系统状态方程的解为

$$x(t)=\mathrm{e}^{At}x(0)+\int_0^t \mathrm{e}^{A(t-\tau)}Bu(\tau)\mathrm{d}\tau$$

若系统是能控的，则存在容许控制 $u(t)$，使得

$$\begin{cases}x(t_1)=\mathrm{e}^{At_1}x(0)+\int_0^{t_1}\mathrm{e}^{A(t_1-\tau)}Bu(\tau)\mathrm{d}\tau=0\\ \mathrm{e}^{At_1}x(0)=-\int_0^{t_1}\mathrm{e}^{A(t_1-\tau)}Bu(\tau)\mathrm{d}\tau\\ x(0)=-\int_0^{t_1}\mathrm{e}^{-A\tau}Bu(\tau)\mathrm{d}\tau\end{cases} \tag{4-3}$$

满足上式的初始状态 $x(0)$，必是能控状态。

(6) 当系统存在不依赖于 $u(t)$ 的确定性干扰 $f(t)$ 时，系统状态方程为

$$\begin{cases}\dot{x}(t)=Ax(t)+Bu(t)+f(t)\\ x(t_0)=x(0)\end{cases} \tag{4-4}$$

由于 $f(t)$ 是确定性干扰，它不会改变系统的能控性。

证明： 状态方程的解为

$$\begin{aligned}x(t) &= \mathrm{e}^{At}x(0) + \int_0^t \mathrm{e}^{A(t-\tau)}[Bu(\tau) + f(\tau)]\mathrm{d}\tau \\ &= \mathrm{e}^{At}x(0) + \int_0^t \mathrm{e}^{A(t-\tau)}Bu(\tau)\mathrm{d}\tau + \int_0^t \mathrm{e}^{A(t-\tau)}f(\tau)\mathrm{d}\tau \\ &= \mathrm{e}^{At}x(0) + \mathrm{e}^{At}\int_0^t \mathrm{e}^{-A\tau}f(\tau)\mathrm{d}\tau + \int_0^t \mathrm{e}^{A(t-\tau)}Bu(\tau)\mathrm{d}\tau \\ &= \mathrm{e}^{At}\left[x(0) + \int_0^t \mathrm{e}^{-A\tau}f(\tau)\mathrm{d}\tau\right] + \int_0^t \mathrm{e}^{A(t-\tau)}Bu(\tau)\mathrm{d}\tau\end{aligned}$$

当 $t = t_1$ 时，有

$$x(t_1) = \mathrm{e}^{At_1}\left[x(0) + \int_0^{t_1} \mathrm{e}^{-A\tau}f(\tau)\mathrm{d}\tau\right] + \int_0^{t_1} \mathrm{e}^{A(t-\tau)}Bu(\tau)\mathrm{d}\tau$$

由于 t_1 是固定值，$f(t)$ 为确定性干扰，故上式中 $\int_0^{t_1} \mathrm{e}^{-A\tau}f(\tau)\mathrm{d}\tau$ 是一个确定的 n 维向量。$f(t)$ 的影响就相当于把系统原来的初始状态 $x(t)$ 改变为一个确定的常值，使其成为 $x(0) + \int_0^{t_1} \mathrm{e}^{-A\tau}f(\tau)\mathrm{d}\tau$，式(4-3)成为

$$x(0) + \int_0^{t} \mathrm{e}^{-A\tau}f(\tau)\mathrm{d}\tau = -\int_0^{t_1} \mathrm{e}^{-A\tau}Bu(\tau)\mathrm{d}\tau$$

如果在系统 $t \in [0, t_1]$ 上能控，则在确定性干扰 $f(t)$ 作用下，仍然可以找到容许控制 $u(t)$，使得 $x(t_1) = 0$，即系统仍然是能控的。这就是说，确定性干扰不会影响系统的能控性。因此，在讨论系统能控性时，不考虑系统中存在的确定性干扰。

(7) 从工程实际角度，系统为不完全能控/能达属于“奇异”情况。通常，标称参数下的一个不完全能控/能达系统，随着组成元件参数值在环境影响下的很小变动，都可变为完全能控/能达系统。如图 4-1 所示的不能控电路，各个电阻参数值的任何不同变动都可破坏电路的对称性，从而使电路由不能控变为能控。因此，一个实际系统为能控/能达的概率几乎等于 1。这意味着，若对线性时不变系统随机地选取系数矩阵 A 和矩阵 B 的元，则使系统为完全能控/能达的概率几乎等于 1。

4.2.2　能观测性定义

定义 4-2　[**能观测性**]线性定常连续系统状态空间模型为式(4-2)，如果在有限时间区域 $[t_0, t_1]$（t_0 可为 0，$t_1 > t_0$）内，通过观测 $y(t)$，能唯一地确定系统的初始状态 $x(t_0)$，称系统状态在 t_0 是能观测的。如果对任意的初始状态都能观测，则称系统是状态完全能观测的，简称系统状态能观测或系统是能观测的。

由定义 4-2 可得出以下几点。

(1) 已知系统在有限时间区间 $[t_0, t_1](t_0 < t_1 < \infty)$ 内的输出 $y(t)$，如果系统是能观测的，则可以确定初始状态 $x(t_0)$。

(2) 系统对于初始时刻 t_0（t_0 可为 0）有 t_1，且 $t_0 < t_1 < \infty$，根据 $[t_0, t_1]$ 内的输出 $y(t)$ 能够唯一地确定任意指定的状态 $x(t_1)$，则称系统是状态能检测的。由于连续系统状态转移矩阵是非奇异的，因此，系统能观测性和能检测性是等价的。

(3) 在能观测性的研究中，关注的是能观测状态在状态空间的分布。显然，状态空间中所有有限点都是能观测的，则系统是能观测的。

(4) 若系统存在确定性干扰信号 $f(t)$，即

$$\begin{cases} \dot{x}(t) = Ax(t) + Bu(t) + f(t) \\ y(t) = Cx(t) \\ x(t_0)\big|_{t_0=0} = x(0) \end{cases}$$

与系统能控制性一样，由于 $f(t)$ 是确定性干扰，它不会改变系统的能观测性。

(5) 从工程实际角度，系统为不完全能观测属于“奇异”情况。一个实际系统为能观测的概率几乎为 1。这意味着，若对线性时不变系统随机地选取系数矩阵 A 和矩阵 C 的元，则使系统为完全能观测的概率几乎等于 1。如图 4-3 所示的不可观测电路系统，如果适当改变矩阵 A 或矩阵 C，可以使系统能观测。

4.3 线性连续系统的能控性判据

4.3.1 线性定常连续系统的能控性判据

1. 格拉姆(Gramian)判据

定理 4-1 [**能控性格拉姆判据**]连续时间线性时不变系统式(4-2)为完全能控的充分必要条件是，存在时间 $t_1>0$，使如下能控性格拉姆矩阵：

$$W_c[0,t_1] = \int_0^{t_1} \mathrm{e}^{-A\tau} BB^{\mathrm{T}} \mathrm{e}^{-A^{\mathrm{T}}\tau} \mathrm{d}\tau \tag{4-5}$$

为非奇异，即

$$\operatorname{rank} W_c[0,t_1] = n \tag{4-6}$$

证明：先证充分性。因为 $W_c[0,t_1]$ 满秩，所以 $W_c^{-1}[0,t_1]$ 存在。根据能控性定义，对任意的初始状态 $x(0)$，在时间区间 $[0,t_1]$ 内，存在无约束容许控制 $u(t)$ 使 $x(t_1)=0$。由式(4-3)可知：

$$x(0) = -\int_0^{t_1} \mathrm{e}^{-A\tau} Bu(\tau)\mathrm{d}\tau$$

为了引入能控性格拉姆矩阵 $W_c[0,t_1]$，当 $u(t)$ 采用式(4-7)时，$x(t_1)=0$。

$$u(t) = -B^{\mathrm{T}} \mathrm{e}^{-A^{\mathrm{T}}t} W_c^{-1}[0,t_1] x(0) \tag{4-7}$$

即

$$\begin{aligned} x(t_1) &= \mathrm{e}^{At_1} x(0) - \int_0^{t_1} \mathrm{e}^{A(t_1-\tau)} BB^{\mathrm{T}} \mathrm{e}^{-A^{\mathrm{T}}\tau} W_c^{-1}[0,t_1] x(0)\mathrm{d}\tau \\ &= \mathrm{e}^{At_1} x(0) - \mathrm{e}^{At_1} \int_0^{t_1} \mathrm{e}^{-A\tau} BB^{\mathrm{T}} \mathrm{e}^{-A^{\mathrm{T}}\tau} W_c^{-1}[0,t_1] x(0)\mathrm{d}\tau = 0 \end{aligned}$$

因此系统能控。

再证必要性，即系统状态能控，则 $W_c(0,t_1)$ 的秩为 n。采用反证法来证明。

假设$W_c(0,t_1)$奇异，即状态空间中至少存在一个非零状态$\bar{x}_0$，使得下式成立：

$$\bar{x}_0^{\mathrm{T}}W_c(0,t_1)\bar{x}_0=0$$

可进一步导出：

$$0=x_0^{\mathrm{T}}W_c(0,t_1)x_0=\int_0^{t_1}x_0^{\mathrm{T}}\mathrm{e}^{-At}BB^{\mathrm{T}}\mathrm{e}^{-A^{\mathrm{T}}t}x_0\mathrm{d}t=\int_0^{t_1}[B^{\mathrm{T}}\mathrm{e}^{-A^{\mathrm{T}}t}x_0]^{\mathrm{T}}[B^{\mathrm{T}}\mathrm{e}^{-A^{\mathrm{T}}t}x_0]\mathrm{d}t=\int_0^{t_1}\left\|B^{\mathrm{T}}\mathrm{e}^{-A^{\mathrm{T}}t}x_0\right\|^2\mathrm{d}t$$

由于范数非负，于是要使上式成立，只有下式成立：

$$B^{\mathrm{T}}\mathrm{e}^{-A^{\mathrm{T}}t}x_0=0,\quad \forall t\in[0,t_1]$$

另外，由系统完全能控可知，对状态空间中包含上述x_0在内的所有非零状态向量，式(4-3)成立，即

$$x_0=-\int_0^{t_1}\mathrm{e}^{-At}Bu(t)\mathrm{d}t$$

$$\|x_0\|^2=x_0^{\mathrm{T}}x_0=\left[-\int_0^{t_1}\mathrm{e}^{-At}Bu(t)\mathrm{d}t\right]^{\mathrm{T}}x_0=-\int_0^{t_1}u^{\mathrm{T}}(t)[B^{\mathrm{T}}\mathrm{e}^{-A^{\mathrm{T}}t}x_0]\mathrm{d}t=0$$

这与x_0非零矛盾，假设不成立，故$W_c(0,t_1)$为满秩的。证明完成。

(1) 这个定理为系统能控性的一般判据，但由于状态转移矩阵和积分计算比较烦琐，格拉姆判据一般不在具体判别中应用，而应用于理论分析和推导中。

(2) 对完全能控连续时间线性时不变系统，基于格拉姆矩阵可给出使任意非零初态在有限时间内转移到原点的控制输入$u(t)$构造关系式，如式(4-7)。

2. 秩判据

定理 4-2 ［**能控性秩判据**］连续时间线性时不变系统式(4-2)为完全能控的充要条件是，式(4-8)所示$n\times r$能控性矩阵：

$$Q_c=[B\quad AB\quad A^2B\quad \cdots\quad A^{n-1}B] \tag{4-8}$$

满秩，即

$$\mathrm{rank}Q_c=n$$

证明： 先证充分性。已知$\mathrm{rank}Q_c=n$，欲证系统完全能控。采用反证法。设系统不完全能控，则据格拉姆矩阵判据知，格拉姆矩阵：

$$W_c[0,t_1]=\int_0^{t_1}\mathrm{e}^{-At}BB^{\mathrm{T}}\mathrm{e}^{-A^{\mathrm{T}}t}\mathrm{d}t,\quad \forall t_1>0$$

为奇异。这意味着，状态空间R^n中至少存在一个非零状态α，使下式成立：

$$0=\alpha^{\mathrm{T}}W_c[0,t_1]\alpha=\int_0^{t_1}\alpha^{\mathrm{T}}\mathrm{e}^{-At}BB^{\mathrm{T}}\mathrm{e}^{-A^{\mathrm{T}}t}\alpha\mathrm{d}t$$

$$=\int_0^{t_1}[\alpha^{\mathrm{T}}\mathrm{e}^{-At}B][\alpha^{\mathrm{T}}\mathrm{e}^{-At}B]^{\mathrm{T}}\mathrm{d}t$$

由此导出$\alpha^{\mathrm{T}}\mathrm{e}^{-At}B=0,\forall t\in[0,t_1]$，将上式对时间变量$t$求导直至$(n-1)$次，再在导出结果中令$t=0$，可以得

$$\alpha^{\mathrm{T}}B=0,\alpha^{\mathrm{T}}AB=0,\alpha^{\mathrm{T}}A^2B=0,\cdots,\alpha^{\mathrm{T}}A^{n-1}B=0$$

进而，设上述关系式组为

$$\alpha^{\mathrm{T}}[B:AB:\cdots A^{n-1}B]=\alpha^{\mathrm{T}}Q_c=0$$

由 $\alpha \neq 0$，可知判别矩阵 Q_c 行线性相关，即 $\text{rank}Q_c < n$。与已知 $\text{rank}Q_c = n$ 矛盾。故反设不成立，系统完全能控。充分性得证。

再证必要性。若系统完全能控，则 $\text{rank}Q_c = n$。应用凯莱-哈密顿定理，将 $\mathrm{e}^{-A\tau}$ 展开为 A 的最高幂次为 $n-1$ 的多项式：

$$\mathrm{e}^{-A\tau} = a_0(\tau)I + a_1(\tau)A + \cdots + a_{n-1}(\tau)A^{n-1} = \sum_{i=0}^{n-1} a_i(\tau)A^i$$

将上式代入式(4-3)，得

$$x(0) = -\int_0^{t_1} \sum_{i=0}^{n-1} a_i(\tau)A^i Bu(\tau)\mathrm{d}\tau = -\sum_{i=0}^{n-1} A^i B\int_0^{t_1} a_i(\tau)u(\tau)\mathrm{d}\tau \tag{4-9}$$

因为式(4-9)的积分上限是已知的，所以每一个定积分都是一个确定的数值。令

$$\int_0^{t_1} a_i(\tau)u(\tau)\mathrm{d}\tau = \begin{bmatrix} \beta_{i1} \\ \beta_{i2} \\ \vdots \\ \beta_{ir} \end{bmatrix} = \beta_i，\quad i = 0,1,\cdots,n-1$$

由于 $u(t)$ 是 r 维向量，β_i 也必然为 r 维向量。于是，式(4-9)可写成

$$x(0) = -\sum_{i=0}^{n-1} A^i B\beta_i = -[B \quad AB \quad A^2B \quad \cdots \quad A^{n-1}B]\begin{bmatrix} \beta_{i1} \\ \beta_{i2} \\ \vdots \\ \beta_{ir} \end{bmatrix} \tag{4-10}$$

若系统完全能控，则必能从式(4-10)解得 $\beta_0,\beta_1,\cdots,\beta_{n-1}$。这就要求系统能控矩阵 $Q_c = [B \quad AB \quad A^2B \quad \cdots \quad A^{n-1}B]$ 的秩必须为 n，即 $\text{rank}Q_c = n$。必要性得证。证明完成。

应用定理 4-2 来判别系统能控性，其判据本身很简单，这是能控性判定的常用方法。由于矩阵 Q_c 与 $Q_cQ_c^{\mathrm{T}}$ 有相同的秩，所以有时可用计算矩阵 $Q_cQ_c^{\mathrm{T}}$ 的秩来确定 Q_c 的秩，矩阵 $Q_cQ_c^{\mathrm{T}}$ 是个方阵，它是否满秩，只要看它的行列式是否不等于零，而矩阵 Q_c 是 $n \times nr$ 矩阵，确定它的秩，可能需要计算几个 n 阶行列式。

例 4-4 系统状态方程为 $\begin{cases} \dot{x} = \begin{bmatrix} 1 & 0 \\ -2 & -3 \end{bmatrix}x + \begin{bmatrix} 1 \\ 0 \end{bmatrix}u \\ y = [1 \quad 0]x \end{cases}$

试判别系统的能控性。

解： $\text{rank}[b \quad Ab] = \text{rank}\begin{bmatrix} 1 & 1 \\ 1 & -5 \end{bmatrix} = 2$，故系统能控。

例 4-5 第 1 章中电动平衡车模型由车体和车轮组成，中间通过枢轴销连接。只考虑车体保持直立和直线运动，其开环特性近似于近平面独轮车，以车体与垂直轴线夹角 θ 和车轮转动角度 α 及其相应角速度为状态变量，即 $\dot{x} = (\alpha,\theta,\dot{\alpha},\dot{\theta})$，其状态方程如下：

$$\dot{x} = \begin{bmatrix} 0 & 0 & 1 & 0 \\ 0 & 0 & 0 & 1 \\ 0 & -25.64 & 0 & 0 \\ 0 & 8.85 & 0 & 0 \end{bmatrix} x + \begin{bmatrix} 0 \\ 0 \\ 1.96 \\ -0.34 \end{bmatrix} u$$

试判定系统是否能控？

解： $\text{rank}[B \quad AB \quad A^2B \quad A^3B] = \text{rank}\begin{bmatrix} 0 & 1.96 & 0 & 8.72 \\ 0 & -0.34 & 0 & -3.01 \\ 1.96 & 0 & 8.72 & 0 \\ -0.34 & 0 & -3.01 & 0 \end{bmatrix} = 4$

故系统完全能控。这意味着可以将平衡车从一个初始状态移到任何一个终止状态，特别是总可以找到一个控制输入 u 将平衡车系统从一个初始状态带到任何一个平衡点。

在 Matlab 中分别用秩判据和格拉姆判据求解例 4-5 的程序代码 ObsvCtrl1.m 如下：

```
%判定系统能控性ObsvCtrl1.m
A=[0 0 1 0;0 0 0 1;0 -25.64 0 0;0 8.85 0 0];
B=[0;0;1.96;-0.34];C=[1 0 0 0];D=0;
Qc=ctrb(A,B);                    %求能控性矩阵
Rc=rank(Qc);                     %求能控性矩阵的秩
if Rc==4
   disp('系统能控性矩阵满秩，系统能控！')
else
   disp(strcat('系统不能控，能控性矩阵的秩为：', num2str(Rc)))
end
%判定系统能控性ObsvCtrl1
A=[0 0 1 0;0 0 0 1;0 -25.64 0 0;0 8.85 0 0];
B=[0;0;1.96;-0.34];C=[1 0 0 0];D=0;
sys=ss(A,B,C,D);
disp('系统格拉姆矩阵为：')
Gc=gram(sys,'c')                 %求格拉姆矩阵
Gcr=rank(Gc);                    %求格拉姆矩阵的秩
if Gcr==4
   disp('格拉姆矩阵非奇异，系统能控！')
else
   disp('格拉姆矩阵奇异，系统不能控！')
end
```

其中，ctrb( )函数计算系统的能控性矩阵；rank()函数计算矩阵的秩；gram(sys，‘type’)求系统格拉姆矩阵；type为格拉姆矩阵的类型；‘c’为能控性格拉姆矩阵；‘o’为能观性格拉姆矩阵。

3. PBH 判据

能控性 PBH 判据包括能控性 PBH 特征向量判据和能控性 PBH 秩判据。其由波波夫(Popov)和贝尔维奇(Belevitch)提出，并由豪塔斯(Hautus)指出其广泛可应用性。因此，该判据以他们姓氏的首字母组合命名，习惯地称为 PBH 判据。

定理 4-3 ［**能控性 PBH 特征向量判据**］n 维连续时间线性时不变系统式(4-2)完全能控的充分必要条件为矩阵 A 不存在与矩阵 B 所有列正交的非零左特征向量，即对矩阵 A 的所有特征值 $\lambda_i(i=1,2,\cdots,n)$，使同时满足：

$$\alpha^{\mathrm{T}}A=\lambda_i\alpha^{\mathrm{T}},\quad \alpha^{\mathrm{T}}B=0 \tag{4-11}$$

的左特征向量 $\alpha^{\mathrm{T}}=0$。

证明： 先证必要性。已知系统完全能控，欲证不存在一个 $\alpha^{\mathrm{T}}\neq 0$ 使式(4-11)成立。

采用反证法。反设存在一个 n 维行向量 $\alpha^{\mathrm{T}}\neq 0$ 使式(4-11)成立，则由此有

$$\alpha^{\mathrm{T}}B=0,\alpha^{\mathrm{T}}AB=\lambda_i\alpha^{\mathrm{T}}B=0,\cdots,\alpha^{\mathrm{T}}A^{n-1}B=0$$

从而可得

$$\alpha^{\mathrm{T}}[B\vdots AB\vdots\cdots\vdots A^{n-1}B]=\alpha^{\mathrm{T}}Q_c=0$$

这表明 $\operatorname{rank}Q_c<0$。据秩判据知，系统不完全能控，与已知系统完全能控相矛盾。反设不成立，必要性得证。

再证充分性。已知不存在一个 $\alpha^{\mathrm{T}}\neq 0$ 使式(4-11)成立，欲证系统完全能控。

采用反证法。反设系统不完全能控，根据 PBH 秩判据可知，至少存在一个 $s=\lambda_i$ 及一个非零左特征向量 $\alpha^{\mathrm{T}}\in C^{1\times n}$，使下式成立：

$$\alpha^{\mathrm{T}}[\lambda_i I-A,B]=0$$

这表明，对特征值存在 λ_i 非零左特征向量 $\alpha^{\mathrm{T}}\neq 0$，同时满足：

$$\alpha^{\mathrm{T}}A=\lambda_i\alpha^{\mathrm{T}},\quad \alpha^{\mathrm{T}}B=0$$

显然，这和已知条件相矛盾。反设不成立，充分性得证。证明完成。

能控性 PBH 特征向量判据主要用于理论分析中，特别是线性时不变系统的复频率域分析中。

定理 4-4 ［**能控性 PBH 秩判据**］连续时间线性时不变系统式(4-2)完全能控的充分必要条件为

$$\operatorname{rank}[sI-A,B]=n,\quad \forall s\in C \tag{4-12}$$

或

$$\operatorname{rank}[\lambda_i I-A,B]=n,\quad i=1,2,\cdots,n \tag{4-13}$$

其中，C 为复数域；$\lambda_i(i=1,2,\cdots,n)$ 为系统特征值。

证明： 先证必要性。已知系统完全能控，欲证式(4-12)和式(4-13)成立。

采用反证法。设对某个特征值 λ_i，有 $\operatorname{rank}[\lambda_i I-A,B]<n$，则意味着 $[\lambda_i I-A,B]$ 行线性

相关。由此，必存在一个非零 n 维常向量 α 使下式成立：

$$\alpha^{\mathrm{T}}[\lambda_i I - A, B] = 0$$

考虑到问题的一般性，由上式可导出

$$\alpha^{\mathrm{T}} A = \lambda_i \alpha^{\mathrm{T}}，\ \alpha^{\mathrm{T}} B = 0$$

进而，由此可有

$$\alpha^{\mathrm{T}} B = 0, \alpha^{\mathrm{T}} AB = \lambda_i \alpha^{\mathrm{T}} B = 0, \cdots, \alpha^{\mathrm{T}} A^{n-1} B = 0$$

于是，据此可以得到

$$\alpha^{\mathrm{T}}[B \vdots AB \vdots \cdots \vdots A^{n-1}B] = \alpha^{\mathrm{T}} Q_c = 0$$

但又知 $\alpha \neq 0$，欲使上式成立，只可能有

$$\mathrm{rank}\, Q_c < 0$$

据秩判据，可知系统不完全能控，与已知系统完全能控矛盾。反设不成立，式(4-12)得证。再注意到，对复数域 C 上除特征值 $\lambda_i(i=1,2,\cdots,n)$ 外的所有 s，$\mathrm{rank}(sI-A)=n$，所以式(4-12)必意味着式(4-13)成立。必要性得证。

再证充分性。已知式(4-12)和式(4-13)成立，欲证系统完全能控。

由 $\mathrm{rank}[\lambda_i I - A, B] = n$，则 $[\lambda_i I - A, B]$ 的 n 个行线性无关。因此，若要求 $\alpha^{\mathrm{T}}[\lambda_i I - A, B] = 0$，只有 $\alpha^{\mathrm{T}} = 0$。由定理 4-3 可知，此系统是完全能控的。证明完成。

例 4-6　给定如下一个连续时间线性时不变系统，用 PBH 判据判定其能控性。

$$\dot{x} = \begin{bmatrix} 0 & 1 & 0 & 0 \\ 0 & 0 & -1 & 0 \\ 0 & 0 & 0 & 1 \\ 0 & 0 & 5 & 0 \end{bmatrix} x + \begin{bmatrix} 0 & 1 \\ 1 & 0 \\ 0 & 1 \\ -2 & 0 \end{bmatrix} u，\quad n = 4$$

解：(1)定出判别矩阵：

$$[sI - A, B] = \begin{bmatrix} s & -1 & 0 & 0 & 0 & 1 \\ 0 & s & 1 & 0 & 1 & 0 \\ 0 & 0 & s & -1 & 0 & 1 \\ 0 & 0 & -5 & s & -2 & 0 \end{bmatrix}$$

(2)定出矩阵 A 的特征值，有

$$\lambda_1 = \lambda_2 = 0，\ \lambda_3 = \sqrt{5}，\ \lambda_4 = -\sqrt{5}$$

(3)针对各个特征值，检验判别矩阵的秩。

对 $s = \lambda_1 = \lambda_2 = 0$，通过计算，有

$$\mathrm{rank}[sI - A, B] = \mathrm{rank}\begin{bmatrix} 0 & -1 & 0 & 0 & 0 & 1 \\ 0 & 0 & 1 & 0 & 1 & 0 \\ 0 & 0 & 0 & -1 & 0 & 1 \\ 0 & 0 & -5 & 0 & -2 & 0 \end{bmatrix} = \mathrm{rank}\begin{bmatrix} -1 & 0 & 0 & 0 \\ 0 & 1 & 0 & 1 \\ 0 & 0 & -1 & 0 \\ 0 & -5 & 0 & -2 \end{bmatrix} = 4 = n$$

对 $s = \lambda_3 = \sqrt{5}$，通过计算，有

$$\text{rank}[sI-A,B]=\text{rank}\begin{bmatrix}\sqrt{5} & -1 & 0 & 0 & 0 & 1\\ 0 & \sqrt{5} & 1 & 0 & 1 & 0\\ 0 & 0 & \sqrt{5} & -1 & 0 & 1\\ 0 & 0 & -5 & \sqrt{5} & -2 & 0\end{bmatrix}=\text{rank}\begin{bmatrix}\sqrt{5} & -1 & 0 & 1\\ 0 & \sqrt{5} & 1 & 0\\ 0 & 0 & 0 & 1\\ 0 & 0 & -2 & 0\end{bmatrix}=4=n$$

对 $s=\lambda_4=-\sqrt{5}$，有

$$\text{rank}[sI-A,B]=\text{rank}\begin{bmatrix}-\sqrt{5} & -1 & 0 & 0 & 0 & 1\\ 0 & -\sqrt{5} & 1 & 0 & 1 & 0\\ 0 & 0 & -\sqrt{5} & -1 & 0 & 1\\ 0 & 0 & -5 & -\sqrt{5} & -2 & 0\end{bmatrix}$$

$$=\text{rank}\begin{bmatrix}-\sqrt{5} & -1 & 0 & 1\\ 0 & -\sqrt{5} & 1 & 0\\ 0 & 0 & 0 & 1\\ 0 & 0 & -2 & 0\end{bmatrix}=4=n$$

这表明，满足 PBH 秩判据条件，系统完全能控。

4. 约当标准型判据

定理 4-5 ［**对角标准型判据**］连续时间线性时不变系统式(4-2)的系统矩阵 A 具有不相同的特征值 $\lambda_i(i=1,2,\cdots,n)$，将系统经过非奇异线性变换变成对角阵：

$$\dot{\bar{x}}=\begin{bmatrix}\lambda_1 & & & 0\\ & \lambda_2 & & \\ & & \ddots & \\ 0 & & & \lambda_n\end{bmatrix}\bar{x}+\bar{B}u \tag{4-14}$$

则系统能控性的充分必要条件是矩阵 $\bar{B}$ 中不包含元素全为零的行。

证明：由于系统经过非奇异线性变换，能控性不变。设

$$\bar{B}=\begin{bmatrix}\bar{b}_{11} & \bar{b}_{12} & \cdots & \bar{b}_{1r}\\ \bar{b}_{21} & \bar{b}_{22} & \cdots & \bar{b}_{2r}\\ \vdots & \vdots & \ddots & \vdots\\ \bar{b}_{n1} & \bar{b}_{n2} & \cdots & \bar{b}_{nr}\end{bmatrix}$$

将式(4-14)展开得

$$\begin{gathered}\dot{\bar{x}}_1=\lambda_1\bar{x}_1+\bar{b}_{11}u_1+\bar{b}_{12}u_2+\cdots+\bar{b}_{1r}u_r\\ \dot{\bar{x}}_2=\lambda_2\bar{x}_2+\bar{b}_{21}u_1+\bar{b}_{22}u_2+\cdots+\bar{b}_{2r}u_r\\ \vdots\\ \dot{\bar{x}}_n=\lambda_n\bar{x}_n+\bar{b}_{n1}u_1+\bar{b}_{n2}u_2+\cdots+\bar{b}_{nr}u_r\end{gathered}$$

显然，上述方程中，状态变量之间无耦合，即状态变量之间无联系，只有通过输入 $u(t)$ 直接控制每一状态变量，如果 $\bar{B}$ 中存在全为零的行，则对应的状态变量将不受 $u(t)$ 控制。因此，系统能控的充分必要条件是 $\bar{b}_{i1},\bar{b}_{i2},\bar{b}_{ir},\cdots,\bar{b}_{ir}$ 不全为零 $(i=0,1,\cdots,n)$ 。证明完成。

例 4-7　有如下两个线性定常系统：

(1) $\dot{x}=\begin{bmatrix}-7 & & 0\\ & -5 & \\ 0 & & -1\end{bmatrix}x+\begin{bmatrix}2\\0\\9\end{bmatrix}u$ 。

(2) $\dot{x}=\begin{bmatrix}-7 & & 0\\ & -5 & \\ 0 & & -1\end{bmatrix}x+\begin{bmatrix}0 & 1\\4 & 0\\7 & 5\end{bmatrix}u$ 。

试判断系统(1)和系统(2)的能控性。

解： 由于系统(1)中 $b_2=0$ ，所以系统(1)不能控，且不能控的状态分量为 x_2 ；而系统(2)中， $b_{i1},b_{i2}(i=1,2,3)$ 不全为零，所以系统(2)能控。

定理 4-6　[**约当标准型判据**]连续时间线性时不变系统式(4-2)的矩阵 A 具有重特征值， $\lambda_1(l_1\text{重}),\lambda_2(l_2\text{重}),\cdots,\lambda_k(l_k\text{重})$ ，且对应每个重特征值只有一个约当块， $\sum_{i=1}^{k}l_i=n$ ， $\lambda_i\neq\lambda_j(i\neq j)$ 经过非奇异线性变换，得到约当矩阵：

$$\dot{\bar{x}}=\begin{bmatrix}J_1 & & & & \\ & J_2 & & 0 & \\ & & \ddots & & \\ & 0 & & \ddots & \\ & & & & J_k\end{bmatrix}\bar{x}+\bar{B}u,\ J_i=\begin{bmatrix}\lambda_i & 1 & & 0 & \\ & \lambda_i & 1 & & \\ & & \ddots & \ddots & \\ & 0 & & \ddots & 1\\ & & & & \lambda_i\end{bmatrix} \tag{4-15}$$

则系统能控的充分必要条件为 $\bar{B}$ 中与每一个约当子块最下面一行对应的行的元不全为零。

该定理的证明与定理 4-5 的证明过程类似。

应当指出 A 的特征值互异时，其对应的特征矢量必然互异，故必然能变换为式(4-15)的对角规范型。但 A 的特征值的几何重数不等于 1 时，同一特征值对应多个约当块。在这种情况下，需按定理 4-7 进行能控性判定。

定理 4-7　[**能控性约当规范型判据**]对 n 维连续时间线性时不变系统式(4-2)，设 n 个特征值为 $\lambda_1(\sigma_1\text{重},\alpha_1\text{重}),\lambda_2(\sigma_2\text{重},\alpha_2\text{重}),\cdots,\lambda_l(\sigma_l\text{重},\alpha_l\text{重})$，且有 $(\sigma_1+\sigma_2+\cdots+\sigma_l)=n$ ， $\lambda_i\neq\lambda_j$ ， $\forall i\neq j$ ，则系统完全能控的充分必要条件为，对通过线性非奇异变换展出的约当规范型：

$$\dot{\hat{x}}=\hat{A}\hat{x}+\hat{B}u \tag{4-16}$$

其中，

$$\underset{(n\times n)}{\hat{A}}=\begin{bmatrix}J_1 & & \\ & \ddots & \\ & & J_l\end{bmatrix},\quad \underset{(n\times r)}{\hat{B}}=\begin{bmatrix}\hat{B}_1\\ \vdots\\ \hat{B}_l\end{bmatrix} \tag{4-17}$$

$$\underset{(\sigma_i\times\sigma_i)}{J_i}=\begin{bmatrix}J_{i1} & & \\ & \ddots & \\ & & J_{i\alpha_i}\end{bmatrix},\quad \underset{(\sigma_i\times r)}{\hat{B}}=\begin{bmatrix}\hat{B}_{i1}\\ \vdots \\ \hat{B}_{i\alpha_i}\end{bmatrix} \tag{4-18}$$

$$\underset{(r_{ik}\times r_{ik})}{J_{ik}}=\begin{bmatrix}\lambda_i & 1 & & \\ & \lambda_i & \ddots & \\ & & \ddots & 1 \\ & & & \lambda_i\end{bmatrix},\quad \underset{(r_{ik}\times r)}{\hat{B}_{r_{ik}}}=\begin{bmatrix}\hat{b}_{1ik}\\ \vdots \\ \hat{b}_{rik}\end{bmatrix} \tag{4-19}$$

$$k=1,2,\cdots,\alpha_i,\quad \sum_{k=1}^{\alpha_i} r_{ik}=\sigma_i \tag{4-20}$$

由 $\hat{B}_{i1},\hat{B}_{i2},\cdots,\hat{B}_{iq}$ 末行组成的矩阵行线性无关对 $i=1,2,\cdots,l$ 均成立，即有

$$\operatorname{rank}\begin{bmatrix}\hat{b}_{ri1}\\ \hat{b}_{ri2}\\ \vdots \\ \hat{b}_{ri\alpha_i}\end{bmatrix}=\alpha_i,\quad \forall i=1,2,\cdots,l \tag{4-21}$$

该定理可应用定理 4-4 能控性 PBH 秩判据进行证明，读者可以推导其具体过程，下面通过例题说明其用法。

例 4-8 判断下列系统的能控性。

(1) $\dot{x}=\left[\begin{array}{cc|c}-4 & 1 & 0\\ 0 & -4 & 0\\ \hline 0 & 0 & -2\end{array}\right]x+\begin{bmatrix}0\\4\\3\end{bmatrix}u$ 。

(2) $\dot{x}=\left[\begin{array}{cc|c}-4 & 1 & 0\\ 0 & -4 & 0\\ \hline 0 & 1 & -2\end{array}\right]x+\begin{bmatrix}4 & 2\\0 & 0\\3 & 0\end{bmatrix}u$ 。

(3) $\dot{\hat{x}}=\begin{bmatrix}-2 & 1 & & & & & \\ 0 & -2 & & & & & \\ & & -2 & & & & \\ & & & -2 & & & \\ & & & & 3 & 1 & \\ & & & & 0 & 3 & \\ & & & & & & 3\end{bmatrix}\hat{x}+\begin{bmatrix}0 & 0 & 0\\ 1 & 0 & 0\\ 0 & 4 & 0\\ 0 & 0 & 7\\ 0 & 0 & 0\\ 1 & 1 & 0\\ 0 & 4 & 1\end{bmatrix}u$ 。

解： (1) 系统(1)中，与 x_2 对应的 $b_2=4\neq 0$ 。与 x_3 对应的 $b_3=3\neq 0$ ，故系统(1)能控。

(2) 系统(2)中，与 x_2 对应的 $b_{21}=0$ ， $b_{22}=0$ ，故系统(2)不能控。

(3) 对应于 $\lambda_1=-2$ 和 $\lambda_2=3$ 各个约当小块的末行，找出矩阵 $\hat{B}$ 的相应行，组成如下两

个矩阵 $\begin{bmatrix}\hat{b}_{r11}\\ \hat{b}_{r12}\\ \hat{b}_{r13}\end{bmatrix}=\begin{bmatrix}1&0&0\\0&4&0\\0&0&7\end{bmatrix}$ 和 $\begin{bmatrix}\hat{b}_{r21}\\ \hat{b}_{r22}\end{bmatrix}=\begin{bmatrix}1&1&0\\0&4&1\end{bmatrix}$，可以看出，它们均为行满秩。据约当规范型判据，系统(3)完全能控。

4.3.2　线性时变系统的能控性判据

线性时变系统的能控性判别相比于线性时不变系统要复杂得多。判别方法上具有充分必要条件形式的迄今只有格拉姆判据，判别过程中会面临计算时变系统状态转移矩阵的问题。本节以连续时间线性时变系统为研究对象，讨论能控性和能观测性的格拉姆判据和秩判据。

线性时变系统的状态方程为

$$\dot{x}=A(t)x+B(t)u \tag{4-22}$$

式中，x、u 分别为 n、r 维向量；$A(t)$、$B(t)$ 为满足矩阵运算相应维数的矩阵，$A(t)$、$B(t)$ 的元在 $(-\infty,+\infty)$ 上为连续函数。

定理 4-8　［**能控性格拉姆判据**］连续时间线性时变系统式(4-22)的状态在时刻 t_0 完全能控的充分必要条件是存在一个有限时间 $t_1>t_0$，使得能控性格拉姆矩阵 $W_c[t_0,t_1]$ 为非奇异，即

$$W_c(t_0,t_1)=\int_{t_0}^{t_1}\varPhi(t_0,t)B(t)B^{\mathrm{T}}(t)\varPhi^{\mathrm{T}}(t_0,t)\mathrm{d}t \tag{4-23}$$

该定理证明过程与定理 4-1 的证明思路相似，都是从能控性的定义出发，不同的是状态响应及状态转移矩阵的表达，读者可以自己推导。

应该指出，在连续时间线性时变系统中，计算状态转移矩阵是不容易的。因此格拉姆判据主要用于理论分析。

如果式(4-22)的状态矩阵 $A(t)$ 和输入矩阵 $B(t)$ 的元在 $[t_1,t_0]$ 上是 $(n-1)$ 阶连续可微的，则可以不求系统状态转移矩阵来判定系统的能控性。

定理 4-9　［**能控性秩判据**］对 n 维连续时间线性时变系统式(4-22)，设 $A(t)$ 和 $B(t)$ 对 t 为 $(n-1)$ 阶连续可微，定义如下矩阵：

$$M_{k+1}(t)=-A(t)M_k+\frac{\mathrm{d}}{\mathrm{d}t}M_0(t)\quad(k=0,1,\cdots,n-1)\text{，}\quad M_0(t)=B(t) \tag{4-24}$$

即

$$M_0(t)=B(t)$$

$$M_1(t)=-A(t)M_0(t)+\frac{\mathrm{d}}{\mathrm{d}t}M_0(t)$$

$$M_2(t)=-A(t)M_1(t)+\frac{\mathrm{d}}{\mathrm{d}t}M_1(t)$$

$$\vdots$$

$$M_{n-1}(t)=-A(t)M_{n-2}(t)+\frac{\mathrm{d}}{\mathrm{d}t}M_{n-2}(t)$$

则系统在时刻$t_0 \in J$完全能控的一个充分条件为，存在一个有限时刻$t_1 \in J, t_1 > t_0$，使

$$\operatorname{rank}[M_0(t_1) \quad M_1(t_1) \quad \cdots \quad M_{n-1}(t_1)] = n \tag{4-25}$$

连续时间线性时变系统能控性秩判据直接利用系数矩阵判别系统能控性，避免计算状态转移矩阵，运算过程简便，在具体判别中得到广泛应用。但秩判据只是充分性判据，充分性判据的局限性在于：如果判据条件不满足，不能由此推导出系统不完全能控的结论。

例 4-9 线性时变系统方程为

$$\begin{cases} \dot{x} = \begin{bmatrix} 0 & t \\ 0 & 0 \end{bmatrix} x + \begin{bmatrix} 0 \\ 1 \end{bmatrix} u \\ y = [0 \quad 5] x \end{cases}$$

初始时刻$t_0 = 0$，试判别系统的能控性。

解： 用定理 4-9 来判定系统能控性。

$$M_0(t) = B(t) = \begin{bmatrix} 0 \\ 1 \end{bmatrix}$$

$$M_1(t) = -A(t)M_0(t) + \frac{\mathrm{d}}{\mathrm{d}t} M_0(t) = -\begin{bmatrix} 0 & t \\ 0 & 0 \end{bmatrix} \begin{bmatrix} 0 \\ 1 \end{bmatrix} = -\begin{bmatrix} t \\ 0 \end{bmatrix}$$

而

$$\operatorname{rank}[M_0(t) \quad M_1(t)] = \operatorname{rank} \left[\begin{array}{c:c} 0 & -t \\ 1 & 0 \end{array}\right] = 2$$

对于$t_1 > 0$，$[M_0(t) \quad M_1(t)]$的秩为 2，系统在$t_0 = 0$时是能控的。

4.3.3 能控性指数

在一些系统综合问题中，不管是时域方法还是复频域方法，都会用到能控性指数的概念。本节介绍能控性指数的定义及性质。

考虑连续时间线性时不变系统状态空间模型：

$$\dot{x} = Ax + Bu, x(0) = x_0, t \geqslant 0 \tag{4-26}$$

式中，x、u 分别为 n 维、r 维向量；A、B 为满足矩阵运算相应维数的常值矩阵。组成如下 $n \times kr$ 矩阵：

$$Q_k = [B \vdots AB \vdots A^2B \vdots \cdots \vdots A^{k-1}B]_{n \times kr} \tag{4-27}$$

其中，k 为整数。当 $k = n$ 时，Q_k 即为控性判别矩阵。

定义 4-3 ［**能控性指数**］对完全能控连续时间线性时不变系统式(4-26)，定义系统的能控性指数为

$$\mu \triangleq \text{使} \operatorname{rank} Q_k = n \text{的 } k \text{ 最小正整数} \tag{4-28}$$

直观上，能控性指数 μ 可这样确定，对矩阵 Q_k 将 k 依次由 1 增加直到有 $\operatorname{rank}Q_k = n$，则 k 这个临界值即为 μ。对能控性指数，可以导出如下结论。

结论 4-1 ［**能控性指数**］对完全能控单输入连续时间线性时不变系统式(4-26)，状态

维数为 n，则系统能控性指数为

$$\mu = n \tag{4-29}$$

结论 4-2　[**能控性指数**]对完全能控多输入连续时间线性时不变系统式(4-26)，状态维数为 n，输入维数为 r，设 $\operatorname{rank}B = p$，则系统能控性指数满足：

$$\frac{n}{r} \leqslant \mu \leqslant n - p + 1 \tag{4-30}$$

证明：考虑到 Q_μ 为 $n \times \mu r$ 矩阵，欲使 $\operatorname{rank}Q_\mu = n$，前提是 Q_μ 列数必须大于或等于 Q_μ 行数。基于此，即可证得式(4-30)左不等式成立：

$$\mu r \geqslant n \tag{4-31}$$

由 $\operatorname{rank}B = p$ 和能控性指数定义可知，$AB, A^2B, \cdots, A^{\mu-1}B$ 中每个矩阵至少包含一个列向量，其与 Q_μ 中位于左侧所有线性独立列向量为线性无关。基于此，即可证得式(4-30)右不等式成立：

$$p + \mu - 1 \leqslant n \text{ 即 } \mu \leqslant n - p + 1 \tag{4-32}$$

结论 4-3　[**能控性指数**]对完全能控多输入连续时间线性时不变系统式(4-26)，状态维数为 n，输入维数为 r，$\operatorname{rank}B = p$，$\bar{n}$ 为矩阵 A 最小多项式的次数，则系统能控性指数满足：

$$\frac{n}{r} \leqslant \mu \leqslant \min(\bar{n}, n - p + 1) \tag{4-33}$$

证明：由凯莱-哈密顿定理，A 的最小多项式 (s) 具有属性：

$$\phi(A) = A^{\bar{n}} + \bar{\alpha}_{n-1}A^{\bar{n}-1} + \cdots + \bar{\alpha}_1 A + \bar{\alpha}_0 I = 0$$

由此可得

$$A^{\bar{n}}B = -\bar{\alpha}_{n-1}A^{\bar{n}-1}B - \cdots - \bar{\alpha}_1 AB - \bar{\alpha}_0 B$$

表明 $A^{\bar{n}}B$ 所有列均线性相关于 $Q_{\bar{n}+1}$ 中位于其左方的各列向量。同理，对 $A^{\bar{n}+1}B, \cdots, A^{n}B$ 具有同样属性。基于此，据能控性指数定义可知，必成立 $\mu \leqslant \bar{n}$。由此，利用式(4-30)即可导出式(4-33)。证明完成。

结论 4-4　[**能控性判据**]对多输入连续时间线性时不变系统式(4-26)，状态维数为 n，输入维数为 r，$\operatorname{rank}B = p$，则系统完全能控的充分必要条件为

$$\operatorname{rank}Q_{n-p+1} = \operatorname{rank}[B \vdots AB \vdots A^2B \vdots \cdots \vdots A^{n-p}B] = n \tag{4-34}$$

证明：由 $\operatorname{rank}B = p$，B 有且仅有 p 个线性无关列。再由式(4-34)可知，当且仅当其余 $(n-p)$ 个线性无关列位于 $AB \vdots A^2B \vdots \cdots \vdots A^{n-p}B$ 等矩阵中时，系统完全能控。否则，其中线性无关列数少于 $(n-p)$，则意味着这个矩阵组的最后一个或一些矩阵中不包含线性无关列，因而 $AB \vdots A^2B \vdots \cdots \vdots A^{n-p}B$ 也必不包含线性无关列。证明完成。

结论 4-5　[**能控性指数属性**]对完全能控多输入连续时间线性时不变系统式(4-26)，状态维数为 n，输入维数为 r，将 Q_μ 设为

$$Q_\mu = [b_1, b_2, \cdots b_r \vdots Ab_1, Ab_2, \cdots Ab_r \vdots A^2b_1, A^2b_2, \cdots A^2b_r \vdots \cdots A^{\mu-1}b_1, A^{\mu-1}b_2, \cdots A^{\mu-1}b_r] \tag{4-35}$$

并从左至右依次搜索 Q_μ 的 n 个线性无关列，即若某个列不为其左方各线性独立列的线性组合就为线性无关，否则为线性相关。考虑到 B 中有且仅有 p 个线性无关列，再将按此

搜索方式得到的 n 个线性无关列重新排列为

$$b_1, Ab_1, A^2b_1, \cdots, A^{\mu_1-1}b_1; b_2, Ab_2, \cdots, A^{\mu_2-1}b_2; \cdots; b_p, A^2b_p, \cdots, A^{\mu_p-1}b_p \tag{4-36}$$

其中，

$$\mu_1 + \mu_2 + \cdots \mu_p = n \tag{4-37}$$

则能控性指数 μ 满足关系式：

$$\mu = \max\{\mu_1, \mu_2, \cdots, \mu_p\} \tag{4-38}$$

且称 $\{\mu_1, \mu_2, \cdots, \mu_p\}$ 为系统的能控性指数集。

例 4-10　给定一个连续时间线性时不变系统如下，求系统的能控指数和能控性指数集。

$$\dot{x} = \begin{bmatrix} -1 & -4 & -2 \\ 0 & 6 & -1 \\ 1 & 7 & -1 \end{bmatrix} x + \begin{bmatrix} 2 & 0 \\ 0 & 1 \\ 1 & 1 \end{bmatrix} u,\ n = 3,\ \operatorname{rank}B = 2$$

解： 求能控性矩阵，判断能控性：

$$\operatorname{rank}Q_c = \operatorname{rank}[B \vdots AB \vdots A^2B] = \operatorname{rank}\begin{bmatrix} 2 & 0 & -4 & * & * & * \\ 0 & 1 & -1 & * & * & * \\ 1 & 1 & 1 & * & * & * \end{bmatrix} = 3 = n$$

系统完全能控，且能控性指数集和能控性指数为

$$\{\mu_1 = 2, \mu_2 = 1\} \text{和} \mu = \max\{\mu_1 = 2, \mu_2 = 1\} = 2$$

4.4　线性连续系统能观测性判据

能观测性和能控性在概念上是对应的，两者在特性和判据上具有相似性。本节关于连续时间线性系统能观测性判据的讨论，除最为基本的格拉姆判据外，对大多数判据和相关结果只给出结论。

4.4.1　线性定常系统能观测性判据

1. 格拉姆判据

定理 4-10　[**能观测格拉姆判据**]连续时间线性时不变系统式(4-2)所描述的状态完全能观测的充分必要条件是能观测格拉姆矩阵 $W_0[0,t_1]$ 是满秩的。

$$W_0[0,t_1] = \int_0^{t_1} e^{A^{\mathrm{T}}t} C^{\mathrm{T}} C e^{At} dt \tag{4-39}$$

即

$$\operatorname{rank}W_0[0,t_1] = n \tag{4-40}$$

证明：(1) 充分性证明。已知 $W_0[0,t_1]$ 非奇异，欲证系统完全能观测。

由 $W_0[0,t_1]$ 非奇异，可知逆 $W_0^{-1}[0,t_1]$ 存在。对 $[0,t_1]$ 上任意输出 $\boldsymbol{y}(t)$，可以构造

$$
\begin{aligned}
W_0^{-1}[0,t_1]\int_0^{t_1} \mathrm{e}^{A^{\mathrm{T}}t}C^{\mathrm{T}}y(t)\mathrm{d}t &= W_0^{-1}[0,t_1]\int_0^{t_1} \mathrm{e}^{A^{\mathrm{T}}t}C^{\mathrm{T}}C\mathrm{e}^{At}x_0\mathrm{d}t \\
&= W_0^{-1}[0,t_1]W_0[0,t_1]x_0 = x_0
\end{aligned} \tag{4-41}
$$

这表明，在 $W_0[0,t_1]$ 非奇异条件下，总可根据 $[0,t_1]$ 上任意输出 $y(t)$ 构造出对应非零初始状态 x_0。根据定义，系统完全能观测。充分性得证。

(2) 必要性证明。已知系统完全能观测，欲证 $W_0[0,t_1]$ 非奇异。

采用反证法。假设 $W_0[0,t_1]$ 奇异，假设存在某个 $n\times 1$ 非零状态 x_0，使下式成立：

$$
\begin{aligned}
0 = x_0^{\mathrm{T}}W_0[0,t_1]x_0 &= \int_0^{t_1} x_0^{\mathrm{T}}\mathrm{e}^{A^{\mathrm{T}}t}C^{\mathrm{T}}C\mathrm{e}^{At}\mathrm{d}t x_0 \\
&= \int_0^{t_1} y^{\mathrm{T}}(t)y(t)\mathrm{d}t = \int_0^{t_1} \| y(t) \|^2 \mathrm{d}t
\end{aligned}
$$

这意味着：

$$
y(t) = C\mathrm{e}^{At}x_0 \equiv 0, \forall t \in [0,t_1]
$$

根据能观测性定义可知，非零状态 x_0 为状态空间中一个不能观测状态，这与已知系统完全能观矛盾。假设不成立，$W_0[0,t_1]$ 非奇异。必要性得证。证明完成。

该定理为系统能观测性的一般判据，但由于计算状态转移矩阵 e^{At} 比较烦琐，主要用于理论分析和推导。对完全能观测连续时间线性时不变系统，能观测格拉姆判据的证明过程同时给出了如何由 $[0,t_1]$ 上任意输出 $y(t)$ 构造初始状态 x_0 的方法和计算式 (4-41)。

2. 秩判据

定理 4-11 ［**能观测性秩判据**］连续时间线性时不变系统式 (4-2) 完全能观测的充分必要条件是能观测性矩阵

$$
Q_0 = \begin{bmatrix} C \\ CA \\ \vdots \\ CA^{n-1} \end{bmatrix} \tag{4-42}
$$

为满秩的，即

$$
\operatorname{rank} Q_0 = n \tag{4-43}
$$

证明： 对连续时间线性时不变系统，不妨设 $u(t)\equiv 0$，系统的齐次状态方程的解为

$$
\begin{cases} x(t) = \mathrm{e}^{At}x(0) \\ y = Cx = C\mathrm{e}^{At}x(0) \end{cases} \tag{4-44}
$$

应用凯莱-哈密顿定理，将 e^{At} 展成 A 的最高幂次为 $n-1$ 次的多项式：

$$
\mathrm{e}^{At} = \sum_{i=0}^{n-1} a_i(t)A^i
$$

将上式代入 (4-44) 得

$$
y(t) = C\sum_{i=0}^{n-1} a_i(t)A^i x(0) \tag{4-45}
$$

或

$$y(t)=[a_0(t) \quad a_1(t) \quad \cdots \quad a_{n-1}(t)]\begin{bmatrix} C \\ CA \\ \vdots \\ CA^{n-1} \end{bmatrix}x(0)$$

由于 $a_i(t)$ 是已知函数，因此，根据有限时间区间 $[0,t_1]$ 内的 $y(t)$ 能唯一地确定初始状态 $x(0)$ 的充分必要条件为 Q_0 满秩，即

$$\mathrm{rank}Q_0=\mathrm{rank}\begin{bmatrix} C \\ CA \\ \vdots \\ CA^{n-1} \end{bmatrix}=n$$

由矩阵理论可知，矩阵的转置不改变矩阵的秩，即 $\mathrm{rank}Q_0^{\mathrm{T}}=\mathrm{rank}Q_0$，故式(4-41)有时可表示成

$$\mathrm{rank}Q_0^{\mathrm{T}}=\mathrm{rank}[C^{\mathrm{T}} \quad A^{\mathrm{T}}C^{\mathrm{T}} \quad \cdots \quad (A^{\mathrm{T}})^{n-1}C^{\mathrm{T}}]=n$$

应用定理 4-11 来判别系统能观测性，其判据本身很简单，故秩判据为判别能观测性的常用方法。由于能观测性矩阵 Q_0 是 $m\times n$ 矩阵，因此在求 Q_0 的秩时，有时采用计算 $Q_0^{\mathrm{T}}Q_0$ 的秩。

例 4-11 给定连续时间线性时不变系统如下，判定系统能观测性。

$$\dot{x}=\begin{bmatrix} -1 & -4 & -2 \\ 0 & 6 & -1 \\ 1 & 7 & -1 \end{bmatrix}x, y=\begin{bmatrix} 0 & 2 & 1 \\ 1 & 1 & 0 \end{bmatrix}x$$

解：

$$Q_0=\begin{bmatrix} C \\ CA \\ CA^2 \end{bmatrix}=\begin{bmatrix} 0 & 2 & 1 \\ 1 & 1 & 0 \\ 1 & 19 & -3 \\ -1 & -4 & -2 \\ -4 & 89 & -20 \\ -1 & -32 & 8 \end{bmatrix}$$，$\mathrm{rank}(Q_0)=3$，故系统完全能观测。

例 4-12 考虑第 1 章电动平衡车模型，有车轮角度 α 和俯仰角度 θ 两个自由度，其状态变量 $\dot{x}=(\alpha,\theta,\dot{\alpha},\dot{\theta})$，假定只有车轮角度 α 可以测定，则系统状态空间模型为

$$\begin{cases} \dot{x}=\begin{bmatrix} 0 & 0 & 1 & 0 \\ 0 & 0 & 0 & 1 \\ 0 & -25.64 & 0 & 0 \\ 0 & 8.85 & 0 & 0 \end{bmatrix}x+\begin{bmatrix} 0 \\ 0 \\ 1.96 \\ -0.34 \end{bmatrix}u \\ y=[1 \quad 0 \quad 0 \quad 0]x \end{cases}$$

试判定系统是否能观测。

解： 系统能观测性矩阵为

$$Q_0=\begin{bmatrix}C\\CA\\CA^2\\CA^3\end{bmatrix}=\begin{bmatrix}1&0&0&0\\0&0&1&0\\0&-25.64&0&0\\0&0&0&-25.64\end{bmatrix}$$

$\mathrm{rank}(Q_0)=4$，故系统完全能观测。

在 Matlab 中求解例 4-12 的程序代码 ObsvCtrl2.m 如下：

```
%判定系统能观测性 ObsvCtrl2.m
A=[0 0 1 0;0 0 0 1;0 -25.64 0 0;0 8.85 0 0];
B=[0;0;1.96;-0.34];C=[1 0 0 0];D=0;
Qo=obsv(A,C);                  %求能观测性矩阵
Ro=rank(Qo);                   %求能观测性矩阵的秩
if Ro==3
  disp('系统能观测性矩阵满秩，系统能观！')
else
  disp(strcat('系统不能观，能观测性矩阵的秩为：',num2str(Ro)))
end
```

其中，obsv( )函数计算系统的能观测性矩阵。

3. PBH 判据

定理 4-12　[**能观测性 PBH 秩判据**]连续时间线性时不变系统式(4-2)完全能观测的充分必要条件为

$$\mathrm{rank}\begin{bmatrix}C\\CA\end{bmatrix}=n,\quad \forall s\in C \tag{4-46}$$

或

$$\mathrm{rank}\begin{bmatrix}C\\\lambda_i I-A\end{bmatrix}=n,\quad i=1,2,\cdots,n \tag{4-47}$$

其中，C 为复数域，$\lambda_i(i=1,2,\cdots,n)$ 为系统特征值。

例 4-13　给定一个连续时间线性时不变系统如下，试用 PBH 判据判定系统的能观测性。

$$\begin{cases}\dot{x}=\begin{bmatrix}0&1&0&0\\0&0&-1&0\\0&0&0&1\\0&0&5&0\end{bmatrix}x\\ y=\begin{bmatrix}0&1&0&-2\\1&0&1&0\end{bmatrix}x\end{cases}$$

解： (1)导出判别矩阵：

$$\begin{bmatrix} sI-A \\ C \end{bmatrix}=\begin{bmatrix} s & -1 & 0 & 0 \\ 0 & s & 1 & 0 \\ 0 & 0 & s & -1 \\ 0 & 0 & -5 & s \\ 0 & 1 & 0 & -2 \\ 1 & 0 & 1 & 0 \end{bmatrix}$$

(2)定出矩阵 A 的特征值：$\lambda_1=\lambda_2=0$，$\lambda_3=\sqrt{5}$，$\lambda_4=-\sqrt{5}$。

(3)对各个特征值，分别检验判别矩阵的秩。

对 $s=\lambda_1=\lambda_2=0$，通过计算，有

$$\operatorname{rank}\begin{bmatrix} sI-A \\ C \end{bmatrix}_{S=0}=\begin{bmatrix} 0 & -1 & 0 & 0 \\ 0 & 0 & 1 & 0 \\ 0 & 0 & 0 & -1 \\ 0 & 0 & -5 & 0 \\ 0 & 1 & 0 & -2 \\ 1 & 0 & 1 & 0 \end{bmatrix}=3=n$$

对 $s=\lambda_3=\sqrt{5}$，通过计算，有

$$\operatorname{rank}\begin{bmatrix} sI-A \\ C \end{bmatrix}_{S=\sqrt{5}}=\begin{bmatrix} \sqrt{5} & -1 & 0 & 0 \\ 0 & \sqrt{5} & 1 & 0 \\ 0 & 0 & \sqrt{5} & -1 \\ 0 & 0 & -5 & \sqrt{5} \\ 0 & 1 & 0 & -2 \\ 1 & 0 & 1 & 0 \end{bmatrix}=4=n$$

对 $s=\lambda_4=-\sqrt{5}$，通过计算，有

$$\operatorname{rank}\begin{bmatrix} sI-A \\ C \end{bmatrix}_{S=-\sqrt{5}}=\begin{bmatrix} -\sqrt{5} & -1 & 0 & 0 \\ 0 & -\sqrt{5} & 1 & 0 \\ 0 & 0 & -\sqrt{5} & -1 \\ 0 & 0 & -5 & -\sqrt{5} \\ 0 & 1 & 0 & -2 \\ 1 & 0 & 1 & 0 \end{bmatrix}=4=n$$

这表明，满足能观测性 PBH 秩判据条件，系统完全能观测。

定理 4-13 [**能观测性 PBH 特征向量判据**]连续时间线性时不变系统式(4-2)完全能观测的充分必要条件为，矩阵 A 不存在与矩阵 C 所有行正交的非零右特征向量，即对矩阵 A 的所有特征值 $\lambda_i(i=1,2,\cdots,n)$，使同时满足：

$$A\bar{\alpha}=\lambda_i\bar{\alpha},\quad C\bar{\alpha}=0 \tag{4-48}$$

的右特征向量 $\bar{\alpha}=0$。

能观测性 PBH 特征向量判据也主要用于理论分析，特别是线性时不变系统的复频率域分析。

4. 约当规范型判据

定理 4-14 ［**对角标准型判据**］若系统矩阵 A 的特征值 $\lambda_i(i=1,2,\cdots,n)$ 互异，经过非奇异线性变换成对角阵：

$$\begin{cases}\dot{\bar{x}}=\begin{bmatrix}\lambda_1 & & & 0\\ & \lambda_2 & & \\ & & \ddots & \\ 0 & & & \lambda_n\end{bmatrix}\bar{x}+Bu\\ y=\bar{c},\bar{x}\end{cases} \tag{4-49}$$

则系统能观测的充分必要条件是矩阵 $\bar{c}$ 中不包含元全为零的列。

例 4-14 有如下三个线性定常系统：

(1) $\dot{x}=\begin{bmatrix}-7 & & 0\\ & -5 & \\ 0 & & -1\end{bmatrix}x$，$y=[0\quad 4\quad 5]x$

(2) $\dot{x}=\begin{bmatrix}-7 & & 0\\ & -5 & \\ 0 & & -1\end{bmatrix}x$，$y=\begin{bmatrix}3 & 2 & 0\\ 0 & 3 & 1\end{bmatrix}x$

(3) $\dot{x}=\begin{bmatrix}-5 & & 0\\ & -4 & \\ 0 & & -1\end{bmatrix}x$，$y=\begin{bmatrix}3 & 0 & 0\\ 1 & 0 & 1\end{bmatrix}x$

试判别系统(1)、系统(2)、系统(3)的能观测性。

解：根据定理 4-14 可知，系统(1)、系统(3)是不能观测的。系统(2)是能观测的。

定理 4-15 ［**约当标准型判据**］系统矩阵 A 具有重特征值，$\lambda_1(l_1\text{重}),\lambda_2(l_2\text{重}),\cdots,\lambda_k(l_k\text{重})$，且对应每个重根只有一个约当块，$\sum_{i=1}^{k}l_i=n,\lambda_i\neq\lambda_j(i=j)$，经过非奇异线性变换成约当阵：

$$\begin{cases}\dot{\bar{x}}=\begin{bmatrix}J_1 & & & & 0\\ & J_2 & & & \\ & & \ddots & & \\ & 0 & & \ddots & \\ & & & & J_k\end{bmatrix}\bar{x}+Bu,\quad J_i=\begin{bmatrix}\lambda_i & 1 & & 0\\ & \lambda_i & 1 & \\ & & \ddots & \ddots \\ & 0 & & \ddots & 1\\ & & & & \lambda_i\end{bmatrix}\\ y=\bar{c}\bar{x}\end{cases} \tag{4-50}$$

则系统能观测的充分必要条件为 C 与每一个约当块对应的第一列元素不全为零。

定理 4-16 ［**能观测性约当规范型判据**］对 n 维连续时间线性时不变系统式(4-2)，设

n 个特征值为 $\lambda_1(\sigma_1\text{重},\alpha_1\text{重}),\lambda_2(\sigma_2\text{重},\alpha_2\text{重}),\cdots,\lambda_l(\sigma_l\text{重},\alpha_l\text{重})$，且有 $(\sigma_1+\sigma_2+\cdots+\sigma_l)=n$，$\lambda_i\neq\lambda_j,\forall i\neq j$，则系统完全能观测的充分必要条件为，对通过线性非奇异变换展出的约当规范型：

$$\begin{aligned}\dot{\hat{x}}&=\hat{A}\hat{x}\\ y&=\hat{C}\hat{x}\end{aligned} \tag{4-51}$$

其中，

$$\underset{(n\times n)}{\hat{A}}=\begin{bmatrix}J_1&&\\&\ddots&\\&&J_l\end{bmatrix},\quad \underset{(m\times n)}{\hat{C}}=[\hat{C}_1\quad\hat{C}_2\quad\cdots\quad\hat{C}_l] \tag{4-52}$$

$$\underset{(\sigma_i\times\sigma_i)}{J_i}=\begin{bmatrix}J_{i1}&&\\&\ddots&\\&&J_{i\alpha_i}\end{bmatrix},\quad \underset{(m\times\sigma_i)}{\hat{C}_i}=[\hat{C}_{i1}\quad\hat{C}_{i2}\quad\cdots\quad\hat{C}_{i\alpha_i}] \tag{4-53}$$

$$\underset{(r_{ik}\times r_{ik})}{J_{ik}}=\begin{bmatrix}\lambda_i&1&&\\&\lambda_i&\ddots&\\&&\ddots&1\\&&&\lambda_i\end{bmatrix},\quad \underset{(m\times r_{ik})}{\hat{C}_{ik}}=[\hat{c}_{1ik}\quad\hat{c}_{2ik}\quad\cdots\quad\hat{c}_{rik}] \tag{4-54}$$

$$k=1,2,\cdots,\alpha_i,\qquad \sum_{k=1}^{\alpha_i}r_{ik}=\sigma_i \tag{4-55}$$

由 $\hat{C}_{i1},\hat{C}_{i2},\cdots,\hat{C}_{i\alpha_i}$ 首列组成的矩阵列线性无关，即有

$$\operatorname{rank}[\hat{c}_{1i1}\quad\hat{c}_{1i2}\quad\cdots\quad\hat{c}_{1i\alpha_i}]=\alpha_i,\quad\forall i=1,2,\cdots,l \tag{4-56}$$

例 4-15 有如下线性定常系统：

(1) $\dot{x}=\left[\begin{array}{ccc|cc}3&1&0&&\\0&3&1&&0\\0&0&3&&\\\hline&&&-2&1\\&0&&0&-2\end{array}\right]x$，$y=\begin{bmatrix}1&1&1&1&0\\0&1&1&0&0\end{bmatrix}x$

(2) $\dot{x}=\left[\begin{array}{ccc|cc}3&1&0&&\\0&3&1&&0\\0&0&3&&\\\hline&&&-2&1\\&0&&0&-2\end{array}\right]x$，$y=\begin{bmatrix}1&1&1&0&1\\0&1&1&0&0\end{bmatrix}x$

(3) $\dot{x}=\left[\begin{array}{ccc|cc}3&1&0&&\\0&3&0&&0\\0&0&3&&\\\hline&&&-2&1\\&0&&0&-2\end{array}\right]x$，$y=\begin{bmatrix}1&1&1&1&0\\0&1&0&0&0\end{bmatrix}x$

$$(4)\ \dot{x}=\left[\begin{array}{ccc|cc}3&1&0&&\\0&3&0&&0\\0&0&3&&\\\hline &&&-2&1\\&0&&0&-2\end{array}\right]x,\quad y=\begin{bmatrix}1&0&1&1&0\\0&0&1&0&0\end{bmatrix}x$$

试判别系统的能观测性。

解：(1) 由于矩阵 C 对应于矩阵 A 特征值 3 和−2 的约当块第一列元素分别为$[1\quad 0]^{\mathrm{T}}$和$[1\quad 0]^{\mathrm{T}}$，故应用定理 4-15 可知，系统(1)能观测。

(2) 由于矩阵 C 对应于矩阵 A 特征值 3 和−2 的约当块第一列元素分别为$[1\quad 0]^{\mathrm{T}}$和$[0\quad 0]^{\mathrm{T}}$，故应用定理 4-15 可知，系统(2)不能观测。

(3) 矩阵 C 中对应于特征值 3 有两个约当块，其每个约当块第一列组成的矩阵为$\begin{bmatrix}1&1\\0&0\end{bmatrix}$，该矩阵的秩为 1。故应用定理 4-16 可知，系统(3)不能观测。

(4) 矩阵 C 中对应于特征值 3 有两个约当块，其每个约当块第一列组成的矩阵为$\begin{bmatrix}1&1\\0&1\end{bmatrix}$，该矩阵的秩为 2。故应用定理 4-16 可知，系统(4)不能观测。

上面介绍的几个定理都是用来判别系统能观测性的。虽然这些定理所表述的形式、方法不同，但它们在判别线性定常系统的能观测性时是等价的，只用一种方法判别即可。至于采用何种方法，视给出的问题的性质和求解方便性等因素加以选择。

4.4.2　线性时变系统的能观测性判据

连续时间线性时变系统的状态空间模型为

$$\begin{cases}\dot{x}=A(t)x+B(t)u\\y=C(t)x\\x(t_0)=x_0\end{cases}\tag{4-57}$$

式中，x、u、y 分别为 n、r、m 维向量；$A(t)$、$B(t)$、$C(t)$ 为满足矩阵运算相应维数的矩阵，$A(t)$、$B(t)$ 和 $C(t)$ 的元是在 $(-\infty,\infty)$ 上的 t 的连续函数。

定理 4-17　连续时间线性时变系统在时刻 t_0 能观测的充分必要条件是存在一个有限时间 $t_1>t_0$ 使得格拉姆能观测性矩阵

$$W_0(t_0,t_1)=\int_{t_0}^{t_1}\Phi^{\mathrm{T}}(t,t_0)C^{\mathrm{T}}(t)C(t)\Phi(t,t_0)\mathrm{d}t\tag{4-58}$$

非奇异。$W_0(t_0,t_1)$ 被称为格拉姆能观测性矩阵。

与能控性的判别相似，求系统状态转移矩阵 $\Phi(t,t_0)$ 是困难的。如果 $A(t)$ 和 $C(t)$ 的元是 $(n-1)$ 阶连续可微的，这时可以得到一个不必求系统状态转移矩阵的能观测性判据。

定理 4-18　如果连续时间线性时变系统的 $A(t)$ 和 $C(t)$ 的元是 $(n-1)$ 阶连续可微的，定义如下一组矩阵：

$$N_{k+1}(t)=N_k(t)A(t)+\frac{\mathrm{d}}{\mathrm{d}t}N_k(t),\quad k=0,1,\cdots,n-1 \tag{4-59}$$

$$N_0(t)=C(t) \tag{4-60}$$

则系统在时刻$t_0\in J$完全能控的一个充分条件为，存在一个有限时刻$t_1\in J,t_1>t_0$，使得

$$\operatorname{rank}\begin{bmatrix} N_0(t_1) \\ N_1(t_1) \\ \vdots \\ N_{n-1}(t_1) \end{bmatrix}=n \tag{4-61}$$

则系统在t_0是能观测的。

这个定理是连续时间线性时变系统能观测的充分非必要条件。

例 4-16 给定一个连续时间线性时变系统：

$$\begin{bmatrix} \dot{x}_1 \\ \dot{x}_2 \\ \dot{x}_3 \end{bmatrix}=\begin{bmatrix} t & 1 & 0 \\ 0 & 2t & 0 \\ 0 & 0 & t^2+t \end{bmatrix}=\begin{bmatrix} x_1 \\ x_2 \\ x_3 \end{bmatrix},\quad J=[0,2],\quad t_0=0.5$$

$$y=[1\quad 1\quad 1]\begin{bmatrix} x_1 \\ x_2 \\ x_3 \end{bmatrix}$$

解：通过计算，定出：

$$N_0(t)=C(t)=[1\quad 1\quad 1]$$

$$N_1(t)=N_0(t)A(t)+\frac{\mathrm{d}}{\mathrm{d}t}N_0(t)=[t\quad 2t+1\quad t^2+t]$$

$$N_2(t)=N_1(t)A(t)+\frac{\mathrm{d}}{\mathrm{d}t}N_1(t)=[t^2+1\quad 4t^2+3t+2\quad (t^2+t)^2+(2t+1)]$$

可以找到$t=2\in[0,2]$，使

$$\operatorname{rank}\begin{bmatrix} N_0(t) \\ N_1(t) \\ N_2(t) \end{bmatrix}_{t=2}=\operatorname{rank}\begin{bmatrix} 1 & 1 & 1 \\ 2 & 5 & 6 \\ 5 & 24 & 41 \end{bmatrix}=3$$

据秩判据可知，系统在时刻$t=0.5$完全能观测。

4.4.3 能观测性指数

考察连续时间线性时不变系统：

$$\begin{cases} \dot{x}=Ax \\ y=Cx \quad ,t\geqslant 0 \\ x(0)=x_0 \end{cases} \tag{4-62}$$

式中，x为n维状态；y为m维输出；A和C分别为$n\times n$和$n\times m$常值矩阵。

k 为正整数，组成如下 $km\times n$ 矩阵：

$$\bar{Q}_k=\begin{bmatrix} C \\ CA \\ \vdots \\ CA^{k-1} \end{bmatrix} \tag{4-63}$$

定义 4-4　[**能观测性指数**]完全能观测 n 维连续时间线性时不变系统式(4-62)的能观测性指数定义为

$$\nu \triangleq 使\mathrm{rank}\bar{Q}_k=n的k最小正整数 \tag{4-64}$$

结论 4-6　[**能观测性指数**]对完全能观测单输出连续时间线性时不变系统式(4-62)，状态维数为 n，则能观测性指数为

$$\nu=n \tag{4-65}$$

结论 4-7　[**能观测性指数**]对完全能观测多输出连续时间线性时不变系统式(4-62)，状态维数为 n，输出维数为 m，设 $\mathrm{rank}C=q$，则能观测性指数满足如下估计：

$$\frac{n}{m}\leqslant\nu\leqslant n-q+1 \tag{4-66}$$

结论 4-8　[**能观测性指数**]对完全能观测多输出连续时间线性时不变系统式(4-62)，状态维数为 n，输入维数为 m，$\bar{n}$ 为矩阵 A 最小多项式次数，设 $\mathrm{rank}C=q$，则能观测性指数满足如下估计：

$$\frac{n}{m}\leqslant\nu\leqslant\min(\bar{n},n-q+1) \tag{4-67}$$

结论 4-9　[**能观测性判据**]对多输出连续时间线性时不变系统式(4-62)，状态维数为 n，输入维数为 m，设 $\mathrm{rank}C=q$，则系统完全能观测的充分必要条件为

$$\mathrm{rank}Q_{n-q+1}=\mathrm{rank}[C^{\mathrm{T}}\vdots A^{\mathrm{T}}C^{\mathrm{T}}\vdots\cdots\vdots(A^{\mathrm{T}})^{n-q}C^{\mathrm{T}}]=n \tag{4-68}$$

结论 4-10　[**能观测性指数属性**]对完全能观测多输出连续时间线性时不变系统式(4-62)，状态维数为 n，输入维数为 m，设 $\mathrm{rank}C=q$，将 Q_ν 表示为

$$Q_\nu=\begin{bmatrix} c_1 \\ \vdots \\ c_q \\ \vdots \\ c_1A \\ \vdots \\ c_qA \\ \vdots \\ c_1A^{\nu-1} \\ \vdots \\ c_qA^{\nu-1} \end{bmatrix} \tag{4-69}$$

按从上至下的顺序依次搜索 Q_ν 中 n 个线性无关行，若某个行不为上方各线性独立行

的线性组合则为线性无关，否则就为线性相关。考虑到矩阵 C 中有且仅有 q 个线性无关行，故可将 n 个线性无关行重新排列，并为节省空间将其分为几列：

$$\begin{matrix} c_1, c_2, \cdots, c_q \\ c_1 A, c_2 A, \cdots, c_q A \\ \vdots \\ c_1 A^{v_1 - 1}, c_2 A^{v_2 - 1}, \cdots, c_q A^{v_q - 1} \end{matrix} \tag{4-70}$$

其中，

$$v_1 + v_2 + \cdots + v_q = n \tag{4-71}$$

能观测性指数 ν 满足关系式：

$$\nu = \max\{v_1, v_2, \cdots, v_q\} \tag{4-72}$$

且称 $\{v_1, v_2, \cdots, v_q\}$ 为系统能观测性指数集。

4.5 离散系统的能控性和能观测性

由于离散时间线性系统可以按线性连续系统离散化处理，因此其能控性和能观测性问题在概念和判据上与连续时间线性系统极为相似。相对于线性连续系统，离散时间线性系统（不管时不变系统还是时变系统）能控性和能观测性判别中的计算过程更为简单。本节仅对离散时间线性时不变系统能控性和能观测性的常用判据和主要属性进行讨论。

考虑线性定常离散系统方程为

$$\begin{cases} x(k+1) = Gx(k) + Hu(k) \\ y(k) = Cx(k) \end{cases} \tag{4-73}$$

式中，$x(k)$、$u(k)$、$y(k)$ 分别为 n、r、m 维向量；G、H、C 满足矩阵运算。

4.5.1 线性离散系统的能控性定义

定义 4-5 ［**能控性**］对线性定常离散系统式(4-73)的任意初始状态 $x(h) = x_0$，$h \in T_k$，如果存在 $k > h$，$k \in T_k$，和容许控制序列 $u(k)$，使得系统在输入作用下由 $x(h) = x_0$ 状态在 k 时刻到达原点，即 $x(k) = 0$，则称系统在 h 时刻是状态完全能控的，简称系统是能控的。

定义 4-6 ［**能达性**］对线性定常离散系统式(4-73)的任意初始状态 $x(h) = 0$，$h \in T_k$，存在 $k > 0$，如果存在 $k > h$，$k \in T_k$ 和容许控制序列 $u(k)$，使得系统在输入作用下由 $x(h) = 0$ 状态在 k 时刻到达任意点，即 $x(k) \neq 0$，称系统在 h 时刻是状态完全能达的，简称系统是能达的。

在连续系统中，系统的能达性与能控性是等价的，而离散系统的能达性与能控性之间关系如何呢？离散系统与连续系统略有差别。在离散系统中，如果系数矩阵 G 是非奇异的，则能达性与能控性等价。也就是说，离散系统中的能达性和能控性等价是有条件的。

4.5.2　能控性判据

定理 4-19　［**能控性格拉姆判据**］对线性定常离散系统式(4-73)，若系统矩阵 G 非奇异，则系统完全能控的充分必要条件为，存在时刻 $l>0$，使如下定义的格拉姆矩阵

$$W_c[0,l]=\sum_{k=0}^{l-1}G^kHH^{\mathrm{T}}(G^{\mathrm{T}})^k \tag{4-74}$$

为非奇异。若系统矩阵 G 奇异，则上述格拉姆矩阵非奇异为系统完全能控的充分条件。

定理 4-20　［**能控性秩判据**］线性定常离散系统式(4-73)能控的充分必要条件是 $n\times nr$ 能控性矩阵 Q_c 的秩为 n，即

$$\mathrm{rank}Q_c=\mathrm{rank}[H\quad GH\quad G^2H\quad \cdots\quad G^{n-1}H]=n \tag{4-75}$$

证明： 设系统初始状态 $x(0)$，系统式(4-73)中状态方程的解为

$$x(k)=G^kx(0)+\sum_{i=0}^{k-1}G^{k-i-1}Hu(i)$$

如果系统能控，则在 $k>0$ 时有 $x(k)=0$，即

$$x(k)=G^kx(0)+\sum_{i=0}^{k-1}G^{k-i-1}Hu(i)=0$$

或

$$-G^kx(0)=[G^{k-1}H\quad G^{k-2}H\quad \cdots\quad GH\quad H]\begin{bmatrix}u(0)\\u(1)\\\vdots\\u(k-1)\end{bmatrix}_{kr\times 1} \tag{4-76}$$

这是一个有 n 个方程的代数方程组，而待求的控制序列有 kr 个。关于这样的代数方程组有解的充分必要条件以及解法，在矩阵理论中有介绍，这里省略。不过当 $kr\geqslant n$ 时，要求 $u(0),u(1),\cdots,u(n-1)$ 的充分必要条件是 $Q_c=[H\quad GH\quad G^2H\quad \cdots\quad G^{n-1}H]$ 满秩，即 $\mathrm{rank}Q_c=n$。

应该指出的是，在离散系统中，只有当

$$k\geqslant\frac{n}{r} \tag{4-77}$$

时，才可能使系统能控。当 $u(k)$ 是标量时，$k\geqslant n$。注意，这里的 k 是指 k 个采样周期。就是说 $k\geqslant n$ 的条件，表明能控时间大于或等于 n 个采样周期，而最小能控时间为 n 个采样周期。

例 4-17　线性定常离散系统状态方程为

$$x(k+1)=\begin{bmatrix}1&0&0\\0&2&-2\\-1&1&0\end{bmatrix}x(k)+\begin{bmatrix}1\\0\\-1\end{bmatrix}u(k)$$

试判断系统的能控性。

解：

$$\operatorname{rank}Q_c = \operatorname{rank}[H \quad GH \quad G^2H] = \operatorname{rank}\begin{bmatrix} 1 & 1 & 1 \\ 0 & 2 & 6 \\ -1 & -1 & 0 \end{bmatrix} = 3 = n$$

故系统能控。

4.5.3 能观测性定义

定义 4-7 对线性定常离散系统式(4-73)的任意初始时刻 $h \in T_k$ 和非零初始状态 $x(h) = x_0$，如果存在 $l > h$，$l \in T_k$，能够根据有限采样周期 $y(k)$，唯一地确定系统的初始状态 x_0，则称系统在时刻 h 是状态完全能观测的，简称系统是能观测的。

同样也可以讨论系统的能检测性，而且离散系统的能检测性、能观测性之间的关系与连续系统略有差别。在离散系统中，只有系数矩阵 G 是非奇异时，能检测性与能控性才是等价的，也就是说，离散系统的能检测性和能观测性是有条件等价的。

4.5.4 能观测性判据

定理 4-21 ［**能观测性格拉姆判据**］线性定常离散系统式(4-73)完全能观测的充分必要条件为，存在一个离散时刻 $l > 0$，使如下定义的格拉姆矩阵：

$$W_o[0,l] = \sum_{k=0}^{l-1} (G^{\mathrm{T}})^k C^{\mathrm{T}} C G^k \tag{4-78}$$

为非奇异。

定理 4-22 ［**能观测性秩判据**］线性定常离散系统式(4-73)能观测的充分必要条件是 $nm \times n$ 能观测性矩阵 Q_0 的秩为 n，即

$$\operatorname{rank}Q_0 = \operatorname{rank}\begin{bmatrix} C \\ CG \\ \vdots \\ CG^{k-1} \end{bmatrix} = n \tag{4-79}$$

证明： 由于能观测性与 $u(k)$ 无关，简单起见令 $u(k) \equiv 0$，则系统方程为

$$\begin{cases} x(k+1) = Gx(k) \\ y(k) = Cx(k) \end{cases} \tag{4-80}$$

当 $k = 0,1,\cdots,k-1$ 时有

$$\begin{gathered} y(0) = Cx(0) \\ y(1) = Cx(1) = CGx(0) \\ y(2) = Cx(2) = CG^2x(0) \\ \vdots \\ y(k-1) = Cx(k-1) = CG^{k-1}x(0) \end{gathered}$$

记成矩阵、向量形式：

$$\begin{bmatrix} C \\ CG \\ \vdots \\ CG^{k-1} \end{bmatrix} x(0) = \begin{bmatrix} y(0) \\ y(1) \\ \vdots \\ y(k-1) \end{bmatrix} \tag{4-81}$$

当 $mk \geqslant n$ 时，通过 $y(0), y(1), \cdots, y(k-1)$ 唯一地求出 $x(0)$，其充分必要条件是

$$Q_0 = \begin{bmatrix} C \\ CG \\ \vdots \\ CG^{k-1} \end{bmatrix} \text{满秩}$$

即

$$\operatorname{rank} Q_0 = n \tag{4-82}$$

这里应指出的是，在离散系统中，只有当 $k \geqslant n/m$ 时，系统才是能观测的。当 $y(k)$ 为标量时，$k \geqslant n$。

注意，这里的 k 同样是指 k 个采样周期。也就是说，$k \geqslant n$ 的条件表明，能观测时间大于或等于 n 个采样周期，而最小能观测时间为 n 个采样周期。

例 4-18　线性定常离散系统方程如下，试判别系统的能观测性。

$$x(k+1) = \begin{bmatrix} 1 & 0 & 0 \\ 0 & 2 & -2 \\ -1 & 1 & 0 \end{bmatrix} x(k) + \begin{bmatrix} 1 \\ 0 \\ -1 \end{bmatrix} u(k)$$

$$y(k) = [1 \quad 1 \quad 1] x(k)$$

解：

$$\operatorname{rank} Q_0 = \operatorname{rank} \begin{bmatrix} C \\ CG \\ CG^2 \end{bmatrix} = \operatorname{rank} \begin{bmatrix} 1 & 1 & 1 \\ 0 & 3 & -2 \\ 2 & 4 & -6 \end{bmatrix} = 3 = n$$

故系统能观测。

应当指出，离散系统经过非奇异线性变换，能控性与能观测性不改变，故离散系统还有其他与连续系统类似的判别方法。

4.6　对偶原理

从前面的讨论中可以看出，系统能控性是研究输入 $u(t)$ 与状态 $x(t)$ 之间的关系，而能观测性是研究输出 $y(t)$ 与状态 $x(t)$ 之间的关系。对于线性系统，无论是连续时间系统还是离散时间系统，无论是时变系统还是时不变系统，其系统能控性与能观测性在概念及判据的形式上都很相似。这给人们一个启示，即能控性与能观测性之间存在某种内在的联系。这个联系就是卡尔曼提出的对偶性。对偶性体现了系统结构上的内在必然联系，实质上反

映了系统控制问题和系统估计问题的对偶性。

4.6.1 对偶系统

考虑线性定常系统$\Sigma(A,B,C)$的状态空间描述：

$$\begin{cases}\dot{x}=Ax+Bu\\ y=Cx\end{cases} \tag{4-83}$$

式中，x、u、y分别为n、r、m维向量；A、B、C分别为$n\times n$、$n\times r$、$m\times n$矩阵。其状态图如图4-4(a)所示。

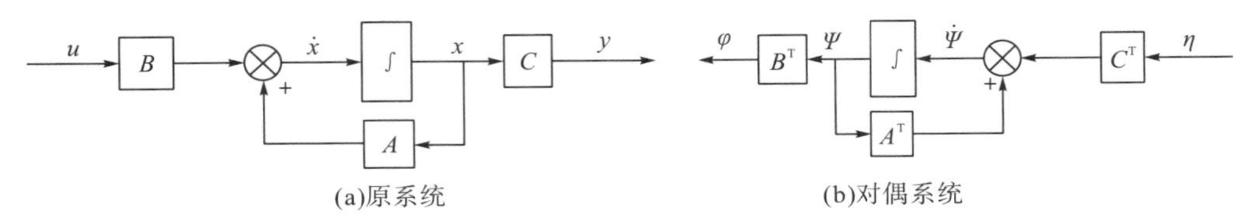

(a)原系统 (b)对偶系统

图4-4 对偶系统状态图

定义4-8 [**对偶系统**]对连续时间线性时不变系统式(4-83)，其对偶系统定义为满足如下关系的一个连续时间线性时不变系统：

$$\Sigma_d(A^{\mathrm{T}},C^{\mathrm{T}},B^{\mathrm{T}}):\begin{cases}\dot{\psi}=A^{\mathrm{T}}\psi+C^{\mathrm{T}}\eta\\ \varphi=B^{\mathrm{T}}\psi\end{cases} \tag{4-84}$$

式中，协状态ψ为n维列向量；输入η为m维列向量；输出φ为r维列向量。

对于连续时间线性时变系统：

$$\begin{cases}\dot{x}=A(t)x+B(t)u\\ y=C(t)x\end{cases} \tag{4-85}$$

式中，状态x为n维列向量；输入u为r维列向量；输出y为m维列向量。则其对偶系统定义为如下形式的一个连续时间线性时变系统：

$$\begin{cases}\dot{\psi}=-A^{\mathrm{T}}(t)\psi+C^{\mathrm{T}}(t)\eta\\ \varphi=B^{\mathrm{T}}(t)\psi\end{cases} \tag{4-86}$$

式中，协状态ψ为n维列向量，输入η为m维列向量，输出φ为r维列向量。

一般说来，原构系统$\Sigma(A,B,C)$和对偶系统$\Sigma_d(A^{\mathrm{T}},C^{\mathrm{T}},B^{\mathrm{T}})$之间具有如下一些对应属性。

1)结构图的对偶性

原构系统$\Sigma(A,B,C)$是一个r维输入m维输出的n阶系统，结构图如图4-4(a)所示。对偶系统$\Sigma_d(A^{\mathrm{T}},C^{\mathrm{T}},B^{\mathrm{T}})$是一个$m$维输入$r$维输出的$n$阶系统，结构图如图4-4(b)所示。

2)传递函数对偶性

互为对偶的两个系统传递函数互为转置，特征方程相等。

证明：设由原系统Σ求得的传递函数矩阵为$G_1(s)$，其对偶系统Σ_d的传递函数矩阵为$G_2(s)$，则

$$\begin{cases} G_1(s) = C[sI - A]^{-1}B \\ G_2(s) = B^{\mathrm{T}}[sI - A^{\mathrm{T}}]C^{\mathrm{T}} = [C\left(sI - A\right)^{-1}B]^{\mathrm{T}} = G_1^{\mathrm{T}}(s) \end{cases} \tag{4-87}$$

且原系统的特征方程 $\det[\lambda I - A]$ 等于对偶系统的特征方程 $\det[\lambda I - A^{\mathrm{T}}]$，即

$$\det[\lambda I - A] = \det[\lambda I - A^{\mathrm{T}}]$$

3）状态转移矩阵的对偶性

设 $\Phi(t)$ 和 $\Phi_d(t)$ 为原构系统 Σ 和对偶系统 Σ_d 的状态转移矩阵，则两者之间具有如下对偶属性：

$$\Phi_d(t) = \Phi^{\mathrm{T}}(t) \tag{4-88}$$

证明： $\Phi_d(t) = \mathrm{e}^{A^{\mathrm{T}}t} = I + A^{\mathrm{T}}t + \dfrac{1}{2!}(A^{\mathrm{T}})^2t^2 + \cdots$

$$= \left(I + At + \frac{1}{2!}A^2t^2 + \cdots\right)^{\mathrm{T}} = (\mathrm{e}^{At})^{\mathrm{T}}$$

$$= \Phi^{\mathrm{T}}(t)$$

证明完成。

对于线性时变系统，对偶系统 Σ_d 状态方程，可以导出对偶系统的状态转移矩阵 $\Phi_d(t,t_0)$ 等于原系统的状态转移矩阵逆阵的转置。

4.6.2　对偶原理

在对偶系统的基础上讨论和建立线性系统能控性和能观测性间的对偶关系，即对偶原理。

定理 4-23　［**对偶原理**］设 Σ 为原构线性系统，Σ_d 为对偶线性系统，则有

$$\Sigma\text{完全能控} \Leftrightarrow \Sigma_d\text{完全能观测}$$

$$\Sigma\text{完全能观测} \Leftrightarrow \Sigma_d\text{完全能控}$$

证明： 对于原系统式(4-83)的能控性矩阵记为

$$Q_c = [B \quad AB \quad \cdots \quad A^{n-1}B] \tag{4-89}$$

能观测性矩阵记为

$$Q_o = \begin{bmatrix} C \\ CA \\ \vdots \\ CA^{n-1} \end{bmatrix} \tag{4-90}$$

对于对偶系统式(4-84)的能控性矩阵记为

$$Q_{dc} = [C^{\mathrm{T}} \quad A^{\mathrm{T}}C^{\mathrm{T}} \quad \cdots \quad (A^{\mathrm{T}})^{n-1}C^{\mathrm{T}}] = \begin{bmatrix} C \\ CA \\ \vdots \\ CA^{n-1} \end{bmatrix}^{\mathrm{T}} \tag{4-91}$$

能观测性矩阵记为

$$Q_{do}=\begin{bmatrix} B^{\mathrm{T}} \\ B^{\mathrm{T}}A^{\mathrm{T}} \\ \vdots \\ B^{\mathrm{T}}(A^{\mathrm{T}})^{n-1} \end{bmatrix}=[B \quad AB \quad \cdots \quad A^{n-1}B]^{\mathrm{T}} \tag{4-92}$$

比较式(4-89)～式(4-92)可知，

$$Q_c=Q_{do}^{\mathrm{T}} \tag{4-93}$$

$$Q_o=Q_{dc}^{\mathrm{T}} \tag{4-94}$$

由于判别系统的能控性与能观测性是根据计算矩阵Q_c和Q_o的秩来决定的，而矩阵与其转置的秩是一样的。因此式(4-93)和式(4-94)表明：线性定常系统原系统的能控性等价于对偶系统的能观测性；而原系统的能观测性等价于对偶系统的能控性。

有了对偶原理，一个系统的能控性问题可以通过其对偶系统的能观测性问题来解决；而系统的能观测性问题可以通过其对偶系统的能控性问题来解决，这在控制理论的研究中有重要意义。对偶原理找到了系统控制问题与观测问题的内在联系，建立了系统控制问题和系统估计问题基本结论间的对应关系，使得系统状态的观测、估计等问题和系统的控制问题可以互相转化。

例 4-19 线性定常系统方程为

$$\begin{cases} \dot{x}=Ax+Bu=\begin{bmatrix} 0 & 0 & 1 \\ 1 & 0 & 0 \\ 0 & 1 & 0 \end{bmatrix}x+\begin{bmatrix} 1 \\ 0 \\ 0 \end{bmatrix}u \\ y=Cx=[0 \quad 0 \quad 1]x \end{cases}$$

试判别系统的能观测性。

解：该题可以通过直接判定能观测性矩阵的秩来判别系统的能观测性。但是为了熟悉对偶原理的应用，下面用检查其对偶系统的能控性来判别系统的能观测性。该系统的对偶系统为

$$\begin{cases} \dot{\psi}=A^{\mathrm{T}}\psi+B^{\mathrm{T}}\eta=\begin{bmatrix} 0 & 1 & 0 \\ 0 & 0 & 1 \\ 1 & 0 & 0 \end{bmatrix}\psi+\begin{bmatrix} 0 \\ 0 \\ 1 \end{bmatrix}\eta \\ \varphi=B^{\mathrm{T}}\psi=[1 \quad 0 \quad 0]\psi \end{cases}$$

能控性矩阵为

$$Q_c=\begin{bmatrix} 0 & 1 & 0 \\ 0 & 0 & 1 \\ 1 & 0 & 0 \end{bmatrix}, \quad \mathrm{rank}Q_c=3=n$$

对偶系统能控。根据对偶原理可知，原系统能观测。

$$Q_o=\begin{bmatrix} C \\ CA \\ CA^2 \end{bmatrix}=\begin{bmatrix} 0 & 0 & 1 \\ 0 & 1 & 0 \\ 1 & 0 & 0 \end{bmatrix}$$

可见$\mathrm{rank}Q_o=3=n$，系统能观测，与按对偶原理判别的结果一致。

4.7　能控标准型和能观测标准型

能控标准型和能观测标准型是完全能控系统和完全能观测系统的标准型状态空间描述，能揭示系统能控/能观测特征和结构特性。在状态反馈控制和状态观测器的综合问题中，这两种标准型有着重要的应用。

对于单输入单输出(SISO)系统，能控性判定矩阵只有唯一的一组线性无关矢量，因此其能控标准型是唯一的。对于多输入多输出(MIMO)系统在能控性矩阵中，独立列向量的选取不唯一，其能控标准型也是不唯一的。相比于 SISO 情形，MIMO 连续时间线性时不变系统的能控标准型和能观测标准型，无论标准型形式还是构造方法都要复杂一些。

4.7.1　SISO 系统能控标准型

设单输入单输出连续时间线性时不变系统状态空间模型为

$$\begin{cases} \dot{x} = Ax + bu \\ y = cx \end{cases} \tag{4-95}$$

式中，x 为 n 维向量；u 和 y 为标量；A、b、c 为满足矩阵运算的矩阵。系统式(4-95)的能控性矩阵为

$$Q_c = [Ab \quad b \quad \cdots \quad A^{n-1}b]$$

如果系统能控，则 $\operatorname{rank} Q_c = n$。

设 A 的特征多项式为

$$\det[\lambda I - A] = \lambda^n + a_{n-1}\lambda^{n-1} + \cdots + a_1\lambda + a_0 \tag{4-96}$$

定理 4-24　[**能控标准型**]连续时间线性时不变系统式(4-95)是能控的，则存在线性非奇异变换 $x = P^{-1}x$，且

$$P = [e_1 \quad e_2 \quad \cdots \quad e_n] = [b \quad Ab \quad \cdots \quad A^{n-1}b]\begin{bmatrix} a_1 & a_2 & \cdots & a_{n-1} & 1 \\ a_2 & a_3 & \iddots & 1 & 0 \\ \vdots & \iddots & \iddots & 0 & 0 \\ a_{n-1} & 1 & \iddots & 0 & 0 \\ 1 & 0 & 0 & 0 & 0 \end{bmatrix} \tag{4-97}$$

将其变成如下形式的能控标准型：

$$\Sigma_c：\dot{x} = \overline{A}_c x + \overline{b}_c u$$
$$y = \overline{c}_c x$$

其中，

$$\bar{A}_c = P^{-1}AP = \left[\begin{array}{c|ccc} 0 & 1 & & \\ \vdots & & \ddots & \\ 0 & & & 1 \\ \hline -a_0 & -a_1 & \cdots & -a_{n-1} \end{array}\right],\quad \bar{b}_c = P^{-1}b = \begin{bmatrix} 0 \\ 0 \\ \vdots \\ 1 \end{bmatrix} \tag{4-98}$$

$$\bar{c}_c = cP = [\beta_0, \beta_1, \cdots \beta_{n-1}]$$

并且，

$$\beta_0 = c[A^{n-1}b + a_{n-1}A^{n-2}b + \cdots + a_1 b]$$
$$\vdots$$
$$\beta_{n-2} = c[Ab + a_{n-1}b]$$
$$\beta_{n-1} = cb$$

证明：(1) 证明 $\bar{A}_c$。

设 $P = [e_1 \quad e_2 \quad \cdots \quad e_n]$，利用 $\bar{A}_c = P^{-1}AP$，可以得到

$$P\bar{A}_c = AP = [Ae_1 \quad Ae_2 \quad \cdots \quad Ae_n] = [Ab \quad A^2b \quad \cdots \quad A^n b]\begin{bmatrix} a_1 & a_2 & \cdots & a_{n-1} & 1 \\ a_2 & a_3 & \cdots & 1 & 0 \\ \vdots & \vdots & \ddots & 0 & 0 \\ a_{n-1} & 1 & \cdots & 0 & 0 \\ 1 & 0 & 0 & 0 & 0 \end{bmatrix} \tag{4-99}$$

利用凯莱-哈密顿定理 $\alpha(A) = 0$ 和变换矩阵定义式(4-97)，可以导出

$$\begin{cases} Ae_1 = (A^n b + \alpha_{n-1}A^{n-1}b + \cdots + \alpha_1 Ab + \alpha_0 b) - \alpha_0 b = -\alpha_0 e_n \\ Ae_2 = (A^{n-1}b + \alpha_{n-1}A^{n-2}b + \cdots + \alpha_2 Ab + \alpha_1 b) - \alpha_1 b = e_1 - \alpha_1 e_n \\ Ae_{n-1} = (A^2 b + \alpha_{n-1}Ab + \alpha_{n-2}b) - \alpha_{n-2}b = e_{n-2} - \alpha_{n-2}e_n \\ Ae_n = (Ab + \alpha_{n-1}b) - \alpha_{n-1}b = e_{n-1} - \alpha_{n-1}e_n \end{cases} \tag{4-100}$$

将式(4-100)代入式(4-99)，有

$$P\bar{A}_c = [-\alpha_0 e_n, e_1 - \alpha_1 e_n, \cdots, e_{n-2} - \alpha_{n-2}e_n, e_{n-1} - \alpha_{n-1}e_n]$$
$$= [e_1 \quad e_2 \quad \cdots \quad e_n]\left[\begin{array}{c|ccc} 0 & 1 & & \\ \vdots & & \ddots & \\ 0 & & & 1 \\ \hline -a_0 & -a_1 & \cdots & -a_{n-1} \end{array}\right]$$

因 $[e_1, e_2, \cdots, e_n] = P$，从而将上式左乘 P^{-1}，即证得 $\bar{A}_c$ 表达式。

(2) 证明 $\bar{b}_c$。

对此，利用 $\bar{b}_c = P^{-1}b$ 和变换矩阵定义式(4-97)，可以得到

$$P\bar{b}_c = b = e_u = [e_1, e_2, \cdots, e_n]\begin{bmatrix} 0 \\ 0 \\ \vdots \\ 1 \end{bmatrix} = P\begin{bmatrix} 0 \\ 0 \\ \vdots \\ 1 \end{bmatrix}$$

将上式左乘 P^{-1}，即得 $\bar{b}_c$ 表达式。

(3) 推导 $\overline{c}_c$。利用 $\overline{c}_c = cP$ 和变换矩阵定义式(4-97)，即可证得

$$\overline{c}_c = cP = [cb \quad cAb \quad \cdots \quad cA^{n-1}b]\begin{bmatrix} a_1 & a_2 & \cdots & a_{n-1} & 1 \\ a_2 & & & & \\ \vdots & & \cdot^{\cdot^{\cdot}} & & \\ a_{n-1} & & \cdot^{\cdot^{\cdot}} & 0 & \\ 1 & & & & \end{bmatrix} = [\beta_0, \beta_1, \cdots \beta_n]$$

证明完成。

从定理 4-24 中可以看出：①式(4-97)定义的变换矩阵，反映了系统的能控性和结构性特征，对能控性特征的表征为，当且仅当系统为完全能控时，矩阵 P 非奇异，对结构性特性的表征为，特征多项式系数组 $\alpha_1,\cdots,\alpha_{n-1}$ 被直接引入矩阵 P 中；②能控标准型以明显形式直接和特征多项式系数 $\{\alpha_0,\alpha_1,\cdots,\alpha_{n-1}\}$ 联系起来，在第 6 章会很清楚地看到这对于综合系统状态反馈和系统仿真研究都是很方便的。

例 4-20　已知能控的线性定常系统如下，试将其变换成能控标准型。

$$\begin{cases} \dot{x} = \begin{bmatrix} 1 & 0 & 1 \\ 0 & 1 & 0 \\ 1 & 0 & 0 \end{bmatrix} x + \begin{bmatrix} 0 \\ 1 \\ 1 \end{bmatrix} u \\ y = Cx = [1 \quad 1 \quad 0]x \end{cases}$$

解：(1) 能控性矩阵 $Q_c = [b \quad Ab \quad A^2b] = \begin{bmatrix} 0 & 1 & 1 \\ 1 & 1 & 1 \\ 1 & 0 & 1 \end{bmatrix}$，$\mathrm{rank}Q_c = 3$，系统能控。

(2) A 的特征多项式 $\det[\lambda I - A] = \det\begin{bmatrix} \lambda-1 & 0 & -1 \\ 0 & \lambda & 0 \\ -1 & 0 & \lambda \end{bmatrix} = \lambda^3 - 2\lambda^2$

(3) 计算变换矩阵：

$$P = [b \quad Ab \quad A^2b]\begin{bmatrix} a_1 & a_2 & 1 \\ a_2 & 1 & 0 \\ 1 & 0 & 0 \end{bmatrix} = \begin{bmatrix} 0 & 1 & 1 \\ 1 & 1 & 1 \\ 1 & 0 & 1 \end{bmatrix}\begin{bmatrix} 0 & -2 & 1 \\ -2 & 1 & 0 \\ 1 & 0 & 0 \end{bmatrix} = \begin{bmatrix} -1 & 1 & 0 \\ -1 & -1 & 1 \\ 1 & -2 & 1 \end{bmatrix}$$

$$P^{-1} = \begin{bmatrix} -1 & 1 & 0 \\ -1 & -1 & 1 \\ 1 & -2 & 1 \end{bmatrix}^{-1} = \begin{bmatrix} 1 & -1 & 1 \\ 2 & -1 & 1 \\ 3 & -1 & 2 \end{bmatrix}$$

(4) 计算 $\overline{C}_c$：

$$\overline{C}_c = CP = [1 \quad 1 \quad 0]\begin{bmatrix} -1 & 1 & 0 \\ -1 & -1 & 1 \\ 1 & -2 & 1 \end{bmatrix} = [-2 \quad 0 \quad 1]$$

(5)能控标准型为

$$\dot{\bar{x}}=\begin{bmatrix}0&1&0\\0&0&1\\-1&0&2\end{bmatrix}\bar{x}+\begin{bmatrix}0\\0\\1\end{bmatrix}u$$

由于线性变换不改变系统的传递函数，故由能控标准型的系统方程求得的传递函数就是该系统的传递函数。若传递函数为$G(s)$，则

$$G(s)=\bar{C}[sI-\bar{A}]^{-1}\bar{b}=\frac{\beta_{n-1}s^{n-1}+\beta_{n-2}s^{n-2}+\cdots+\beta_1 s+\beta_0}{s^n+a_{n-1}s^{n-1}+\cdots+a_1 s+a_0} \tag{4-101}$$

因此，一个系统状态空间模型变成能控标准型时，就可以直接写出其传递函数。反之，式(4-101)所示的传递函数，也可直接写出其能控标准型状态方程。

在 Matlab 中求解例 4-20 的程序代码 ObsvCtrl3.m 如下：

```
%将系统化为能控标准型 ObsvCtrl3.m
A=[1 0 1;0 1 0;1 0 0];B=[0;1;1];C=[1 1 0];D=0;
n=length(A);A_Poly=[];Mc1=[];
Mc=ctrb(A,B);                %求能控性矩阵
if(rank(Mc)~=n)                  %判定能控性
    error('系统不能控！ ')
else
    p=poly(A);%求系统特征多项式的系数矩阵
for i=1:n
        A_Poly=[A_Poly p(1:n)'];p=[0 p(1:n)];
end
for i=n-1:-1:0
        Mc1=[Mc1 A^i*B];
end
    P=sym(Mc1*A_Poly)            %能控性变换矩阵 P
    Ac=inv(P)*A*P            %能控标准型矩阵 A
    Bc=inv(P)*B                  %能控标准型矩阵 B
    Cc=C*P                   %能控标准型矩阵 C
end
```

4.7.2 SISO 系统能观测标准型

定理 4-25 ［**能观测标准型**］若连续时间线性时不变系统式(4-95)能观测，则存在线性非奇异变换$\hat{x}=T^{-1}x$，且

$$T^{-1}=\begin{bmatrix} a_1 & a_2 & \cdots & a_{n-1} & 1 \\ a_2 & & \iddots & 1 & \\ \vdots & \iddots & \iddots & & \\ a_{n-1} & 1 & & & \\ 1 & & & & 0 \end{bmatrix}\begin{bmatrix} c \\ cA \\ \cdots \\ cA^{n-1} \end{bmatrix} \tag{4-102}$$

将其变成如下形式的能观测标准型：

$$\begin{cases} \dot{\hat{x}}=\overline{A}_o\hat{x}+\overline{b}_o u \\ y=\overline{c}_o\hat{x} \end{cases} \tag{4-103}$$

其中，

$$\overline{A}_o=T^{-1}AT=\begin{bmatrix} 0 & & & & -a_0 \\ 1 & 0 & & & -a_1 \\ 0 & 1 & \ddots & & -a_2 \\ \vdots & \ddots & \ddots & 0 & \vdots \\ 0 & & 0 & 1 & -a_{n-1} \end{bmatrix},\quad \overline{b}_o=T^{-1}b=\begin{bmatrix} \beta_0 \\ \beta_1 \\ \beta_2 \\ \vdots \\ \beta_{n-1} \end{bmatrix},$$

$$\begin{gathered} \overline{c}_o=cT=[0\quad 0\quad 0\quad \cdots\quad 1] \\ \beta_0=[cA^{n-1}+a_{n-1}cA^{n-2}+\cdots+a_1c]b \\ \vdots \\ \beta_{n-2}=[cA+a_{n-1}c]b \\ \beta_{n-1}=cb \end{gathered} \tag{4-104}$$

这个定理的证明类似于定理 4-22 的证明。实际上，由对偶原理可知，式(4-102)的形式是在预料之中的。上文讨论了能控标准型和能观测标准型，归纳起来引入标准型有如下几点好处：①可以根据标准型直接写出系统的传递函数；②可以直接看出系统能控性及能观测性，对于能表示成能控标准型的系数矩阵必是能控的系统，对于能表示成能观测标准型的系统必是能观测的系统；③在第 6 章中将看到，当系统表示成能控标准型或能观测标准型时，对于采用状态反馈设计系统以及实现状态重构都是很方便的。

例 4-21　给定一个完全能观测单输入单输出连续时间线性时不变系统：

$$\begin{cases} \dot{x}=\begin{bmatrix} 1 & 0 & 2 \\ 2 & 1 & 1 \\ 1 & 0 & -2 \end{bmatrix}x+\begin{bmatrix} 1 \\ 2 \\ 1 \end{bmatrix}u,\quad n=3 \\ y=[0\quad 1\quad 1]x \end{cases}$$

解：定出特征多项式：

$$\alpha(s)=\det(sI-A)=s^3-5s+4$$

和一组常数：

$$\begin{gathered} \beta_2=cb=3 \\ \beta_1=cAb+\alpha_2cb=4 \\ \beta_0=cA^2b+\alpha_2cAb+\alpha_1cb=0 \end{gathered}$$

基于此，利用变换关系式(4-102)和式(4-104)，即可得到系统能观测标准型为

$$\begin{cases}\dot{\hat{x}}=\begin{bmatrix}0 & 0 & -4\\ 1 & 0 & 5\\ 0 & 1 & 0\end{bmatrix}\hat{x}+\begin{bmatrix}0\\ 4\\ 3\end{bmatrix}u\\ y=[0 \quad 0 \quad 1]\hat{x}\end{cases}$$

进而，利用变换阵定义式(4-101)，定出变换阵为

$$T^{-1}=\begin{bmatrix}a_1 & a_2 & 1\\ a_2 & 1 & 0\\ 1 & 0 & 0\end{bmatrix}\begin{bmatrix}c\\ cA\\ cA^2\end{bmatrix}=\begin{bmatrix}-5 & 0 & 1\\ 0 & 1 & 0\\ 1 & 0 & 0\end{bmatrix}\begin{bmatrix}0 & 1 & 1\\ 3 & 1 & -1\\ 4 & 1 & 9\end{bmatrix}=\begin{bmatrix}4 & -4 & 4\\ 3 & 1 & -1\\ 0 & 1 & 1\end{bmatrix}$$

基于此，定出相对于能观测标准型的状态为

$$\hat{x}=T^{-1}x=\begin{bmatrix}-4 & -4 & 4\\ 3 & 1 & -1\\ 0 & 1 & 1\end{bmatrix}x=\begin{bmatrix}-x_1-4x_2+4x_3\\ 3x_1+x_2-x_3\\ x_2+x_3\end{bmatrix}$$

在 Matlab 中求解例 4-21 的程序代码 ObsvCtrl4.m 如下：

```
%将系统化为能观测标准型 ObsvCtrl4.m
A=[1 0 2;2 1 1;1 0 -2];B=[1;2;1];C=[0 1 1];D=0;
n=length(A);
p=poly(A);%求系统特征多项式的系数矩阵
Mo=obsv(A,C);%求能观测性矩阵
if(rank(Mo)~=n)%判定能观测性
    error('系统不能观测！')
else
    pp=[];pp= fliplr(p);     %求矩阵 p 中的元素倒换顺序
   A_Poly=[];
for i=1:n-1
        A_Poly=[A_Poly;pp(2:n+1)];pp=[pp(i+1:n+1) 0];
end
    A_Poly=[A_Poly;1 0 0]
    T=sym(A_Poly*Mo)%能观测性变换矩阵 P
    Ao=T*A*inv(T)%能观测标准型矩阵 A
    Bo=T*B%能观测标准型矩阵 B
    Co=C*inv(T)          %能观测标准型矩阵 C
end
```

4.7.3　MIMO 系统的能控标准型

相对于 SISO 系统，构造 MIMO 线性时不变系统能控标准型的变换矩阵要复杂得多，包括判别矩阵中线性无关列或行的搜索和变换阵构造中复杂的计算过程等。本节从基本性和实用性出发，讨论应用较广的旺纳姆(Wonham)能控标准型和龙伯格(Luenberger)能控标准型。

1. 搜索线性无关列或行的方案

对于多输入多输出情形，无论构造何种形式标准型，都将面临一个共同的问题，即找出能控性判别矩阵中 n 个线性无关列或能观测性判别矩阵中 n 个线性无关行。通常，这是一个搜索的过程。

考虑 n 维多输入多输出连续时间线性时不变系统，状态空间描述为

$$\begin{cases}\dot{x}=Ax+Bu\\ y=Cx\end{cases}\tag{4-105}$$

式中，A 为 $n\times n$ 常阵；B 和 C 分别为 $n\times r$ 和 $m\times n$ 常阵。再组成能控性判别阵 Q_c 和能观测性判别阵 Q_o 分别为

$$Q_c=[B\quad AB\quad A^2B\quad \cdots\quad A^{n-1}B]\tag{4-106}$$

$$Q_o=\begin{bmatrix}C\\ CA\\ \vdots\\ CA^{n-1}\end{bmatrix}\tag{4-107}$$

若系统完全能控，则有 $\text{rank}Q_c=n$，$n\times rn$ 矩阵 Q_c 中有且仅有 n 个线性无关的 n 维列向量；若系统完全能观测，则有 $\text{rank}Q_o=n$，$mn\times n$ 矩阵 Q_o 中有且仅有 n 个线性无关的 n 维行向量。下面以能控性判别矩阵 Q_c 为例说明搜索 Q_c 中 n 个线性无关列的思路和步骤，搜索 Q_o 中 n 个线性无关行的思路和步骤可按对偶性导出。

为使搜索 Q_c 中 n 个线性无关列向量的过程更为形象和直观，对给定 (A,B) 建立形如图 4-5 和图 4-6 所示的格栅图。格栅图由若干行和若干列组成，格栅上方由左至右依次标

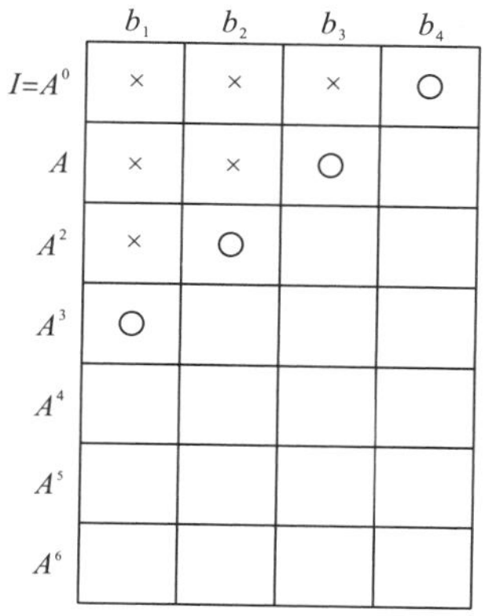

	b_1	b_2	b_3	b_4
$I=A^0$	×	×	×	○
A	×	×	○	
A^2	×	○		
A^3	○			
A^4				
A^5				
A^6				

图 4-5　列向搜索方案的格栅图

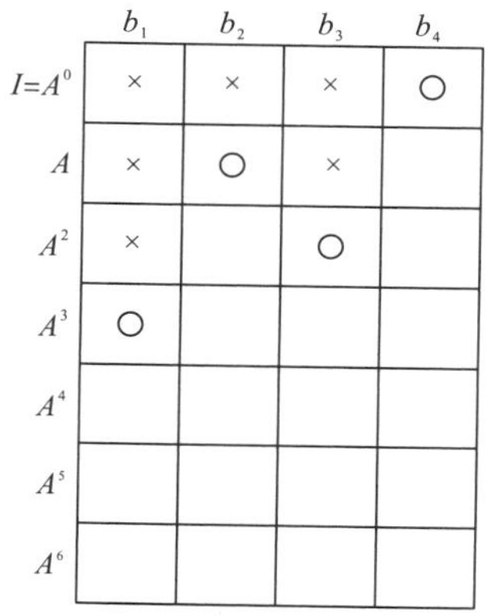

	b_1	b_2	b_3	b_4
$I=A^0$	×	×	×	○
A	×	○	×	
A^2	×		○	
A^3	○			
A^4				
A^5				
A^6				

图 4-6　行向搜索方案的格栅图

为 B 的列 $b_1,b_2,b_3,\cdots$，格栅左方由上至下依次标为 A 的各次幂 $A^0,A,A^2,\cdots$，第 j 行第 i 列表格代表由 A^j 和 b_i 乘积得到的列向量 A^jb_i。随对格栅图搜索方向的不同，可区分为“列向搜索”和“行向搜索”两种方案。

1) 搜索 Q_c 中 n 个线性无关列向量的“列向搜索方案”

列向搜索思路为：从格栅图最左上格(即乘积 A^0b_1 格向下)，顺序找出列中所有线性无关列向量。随后，转入紧右邻列，从乘积 A^0b_2 格向下搜索，顺序找出列中和已找到的所有列向量组线性无关的全部列向量。以此类推，直到找到 n 个线性无关列向量。

下面给出列向搜索方案的搜索步骤。

步骤 1：对格栅图的左列 1，若 b_1 非零，在乘积 A^0b_1 格内画×。转入下一格，若 Ab_1 和 b_1 线性无关，则在其格内画×。再转入下一格，若 A^2b_1 和 $\{b_1,Ab_1\}$ 线性无关，则在其格内画×。如此，直到首次出现 $A^{\nu_1}b_1$ 和 $\{b_1,Ab_1,\cdots,A^{\nu_1-1}b_1\}$ 线性相关，则在其格内画○，并停止左列 1 的搜索，得到一组线性无关列向量为 $b_1,Ab_1,\cdots,A^{\nu_1-1}b_1$，长度为 ν_1。

步骤 2：向右转入左列 2，若 b_2 和 $\{b_1,Ab_1,A^2b_1,\cdots,A^{\nu_1-1}b_1\}$ 线性无关，则在乘积 A^0b_1 格内画×。转入下一格，若 Ab_2 和 $\{b_1,Ab_1,A^2b_1,\cdots,A^{\nu_1-1}b_1;b_2\}$ 线性无关，在其格内画×。如此，直到首次出现 $A^{\nu_2}b_2$ 和 $\{b_1,Ab_1,A^2b_1,\cdots,A^{\nu_1-1}b_1;b_2,Ab_2,\cdots,A^{\nu_2-1}b_2\}$ 线性相关，在其格内画○，并停止左列 2 的搜索，得到一组线性无关列向量为 $b_2,Ab_2,\cdots,A^{\nu_2-1}b_2$，长度为 ν_2。

……

步骤 l：向右转入左列 l，若 b_l 和 $\{b_1,Ab_1,A^2b_1,\cdots,A^{\nu_1-1}b_1;\cdots;b_{l-1},Ab_{l-1},\cdots,A^{\nu_{l-1}-1}b_{l-1}\}$ 线性无关，在乘积 A^0b_l 格内画×。转入下一格，若 Ab_l 和 $\{b_1,Ab_1,A^2b_1,\cdots,A^{\nu_1-1}b_1;\cdots;b_{l-1},Ab_{l-1},\cdots,A^{\nu_{l-1}-1}b_{l-1};b_l\}$ 线性无关，在其格内画×。如此，直到首次出现 $A^{\nu_l}b_l$ 和 $\{b_1,Ab_1,A^2b_1,\cdots,A^{\nu_1-1}b_1;\cdots;b_{l-1},Ab_{l-1},\cdots,A^{\nu_{l-1}-1}b_{l-1};b_l,Ab_l,\cdots,A^{\nu_l-1}b_l\}$ 线性相关，在其格内画○，并停止左列 l 的搜索，得到一组线性无关列向量为 $b_l,Ab_l,\cdots,A^{\nu_l-1}b_l$，长度为 ν_l。

步骤 l+1：若 $\nu_1+\nu_2+\cdots+\nu_l=n$，停止搜索。且上述 l 组列向量即为按列向搜索方案找到的 Q_c 的 n 个线性无关列向量。

对图 4-5 所示的情形，有 $n=6$ 和 $l=3$，搜索结果为 $\nu_1=3$，$\nu_2=2$，$\nu_3=1$。Q_c 中 6 个线性无关列向量为 $b_1,Ab_1,A^2b_1;b_2,Ab_2;b_3$。

2) 搜索 Q_c 中 n 个线性无关列向量的“行向搜索方案”

行向搜索思路为：从格栅图最左上格(即乘积 A^0b_1 格向右)，顺序找出行中所有线性无关列向量。随后，转入紧邻下行，从乘积 Ab_1 格向右，顺序找出行中和已找到的所有线性无关列向量组为线性无关的全部列向量。以此类推，直到找到 n 个线性无关列向量。

下面给出行向搜索方案的搜索步骤。

步骤 1：设 $\text{rank}B=r<p$，即 B 中有且仅有 r 个线性无关列向量。对格栅图行 1，若 b_1 非零，在乘积 A^0b_1 格内画×，由左至右找出 r 个线性无关列向量。不失普遍性，表 r 个线性无关列向量为 $b_1,b_2,\cdots,b_r$，并在对应格内画×。否则，可通过交换 B 中列位置来实现。

步骤 2：转入行 2，从 Ab_1 格到 Ab_r 格由左至右进行搜索。对每一格，判断其所属列向量和先前得到的线性无关列向量组是否线性相关，若线性相关则在其格内画○，反之在其格内画×。并且，若某个格内已画○，则所在列中位于其下的所有列向量必和先前得到的线性无关列向量组为线性相关，因此对相应列中的搜索无须继续进行。

……

步骤μ：转入行μ，从$A^{\mu}b_1$格到$A^{\mu}b_r$格由左至右进行搜索。对需要搜索的每一格，判断其所属列向量和先前得到的线性无关列向量组是否线性相关，若线性相关则在其格内画○，反之在其格内画×。

步骤$\mu+1$：若至此找到n个线性无关列向量，则结束搜索。格栅图中画×格对应的列向量组就为按行搜索方案得到的Q_c中n个线性无关列向量。

进而相对于格栅图中的各列，表$\mu_{\alpha}(\alpha=1,2,\cdots,r)$为第$\alpha$列中画×格的个数(即长度)，那么$\{\mu_1,\mu_2,\cdots,\mu_r\}$实际上就为系统的能控性指数集，$\mu=\max\{\mu_1,\mu_2,\cdots,\mu_r\}$为系统的能控性指数。

对图 4-6 所示的情形，有$n=6$和$r=3$，搜索结果为$\mu_1=3$，$\mu_2=1$，$\mu_3=2$。Q_c中 6 个线性无关列向量为$b_1,Ab_1,A^2b_1;b_2;b_3,Ab_3$。

2. 旺纳姆能控标准型

考虑完全能控多输入多输出连续时间线性时不变系统：

$$\begin{cases}\dot{x}=Ax+Bu\\ y=Cx\end{cases}\tag{4-108}$$

式中，A和B分别为$n\times n$和$n\times r$常阵；C为$m\times n$常阵。

(1) 搜索系统能控性矩阵$Q_c=[B\quad AB\quad A^2B\quad\cdots\quad A^{n-1}B]$中$n$个线性无关列向量。为此，设$B=[b_1,b_2,\cdots,b_r]$，不失一般性采用列向搜索方案，设$Q_c$的$n$个线性无关列向量为

$$b_1,Ab_1,\cdots,A^{v_1-1}b_1;b_2,Ab_2,\cdots,A^{v_2-1}b_2;\cdots;b_l,Ab_l,\cdots,A^{v_l-1}b_l\tag{4-109}$$

式中，$v_1+v_2+\cdots+v_l=n$；$A^{v_1}b_1$可表示为$\{b_1,Ab_1,\cdots,A^{v_1-1}b_1\}$线性组合；$A^{v_2}b_2$可表为$\{b_1,Ab_1,\cdots,A^{v_1-1}b_1;b_2,Ab_2,\cdots,A^{v_2-1}b_2\}$线性组合；$A^{v_l}b_l$可表为$\{b_1,Ab_1,\cdots,A^{v_1-1}b_1;\cdots;b_l,Ab_l,\cdots,A^{v_l-1}b_l\}$线性组合。

(2) 构造变换阵。对此，基于上述给出的线性组合关系，导出其所对应的各组基。对应第 1 种组合，设

$$A^{v_1}b_1=-\sum_{j=0}^{v_1-1}\alpha_{1j}A^jb_1\tag{4-110}$$

基于此，定义相应的基组为

$$\begin{cases}\mathrm{e}_{11}\triangleq A^{v_1-1}b_1+\alpha_{1,v_1-1}A^{v_1-2}b_1+\cdots+\alpha_{11}b_1\\ \mathrm{e}_{12}\triangleq A^{v_1-2}b_1+\alpha_{1,v_1-1}A^{v_1-3}b_1+\cdots+\alpha_{12}b_1\\ \qquad\vdots\\ \mathrm{e}_{1v_1}\triangleq b_1\end{cases}\tag{4-111}$$

对于第 2 种组合，设

$$A^{v_2}b_2 = -\sum_{j=0}^{v_2-1}\alpha_{2j}A^j b_2 + \sum_{i=1}^{1}\sum_{j=1}^{v_i}\gamma_{2ji}\mathrm{e}_{ij} \tag{4-112}$$

其中，已把对$\{b_1, Ab_1, \cdots, A^{v_1-1}b_1\}$线性组合关系等价换为对$\{\mathrm{e}_{11}, \mathrm{e}_{12}, \cdots, \mathrm{e}_{1v_1}\}$线性组合关系。定义相应的基组为

$$\begin{cases} \mathrm{e}_{21} \triangleq A^{v_2-1}b_2 + \alpha_{2,v_2-1}A^{v_2-2}b_2 + \cdots + \alpha_{21}b_2 \\ \mathrm{e}_{22} \triangleq A^{v_2-2}b_2 + \alpha_{2,v_2-1}A^{v_2-3}b_2 + \cdots + \alpha_{22}b_2 \\ \qquad\vdots \\ \mathrm{e}_{2v_2} \triangleq b_2 \end{cases} \tag{4-113}$$

对于第 3 种组合，设

$$A^{v_3}b_3 = -\sum_{j=0}^{v_3-1}\alpha_{3j}A^j b_3 + \sum_{i=1}^{2}\sum_{j=1}^{v_i}\gamma_{3ji}\mathrm{e}_{ij} \tag{4-114}$$

其中，已把对$\{b_1, Ab_1, A^2b_1, \cdots, A^{v_1-1}b_1; b_2, Ab_2, \cdots, A^{v_2-1}b_2\}$线性组合关系等价换为对$\{e_{11}, e_{12}, \cdots, e_{1v_1}; \cdots, e_{21}, e_{22}, \cdots, e_{2v_2}\}$线性组合关系。定义相应的基组为

$$\begin{cases} \mathrm{e}_{31} \triangleq A^{v_3-1}b_3 + \alpha_{3,v_3-1}A^{v_3-2}b_3 + \ldots + \alpha_{31}b_3 \\ \mathrm{e}_{32} \triangleq A^{v_3-2}b_3 + \alpha_{3,v_3-1}A^{v_3-3}b_3 + \cdots + \alpha_{32}b_3 \\ \qquad\vdots \\ \mathrm{e}_{3v_3} \triangleq b_3 \end{cases} \tag{4-115}$$

线性组合关系。

对于第 l 种组合，设

$$A^{v_l}b_l = -\sum_{j=0}^{v_l-1}\alpha_{lj}A^j b_l + \sum_{i=1}^{l-1}\sum_{j=1}^{v_i}\gamma_{lji}e_{ij} \tag{4-116}$$

其中，已把对$\{b_1, Ab_1, A^2b_1, \cdots, A^{v_1-1}b_1; \cdots; b_{l-1}, Ab_{l-1}, \cdots, A^{v_{l-1}-1}b_{l-1}\}$线性组合关系等价换为对$\{\mathrm{e}_{11}, \mathrm{e}_{12}, \cdots, \mathrm{e}_{1v_1}; \cdots; \mathrm{e}_{l-1,1}, \mathrm{e}_{l-1,2}, \cdots, \mathrm{e}_{l-1,v_{l-1}}\}$线性组合关系。由此定义相应的基组为

$$\begin{cases} \mathrm{e}_{l1} \triangleq A^{v_l-1}b_l + \alpha_{l,v_l-1}A^{v_l-2}b_l + \cdots + \alpha_{l1}b_l \\ \mathrm{e}_{l2} \triangleq A^{v_l-2}b_l + \alpha_{l,v_l-1}A^{v_l-3}b_l + \cdots + \alpha_{l2}b_l \\ \qquad\vdots \\ \mathrm{e}_{lv_l} \triangleq b_l \end{cases} \tag{4-117}$$

在所导出的各个基组的基础上，组成如下非奇异变换阵：

$$T = [\mathrm{e}_{11}, \mathrm{e}_{12}, \cdots, \mathrm{e}_{1v_1}; \cdots; \mathrm{e}_{l1}, \mathrm{e}_{l2}, \cdots, \mathrm{e}_{lv_l}] \tag{4-118}$$

基于式(4-118)，可以得到系统的旺纳姆能控标准型。

定理 4-26　［**旺纳姆能控标准型**］对完全能控的多输入多输出连续时间线性时不变系统式(4-108)，基于线性非奇异变换 $\bar{x}=T^{-1}x$，可导出系统的旺纳姆能控标准型为

$$
\begin{aligned}
\dot{\bar{x}} &= \bar{A}_c\bar{x}+\bar{B}_c u \\
y &= \bar{C}_c u
\end{aligned}
\tag{4-119}
$$

其中，

$$
\bar{A}_c = T^{-1}AT = \begin{bmatrix} \bar{A}_{11} & \bar{A}_{12} & \cdots & \bar{A}_{1l} \\ & \bar{A}_{22} & \cdots & \bar{A}_{2l} \\ & & \ddots & \vdots \\ & & & \bar{A}_{il} \end{bmatrix}
\tag{4-120}
$$

$$
\underset{(v_i\times v_i)}{\bar{A}_{ii}} = \left[\begin{array}{c|ccc} 0 & 1 & & \\ \vdots & & \ddots & \\ 0 & & & 1 \\ \hline -a_{i0} & -a_{i1} & \cdots & -a_{i,v_i-1} \end{array}\right],\quad i=1,2,\cdots,l
\tag{4-121}
$$

$$
\underset{(v_i\times v_j)}{\bar{A}_{ij}} = \begin{bmatrix} \gamma_{j1i} & 0 & \cdots & 0 \\ \vdots & \vdots & \ddots & \vdots \\ \gamma_{jv_i i} & 0 & \cdots & 0 \end{bmatrix},\quad j=i+1,\cdots,l
\tag{4-122}
$$

$$
\underset{(n\times r)}{\bar{B}_c} = T^{-1}B = \left[\begin{array}{c|c|c|ccc} 0 & & & * & \cdots & * \\ 0 & & & & & \\ \vdots & & & \vdots & & \vdots \\ 1 & & & & & \\ \hline & \ddots & & & & \\ \hline & & 0 & \vdots & & \vdots \\ & & 0 & & & \\ & & \vdots & & & \\ & & 1 & * & \cdots & * \end{array}\right]
\begin{array}{l} \left.\vphantom{\begin{array}{c}0\\0\\\vdots\\1\end{array}}\right\}v_1 \\ \vdots \\ \left.\vphantom{\begin{array}{c}0\\0\\\vdots\\1\end{array}}\right\}v_l \end{array}
\qquad \left(\text{前 } l \text{ 列},\ \text{后 } r-L \text{ 列}\right)
\tag{4-123}
$$

$$
\underset{(m\times n)}{\bar{C}_c} = CT\ (\text{无特殊形式})
\tag{4-124}
$$

式(4-123)中用*表示的元为可能非零元。

例 4-22　给定一个完全能控的连续时间线性时不变系统：

$$
\dot{x} = \begin{bmatrix} -1 & -4 & -2 \\ 0 & 6 & -1 \\ 1 & 7 & -1 \end{bmatrix}x + \begin{bmatrix} 2 & 0 \\ 0 & 0 \\ 1 & 1 \end{bmatrix}u,\quad n=3
$$

解：(1)按列向搜索方案，找出能控性判别阵的三个线性无关列。

$$Q_c=[B \quad AB \quad A^2B]=\begin{bmatrix}2 & 0 & -4 & -2 & 6 & 8\\ 0 & 0 & -1 & -1 & -7 & -5\\ 1 & 1 & 1 & -1 & -12 & -8\end{bmatrix}$$

$$b_1=\begin{bmatrix}2\\0\\1\end{bmatrix}, Ab_1=\begin{bmatrix}-4\\-1\\1\end{bmatrix}, A^2b_1=\begin{bmatrix}6\\-7\\-12\end{bmatrix}$$

(2) 求变换矩阵。由线性无关列组合可得

$$\begin{bmatrix}46\\-30\\-31\end{bmatrix}=A^3b_1=-(\alpha_{12}A^2b_1+\alpha_{11}Ab_1+\alpha_{10}b_1)=-\alpha_{12}\begin{bmatrix}6\\-7\\-12\end{bmatrix}-\alpha_{11}\begin{bmatrix}-4\\-1\\1\end{bmatrix}-\alpha_{10}\begin{bmatrix}2\\0\\1\end{bmatrix}$$

导出

$$\begin{bmatrix}6 & -4 & 2\\ -7 & -1 & 0\\ -12 & 1 & 1\end{bmatrix}\begin{bmatrix}\alpha_{12}\\ \alpha_{11}\\ \alpha_{10}\end{bmatrix}=-\begin{bmatrix}46\\-30\\-31\end{bmatrix}$$

于是，求解上述方程，得到

$$\begin{bmatrix}\alpha_{12}\\ \alpha_{11}\\ \alpha_{10}\end{bmatrix}=-\begin{bmatrix}6 & -4 & 2\\ -7 & -1 & 0\\ -12 & 1 & 1\end{bmatrix}^{-1}\begin{bmatrix}46\\-30\\-31\end{bmatrix}=-\left(-\frac{1}{72}\right)\begin{bmatrix}-1 & 6 & 2\\ 7 & 30 & -14\\ -19 & 42 & -34\end{bmatrix}\begin{bmatrix}46\\-30\\-31\end{bmatrix}=\begin{bmatrix}46\\-2\\-15\end{bmatrix}$$

由此可得

$$e_{11}=A^2b_1+\alpha_{12}Ab_1+\alpha_{11}b_1=\begin{bmatrix}18\\-3\\-18\end{bmatrix}$$

$$e_{12}=Ab_1+\alpha_{12}b_1=\begin{bmatrix}-12\\-1\\-3\end{bmatrix}$$

$$e_{13}=b_1=\begin{bmatrix}2\\0\\1\end{bmatrix}$$

$$T=[e_{11} \quad e_{12} \quad e_{13}]=\begin{bmatrix}18 & -12 & 2\\ -3 & -1 & 0\\ -18 & -3 & 1\end{bmatrix}，T^{-1}=\left(-\frac{1}{72}\right)\begin{bmatrix}-1 & 6 & 2\\ 3 & 54 & -6\\ -9 & 270 & -54\end{bmatrix}$$

(3) 求标准型。由定理 4-24 给出的变换关系式即可求得

$$\bar{A}_c = T^{-1}AT = \begin{bmatrix} 0 & 1 & 0 \\ 0 & 0 & 1 \\ 15 & 2 & 4 \end{bmatrix},\quad \bar{B}_c = T^{-1}B = \begin{bmatrix} 0 & -\dfrac{1}{36} \\ 0 & \dfrac{1}{12} \\ 1 & \dfrac{3}{4} \end{bmatrix}$$

因此，系统状态方程的旺纳姆能控标准型为

$$\bar{x} = \begin{bmatrix} 0 & 1 & 0 \\ 0 & 0 & 1 \\ 15 & 2 & 4 \end{bmatrix}\bar{x} + \begin{bmatrix} 0 & -\dfrac{1}{36} \\ 0 & \dfrac{1}{12} \\ 1 & \dfrac{3}{4} \end{bmatrix}u$$

3. 龙伯格能控标准型

龙伯格能控标准型在系统极点配置综合问题中有着广泛的用途。考虑完全能控多输入多输出连续时间线性时不变系统：

$$\begin{cases} \dot{x} = Ax + Bu \\ y = Cx \end{cases} \tag{4-125}$$

式中，A 和 B 分别为 $n\times n$ 和 $n\times r$ 常阵，$\operatorname{rank}B = p$；C 为 $m\times n$ 常阵。

首先，搜索系统能控性矩阵 $Q_c = [B \quad AB \quad A^2B \quad \cdots \quad A^{n-1}B]$ 中 n 个线性无关列向量。为此，设 $B = [b_1, b_2, \cdots, b_r]$，不失一般性令其 r 个线性无关列向量为 $b_1, b_2, \cdots, b_r$。基于此，采用行向搜索方案，找出 Q_c 中 n 个线性无关列向量，并组成非奇异矩阵：

$$P^{-1} = [b_1, Ab_1, \cdots, A^{\mu_1 -1}b_1; b_2, Ab_2, \cdots, A^{\mu_2 -1}b_2; \cdots; b_r, Ab_r, \cdots, A^{\mu_l -1}b_r] \tag{4-126}$$

式中，$\{\mu_1, \mu_2, \cdots, \mu_r\}$ 为系统的能控性指数集，$\mu_1 + \mu_2 + \cdots + \mu_r = n$。

进而，构造变换矩阵。为此，先对式(4-126)定义的矩阵 P^{-1} 求逆，设结果矩阵为分块矩阵：

$$P = [P^{-1}]^{-1} = \begin{bmatrix} e_{11}^{\mathrm{T}} \\ \vdots \\ e_{1\mu_1}^{\mathrm{T}} \\ \vdots \\ e_{r1}^{\mathrm{T}} \\ \vdots \\ e_{r\mu_r}^{\mathrm{T}} \end{bmatrix} \tag{4-127}$$

式中，块矩阵的行数为 $\mu_i, i = 1, 2, \cdots, r$。再在矩阵 P 中，取出各个块阵的末行，即为 $e_{1\mu_1}^{\mathrm{T}}, e_{2\mu_2}^{\mathrm{T}}, \cdots, e_{r\mu_r}^{\mathrm{T}}$，并按如下方式组成变换矩阵：

$$S^{-1}=\begin{bmatrix} e_{1\mu}^{\mathrm{T}} \\ e_{1\mu_1}^{\mathrm{T}}A \\ \vdots \\ e_{1\mu}^{\mathrm{T}}A^{\mu-1} \\ \cdots \\ \vdots \\ e_{r\mu}^{\mathrm{T}} \\ e_{r,\mu}^{\mathrm{T}}A \\ \vdots \\ e_{r\mu}^{\mathrm{T}}A^{\mu_r-1} \end{bmatrix} \tag{4-128}$$

在此基础上，给出如下基本结论。

定理 4-27 ［**龙伯格能控标准型**］对完全能控多输入多输出连续时间线性时不变系统式(4-125)，基于线性非奇异变换 $\hat{x}=S^{-1}x$ ，可导出系统的龙伯格能控标准型为

$$\begin{cases} \dot{\hat{x}}=\hat{A}_c\hat{x}+\hat{B}_c u \\ y=\hat{C}_c\hat{x} \end{cases} \tag{4-129}$$

其中，

$$\underset{(n\times n)}{\hat{A}_c}=S^{-1}AS=\begin{bmatrix} \hat{A}_{11} & \cdots & \hat{A}_{1r} \\ \vdots & \ddots & \vdots \\ \hat{A}_{r1} & \cdots & \hat{A}_{rr} \end{bmatrix} \tag{4-130}$$

$$\underset{(\mu_i\times\mu_i)}{\hat{A}_{ii}}=\left[\begin{array}{c|ccc} 0 & 1 & & \\ \vdots & & \ddots & \\ 0 & & & 1 \\ \hline 0 & 0 & \cdots & 0 \end{array}\right],\quad i=1,2,\cdots,r \tag{4-131}$$

$$\underset{(\mu_i\times\mu_j)}{\hat{A}_{ij}}=\begin{bmatrix} 0 & \cdots & 0 \\ \vdots & \ddots & \vdots \\ 0 & \cdots & 0 \\ * & & * \end{bmatrix},\quad i\neq j \tag{4-132}$$

$$\underset{(n\times r)}{\hat{B}_c}=S^{-1}B=\left[\begin{array}{c|c|c|ccc} 0 & & & * & \cdots & * \\ 0 & & & & & \\ \vdots & & & \vdots & & \vdots \\ 1 & * & & & & \\ \hline & \ddots & & & & \\ \hline & & 0 & \vdots & & \vdots \\ & & 0 & & & \\ & & \vdots & & & \\ & & 1 & * & \cdots & * \end{array}\right] \tag{4-133}$$

$$\underset{(m\times n)}{\hat{C}_c} = CS\ (\text{无特殊形式}) \tag{4-134}$$

式中，用*表示的元为可能非零元。

需要注意的是，变换后矩阵 $\hat{B}_c$ 中，第 1 列“1”元右邻有一个以“*”表示的可能非零元。这一点往往容易被忽视。实际上，在综合问题中这个可能非零元对综合结果是有影响的。

例 4-23　给定一个完全能控的连续时间线性时不变系统：

$$\dot{x} = \begin{bmatrix} -1 & -4 & -2 \\ 0 & 6 & -1 \\ 1 & 7 & -1 \end{bmatrix} x + \begin{bmatrix} 2 & 0 \\ 0 & 0 \\ 1 & 1 \end{bmatrix} u,\ n=3$$

解：(1)按行向搜索方案找出能控性判别阵的三个线性无关列。

$$Q_c = [B \quad AB \quad A^2B] = \begin{bmatrix} 2 & 0 & -4 & -2 & 6 & 8 \\ 0 & 0 & -1 & -1 & -7 & -5 \\ 1 & 1 & 1 & -1 & -12 & -8 \end{bmatrix}$$

$$b_1 = \begin{bmatrix} 2 \\ 0 \\ 1 \end{bmatrix},\ b_2 = \begin{bmatrix} 0 \\ 0 \\ 1 \end{bmatrix},\ Ab_1 = \begin{bmatrix} -4 \\ -1 \\ 1 \end{bmatrix}$$

(2)组成变换矩阵 P^{-1}，并求出其逆 P。

$$P^{-1} = [b_1, Ab_1, b_2] = \begin{bmatrix} 2 & -4 & 0 \\ 0 & -1 & 0 \\ 1 & 1 & 1 \end{bmatrix}$$

$$P = [P^{-1}]^{-1} = \begin{bmatrix} 2 & -4 & 0 \\ 0 & -1 & 0 \\ 1 & 1 & 1 \end{bmatrix}^{-1} = \begin{bmatrix} 0.5 & -2 & 0 \\ 0 & -1 & 0 \\ -0.5 & 3 & 1 \end{bmatrix}$$

且将 P 分为两个块阵，第一个块阵的行数为 2，第二个块阵的行数为 1。进而，取出 P 中的第 2 行 e_{12}^{T} 和第 3 行 e_{21}^{T}，组成变换矩阵 S^{-1} 并求出其逆 S：

$$S^{-1} = \begin{bmatrix} e_{12}^{\mathrm{T}} \\ e_{12}^{\mathrm{T}}A \\ e_{21}^{\mathrm{T}} \end{bmatrix} = \begin{bmatrix} 0 & -1 & 0 \\ 0 & -6 & 1 \\ -0.5 & 3 & 1 \end{bmatrix}$$

$$S = [S^{-1}]^{-1} = \begin{bmatrix} 0 & -1 & 0 \\ 0 & -6 & 1 \\ -0.5 & 3 & 1 \end{bmatrix}^{-1} = \begin{bmatrix} -18 & 2 & -2 \\ -1 & 0 & 0 \\ -6 & 1 & 0 \end{bmatrix}$$

(3)计算得到龙伯格能控标准型：

$$\hat{A}_c = S^{-1}AS = \begin{bmatrix} 0 & -1 & 0 \\ 0 & -6 & 1 \\ -0.5 & 3 & 1 \end{bmatrix} \begin{bmatrix} -1 & -4 & -2 \\ 0 & 6 & -1 \\ 1 & 7 & -1 \end{bmatrix} \begin{bmatrix} -18 & 2 & -2 \\ -1 & 0 & 0 \\ -6 & 1 & 0 \end{bmatrix} = \begin{bmatrix} 0 & 1 & 0 \\ -19 & 7 & -2 \\ -36 & 0 & -3 \end{bmatrix}$$

$$\hat{B}_{\mathrm{c}}=S^{-1}B=\begin{bmatrix}0 & -1 & 0\\ 0 & -6 & 1\\ -0.5 & 3 & 1\end{bmatrix}\begin{bmatrix}2 & 0\\ 0 & 0\\ 1 & 1\end{bmatrix}=\begin{bmatrix}0 & 0\\ 1 & 1\\ 0 & 1\end{bmatrix}$$

而系统状态方程的龙伯格能控标准型为

$$\dot{\bar{x}}=\begin{bmatrix}0 & 1 & 0\\ -19 & 7 & -2\\ -36 & 0 & -3\end{bmatrix}\bar{x}+\begin{bmatrix}0 & 0\\ 1 & 1\\ 0 & 1\end{bmatrix}u$$

在 Matlab 中求解例 4-23 的程序代码 ObsvCtrl_Luen.m 如下：

```
%龙伯格能控标准型 ObsvCtrl_Luen.m
A=[-1 -4 -2;0 6 -1;1 7 -1];B=[2 0;0 0;1 1];C=[1 1 0;0 1 0];D=0;
Qc=ctrb(A,B);              %求能控性矩阵
Rc=rank(Qc);               %求能控性矩阵的秩
if Rc==length(A)
  [Ac,Bc,Cc]=Luenberger(A,B,C)
else
  disp(strcat('系统不能控,能控性矩阵的秩为:',num2str(Rc)))
end
```

其中，Luenberger(A,B,C)函数的功能是计算系统的龙伯格能控标准型，A、B、C 为系统状态空间模型系数矩阵，输出为标准型系数矩阵 A_c、B_c、C_c，以及组成变换矩阵 P 和 S。具体实现见本书配套教学资源 Matlab 程序。

4.7.4 MIMO 系统的能观测标准型

由于能控性与能观测性互为对偶关系，利用对偶原理，下面给出旺纳姆能观测标准型和龙伯格能观测标准型。

1. 旺纳姆能观测标准型

定理 4-28 ［**旺纳姆能观测标准型**］对完全能观测的多输入多输出连续时间线性时不变系统式(4-125)，利用对偶性原理，可导出系统的旺纳姆能观测标准型为

$$\begin{cases}\dot{\tilde{x}}=\tilde{A}_o\tilde{x}+\tilde{B}_o u\\ y=\tilde{C}_o\tilde{x}\end{cases}\tag{4-135}$$

其中，

$$\underset{(n\times n)}{\tilde{A}_o}=\begin{bmatrix}\tilde{A}_{11} & & & \\ \tilde{A}_{21} & \tilde{A}_{22} & & \\ \vdots & \vdots & \ddots & \\ \tilde{A}_{m1} & \tilde{A}_{m2} & \cdots & \tilde{A}_{mm}\end{bmatrix} \tag{4-136}$$

$$\tilde{A}_{ii}=\left[\begin{array}{ccc|c}0 & \cdots & 0 & -\beta_{i0} \\ \hline 1 & & & -\beta_{i1} \\ & \ddots & & \vdots \\ & & 1 & -\beta_{i,\xi_i-1}\end{array}\right],\quad i=1,2,\cdots,m \tag{4-137}$$

$$\tilde{A}_{ij}=\begin{bmatrix}\rho_{i1j} & \rho_{i2j} & \cdots & \gamma_{i\zeta j} \\ \vdots & \vdots & \ddots & \vdots \\ 0 & 0 & \cdots & 0\end{bmatrix},\quad j=1,\cdots,i-1 \tag{4-138}$$

$$\tilde{C}_o=\left[\begin{array}{cccc|c|cccc}0 & \cdots & 0 & 1 & & & & & \\ \hline & & & & \ddots & & & & \\ \hline & & & & & 0 & \cdots & 0 & 1 \\ \hline * & & & \cdots & & \cdots & & & * \\ \vdots & & & \vdots & & & & & \vdots \\ * & & & \cdots & & \cdots & & & *\end{array}\right] \tag{4-139}$$

$\tilde{B}_o$ 无特殊形式。式(4-139)中，用*表示的元为可能非零元。

2. 龙伯格能观测标准型

定理 4-29 ［**龙伯格能观测标准型**］对完全能观测多输入多输出连续时间线性时不变系统式(4-125)，基于对偶性原理，可导出系统的龙伯格能观测标准型为

$$\begin{aligned}\dot{\breve{x}}&=\breve{A}_o\breve{x}+\breve{B}_o u\\ y&=\breve{C}_o\breve{x}\end{aligned} \tag{4-140}$$

其中，

$$\breve{A}_o=\begin{bmatrix}\breve{A}_{11} & \cdots & \breve{A}_{1k} \\ \vdots & \ddots & \vdots \\ \breve{A}_{k1} & \cdots & \breve{A}_{kk}\end{bmatrix} \tag{4-141}$$

$$\breve{A}_{ii}=\left[\begin{array}{ccc|c}0 & \cdots & 0 & * \\ \hline 1 & & & * \\ & \ddots & & \vdots \\ & & 1 & *\end{array}\right],\quad i=1,2,\cdots,k \tag{4-142}$$

$$\breve{A}_{ij}=\begin{bmatrix}0 & \cdots & 0 & * \\ \vdots & \ddots & \vdots & \vdots \\ 0 & \cdots & 0 & *\end{bmatrix},\quad i\neq j \tag{4-143}$$

$$
\breve{C}_o=\left[\begin{array}{cccc|c|cccc}
0 & \cdots & 0 & 1 & & & & & \\
\hline
 & & & * & \ddots & & & & \\
\hline
 & & & & & 0 & \cdots & 0 & 1 \\
\hline
* & & & \cdots & & \cdots & & & * \\
\vdots & & & \vdots & & & & & \vdots \\
* & & & \cdots & & \cdots & & & *
\end{array}\right] \tag{4-144}
$$

$\breve{B}_o$ 无特殊形式。

4.8 系统的结构分解

系统结构分解的目的是深入地了解系统的结构特性，揭示状态空间描述和输入输出描述之间的关系。如果系统是不能控、不能观测的，那么从结构上来说，系统必定包括能控、不能控、能观测、不能观测的子系统。由于非奇异线性变换不改变系统的能控性和能观测性，因此可以采用线性变换的方法对系统进行变换，实现按能控性和能观测性分解。这里必须解决三个问题，即如何分解，分解后的系统状态空间模型有什么样的形式，变换矩阵如何确定。结构分解问题在系统分析和设计中都是十分重要的问题。

考虑连续时间线性时不变系统的状态空间模型：

$$
\begin{cases}\dot{x}=Ax+Bu\\ y=Cx\end{cases} \tag{4-145}
$$

式中，x、u、y 分别为 n、r、m 维向量；A、B、C 为满足矩阵运算相应维数的矩阵。

4.8.1 按能控性分解

若系统式(4-145)不完全能控，且状态 x 有 n_1 个状态分量能控，即

$$
\operatorname{rank}(Q_c)=\operatorname{rank}[B,AB,\cdots A^{n-1}B]=n_1<n
$$

则存在线性变换 $\overline{x}=P_c^{-1}x$，使其变成下面形式：

$$
\begin{cases}\begin{bmatrix}\dot{\overline{x}}_c\\ \dot{\overline{x}}_{\overline{c}}\end{bmatrix}=\begin{bmatrix}\overline{A}_c & \overline{A}_{12}\\ 0 & \overline{A}_{\overline{c}}\end{bmatrix}\begin{bmatrix}\overline{x}_c\\ \overline{x}_{\overline{c}}\end{bmatrix}+\begin{bmatrix}\overline{B}_c\\ 0\end{bmatrix}u\\ y=[\overline{C}_c \quad \overline{C}_c]\begin{bmatrix}\overline{x}_c\\ \overline{x}_{\overline{c}}\end{bmatrix}\end{cases} \tag{4-146}
$$

式中，$\overline{x}_c$ 为 n_1 维能控子空间；$\overline{x}_{\overline{c}}$ 为 $n-n_1$ 维不能控子空间，并且 n_1 维子系统为

$$
\begin{cases}\dot{\overline{x}}_c=\overline{A}_c\overline{x}_c+\overline{A}_{12}\overline{x}_{\overline{c}}+\overline{B}_cu\\ y_1=\overline{C}_c\overline{x}_c\end{cases}
$$

其中，$\overline{A}=P_c^{-1}AP_c,\overline{B}=P_c^{-1}B,\overline{C}=CP_c$，是能控的，其状态图如图 4-7 所示。

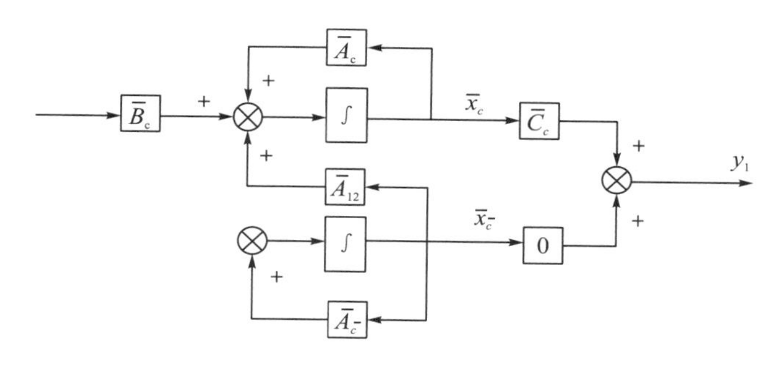

图 4-7　系统状态图

不难求出系统的传递函数矩阵为

$$\begin{aligned}G(s) &= C[sI-A]^{-1}B = \bar{C}[sI-\bar{A}]^{-1}\bar{B} \\ &= [\bar{C}_c \quad \bar{C}_{\bar{c}}]\begin{bmatrix} sI-\bar{A}_c & -\bar{A}_{12} \\ 0 & sI-\bar{A}_{\bar{c}}\end{bmatrix}\begin{bmatrix}\bar{B}_c \\ 0\end{bmatrix} \\ &= \bar{C}_c[sI-\bar{A}_c]^{-1}\bar{B}_c\end{aligned} \tag{4-147}$$

由式(4-147)可见，传递函数矩阵描述的只是不能控系统中的能控子系统的特性。将系统从式(4-145)变换成式(4-146)的形式，变换矩阵 P_c 可按下面的方法确定。

由于系统式(4-145)不能控，故

$$\text{rank}Q_c = \text{rank}[B \quad AB \quad \cdots \quad A^{n-1}B] = n_1 < n$$

即矩阵 Q_c 中有 n_1 个线性无关的列向量，记成 $p_1, p_2, \cdots, p_{n_1}$，而其他的列向量均可以由 $p_1, p_2, \cdots, p_{n_1}$ 线性表示。为了构成非奇异线性变换矩阵 P_c，可以在 $p_1, p_2, \cdots, p_{n_1}$ 的基础上，再补充 $(n-n_1)$ 个列向量 $p_{n_1+1}, p_{n_1+2}, \cdots, p_{n-1}, p_n$，它们与 $p_1, p_2, \cdots, p_{n_1}$ 线性无关，则按能控性分解的变换矩阵为

$$P_c \triangleq [p_1 \quad p_2 \quad \cdots \quad p_{n_1} \quad p_{n_1+1} \quad \cdots \quad p_{n-1} \quad p_n] \tag{4-148}$$

尽管补充 $(n-n_1)$ 个列向量有一定的任意性，但是，只要 $p_{n_1+1}, \cdots, p_n$ 与 $p_1, p_2, \cdots, p_{n_1}$ 线性无关，即构成的变换矩阵 P_c 是非奇异即可。因而产生这样的问题，即 $p_{n_1+1}, \cdots, p_n$ 的不同选择，会不会把能控部分和不能控部分改变呢？换句话说，这种能控性分解是否具有唯一性呢？回答是肯定的，即无论通过什么样的非奇异线性变换矩阵对系统进行能控性分解，其能控部分和不能控的部分是不会改变的。

例 4-24　系统状态空间模型如下，试按能控性进行结构分解。

$$\begin{cases}\dot{x} = \begin{bmatrix}-2 & 1 \\ 1 & -2\end{bmatrix}x + \begin{bmatrix}1 \\ 1\end{bmatrix}u \\ y = [0 \quad 1]x\end{cases}$$

解：(1)判别系统的能控性。

$$\text{rank}Q_c = \text{rank}[b \quad Ab] = \text{rank}\begin{bmatrix}1 & -1 \\ 1 & -1\end{bmatrix} = 1 < n = 2$$

故系统不能控。

(2)确定变换矩阵。

由于Q_c的秩为1，说明Q_c中线性独立的列向量只有一列。假如选择$[1 \quad 1]^{\mathrm{T}}$，再补充一个列向量，且与$[1 \quad 1]^{\mathrm{T}}$线性无关，设$p_2=[0 \quad 1]^{\mathrm{T}}$，于是

$$P_c=[p_1 \quad p_2]=\begin{bmatrix}1 & 0\\ 1 & 1\end{bmatrix}$$

$$P_c^{-1}=\begin{bmatrix}1 & 0\\ 1 & 1\end{bmatrix}^{-1}=\begin{bmatrix}1 & 0\\ -1 & 1\end{bmatrix}$$

$$\bar{A}=P_c^{-1}AP_c=\begin{bmatrix}-1 & 1\\ 0 & -3\end{bmatrix}$$

$$\bar{B}=P_c^{-1}B=\begin{bmatrix}1\\ 0\end{bmatrix}$$

$$\bar{C}=CP_c=[1 \quad 1]$$

故线性变换后的系统方程为

$$\begin{cases}\begin{bmatrix}\dot{\bar{x}}_c\\ \dot{\bar{x}}_{\bar{c}}\end{bmatrix}=\begin{bmatrix}-1 & 1\\ 0 & -3\end{bmatrix}\begin{bmatrix}\bar{x}_c\\ \bar{x}_{\bar{c}}\end{bmatrix}+\begin{bmatrix}1\\ 0\end{bmatrix}u\\ y=[1 \quad 1]\begin{bmatrix}\bar{x}_c\\ \bar{x}_{\bar{c}}\end{bmatrix}\end{cases}$$

4.8.2 按能观测性分解

若连续时间线性时不变系统式(4-145)不能观测，且状态 x 有 n_2 个状态分量能观测，即

$$\operatorname{rank}Q_0=\operatorname{rank}\begin{bmatrix}C\\ CA\\ \vdots\\ CA^{n-1}\end{bmatrix}=n_2<n$$

则存在线性变换$\bar{x}=P_0^{-1}x$，使其变成如下形式：

$$\begin{cases}\begin{bmatrix}\dot{\bar{x}}_0\\ \dot{\bar{x}}_{\bar{0}}\end{bmatrix}=\begin{bmatrix}\bar{A}_0 & 0\\ \bar{A}_{21} & \bar{A}_{\bar{0}}\end{bmatrix}\begin{bmatrix}\bar{x}_0\\ \bar{x}_{\bar{0}}\end{bmatrix}+\begin{bmatrix}\bar{B}_0\\ \bar{B}_{\bar{0}}\end{bmatrix}u\\ y=[\bar{C}_0 \quad 0]\begin{bmatrix}\bar{x}_0\\ \bar{x}_{\bar{0}}\end{bmatrix}\end{cases} \tag{4-149}$$

并且n_2维子系统为

$$\begin{cases}\dot{\bar{x}}_0=\bar{A}_0\bar{x}_0+\bar{B}_0u\\ y=\bar{C}_0\bar{x}_0\end{cases} \tag{4-150}$$

$$\bar{A}_0=P_0^{-1}AP_0,\bar{B}_0=P_0^{-1}B,\ \bar{C}_0=CP_0$$

是能观测的，其状态图如图4-8所示。

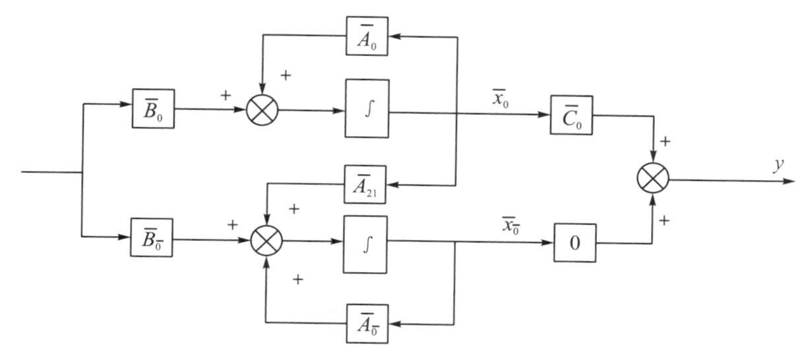

图 4-8　系统状态图

不难求出，系统的传递函数矩阵为

$$G(s)=C[sI-A]^{-1}B=\bar{C}_0[sI-\bar{A}_0]^{-1}\bar{B}_0 \tag{4-151}$$

由式(4-151)可知，传递函数矩阵只能描述不能观测系统中的能观测的子系统的特性。

为了实现从式(4-145)到式(4-149)的变换，必须确定非奇异的线性变换矩阵 P_0，方法如下。

由于系统式(4-145)不能观测，有

$$\text{rank}Q_0=\text{rank}\begin{bmatrix} C \\ CA \\ \vdots \\ CA^{n-1} \end{bmatrix}=n_2<n$$

即能观测性矩阵中有 n_2 个线性无关的行向量。假如记成 $p_1,p_2,\cdots,p_{n_2}$，而其他的行向量均可由 $p_1,p_2,\cdots,p_{n_2}$ 线性表示。为了构成非奇异线性变换矩阵 P_0，可以在 $p_1,p_2,\cdots,p_{n_2}$ 的基础上，再补充 $(n-n_2)$ 个行向量 $p_{n_2+1},\cdots,p_n$，它们与 $p_1,p_2,\cdots,p_{n_2}$ 线性无关。于是按观测性分解的变换矩阵为

$$P_0^{-1}=[p_1^{\mathrm{T}} \quad p_2^{\mathrm{T}} \quad \cdots \quad p_{n_2}^{\mathrm{T}} \quad p_{n_2+1}^{\mathrm{T}} \quad \cdots \quad p_n^{\mathrm{T}}]^{\mathrm{T}} \tag{4-152}$$

与能控性分解时，确定变换矩阵 P_c 一样，这里补充的 $(n-n_2)$ 个行向量有一定的任意性，但是只要 $p_{n_2+1},\cdots,p_n$ 与 $p_1,p_2,\cdots,p_{n_2}$ 线性无关，即构成的变换矩阵 P_0 是非奇异即可。

例 4-25　已知系统状态空间模型如下，试按能观测性进行结构分解。

$$\begin{cases} \dot{x}=\begin{bmatrix} 0 & 1 & 0 \\ 0 & 0 & 1 \\ -2 & -4 & -3 \end{bmatrix}x+\begin{bmatrix} 0 \\ 0 \\ 1 \end{bmatrix}u \\ y=[1 \quad 1 \quad 0]x \end{cases}$$

解：(1)判别系统能观测性。

$$\text{rank}Q_0=\text{rank}\begin{bmatrix} C \\ CA \\ CA^2 \end{bmatrix}=\text{rank}\begin{bmatrix} 1 & 1 & 0 \\ 0 & 1 & 1 \\ -2 & -4 & -2 \end{bmatrix}=2<n=3$$

故系统不能观测。

(2)确定变换矩阵 P_0。

从矩阵 Q_0 中任选两个行向量，如 $\begin{bmatrix}1 & 1 & 0\\0 & 1 & 1\end{bmatrix}$，再补充一个行向量，且与 $\begin{bmatrix}1 & 1 & 0\\0 & 1 & 1\end{bmatrix}$ 线性无关。设 $p_3^{\mathrm{T}}=[0 \quad 0 \quad 1]$，于是变换矩阵为

$$P_0^{-1}=\begin{bmatrix}1 & 1 & 0\\0 & 1 & 1\\0 & 0 & 1\end{bmatrix},\quad P_0=\begin{bmatrix}1 & 1 & 0\\0 & 1 & 1\\0 & 0 & 1\end{bmatrix}^{-1}=\begin{bmatrix}-1 & -1 & 1\\0 & 1 & -1\\0 & 0 & 1\end{bmatrix}$$

线性变换后的系统方程为

$$\begin{cases}\begin{bmatrix}\dot{\bar{x}}_0\\\dot{\bar{x}}_{\bar{0}}\end{bmatrix}=P_0^{-1}AP_0\begin{bmatrix}\bar{x}_0\\\bar{x}_{\bar{0}}\end{bmatrix}+P_0^{-1}Bu=\begin{bmatrix}0 & 1 & 0\\-2 & -2 & 0\\-2 & -2 & -1\end{bmatrix}\begin{bmatrix}\bar{x}_0\\\bar{x}_{\bar{0}}\end{bmatrix}+\begin{bmatrix}0\\1\\1\end{bmatrix}u\\ y=CP_0\begin{bmatrix}\bar{x}_0\\\bar{x}_{\bar{0}}\end{bmatrix}=[1 \quad 0 \quad 0]\begin{bmatrix}\bar{x}_0\\\bar{x}_{\bar{0}}\end{bmatrix}\end{cases}$$

4.8.3 按能控性能观测性进行结构分解

若系统式(4-145)不能控不能观测，则存在线性变换 $\bar{x}=P^{-1}x$，使其变成如下形式：

$$\begin{cases}\begin{bmatrix}\dot{\bar{x}}_{co}\\\dot{\bar{x}}_{c\bar{o}}\\\dot{\bar{x}}_{\bar{c}o}\\\dot{\bar{x}}_{\bar{c}\bar{o}}\end{bmatrix}=\begin{bmatrix}\bar{A}_{co} & 0 & \bar{A}_{13} & 0\\\bar{A}_{21} & \bar{A}_{c\bar{o}} & \bar{A}_{23} & \bar{A}_{24}\\0 & 0 & \bar{A}_{\bar{c}o} & 0\\0 & 0 & \bar{A}_{43} & \bar{A}_{\bar{c}\bar{o}}\end{bmatrix}\begin{bmatrix}\dot{\bar{x}}_{co}\\\dot{\bar{x}}_{c\bar{o}}\\\dot{\bar{x}}_{\bar{c}o}\\\dot{\bar{x}}_{\bar{c}\bar{o}}\end{bmatrix}+\begin{bmatrix}\bar{B}_{co}\\\bar{B}_{c\bar{o}}\\0\\0\end{bmatrix}u\\ y=[\bar{C}_{co} \quad 0 \quad \bar{C}_{\bar{c}o} \quad 0]\begin{bmatrix}\dot{\bar{x}}_{co}\\\dot{\bar{x}}_{c\bar{o}}\\\dot{\bar{x}}_{\bar{c}o}\\\dot{\bar{x}}_{\bar{c}\bar{o}}\end{bmatrix}\end{cases} \tag{4-153}$$

从式(4-153)可见，对一个不能控不能观测的系统进行结构分解时，将系统式(4-145)分成四个子系统，如图 4-9 所示，其中 $\bar{x}_{co}$ 为 n_1 维的能控能观测的状态向量，$\bar{x}_{c\bar{o}}$ 为 n_2 维的能控不能观测的状态向量，$\bar{x}_{\bar{c}o}$ 为 n_3 维的不能控能观测的状态向量，$\bar{x}_{\bar{c}\bar{o}}$ 为 n_4 维的不能控不能观测的状态向量，并且 $n_1+n_2+n_3+n_4=n$。由于变换矩阵不唯一，所以这种结构分解在形式上是唯一的，而在结果上是不唯一的。

从图 4-9 可以看出，在系统的输入输出之间存在唯一的一条信号传输通道，即 $u\to\bar{B}_{co}\to\Sigma_{co}\to\bar{C}_{co}\to y$，是系统能控能观测部分。因此，反映系统输入输出关系的传递函数矩阵只能反映系统的能控能观测子系统的动力学特性，即整个系统的传递函数矩阵与能控能观测子系统的传递函数矩阵相同。

$$G(s)=C[sI-A]^{-1}B=\bar{C}_{co}[sI-\bar{A}_{co}]^{-1}\bar{B}_{co} \tag{4-154}$$

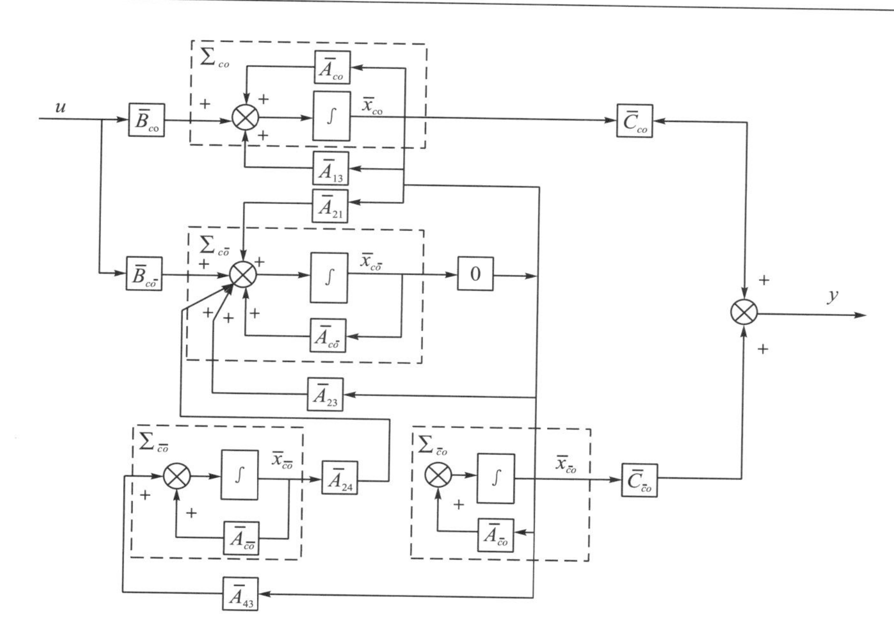

图 4-9　系统结构分解状态图

一般而言，传递函数矩阵是对系统结构的一种不完全描述。当且仅当系统为完全能控和完全能观测时，系统才可由传递函数矩阵完全表征。

关于同时按能控性、能观测性进行结构分解的变换矩阵 P 的确定方法较多。例如，首先按能控性分解，将其分成能控和不能控的两个子系统；其次对能控、不能控的两个子系统按能观测性分解；最后按能控能观测、能控不能观测、不能控能观测、不能控不能观测四部分，将状态分量重新排列即可，下面通过具体例题进行说明。

例 4-26　设线性时不变系统如下，试将该系统按能控性和能观测性进行结构分解。

$$\begin{cases}\dot{x}=\begin{bmatrix}0 & 0 & -1\\1 & 0 & -3\\0 & 1 & -3\end{bmatrix}x+\begin{bmatrix}1\\1\\0\end{bmatrix}u\\y=[0\quad 1\quad -2]x\end{cases}$$

解：(1) 系统能控性判别阵

$$Q_c=[B\quad AB\quad A^2B]=\begin{bmatrix}1 & 0 & -1\\1 & 1 & -3\\0 & 1 & -2\end{bmatrix}$$

$\text{rank}Q_c=2<n=3$，系统不能控。

(2) 按能控性进行结构分解。

$$p_1=\begin{bmatrix}1\\1\\0\end{bmatrix},p_2=\begin{bmatrix}0\\1\\1\end{bmatrix}，任取\ p_3=\begin{bmatrix}0\\0\\1\end{bmatrix}，即\ P_c=\begin{bmatrix}1 & 0 & 0\\1 & 1 & 0\\0 & 1 & 1\end{bmatrix}$$

$$
\begin{aligned}
\dot{\bar{x}} &= P_c^{-1}\bar{x}P_c + P_c^{-1}Bu \\
&= \begin{bmatrix} 1 & 0 & 0 \\ 1 & 1 & 0 \\ 0 & 1 & 1 \end{bmatrix}\begin{bmatrix} 0 & 0 & -1 \\ 1 & 0 & -3 \\ 0 & 1 & -3 \end{bmatrix}\begin{bmatrix} 1 & 0 & 0 \\ 1 & 1 & 0 \\ 0 & 1 & 1 \end{bmatrix}^{-1}\bar{x} + \begin{bmatrix} 1 & 0 & 0 \\ 1 & 1 & 0 \\ 0 & 1 & 1 \end{bmatrix}\begin{bmatrix} 1 \\ 1 \\ 0 \end{bmatrix}u \\
&= \begin{bmatrix} 0 & -1 & -1 \\ 1 & -2 & -2 \\ 0 & 0 & -1 \end{bmatrix}\bar{x} + \begin{bmatrix} 1 \\ 0 \\ 0 \end{bmatrix}u
\end{aligned}
$$

即

$$
\begin{aligned}
\begin{bmatrix} \dot{\bar{x}}_c \\ \dot{\bar{x}}_{\bar{c}} \end{bmatrix} &= \begin{bmatrix} 0 & -1 & -1 \\ 1 & -2 & -2 \\ 0 & 0 & -1 \end{bmatrix}\begin{bmatrix} \bar{x}_c \\ \bar{x}_{\bar{c}} \end{bmatrix} + \begin{bmatrix} 1 \\ 0 \\ 0 \end{bmatrix}u \\
y &= CP_c\bar{x} = [1 \quad -1 \quad -2]\begin{bmatrix} \bar{x}_c \\ \bar{x}_{\bar{c}} \end{bmatrix}
\end{aligned} \tag{4-155}
$$

显然，不能控子空间是能观测的，无须再进行分解。将能控子空间按能观测性进行分解。

(3) 对能控子系统按能观测性进行结构分解。

由式(4-155)可知，能控子空间的状态方程为

$$
\begin{aligned}
\dot{\bar{x}}_c &= \begin{bmatrix} 0 & -1 \\ 1 & -2 \end{bmatrix}\bar{x}_c + \begin{bmatrix} -1 \\ -2 \end{bmatrix}\bar{x}_{\bar{c}} + \begin{bmatrix} 1 \\ 0 \end{bmatrix}u \\
y_c &= [1 \quad -1]\bar{x}_c
\end{aligned}
$$

进行能观测性判定：

$$
Q_{oc} = \begin{bmatrix} C_c \\ C_c A_c \end{bmatrix} = \begin{bmatrix} 1 & -1 \\ -1 & 1 \end{bmatrix}, \quad \operatorname{rank} Q_{oc} = 1 < 2
$$

显然，能控子系统不完全能观测。取能观测性变换矩阵为

$$
P_o^{-1} = \begin{bmatrix} 1 & -1 \\ 0 & 1 \end{bmatrix}, \quad P_o = \begin{bmatrix} 1 & -1 \\ 0 & 1 \end{bmatrix}^{-1} = \begin{bmatrix} 1 & 1 \\ 0 & 1 \end{bmatrix}
$$

$$
\begin{bmatrix} \dot{\tilde{x}}_{co} \\ \dot{\tilde{x}}_{c\bar{o}} \end{bmatrix} = \begin{bmatrix} 1 & -1 \\ 0 & 1 \end{bmatrix}^{-1}\begin{bmatrix} 0 & -1 \\ 1 & -2 \end{bmatrix}\begin{bmatrix} 1 & -1 \\ 0 & 1 \end{bmatrix}\begin{bmatrix} \tilde{x}_{co} \\ \tilde{x}_{c\bar{o}} \end{bmatrix} + \begin{bmatrix} 1 & -1 \\ 0 & 1 \end{bmatrix}^{-1}\begin{bmatrix} -1 \\ -2 \end{bmatrix}\bar{x}_{\bar{c}} + \begin{bmatrix} 1 & -1 \\ 0 & 1 \end{bmatrix}^{-1}\begin{bmatrix} 1 \\ 0 \end{bmatrix}u
$$

$$
\begin{bmatrix} \dot{\tilde{x}}_{co} \\ \dot{\tilde{x}}_{c\bar{o}} \end{bmatrix} = \begin{bmatrix} -1 & 0 \\ 1 & -1 \end{bmatrix}\begin{bmatrix} \tilde{x}_{co} \\ \tilde{x}_{c\bar{o}} \end{bmatrix} + \begin{bmatrix} 1 \\ -2 \end{bmatrix}\bar{x}_{\bar{c}} + \begin{bmatrix} 1 \\ 0 \end{bmatrix}u
$$

$$
y_c = [1 \quad -1]\begin{bmatrix} 1 & -1 \\ 0 & 1 \end{bmatrix}^{-1}\begin{bmatrix} \tilde{x}_{co} \\ \tilde{x}_{c\bar{o}} \end{bmatrix} = [1 \quad 0]\begin{bmatrix} \tilde{x}_{co} \\ \tilde{x}_{c\bar{o}} \end{bmatrix}
$$

(4) 综合以上两次变换结果，系统按能控性和能观测性分解为

$$\begin{bmatrix}\dot{\tilde{x}}_{co}\\ \dot{\tilde{x}}_{c\bar{o}}\\ \dot{\tilde{x}}_{\bar{c}o}\end{bmatrix}=\begin{bmatrix}-1 & 0 & 1\\ 1 & -1 & -2\\ 0 & 0 & -1\end{bmatrix}\begin{bmatrix}\tilde{x}_{co}\\ \tilde{x}_{c\bar{o}}\\ \tilde{x}_{\bar{c}o}\end{bmatrix}+\begin{bmatrix}1\\0\\0\end{bmatrix}u$$

$$y=[1\quad 0\quad -2]\begin{bmatrix}\tilde{x}_{co}\\ \tilde{x}_{c\bar{o}}\\ \tilde{x}_{\bar{c}o}\end{bmatrix}$$

在 Matlab 中求解例 4-26 的程序代码 ObsvCtrl5.m 如下：

```
%将系统按能控能观测进行结构分解 ObsvCtrl5.m
A=[0 0 -1;1 0 -3;0 1 -3];B=[1;1;0];C=[0 1 -2];D=0;
n=length(A);
Mc=ctrb(A,B);                     %求能控性矩阵
Rc=rank(Mc);
if(Rc~=n)                         %能控性判定
  disp('系统不能控!')
  [Abar,Bbar,Cbar,P,K]=ctrbf(A,B,C)%按能控性进行结构分解
  %对能控部分进行能观测性分解
  A_c=Abar(1:Rc,1:Rc)             %能控部分状态矩阵
  B_c=Bbar(1:Rc)                  %能控部分输入矩阵
  C_c=Cbar(1:Rc)                  %能控部分输出矩阵
  Mo=obsv(A_c,C_c);               %求能观测性矩阵
  Ro=rank(Mo);
  n1=length(A_c);
if(Ro~=n1)                        %能观测性判定
    disp('系统能控部分不能观测,进行能观测性分解!')
    [Aobar,Bobar,Cobar,Po,Ko]=obsvf(A_c,B_c,C_c)
else
    disp('系统能控部分能观测!')
end
else
  disp('系统能控!')
end
```

其中，[Abar，Bbar，Cbar，P，K]=ctrbf(A，B，C)为按能控性进行结构分解，[Aobar，Bobar，Cobar，Po，Ko]=obsvf(A_c，B_c，C_c)为按能观测性进行结构分解，K、Ko 为 n 维数组，其元素的和等于能控、能观测子空间的维数。由于分解矩阵 P 和 P_o 不一样，所以分解结果不唯一。

4.9 传递函数矩阵的实现问题

传递函数表达了系统输入输出信息传递关系，只能反映系统中能控且能观测子系统的动力学行为。一个传递函数矩阵描述着很多个不同内部结构的系统。从工程实现的角度看，在多个不同内部结构的系统中，维数最小的一类系统就是所谓的最小实现问题。确定最小实现是一个复杂的问题，本节对实现问题的概念和方法作基本介绍。

4.9.1 传递函数矩阵实现的基本问题

如果给定一个传递函数矩阵$G(s)$，求得一个系统状态空间模型$\Sigma(A,B,C,D)$：

$$\begin{cases}\dot{x}=Ax+Bu\\ y=Cx+Du\end{cases} \tag{4-156}$$

使之有

$$C[sI-A]^{-1}B+D=G(s) \tag{4-157}$$

称式(4-156)为具有传递函数矩阵$G(s)$的系统的一个实现。

对于一个可物理实现系统的传递函数$G(s)$，要求$G(s)$中每一个元$G_{ij}(s)(i=1,2,\cdots m$；$j=1,2,\cdots r)$的分子分母多项式系数都应该是实常数，并且是真有理分式函数，即$G_{ij}(s)$分子多项式次数等于或小于分母多项式次数。当$G_{ij}(s)$都是严格真有理分式时，即$G_{ij}(s)$的分子多项式次数小于分母多项式次数，其实现具有$\Sigma(A,B,C)$的形式。$G(s)$中只要有一个$G_{ij}(s)$的分子多项式次数等于分母多项式次数，即$G(s)$为真有理式时，则其实现具有$\Sigma(A,B,C,D)$如式(4-156)的形式，并且有

$$D=\lim_{s\to\infty}G(s)$$

根据物理可实现条件下，对于$G(s)$不是严格真有理分式时，应该先求出矩阵D，然后使$G(s)-D$为严格真有理式函数矩阵，即

$$C[sI-A]^{-1}B=G(s)-D$$

最后根据$G(s)-D$寻求形式为$\Sigma(A,B,C)$的实现。

4.9.2 能控标准型实现与能观测标准型实现

4.7 节已介绍了能控能观测标准型及其传递函数的关系。对于一个 SISO 系统，只要给出系统传递函数，可直接写出其能控标准型实现。

考虑 SISO 系统的传递函数的一般形式：

$$G(s)=\frac{\beta_{n-1}s^{n-1}+\cdots+\beta_1 s+\beta_0}{s^n+a_{n-1}s^{n-1}+\cdots+a_1 s+a_0} \tag{4-158}$$

能控标准型实现为

$$\begin{cases}\dot{x}=\begin{bmatrix}0 & 1 & 0 & 0 & 0\\ 1 & 0 & 1 & \vdots & 0\\ \vdots & \vdots & \vdots & \ddots & \vdots\\ 0 & 0 & 0 & 0 & 1\\ -a_0 & -a_1 & -a_2 & \cdots & -a_{n-1}\end{bmatrix}x+\begin{bmatrix}0\\0\\ \vdots\\0\\1\end{bmatrix}u\\ y=[\beta_0 \quad \beta_1 \quad \beta_2 \quad \cdots \quad \beta_{n-1}]x\end{cases} \tag{4-159}$$

能观测标准型实现为

$$\begin{cases}\dot{x}=\begin{bmatrix}0 & & & & -a_0\\ 1 & 0 & & & -a_1\\ 0 & 1 & \ddots & & -a_2\\ \vdots & \ddots & \ddots & 0 & \vdots\\ 0 & \cdots & 0 & 1 & -a_{n-1}\end{bmatrix}x+\begin{bmatrix}\beta_0\\ \beta_1\\ \beta_2\\ \vdots\\ \beta_{n-1}\end{bmatrix}u\\ y=[0 \quad 0 \quad 0 \quad \cdots \quad 1]x\end{cases} \tag{4-160}$$

本节重点介绍如何将这些标准实现推广到多输入多输出系统。为此，必须把 $m\times r$ 的传递函数阵写成和 SISO 系统的传递函数类似的形式，即

$$G(s)=\frac{\beta_{n-1}s^{n-1}+\cdots+\beta_1 s+\beta_0}{s^n+\alpha_{n-1}s^{n-1}+\cdots+\alpha_1 s+\alpha_0} \tag{4-161}$$

式中，$\beta_0,\beta_1,\cdots,\beta_{n-1},\beta_n$ 为 $m\times r$ 常系统矩阵。显然，系统 $G(s)$ 为严格真有理分式函数矩阵，且当 $m=r=1$ 时，$G(s)$ 对应于 SISO 系统的传递函数。

对于式(4-161)形式的传递函数矩阵，其能控标准实现为

$$A_c=\begin{bmatrix}0_r & I_r & 0_r & \cdots & 0_r\\ 0_r & 0_r & I_r & \cdots & 0_r\\ \vdots & \vdots & \vdots & \ddots & \vdots\\ 0_r & 0_r & 0_r & \cdots & I_r\\ -\alpha_0 I_r & -\alpha_1 I_r & -\alpha_2 I_r & \cdots & -\alpha_{n-1}I_r\end{bmatrix},\quad B_c=\begin{bmatrix}0_r\\0_r\\ \vdots\\0_r\\I_r\end{bmatrix} \tag{4-162}$$
$$C_c=[\beta_0 \quad \beta_1 \quad \cdots \quad \beta_{n-1}]$$

式中，0_r 和 I_r 分别为 $r\times r$ 阶零矩阵和单位矩阵；r 为系统输入维数；n 为分母多项式的阶数。与其类似，其能观测标准型实现为

$$A_o=\begin{bmatrix}0_m & 0_m & \cdots & 0_m & -\alpha_0 I_m\\ I_m & 0_m & \cdots & 0_m & -\alpha_1 I_m\\ 0_m & I_m & \cdots & 0_m & -\alpha_2 I_m\\ \vdots & \vdots & \ddots & \vdots & \vdots\\ 0_m & 0_m & \cdots & I_m & -\alpha_{n-1}I_m\end{bmatrix},\quad B_o=\begin{bmatrix}\beta_0\\ \beta_1\\ \vdots\\ \beta_{n-1}\end{bmatrix} \tag{4-163}$$
$$C_o=[0_m \quad 0_m \quad \cdots \quad 0_m \quad I_m]$$

式中，0_m 和 I_m 分别为 $m\times m$ 阶零矩阵和单位矩阵；m 为系统输出维数；n 为分母多项式的阶数。

显然，能控标准型实现的维数为 nr，能观测标准型实现的维数为 nm。为保证实现维数最小，当输出维数 m 大于输入维数 n 时，宜采用能控标准型实现；反之，采用能观测标准型实现。

例 4-27 试建立下列传递函数矩阵的能控标准型实现和能观测标准型实现。

$$G(s)=\begin{bmatrix}\dfrac{1}{s+1} & \dfrac{1}{s^2+3s+2}\end{bmatrix}$$

解： $$G(s)=\begin{bmatrix}\dfrac{1}{s+1} & \dfrac{1}{s^2+3s+2}\end{bmatrix}=\frac{\begin{bmatrix}s+2 & 1\end{bmatrix}}{(s+1)(s+2)}$$

$$=\frac{[1\quad 0]s+[2\quad 1]}{s^2+3s+2}$$

因此，$\alpha_0=2$，$\alpha_1=3$，$\beta_0=[2\quad 1]$，$\beta_1=[1\quad 0]$，$n=2$，$r=2$，$m=1$。

故能控标准型实现为

$$\begin{cases}\dot{x}=\begin{bmatrix}0 & 0 & 1 & 0\\ 0 & 0 & 0 & 1\\ -2 & 0 & -3 & 0\\ 0 & -2 & 0 & -3\end{bmatrix}x+\begin{bmatrix}0 & 0\\ 0 & 0\\ 1 & 0\\ 0 & 1\end{bmatrix}u\\ y=[2\quad 1\quad 1\quad 0]x\end{cases}$$

能观测标准型实现为

$$\begin{cases}\dot{x}=\begin{bmatrix}0 & -2\\ 1 & -3\end{bmatrix}x+\begin{bmatrix}2 & 1\\ 1 & 0\end{bmatrix}u\\ y=[0\quad 1]x\end{cases}$$

4.9.3 最小实现

一般来说，传递函数的实现是不唯一的。在所有可能的实现中，维数最小的实现称为最小实现，也称为不可简约实现。最小实现也不是唯一的。对于最小实现的系统方程，如用放大器、积分器来构造系统时，所需的放大器、积分器的数目最少，结构简单，花钱也少。因此，从工程角度来看，如何寻求 $G(s)$ 的最小实现具有重要的现实意义。

由于传递函数矩阵只能揭示能控子系统和能观测子系统的动力学行为，故把系统中不能控、不能观测的状态分量消去不影响系统的传递函数矩阵。利用这个结果，可以很容易得到具有严格真有理式的传递函数 $G(s)$ 的最小实现。其步骤为：①对于给定的传递函数矩阵 $G(s)$，先初选一种实现，通常最方便的是能控标准型实现或能观测标准型实现；②对步骤①中的实现，按结构分解方法，找出其完全能控完全能观测部分，即为 $G(s)$ 的最小实现。

例 4-28 试求如下传递函数矩阵的最小实现：

$$G(s)=\begin{bmatrix}\dfrac{1}{s} & \dfrac{1}{s}\\ \dfrac{1}{s} & \dfrac{1}{s^2}\end{bmatrix}$$

解：(1) $G(s)$ 是严格真的有理分式，直接将它写成按 s 降幂排列的标准格式：

$$G(s)=\frac{1}{s^2}\begin{bmatrix} s & s \\ s & 1 \end{bmatrix}=\frac{\begin{bmatrix} 1 & 1 \\ 1 & 0 \end{bmatrix}s+\begin{bmatrix} 0 & 0 \\ 0 & 1 \end{bmatrix}}{s^2}$$

(2) 系统各参数为

$$n=2，\ r=2，\ m=2，\ \alpha_0=0，\ \alpha_1=0$$

$$\beta_0=\begin{bmatrix} 0 & 0 \\ 0 & 1 \end{bmatrix}，\ \beta_1=\begin{bmatrix} 1 & 1 \\ 1 & 0 \end{bmatrix}$$

(3) 先采用能控标准型实现：

$$A_c=\begin{bmatrix} 0_2 & I_2 & 0_2 \\ 0_2 & 0_2 & I_2 \\ -a_0I_2 & -a_1I_2 & -a_2I_2 \end{bmatrix}=\begin{bmatrix} 0 & 0 & 1 & 0 \\ 0 & 0 & 0 & 1 \\ 0 & 0 & 0 & 0 \\ 0 & 0 & 0 & 0 \end{bmatrix}$$

$$B_c=\begin{bmatrix} 0 & 0 \\ 0 & 0 \\ 1 & 0 \\ 0 & 1 \end{bmatrix},C_c=[\beta_0 \quad \beta_1]_{2\times 4}=\begin{bmatrix} 0 & 0 & 1 & 1 \\ 0 & 1 & 1 & 0 \end{bmatrix}$$

(4) 判定能观测性：

$$\text{rank}Q_o=\text{rank}\begin{bmatrix} C_c \\ C_cA_c \\ \vdots \\ C_cA_c^{n-1} \end{bmatrix}=\text{rank}\begin{bmatrix} 0 & 0 & 1 & 1 \\ 0 & 1 & 1 & 0 \\ 0 & 0 & 0 & 0 \\ 0 & 0 & 0 & 1 \end{bmatrix}=3<4$$

(5) 能观测性分解。求出能观测性变换矩阵如下：

$$P_o^{-1}=\begin{bmatrix} 0 & 0 & 1 & 1 \\ 0 & 1 & 1 & 0 \\ 0 & 0 & 0 & 1 \\ 1 & 0 & 0 & 1 \end{bmatrix}，\quad P_o=\begin{bmatrix} 0 & 0 & 0 & 1 \\ -1 & 1 & 1 & 0 \\ 1 & 0 & -1 & 0 \\ 0 & 0 & 1 & 0 \end{bmatrix}$$

$$\dot{\overline{x}}=P_o^{-1}AP_o\overline{x}+P_o^{-1}Bu=\begin{bmatrix} 0 & 0 & 0 & 0 \\ 0 & 0 & 1 & 0 \\ 0 & 0 & 0 & 0 \\ 1 & 0 & -1 & 0 \end{bmatrix}\overline{x}+\begin{bmatrix} 1 & 1 \\ 1 & 0 \\ 0 & 1 \\ 0 & 1 \end{bmatrix}u$$

$$y=CP_o\overline{x}=\begin{bmatrix} 1 & 0 & 0 & 0 \\ 0 & 1 & 0 & 0 \end{bmatrix}\overline{x}$$

(6) $G(s)$ 的一个最小实现为

$$A_{co}=\begin{bmatrix} 0 & 0 & 0 \\ 0 & 0 & 1 \\ 0 & 0 & 0 \end{bmatrix}，\ B_{co}=\begin{bmatrix} 1 & 1 \\ 1 & 0 \\ 0 & 1 \end{bmatrix}，\ C_{co}=\begin{bmatrix} 1 & 0 & 0 \\ 0 & 1 & 0 \end{bmatrix}$$

可以验证，最小实现的传递函数为

$$\tilde{G}(s)=\tilde{C}_{co}(sI-\tilde{A}_{co})^{-1}\tilde{B}_{co}=\begin{bmatrix}\dfrac{1}{s} & \dfrac{1}{s}\\ \dfrac{1}{s} & \dfrac{1}{s^2}\end{bmatrix}$$

与原传递函数一致。

4.9.4 传递函数与能控性、能观测性的关系

一个线性定常系统，可以用传递函数(矩阵)进行外部描述，也可以用状态空间表达式描述。第二种描述既能反映外部特征，又能揭示系统内部特性，如能控性、能观测性。这两种描述都是对一个系统而言的，那么这两种描述之间有什么关系呢？

考察单输入单输出线性定常系统$\Sigma(A,b,c)$：

$$\begin{cases}\dot{x}=Ax+bu\\ y=cx\end{cases} \tag{4-164}$$

式中，x为n维向量；u、y为标量；A为$n\times n$矩阵；b、c分别为$n\times 1$和$1\times n$矩阵。

系统传递函数记为$G(s)$，即

$$G(s)=c[sI-A]^{-1}b=\frac{c\cdot \mathrm{adj}[sI-A]\cdot b}{\det|sI-A|} \tag{4-165}$$

定理 4-30 系统式(4-164)能控能观测的充分必要条件是$G(s)$不存在零点和极点相消。

证明： (1) 先证必要性。

如果$\Sigma(A,b,c)$不是能控能观测的，即$\Sigma(A,b,c)$不是传递函数$G(s)$的最小实现，则必然存在另一个系统$\Sigma(\bar{A},\bar{B},\bar{C})$：

$$\begin{cases}\dot{\bar{x}}=\bar{A}\bar{x}+\bar{b}u\\ y=\bar{c}\,\bar{x}\end{cases}$$

有更小的维数，使得

$$\bar{c}[sI-\bar{A}]^{-1}\bar{b}=\frac{\bar{c}\cdot \mathrm{adj}[sI-\bar{A}]\cdot \bar{b}}{\det[sI-\bar{A}]}=G(s)=c[sI-A]^{-1}b \tag{4-166}$$

由于$\bar{A}$的阶次比A的阶次更高，故多项式$\det[sI-\bar{A}]$的阶次也一定比$\det[sI-A]$的阶次更高。但要使式(4-166)成立，必然是$c[sI-A]^{-1}b$的分子分母间出现零极点相消。因此假设不成立。必要性得证。

(2) 证明充分性。

如果$G(s)=c[sI-A]^{-1}b$的分子分母不出现零极点相消，则$\Sigma(A,b,c)$一定是能控能观测的。假设$G(s)=c[sI-A]^{-1}b$的分子分母出现零极点相消，那么如果$c[sI-A]^{-1}b$退化为一个降阶的传递函数，根据这个降阶的传递函数，必然可以找到一个维数更小的实现。现已知$G(s)=c[sI-A]^{-1}b$的分子分母不出现零极点相消，于是对应的$\Sigma(A,b,c)$一定是维数最小的实现，即$\Sigma(A,b,c)$是能控能观测的。充分性得证。证明完成。

根据这个定理，对于 SISO 系统 $\Sigma(A,b,c)$，如果其传递函数不出现零极点相消，则可断定相应实现是能控能观测的。但是若 SISO 系统 $\Sigma(A,b,c)$ 的传递函数出现零极点相消，还不能确定系统是不能控、不能观测的或者是不能控不能观测的。

例 4-29　线性定常系统方程为

$$\begin{cases} \dot{x} = \begin{bmatrix} -1 & -3 \\ 0 & 2 \end{bmatrix} x + \begin{bmatrix} 0 \\ 1 \end{bmatrix} u \\ y = [1 \quad 1] x \end{cases}$$

求系统传递函数，并判断系统的能控性与能观测性。

解： 能控性矩阵为

$$Q_c = [b \quad Ab] \begin{bmatrix} 0 & -3 \\ 1 & 2 \end{bmatrix}$$

$$\text{rank} Q_c = 2 = n$$

而能观测性矩阵为

$$Q_0 = \begin{bmatrix} c \\ cA \end{bmatrix} = \begin{bmatrix} 1 & 1 \\ -1 & -1 \end{bmatrix}$$

$$\text{rank} Q_0 = 1 < n = 2$$

该系统能控，但不能观测，即系统不是能控能观测的。

A 的特征值为

$$\det[\lambda I - A] = \det \begin{bmatrix} \lambda + 1 & 3 \\ 0 & \lambda - 2 \end{bmatrix} = (\lambda + 1)(\lambda - 2) = 0$$

$$\lambda_1 = -1, \lambda_2 = 2$$

系统的传递函数为

$$G(s) = c[sI - A]^{-1} b = \frac{[1 \quad 1] \cdot \text{adj} \begin{bmatrix} s+1 & 3 \\ 0 & s-2 \end{bmatrix} \cdot \begin{bmatrix} 0 \\ 1 \end{bmatrix}}{\det[sI - A]} = \frac{s-2}{(s+1)(s-2)} = \frac{1}{s+1}$$

可见传递函数 $G(s)$ 存在零点和极点相消。被消去的因子是 $(s-2)$。根据定理 4-28 可知系统不满足能控能观测的条件。

例 4-30　线性定常系统方程为

$$\begin{cases} \dot{x} = \begin{bmatrix} 2 & 1 \\ 0 & -1 \end{bmatrix} x + \begin{bmatrix} 1 \\ -3 \end{bmatrix} u \\ y = [1 \quad 0] x \end{cases}$$

求传递函数并判断系统的能控性与能观测性。

解： A 的特征值为

$$\det[\lambda I - A] = \det \begin{bmatrix} \lambda - 2 & -1 \\ 0 & \lambda + 1 \end{bmatrix} = (\lambda - 2)(\lambda + 1) = 0$$

$$\lambda_1 = -1, \lambda_2 = 2$$

可见该系统的特征值与例 4-29 相同。

传递函数为

$$c[sI-A]^{-1}b=\frac{[1\quad 0]\cdot \text{adj}\begin{bmatrix} s-2 & -1 \\ 0 & s+1 \end{bmatrix}\cdot\begin{bmatrix} 1 \\ -3 \end{bmatrix}}{\det[sI-A]}=\frac{1}{s+1}$$

从求得的传递函数 $G(s)$ 可知，系统存在零点和极点相消。被消去的是 $s=2$ 的极点。根据定理 4-30 可知，系统不满足能控能观测的充分必要条件。

实际上，能控性矩阵为

$$Q_c=[b\quad Ab]\begin{bmatrix} 1 & -1 \\ -3 & 3 \end{bmatrix}$$

$$\text{rank}Q_c=1<n=2$$

能观测性矩阵为

$$Q_0=\begin{bmatrix} c \\ cA \end{bmatrix}=\begin{bmatrix} 1 & 0 \\ 2 & 1 \end{bmatrix}$$

$$\text{rank}Q_0=2=n$$

可见系统能观测但不能控。

通过例 4-29 和例 4-30 可知，若单输入单输出线性定常系统的传递函数存在零点和极点相消，则系统不可能是能控能观测的。随着状态变量的不同选择，系统可以是能控但不能观测，也可以是能观测但不能控。只有当传递函数不存在零点和极点相消时，系统才是既能控又能观测的。也就是说，用传递函数描述系统时，只能描述系统中既能控又能观测的子系统，而系统中不能控、不能观测的子系统是不能描述的。这是传递函数描述的又一个不足之处。应当指出，定理 4-30 对多输入多输出系统不适用。现举例说明。

例 4-31 多输入多输出线性定常系统方程为

$$\begin{cases} \dot{x}=\begin{bmatrix} 1 & 3 & 2 \\ 0 & 4 & 2 \\ 0 & 0 & 1 \end{bmatrix}x+\begin{bmatrix} 0 & 1 \\ 0 & 0 \\ 1 & 0 \end{bmatrix}u \\ y=\begin{bmatrix} 1 & 0 & 0 \\ 0 & 0 & 1 \end{bmatrix}x \end{cases}$$

传递函数矩阵为

$$G(s)=C[sI-A]^{-1}B=\begin{bmatrix} 1 & 0 & 0 \\ 0 & 0 & 1 \end{bmatrix}\begin{bmatrix} s-1 & -3 & -2 \\ 0 & s-4 & -2 \\ 0 & 0 & s-1 \end{bmatrix}\begin{bmatrix} 0 & 1 \\ 0 & 0 \\ 1 & 0 \end{bmatrix}=\frac{s-1}{(s-1)^2(s-4)}\begin{bmatrix} 2 & s-4 \\ s-4 & 0 \end{bmatrix}$$

可见传递函数矩阵存在零点和极点相消。相消的因子为 $(s-1)$。但是系统能控性矩阵的秩为

$$\text{rank}Q_c=\text{rank}[B\quad AB\quad A^2B]=\text{rank}\begin{bmatrix} 0 & 1 & 2 & 1 & 10 & 1 \\ 0 & 0 & 2 & 0 & 10 & 0 \\ 1 & 0 & 1 & 0 & 1 & 0 \end{bmatrix}=3=n$$

系统能观测性矩阵的秩为

$$\operatorname{rank}Q_0=\operatorname{rank}\begin{bmatrix}C\\CA\\CA^2\end{bmatrix}=\operatorname{rank}\begin{bmatrix}1&0&0\\0&0&1\\1&3&2\\0&0&1\\1&15&10\\0&0&1\end{bmatrix}=3=n$$

可见，传递函数矩阵存在相消因子$(s-1)$。但系统既能控又能观测。不过，应当注意，因子$(s-1)$是传递函数矩阵的重极点。零点和极点相消后，极点$(s-1)$还剩一个，并未消失，只是降低了系统重极点的重数。

多输入多输出系统能控性、能观测性与传递函数矩阵之间的关系有如下定理。

考虑 n 维多输入多输出连续时间线性时不变系统，状态空间描述为

$$\begin{cases}\Sigma: \dot{x}=Ax+Bu\\ y=Cx\end{cases}\tag{4-167}$$

式中，A 为$n\times n$常阵，B 和 C 分别为$n\times r$和$m\times n$常阵。

定理 4-31　若系统式(4-167)的状态向量与输入向量之间的传递函数矩阵$G_{XU}(s)=C[sI-A]^{-1}B$各行线性无关，则系统能控。

定理 4-32　若系统式(4-167)的输出向量与状态向量之间的传递函数矩阵$G_{YU}(s)=C[sI-A]^{-1}$各列线性无关，则系统能观测。

这两个定理的证明从略，但可以用例 4-31 来验证这两个定理的正确性。

4.10　本 章 小 结

(1) 能控性是系统定性分析的重要内容之一。本章围绕能控性和能观测性两个系统基本结构特性，重点针对连续时间线性时不变系统，就判据、标准型、结构分解等基本问题进行了较为全面的系统论述。本章的内容对线性时不变系统的综合是不可缺少的基础。

(2) 能控性是系统控制问题的一个结构特性，表征外部控制输入对系统内部运动的可影响性；能观测性是系统估计问题的一个结构特性，表征系统内部运动可由外部量测输出的可反映性。它们为线性系统理论中两个最基本的概念，很多控制和估计的综合问题都是以这两个特性为前提的。

(3) 能控性和能观测性的判据是基于系统状态空间描述的系数矩阵判断系统的能控性和能观测性。连续时间系统、离散时间系统、时变系统、时不变系统的能控性和能观测性判据的形式不尽相同。对 n 维连续时间线性时不变系统，能控性和能观测性应用最广的是秩判据。分析能控性、能观测性的定理，会发现其间的对偶性。对偶原理搭起了控制问题和估计问题之间的桥梁，在理论和实际两方面都具有重要意义。能控标准型和能观测标准型是显式反映系统完全能控和完全能观测特征的标准形式状态空间描述，在控制器和观测器的综合问题中具有重要的应用性。

对连续时间线性时不变系统，结构分解显式把系统分解为能控部分和不能控部分，或能观测部分和不能观测部分，或能控能观测、能控不能观测、不能控能观测和不能控不能观测四个部分。基于结构分解，可更深刻地揭示系统的结构特性属性。根据系统结构的规范分解，传递函数矩阵一般而言只是对系统结构的不完全描述，只能反映系统中的能控能观测部分；状态空间描述则是对系统结构的完全描述，能够同时反映系统结构的各个部分。

习　题

4-1 试判定下列系统的能控性。

(1) $\dot{x}=\begin{bmatrix}1 & 1\\ -1 & 0\end{bmatrix}x+\begin{bmatrix}1\\ 1\end{bmatrix}u$

(2) $\dot{x}=\begin{bmatrix}0 & 1 & 0\\ 0 & 0 & 1\\ -2 & -1 & -3\end{bmatrix}x+\begin{bmatrix}1 & 0\\ 0 & -1\\ -1 & 1\end{bmatrix}u$

(3) $\dot{x}=\begin{bmatrix}0 & 1 & 0\\ 0 & 0 & 1\\ 0 & 1 & -3\end{bmatrix}x+\begin{bmatrix}1\\ 0\\ 1\end{bmatrix}u$

(4) $\dot{x}=\begin{bmatrix}4 & 1 & 0 & 0\\ 0 & 4 & 0 & 0\\ 0 & 0 & 3 & 1\\ 0 & 0 & 0 & 3\end{bmatrix}x+\begin{bmatrix}0 & 0\\ 1 & 0\\ 1 & 1\\ 0 & 1\end{bmatrix}u$

4-2 试判定下列系统的能观测性。

(1) $\begin{cases}\dot{x}=\begin{bmatrix}1 & 1\\ 1 & 0\end{bmatrix}x+\begin{bmatrix}1\\ 0\end{bmatrix}u\\ y=[1\quad 0]x\end{cases}$

(2) $\begin{cases}\dot{x}=\begin{bmatrix}0 & 1 & 0\\ 0 & 0 & 1\\ -2 & -1 & -3\end{bmatrix}x\\ y=[1\quad 0\quad 1]x\end{cases}$

(3) $\begin{cases}\dot{x}=\begin{bmatrix}1 & 1 & 0\\ 0 & 1 & 0\\ 0 & 0 & 1\end{bmatrix}x\\ y=\begin{bmatrix}1 & 1 & 3\\ 0 & 0 & 0\end{bmatrix}x\end{cases}$

(4) $\begin{cases} \dot{x}=\begin{bmatrix} 4 & 1 & 0 & 0 \\ 0 & 4 & 0 & 0 \\ 0 & 0 & 3 & 1 \\ 0 & 0 & 0 & 3 \end{bmatrix}x+\begin{bmatrix} 0 & 0 \\ 1 & 0 \\ 1 & 1 \\ 0 & 1 \end{bmatrix}u \\ y=\begin{bmatrix} 0 & 1 & 0 & 0 \\ 0 & 2 & 1 & 0 \end{bmatrix}x \end{cases}$

4-3　判断下列系统的状态能控性和能观测性。系统中 a、b、c、d 的取值与能控性和能观测性是否有关？若有关，其取值条件如何？

(1) $\begin{cases} \dot{x}=\begin{bmatrix} -3 & 1 \\ 1 & -3 \end{bmatrix}x+\begin{bmatrix} 1 & 1 \\ 1 & 1 \end{bmatrix}u \\ y=\begin{bmatrix} 1 & 1 \\ 1 & -1 \end{bmatrix}x \end{cases}$

(2) $\begin{cases} \dot{x}=\begin{bmatrix} -1 & 1 & 0 \\ 0 & -1 & 0 \\ 0 & 0 & -2 \end{bmatrix}x+\begin{bmatrix} 2 & 1 \\ a & 0 \\ b & 0 \end{bmatrix}u \\ y=\begin{bmatrix} c & 0 & d \\ 0 & 0 & 0 \end{bmatrix}x \end{cases}$

(3) 系统结构如图 4-10 所示。

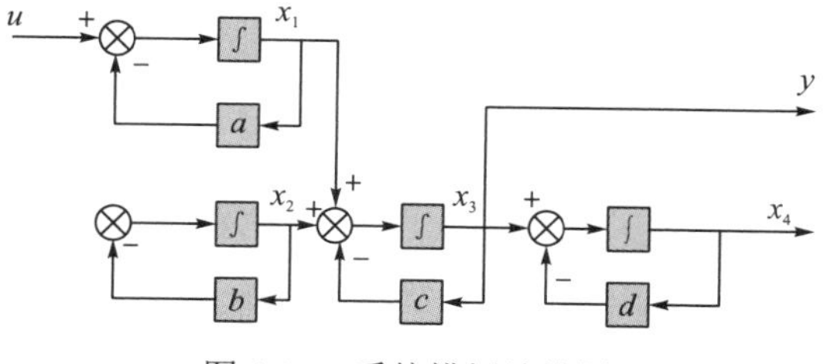

图 4-10　系统模拟结构图

(4) $\dot{x}=\begin{bmatrix} -2 & 0 & 0 \\ 0 & -2 & 0 \\ 0 & 0 & -2 \end{bmatrix}x+\begin{bmatrix} a & 1 \\ 2 & 4 \\ b & 1 \end{bmatrix}u$

4-4　确定使下列系统既能控又能观测的参数的取值范围。

(1) $\begin{cases} \dot{x}=\begin{bmatrix} a & 1 \\ 0 & b \end{bmatrix}x+\begin{bmatrix} 1 \\ 1 \end{bmatrix}u \\ y=[1 \quad -1]x \end{cases}$

(2) $\begin{cases} \dot{x}=\begin{bmatrix} -1 & 1 & a \\ 0 & -2 & 1 \\ 0 & 0 & -3 \end{bmatrix}x+\begin{bmatrix} 0 \\ 0 \\ 1 \end{bmatrix}u \\ y=[0 \quad 0 \quad 1]x \end{cases}$

(3) $\begin{cases} \dot{x} = \begin{bmatrix} 0 & 0 & 1 \\ 0 & 1 & 0 \\ -2 & -3 & -5 \end{bmatrix} \begin{bmatrix} x_1 \\ x_2 \\ x_3 \end{bmatrix} + \begin{bmatrix} 0 \\ 1 \\ a \end{bmatrix} u \\ y = [0 \quad 1 \quad b]x \end{cases}$

4-5 已知系统的状态空间表达式为

$$\begin{cases} \dot{x} = \begin{bmatrix} 0 & 2 \\ -3 & -5 \end{bmatrix} x + \begin{bmatrix} 2 \\ b \end{bmatrix} u \\ y = [c \quad 1]x \end{cases}$$

试确定使 x_1 既能控又能观测，x_2 既不能控又不能观测的 b、c 应满足的条件。

4-6 设线性时变系统 Σ 和其对偶系统 Σ_d。试证明对偶系统的状态转移矩阵 $\Phi_d(t,t_0)$ 等于原系统的状态转移矩阵 $\Phi(t_0,t)$ 逆阵的转置，即 $\Phi_d(t,t_0) = \Phi^{\mathrm{T}}(t_0,t)$。

4-7 已知系统的微分方程为 $\dddot{y} + 6\ddot{y} + 11\dot{y} + 6y = 6u$，试写出其对偶系统的状态空间表达式及其传递函数。

4-8 已知能控系统的状态方程为

$$\dot{x} = \begin{bmatrix} -0.5 & 0 \\ 0 & -1 \end{bmatrix} x + \begin{bmatrix} 0.5 \\ 1 \end{bmatrix} u$$

若系统初始状态 $x(0) = [1 \quad -0.1]$，$x(t_1) = x(2) = 0$，求所需的控制 $u(t)$。

4-9 已知系统的传递函数为

$$G(s) = \frac{s^2 + 6s + 8}{s^2 + 4s + 3}$$

试求其能控标准型和能观测标准型。

4-10 试将下列系统化为能控标准型和能观测标准型。

(1) $\begin{cases} \dot{x} = \begin{bmatrix} -1 & -2 & -2 \\ 0 & -1 & 1 \\ 1 & 0 & 1 \end{bmatrix} x + \begin{bmatrix} 2 \\ 0 \\ 1 \end{bmatrix} u \\ y = [1 \quad 1 \quad 0]x \end{cases}$

(2) $\begin{cases} \dot{x} = \begin{bmatrix} 0 & 2 & -2 \\ 1 & 1 & -2 \\ 2 & -2 & 1 \end{bmatrix} x + \begin{bmatrix} 2 \\ 1 \\ 1 \end{bmatrix} u \\ y = [1 \quad 1 \quad -2]x \end{cases}$

4-11 试求下列连续时间线性时不变系统的旺纳姆能控标准型和龙伯格能控标准型。

$$\dot{x} = \begin{bmatrix} 1 & 0 & 1 \\ 0 & 1 & 0 \\ 1 & 1 & 0 \end{bmatrix} x + \begin{bmatrix} 1 & 0 \\ 0 & 1 \\ 1 & 0 \end{bmatrix} u$$

4-12　试将下列系统按能控性、能观测性进行结构分解。

$$\begin{cases}\dot{x}=\begin{bmatrix}1 & 2 & -1\\0 & 1 & 0\\0 & -4 & 3\end{bmatrix}x+\begin{bmatrix}0\\0\\1\end{bmatrix}u\\y=[1\quad -1\quad 1]x\end{cases}$$

4-13　试将下列系统按能控性和能观测性进行结构分解。

(1) $\begin{cases}\dot{x}=\begin{bmatrix}0 & 0 & -1\\1 & 0 & -3\\0 & 1 & -3\end{bmatrix}x+\begin{bmatrix}1\\1\\0\end{bmatrix}u\\y=[0\quad 1\quad -2]x\end{cases}$

(2) $\begin{cases}\dot{x}=\begin{bmatrix}1 & 2 & -1\\0 & 1 & 0\\0 & -4 & 3\end{bmatrix}x+\begin{bmatrix}0\\0\\1\end{bmatrix}u\\y=[1\quad -1\quad 1]x\end{cases}$

4-14　试求下列系统的能控性指数和能观测性指数。

$$\begin{cases}\dot{x}=\begin{bmatrix}0 & 1 & 0\\0 & 0 & 1\\0 & 3 & -1\end{bmatrix}x+\begin{bmatrix}0 & 1\\1 & 0\\0 & 0\end{bmatrix}u\\y=\begin{bmatrix}1 & 0 & 1\\0 & 1 & 0\end{bmatrix}x\end{cases}$$

4-15　设线性时变连续系统状态空间表达式如下，试分析其能控性和能观测性。

$$\begin{cases}\dot{x}(t)=\begin{bmatrix}1-\mathrm{e}^{-2t} & 1 & 0\\0 & 1 & 0\\0 & 0 & 2\end{bmatrix}x(t)+\begin{bmatrix}0\\1\\\mathrm{e}^{-5t}\end{bmatrix}u(t)\\y(t)=[1\quad 0\quad \mathrm{e}^{-5t}]x\end{cases}$$

4-16　设线性离散系统的状态空间表达式如下，试分析其能控性和能观测性。

$$\begin{cases}x(k+1)=\begin{bmatrix}-3 & 0 & 0 & 0\\0 & -2 & 0 & 0\\0 & 0 & -5 & 1\\0 & 0 & 0 & -6\end{bmatrix}x(k)+\begin{bmatrix}1 & 1\\2 & -1\\5 & -1\\0 & 1\end{bmatrix}u(k)\\y(k)=[1\quad 0\quad 1\quad 0]x(k)\end{cases}$$

4-17　求下列传递函数阵的最小实现。

(1) $G(s)=\dfrac{1}{s+1}\begin{bmatrix}1 & 1\\1 & 1\end{bmatrix}$

(2) $G(s)=\begin{bmatrix}\dfrac{1}{(s+1)(s+2)} & \dfrac{1}{(s+2)(s+3)}\end{bmatrix}$

4-18 设系统的传递函数是

$$G(s)=\frac{s+a}{s^3+10s^2+27s+18}$$

(1) 当 a 取何值时，系统是不完全能控或不完全能观测的？

(2) 当 a 取上述值时，求使系统完全能控的状态空间表达式。

(3) 当 a 取上述值时，求使系统完全能观测的状态空间表达式。

第5章　控制系统的稳定性

稳定性是系统定性分析的又一个重要内容，是系统控制理论研究的一个重要课题。实际工程中，可以应用的系统必须是稳定的。不稳定的系统不仅不能实现预期目标，而且具有一定的潜在风险。系统运动稳定性可分为基于输入输出描述的外部稳定性和基于状态空间描述的内部稳定性。在一定条件下，内部稳定性和外部稳定性才存在等价关系。

在经典控制理论中，对于传递函数描述的 SISO 线性定常系统，应用劳斯-赫尔维茨(Routh-Hurwitz)判据判定系统稳定性非常方便有效；在频域中，奈奎斯特判据是更为通用的方法，其不仅可以判定系统是否稳定，而且能够具体判断系统稳定程度，指明改善系统稳定性的方向。上述方法都是以分析系统的特征根在复平面的分布为基础，但对于非线性系统和时变系统，这些稳定性判据就不适用了。1892 年，俄国数学家李雅普诺夫提出了判定系统稳定性的直接法和间接法，这两种方法已成为当前研究非线性控制系统稳定性最有效的方法。本章主要讨论内部稳定性，重点论述最具重要性和普遍性的李雅普诺夫直接法及其应用。

5.1　稳定性的基本概念

随着科学技术的发展以及航空、航天工业的发展需要，控制问题由线性、定常、单输入单输出系统问题向非线性、时变、多输入多输出系统问题延伸，使得稳定性问题分析的复杂程度急剧增加。那些在经典控制理论中行之有效的稳定性分析方法在此无效，必须寻求其他方法。

李雅普诺夫在 1892 年发表了论文《运动稳定性的一般问题》，建立了运动稳定性的一般理论和方法。他把分析常微分方程组稳定性的所有方法归纳为本质上不同的两种方法，现今称为李雅普诺夫第一方法和李雅普诺夫第二方法。李雅普诺夫方法同时适用于线性系统和非线性系统、时变系统和时不变系统、连续时间系统和离散时间系统。

李雅普诺夫第一方法是求出常微分方程的解，分析系统的稳定性，这是一种间接方法，属于小范围稳定性分析方法。李雅普诺夫第一方法的基本思路是将非线性自治系统运动方程在足够小邻域内进行泰勒展开导出一次近似线性化系统，再根据线性化系统特征值在复平面上的分布推断非线性系统在邻域内的稳定性。经典控制理论中对稳定性的讨论正是建立在李雅普诺夫第一方法思路的基础上的。李雅普诺夫第二方法是不需要求解常微分方程组的解而能提供稳定性的信息，这是一种直接方法。由于求解非线性时变微分方程组的解是很困难的，甚至是不可能的，因此，李雅普诺夫第二方法就显得特别重要。该方法研究系统稳定性是建立在这样一个事实之上的，即当系统的一个平衡状态为渐进稳定时，在外界作用下，系统能量要发生变化。而且系统储存的能量必将随着时间的推移而衰减，直至趋于平稳状态而使能量趋于最小值。李雅普诺夫第二方法概念直观，理论严谨，具有一般性，物理含义清晰。因此，当李雅普诺夫第二方法在1960年前后被引入系统控制理论后，很快显示出其在理论上和应用上的重要性，成为现代系统控制理论中研究系统稳定性的主要工具。同时，随着研究的深入，李雅普诺夫第二方法在领域和方法上也得到进一步的拓展，如系统大范围稳定性分析、线性系统李雅普诺夫判据等。

5.1.1 外部稳定

由线性系统运动分析可知，对于线性定常连续系统状态空间描述为

$$\begin{cases} \dot{x} = Ax + Bu \\ y = Cx \end{cases} \tag{5-1}$$

式中，x、u、y 分别为 n、r、m 维向量；A、B、C 为满足矩阵运算的矩阵。

设在系统初始时刻 t_0，$x(t_0)=0$，系统输出 $y[t_0,\infty]$ 仅由输入 $u[t_0,\infty]$ 唯一确定，即系统初始松弛，则系统输入输出描述可表示为

$$y(t) = Cx(t) = \int_{t_0}^{t} C\mathrm{e}^{A(t-\tau)}Bu(\tau)\mathrm{d}\tau = \int_{t_0}^{t} H(t-\tau)u(\tau)\mathrm{d}\tau \tag{5-2}$$

式中，$H(t-\tau) = C\mathrm{e}^{A(t-\tau)}B$ 为系统脉冲响应矩阵。对于单输入单输出系统，$h(t-\tau)$ 为脉冲响应函数。对于线性连续时变系统，系统脉冲响应矩阵为 $H(t,\tau) = C(t)\Phi(t,\tau)B(t)$。

外部稳定性也常被称为有界输入-有界输出(bounded-input bounded-output，BIBO)稳定性，是基于系统输入-输出的描述。为保证对系统描述的唯一性，BIBO稳定性也是在系统零初始条件的基础上定义的。

定义 5-1 [**外部稳定性**]对于零初始条件的线性因果系统，如果存在常数 β_1 和 β_2，对任意有界输入 $u(t)$，即满足 $\|u(t)\| \leqslant \beta_1 < \infty, \forall t \in [t_0,\infty)$，对应的输出 $y(t)$ 均为有界，即 $\|y(t)\| \leqslant \beta_2 < \infty, \forall t \in [t_0,\infty)$，则该因果系统是外部稳定的，即输入-输出稳定。

对连续时间线性系统，BIBO稳定性可根据系统脉冲响应矩阵 $H(t,\tau)$ 或传递函数矩阵 $G(s)$ 进行判别。

定理 5-1 [**线性时变系统 BIBO 稳定**]对零初始条件连续时间线性时变系统，输入为 r 维，输出为 m 维，系统BIBO稳定的充分必要条件为存在一个有限正常数 β，使得对于一切时间 $t \in [t_0,\infty)$，$H(t,\tau)$ 的所有元 $h_{ij}(t,\tau)(i=1,2,\cdots,m$；$j=1,2,\cdots,r)$ 均满足：

$$\int_{t_0}^{t} |h_{ij}(t,\tau)| \mathrm{d}\tau \leqslant \beta < \infty \tag{5-3}$$

证明： 首先证明系统SISO，再推广到系统MIMO。单输入单输出系统系统输入-输出描述为

$$y(t) = \int_{t_0}^{t} h(t-\tau)u(\tau)\mathrm{d}\tau$$

(1)先证充分性。已知式(5-3)成立，且任意取输入 $u(t)$ 为有界，即满足 $|u(t)| \leqslant \beta_1 < \infty$，$\forall t \in [t_0,\infty)$，则由基于脉冲响应 $h(t,\tau)$ 的输出 $y(t)$ 关系式，可以得到

$$\begin{aligned} |y(t)| &= \left|\int_{t_0}^{t} h_{ij}(t,\tau)u(\tau)\mathrm{d}\tau\right| \leqslant \int_{t_0}^{t} |h(t,\tau)||u(\tau)|\mathrm{d}\tau \\ &\leqslant \beta_1 \int_{t_0}^{t} |h(t,\tau)|\mathrm{d}\tau \leqslant \beta_1\beta = \beta_2 < \infty \end{aligned} \tag{5-4}$$

据定义 5-1 可知，系统 BIBO 稳定。

(2) 再证必要性。采用反证法，已知系统 BIBO 稳定，假设存在某个时刻 $t_1 \in [t_0,\infty)$，使

$$\int_{t_0}^{t_1} |h(t_1,\tau)| \mathrm{d}\tau = \infty \tag{5-5}$$

可构造如下一个有界输入：

$$u(t) = \operatorname{sgn} h(t_1,\tau) = \begin{cases} +1, & h(t_1,\tau) > 0 \\ 0, & h(t_1,\tau) = 0 \\ -1, & h(t_1,\tau) < 0 \end{cases} \tag{5-6}$$

使对应的输出 $y(t)$，有

$$y(t_1) = \int_{t_0}^{t_1} h(t_1,\tau)u(\tau)\mathrm{d}\tau = \int_{t_0}^{t_1} |h(t_1,\tau)| \mathrm{d}\tau = \infty \tag{5-7}$$

即系统输出 $y(t)$ 是无界的，这与已知系统 BIBO 稳定矛盾。因此，式 (5-5) 的反设不成立，即必定有

$$\int_{t_0}^{t} |h(t,\tau)| \mathrm{d}\tau \leqslant \beta < \infty, \quad \forall t \in [t_0,\infty) \tag{5-8}$$

对于多输入多输出情形，系统输出 $y(t)$ 的任一分量 $y_i(t)$ 均有

$$\begin{aligned} |y_i(t)| &= \left| \int_{t_0}^{t} h_{i1}(t,\tau)u(\tau)\mathrm{d}\tau \right| \leqslant \int_{t_0}^{t} |h_{i1}(t,\tau)||u(\tau)|\mathrm{d}\tau \\ &\leqslant \beta_1 \int_{t_0}^{t} |h(t,\tau)| \mathrm{d}\tau < \beta_1\beta = \beta_2 < \infty \end{aligned} \tag{5-9}$$

有限个有界函数的和仍为有界，因此利用单输入单输出结果，即可证明多输入多输出情形。

定理 5-2 ［**线性时不变系统 BIBO 稳定**］r 维输入 m 维输出的连续时间线性时不变系统，令初始时刻 $t_0 = 0$，则系统 BIBO 稳定的充分必要条件为，存在一个有限正常数 β，使脉冲响应矩阵 $H(t)$ 所有元 $h_{ij}(t)(i = 1,2,\cdots,m;\ j = 1,2,\cdots,r)$ 均满足关系式：

$$\int_{0}^{\infty} |h_{ij}(\tau)| \mathrm{d}\tau \leqslant \beta < \infty$$

该定理的证明与定理 5-1 类似。

线性定常系统的输入-输出关系，也可以用传递函数(矩阵)描述。由经典控制理论可知，对于单输入单输出线性定常系统，其系统 BIBO 稳定的充分必要条件是传递函数的所有极点具有负实部。同样地，对于多输入多输出的线性定常系统，其系统 BIBO 稳定的充分必要条件是传递函数矩阵 $G(s)$ 的每一个元所有极点均具有负实部。

例 5-1 连续时间线性时不变系统状态空间模型为 $\begin{cases} \dot{x} = -ax + u \\ y = cx \end{cases}$，$a$、$c$ 为非负实数，系统的脉冲响应为 $h(t) = c\mathrm{e}^{-at}$，分析系统是否 BIBO 稳定。

解： 因为 a、c 为非负实数，$h(t)$ 是非负的，有 $|h(t)| = h(t)$，所以

$$\int_{0}^{\infty} |h(\tau)| \mathrm{d}\tau = c\int_{0}^{\infty} \mathrm{e}^{-a\tau} \mathrm{d}\tau = \begin{cases} \dfrac{c}{a}, & a > 0 \\ \infty, & a \leqslant 0 \end{cases}$$

可见，只有当 $a > 0$ 时，系统输出才是有界的。由定理 5-2 可知，当且仅当 $a > 0$ 时，

系统才是 BIBO 稳定的。

实际上该系统的传递函数 $g(s)=c/(s+a)$，其极点为 $-a$，故系统 BIBO 稳定的条件 $a>0$ 与传递函数的极点位于 s 左半平面(不包括虚轴的 s 左半平面)等价。

5.1.2 内部稳定

内部稳定性揭示系统零输入状态下自治系统内部状态自由运动的稳定性，是基于系统状态方程的描述。实质上，内部稳定性等同于李雅普诺夫意义下渐近稳定性。对于连续时间线性时不变系统[式(5-1)]，其输入 $u(t)$ 为零的状态方程(即自治状态方程)为

$$\dot{x}=Ax,\ \ x(t_0)=x_0, t\in[t_0,\infty) \tag{5-10}$$

对任意非零初始状态 x_0 引起的状态响应为 $x_{0u}(t)=\Phi(t-t_0)x_0$。在此基础上，系统内部稳定性定义如下。

定义 5-2 [**内部稳定性**]如果连续时间线性时不变系统由时刻 t_0 任意非零初始状态 $x(t_0)=x_0$ 引起的状态零输入响应 $x_{0u}(t)$，对所有 $t\in[t_0,\infty)$ 有界，并满足 $\lim\limits_{t\to\infty}x_{0u}(t)=0$，则称系统是内部稳定的，也称为渐近稳定。

对于连续时间线性时不变自治系统式(5-10)，内部稳定性可根据状态转移矩阵或系数矩阵直接判别。显然，由定义 5-2 可知，系统式(5-10)内部稳定的充分必要条件为，状态转移矩阵 $\Phi(t-t_0)=\mathrm{e}^{A(t-t_0)}$ 是有界的，且满足关系式 $\lim\limits_{t\to\infty}\Phi(t-t_0)=0$。因此，系统矩阵 A 的所有特征值均必须具有负实部，即

$$\mathrm{Re}\{\lambda_i(A)\}<0, i=1,2,\cdots,n \tag{5-11}$$

给定系统状态矩阵 A，即可导出其特征多项式：

$$\alpha(s)\triangleq\det(sI-A)=s^n+\alpha_{n-1}s^{n-1}+\cdots+\alpha_1 s+\alpha_0 \tag{5-12}$$

利用系数 $\alpha_0,\alpha_1,\cdots,\alpha_{n-1}$，便可直接判断系统的稳定性。这就是经典控制理论中的劳斯-赫尔维茨判据。

同样可以得出，对于 n 维连续时间线性时变自治系统，系统在时刻 t_0 是内部稳定的充分必要条件为状态转移矩阵 $\Phi(t,t_0)$ 有界，且满足 $\lim\limits_{t\to\infty}\Phi(t,t_0)=0$，但状态矩阵 $A(t)$ 的所有特征值均具有负实部并不能保证时变系统的内部稳定性。

5.1.3 内部稳定与外部稳定的关系

对内部稳定性和外部稳定性之间关系的研究，其理论分析具有重要价值，在工程应用上具有基本意义。

定理 5-3 [**内部稳定和外部稳定关系(一)**]对于连续时间线性时不变系统[式(5-1)]，若系统为内部稳定(即渐近稳定)的，则系统必为 BIBO 稳定，即外部稳定。

证明： 对于线性时不变系统[式(5-1)]，由系统运动分析可知，脉冲响应矩阵 $H(t)$ 的关系式为

$$H(t)=C\Phi(t)B=C\mathrm{e}^{At}B$$

若系统为内部稳定，必有

$$e^{At}\text{ 为有界且 }\lim_{t\to\infty}e^{At}=0$$

从而，脉冲响应矩阵 $H(t)$ 所有元 $h_{ij}(t,\tau)(i=1,2,\cdots,m;\quad j=1,2,\cdots,r)$ 均满足关系式：

$$\int_{t_0}^{\infty}\left|h_{ij}(t)\right|\mathrm{d}\tau<\beta<\infty$$

因此，系统是 BIBO 稳定的。证明完成。

定理 5-4　[**内部稳定和外部稳定关系(二)**]对于连续时间线性时不变系统[式(5-1)]，系统为 BIBO 稳定(即外部稳定)不能保证系统必为内部稳定(即渐近稳定)。

证明：根据第 4 章中线性系统结构规范分解理论可知，传递函数矩阵 $G(s)$ 只能反映系统结构中能控能观测部分。因此，系统为 BIBO 稳定[即 $G(s)$ 极点均具有负实部的事实]，只能保证系统能控能观测部分的特征值均具有负实部，既不表明也不要求系统的能控不能观测、不能控能观测和不能控不能观测各部分特征值均具有负实部。由此，系统为 BIBO 稳定不能保证系统为内部稳定。证明完成。

定理 5-5　[**内部稳定和外部稳定等价性**]对于连续时间线性时不变系统[式(5-1)]，若系统完全能控和完全能观测，当且仅当系统内部稳定时，系统外部稳定。

证明：由定理 5-3 可知，系统内部稳定意味着系统外部稳定。而由定理 5-4 的证明过程可知，在系统完全能控和完全能观测的条件下，系统外部稳定[即 $G(s)$ 极点均具有负实部的事实]，表征了整个系统特性，意味着系统内部稳定，即系统外部稳定和系统内部稳定相等价。证明完成。

例 5-2　系统状态空间模型为

$$\begin{cases}\dot{x}=\begin{bmatrix}0 & 6\\ 1 & -1\end{bmatrix}x+\begin{bmatrix}-2\\ 1\end{bmatrix}u\\ y=\begin{bmatrix}0 & 1\end{bmatrix}x\end{cases}$$

分析系统的渐近稳定性与 BIBO 稳定性。

解： A 的特征方程式为

$$\det[\lambda I-A]=\lambda(\lambda+1)-6=(\lambda-2)(\lambda+3)=0$$

于是 A 的特征值 $\lambda_1=2$，$\lambda_2=-3$，故系统不是渐近稳定的。

系统的传递函数为

$$\begin{aligned}G(s)=c[sI-A]^{-1}b&=\begin{bmatrix}0 & 1\end{bmatrix}\begin{bmatrix}s & -6\\ -1 & s+1\end{bmatrix}^{-1}\begin{bmatrix}-2\\ 1\end{bmatrix}\\ &=\begin{bmatrix}0 & 1\end{bmatrix}\begin{bmatrix}\dfrac{s+1}{(s-2)(s+3)} & \dfrac{6}{(s-2)(s+3)}\\ \dfrac{1}{(s-2)(s+3)} & \dfrac{s}{(s-2)(s+3)}\end{bmatrix}\begin{bmatrix}-2\\ 1\end{bmatrix}\\ &=\begin{bmatrix}0 & 1\end{bmatrix}\begin{bmatrix}\dfrac{-2}{s+3}\\ \dfrac{1}{s+3}\end{bmatrix}=\frac{1}{s+3}\end{aligned}$$

由于传递函数 $G(s)$ 的极点位于 s 左半开平面，故系统是 BIBO 稳定的。

在该例子中，传递函数出现零极点相消，而消去的恰恰是位于 s 右半平面的极点，所以系统 BIBO 稳定，但不是平衡状态 $x_e = 0$ 的渐近稳定。传递函数存在零点、极点相消，表示系统不是完全能控完全能观测的。因此，该系统的内部稳定和外部稳定不具有等价性。

5.1.4 李雅普诺夫稳定性的相关定义

系统运动稳定性实质上归结为系统平衡状态的稳定性，直观上为在平衡状态受到扰动后系统自由运动的性质，与外部输入无关。考虑连续时间非线性时变系统，输入 $u(t) \equiv 0$，系统自由运动方程为

$$\dot{x} = f(x,t), x(t_0) = x_0, t \in [t_0, \infty) \tag{5-13}$$

式中，x 为 n 维状态；$f(x,t)$ 为线性或非线性、时变或时不变的 n 维向量函数。

对连续时间线性时变系统，式(5-13)中的向量函数 $f(x,t)$ 可表示为状态 x 的线性向量函数，即

$$\dot{x} = A(t)x, x(t_0) = x_0, t \in [t_0, \infty) \tag{5-14}$$

而对连续时间线性时不变系统，其自由运动方程为 $\dot{x} = Ax$。

1. 平衡状态

定义 5-3 ［**平衡状态**］对连续时间非线性时变系统［式(5-13)］的平衡状态 x_e 定义为状态空间中满足属性方程式(5-15)的一个状态。

$$\dot{x}_e = f(x_e, t) = 0, t \in [t_0, \infty) \tag{5-15}$$

直观上，平衡状态 x_e 为系统处于平衡时可能具有的一类状态，其基本特征为 $\dot{x}_e = 0$。求解自治系统的平衡状态方程式(5-15)，x_e 一般是不唯一的。

对连续时间线性时不变系统，平衡状态 x_e 为方程 $Ax_e = 0$ 的解，若矩阵 A 非奇异则有唯一解 $x_e = 0$，若矩阵 A 奇异则解不唯一，即除 $x_e = 0$ 外，还有非零 x_e。对于系统［式(5-13)］，在大多数情况下，$x_e = 0$ 即状态空间原点必为系统的一个平衡状态。对于状态空间中彼此分隔的孤立点平衡状态，称为孤立平衡态，可通过移动坐标系将其转换为状态空间原点，即零平衡状态。因此，在李雅普诺夫直接法中，对稳定性的分析总是把平衡状态设为状态空间原点，即 $x_e = 0$。

2. 受扰运动

定义 5-4 ［**受扰运动**］动态系统的受扰运动定义为其自治系统由初始状态扰动 x_0 引起的一类状态运动。

实质上，受扰运动就是系统的状态零输入响应。称之为受扰运动，起因于稳定性分析中将非零初始状态 x_0 看成相对于零平衡状态即 $x_e = 0$ 的一个状态扰动。为更清晰地表示受扰运动中的时间关系和因果关系，通常将受扰运动表示为

$$x_{0u}(t) = \phi(t; x_0, t_0), t \in [t_0, \infty) \tag{5-16}$$

式中，ϕ 代表向量函数，括号内分号前反映对时间变量 t 的函数关系，分号后用以强调导致运动的初始状态 x_0 及其作用时刻 t_0。并且，对 $t = t_0$，受扰运动向量函数显然满足：

$$\phi(t_0; x_0, t_0) = x_0 \tag{5-17}$$

几何意义上，受扰运动向量函数 $\phi(t;x_0,t_0)$ 呈现为状态空间中从初始点 x_0 出发的一条状态轨线，对应不同初始状态受扰运动向量函数 $\phi(t;x_0,t_0)$ 构成一个轨线族。

3. 李雅普诺夫意义稳定

定义 5-5　[**李雅普诺夫稳定**]对系统[式(5-13)]的平衡状态 $x_e=0$ 和初始时刻 t_0，如果对于任意给定的实数 $\varepsilon>0$，都对应地存在实数 $\delta(\varepsilon,t_0)>0$，使得由满足不等式 $\|x(t_0)-x_e\|\leqslant\delta(\varepsilon,t_0)$ 的任意初始状态 $x(t_0)=x_0$ 出发的受扰运动向量函数 $\phi(t;x_0,t_0)$ 满足：

$$\|\phi(t;x_0,t_0)-x_e\|\leqslant\varepsilon,\ t\in[t_0,\infty) \tag{5-18}$$

则称平衡态 x_e 为李雅普诺夫意义下的稳定。

通常，$\delta(\varepsilon,t_0)$ 的取值与初始时刻 t_0 和 ε 有关。如果 $\delta(\varepsilon,t_0)$ 与初始时刻 t_0 无关，即 $\delta(\varepsilon,t_0)=\delta(\varepsilon)$，则称 $x_e=0$ 为一致稳定。对于时不变系统而言，不管是连续时间系统还是离散时间系统，是线性系统还是非线性系统，如果系统平衡状态 x_e 为李雅普诺夫意义下稳定，则 x_e 必为李雅普诺夫意义下一致稳定。

将以 $x_e=0$ 为圆心，δ 为半径的一个球域记成 $S(\delta)$，将以 ε 为半径的一个球域记成 $S(\varepsilon)$。对于二维情况，$S(\delta)$、$S(\varepsilon)$ 就是一个圆，如图 5-1 所示。而李雅普诺夫意义下稳定的几何意义是对于每一个 $S(\varepsilon)$，都存在一个 $S(\delta)$，使得从 $S(\delta)$ 中任意一点 x_0 出发的状态轨线 $x(t)$，对所有的 $t\geqslant t_0$，都离不开 $S(\varepsilon)$。

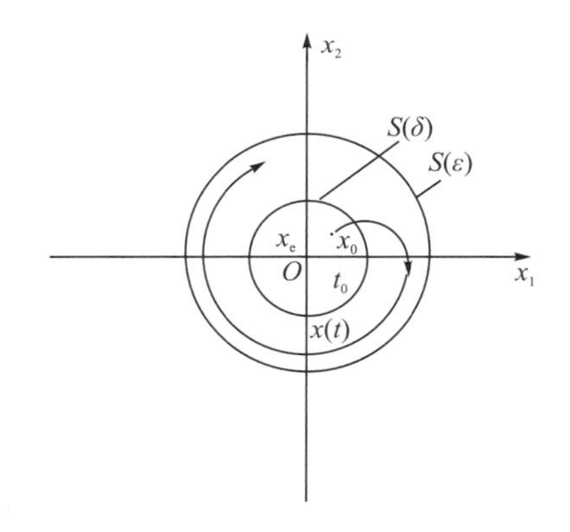

图 5-1　李雅普诺夫意义下稳定的平衡状态

李雅普诺夫意义下稳定的定义表明，李雅普诺夫意义下稳定只能保证系统受扰运动相对于平衡状态的有界性，不能保证系统受扰运动相对于平衡状态的渐近性。因此，相比于稳定性的工程理解，李雅普诺夫意义下的稳定实质上就是工程意义下的临界不稳定。

4. 渐近稳定

定义 5-6　[**渐近稳定**]如果系统[式(5-13)]的平衡状态 $x_e=0$ 是稳定的，同时对于从充分接近 $x_e=0$ 的任意的一个初始状态 x_0 出发的受扰运动 $\phi(t;x_0,t_0)$，当 $t\to\infty$ 时，收敛于 $x_e=0$，则称 $x_e=0$ 为李雅普诺夫意义下的渐进稳定。也就是说，系统平衡状态 $x_e=0$ 对于给定的两个实数 $\delta>0$ 和 $\mu>0$，都对应存在实数 $T(\mu,\delta,t_0)>0$，满足不等式 $\|x_0-x_e\|\leqslant\delta$ 的

任意初始状态 x_0 出发的状态轨线 $\phi(t;x_0,t_0)$ 满足：

$$\|\phi(t;x_0,t_0)-x_e\|\leqslant\mu,\ t\in[t_0+T(\mu,\delta,t_0),\infty) \tag{5-19}$$

称 $x_e=0$ 为李雅普诺夫意义下的渐近稳定。

对于渐近稳定的几何意义，以二维状态空间为例，如图 5-2 所示，其中图 5-2(a)反映了 $x(t)$ 的有界性，而图 5-2(b)反映了 $x(t)$ 随时间变化的渐近性。而且，随着 $\mu\to 0$，有 $T\to\infty$，因此，当 $x_e=0$ 为渐近稳定时，必有 $\lim\limits_{t\to\infty}x(t)=x_e$。如果 $\varepsilon(\delta,t_0)$ 和 $T(\mu,\delta,t_0)$ 无关，即 $\delta(\varepsilon,t_0)=\varepsilon(\delta)$ 和 $T(\mu,\delta,t_0)=T(\mu,\delta)$，则系统为一致渐近稳定。

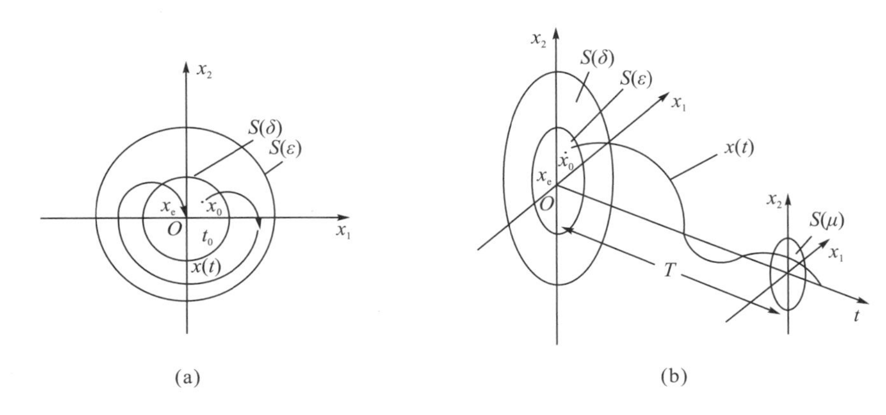

图 5-2 渐近稳定的平衡状态

李雅普诺夫意义下的渐近稳定就是经典控制理论中所说的稳定。工程中的系统都要求是李雅普诺夫意义下的渐近稳定。

渐近稳定性是系统的一个局部稳定性概念。如果初始状态 x_0 是整个状态空间中的任何点，而对于从 $x(t_0)$ 出发的状态轨线 $x(t)$，有 $\lim\limits_{t\to\infty}x(t)=x_e$，则称 $x_e=0$ 为李雅普诺夫意义下的大范围渐近稳定或李雅普诺夫意义下的全局渐近稳定。若大范围渐近稳定与初始时刻 t_0 选择无关，则称大范围一致渐近稳定。

很显然，对于大范围渐近稳定的系统，其必要条件是整个状态空间中只存在一个平衡状态。对于线性系统，只要系统 $x_e=0$ 是渐近稳定的，则一定是大范围渐近稳定的。

5. 不稳定

定义 5-7 ［**不稳定**］如果系统式(5-13)的平衡状态 $x_e=0$ 和初始时刻 t_0，不管实数 $\varepsilon>0$ 为多大，都不存在对应一个实数 $\delta(\varepsilon,t_0)>0$，使得满足不等式 $\|x(t_0)-x_e\|\leqslant\delta(\varepsilon,t_0)$ 的任意初始状态 x_0 出发的受扰运动 $\phi(t;x_0,t_0)$ 满足不等式 $\|\phi(t;x_0,t_0)-x_e\|\leqslant\varepsilon,\ t\in[t_0,\infty)$，则称平衡态 x_e 为不稳定。

不稳定的平衡状态如图 5-3 所示。当 $x_e=0$ 是李雅普诺夫意义下的不稳定时，不管 $S(\delta)$ 为多小，也不管 $S(\varepsilon)$ 为多大，总存在一个初始状态 x_0，由此出发的状态轨线 $x(t)$ 将永远回不到 $S(\varepsilon)$ 内部。

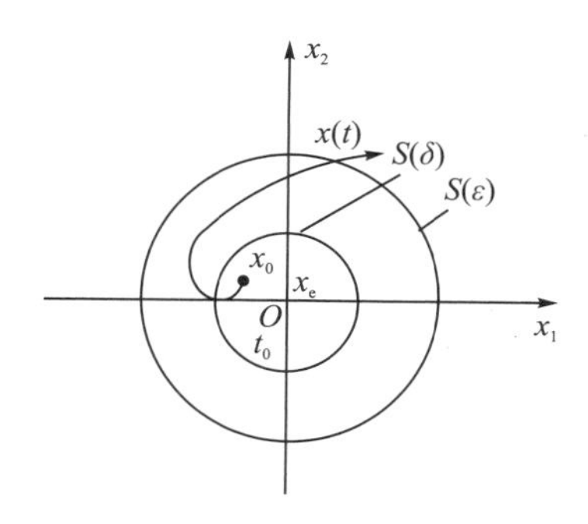

图 5-3　不稳定的平衡状态

6. 正定函数

定义 5-8　[**正定函数**]设$V(x)$是n维矢量x的标量函数，Ω是x空间包含原点的封闭有限区域，$x \in \Omega$，且$x=0$处，$V(x)\equiv 0$。如果域Ω中所有x，$V(x)$各分量连续偏导，且$x \neq 0$时：

(1) $V(x)>0$，则称$V(x)$为正定的。例如，$V(x)=x_1^2+x_2^2$。

(2) $V(x)\geqslant 0$，则称$V(x)$为半正定的。例如，$V(x)=(x_1+x_2)^2$。

(3) $V(x)<0$，则称$V(x)$为负定的。例如，$V(x)=-x_1^2-x_2^2$。

(4) $V(x)\leqslant 0$，则称$V(x)$为半负定的。例如，$V(x)=-(x_1+x_2)^2$。

(5) $V(x)>0$或$V(x)<0$，则称$V(x)$为不定的。例如，$V(x)=x_1+x_2$。

7. 二次型函数

在李雅普诺夫稳定性分析的直接法中，二次型标量函数有着重要作用。

定义 5-9　[**二次型函数**]设$x=[x_1 \quad x_2 \quad \cdots \quad x_n]^{\mathrm{T}} \in R^n$为$n$维状态向量，定义二次型标量函数为

$$V(x)=x^{\mathrm{T}}Qx=[x_1 \quad x_2 \quad \cdots \quad x_n]\begin{bmatrix} q_{11} & q_{12} & \cdots & q_{1n} \\ q_{21} & q_{22} & \cdots & q_{2n} \\ \vdots & \vdots & \ddots & \vdots \\ q_{n1} & q_{n2} & \cdots & q_{nn} \end{bmatrix}\begin{bmatrix} x_1 \\ x_2 \\ \vdots \\ x_n \end{bmatrix} \tag{5-20}$$

式中，x^{T}为x的转置；Q为权矩阵，如果$q_{ij}=q_{ji}$，则称Q为实对称矩阵。

对于二次型函数$V(x)=x^{\mathrm{T}}Qx$，若Q为实对称矩阵，则必存在正交矩阵P，通过变换$\overline{x}=Px$，使之交换为

$$\begin{aligned} V(x)&=x^{\mathrm{T}}Qx=[x_1 \quad x_2 \quad \cdots \quad x_n]=\overline{x}P^{\mathrm{T}}QP\overline{x} \\ &=\overline{x}^{\mathrm{T}}\overline{Q}\overline{x}=\overline{x}^{\mathrm{T}}\begin{bmatrix} \lambda_1 & & & \\ & \lambda_2 & & \\ & & \ddots & \\ & & & \lambda_n \end{bmatrix}\overline{x}=\sum_{i=1}^{n}\lambda_i\overline{x}_i^2 \end{aligned} \tag{5-21}$$

式(5-21)称为二次型函数的标准型。它只包含变量的平方项，其中$\lambda_i(i=1,2,\cdots,n)$为

对称矩阵 Q 的互异特征值，且均为实数。$V(x)$ 正定的充分必要条件是对称矩阵 Q 的所有特征值均大于零。

8. 西尔维斯特(Sylvester)判据

定理 5-6 ［**Sylvester 判据**］设实对称矩阵为

$$Q=\begin{bmatrix} q_{11} & q_{12} & \cdots & q_{1n} \\ q_{21} & q_{22} & \cdots & q_{2n} \\ \vdots & \vdots & \ddots & \vdots \\ q_{n1} & q_{n2} & \cdots & q_{nn} \end{bmatrix}, \quad q_{ij}=q_{ji}$$

$\Delta_i(i=1,2,\cdots,n)$ 为其各阶主子行列式：

$$\Delta_1=q_{11}, \Delta_2=\begin{vmatrix} q_{11} & q_{12} \\ q_{21} & q_{22} \end{vmatrix}, \cdots, \Delta_n=|Q|$$

矩阵 Q 或 $V(x)$ 定号性的充分必要条件如下：

(1) 若 $\Delta_i>0(i=1,2,\cdots,n)$，则 Q 或 $V(x)$ 为正定的；

(2) 若 $\Delta_i\begin{cases} >0, & i\text{为偶数} \\ <0, & i\text{为奇数} \end{cases}$，则 Q 或 $V(x)$ 为负定的；

(3) 若 $\Delta_i\begin{cases} \geqslant 0, & i=(1,2,\cdots,n-1) \\ =0, & i=n \end{cases}$，则 Q 或 $V(x)$ 为半正定的；

(4) 若 $\Delta_i\begin{cases} \geqslant 0, & i\text{为偶数} \\ \leqslant 0, & i\text{为奇数} \\ =0, & i=n \end{cases}$，则 Q 或 $V(x)$ 为半负定的。

矩阵 Q 为 $n\times n$ 实对称方阵，$V(x)=x^{\mathrm{T}}Qx$ 为由 Q 决定的二次型函数。

(1) $V(x)$ 正定，则称 Q 为正定的，记作 $Q>0$；

(2) $V(x)$ 负定，则称 Q 为负定的，记作 $Q<0$；

(3) $V(x)$ 半正定，则称 Q 为半正定的，记作 $Q\geqslant 0$；

(4) $V(x)$ 半负定，则称 Q 为半负定的，记作 $Q\leqslant 0$。

5.2 李雅普诺夫间接法稳定性判据

李雅普诺夫间接法是通过求常微分方程的解分析系统的稳定性的一种间接方法。对于线性系统，只需解出特征方程的根，即可判定系统的稳定性。对于非线性系统，其基本思路是对非线性自治系统运动方程在足够小邻域内进行泰勒展开导出一次近似线性化系统，再据线性化系统特征值在复平面上的分布推断非线性系统在邻域内的稳定性。若线性化系统特征值均具有负实部，则非线性系统在邻域内稳定；若线性化系统包含正实部特征值，则非线性系统在邻域内不稳定；若线性化系统除负实部特征值外还包含零实部单特征值，则非线性系统在邻域内是否稳定需通过高次项分析进行判断。

5.2.1　线性系统稳定性判据

定理 5-7　[**特征值判据**]线性定常连续系统状态空间描述自由状态方程为

$$\dot{x} = Ax \tag{5-22}$$

则系统在平衡状态 $x_e = 0$ 渐近稳定的充分必要条件是系统状态矩阵 A 的所有特征均具有负实部。

该定理讨论的是系统状态的内部稳定，与 5.1 节中的内部稳定性定义是一致的。对于线性定常连续系统的状态矩阵 A 是非奇异的，系统只有唯一的平衡状态 $x_e = 0$，故系统在平衡态的渐近稳定和系统的渐近稳定是完全相同的。同时，系统在平衡态是渐近稳定的，一定是大范围一致渐近稳定的。

5.2.2　非线性系统稳定性

严格地说，实际系统都是非线性系统。如果系统不是本质非线性系统，则可以在一定条件下用其线性化模型来研究系统的稳定性。

考虑非线性时不变系统的状态方程为

$$\dot{x} = f(x) \tag{5-23}$$

设 $f(x)$ 在 $x_e = 0$ 的邻域内，可以展开成泰勒级数：

$$f(x) = f(x_e) + \left.\frac{\partial f}{\partial x}\right|_{x=x_e=0}(x - x_e) + O[(x - x_e)^2] = \left.\frac{\partial f}{\partial x}\right|_{x=x_e=0} x + O(x^2) \tag{5-24}$$

式中，$O(x^2)$ 为高于一阶的所有高阶项之和。若 $\|x\| \to 0$，有 $\dfrac{\|O(x^2)\|}{\|x\|} \to 0$，则 $O(x^2)$ 为高阶无穷小项。忽略它，便得到非线性系统的线性化模型：

$$\dot{x} = \bar{A}x \tag{5-25}$$

式中，$\bar{A}$ 为线性化模型的系数矩阵。则

$$\bar{A} = \left.\frac{\partial f(x)}{\partial x}\right|_{x=x_e=0} = \begin{bmatrix} \dfrac{\partial f_1}{\partial x_1} & \dfrac{\partial f_1}{\partial x_2} & \cdots & \dfrac{\partial f_1}{\partial x_n} \\ \dfrac{\partial f_2}{\partial x_1} & \dfrac{\partial f_2}{\partial x_2} & \cdots & \dfrac{\partial f_2}{\partial x_n} \\ \vdots & \vdots & \ddots & \vdots \\ \dfrac{\partial f_n}{\partial x_1} & \dfrac{\partial f_n}{\partial x_2} & \cdots & \dfrac{\partial f_n}{\partial x_n} \end{bmatrix}_{x=x_e=0}$$

这是一个 $n \times n$ 的雅可比矩阵。

李雅普诺夫研究了线性化模型和原来的非线性模型之间稳定性的关系，提出了李雅普诺夫第一近似定理。应用这些定理可以判别在小扰动作用后非线性系统平衡状态 $x_e = 0$ 的稳定性。

定理 5-8　式(5-25)描述的线性化系统，如果 $\bar{A}$ 的所有特征值具有负实部，则非线性

系统[式(5-23)]在 $x_e=0$ 为渐近稳定；如果 $\bar{A}$ 的特征值中至少有一个具有正实部，则非线性系统[式(5-23)]在 $x_e=0$ 为不稳定。

定理 5-9 式(5-25)描述的线性系统，如果 $\bar{A}$ 的特征值中至少有一个实部为零，而其余的特征值均为负实部，即线性化系统处于临界稳定，则非线性系统[式(5-23)]的 $x_e=0$ 的稳定性取决于非线性向量函数 $f(x)$ 表达式(5-24)中的高阶项。

例 5-3 非线性定常系统状态方程为

$$\begin{cases}\dot{x}_1=x_2^2+x_1\cos x_2\\ \dot{x}_2=x_2+(x_1+1)x_1+x_1\sin x_2\end{cases}$$

分析系统平衡状态的稳定性。

解： 求系统平衡状态。由 $\dot{x}_e=f(x_e)=0$ 可得 $x_e=0$。在 $x_e=0$ 进行线性化，可得线性化系数矩阵：

$$\bar{A}=\left.\frac{\partial f}{\partial x}\right|_{x=x_e=0}=\begin{bmatrix}\dfrac{\partial f_1}{\partial x_1} & \dfrac{\partial f_1}{\partial x_2}\\ \dfrac{\partial f_2}{\partial x_1} & \dfrac{\partial f_2}{\partial x_2}\end{bmatrix}_{x=x_e=0}=\begin{bmatrix}\cos x_2 & 2x_2+\sin x_2\\ 2x_1+1+\sin x_2 & 1+x_1\cos x_2\end{bmatrix}_{x=x_e=0}=\begin{bmatrix}1 & 0\\ 1 & 1\end{bmatrix}$$

$\bar{A}$ 的特征方程式为

$$\Delta(\lambda)=\det\begin{bmatrix}\lambda-1 & 0\\ -1 & \lambda-1\end{bmatrix}=(\lambda-1)^2=0$$

A 的特征值为 $\lambda_{1,2}=1$。因为特征值为正，所以线性化系统不稳定，即非线性系统不稳定。

例 5-4 非线性定常系统状态方程为

$$\begin{cases}\dot{x}_1=x_2-\alpha x_1^{\ 2}\\ \dot{x}_2=-x_1-\beta x_2^{\ 3}\end{cases}$$

分析系统平衡状态 $x_e=0$ 的稳定性。

解： 对系统平衡状态 $x_e=0$ 进行线性化，可得线性化状态方程：

$$\dot{x}=\bar{A}x$$

而

$$\bar{A}=\left.\frac{\partial f}{\partial x}\right|_{x=x_e=0}=\begin{bmatrix}\dfrac{\partial f_1}{\partial x_1} & \dfrac{\partial f_1}{\partial x_2}\\ \dfrac{\partial f_2}{\partial x_1} & \dfrac{\partial f_2}{\partial x_2}\end{bmatrix}_{x=x_e=0}=\begin{bmatrix}0 & 1\\ -1 & 0\end{bmatrix}$$

$\bar{A}$ 的特征方程式为

$$\Delta(\lambda)=\det\begin{bmatrix}\lambda & -1\\ 1 & \lambda\end{bmatrix}=\lambda^2+1=0$$

A 的特征值为 $\lambda_{1,2}=\pm j$。因为特征值的实部为零，所以非线性系统的稳定性无法确定。这个问题可以用 5.3 节讨论的李雅普诺夫直接法来解决。

5.3　李雅普诺夫直接法稳定性判据

李雅普诺夫直接法是基于物理学的一个直观启示，即系统运动总是伴随能量的变化，如果系统能量变化的速率始终保持为负，运动进程中能量单调减少，那么系统受扰运动最终必会返回到平衡状态。李雅普诺夫直接法的基本思路是首先构造一个与系统状态相关且大于零的标量函数 $V(x,t)$，即用李雅普诺夫函数来表征系统的广义能量；然后研究 $V(x,t)$ 沿系统状态轨线随时间的变化率的定号性，就可以得到有关系统的稳定性信息。本节介绍李雅普诺夫直接法的主要稳定性判据。

5.3.1　大范围渐近稳定性判据

在李雅普诺夫第二方法的稳定性结论中，大范围渐近稳定判别定理具有基本的重要性，也被称为李雅普诺夫第二方法的稳定性定理。考察一般情形的连续时间非线性时变自治系统：

$$\dot{x}=f(x,t),x(t_0)=x_0,t\in[t_0,\infty) \tag{5-26}$$

式中，x 为 n 维状态。并且，对所有 $t\in[t_0,\infty)$，$f(0,t)=0$ 成立，即状态空间原点 $x=0$ 为系统孤立平衡状态。

定理 5-10　[**主稳定性定理**]对连续时间非线性时变自治系统[式(5-26)]，若可构造对 x 和 t 具有连续一阶偏导数的一个标量函数 $V(x,t)$ 和 $V(0,t)=0$，且对状态空间 $\mathfrak{R}^n$ 中所有非零状态点 x 满足以下条件。

(1) $V(x,t)$ 正定且有界，即存在两个连续的非减标量函数 $\alpha(\|x\|)$ 和 $\beta(\|x\|)$，其中 $\alpha(0)=0$ 和 $\beta(0)=0$，使对所有 $t\in[t_0,\infty)$ 和所有 $x\neq0$ 有下式成立：

$$\beta(\|x\|)\geqslant V(x,t)\geqslant\alpha(\|x\|)>0 \tag{5-27}$$

(2) $V(x,t)$ 对时间 t 的导数 $\dot{V}(x,t)$ 负定且有界，即存在一个连续的非减标量函数 $\gamma(\|x\|)$，其中 $\gamma(0)=0$，使对所有 $t\in[t_0,\infty)$ 和所有 $x\neq0$ 有下式成立：

$$\dot{V}(x,t)\leqslant-\gamma(\|x\|)<0 \tag{5-28}$$

(3) 当 $\|x\|\to\infty$，有 $\alpha(\|x\|)\to\infty$，即 $V(x,t)\to\infty$。

则系统的平衡状态 $x_e=0$ 为大范围一致渐近稳定。

证明： 分三步进行证明。

(1) 证明原点平衡状态 $x=0$ 为一致稳定。

如图 5-4(a)所示，画出结论中条件(1)的几何描述。可以看出，由于 $\beta(\|x\|)$ 连续非减且 $\beta(0)=0$，所以对任给实数 $\varepsilon>0$ 必存在对应实数 $\delta(\varepsilon)>0$ 使 $\beta(\delta)\leqslant\propto(\varepsilon)$。再知 $\dot{V}(x,t)$ 负定，因此对所有 $t\in[t_0,\infty)$ 必有

$$V[\phi(t;x_0,t_0),t]-V(x_0,t_0)=\int_{t_0}^{t}\dot{V}[\phi(\tau;x_0,t_0),\tau]\mathrm{d}\tau\leqslant0 \tag{5-29}$$

故对任意初始时刻 t_0 和满足 $x_0\leqslant\delta(\varepsilon)$ 的任意非零初始状态 x_0，对 $t\in[t_0,\infty)$ 均有

$$\alpha(\varepsilon)\geqslant\beta(\delta)\geqslant V(x_0,t_0)\geqslant V[\phi(t;x_0,t_0),t]\geqslant\alpha(\|\phi(t;x_0,t_0)\|) \tag{5-30}$$

又因$\alpha(\|x\|)$为连续非减且$\alpha(0)=0$，从而对任意初始时刻t_0和满足$\|x_0\|\leqslant\delta(\varepsilon)$的所有非零初始状态$x_0$，对所有$t\in[t_0,\infty)$，都有

$$\|\phi(t;x_0,t_0)\|\leqslant\varepsilon,\forall t\geqslant t_0 \tag{5-31}$$

这就表明，对任一实数$\varepsilon>0$都可相应找到一个实数$\delta(\varepsilon)>0$，使对任意初始时刻t_0和由满足$\|x_0\|\leqslant\delta(\varepsilon)$任意非零初始状态$x_0$出发的受扰运动$\phi(t;x_0,t_0)$都满足式(5-31)，且$\delta(\varepsilon)$和初始时刻$t_0$无关。据定义5-5可知，原点平衡状态$x=0$为一致稳定。命题得证。

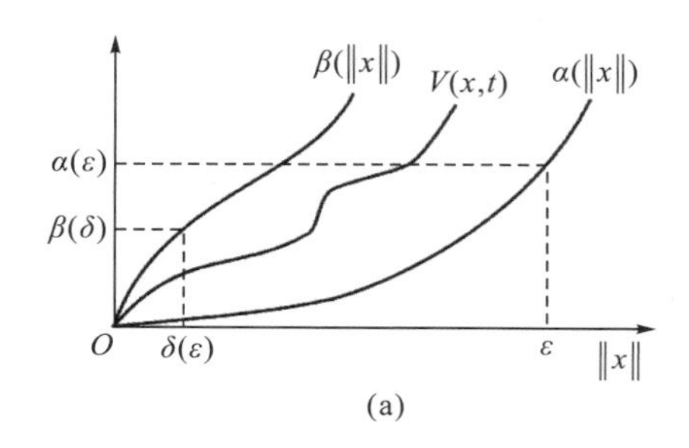

(a)

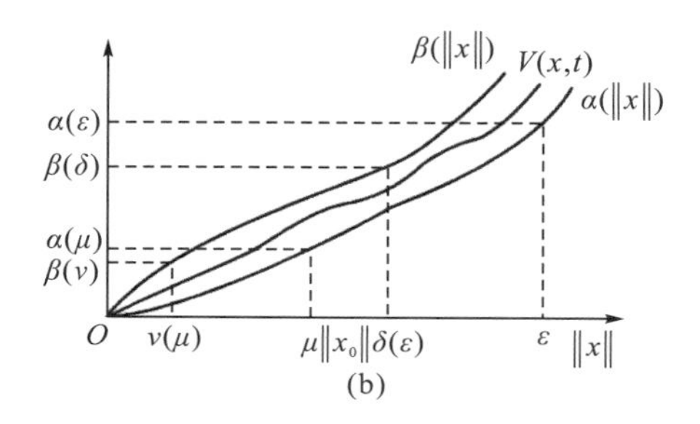

(b)

图5-4 主稳定性定理的几何解释

(2)证明对任意初始时刻t_0，由满足$\|x_0\|\leqslant\delta(\varepsilon)$任意非零初始状态$x_0$出发的受扰运动$\phi(t;x_0,t_0)$，当$t\to\infty$均收敛于原点平衡状态$x=0$。首先，对任一实数$\mu>0$和所导出实数$\delta(\varepsilon)>0$，构造对应一个实数$T(\mu,\delta)>0$。为此，设初始时刻$t_0$为任意，非零$x_0$满足$\|x_0\|\leqslant\delta(\varepsilon)$，且不失一般性取$0<\mu\leqslant\|x_0\|$。那么，利用$V(x,t)$的有界性，如图5-4(b)所示，由给定$\mu>0$找出对应的一个实数$v(\mu)>0$，使$\beta(v)\leqslant\alpha(\mu)$，再知$\gamma(\|x\|)$为连续非减函数，设$\rho(\mu,\delta)$为$\gamma(\|x\|)$在区间$[v(\mu),\varepsilon]$上的极小值，取

$$T(\mu,\delta)=\frac{\beta(\delta)}{\rho(\mu,\delta)} \tag{5-32}$$

按此原则，对每个实数$\mu>0$，都可构造出与初始时刻t_0无关的对应$T(\mu,\delta)$。进而，对满足$t_0\leqslant t_2\leqslant t_0+T(\mu,\delta)$的某个时刻$t_2$，推证$\phi(t;x_0,t_0)=v(\mu)$。设$t_1=t_0+T(\mu,\delta)$，且反设对满足$t_0\leqslant t\leqslant t_1$的所有$t$均有$\phi(t;x_0,t_0)>v(\mu)$成立，则由图5-4(b)并利用式(5-32)和$\dot{V}(x,t)$负定，可以导出：

$$\begin{aligned}0&<\alpha(v)\leqslant V[\phi(t_1;x_0,t_0),t_1]\leqslant V(x_0,t_1)\\&\leqslant V(x_0,t_0)-(t_1-t_0)\rho(\mu,\delta)\\&\leqslant\beta(\delta)-T(\mu,\delta)\rho(\mu,\delta)\\&=\beta(\delta)-\beta(\delta)=0\end{aligned} \tag{5-33}$$

显然，式(5-33)是一个矛盾结果，反设不成立，即区间$[t_0,t_1]$中心存在时刻t_2使$\phi(t_2;x_0,t_0)=\mu(v)$成立。

最后，推证对所有$t\geqslant t_0+T(\mu,\delta)$ $\|\phi(t;x_0,t_0)\|\leqslant\mu$必成立。为此，由

$$\phi(t_2;x_0,t_0)=v(\mu) \tag{5-34}$$

利用$V(x,t)$的有界性和$\dot{V}(x,t)$为负定，可知对所有$t\geqslant t_2$，有

$$\alpha(\|\phi(t;x_0,t_0)\|) \leqslant V[\phi(t;x_0,t_0),t] \leqslant V[\phi(t_2;x_0,t_0),t_2] \leqslant \beta(v) \leqslant \alpha(\mu) \tag{5-35}$$

于是，基于 $\alpha(\|x\|)$ 为连续非减函数和式(5-35)可以导出，对所有 $t \geqslant t_2$ 均有下式成立：

$$\|\phi(t;x_0,t_0)\| \leqslant \mu \tag{5-36}$$

再由 $t_0+T(\mu,\delta) \geqslant t_2$，可知式(5-36)对所有 $t \geqslant t_0+T(\mu,\delta)$ 也成立。且当 $\mu \to 0$ 时，有 $T \to \infty$。如上证得，对任意初始时刻 t_0，由满足 $\|x_0\| \leqslant \delta(\varepsilon)$ 非零初始状态 x_0 出发的受扰运动 $\phi(t;x_0,t_0)$，随着 $t \to \infty$ 都收敛于原点平衡状态 $x=0$。命题得证。

(3) 证明对状态空间 $\mathfrak{R}^n$ 中任一非零初始状态 x_0，相应受扰运动 $\phi(t;x_0,t_0)$ 均为一致有界。为此，如图 5-4(a) 所示，基于 $\|x\| \to \infty$ 时有 $\alpha(\|x\|) \to \infty$ 知，对任意有限实数 $\delta>0$，都存在有限实数 $\varepsilon(\delta)>0$，使 $\beta(\delta) \leqslant \alpha(\varepsilon)$ 成立。基于此，利用 $V(x,t)$ 有界性和 $\dot{V}(x,t)$ 为负定，可知对所有 $t \in [t_0,\infty)$ 和任意非零 $x_0 \in \mathfrak{R}^n$，有

$$\alpha(\varepsilon) > \beta(\delta) \geqslant V(x_0,t_0) \geqslant V(\phi(t;x_0,t_0),t) \geqslant \alpha(\|\phi(t;x_0,t_0)\|) \tag{5-37}$$

从而，由此并考虑到 $\alpha(\|x\|)$ 为连续非减函数，得

$$\|\phi(t;x_0,t_0)\| \leqslant \varepsilon(\delta), \forall t \geqslant t_0, \forall x_0 \in \mathfrak{R}^n \tag{5-38}$$

且 $\varepsilon(\delta)$ 和初始时刻 t_0 无关。这就表明，对任意非零初始状态 $x_0 \in \mathfrak{R}^n$，$\phi(t;x_0,t_0)$ 为一致有界。至此，整个结论证明完成。

时不变系统为时变系统的一类特殊情形。对于连续时间非线性时不变系统，基于时变情形的李雅普诺夫稳定性定理，可给出相应的定理。可以看出，时不变系统稳定性判据定理的条件在形式和判断上都可得到很大程度的简化。

考虑连续时间非线性时不变系统自治系统状态方程：

$$\dot{x} = f(x), t \geqslant 0 \tag{5-39}$$

其中，x 为 n 维状态，并且对所有 $t \in [0,\infty)$ 有 $f(0)=0$，即状态空间原点 $x=0$ 为系统孤立平衡状态。

定理 5-11 ［**主稳定性定理**］对于连续时间非线性时不变自治系统［式(5-39)］，若可构造标量函数 $V(x)$，且满足以下条件，则系统在平衡状态 $x_e=0$ 为渐近稳定的。

(1) $V(x)$ 为正定的标量函数，即当 $x \neq 0$ 时，$V(x)>0$；当 $x=0$ 时，$V(x)=0$。

(2) $V(x)$ 对所有状态变量 x 具有连续一阶偏导数。

(3) $V(x)$ 沿状态轨线方向的时间导数 $\dot{V}(x) \triangleq \dfrac{\mathrm{d}V(x)}{\mathrm{d}t}$ 为负定。

进一步，如果 $V(x)$ 还满足当 $\|x\| \to \infty$ 时，$V(x) \to \infty$，则称系统在平衡状态 $x_e=0$ 为大范围一致渐近稳定。

例 5-5　系统的状态方程为

$$\begin{cases} \dot{x}_1 = x_2 \\ \dot{x}_2 = -(x_1+x_2) \end{cases}$$

判别系统的稳定性。

解：(1) 求得系统平衡状态。令 $\dot{x}=0$，得 $x_e=0$。

(2) 选取能量函数：$V(x) = \dfrac{1}{2}(x_1+x_2)^2 + x_1^2 + \dfrac{1}{2}x_2^2 > 0$。

(3) 求能量函数的导数，判定其符号：$\dot{V}(x)=\sum_{i=1}^{2}\frac{\partial V}{\partial x_i}\dot{x}_i=(x_1+x_2)(\dot{x}_1+\dot{x}_2)+2x_1\dot{x}_1+x_2\dot{x}_2$，将状态方程代入上式得$\dot{V}(x)=-(x_1^2+x_2^2)<0$，即为负定，系统在$x_e=0$是渐近稳定的。

(4) 当$\|x\|=\sqrt{x_1^2+x_2^2}\to\infty$，有$V(x)=\|x\|^2=x_1^2+x_2^2\to\infty$，故系统$x_e=0$是大范围渐近稳定的。

定理 5-11 是判别系统$x_e=0$渐近稳定的主要定理。然而其条件较严，在工程中的应用受到限制，特别是对为数不少的系统，定理中"条件$\dot{V}(x)$为负定"是构造候选李雅普诺夫函数$V(x)$的主要困难。下面限于连续时间非线性时不变系统，给出放宽上述条件后的李雅普诺夫主稳定性定理。

定理 5-12 ［**主稳定性定理**］连续时间非线性时不变自治系统［式(5-39)］，若可构造标量函数$V(x)$，且满足以下条件，则系统在平衡状态$x_e=0$为渐近稳定的。

(1) $V(x)$为正定标量函数，即当$x\neq 0$时，$V(x)>0$；当$x=0$时，$V(x)=0$。

(2) $\dot{V}(x)$为负半定标量函数，即当$x\neq 0$时，$\dot{V}(x)\leqslant 0$；当$x=0$时，$\dot{V}(x)=0$。

(3) 对任意非零$x_0\in\Re^n$，$\dot{V}[\phi(t;x_0,t_0)]\neq 0$。

进一步，如果$\|x\|\to\infty$，有$V(x)\to\infty$，则系统$x_e=0$为大范围一致渐近稳定。

这个定理的条件(3)可等价为，对于从任意的初始状态出发的状态轨线，$\dot{V}(x)\neq 0$。这在直观上也是容易理解的。因为$\dot{V}(x)$不是负定的，而是负半定的，这就意味着系统的状态轨线可能在某个(某些)非零的点上与一个特定的$V(x)$等于常值的面相切。如图 5-5 所示。设能量函数$V(x)=x_1^2+x_2^2=C$，其几何图形在二维平面上是以原点为中心，以$\sqrt{C}$为半径的一簇圆。$V(x)$表示系统贮存的能量，贮存的能量越多，圆半径越大，相应状态矢量到原点之间的距离越远。$\dot{V}(x)$为负定，表示系统的状态沿状态轨迹从圆的外侧趋向内侧的运动过程，能量将随时间的推移而逐步衰减，并最终收敛于原点(平衡态)。运动过程中，状态轨迹可能与某个特定的圆面相切，即切点处$\dot{V}(x)\neq 0$，但状态不会停在切点处，而是随着时间的推移，连续地向原点运动，$\dot{V}(x)\neq 0$。

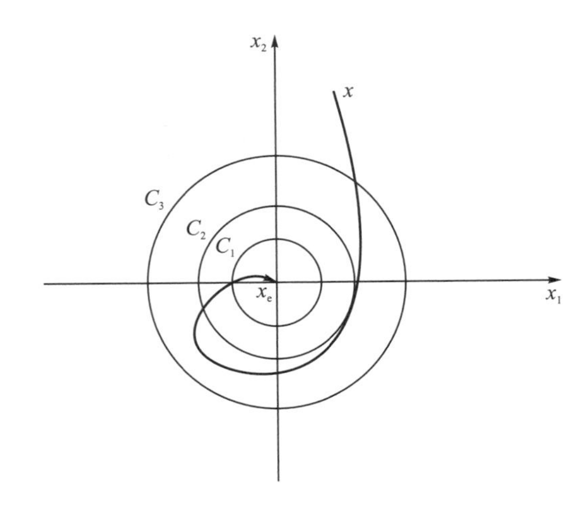

图 5-5　渐近稳定示意图

例 5-6 系统的状态方程为

$$\begin{cases}\dot{x}_1 = x_2 \\ \dot{x}_2 = -a(1+x_2)^2 x_2 - x_1\end{cases}$$

式中，a 为非零正实数。判别系统稳定性。

解：(1)求得系统平衡状态。令 $\dot{x}=0$，可求得 $x_e=0$ 为唯一平衡点。

(2)选取能量函数。$V(x)=x_1^2+x_2^2$。显然，当 $x\neq 0$ 时，$V(x)>0$；当 $x=0$ 时，$V(x)=0$。

(3)判定能量函数导数的正定性。

$$\dot{V}(x)=2x_1\dot{x}_1+2x_2\dot{x}_2$$

将状态方程代入上式得

$$\dot{V}(x)=2x_1x_2+2x_2[-a(1+x_2)^2x_2-x_1]=-2a(1+x_2)^2x_2^2$$

可见，当 $x_2=0$，x_1 为任意值时，或者当 $x_2=-1$，x_1 为任意值时，有 $\dot{V}(x)=0$。除此之外，$\dot{V}(x)<0$，即 $\dot{V}(x)\leqslant 0$。因此需要进一步分析 $x_2=0$，x_1 为任意值时或者 $x_2=-1$，x_1 为任意值时，$\dot{V}(x)$ 是否恒等于零。

假设 $\dot{V}(x)\equiv 0$，则必然有 $x_2=0$，x_1 为任意值或者 $x_2=-1$，x_1 为任意值。当 $x_2=0$ 时，代入原状态方程可知 $x_1=0$，这与 x_1 为任意值矛盾；当 $x_2=-1$ 时，代入原状态方程可知 $x_1=0$，这也与 x_1 为任意值矛盾。因此，$\dot{V}(x)$ 不恒等于零。$\dot{V}(x)$ 等于零的情况仅出现在状态轨迹与特定圆相切的某一时刻上。

根据定理 5-12 可知，$x_e=0$ 是一致渐近稳定的。并且 $\|x\|\to\infty$，$V(x)\to\infty$，故 $x_e=0$ 为大范围一致渐近稳定。

5.3.2 小范围渐近稳定的判定定理

在李雅普诺夫第二方法应用中，当难以判断系统大范围渐近稳定性时，应当转而判断系统的小范围渐近稳定性。这一部分中，给出李雅普诺夫第二方法关于小范围渐近稳定性的一些基本定理。

对连续时间非线性时变系统，有如下结论成立。

定理 5-13 [**小范围渐近稳定性定理(一)**]对连续时间非线性时变自治系统[式(5-26)]，若可构造对 x 和 t 具有连续一阶偏导数的一个标量函数 $V(x,t)>0$，$V(0,t)=0$，以及围绕状态空间原点的一个吸引区 Ω，使对所有非零状态 $x\in\Omega$ 和所有 $t\in[t_0,\infty)$ 满足：①$V(x,t)$ 为正定且有界；②$\dot{V}(x,t)\triangleq\dfrac{\mathrm{d}V(x,t)}{\mathrm{d}t}$ 为负定且有界，则系统原点平衡状态 $x=0$ 在 Ω 域内为一致渐近稳定。

对连续时间非线性时不变系统，有如下结论成立。

结论 5-14 [**小范围渐近稳定性定理(二)**]对连续时间非线性时不变自治系统[式(5-39)]，若可构造对 x 具有连续一阶偏导数的一个标量函数 $V(x)>0$，$V(0)=0$，以及围绕状态空间原点的一个吸引区 Ω，使对所有非零状态 $x\in\Omega$ 满足：①$V(x)$ 为正定标量函数，即当 $x\neq 0$ 时，$V(x)>0$，当 $x=0$ 时，$V(x)=0$；②$\dot{V}(x)$ 为负定标量函数，即当 $x\neq 0$ 时，$\dot{V}(x)\leqslant 0$，当 $x=0$ 时，$\dot{V}(x)=0$，则系统原点平衡状态 $x=0$ 在 Ω 域内为渐近稳定。

定理 5-15 [**小范围渐近稳定性定理(三)**]对连续时间非线性时不变自治系统[式(5-39)]，若可构造对 x 具有连续一阶偏导数的一个标量函数 $V(x)>0$，$V(0)=0$，以及围绕状态空间原点的一个吸引区 Ω，使对所有非零状态 $x\in\Omega$ 满足：①$V(x)$ 为正定；②$\dot{V}(x)\triangleq\dfrac{\mathrm{d}V(x)}{\mathrm{d}t}$ 为负半定；③对任意非零 $x_0\in\Omega$，$\dot{V}[\phi(t;x_0,0)]\neq 0$，则系统原点平衡状态 $x=0$ 在 Ω 域内为渐近稳定。

5.3.3 李雅普诺夫意义下的稳定性

定理 5-16 [**李雅普诺夫意义下的稳定性(一)**]对连续时间非线性时变自治系统[式(5-26)]，若可构造对 x 和 t 具有连续一阶偏导数的一个标量函数 $V(x,t)>0$，$V(0,t)=0$，以及围绕状态空间原点的一个吸引区 Ω，使对所有非零状态 $x\in\Omega$ 和所有 $t\in[t_0,\infty)$ 满足：①$V(x,t)$ 为正定且有界；②$\dot{V}(x,t)\triangleq\dfrac{\mathrm{d}V(x,t)}{\mathrm{d}t}$ 为负半定且有界，则系统原点平衡状态 $x=0$ 在 Ω 域内为李雅普诺夫意义下一致稳定。

定理 5-17 [**李雅普诺夫意义下的稳定性(二)**]对连续时间非线性时不变自治系统[式(5-39)]，若可构造对 x 具有连续一阶偏导数的一个标量函数 $V(x)>0$，$V(0)=0$，以及围绕状态空间原点的一个吸引区 Ω，使对所有非零状态 $x\in\Omega$ 满足：①$V(x)$ 为正定；②$\dot{V}(x)$ 为负半定，则系统原点平衡状态 $x=0$ 在 Ω 域内李雅普诺夫意义下稳定。

定理 5-17 与定理 5-15 的区别是没有定理 5-15 中的条件③。因为沿状态轨线 $\dot{V}(x)\leqslant 0$，系统可能存在这样的闭合轨线满足 $\dot{V}(x)=0$，但系统不是一定收敛到 $x_e=0$，而是收敛于这个闭合轨线。

例 5-7 系统的状态方程为

$$\begin{cases}\dot{x}_1=kx_2\\ \dot{x}_2=-x_1\end{cases}$$

式中，k 为大于零的常数。分析系统平衡状态稳定性。

解：(1)求得平衡状态。令 $\dot{x}=0$，可得 $x_e=0$ 为唯一平衡点。

(2)选取李雅普诺夫函数。令 $V(x)=x_1^2+kx_2^2$，显然，当 $x\neq 0$ 时，$V(x)>0$；当 $x=0$ 时，$V(x)=0$。

(3)判定 $\dot{V}(x)$ 的符号。$\dot{V}(x)=2x_1\dot{x}_1+2kx_2\dot{x}_2=2x_1kx_2-2kx_1x_2=0$。

由定理 5-17 可知，$x_e=0$ 为李雅普诺夫意义下的稳定。

5.3.4 不稳定性判据

定理 5-18 [**不稳定性定理(一)**]对连续时间非线性时变自治系统[式(5-26)]，若可构造对 x 和 t 具有连续一阶偏导数的一个标量函数 $V(x,t)>0$，$V(0,t)=0$，以及围绕状态空间原点的一个吸引区 Ω，使对所有非零状态 $x\in\Omega$ 和所有 $t\in[t_0,\infty)$ 满足：①$V(x,t)$ 为正定且有界；②$\dot{V}(x,t)\triangleq\dfrac{\mathrm{d}V(x,t)}{\mathrm{d}t}$ 为正定且有界，则系统原点平衡状态 $x=0$ 为不稳定。

定理 5-19　[**不稳定性定理(二)**]对连续时间非线性时不变自治系统[式(5-39)]，若可构造对 x 具有连续一阶偏导数的一个标量函数 $V(x)>0$，$V(0)=0$，以及围绕状态空间原点的一个吸引区 Ω，使对所有非零状态 $x\in\Omega$ 满足：① $V(x)$ 为正定；② $\dot{V}(x,t)\triangleq\dfrac{\mathrm{d}V(x,t)}{\mathrm{d}t}$ 为正定，则系统原点平衡状态 $x=0$ 为不稳定。

例 5-8　系统的状态方程为

$$\begin{cases}\dot{x}_1=x_2\\ \dot{x}_2=-x_1+x_2\end{cases}$$

分析系统平衡状态的稳定性。

解：(1)求得平衡状态。令 $\dot{x}=0$，可得 $x_\mathrm{e}=0$ 为唯一平衡点。

(2)选取李雅普诺夫函数。令 $V(x)=x_1^2+x_2^2$，显然当 $x\neq0$ 时，$V(x)>0$；当 $x=0$ 时，$V(x)=0$。

(3)判定 $\dot{V}(x)$ 的符号。

$$\begin{aligned}\dot{V}(x)&=2x_1\dot{x}_1+2x_2\dot{x}_2=2x_1x_2+2x_2(-x_1+x_2)\\&=2x_1x_2-2x_1x_2+2x_2^2=2x_2^2\end{aligned}$$

可见当 $x\neq0$ 时，$\dot{V}(x)>0$，由定理 5-19 可知，$x_\mathrm{e}=0$ 是不稳定的。

例 5-9　系统的状态方程为

$$\begin{cases}\dot{x}_1=x_2\\ \dot{x}_2=-(1-|x_1|)x_2-x_1\end{cases}$$

分析系统平衡状态的稳定性。

解：(1)求得平衡状态。令 $\dot{x}=0$，可得 $x_\mathrm{e}=0$ 为唯一平衡点。

(2)选取李雅普诺夫函数。令 $V(x)=x_1^2+x_2^2$，显然当 $x\neq0$ 时，$V(x)>0$；当 $x=0$ 时，$V(x)=0$。

(3)判定 $\dot{V}(x)$ 的符号。

$$\dot{V}(x)=2x_1\dot{x}_1+2x_2\dot{x}_2=-2x_2^2(1-|x_1|)$$

当 $|x_1|=1$ 时，$\dot{V}(x)=0$，系统为李雅普诺夫意义下的稳定。

当 $|x_1|>1$ 时，$\dot{V}(x)>0$，系统不稳定。

当 $|x_1|<1$ 时，$\dot{V}(x)<0$，系统为小范围渐近稳定。

5.3.5　关于李雅普诺夫直接法的讨论

李雅普诺夫稳定性判据的物理意义明确，从广义能量的角度直观地体现了判据及其条件的合理性，可同时适用于线性和非线性、时变和时不变等各类动态系统。李雅普诺夫稳定性定理的应用需注意以下典型问题。

(1)李雅普诺夫稳定性判据重要的是选择合适的李雅普诺夫函数，这是一个试选和验证的过程。对于较为简单的系统，候选李雅普诺夫函数常先试取状态 x 的二次型函数，若验证不满足定理条件再试取更为复杂的四次型函数，以此类推。对于较为复杂的系统，主要凭借研究者的经验试取，总的来说至今还缺少一般性的有效方法。

(2) 李雅普诺夫稳定性定理给出的条件只是保证自治系统为大范围一致渐近稳定或具有其他稳定性属性的一个充分条件。因此，如果对给定系统找不到满足定理条件的李雅普诺夫函数 $V(x,t)$，并不能对系统的稳定性做出否定性的结论。

(3) 在应用李雅普诺夫判据判断系统稳定性中，通常遵循“多次试取，退求其次”的原则。也就是说，先判断系统大范围渐近稳定，若多次试选而不成功，退而判断小范围渐近稳定性；以此类推，再判断李雅普诺夫稳定性，直到判断不稳定性。实践表明，这个原则是有帮助的，但并非总是有效的。

5.4 李雅普诺夫直接法在线性连续系统中的应用

5.4.1 连续时间线性时不变系统稳定性分析

设线性定常连续系统的状态方程为

$$\dot{x} = Ax \tag{5-40}$$

系统存在唯一的平衡状态 $x_e = 0$，由李雅普诺夫间接法可知，系统在平衡状态 $x_e = 0$ 稳定的充分必要条件是 A 的所有特征根均具有负实部。下面给出李雅普诺夫直接法判据。

定理 5-20 ［**李雅普诺夫判据(一)**］对 n 维连续线性时不变系统式(5-40)，在平衡状态 $x_e = 0$ 是大范围渐近稳定的充分必要条件为，对于任意的一个 $n \times n$ 正定实对称矩阵 Q，李雅普诺夫方程［式(5-41)］有唯一 $n \times n$ 正定实对称解阵 P，且李雅普诺夫函数 $V(x) = x^{\mathrm{T}}Px$。

$$A^{\mathrm{T}}P + PA = -Q \tag{5-41}$$

证明： (1) 证充分性。已知 $n \times n$ 解阵 P 正定，欲证 $x_e = 0$ 渐近稳定。

$$\begin{aligned}\dot{V}(x) &= \dot{x}^{\mathrm{T}}Px + x^{\mathrm{T}}P\dot{x} = (Ax)^{\mathrm{T}}Px + x^{\mathrm{T}}P(Ax) \\ &= x^{\mathrm{T}}(A^{\mathrm{T}}P + PA)x = -x^{\mathrm{T}}Qx\end{aligned}$$

由 $Q = Q^{\mathrm{T}} > 0$ 可知 $V(x)$ 负定。根据李雅普诺夫稳定性定理，$x_e = 0$ 为渐近稳定。充分性得证。

(2) 证必要性。已知 $x_e = 0$ 渐近稳定，欲证 $n \times n$ 解阵 P 正定。考虑矩阵方程：

$$\dot{X} = A^{\mathrm{T}}X + XA, X(0) = Q, t \geqslant 0 \tag{5-42}$$

易知，$n \times n$ 解矩阵 X 为

$$X(t) = \mathrm{e}^{A^{\mathrm{T}}t}Q\mathrm{e}^{At}, t \geqslant 0 \tag{5-43}$$

对式(5-43)从 $t = 0 \sim \infty$ 进行积分，可得

$$X(\infty) - X(0) = A^{\mathrm{T}}\left[\int_0^{\infty} X(t)\mathrm{d}t\right] + \left[\int_0^{\infty} X(t)\mathrm{d}t\right]A \tag{5-44}$$

且由系统为渐近稳定知，当 $t \to \infty$ 时，有 $\mathrm{e}^{At} \to 0$，从而由式(5-44)导出 $X(\infty) = 0$。考虑到 $X(0) = Q$，设 $P = \int_0^{\infty} X(t)\mathrm{d}t$，可将式(5-44)表达为

$$A^{\mathrm{T}}P + PA = -Q \tag{5-45}$$

这就表明，$P=\int_0^{\infty}X(t)\mathrm{d}t$ 为李雅普诺夫方程解阵。且由 $X(t)$ 存在且唯一和 $X(\infty)=0$ 可知，$P=\int_0^{\infty}X(t)\mathrm{d}t$ 存在且唯一。而由

$$P=\int_0^{\infty}[\mathrm{e}^{A^{\mathrm{T}}t}Q\mathrm{e}^{At}]^{\mathrm{T}}\mathrm{d}t=\int_0^{\infty}\mathrm{e}^{A^{\mathrm{T}}t}Q\mathrm{e}^{At}\mathrm{d}t=P$$

可知 $P=\int_0^{\infty}X(t)\mathrm{d}t$ 为对称。再对任意非零 $x_0\in\mathfrak{R}^n$，有

$$x_0^{\mathrm{T}}Px_0=\int_0^{\infty}(\mathrm{e}^{At}x_0)^{\mathrm{T}}Q(\mathrm{e}^{At}x_0)\mathrm{d}t$$

其中，设正定 $Q=N^{\mathrm{T}}N$，N 为非奇异。在此基础上，由式(5-45)可得

$$\begin{aligned}x_0^{\mathrm{T}}Px_0&=\int_0^{\infty}(\mathrm{e}^{At}x_0)^{\mathrm{T}}N^{\mathrm{T}}N(\mathrm{e}^{At}x_0)\mathrm{d}t\\&=\int_0^{\infty}\left\|N\mathrm{e}^{At}x_0^{\ 2}\right\|>0\end{aligned}\tag{5-46}$$

从而，证得解矩阵 P 为唯一正定。必要性得证。证明完成。

应用定理 5-20 时，需要注意以下几点。

(1) 李雅普诺夫方程[式(5-41)]提供了一个判断任何一个特定函数是否为李雅普诺夫函数的直接检验方法。运用李雅普诺夫方程[式(5-41)]判别系统 $x_{\mathrm{e}}=0$ 的稳定性时，先指定 $Q>0$，再按式(5-41)求出矩阵 P，然后检验矩阵 P 的正定性，如果求出 $P>0$，则系统稳定；如果求出 $P\leqslant 0$，则系统不稳定。

(2) 由于矩阵 Q 的形式可以任意给定，并且最终的判断结果与正定矩阵 Q 的不同选择无关。因此，最方便也是最简单的选择是选取 $Q=I$（单位矩阵）。这时，李雅普诺夫方程可以写为

$$A^{\mathrm{T}}P+PA=-I\tag{5-47}$$

(3) 如果 $\dot{V}(x)=-x^{\mathrm{T}}Qx$ 沿任意一条轨线都不恒等于零，则 Q 可以取为半对称矩阵。这可以直接根据定理 5-12 得出。

(4) 该定理确定的条件与矩阵 A 的特征值具有负实部的条件是等价的，因此所给的条件是充分必要条件。

(5) 对于该李雅普诺夫判据，除较为简单的情形外，应用中的困难主要在于李雅普诺夫方程的求解。因此，在系统控制理论前期，李雅普诺夫判据的意义主要在于理论分析和理论推导中的应用。但是，随着工具软件(如 Matlab 等)的日益普及，求解李雅普诺夫方程的任务完全可由计算机来完成。

例 5-10　线性定常系统的状态方程为

$$\dot{x}=\begin{bmatrix}0&1\\-1&-1\end{bmatrix}x$$

试判别系统的稳定性。

解： 系统的平衡状态为 $x_{\mathrm{e}}=0$，由李雅普诺夫方程：

$$A^{\mathrm{T}}P+PA=-I$$

即

$$\begin{bmatrix} 0 & -1 \\ 1 & -1 \end{bmatrix}\begin{bmatrix} P_{11} & P_{12} \\ P_{21} & P_{22} \end{bmatrix}+\begin{bmatrix} P_{11} & P_{12} \\ P_{21} & P_{22} \end{bmatrix}\begin{bmatrix} 0 & 1 \\ -1 & -1 \end{bmatrix}=\begin{bmatrix} -1 & 0 \\ 0 & -1 \end{bmatrix}$$

将矩阵代数方程展开，得

$$\begin{cases} -2P_{12}=-1 \\ P_{11}-P_{12}-P_{22}=0 \\ 2P_{12}-2P_{22}=-1 \end{cases}$$

解联立方程组，求出 P_{11}、P_{12}、P_{22}。

$$\begin{bmatrix} P_{11} & P_{12} \\ P_{21} & P_{22} \end{bmatrix}=\begin{bmatrix} \frac{3}{2} & \frac{1}{2} \\ \frac{1}{2} & 1 \end{bmatrix}$$

为了检验矩阵 P 的正定性，用西尔维斯特判据。求矩阵 P 的各阶主子式行列式：

$$P_{11}=\frac{3}{2}>0\text{，}\quad \det\begin{bmatrix} P_{11} & P_{12} \\ P_{12} & P_{22} \end{bmatrix}=\det\begin{bmatrix} \frac{3}{2} & \frac{1}{2} \\ \frac{1}{2} & 1 \end{bmatrix}>0$$

矩阵 P 各主子式行列式均为正值，即 P 是正定矩阵，故 $x_e=0$ 是大范围一致渐近稳定的。

用 Matlab 求解例 5-10 李雅普诺夫方程的程序 Stb1.m 代码如下：

```
%判定线性定常连续系统的稳定性 Stb1.m
A=[0 1;-1 -1];Q=eye(size(A))
[P,deltP]=stability(A,Q,1);%求解李雅普诺夫方程 A^TP+PA=-Q

%求解李雅普诺夫方程 A^TP+PA=-Q 的通用函数 stability,c1d=1 为连续,c1d=2
为离散
function[P,deltP]=stability(A,Q,c1d)
    n=size(A, 1);deltP=[];
    if(c1d==1)
        P=lyap(A,Q);%求解线性定常连续系统的李雅普诺夫方程
    elseif(c1d==2)
        P=dlyap(A,Q);%求解线性定常连续系统的李雅普诺夫方程
    end
    for i=1:n      %计算 P 的各阶主子式
    delt=det(P(1: i, 1: i));
    deltP=[deltP; delt];
    end
end
```

例 5-11　第 1 章中电动平衡车模型由车体和车轮组成，中间通过枢轴销连接。只考虑车体保持直立和直线运动，其开环特性近似于近平面独轮车，以车体俯仰角 θ 和车轮转角 α 及其相应角速度为状态变量，即 $\dot{x}=(\alpha,\theta,\dot{\alpha},\dot{\theta})$，假设通过里程计测量平衡车转角 α，其状态空间模型如下：

$$\begin{cases}\dot{x}=\begin{pmatrix}0 & 0 & 1 & 0\\ 0 & 0 & 0 & 1\\ 0 & -25.64 & 0 & 0\\ 0 & 8.85 & 0 & 0\end{pmatrix}x+\begin{pmatrix}0\\ 0\\ 1.96\\ -0.34\end{pmatrix}u\\ y=[1\quad 0\quad 0\quad 0]x\end{cases}$$

试判定系统稳定性。

解： 系统的平衡状态为 $x_e=0$，维数较高，用 Matlab 求解极点方法来判定系统稳定性的程序代码如下。系统极点为 0，0，2.9743，−2.9743，显然系统是不稳定的。结合第 4 章能控性能观测性判断可知，平衡车系统在没有输入作用下是一个不稳定的、能控能观测的系统。

```
%通过极点位置判定系统稳定性 Stb1_1
A=[0 0 1 0;0 0 0 1;0 -25.64 0 0;0 8.85 0 0];
B=[0;0;1.96;-0.34];C=[1 0 0 0];D=0;
n=size(A,1);flag=0;%flag 为稳定性标志，0 为稳定，1 为不稳定
[z,p,k]=ss2zp(A,B,C,D,1)%将状态空间模型转换为零极点形式的传递函数
for i=1:n         %判定极点正负性
if real(p(i))>0
    flag=1;
end
end
if flag==1;
disp("系统不稳定");
else
  disp("系统稳定");
end
```

5.4.2　连续时间线性时变系统稳定性分析

设线性时变连续系统的状态方程为

$$\dot{x}=A(t)x \tag{5-48}$$

不能简单地根据状态矩阵 $A(t)$ 的特征值具有负实部来判定时变系统的稳定性。下面给出李雅普诺夫直接法判据。

定理 5-21 [**李雅普诺夫判据(二)**]对 n 维连续时间线性时变系统[式(5-48)]在平衡态 $x_e = 0$ 处大范围渐近稳定的充要条件为，对任给的一个连续对称正定的 $n \times n$ 矩阵 $Q(t)$，必存在一个连续对称正定矩阵 $P(t)$，满足李雅普诺夫方程：

$$\dot{P}(t) = -A^{\mathrm{T}}(t)P(t) - P(t)A(t) - Q(t) \tag{5-49}$$

且系统的李雅普诺夫函数 $V(x,t) = x^{\mathrm{T}}(t)P(t)x(t)$。

证明：因为 $P(t)$ 为连续对称正定矩阵，由 $V(x,t) = x^{\mathrm{T}}(t)P(t)x(t)$ 可得

$$\begin{aligned}\dot{V}(x,t) &= \dot{x}^{\mathrm{T}}(t)P(t)x(t) + x^{\mathrm{T}}(t)\frac{\mathrm{d}}{\mathrm{d}t}[P(t)x(t)] \\ &= \dot{x}^{\mathrm{T}}(t)P(t)x(t) + x^{\mathrm{T}}(t)\dot{P}(t)x(t) + x^{\mathrm{T}}(t)P(t)\dot{x}(t) \\ &= x^{\mathrm{T}}(t)A^{\mathrm{T}}(t)P(t)x(t) + x^{\mathrm{T}}(t)\dot{P}(t)x(t) + x^{\mathrm{T}}(t)P(t)A(t)x(t) \\ &= x^{\mathrm{T}}(t)[A^{\mathrm{T}}(t)P(t) + \dot{P}(t) + P(t)A(t)]x(t)\end{aligned}$$

代入李雅普诺夫方程[式(5-49)]可得

$$\dot{V}(x,t) = -x^{\mathrm{T}}(t)Q(t)x(t)$$

其中，$Q(t) = \dot{P}(t) + A^{\mathrm{T}}(t)P(t) + P(t)A(t)$。

由稳定性理论可知，当 $P(t)$ 为正定对称矩阵时，$Q(t)$ 也为正定对称矩阵，因此，

$$\dot{V}(x,t) = -x^{\mathrm{T}}(t)Q(t)x(t) < 0 \text{ 且 } V(x,t) = x^{\mathrm{T}}(t)P(t)x(t)$$

故系统在平衡态 $x_e = 0$ 处是渐近稳定的。

5.4.3 李雅普诺夫判据估计连续系统自由运动衰减性能

李雅普诺夫函数 $V(x)$ 可以看作是状态 x 到平衡状态运动轨线的距离尺度，当 $\dot{V}(x) < 0$ 时，随着时间的推移，$V(x)$ 越来越小，最后趋于零，从而趋于平衡状态。因此，可以用 $\dot{V}(x)$ 来表征系统趋于平衡状态的速度，分析或估计系统自由运动(即零输入响应趋向原点平衡状态)的收敛性能。本节基于李雅普诺夫判据讨论系统自由运动衰减性能的估计问题。

1. 衰减系数

考察渐近稳定的连续时间线性时不变系统，自治状态方程为

$$\dot{x} = Ax, x(0) = x_0, t \geqslant 0 \tag{5-50}$$

其中，x 为 n 维状态，状态空间原点(即 $x = 0$)为系统唯一平衡状态。而系统为渐近稳定的事实意味着，系统零输入响应即由任意初始状态 $x_0 \in \mathfrak{R}^n$ 出发的自由运动轨线 $\phi(t;\, x_0, 0)$，将随时间 t 的增加最终趋于状态空间原点(即 $x = 0$)，且伴随着运动最终收敛于 $x = 0$，能量相应地最终衰减到零。衰减系数可以作为系统自由运动过程中系统状态趋于原点的快速性指标，下面首先讨论其具体定义与性质。

定义 5-10 [**衰减系数**]对渐进稳定的连续时间线性时不变自治系统[式(5-50)]，衰减系数定义为系统一个李雅普诺夫函数对时间变量 t 的导数与其李雅普诺夫函数的比值，记为 $\eta(x)$，

$$\eta(x) = -\frac{\dot{V}(x)}{V(x)} \tag{5-51}$$

对于一个渐近稳定的系统来说，$V(x)$ 为系统广义能量函数，为正定；$\dot{V}(x)$ 表征系统能量下降速率，为负定。因此，在一般情形下，衰减系数 $\eta(x)$ 是系统自由运动状态 x 一个正定的标量函数。从衰减系数定义[式(5-51)]可以看出，系统能量 $V(x)$ 越大，能量下降速率 $\dot{V}(x)$ 越小，则 $\eta(x)$ 越小，对应于运动衰减越慢；系统能量 $V(x)$ 越小，能量下降速率 $\dot{V}(x)$ 越大，则 $\eta(x)$ 越大，对应于运动衰减越快。因此，由 $\eta(x)$ 的大小来直观地表征系统自由运动衰减的快慢是合理的。考虑到在不同状态 x 下，将有不同的衰减系数 $\eta(x)$，因此一般采用最小衰减系数 $\eta_{\min}$ 作为反映运动衰减快慢的一个指标，即

$$\eta_{\min} = \min\left[-\frac{\dot{V}(x)}{V(x)}\right] \tag{5-52}$$

2. 计算最小衰减系数

对渐进稳定的 n 维连续时间线性时不变自治系统[式(5-50)]，由李雅普诺夫判据可知，对任意给一个正定的 $n \times n$ 对称时常矩阵 Q，李雅普诺夫方程 $A^{\mathrm{T}}P + PA = -Q$ 的 $n \times n$ 解阵 P 存在唯一且为对称正定，并且基于此组成的李雅普诺夫函数 $V(x) = x^{\mathrm{T}}Px$ 为正定，导数 $\dot{V}(x) = x^{\mathrm{T}}Qx$ 为负定。

依照式(5-52)最小衰减系数可以表示为

$$\eta_{\min} = \min\left[-\frac{\dot{V}(x)}{V(x)}\right] = \min\left[\frac{x^{\mathrm{T}}Qx}{x^{\mathrm{T}}Px}\right] \tag{5-53}$$

为方便起见，对式(5-53)可在 $V(x) = x^{\mathrm{T}}Px = 1$ 的约束条件下，求其使 $\dot{V}(x) = x^{\mathrm{T}}Qx$ 为最小的 x，其几何含义在于最小衰减系数 $\eta_{\min}$ 等于状态空间中单位超球面[即 $V(x)$=1 超球面]上 $x^{\mathrm{T}}Qx$ 的极小值。于是，式(5-53)进一步变为

$$\eta_{\min} = \min[x^{\mathrm{T}}Qx; x^{\mathrm{T}}Px = 1] \tag{5-54}$$

下面给出计算最小衰减系数 $\eta_{\min}$ 的一个关系式。

定理 5-22　[**计算 $\eta_{\min}$ 的关系式**]对渐进稳定的 n 维连续时间线性时不变自治系统[式(5-50)]，给定 $n \times n$ 正定矩阵 Q 和相应李雅普诺夫方程 $n \times n$ 正定解矩阵 P，则可导出 $\eta_{\min}$ 的关系式为

$$\eta_{\min} = \lambda_{\min}(QP^{-1}) = \lambda_{\min}(P^{-1}Q) \tag{5-55}$$

式中，$\lambda_{\min}(\cdot)$ 表示所属矩阵的最小特征值。

证明：求 $\dot{V}(x) = x^{\mathrm{T}}Qx$ 为最小的 $x_{\min}$ 可以用拉格朗日法，令 μ 为拉格朗日乘子，式(5-54)的条件极值问题转化为等价的无条件极值问题：

$$\eta_{\min} = \min_x[x^{\mathrm{T}}Qx - \mu(x^{\mathrm{T}}Px - 1)] = \min_x[x^{\mathrm{T}}(Q - \mu P)x + \mu] \tag{5-56}$$

为了在单位超球面上找到使 η 极小的状态点 $x_{\min}$，令 $x^{\mathrm{T}}(Q - \mu P)x$ 对 x 的导数为零，即

$$
\begin{aligned}
0 &= \left\{\frac{\mathrm{d}[x^{\mathrm{T}}(Q-\mu P)x]}{\mathrm{d}x}\right\}_{x=x_{\min}} \\
&= \left\{\frac{\mathrm{d}}{\mathrm{d}x}[x^{\mathrm{T}}(Q-\mu P)x]+\frac{\mathrm{d}}{\mathrm{d}x}[x^{\mathrm{T}}(Q-\mu P)x]^{\mathrm{T}}\right\}_{x=x_{\min}} \\
&= (Q-\mu P)x_{\min}+(Q-\mu P)x_{\min} \\
&= 2(Q-\mu P)x_{\min} \\
&= -2P(\mu I-P^{-1}Q)x_{\min} \\
&= -(\mu I-QP^{-1})2Px_{\min}
\end{aligned} \tag{5-57}
$$

考虑到单位超球面 $x_{\min}\neq 0$，而矩阵 P 为非奇异，由上式可知：

$$(\mu I-P^{-1}Q)\text{ 奇异和 }(\mu I-QP^{-1})\text{ 奇异} \tag{5-58}$$

故有

$$\det(\mu I-P^{-1}Q)=0\text{ 和 }\det(\mu I-QP^{-1})=0 \tag{5-59}$$

于是

$$\mu_i=\lambda_i(\mu I-P^{-1}Q)=\lambda_i(\mu I-QP^{-1}),\quad i=1,2,\cdots,n \tag{5-60}$$

再由已知 P 和 Q 为正定，故 $\lambda_i(P^{-1}Q)=\lambda_i(QP^{-1})>0$，$i=1,2,\cdots,n$。而 $Q-\mu P$ 奇异意味着有

$$x_{\min}^{\mathrm{T}}(Q-\mu P)x_{\min}=0 \tag{5-61}$$

将式(5-61)代入式(5-56)就可证得

$$
\begin{aligned}
\eta_{\min} &= \min_x[x^{\mathrm{T}}(Q-\mu P)x+\mu] \\
&= \min[\mu] \\
&= \min[\mu_i, i=1,2,\cdots,n] \\
&= \min[\lambda_i(P^{-1}Q)=\lambda_i(QP^{-1}), i=1,2,\cdots,n] \\
&= \lambda_{\min}(QP^{-1})=\lambda_{\min}(P^{-1}Q)
\end{aligned}
$$

例 5-12 已知系统状态方程为 $\dot{x}=\begin{bmatrix}0 & 1\\ -1 & -1\end{bmatrix}x$，试确定系统最小衰减系数 $\eta_{\min}$。

解： 选 $Q=I$，由 $A^{\mathrm{T}}P+PA=-I$ 可得

$$\begin{bmatrix}0 & -1\\ 1 & -1\end{bmatrix}\begin{bmatrix}p_{11} & p_{12}\\ p_{21} & p_{22}\end{bmatrix}+\begin{bmatrix}p_{11} & p_{12}\\ p_{21} & p_{22}\end{bmatrix}\begin{bmatrix}0 & 1\\ -1 & -1\end{bmatrix}=\begin{bmatrix}-1 & 0\\ 0 & -1\end{bmatrix}$$

解得 $P=\begin{bmatrix}\frac{3}{2} & \frac{1}{2}\\ \frac{1}{2} & 1\end{bmatrix}$。再确定 QP^{-1} 的特征值，于是有

$$\det(QP^{-1})=\det\begin{bmatrix}1-\frac{3}{2}\lambda & -\frac{\lambda}{2}\\ -\frac{\lambda}{2} & 1-\lambda\end{bmatrix}=\frac{5}{4}\lambda^2-\frac{5}{2}\lambda+1=0$$

从而求得 $\lambda_1=1.45$，$\lambda_2=0.55$，因此系统最小衰减系数 $\eta_{\min}=\lambda_{\min}=\lambda_2=0.55$。

3. 估计自由运动衰减性

由衰减系数定义[式(5-51)]可知：$\eta(x)=-\dfrac{\dot V(x)}{V(x)}$，$x(0)=x_0$，$t\in[0,\infty)$，对方程两边积分可得

$$\int_0^t \eta(x)\mathrm{d}\boldsymbol{x}=-\int_0^t \frac{\dot V(x)}{V(x)}\mathrm{d}x=-\int_0^t \frac{1}{V(x)}\mathrm{d}V(x)$$
$$=\ln V(x)-\ln V(x_0)=\ln\frac{V(x)}{V(x_0)}$$

故

$$\begin{aligned}V(x)&=V(x_0)\mathrm{e}^{-\int_0^t \eta(x)\mathrm{d}t}\\&\leqslant V(x_0)\mathrm{e}^{-\int_0^t \eta_{\min}(x)\mathrm{d}t}\\&=V(x_0)\mathrm{e}^{-\eta_{\min}t}\\&=V(x_0)\mathrm{e}^{-\lambda_{\min}(QP^{-1})t}=V(x_0)\mathrm{e}^{-\lambda_{\min}(P^{-1}Q)t}\end{aligned}\tag{5-62}$$

式中，$V(x_0)$对应初始条件x_0下李雅普诺夫函数$V(x)$的值。式(5-62)说明，$\eta_{\min}$越大，系统能量衰减越快，因此式(5-62)也被称为$V(x)$衰减快慢的估计式，并有以下定理成立。

定理 5-23　[$V(x)$**衰减快慢估计**]对渐进稳定的n维连续时间线性时不变自治系统[式(5-50)]，给定$n\times n$正定矩阵Q和相应李雅普诺夫方程$n\times n$正定解矩阵P，$V(x)=x^{\mathrm{T}}Px$，则可采用最小衰减系数$\eta_{\min}$来估计$V(x)$的衰减快慢，即$V(x)\leqslant V(x_0)\mathrm{e}^{-\lambda_{\min}}$，且$\eta_{\min}$越大衰减越快。

实际上，如果令

$$V(x)=x^{\mathrm{T}}x=x_1^2+x_2^2+\cdots+x_n^2\tag{5-63}$$

则可以明显地看出$\eta_{\min}$和系统响应快速性之间的关系。$\eta_{\min}$越大，系统响应越快。由式(5-62)有$[x_1^2+x_2^2+\cdots+x_n^2]\leqslant[x_{10}^2+x_{20}^2+\cdots+x_{n0}^2]\mathrm{e}^{-\eta_{\min}t}$。为分析方便，将上式写成

$$\begin{gathered}x_1^2\leqslant x_{10}^2\mathrm{e}^{-\eta_{\min}t}\\x_2^2\leqslant x_{20}^2\mathrm{e}^{-\eta_{\min}t}\\\vdots\\x_n^2\leqslant x_{n0}^2\mathrm{e}^{-\eta_{\min}t}\end{gathered}$$

从而有

$$\begin{gathered}x_1^2\leqslant x_{10}^2\mathrm{e}^{-\eta_{\min}t}=x_{10}^2\mathrm{e}^{-\frac{1}{T}t}\\x_2^2\leqslant x_{20}^2\mathrm{e}^{-\eta_{\min}t}=x_{20}^2\mathrm{e}^{-\frac{1}{T}t}\\\vdots\\x_n^2\leqslant x_{n0}^2\mathrm{e}^{-\eta_{\min}t}=x_{n0}^2\mathrm{e}^{-\frac{1}{T}t}\end{gathered}$$

从上式可以看出，系统在经典控制理论意义下定义的时间常数为

$$T = \frac{2}{\eta_{\min}} \tag{5-64}$$

$\eta_{\min}$ 越大，系统时间常数越小，系统响应越快。

5.5 李雅普诺夫直接法在非线性系统中的应用

李雅普诺夫直接法的核心是构造李雅普诺夫函数。目前构造李雅普诺夫函数的途径主要是基于经验的多次试取。本节介绍李雅普诺夫直接法分析非线性系统稳定性的克拉索夫斯基法和变量梯度法，属于构造李雅普诺夫函数的规则化方法。虽然它们并不总是有效的，但至少对于某些较为复杂的系统，可以为其提供构造李雅普诺夫函数的非试凑性途径。

5.5.1 克拉索夫斯基法

非线性定常系统的状态方程为

$$\dot{x} = f(x), f(0) = 0, t \geqslant 0 \tag{5-65}$$

式中，x 为 n 维状态向量；$f(x)$ 为 n 维向量函数，其元 $x_i (i=1,2,\cdots,n)$ 是连续可微的。设原点为系统的唯一平衡状态 $x_e = 0$。克拉索夫斯基建议构造李雅普诺夫函数 $V(x)$ 时，不用状态 x 而用 $\dot{x}$，即

$$V(x) = \dot{x}^{\mathrm{T}} W \dot{x} = f^{\mathrm{T}}(x) W f(x) \tag{5-66}$$

式中，W 为 $n \times n$ 正定对称常阵，一般取 $W = I$。

$$\dot{V}(x) = \dot{f}^{\mathrm{T}}(x) W f(x) + f^{\mathrm{T}}(x) W \dot{f}(x) \tag{5-67}$$

而

$$\dot{f}(x) = \frac{\mathrm{d}f(x)}{\mathrm{d}t} = \frac{\partial f(x)}{\partial x}\frac{\mathrm{d}x}{\mathrm{d}t} = \frac{\partial f(x)}{\partial x}\dot{x} = J(x) f(x) \tag{5-68}$$

式中，

$$J(x) = \frac{\partial f(x)}{\partial x} = \begin{bmatrix} \frac{\partial f_1}{\partial x_1} & \frac{\partial f_1}{\partial x_2} & \cdots & \frac{\partial f_1}{\partial x_n} \\ \frac{\partial f_2}{\partial x_1} & \frac{\partial f_2}{\partial x_2} & \cdots & \frac{\partial f_2}{\partial x_n} \\ \vdots & \vdots & \ddots & \vdots \\ \frac{\partial f_n}{\partial x_1} & \frac{\partial f_n}{\partial x_2} & \cdots & \frac{\partial f_n}{\partial x_n} \end{bmatrix}_{n \times n} \tag{5-69}$$

称为雅可比(Jacobi)矩阵。

在此基础上，引入克拉索夫斯基法判定非线性系统稳定性的定理。

定理 5-24 ［**克拉索夫斯基**］对连续时间非线性时不变系统［式(5-65)］和围绕原点平衡状态的一个域 $\Omega \subset \Re^n$，原点 $x = 0$ 为域 Ω 内唯一平衡状态，若 $S(x) = J^{\mathrm{T}}(x) + J(x) < 0$ 即为负定，则系统平衡状态 $x = 0$ 为域 Ω 内渐近稳定，且 $V(x) = f^{\mathrm{T}}(x) f(x)$ 为一个李雅普诺夫函数。进而，若原点 $x = 0$ 为状态空间 $\Re^n$ 内唯一平衡状态，且当 $\|x\| \to \infty$ 时有

$f^{\mathrm{T}}(x)f(x)\to\infty$，则系统平衡状态 $x=0$ 为大范围渐近稳定。

证明：由 $V(x)=f^{\mathrm{T}}(x)f(x)=f^{\mathrm{T}}(x)If(x)>0$，其中 I 为单位矩阵，正定。故可得

$$\begin{aligned}\dot{V}(x)&=\frac{\mathrm{d}V(x)}{\mathrm{d}t}=\frac{\mathrm{d}}{\mathrm{d}t}[f^{\mathrm{T}}(x)f(x)]\\&=\frac{\mathrm{d}}{\mathrm{d}t}[f^{\mathrm{T}}(x)]f(x)+f^{\mathrm{T}}(x)\frac{\mathrm{d}}{\mathrm{d}t}[f(x)]\\&=\left[\frac{\partial f(x)}{\partial x^{\mathrm{T}}}\frac{\mathrm{d}x}{\mathrm{d}t}\right]^{\mathrm{T}}f(x)+f^{\mathrm{T}}(x)\left[\frac{\partial f(x)}{\partial x^{\mathrm{T}}}\frac{\mathrm{d}x}{\mathrm{d}t}\right]\\&=f^{\mathrm{T}}(x)[J^{\mathrm{T}}(x)+J(x)]f(x)\\&=f^{\mathrm{T}}(x)S(x)f(x)\end{aligned}\tag{5-70}$$

显然，如果 $S(x)=J^{\mathrm{T}}(x)+J(x)<0$ 是负定的，则 $\dot{V}(x)$ 是负定的，故 $x_{\mathrm{e}}=0$ 是一致渐近稳定的。如果 $\|x\|\to\infty$，$V(x)=f^{\mathrm{T}}(x)f(x)\to\infty$，则 $x_{\mathrm{e}}=0$ 是大范围一致渐近稳定。证明完成。

例 5-13　非线性定常系统状态方程为

$$\begin{cases}\dot{x}_1=-x_1\\ \dot{x}_2=x_1-x_2-x_2^3\end{cases}$$

分析 $x_{\mathrm{e}}=0$ 的稳定性。

解：由已知 $f(x)=\begin{bmatrix}-x_1\\ x_1-x_2-x_2^{\ 3}\end{bmatrix}$，$f(x_{\mathrm{e}})=0$，$x_{\mathrm{e}}=0$ 为唯一平衡态。

雅可比矩阵为

$$J(x)=\frac{\partial f(x)}{\partial x}=\begin{bmatrix}\dfrac{\partial f_1}{\partial x_1}&\dfrac{\partial f_1}{\partial x_2}\\[2mm]\dfrac{\partial f_2}{\partial x_1}&\dfrac{\partial f_2}{\partial x_2}\end{bmatrix}=\begin{bmatrix}-1&0\\1&-1-3x_2^2\end{bmatrix}$$

$$S(x)=J^{\mathrm{T}}(x)+J(x)=\begin{bmatrix}-1&1\\0&-1-3x_2^{\ 2}\end{bmatrix}+\begin{bmatrix}-1&0\\1&-1-3x_2^{\ 2}\end{bmatrix}=\begin{bmatrix}-2&1\\1&-2-6x_2^{\ 2}\end{bmatrix}$$

检验 $S(x)$ 的各阶主子式：

$$-2<0$$

$$\det\begin{bmatrix}-2&1\\1&-2-6x_2^{\ 2}\end{bmatrix}=3+12x_2^{\ 2}>0$$

可见 $S(x)$ 的各阶主子式中，奇数阶子式小于 0，由西尔维斯特判据知，$S(x)$ 是负定的，故 $x_{\mathrm{e}}=0$ 是一致渐近稳定的。同时，

$$\|x\|\to\infty,\ V(x)=f^{\mathrm{T}}(x)f(x)=x_1^2+(x_1-x_2-x_2^3)^2\to\infty$$

故 $x_{\mathrm{e}}=0$ 为大范围一致渐近稳定的。

这个方法计算过程较简单，不仅可用于非线性定常系统，也可用于线性定常系统。应

该注意的是，该方法给出的是 $x_e = 0$ 一致渐近稳定的充分条件，即如果这个条件不满足，并不意味着 $x_e = 0$ 不稳定，只能说该方法无法提供有关 $x_e = 0$ 的稳定性信息。

在 Matlab 中求解例 5-13 的程序代码 Stb2.m 如下：

```
%判定线性定常连续系统的稳定性 Stb2.m
Syms x1 x2 real;
x=[x1;x2];
Fx=[-x1;x1-x2-x2^3];
[FFx,delt_FFx,Vx] =Jacob_stability(Fx,x)
```

其中，Jacob_stability() 为非线性系统克拉索夫斯基稳定性分析法函数，其定义如下：

```
%非线性系统克拉索夫斯基稳定性分析法函数
  function [ FFx,delt_FFx,Vx]=Jacob_stability(Fx,x)
     n=length(x);
     delt_FFx=[];
     dFx=jacobian(Fx,x);     %计算 Fx 的雅可比矩阵
     FFx=dFx+dFx';
     for i=1:n          %计算 FFX 的各阶主子式
     dFFx=det(FFx(1:I,1:i));
     delt_FFx=[delt_FFx;dFFx];
     end
     Vx=Fx'*Fx;
   end
```

5.5.2 变量梯度法

这是由舒茨-基布逊(Schultz-Gibson)于 1962 年提出的一种比较有效的构造李雅普诺夫函数的方法。这个方法基于如下事实，即如果存在一个特定的李雅普诺夫函数 $V(x)$，能确定非线性系统平衡状态的稳定性，则 $V(x)$ 可由其线积分求得，进而可以根据 $V(x)$、$\dot{V}(x)$ 的定号性且 $V(x)$、$\dot{V}(x)$ 的符号相反的要求来选择 $V(x)$ 梯度表示式中的系数。下面就来介绍这种方法。

连续时间非线性定常系统的状态方程为

$$\dot{x} = f(x), f(0) = 0, t \geqslant 0 \tag{5-71}$$

假设一个特定的李雅普诺夫函数 $V(x)$ 存在。由于 $V(x)$ 是 x 的数量函数，状态空间中每一点都对应一个确定的值，于是形成一个数量场，则 $V(x)$ 就一定具有唯一的梯度：

$$\operatorname{grad}V(x)=\nabla V(x)=\begin{bmatrix}\dfrac{\partial V}{\partial x_1}\\ \dfrac{\partial V}{\partial x_2}\\ \vdots\\ \dfrac{\partial V}{\partial x_n}\end{bmatrix}=\begin{bmatrix}\nabla V_1\\ \nabla V_2\\ \vdots\\ \nabla V_n\end{bmatrix} \tag{5-72}$$

式中，∇ 为哈密顿(Hamilton)算子；$\operatorname{grad}V(x)=\nabla V(x)$，为 $V(x)$ 的梯度。

$$\begin{aligned}\dot V(x)&=\frac{\mathrm d}{\mathrm dt}V(x)=\frac{\partial V}{\partial x_1}\frac{\mathrm dx_1}{\mathrm dt}+\frac{\partial V}{\partial x_2}\frac{\mathrm dx_2}{\mathrm dt}+\cdots+\frac{\partial V}{\partial x_n}\frac{\mathrm dx_n}{\mathrm dt}\\&=\begin{bmatrix}\dfrac{\partial V}{\partial x_1}&\dfrac{\partial V}{\partial x_2}&\cdots&\dfrac{\partial V}{\partial x_n}\end{bmatrix}\begin{bmatrix}\dfrac{\mathrm dx_1}{\mathrm dt}\\ \dfrac{\mathrm dx_2}{\mathrm dt}\\ \vdots\\ \dfrac{\mathrm dx_n}{\mathrm dt}\end{bmatrix}=[\nabla V(x)]^{\mathrm T}\dot x\end{aligned} \tag{5-73}$$

由于 $V(x)$ 的梯度 $\nabla V(x)$ 是唯一的，故 $V(x)$ 可通过 $\nabla V(x)$ 的线积分求出，即

$$V(x)=\int_0^x \mathrm dV(x)=\int_0^t \dot V(x)\mathrm dt=\int_0^x[\nabla V(x)]^{\mathrm T}\mathrm dx \tag{5-74}$$

将式(5-73)代入式(5-74)，得

$$V(x)=\int_0^x\left(\frac{\partial V}{\partial x_1}\mathrm dx_1+\frac{\partial V}{\partial x_2}\mathrm dx_2+\cdots+\frac{\partial V}{\partial x_n}\mathrm dx_n\right)=\int_0^x(\nabla V_1\mathrm dx_1+\nabla V_2\mathrm dx_2+\cdots+\nabla V_n\mathrm dx_n) \tag{5-75}$$

可见，欲求出李雅普诺夫函数 $V(x)$，关键在于确定 $\nabla V(x)$。确定 $\nabla V(x)$ 时，通常选取 $\nabla V(x)$ 为一个含有待定系数的 n 维向量，即

$$\begin{gathered}\dot V(x)<0,\ x\neq 0\\ \dot V(x)=0,\ x=0\\ \nabla V(x)=\begin{bmatrix}a_{11}x_1+a_{12}x_2+\cdots+a_{1n}x_n\\ a_{21}x_1+a_{22}x_2+\cdots+a_{2n}x_n\\ \vdots\\ a_{n1}x_1+a_{n2}x_2+\cdots+a_{nn}x_n\end{bmatrix}\end{gathered} \tag{5-76}$$

式中，$a_{ij}(i,j=1,2,\cdots,n)$ 可以是常数，也可以是 t 的函数或者状态变量的函数。为方便起见，a_{ij} 选择为常数或 t 的函数，这样，求 $V(x)$ 就要解决两个问题：一是确定 $\nabla V(x)$ 中的各系数 $a_{ij}(i,j=1,2,\cdots,n)$。这要根据 $\dot V(x)<0$ 来确定，但未知数为 n^2 个，而 $\dot V(x)<0$ 只有 n 个方程，不可能确定 n^2 个未知数；二是求 $\nabla V(x)$ 的积分，这也是困难的。为了解决这两个问题，考虑到这里的数量场是位势场(保守场)，$\nabla V(x)$ 的旋度等于零，即

$$\operatorname{rot}\nabla V(x)=0$$

其中，$\operatorname{rot}\nabla V(x)=0$ 为 $\nabla V(x)$ 的旋度，它是一个 n 维向量函数，称为广义旋度。根据工程

数学中的“场论”可知，$\mathrm{rot}\nabla V(x)=0$ 意味着 ∇V 的雅可比矩阵

$$J=\begin{bmatrix}\dfrac{\partial\nabla V_1}{\partial x_1} & \dfrac{\partial\nabla V_1}{\partial x_2} & \cdots & \dfrac{\partial\nabla V_1}{\partial x_n}\\ \dfrac{\partial\nabla V_2}{\partial x_1} & \dfrac{\partial\nabla V_2}{\partial x_2} & \cdots & \dfrac{\partial\nabla V_2}{\partial x_n}\\ \vdots & \vdots & \ddots & \vdots\\ \dfrac{\partial\nabla V_n}{\partial x_1} & \dfrac{\partial\nabla V_n}{\partial x_2} & \cdots & \dfrac{\partial\nabla V_n}{\partial x_n}\end{bmatrix}$$

必须是对称矩阵。由此可得到 $\frac{1}{2}n(n-1)$ 个旋度方程，即

$$\frac{\partial\nabla V_i}{\partial x_j}=\frac{\partial\nabla V_j}{\partial x_i},\quad i,j=1,2,\cdots,n \tag{5-77}$$

由于梯度的旋度等于零，与梯度线积分的积分路线无关，于是可以这样选择积分路线，现以三维空间为例进行说明，如图 5-6 所示。

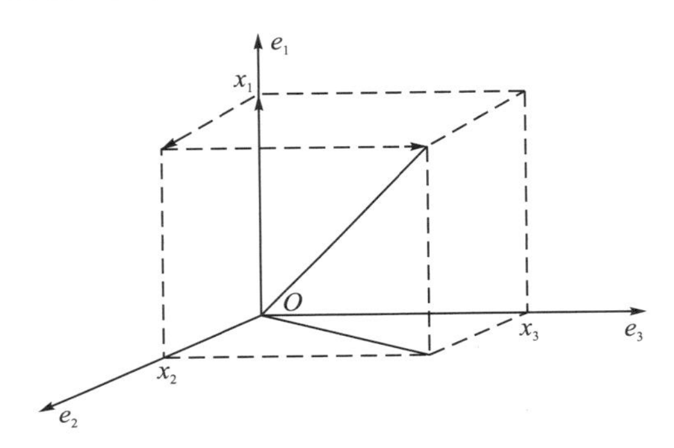

图 5-6　积分线路图

令

$$e_1=\begin{bmatrix}1\\0\\0\end{bmatrix},e_2=\begin{bmatrix}0\\1\\0\end{bmatrix},e_3=\begin{bmatrix}0\\0\\1\end{bmatrix}$$

积分路线从原点开始，首先沿着 e_1 方向积分到 x_1，然后沿着 e_2 积分到 x_2，最后沿着 e_3 积分到 x_3，即

$$\int_0^x[\nabla V(x)^{\mathrm{T}}]\mathrm{d}x=\int_0^{x_1(x_2=0,x_3=0)}\nabla V_1(x)\mathrm{d}x_1+\int_0^{x_2(x_1=x_1,x_3=0)}\nabla V_2(x)\mathrm{d}x_2+\int_0^{x_3(x_1=x_1,x_2=x_2)}\nabla V_3(x)\mathrm{d}x_3$$

这样，积分运算就简单了，对于式(5-74)的积分运算，可以按式(5-78)进行。

$$\begin{aligned}V(x)=\int_0^x[\nabla V(x)^{\mathrm{T}}]\mathrm{d}x=&\int_0^{x_1(x_2=x_3=\cdots=x_n=0)}\nabla V_1(x)\mathrm{d}x_1\\&+\int_0^{x_2(x_1=x_1,x_3=x_4=\cdots=x_n=0)}\nabla V_2(x)\mathrm{d}x_2+\cdots+\int_0^{x_n(x_1=x_1,x_2=x_2,\cdots,x_{n-1}=x_{n-1})}\nabla V_n(x)\mathrm{d}x_n\end{aligned} \tag{5-78}$$

为了使 $x_{\mathrm{e}}=0$ 为渐近稳定的，求得的 $V(x)$ 应该是正定的。若不满足这个条件，可以修改 a_{nn} 值。

综上所述，用变量梯度法来构造李雅普诺夫函数 $V(x)$ 的步骤如下：①假设 $V(x)$ 的梯度

为式(5-72)的形式；②按式(5-73)，求出 $\dot{V}(x)$ 的表达式；③使 $\dot{V}(x)$ 负定，确定 $\nabla V(x)$；④根据 $\nabla V(x)$ 的雅可比矩阵 J 的对称性，得到 $n(n-1)/2$ 个旋度方程，确定 $\nabla V(x)$ 中的 $n(n-1)/2$ 个待定系数，这时，可能改变 $\dot{V}(x)$，故需要重新检验 $\dot{V}(x)$ 的负定性；⑤计算 $\nabla V(x)$ 的 n 维旋度，若均等于零，则按式(5-78)进行积分，求得 $V(x)$；⑥确定 $x_e=0$ 的稳定性。

例 5-14　非线性定常系统状态方程为

$$\begin{cases}\dot{x}_1 = x_2 \\ \dot{x}_2 = -x_2 - x_1^3\end{cases}$$

分析平衡状态 $x_e=0$ 的稳定性。

解：(1)选取

$$\operatorname{grad} V(x) = \nabla V(x) = \begin{bmatrix} a_{11}x_1 + a_{12}x_2 \\ a_{21}x_1 + a_{22}x_2 \end{bmatrix}$$

通常把 a_{nn} 选择为常数或者只是 t 的函数。这里取 $a_{nn}=2$，以保证 $V(x)$ 中具有 $x_2{}^2$ 项，即

$$\nabla V(x) = \begin{bmatrix} a_{11}x_1 + a_{12}x_2 \\ a_{21}x_1 + a_{22}x_2 \end{bmatrix} = \begin{bmatrix} \nabla V_1(x) \\ \nabla V_2(x) \end{bmatrix}$$

(2)

$$\begin{aligned}\dot{V}(x) &= [\nabla V(x)]^{\mathrm{T}}\dot{x} = [a_{11}x_1 + a_{12}x_2 \quad a_{21}x_1 + 2x_2]\begin{bmatrix} x_2 \\ -x_2 - x_1{}^3 \end{bmatrix} \\ &= x_1x_2(a_{11} - a_{21} - 2x_1{}^2) + x^2(a_{12} - 2) - a_{21}x_1{}^4\end{aligned}$$

(3)根据 $\dot{V}(x)$ 为负定的要求，使 x_1x_2 项的系数为零，即

$$a_{11} - a_{21} - 2x_1{}^2 = 0$$

$$a_{11} = a_{21} + 2x_1{}^2$$

$$a_{21} > 0$$

$$0 < a_{12} < 2$$

这时，

$$\dot{V}(x) = -(2 - a_{12})x_2{}^2 - a_{21}x_1{}^4$$

$$\nabla V(x) = \begin{bmatrix} (a_{12} + 2x_1{}^2)x_1 + a_{12}x_2 \\ a_{21}x_1 + 2x_2 \end{bmatrix} = \begin{bmatrix} a_{21}x_1 + 2x_1{}^3 + a_{12}x_2 \\ a_{21}x_1 + 2x_2 \end{bmatrix} = \begin{bmatrix} \nabla V_1(x) \\ \nabla V_2(x) \end{bmatrix}$$

(4)

$$\frac{\partial \nabla V_1}{\partial x_2} = \frac{\partial}{\partial x_2}\left[a_{21}x_1 + 2x_1{}^3 + a_{12}x_2\right] = a_{21}$$

$$\frac{\partial \nabla V_2}{\partial x_1} = \frac{\partial}{\partial x_2}\left[a_{21}x_1 + 2x_2\right] = a_{12}$$

有方程 $\dfrac{\partial \nabla V_1}{\partial x_2} = \dfrac{\partial \nabla V_2}{\partial x_1}$，得到 $a_{21} = a_{12}$。

(5)

$$V(x)=\int_0^x[\nabla V(x)^{\mathrm{T}}]\mathrm{d}x=\int_0^{x_1(x_2=0)}\nabla V_1(x)\mathrm{d}x_1+\int_0^{x_2(x_1=x_1)}\nabla V_2(x)\mathrm{d}x_2$$
$$=\int_0^{x_1(x_2=0)}(a_{21}x_1+2x_1^{\ 3}+a_{12}x_2)\mathrm{d}x_1+\int_0^{x_2(x_1=x_1)}(a_{12}x_1+2x_2)\mathrm{d}x_2$$
$$=\frac{a_{21}}{2}x_1^{\ 2}+\frac{1}{2}x_1^{\ 4}+a_{12}x_1x_2+x_2^{\ 2}$$
$$0<a_{12}=a_{21}<2$$

(6)

$$V(x)=\frac{1}{2}x_1^{\ 4}+\frac{a_{12}}{2}x_1^{\ 2}+a_{12}x_1x_2+x_2^{\ 2}$$
$$=\frac{1}{2}x_1^{\ 4}+[x_1\quad x_2]\begin{bmatrix}\frac{1}{2}a_{12} & \frac{1}{2}a_{12}\\ \frac{1}{2}a_{12} & 1\end{bmatrix}\begin{bmatrix}x_1\\ x_2\end{bmatrix}$$

可见，$V(x)$ 中的第一项 $\frac{1}{2}x_1^{\ 4}>0$；$V(x)$ 中的第二项的矩阵在 $0<a_{12}<2$ 情况下是正定的。所以有

$$V(x)>0,\ x\neq 0$$

而

$$\dot{V}(x)<0,\ x\neq 0$$

故 $x_{\mathrm{e}}=0$ 是一致渐近稳定的。又由于 $\|x\|\to\infty$ 时，$V(x)\to\infty$，故 $x_{\mathrm{e}}=0$ 为大范围一致渐近稳定的。

5.6 李雅普诺夫直接法在离散系统中的应用

线性离散系统与连续系统有许多相似之处，如数学描述方法、求解方法、响应分解、能控性能观测性等。本节讨论离散系统的李雅普诺夫稳定性判据及应用。

5.6.1 离散系统的李雅普诺夫稳定性判据

考察离散时间非线性时不变系统，自治状态方程为

$$x(k+1)=f[x(k)],\quad x(0)=x_0,\ k=0,1,2,\cdots \tag{5-79}$$

其中，x 为 n 维状态，$f(0)=0$ 即状态空间原点，$x=0$ 为系统平衡状态。

定理 5-25 ［**大范围渐近稳定判据（一）**］对离散时间非线性时不变自治系统［式(5-79)］，若存在一个正定标量函数 $V[x(k)]$，使得对任意 $x(k)\in\Re^n$ 满足 $\Delta V[x(k)]=V[x(k+1)]-V[x(k)]$ 负定，且当 $\|x(k)\|\to\infty$ 时，有 $\Delta V[x(k)]\to\infty$，则原点平衡状态为大范围渐近稳定。

上述定理中 $\Delta V[x(k)]=V[x(k+1)]-V[x(k)]$ 负定的保守性会导致不少系统判断失败。与连续系统类似，可以放宽条件，得到如下具有较少保守性的李雅普诺夫主稳定性定理。

定理 5-26 ［**大范围渐近稳定判据（二）**］对离散时间非线性时不变系统［式(5-79)］，若

存在一个正定标量函数$V[x(k)]$，使得对任意$x(k)\in\Re^n$满足$\Delta V[x(k)]$负半定，但对由任意非零初始状态确定的所有自由运动轨线，$\Delta V[x(k)]$不恒为零，且当$\|x(k)\|\to\infty$时，有$\Delta V[x(k)]\to\infty$，则原点平衡状态为大范围渐近稳定。

基于上述稳定性定理，容易导出对离散时间系统的一个含义直观和应用方便的稳定性判据。

定理 5-27　[**大范围渐近稳定判据(三)**]对离散时间非线性时不变自治系统[式(5-79)]，若$f[x(k)]$为收敛，即对$x(k)\neq 0$，有$\|f[x(k)]\|<\|x(k)\|$，则原点平衡状态即$x=0$为大范围渐近稳定。

证明：对给定离散时间系统，取候选李雅普诺夫函数为

$$V[x(k)]=\|x(k)\|$$

易知，$V[x(k)]$为正定。进而可以导出

$$\Delta V[x(k)]=V[x(k+1)]-V[x(k)]=\|x(k+1)\|-\|x(k)\|=\|f[x(k)]\|-\|x(k)\|$$

因此，$\Delta V[x(k)]$为负定。并且，当$\|x(k)\|\to\infty$时，有$V[x(k)]\to\infty$。根据定理 5-25，原点平衡状态为大范围渐近稳定。证明完成。

5.6.2　线性定常离散系统的稳定性

考虑线性定常离散系统的状态方程为

$$x(k+1)=Gx(k) \tag{5-80}$$

$x_e=0$是系统的平衡状态。下面用李雅普诺夫第二方法来研究系统$x_e=0$的渐进稳定性问题。

定理 5-28　[**李雅普诺夫判据(一)**]对于式(5-80)描述的线性定常离散系统，G为$n\times n$非奇异矩阵在平衡态$x_e=0$处大范围渐近稳定的充要条件为，对任给一个对称正定的$n\times n$矩阵Q，必存在一个连续对称正定矩阵P，满足李雅普诺夫方程：

$$G^{\mathrm{T}}PG-P=-Q \tag{5-81}$$

且系统的李雅普诺夫函数为$V[x(k)]=x^{\mathrm{T}}(k)Px(k)$。

证明：因为P为连续对称正定矩阵，选取李雅普诺夫函数为

$$V[x(k)]=x^{\mathrm{T}}(k)Px(k)$$

式中，P为$n\times n$正定的对称常值矩阵。显然有$x(k)\neq 0$，$V[x(k)]>0$；$x(k)=0$，$V[x(k)]=0$而$V[x(k)]$的差分为

$$\begin{aligned}\Delta V[x(k)]&=V[x(k+1)]-V[x(k)]\\&=x^{\mathrm{T}}(k+1)Px(k+1)-x^{\mathrm{T}}(k)Px(k)\\&=x^{\mathrm{T}}(k)G^{\mathrm{T}}PGx(k)-x^{\mathrm{T}}(k)Px(k)\\&=x^{\mathrm{T}}(k)[G^{\mathrm{T}}PG-P]x(k)\end{aligned}$$

当P为正定对称矩阵时，Q为正定对称矩阵，故$\Delta V[x(k)]=-x^{\mathrm{T}}(k)Qx(k)<0$，式中，$G^{\mathrm{T}}PG-P=-Q$，且$V(x,t)=x^{\mathrm{T}}(t)P(t)x(t)$，当$\|x\|^2\to\infty$时，$V(x)\to\infty$。故系统在平衡态$x_e=0$处是大范围渐近稳定的。证明完成。

与线性定常连续系统类似，判别系统 $x_e=0$ 的渐近稳定性时，通常给出一个正定对称常阵 Q，然后用式(5-81)求出矩阵 P，并验证其正定性。如果矩阵 P 是正定的，则 $x_e=0$ 为一致渐近稳定的，且是一致大范围渐近稳定的。具体应用时选择 $Q=I$，故式(5-81)可写为

$$G^{\mathrm{T}}PG-P=-I \tag{5-82}$$

例 5-15 线性定常离散系统齐次状态方程为

$$x(k+1)=\begin{bmatrix}0 & 1\\ \dfrac{1}{2} & 0\end{bmatrix}x(k)$$

试判别系统的稳定性。

解：系统的平衡状态为 $x_e=0$，根据李雅普诺夫方程式(5-41)，可得

$$\begin{bmatrix}0 & \dfrac{1}{2}\\ 1 & 0\end{bmatrix}\begin{bmatrix}P_{11} & P_{12}\\ P_{21} & P_{22}\end{bmatrix}\begin{bmatrix}0 & 1\\ \dfrac{1}{2} & 0\end{bmatrix}-\begin{bmatrix}P_{11} & P_{12}\\ P_{21} & P_{22}\end{bmatrix}=\begin{bmatrix}-1 & 0\\ 0 & -1\end{bmatrix}$$

展开得

$$\begin{cases}\dfrac{1}{4}P_{22}-P_{11}=-1\\ P_{11}-P_{22}=-1\\ \dfrac{1}{2}P_{12}-P_{12}=0\end{cases}$$

联立求解，得到 $P_{11}=\dfrac{5}{3}$，$P_{12}=0$，$P_{22}=\dfrac{8}{3}$，即 $P=\begin{bmatrix}\dfrac{5}{3} & 0\\ 0 & \dfrac{8}{3}\end{bmatrix}$。

为了检验矩阵 P 的正定性，用西尔维斯特判据。由于 $P_{11}=\dfrac{3}{5}>0$，

$$\frac{5}{3}\times\frac{8}{3}=\frac{40}{9}>0$$

即 P 为正定矩阵，故 $x_e=0$ 是一致大范围渐近稳定的。

在 Matlab 中求解例 5-15 的程序代码 Stb4.m 如下：

```
%判定线性定常离散系统的稳定性 Stb4.m
A=[0 1;0.5 0];
Q=[1 0;0 1];%求能控性矩阵
cld=2;
[P,deltP]=stability(A,Q,cld);%求解李雅普诺夫方程 A^TP+PA=-Q
```

其中 stability()为求解李雅普诺夫方程 $A^{\mathrm{T}}P+PA=-Q$ 的通用函数。

5.6.3　线性时变离散系统的稳定性

考虑线性时变离散系统的状态方程为

$$x(k+1)=G(k+1,k)x(k) \tag{5-83}$$

$x_e=0$ 是系统的平衡状态。下面用李雅普诺夫第二方法来研究系统 $x_e=0$ 的渐进稳定性问题。

定理 5-29　[**李雅普诺夫判据(二)**]对于式(5-83)描述的线性时变离散系统，在平衡态 $x_e=0$ 处大范围渐近稳定的充要条件为，对任给的一个正定实对称 $n\times n$ 矩阵 $Q(k)$，必存在一个连续实对称正定矩阵 $P(k+1)$，满足李雅普诺夫方程：

$$G^{\mathrm{T}}(k+1,k)P(k+1)G(k+1,k)-P(k)=-Q(k) \tag{5-84}$$

且系统的李雅普诺夫函数为 $V[x(k),k]=x^{\mathrm{T}}(k)P(k)x(k)$ 。

证明：因为 P 为连续对称正定矩阵，选取李雅普诺夫函数为

$$V[x(k),k]=x^{\mathrm{T}}(k)P(k)x(k)$$

式中，$P(k)$ 为 $n\times n$ 正定实对称矩阵。显然有 $x(k)\neq 0$ ，$V[x(k),k]>0$ 。

而 $V[x(k)]$ 的差分为

$$\begin{aligned}\Delta V[x(k),k]&=V[x(k+1),k]-V[x(k),k]\\&=x^{\mathrm{T}}(k+1)P(k+1)x(k+1)-x^{\mathrm{T}}(k)P(k)x(k)\\&=x^{\mathrm{T}}(k)G^{\mathrm{T}}(k+1,k)P(k+1)G(k+1,k)x(k)-x^{\mathrm{T}}(k)P(k)x(k)\\&=x^{\mathrm{T}}(k)[G^{\mathrm{T}}(k+1,k)P(k+1)G(k+1,k)-P(k)]x(k)\end{aligned}$$

当 $P(k+1)$ 为正定实对称矩阵时，$Q(k)$ 为正定对称矩阵，$\Delta V[x(k)]=-x^{\mathrm{T}}(k)Q(k)x(k)<0$ ，式中，$Q(k)=-G^{\mathrm{T}}(k+1,k)P(k+1)G(k+1,k)-P(k)$ 。故系统在平衡态处是大范围渐近稳定的。证明完成。

与线性定常连续系统类似，判别系统的 $x_e=0$ 的渐近稳定性时，通常给出一个正定对称常阵 $Q(k)$，然后用式(5-84)求出 $P(k)$ 矩阵，并验证其正定性。如果 $P(k)$ 矩阵是正定的，则 $x_e=0$ 为一致渐近稳定的，且是一致大范围渐近稳定的。

差分方程式(5-84)的解为

$$P(k+1)=G^{\mathrm{T}}(0,k+1)P(0)G(0,k+1)-\sum_{i=0}^{k}G^{\mathrm{T}}(i,k+1)Q(i)G(i,k+1) \tag{5-85}$$

式中，$P(0)$ 为初始条件。具体应用时选择 $Q^k(i)=I$ ，故式(5-85)为

$$P(k+1)=G^{\mathrm{T}}(0,k+1)P(0)G(0,k+1)-\sum_{i=0}^{k}G^{\mathrm{T}}(i,k+1)G(i,k+1) \tag{5-86}$$

5.7　本 章 小 结

(1) 稳定性与能控性、能观测性一样都是系统的重要特征。本章对系统稳定性问题进行了较为系统和全面的讨论，重点讨论了李雅普诺夫稳定性直接法判据及其在连续时间线

性系统和非线性系统中的应用。李雅普诺夫稳定性直接法已成为现今系统控制理论中研究稳定性问题的最基本的理论工具。本章的内容在现代控制理论的各个分支中都是至关重要的。

(2) 系统外部稳定性和内部稳定性。本章介绍了两种稳定性的基本概念与区别。外部稳定性基于系统输入输出描述，属于有界输入有界输出稳定性，简称 BIBO 稳定性。内部稳定性基于系统状态空间描述，属于系统自由运动的稳定性，即李雅普诺夫意义稳定性。对连续时间线性时不变系统，BIBO 稳定性的充分必要条件为传递函数矩阵所有极点均具有负实部，内部稳定性的充分必要条件为系统特征值均具有负实部。若系统为联合完全能控和完全能观测，则内部稳定性和 BIBO 稳定性为等价。

(3) 李雅普诺夫意义下稳定性判据。本章介绍了李雅普诺夫稳定性定义与分析系统平衡状态的稳定性判据。其中主稳定性定理给出系统大范围渐近稳定的充分性判据。判据核心归结为构造一个正定的李雅普诺夫函数$V(x)$，$\dot{V}(x)$负定或负半定并附加其他条件，且当$\|x\|\to\infty$时，$V(x)\to\infty$。主稳定性定理为李雅普诺夫第二方法的核心定理，同时适用于线性系统和非线性系统以及时变系统和时不变系统。应该注意，目前还没有构造李雅普诺夫函数的一般方法，只能靠经验与技巧。由于李雅普诺夫直接法给出的结果是非线性系统稳定的充分条件，所以，对某个系统而言，构造不出李雅普诺夫函数，不能说该系统不稳定，只能说无法提供有关系统稳定性的信息。

(4) 李雅普诺夫间接法稳定性判据。对于线性连续系统，其稳定性可以由传递函数的极点或由 A 的特征值来分析，也可以用李雅普诺夫第二方法分析。对于非线性系统，除满足一定条件，可以线性化，能够用李雅普诺夫第一近似理论分析其稳定性外，其余只能用李雅普诺夫第二方法研究系统的稳定性。

(5) 李雅普诺夫直接法在线性系统稳定性分析中的应用。基于李雅普诺夫直接法，本章介绍了线性定常连续系统、线性时变连续系统、线性定常离散系统、线性时变离散系统的稳定性分析判据，讨论了利用李雅普诺夫直接法估计线性定常连续系统自由运动衰减性能指标，即最小衰减系数及其计算方法。

(6) 李雅普诺夫直接法在非线性系统稳定性分析中的应用。具体介绍了克拉索夫斯基法和变量梯度法。构造$V(x)$至今仍然是李雅普诺夫直接法研究系统稳定性的关键步骤和难点。这两种方法属于构造李雅普诺夫函数的规则化方法，虽然它们并不总是有效的，但至少可以为某些较为复杂的系统提供构造李雅普诺夫函数的非试凑性途径。

习　　题

5-1 判定下列二次型函数是否为正定函数。

(1) $f(x)=x_1^2+4x_2^2+x_3^2+2x_1x_2-6x_2x_3-2x_1x_3$

(2) $f(x)=-x_1^2+-3x_2^2-11x_3^2+2x_1x_2-x_2x_3-2x_1x_3$

(3) $f(x)=x_1^2+5x_2^2+x_3^2+4x_1x_2+2x_2x_3$

(4) $f(x)=8.2x_1^2+6.8x_2^2+3x_3^2+4.8x_1x_2$

5-2　给定一个单输入单输出连续时间线性时不变系统为

$$\begin{cases}\dot{x}=\begin{bmatrix}0 & 1 & 0\\ 0 & 0 & 1\\ 250 & 0 & -5\end{bmatrix}x+\begin{bmatrix}0\\ 0\\ 10\end{bmatrix}u\\ y=[-25\quad 5\quad 0]x\end{cases}$$

试判断：①系统是否为渐近稳定。②系统是否为 BIBO 稳定。

5-3　给定一个二阶连续时间非线性时不变系统为

$$\begin{cases}\dot{x}_1=x_2\\ \dot{x}_2=-\sin x_1-x_2\end{cases}$$

试定出各平衡点处的线性化状态方程，并分别判断是否为渐近稳定。

5-4　系统的状态方程为

$$\begin{cases}\dot{x}_1=kx_2\\ \dot{x}_2=-x_1\end{cases}$$

式中，k 为大于零的常数。分析系统平衡状态的稳定性。

5-5　系统的状态方程为

(1) $\begin{cases}\dot{x}_1=x_2\\ \dot{x}_2=-x_1+x_2\end{cases}$

(2) $\begin{cases}\dot{x}_1=-2x_1+2x_2^4\\ \dot{x}_2=-x_2\end{cases}$

分析系统平衡状态的稳定性。

5-6　系统的状态方程为

$$\begin{cases}\dot{x}_1=x_2+cx_1(x_1^2+x_2^2)\\ \dot{x}_2=-x_1+cx_2(x_1^2+x_2^2)\end{cases}$$

其中，c 为常数。讨论 $c>0$、$c=0$、$c<0$ 情况下系统平衡状态的稳定性。

5-7　试用李雅普诺夫第二方法判断下列线性定常系统的稳定性。

(1) $\begin{bmatrix}\dot{x}_1\\ \dot{x}_2\end{bmatrix}=\begin{bmatrix}0 & 1\\ -1 & -1\end{bmatrix}\begin{bmatrix}x_1\\ x_2\end{bmatrix}$

(2) $\begin{bmatrix}\dot{x}_1\\ \dot{x}_2\end{bmatrix}=\begin{bmatrix}-1 & 1\\ 2 & -3\end{bmatrix}\begin{bmatrix}x_1\\ x_2\end{bmatrix}$

(3) $\begin{bmatrix}\dot{x}_1\\ \dot{x}_2\end{bmatrix}=\begin{bmatrix}-1 & 1\\ -1 & -1\end{bmatrix}\begin{bmatrix}x_1\\ x_2\end{bmatrix}$

(4) $\begin{bmatrix}\dot{x}_1\\ \dot{x}_2\end{bmatrix}=\begin{bmatrix}1 & 0\\ 0 & -1\end{bmatrix}\begin{bmatrix}x_1\\ x_2\end{bmatrix}$

5-8　已知系统的状态方程为

$$\dot{x}=\begin{bmatrix}0 & 1 & 0\\ 0 & -2 & 1\\ -k & 0 & -1\end{bmatrix}x+\begin{bmatrix}0\\ 0\\ k\end{bmatrix}u$$

试解系统的李雅普诺夫方程 $A^{\mathrm{T}}P+PA=-Q$，求出使系统平衡状态渐近稳定的 k 值。

5-9　试证明当 $a_1>0$，$a_2>0$ 时，系统

$$\begin{cases}\dot{x}_1=x_2\\ \dot{x}_2=-(a_1x_1+a_2x_1^2x_2)\end{cases}$$

在平衡点是全局渐近稳定的。

5-10　给定机械运动系统的状态方程为

$$\begin{cases}\dot{x}_1=x_2\\ \dot{x}_2=-\dfrac{k}{m}x_1-\dfrac{\mu}{m}x_2\end{cases}$$

式中，k 为弹簧系数；μ 为黏性阻尼系数；m 为质量；x_1 为质点位移。试用李雅普诺夫第二方法判定该系统在原点的稳定性。

5-11　给定系统的状态方程为

$$\begin{cases}\dot{x}_1=ax_1+x_2\\ \dot{x}_2=x_1-x_2+bx_2^5\end{cases}$$

若要求系统在原点为大范围渐近稳定，试用克拉索夫斯基方法确定参数 a 和 b 的范围。

5-12　设非线性系统状态方程为

$$\begin{cases}\dot{x}_1=x_2\\ \dot{x}_2=-a(1+x_2)^2x_2-x_1,\ \ a>0\end{cases}$$

试分别用李雅普诺夫直接法和克拉索夫斯基方法确定平衡状态的稳定性。

5-13　试用变量梯度法研究系统

$$\begin{cases}\dot{x}_1=-x_1+2x_1^2x_2\\ \dot{x}_2=-x_2\end{cases}$$

在原点的稳定性。

5-14　试用李雅普诺夫第二方法判断下列离散系统在原点的稳定性。

$$\begin{cases}x_1(k+1)=0.8x_1(k)-0.4x_2(k)\\ x_2(k+1)=1.2x_1(k)+0.2x_2(k)\end{cases}$$

5-15　给定离散系统的状态方程为

$$\begin{cases}x_1(k+1)=x_1(k)+3x_2(k)\\ x_2(k+1)=-3x_1(k)-2x_2(k)-3x_3(k)\\ x_3(k+1)=x_1(k)\end{cases}$$

试解系统的李雅普诺夫方程 $G^{\mathrm{T}}PG-P=-Q$，确定系统在原点的稳定性。

第6章　线性系统综合

控制系统分析与综合是控制理论研究的两大核心问题。控制系统分析是在研究如何构建控制系统数学模型的基础上，分析系统运动性质和特征(动态响应、能控性、能观测性、稳定性)及其与系统结构、参数和输入控制信号的关系。控制系统综合的主要任务是根据被控对象及给定的性能指标，确定系统的外部输入(即控制作用)，使其运动具有预期的性质和特征。现代控制理论是基于状态空间模型描述系统运动，采用线性状态反馈控制律的状态空间综合法，其不仅可以实现闭环系统极点配置及系统解耦，而且可构成线性最优调节器。

系统综合的性能指标总体上可分为非优化型性能指标和优化型性能指标两类。非优化型性能指标属于不等式型指标的范畴，目标是使综合导出的控制系统性能达到或高于期望性能指标。优化型性能指标属于极值型指标的范畴，目标是综合控制器使系统的一个性能指标函数取为极小值或极大值。在控制理论和控制工程中，典型的非优化型性能指标主要有四种类型：①极点配置，以一组期望闭环系统特征值作为性能指标；②系统镇定，以渐近稳定作为性能指标；③解耦控制，以使一个多输入多输出系统转化为多个单输入单输出系统作为性能指标；④跟踪问题，以使系统输出在存在外部扰动的环境下无静差地跟踪参考信号作为性能指标。在线性系统中，优化型性能指标通常取为状态 x 和控制 u 的二次型积分函数，综合目标则是确定一个控制 u 使对所导出的控制系统性能指标最优状态反馈包含系统全部状态变量信息，是较输出反馈更全面的反馈。这本是状态空间综合法的优点，但并非所有被控系统的全部状态变量都可直接测量，这就提出了状态重构问题，即能否通过可测量的输出及输入重新构造在一定指标下和系统真实状态等价的状态估值。1964 年龙伯格提出的状态观测器理论有效解决了这一问题。状态反馈与状态观测器设计是状态空间综合法的主要内容。

本章重点介绍如何设计系统的状态反馈控制律使闭环系统稳定且具有优良的动态响应，如何设计状态观测器重构出所需的状态估值，以及解耦控制、渐近跟踪与鲁棒控制、线性二次型控制等内容。

6.1　状态反馈与输出反馈

无论是经典控制理论还是现代控制理论，多数控制系统都采用基于反馈构成的闭环结构。反馈控制对内部参数变动和外部环境影响具有良好的抑制作用，可改善系统的稳定性和输出的动态响应。根据反馈信号不同，反馈的基本类型包括状态反馈和输出反馈。

6.1.1 状态反馈

状态反馈是以系统状态为反馈变量的一类反馈形式。考虑多输入多输出系统的状态反馈结构如图 6-1 所示。图中虚线框内所示多输入多输出线性定常被控系统$\sum_0(A,B,C,D)$的状态空间表达式为

$$\begin{cases}\dot{x} = Ax + Bu, \quad x(0) = x_0 \\ y = Cx + Du\end{cases} \tag{6-1}$$

式中，x、u、y分别为n维、r维、m维列向量；A、B、C、D分别为$n\times n$、$n\times r$、$m\times n$、$m\times r$实数矩阵。

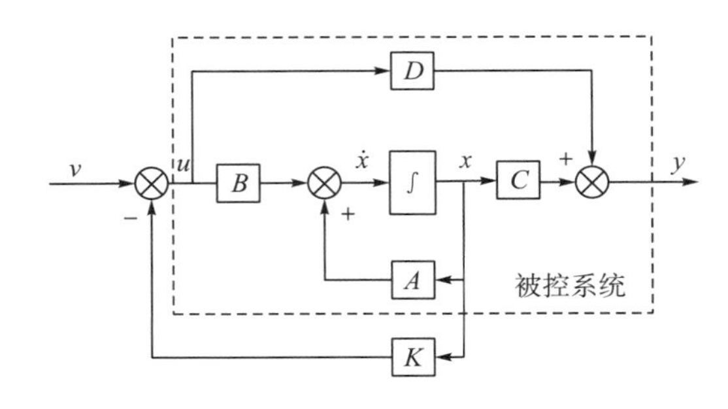

图 6-1　多输入多输出系统的状态反馈结构

对多数实际被控系统，由于输入与输出之间总存在惯性，所以传递矩阵$D=0$。若被控系统$D=0$，可简记为$\sum_0(A,B,C)$，对应的状态空间表达式为

$$\begin{cases}\dot{x} = Ax + Bu \\ y = Cx\end{cases} \tag{6-2}$$

图 6-1 采用线性直接状态反馈(简称状态反馈)构成闭环系统以改善原被控系统的性能，即将被控系统的每一个状态变量乘以相应的反馈增益值，然后反馈到输入端与参考输入v一起组成状态反馈控制律，作为被控系统的控制量u。由图 6-1 可知，状态反馈控制律(即被控系统的控制量u)为状态变量的线性函数：

$$u = v - Kx \tag{6-3}$$

式中，v为r维参考输入列向量；K为$r\times n$状态反馈增益矩阵，且其为实数阵。

将式(6-3)代入式(6-1)，可得状态反馈闭环系统状态空间表达式为

$$\begin{cases}\dot{x} = (A - BK)x + Bv \\ y = (C - DK)x + Dv\end{cases} \tag{6-4}$$

若$D=0$，则式(6-4)可简化为

$$\begin{cases}\dot{x} = (A - BK)x + Bv \\ y = Cx\end{cases} \tag{6-5}$$

式(6-5)可简记为$\sum_c(A-BK,B,C)$，其对应的传递函数矩阵为

$$G_c(s) = C(sI - A + BK)^{-1}B \tag{6-6}$$

注意到式(6-1)和式(6-4)的维数及状态空间相同。但原开环系统(被控系统)的系统矩阵为 A，引入式(6-3)状态反馈控制律的闭环系统，其系统矩阵为 $A-BK$，因此，在被控系统状态完全能控的条件下，可通过适当地选取反馈增益矩阵 K 自由改变其闭环系统矩阵特征值，以使系统达到期望的性能。而且在 $D=0$ 条件下，引入状态反馈不改变输出方程。

6.1.2　输出反馈

输出反馈最常见的形式是用系统输出作为反馈变量构成闭环系统，如图 6-2 所示，将被控系统的每一个输出变量乘以相应的反馈增益值，然后反馈到输入端与参考输入 v 一起组成式(6-7)所示的线性非动态输出反馈(简称输出反馈)控制律，作为被控系统的控制量 u，即

$$u=v-Hy \tag{6-7}$$

式中，v 为 r 维参考输入列向量；y 为 m 维输出列向量；H 为 $r\times m$ 输出反馈实数增益矩阵。

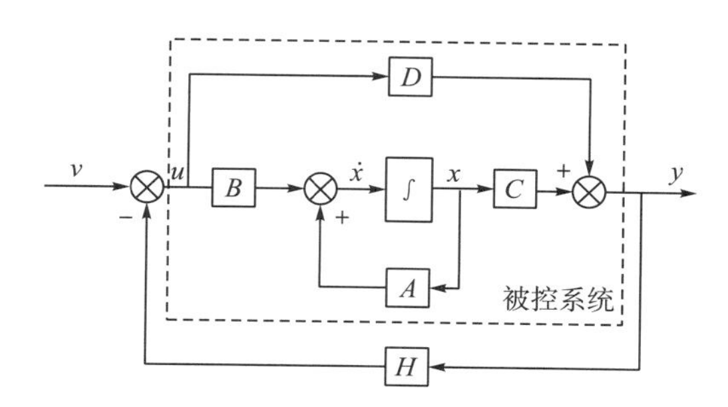

图 6-2　多输入多输出系统的输出反馈与参考输入结构

若 $D=0$，将式(6-7)代入式(6-2)可得输出反馈闭环系统状态空间表达式为

$$\begin{cases}\dot{x}=(A-BHC)x+Bv\\ y=Cx\end{cases} \tag{6-8}$$

简记为 $\sum_H(A-BHC,B,C)$，其对应的传递函数矩阵为

$$G_H(s)=C[sI-(A-BHC)]^{-1}B \tag{6-9}$$

引入输出反馈也未增加系统维数，且若 $D=0$，输出反馈系统的输入矩阵、输出矩阵均与开环系统相同，但系统矩阵变为 $A-BHC$，因此，可适当选取输出反馈增益矩阵 H 改变开环系统特征值，从而改善系统的性能。

考虑到受控系统 $\sum_0$ 的传递函数矩阵为

$$G_0(s)=C(sI-A)^{-1}B \tag{6-10}$$

那么可导出输出反馈系统 $\sum_{yh}$ 的传递函数矩阵 $G_H(s)$ 和 $G_0(s)$ 之间的关系式为

$$G_H(s)=G_0(s)[I+HG_0(s)]^{-1} \tag{6-11}$$

或

$$G_H(s)=[I+HG_0(s)]^{-1}G_0(s) \tag{6-12}$$

6.1.3 状态反馈与输出反馈的比较

从上述分析可以看出，无论是状态反馈还是输出反馈，都可改变受控系统的系统矩阵，但两者改变系统结构特性的功能并不等同。

(1) 状态反馈能达到与输出反馈相同的效果，而输出反馈在物理实现上更具突出优点。比较式(6-5)和式(6-8)可知，取 $K=HC$，则状态反馈能达到与输出反馈 H 相同的控制效果。但状态反馈 K 所能达到的控制效果，采用线性非动态输出反馈 H 却不一定能实现。因为对于方程 $HC=K$，给定状态反馈矩阵 K 值的解 H 一般并不存在。实际上线性系统的输出 $y=Cx$ 只是部分状态变量的线性组合，故线性非动态输出反馈一般可视为部分状态反馈，其不能像全状态反馈那样任意配置反馈系统的极点。然而，由于系统输出一定是可以量测的，输出反馈是在物理上可构成的。相反，由于状态变量选择的不唯一性，所以状态并不一定是完全可以量测的，状态反馈在物理上往往是不能构成的。因此输出反馈在工程实现上具有突出优点，在实践中仍有广泛应用。

(2) 采用状态观测器解决状态反馈的物理实现问题。使状态反馈在物理上可实现的一个有效途径是状态观测器，如图 6-3 所示，基于状态 x 重构状态 $\hat{x}$，再采用状态反馈。对线性时不变受控系统，状态观测器也为线性时不变系统，它的引入将提高反馈系统的阶次。

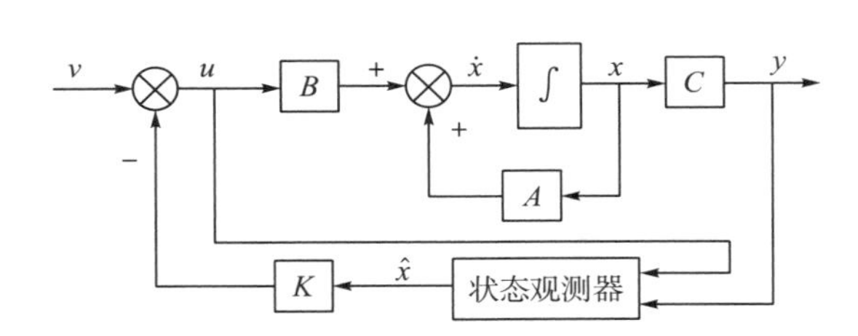

图 6-3 利用观测器实现状态反馈

(3) 采用动态补偿器，改善输出反馈功能。为了克服线性非动态输出反馈的局限性，通常引入补偿器，这是经典控制理论中广泛采用带有校正装置(如 PID 调节器等)的输出反馈控制方式。研究表明，使输出反馈达到状态反馈功能的一个途径是采用动态输出反馈，如图 6-4 所示，在反馈系统中单独或同时引入串联补偿器和并联补偿器。对线性时不变受控系统，补偿器也为线性时不变系统，它的引入提高了反馈系统的阶次。

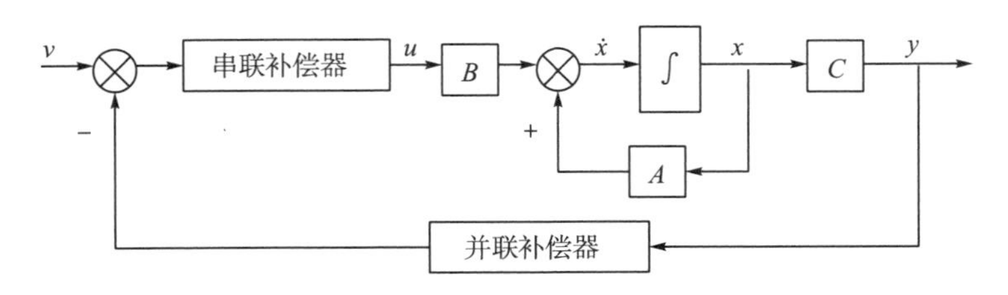

图 6-4 动态输出反馈

6.1.4　闭环系统的能控性与能观测性

关于被控系统引入状态反馈或输出反馈控制所构成的闭环系统能控性和能观测性有如下定理。

定理 6-1　状态反馈不改变被控系统 $\Sigma_0(A,B,C)$ 的能控性，但不一定能保证系统的能观测性不变。

证明：先从系统能控性的 PBH 秩判据出发，证明状态反馈不改变被控系统的能控性。由连续时间线性时不变连续系统能控性 PBH 秩判据可知，对于式(6-1)系统 $\Sigma_0(A,B,C,D)$ 能控的充分必要条件是 $\mathrm{rank}[sI-A \mid B]=n,\ \forall s\in C$。对复数域 C 上的所有 s，式(6-13)成立，即

$$[sI-A \mid B]=[sI-(A-BK) \mid B]\begin{bmatrix} I_n & 0 \\ -K & I_r \end{bmatrix} \tag{6-13}$$

由于式(6-13)中的 $\begin{bmatrix} I_n & 0 \\ -K & I_r \end{bmatrix}$ 为非奇异方阵，故有

$$\mathrm{rank}[sI-A \mid B]=\mathrm{rank}[sI-(A-BK) \mid B],\ \forall s\in C \tag{6-14}$$

即状态反馈闭环系统能控性的 PBH 秩等于开环系统能控性的 PBH 秩。因此，状态反馈不改变系统的能控性，即当且仅当被控系统 $\Sigma_o(A,B,C)$ 能控时，状态反馈闭环系统 $\Sigma_c(A-BK,B,C)$ 能控；若 $\Sigma_o(A,B,C)$ 不能控，其不能控模态 $e^{\lambda t}$ 及相应的特征值也是闭环系统 $\Sigma_c(A-BK,B,C)$ 的不能控模态及相应的特征值。

关于状态反馈不能保证系统的能观测性，下面以单输入单输出系统为例进行解释。

设完全能控的 SISO 系统 $\Sigma_o(A,b,c)$ 为能控标准型，即

$$\begin{cases} \dot{x}=Ax+bu \\ y=cx \end{cases}$$

其中，

$$A=\begin{bmatrix} 0 & 1 & \cdots & 0 & 0 \\ 0 & 0 & 1 & \cdots & 0 \\ \vdots & \vdots & \vdots & \ddots & \vdots \\ 0 & 0 & 0 & 0 & 1 \\ -a_0 & -a_1 & \cdots & -a_{n-2} & -a_{n-1} \end{bmatrix},\quad b=\begin{bmatrix} 0 \\ 0 \\ \vdots \\ 0 \\ 1 \end{bmatrix}$$

$$\boldsymbol{c}=[\beta_0 \quad \beta_1 \quad \cdots \quad \beta_{n-1}]$$

对应传递函数为

$$G_o(s)=c(sI-A)^{-1}b=\frac{\beta_{n-1}s^{n-1}+\cdots+\beta_1 s+\beta_0}{s^n+a_{n-1}s^{n-1}+\cdots+a_1 s+a_0} \tag{6-15}$$

引入状态反馈后的闭环系统 $\Sigma_c(A-bK,b,c)$ 的传递函数为

$$G_c(s)=c(sI-A+bK)^{-1}b=\frac{\beta_{n-1}s^{n-1}+\cdots+\beta_1 s+\beta_0}{s^n+(a_{n-1}-k_{n-1})s^{n-1}+\cdots+(a_1-k_1)s+a_0-k_0} \tag{6-16}$$

比较式(6-15)和式(6-16)可见，引入状态反馈后传递函数的分子多项式不变，而分母多项式可通过选择状态反馈增益向量K而改变，即状态反馈只改变传递函数的极点而保持零点不变，若闭环系统$\sum_c(A-BK,B,C)$的极点被配置到与$\sum_o(A,B,C)$的零点相等时，将使$G_c(s)$发生零极点对消而破坏$\sum_o(A,B,C)$的能观测性。证明完成。

定理 6-2 输出反馈不改变被控系统$\sum_o(A,B,C)$的能控性与能观测性。

证明： 6.1.3 节已说明，状态反馈能达到与输出反馈相同的效果，因而任意一个输出反馈H都可以构建一个等效的状态反馈$K=HC$。根据定理 6-1 知，状态反馈不改变被控系统的能控性，故输出反馈不改变被控系统的能控性。事实上，用HC替换式(6-13)、式(6-14)中的K，即可得到输出反馈不改变被控系统能控性的结论。

同样地，由系统能观测性的 PBH 秩判据，可以证明输出反馈不改变被控系统$\sum_o(A,B,C)$的能观测性。显然，对复数域C上的所有s，式(6-17)成立，即

$$\begin{bmatrix} sI-A \\ C \end{bmatrix}=\begin{bmatrix} I_n & -BH \\ 0 & I_m \end{bmatrix}\begin{bmatrix} sI-(A-BHC) \\ C \end{bmatrix} \tag{6-17}$$

由于式(6-17)中的$\begin{bmatrix} I_n & -BH \\ 0 & I_m \end{bmatrix}$为非奇异方阵，故有

$$\operatorname{rank}\begin{bmatrix} sI-A \\ C \end{bmatrix}=\operatorname{rank}\begin{bmatrix} sI-(A-BHC) \\ C \end{bmatrix},\quad \forall s\in C \tag{6-18}$$

由能观测性的 PBH 秩判据，式(6-18)表明$\sum_o(A,B,C)$和$\sum_H(A-BHC,B,C)$的状态能观测性是一致的，即输出反馈不改变被控系统的能观测性。

例 6-1 试分析被控系统$\sum_o(A,B,C)$：$\begin{cases}\dot{x}=\begin{bmatrix} 0 & 1 \\ 0 & -1 \end{bmatrix}x+\begin{bmatrix} 0 \\ 1 \end{bmatrix}u \\ y=[2\quad 1]x\end{cases}$引入状态反馈后闭环系统的能控性与能观测性，其中，状态反馈增益矩阵$K=[2\quad 2]$。

解： $\sum_o(A,B,C)$为能控标准型，显然能控，又因其能观测性判别矩阵的秩$\operatorname{rank}\begin{bmatrix} C \\ CA \end{bmatrix}=\operatorname{rank}\begin{bmatrix} 2 & 1 \\ 0 & 1 \end{bmatrix}=2$，满秩，故$\sum_o(A,B,C)$能观测。

引入$K=[2\quad 2]$状态反馈后的闭环系统$\sum_c(A-BK,B,C)$的状态空间表达式为

$$\begin{cases}\dot{x}=(A-BK)x+Bv=\begin{bmatrix} 0 & 1 \\ -2 & -1 \end{bmatrix}x+\begin{bmatrix} 0 \\ 1 \end{bmatrix}v \\ y=Cx=[2\quad 1]x\end{cases}$$

系统$\sum_c(A-BK,B,C)$仍为能控标准型，故状态反馈系统保持了$\sum_o(A,B,C)$的能控性不变。而$\sum_c(A-BK,B,C)$的能观测性判别矩阵的秩为

$$\operatorname{rank}\begin{bmatrix} C \\ C(A-BK) \end{bmatrix}=\operatorname{rank}\begin{bmatrix} 2 & 1 \\ -2 & -3 \end{bmatrix}=1<2$$

故$\sum_c(A-BK,B,C)$不能观测。可见，$\sum_o(A,B,C)$引入$K=[2\quad 2]$后，破坏了其能观测性。这是因为$\sum_c(A-BK,B,C)$的传递函数出现了零极点相消现象。

事实上，由系统能控标准型与传递函数的对应关系，$\sum_o(A,B,C)$对应的传递函数为

$$G_o(s)=\frac{s+2}{s^2+s}=\frac{s+2}{s(s+1)}$$

引入 $K=[2\quad 2]$ 状态反馈后的 $\sum_c(A-BK,B,C)$ 对应的传递函数为

$$G_c(s)=\frac{s+2}{s^2+3s+2}=\frac{s+2}{(s+1)(s+2)}$$

可见，$\sum_c(A-BK,B,C)$ 有一极点与零点 $(z=-2)$ 相消，导致极点 $p=-2$ 生成的运动模态 e^{-2t} 不能观测，即状态反馈系统不完全能观测。

读者可自行验证，对本例中的 $\sum_o(A,B,C)$，若引入 $K=[1\quad 1]$ 状态反馈，则 $\sum_c(A-BK,B,C)$ 能控且能观测。

6.2　闭环系统极点配置

控制系统的性能与其极点在复平面上的分布密切相关，因此，系统综合性能指标的常见形式是给出复平面上的一组期望极点。极点配置就是通过反馈增益矩阵的选择，使闭环系统的极点配置在复平面上的期望位置，以达到希望的性能指标。经典控制理论中设计校正装置一般多采用的根轨迹法和频率响应法，本质上也是实现闭环系统极点配置的一种综合方法。

考虑连续时间线性时不变受控系统 $\sum_o(A,B,C)$，状态空间模型

$$\begin{cases}\dot{x}=Ax+Bu\\ y=Cx\end{cases}\tag{6-19}$$

其中，x 为 n 维状态；u 为 r 维输入；A、B、C 为已知相应维数常阵。任意指定 n 个期望闭环极点：

$$\{\lambda_1^*,\lambda_2^*,\cdots,\lambda_n^*\}\tag{6-20}$$

设计控制输入为状态反馈，有

$$u=-Kx+v\tag{6-21}$$

式中，K 为 $r\times n$ 反馈矩阵；v 为 $r\times n$ 参考输入。状态反馈极点配置的就是对给定受控系统式(6-19)，确定一个状态反馈矩阵 K，使闭环控制系统 $\dot{x}=(A-BK)x+Bv$ 的特征值满足关系式：

$$\lambda_i(A-BK)=\lambda_i^*,\quad i=1,2,\cdots,n\tag{6-22}$$

式中，$\lambda(\bullet)$ 表示所示矩阵的特征值。

上述极点配置中，期望极点组的选择是确定闭环系统综合性能指标的复杂问题，一般遵循以下原则。

(1) 对 n 维连续时间线性时不变受控系统，应指定 n 个期望极点，期望极点为实数或共轭对出现的复数。

(2) 一般可采用闭环主导极点法来选择期望闭环极点。首先，从控制工程角度给定期望基本类型性能指标，如时间域性能指标的超调量、过渡过程时间等，或频率域性能指标的谐振峰值、截止角频率等，定出主导极点对；其次，选取其余 $n-2$ 个期望闭环极点，

对此可在左半开 s 平面远离主导极点对的区域内任取，区域右端点离虚轴距离至少为主导极点对离虚轴距离的 4～6 倍。按此原则确定的 n 个期望极点，控制系统性能几乎完全由主导极点对决定。

(3) 选择期望极点，应充分考虑其对系统性能的主导影响及其与系统零点分布状况的关系；同时应兼顾系统具有较强的抗干扰能力及较低的系统参数变动敏感性要求。应注意，配置极点并非离虚轴越远越好，以免系统频带过宽，使其抗干扰性能下降及反馈增益矩阵中的元素很大而导致物理实现困难，并且对系统动态特性产生不良影响甚至使系统饱和。

为解决极点配置问题，一是需要研究受控系统[式(6-19)]基于状态反馈[式(6-21)]可任意配置全部闭环极点所应满足的条件；二是建立极点配置的实现算法，即按极点配置要求确定状态反馈增益短阵 K 的算法。

6.2.1 状态反馈闭环系统极点配置定理

定理 6-3 连续时间线性时不变系统[式(6-19)]通过状态反馈[式(6-21)]任意配置闭环极点的充分必要条件是受控系统 $\sum_o(A,B,C)$ 状态完全能控。

证明： 简便起见，仅就单输入单输出系统的情况进行证明，对于多输入多输出系统，本定理仍然成立。

首先证明充分性。已知 $\sum_o(A,B,C)$ 完全能控，欲证可任意配置极点。

(1) 系统 $\sum_o(A,B,C)$ 状态完全能控，设其特征多项式和传递函数分别为

$$f_o(s)=\det[sI-A]=s^n+a_{n-1}s^{n-1}+\cdots+a_1s+a_0 \tag{6-23}$$

$$G_o(s)=C(sI-A)^{-1}B=\frac{\beta_{n-1}s^{n-1}+\beta_{n-2}s^{n-2}+\cdots+\beta_1s+\beta_0}{s^n+a_{n-1}s^{n-1}+\cdots+a_1s+a_0} \tag{6-24}$$

通过变换 $\overline{x}=P^{-1}x$，将 $\sum_o(A,B,C)$ 转化为能控标准型 $\overline{\sum}_o(\overline{A},\overline{B},\overline{C})$，即

$$\begin{cases}\dot{\overline{x}}=\overline{A}\overline{x}+\overline{B}\overline{u}\\ y=\overline{C}\overline{x}\end{cases} \tag{6-25}$$

式中，

$$\overline{A}=P^{-1}AP=\begin{bmatrix}0&1&0&\cdots&0\\0&0&1&\cdots&0\\\vdots&\vdots&\vdots&\ddots&\vdots\\0&0&0&\cdots&1\\-a_0&-a_1&-a_2&\cdots&-a_{n-1}\end{bmatrix},\overline{B}=P^{-1}B=\begin{bmatrix}0\\0\\\vdots\\0\\1\end{bmatrix} \tag{6-26}$$

$$\overline{C}=CP=[\beta_0\quad\beta_1\quad\cdots\quad\beta_{n-2}\quad\beta_{n-1}]$$

(2) 对能控标准型 $\overline{\sum}_o(\overline{A},\overline{B},\overline{C})$ 引入状态反馈：

$$u=v-\overline{K}\,\overline{x} \tag{6-27}$$

式中，$\overline{K}=[\overline{k}_0\quad\overline{k}_1\quad\overline{k}_2\quad\cdots\quad\overline{k}_{n-1}]$，可求得对 $\overline{x}$ 的闭环系统 $\overline{\sum}_{\overline{K}}(\overline{A}-\overline{B}\overline{K},\overline{B},\overline{C})$ 的状态空间表达式仍为能控标准型，即

$$\begin{cases}\dot{\bar{x}}=(\bar{A}-\bar{B}\bar{K})\bar{x}+\bar{B}v\\ y=\bar{C}\bar{x}\end{cases} \tag{6-28}$$

式中，

$$\bar{A}-\bar{B}\bar{K}=\begin{bmatrix}0 & 1 & 0 & \cdots & 0\\ 0 & 0 & 1 & \cdots & 0\\ \vdots & \vdots & \vdots & \ddots & \vdots\\ 0 & 0 & 0 & \cdots & 1\\ -(a_0+\bar{k}_0) & -(a_1+\bar{k}_1) & -(a_2+\bar{k}_2) & \cdots & -(a_{n-1}+\bar{k}_{n-1})\end{bmatrix} \tag{6-29}$$

则闭环系统 $\bar{\Sigma}_{\bar{K}}(\bar{A}-\bar{B}\bar{K},\bar{B},\bar{C})$ 的特征多项式和传递函数分别为

$$f_c(s)=\det[sI-(\bar{A}-\bar{B}\bar{K})]=s^n+(a_{n-1}+\bar{k}_{n-1})s^{n-1}+\cdots+(a_1+\bar{k}_1)s+(a_0+\bar{k}_0) \tag{6-30}$$

$$G_c(s)=\bar{C}[sI-(\bar{A}-\bar{B}\bar{K})]^{-1}\bar{B}=\frac{\beta_{n-1}s^{n-1}+\beta_{n-2}s^{n-2}+\cdots+\beta_1 s+\beta_0}{s^n+(a_{n-1}+\bar{k}_{n-1})s^{n-1}+\cdots+(a_1+\bar{k}_1)s+(a_0+\bar{k}_0)} \tag{6-31}$$

式(6-30)、式(6-31)表明，$\bar{\Sigma}_{\bar{K}}(\bar{A}-\bar{B}\bar{K},\bar{B},\bar{C})$ 特征多项式的 n 个系数可通过 $\bar{k}_0,\bar{k}_1,\bar{k}_2,\cdots,\bar{k}_{n-1}$ 独立设置，即 $(\bar{A}-\bar{B}\bar{K})$ 的特征值可任选，线性非奇异变换不改变系统的特征值 $f_K(s)=\det[sI-(\bar{A}-\bar{B}\bar{K})]=\det[sI-(A-BK)]$。

(3) 由给定的期望闭环极点组 $\lambda_i^*\ (i=1,2,\cdots,n)$，可写出期望闭环特征多项式：

$$\alpha^*(s)=\prod_{i=1}^{n}(s-\lambda_i^*)=s^n+a_{n-1}^*s^{n-1}+\cdots+a_1^*s+a_0^* \tag{6-32}$$

令式(6-30)与式(6-32)相等，可解出能控标准型 $\bar{\Sigma}_o(\bar{A},\bar{B},\bar{C})$ 使闭环极点配置到期望极点的状态反馈矩阵为

$$\bar{K}=[\bar{k}_0\quad \bar{k}_1\quad \cdots\quad \bar{k}_{n-1}]=[a_0^*-a_0\quad a_1^*-a_1\quad \cdots\quad a_{n-1}^*-a_{n-1}] \tag{6-33}$$

将 $\bar{x}=P^{-1}x$ 代入式(6-27)得

$$u=v-\bar{K}\bar{x}=v-\bar{K}P^{-1}x=v-Kx \tag{6-34}$$

则原被控系统 $\Sigma_o(A,B,C)$ 引入状态反馈使闭环极点配置到期望极点的状态反馈增益矩阵为

$$K=\bar{K}P^{-1} \tag{6-35}$$

至此表明，按式(6-33)构造的状态反馈矩阵 $\bar{K}$，经过式(6-35)线性变换，就能将闭环系统的极点配置到任意给定的期望闭环极点位置，即若被控系统 $\Sigma_o(A,B,C)$ 能控，则其状态反馈系统极点可任意配置。充分性得证。

然后证明必要性。已知可任意配置极点，欲证 $\Sigma_o(A,B,C)$ 完全能控。

采用反证法。设 $\Sigma_o(A,B,C)$ 不完全能控，则通过线性非奇异变换进行结构分解可导出

$$\bar{A}=\bar{P}^{-1}A\bar{P}=\begin{bmatrix}\bar{A}_c & \bar{A}_{12}\\ 0 & \bar{A}_e\end{bmatrix},\quad \bar{b}=\bar{P}^{-1}b=\begin{bmatrix}\bar{b}_c\\ 0\end{bmatrix} \tag{6-36}$$

并且，对任意 $1\times n$ 状态反馈矩阵 $k=[k_0\quad k_1]$，有

$$
\begin{aligned}
\det(sI-A+bk) &= \det(sI-\bar{A}+\bar{b}k\bar{P}^{-1}) = \det(sI-\bar{A}+\overline{bk}) \\
&= \det\left(sI-\begin{bmatrix} \bar{A}_c-\bar{b}_c\bar{k}_0 & \bar{A}_{12}-\bar{b}_c\bar{k}_1 \\ 0 & \bar{A}_{\bar{c}} \end{bmatrix}\right) \\
&= \det(sI-\bar{A}_c-\bar{b}_c\bar{k}_0)\det(sI-\bar{A}_{\bar{c}})
\end{aligned} \tag{6-37}
$$

其中，$\bar{k}=k\bar{P}^{-1}=[k_0\bar{P}^{-1} \quad k_1\bar{P}^{-1}]=[\bar{k}_0 \quad \bar{k}_1]$，$i=1,2,\cdots,n$。

式(6-37)表明，状态反馈不能改变系统不能控部分特征值，即反设下不能任意配置全部极点。与已知矛盾，假设不成立，即 $\sum_o(A,B,C)$ 完全能控。必要性得证。

6.2.2 单输入单输出系统状态反馈闭环极点配置

算法 6-1 给定 n 维单输入连续时间线性时不变受控系统 $\sum_o(A,B,C)$ 和一组任意的期望闭环特征值 $\{\lambda_1^*,\lambda_2^*,\cdots,\lambda_n^*\}$，确定 $1\times n$ 状态反馈矩阵 K，使 $\lambda_i(A-BK)=\lambda_i^*$，$i=1,2,\cdots,n$ 成立。

(1) 判断能控性。若完全能控，则进入下一步；若不完全能控，则转到(8)。

(2) 计算矩阵 A 的特征多项式。由式(6-23)可得

$$\det(sI-A)=\alpha(s)=s^n+\alpha_{n-1}s^{n-1}+\cdots+\alpha_1 s+\alpha_0$$

(3) 计算期望闭环特征值 $\{\lambda_1^*,\lambda_2^*,\cdots,\lambda_n^*\}$ 的特征多项式。由式(6-32)有

$$\alpha^*(s)=\prod_{i=1}^{n}(s-\lambda_i^*)=s^n+\alpha_{n-1}^*s^{n-1}+\cdots+\alpha_1^*s+\alpha_0^*$$

(4) 由式(6-33)计算能控标准型 $\bar{\sum}_o(\bar{A},\bar{B},\bar{C})$ 的状态反馈矩阵，即

$$\bar{K}=[\alpha_0^*-\alpha_0 \quad \alpha_1^*-\alpha_1 \quad \cdots \quad \alpha_{n-1}^*-\alpha_{n-1}]$$

(5) 计算能控标准系统 $\bar{\sum}_o(\bar{A},\bar{B},\bar{C})$ 的变换矩阵：

$$
P=[b \quad Ab \quad \cdots \quad A^{n-1}b]\begin{bmatrix} a_1 & a_2 & \cdots & a_{n-1} & 1 \\ a_2 & a_3 & \cdots & 1 & 0 \\ \vdots & \vdots & \ddots & 0 & 0 \\ a_{n-1} & 1 & \cdots & 0 & 0 \\ 1 & 0 & 0 & 0 & 0 \end{bmatrix}
$$

(6) 计算能控标准型变换矩阵的逆阵 P^{-1}。

(7) 计算状态反馈矩阵 $K=\bar{K}P^{-1}$。

(8) 停止计算。

算法 6-1 把给定系统变换为能控标准型，需要求能控标准型变换矩阵，对于维数较低的系统(一般 $n\leqslant 3$)可直接根据期望极点特征方程系数等于闭环系统特征方程的系数，建立方程组进行求解，称为直接算法。

算法 6-2 给定 n 维单输入连续时间线性时不变受控系统 $\sum_o(A,B,C)$ 和一组任意的期望闭环特征值 $\{\lambda_1^*,\lambda_2^*,\cdots,\lambda_n^*\}$，确定 $1\times n$ 状态反馈矩阵 K，使 $\lambda_i(A-BK)=\lambda_i^*$，$i=1,2,\cdots,n$ 成立。

(1) 判断能控性。若完全能控，则进入下一步；若不完全能控，则转到(5)。

(2) 计算期望闭环特征值 $\{\lambda_1^*,\lambda_2^*,\cdots,\lambda_n^*\}$ 的特征多项式。由式(6-32)有

$$\alpha^*(s)=\prod_{i=1}^{n}(s-\lambda_i^*)=s^n+\alpha_{n-1}^*s^{n-1}+\cdots+\alpha_1^*s+\alpha_0^* \tag{6-38}$$

(3) 计算闭环系统特征多项式方程，如下所示：

$$f_c(s)=\det[sI-(A-BK)]=s^n+\beta_{n-1}(k)s^{n-1}+\cdots+\beta_1(k)s+\beta_0(k) \tag{6-39}$$

(4) 为将闭环极点配置在期望位置，式(6-38)与式(6-39)应相等，即

$$\alpha^*(s)=f_c(s) \tag{6-40}$$

由两个 n 阶特征多项式对应项系数相等，即 $\alpha_i^*=\beta_i(k)$，可得 n 个关于 $k_0,k_1,\cdots,k_{n-1}$ 的联立代数方程，解该联立方程可求出唯一解 $k_0,k_1,\cdots,k_{n-1}$。

(5) 停止计算。

一般当被控系统 $\Sigma_o(A,B,C)$ 的阶次较低(小于或等于 3 阶)时，采用该方法更加方便。

例 6-2　被控系统状态空间表达式为 $\begin{cases}\dot{x}=\begin{bmatrix}1 & 3\\0 & -1\end{bmatrix}x+\begin{bmatrix}0\\1\end{bmatrix}u\\ y=[1\quad 1]x\end{cases}$，试设计状态反馈增益矩阵 K，使闭环系统极点配置为 $-1+\mathrm{j}$ 和 $-1-\mathrm{j}$，并画出状态变量图。

解： (1) 判断被控系统能控性。因为

$$\mathrm{rank}Q_c=\mathrm{rank}([B \mid AB])=\mathrm{rank}\begin{bmatrix}0 & 3\\1 & -1\end{bmatrix}=2=n$$

所以被控系统状态完全能控，可通过状态反馈任意配置闭环系统极点。

(2) 确定闭环系统期望特征多项式。

闭环系统期望极点为 $\lambda_{1,2}^*=-1\pm\mathrm{j}$，对应的期望闭环特征多项式为

$$\alpha^*(s)=(s-\lambda_1)(s-\lambda_2)=(s+1-\mathrm{j})(s+1+\mathrm{j})=s^2+2s+2$$

则 $a_0^*=2$，$a_1^*=2$。

(3) 求满足期望极点配置要求的状态反馈增益矩阵 $K=[k_1\quad k_2]$。

方法一：规范算法。

被控系统特征多项式为

$$\alpha(s)=\det(sI-A)=\begin{vmatrix}s-1 & -3\\0 & s+1\end{vmatrix}=s^2-1$$

则 $a_0=-1$，$a_1=0$。

根据式(6-33)，能控标准型 $\bar{\Sigma}(\bar{A},\bar{B},\bar{C})$ 对应的 $\bar{x}$ 下的状态反馈增益矩阵为

$$\bar{K}=[\bar{k}_0\quad \bar{k}_1]=[a_0^*-a_0\quad a_1^*-a_1]=[2-(-1)\quad 2-0]=[3\quad 2]$$

求能控标准型的变换矩阵为

$$P=[b\quad Ab]\begin{bmatrix}a_1 & 1\\1 & 0\end{bmatrix}=\begin{bmatrix}0 & 3\\1 & -1\end{bmatrix}\begin{bmatrix}0 & 1\\1 & 0\end{bmatrix}=\begin{bmatrix}3 & 0\\-1 & 1\end{bmatrix}$$

则

$$P^{-1}=\begin{bmatrix}3 & 0\\ -1 & 1\end{bmatrix}^{-1}=\begin{bmatrix}\frac{1}{3} & 0\\ \frac{1}{3} & 1\end{bmatrix}$$

原状态 x 下的状态反馈增益矩阵 K 应为

$$K=[k_0 \quad k_1]=\bar{K}P^{-1}=[3 \quad 2]\begin{bmatrix}\frac{1}{3} & 0\\ \frac{1}{3} & 1\end{bmatrix}=\begin{bmatrix}\frac{5}{3} & 2\end{bmatrix}$$

方法二：直接算法。

对被控系统引入 $K=[k_0 \quad k_1]$ 状态反馈后的闭环系统 $\sum_c(A-BK,B,C)$ 特征多项式为

$$f_c(s)=\det[sI-(A-BK)]=\begin{vmatrix}s-1 & -3\\ k_0 & s+1+k_1\end{vmatrix}=s^2+k_1s+3k_0-k_1-1$$

令 $f_c(s)=\alpha^*(s)$，即 $s^2+k_1s+3k_0-k_1-1=s^2+2s+2$，比较等式两边同次幂项系数得

$$\begin{cases}k_1=2\\ 3k_0-k_1-1=2\end{cases}$$

解得 $k_0=\dfrac{5}{3}$，$k_1=2$。

(4) 据被控系统状态空间表达式和所设计的状态反馈增益矩阵 K，可画出状态反馈后的闭环系统状态变量图，如图 6-5 所示。

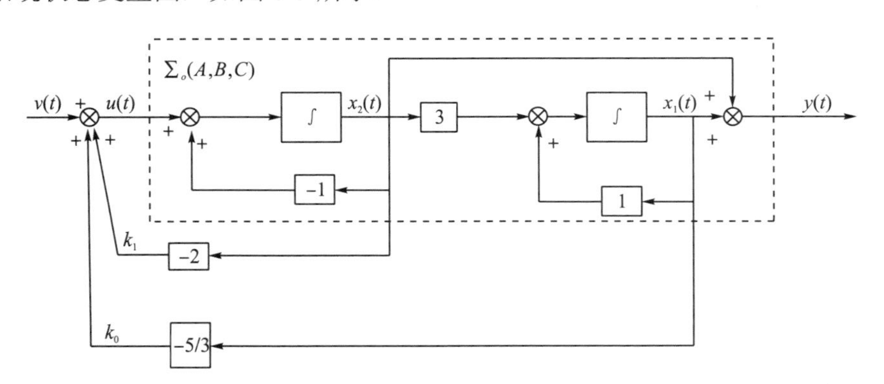

图 6-5　闭环系统状态变量图

例 6-3　给定单输入三维连续时间线性时不变受控系统为

$$\dot{x}=\begin{bmatrix}0 & 0 & 0\\ 1 & -1 & 0\\ 0 & 1 & -1\end{bmatrix}x+\begin{bmatrix}1\\ 0\\ 0\end{bmatrix}u$$

求状态反馈矩阵 K 使闭环极点为

$$\lambda_1^*=-2,\quad \lambda_2^*=\lambda_3^*=-1\pm \mathrm{j}\sqrt{3}$$

解：(1) 判断系统能控性：

$$\text{rank}Q_c = \text{rank}([b \quad Ab \quad A^2b]) = \text{rank}\begin{bmatrix} 1 & 0 & 0 \\ 0 & 1 & -1 \\ 0 & 0 & 1 \end{bmatrix} = 3$$

系统能控，即满足可配置条件。

(2) 计算开环系统特征多项式：

$$\det(sI - A) = \det\begin{bmatrix} s & 0 & 0 \\ -1 & s+1 & 0 \\ 0 & -1 & s+1 \end{bmatrix} = s^3 + 2s^2 + s$$

即

$$\alpha_0 = 0,\ \alpha_1 = 1,\ \alpha_2 = 2$$

(3) 计算闭环系统期望极点的特征多项式：

$$a^*(s) = \prod_{i=1}^{3}(s - \lambda_i^*) = (s+2)(s+1-\text{j}\sqrt{3})(s+1+\text{j}\sqrt{3}) = s^3 + 4s^2 + 8s + 8$$，即

$$\alpha_0^* = 8,\ \alpha_1^* = 8,\ \alpha_2^* = 4$$

(4) 计算：

$$\bar{K} = [\alpha_0^* - \alpha_0 \quad \alpha_1^* - \alpha_1 \quad \alpha_2^* - \alpha_2] = [8 \quad 7 \quad 2]$$

(5) 计算能控标准型变换矩阵：

$$P = [b \quad Ab \quad A^2b]\begin{bmatrix} a_1 & a_2 & 1 \\ a_2 & 1 & 0 \\ 1 & 0 & 0 \end{bmatrix} = \begin{bmatrix} 1 & 0 & 0 \\ 0 & 1 & -1 \\ 0 & 0 & 1 \end{bmatrix}\begin{bmatrix} 1 & 2 & 1 \\ 2 & 1 & 0 \\ 1 & 0 & 0 \end{bmatrix} = \begin{bmatrix} 1 & 2 & 1 \\ 1 & 1 & 0 \\ 1 & 0 & 0 \end{bmatrix}$$

$$P^{-1} = \begin{bmatrix} 0 & 0 & 1 \\ 0 & 1 & -1 \\ 1 & -2 & 1 \end{bmatrix}$$

(6) 定出满足极点配置要求的状态反馈矩阵：

$$K = \bar{K}P^{-1} = [8 \quad 7 \quad 2]\begin{bmatrix} 0 & 0 & 1 \\ 0 & 1 & -1 \\ 1 & -2 & 1 \end{bmatrix} = [2 \quad 3 \quad 3]$$

于是状态反馈闭环系统的状态空间模型为

$$\begin{cases} \dot{x} = (A - bK)x + bv = \left(\begin{bmatrix} 0 & 0 & 0 \\ 1 & -1 & 0 \\ 0 & 1 & -1 \end{bmatrix} + \begin{bmatrix} 1 \\ 0 \\ 0 \end{bmatrix}[2 \quad 3 \quad 3]\right)x + \begin{bmatrix} 1 \\ 0 \\ 0 \end{bmatrix}v \\ \quad = \begin{bmatrix} -2 & -3 & -3 \\ 1 & -1 & 0 \\ 0 & 1 & -1 \end{bmatrix}x + \begin{bmatrix} 1 \\ 0 \\ 0 \end{bmatrix}v \\ y = [0 \quad 1 \quad 1]x \end{cases}$$

根据被控系统状态空间表达式和所设计的状态反馈增益矩阵 K，可画出状态反馈后的闭环系统状态变量图如图 6-6 所示。同样地，求出闭环系统传递函数即可验证闭环系统

的特征根为 $\lambda_1^*=-2$， $\lambda_2^*=\lambda_3^*=-1\pm j\sqrt{3}$ 。

$$G_K(s)=c[sI-(A-bK)]^{-1}b$$

$$=[0\quad 1\quad 1]\begin{bmatrix} s+2 & 3 & 3 \\ -1 & s+1 & 0 \\ 0 & -1 & s+1 \end{bmatrix}^{-1}\begin{bmatrix}1\\0\\0\end{bmatrix}=\frac{s+2}{(s+2)(s^2+2s+4)}=\frac{1}{(s^2+2s+4)}$$

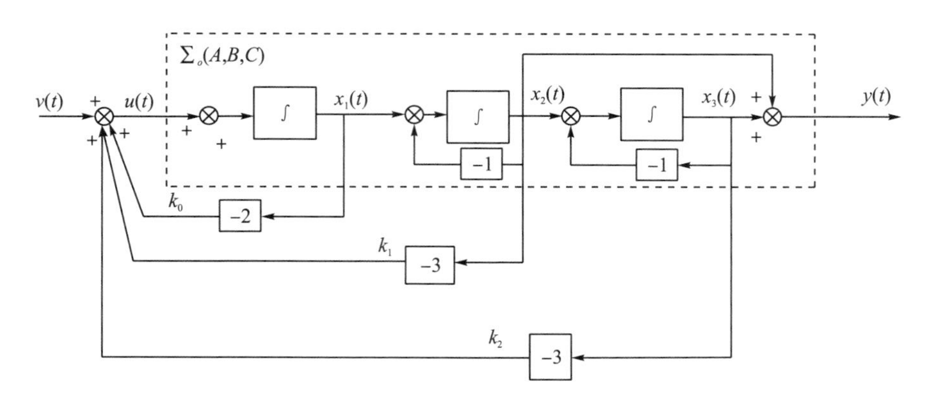

图 6-6 闭环系统状态变量图

方法一：在 Matlab 中求解例 6-3 的程序 syn_pole1 如下：

```
%系统极点配置 syn_pole1
A=[0 0 0;1 -1 0;0 1 -1];B=[1;0;0];
n=length(A);
Qc=ctrb(A,B);                                  %求能控性矩阵
if(rank(Qc)~=n)                                %能控性判定
   error('系统不能控!')
else
P_A=poly(A);                                   %求特征多项式系数
  a0=P_A(4);a1=P_A(3);a2=P_A(2);
P_x=poly([-2;-1+sqrt(3)*j;-1-sqrt(3)*j]) %求期望极点特征多项式系数
  a_x0=P_x(4);a_x1=P_x(3);a_x2=P_x(2);
P=Qc*[a1 a2 1;a2 1 0;1 0 0];                  %求能控标准型变换矩阵
  K=[a_x0-a0 a_x1-a1 a_x2-a2]*inv(P) %求状态反馈矩阵 K=[k0 k1 k2]
end
```

方法二：在 Matlab 中采用极点配置函数求解例 6-3 的程序 syn_pole2 如下：

```
%系统极点配置 syn_pole2
A=[0 0 0;1 -1 0;0 1 -1];B=[1;0;0];
P=[-2;-1+sqrt(3)*j;-1-sqrt(3)*j];%由期望极点构成向量 P
K=place(A,B,P)%求状态反馈增益矩阵 K
```

Matlab 两种方法运行结果与直接求解得到的 K 是一样的。其中极点配置 place( )函数可用于 SISO 系统和 MIMO 系统的极点配置，另一个极点配置函数 acker( )只能用于 SISO 系统的极点配置。

例 6-4 给定系统传递函数为 $G(s)=\dfrac{10}{s(s+1)(s+2)}$，试设计状态反馈控制器，使闭环系统的极点为$-2$，$-1\pm \mathrm{j}$。

解：(1)因为传递函数没有零极点相消，故原系统能控能观测，直接写出其能控标准型实现：

$$\begin{cases}\dot{x}=\begin{bmatrix}0 & 1 & 0\\0 & 0 & 1\\0 & -2 & -3\end{bmatrix}x+\begin{bmatrix}1\\0\\0\end{bmatrix}u\\ y=[10\quad 0\quad 0]x\end{cases}$$

且 $\alpha_0=0$，$\alpha_1=2$，$\alpha_2=3$。

(2)计算闭环系统期望极点的特征多项式：

$$a^*(s)=\prod_{i=1}^{3}(s-\lambda_i^*)=(s+2)(s+1-\mathrm{j})(s+1+\mathrm{j})=s^3+4s^2+6s+4$$

即

$$\alpha_0^*=4,\quad \alpha_1^*=6,\quad \alpha_2^*=4$$

(3)计算状态反馈控制器：

$$K=[\alpha_0^*-\alpha_0\quad \alpha_1^*-\alpha_1\quad \alpha_2^*-\alpha_2]=[4\quad 4\quad 1]$$

根据被控系统状态空间表达式和所设计的状态反馈增益矩阵 K，可画出状态反馈闭环系统状态变量图，如图 6-7 所示。

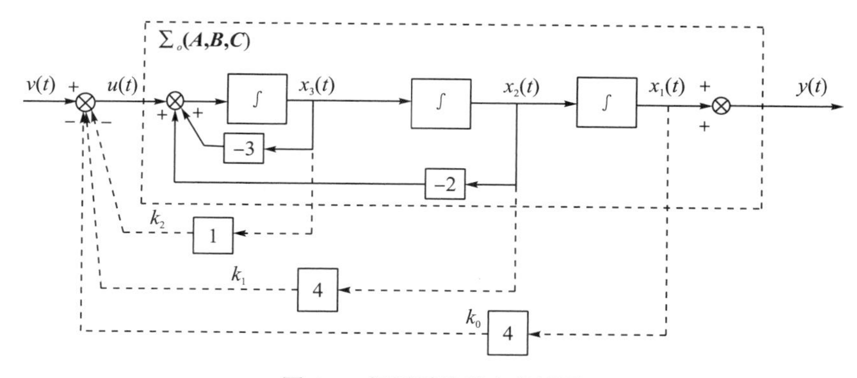

图 6-7 闭环系统状态变量图

计算中应注意如下问题。

(1) 采用状态反馈进行部分极点配置。若被控系统$\Sigma(A,B,C)$状态不完全能控，采用状态反馈只能将其能控子系统的极点配置到期望位置，而不可能配置其不能控子系统的极点。

(2) 状态反馈极点配置不改变系统的维数，也不影响系统零点，但可能出现零极点对消的情况，从而使闭环传递函数的阶次降低，如例 6-3。这也直观地解释了状态反馈可能改变系统的能观测性。

(3) 在需要根据系统输入输出描述(如传递函数或微分方程)设计状态反馈控制器对系统进行极点配置的时候，可以根据传递函数或微分方程写出系统的能控标准型实现，再直接按式(6-33)设计状态反馈控制器$\bar{K}$。由于开环系统的状态空间模型已经是能控标准型，所以不需要再对状态反馈控制器$\bar{K}$进行坐标变换，如例 6-4。但由于能控标准型所需的状态变量信息实际上难以检测，往往给工程实现增加了困难。

6.2.3 多输入多输出系统状态反馈闭环极点配置

多输入多输出系统的状态反馈极点配置比单输入单输出系统的情况复杂得多，且有多种配置方法，本节不加证明地介绍两种典型方法。考虑多输入连续时间线性时不变的受控系统：

$$\begin{cases}\dot{x} = Ax + Bu \\ y = Cx\end{cases} \tag{6-41}$$

式中，x为n维状态；u为r维输入；y为m维输出；A、B、C为已知相应维数常阵。

第 2 章中介绍了循环矩阵和循环系统的概念，可以证明，若线性时不变系统[式(6-41)]为循环能控系统，则对几乎所有$r\times 1$实向量ρ，可使单输入矩阵对$\{A,B\rho\}$为完全能控；若系统[式(6-41)]为非循环能控系统，则对几乎所有$r\times n$实常阵K，可使$(A-BK)$为循环矩阵。在此基础上，首先介绍多输入多输出系统的状态反馈极点配置的第一种算法，即将多输入多输出线性系统分解为单输入单输出系统，再进行极点配置的方法，本书称之为循环分解法。

算法 6-3 [**循环分解法**]对于n维多输入连续时间线性时不变系统$\Sigma_o(A,B,C)$[式(6-41)]，设计状态反馈控制器K，使闭环系统$\Sigma_c(A-BK,B,C)$的极点位于任意期望极点$\{\lambda_1^*,\lambda_2^*,\cdots,\lambda_n^*\}$。

(1) 判断系统的能控性。若完全能控，进入下一步；若不完全能控，转到(6)。

(2) 判断A的循环性。若非循环，选取一个$p\times n$实常矩阵K_1使$\bar{A}=(A-BK_1)$为循环；若为循环，$\bar{A}=A$。

(3) 对循环$\bar{A}$，选取一个$r\times 1$实常向量ρ，$b=B\rho$，使$\{\bar{A},b\}$为完全能控。

(4) 对等价单输入系统$\{\bar{A},b\}$，利用单输入情形极点配置算法 6-1[相对于算法 6-1(7)中的大写K，此处用k表示，以方便后续描述]计算状态反馈向量k。

(5) 若A为循环矩阵，所求状态反馈矩阵$K=\rho k$；若A为非循环矩阵，所求状态反馈矩阵为$K=\rho k+K_1$。

(6) 停止计算。

从算法 6-3 可以看出，由 K_1 和 ρ 的不唯一性决定了状态反馈矩阵 K 具有不唯一性和秩一性。一般希望 K_1 和 ρ 的选取使 K 的各个元尽可能小。

例 6-5　连续时间线性时不变状态方程如下，试设计状态反馈控制器，使闭环系统的极点为−1 和−2。

$$\dot{x}=\begin{bmatrix}1 & 0\\0 & 1\end{bmatrix}x+\begin{bmatrix}1 & 1\\0 & 1\end{bmatrix}u$$

解：(1) 判断系统能控，即

$$Q_c=[B \quad AB]=\begin{bmatrix}1 & 1 & 1 & 1\\0 & 1 & 0 & 1\end{bmatrix}，\ \operatorname{rank}(Q_c)=2$$

(2) 判断 A 的循环性。因为

$$\det(sI-A)=\begin{bmatrix}s-1 & 0\\0 & s-1\end{bmatrix}=(s-1)^2$$

$$(sI-A)^{-1}=\begin{bmatrix}s-1 & 0\\0 & s-1\end{bmatrix}^{-1}=\frac{\begin{bmatrix}s-1 & 0\\0 & s-1\end{bmatrix}}{(s-1)^2}=\frac{\begin{bmatrix}1 & 0\\0 & 1\end{bmatrix}}{s-1}$$

又因为，$\alpha(s)\neq k\phi(s)$，A 不是循环矩阵。任意选取一个 $r\times n$ 实常阵 K_1，设 $K_1=\begin{bmatrix}0 & 0\\-1 & 1\end{bmatrix}$，

则 $\bar{A}=A-BK_1=\begin{bmatrix}2 & -1\\1 & 0\end{bmatrix}$，$(sI-\bar{A})^{-1}==\dfrac{\begin{bmatrix}s & 1\\-1 & s-2\end{bmatrix}}{(s-1)^2}$，$\det(sI-\bar{A})=(s-1)^2$，$\alpha(s)=\phi(s)$，此时 $\bar{A}$ 是循环矩阵。

(3) 选取一个 $p\times 1$ 实常向量 ρ，$b=B\rho$，使 $\{\bar{A},b\}$ 完全能控。设

$$\rho=\begin{bmatrix}\rho_1\\\rho_2\end{bmatrix}，\ b=B\rho=\begin{bmatrix}\rho_1+\rho_2\\\rho_2\end{bmatrix}，\ Q_c=[b \quad \bar{A}b]=\begin{bmatrix}\rho_1+\rho_2 & 2\rho_1+\rho_2\\\rho_2 & \rho_1+\rho_2\end{bmatrix}$$

当 $\rho_1=1$，$\rho_2=0$ 时，$\{\bar{A},b\}$ 为完全能控，即

$$\rho=\begin{bmatrix}1\\0\end{bmatrix},\ b=B\rho=\begin{bmatrix}1\\0\end{bmatrix}$$

(4) 对等价单输入系统 $\{\bar{A},b\}$，利用单输入情形极点配置算法，计算出状态反馈向量。设状态反馈控制器 $k=[k_0 \quad k_1]$，则闭环系统特征多项式为

$$\alpha(s)=\det(sI-\bar{A}+bk)=\det\left(\begin{bmatrix}s-2 & 1\\-1 & s\end{bmatrix}+\begin{bmatrix}1\\0\end{bmatrix}[k_0 \quad k_1]\right)=s^2+(k_0-2)s+1+k_1$$

期望极点对应的特征多项式为

$$\alpha^*(s)=(s+1)(s+2)=s^2+3s+2$$

因此，$\begin{cases}k_0-2=3\\k_1+1=2\end{cases}$，即 $k=[5\quad 1]$。

(5) 因为 $\bar{A}$ 为非循环，最终所求状态反馈矩阵为

$$K=\rho k+K_1=\begin{bmatrix}1\\0\end{bmatrix}[5\quad 1]+\begin{bmatrix}0&0\\-1&1\end{bmatrix}=\begin{bmatrix}5&1\\-1&1\end{bmatrix}$$

可以验证，闭环系统特征多项式为

$$\alpha(s)=\det(sI-A+BK)=\det\left(\begin{bmatrix}s-1&0\\0&s-1\end{bmatrix}+\begin{bmatrix}1&1\\0&1\end{bmatrix}\begin{bmatrix}5&1\\-1&1\end{bmatrix}\right)$$

$$=\det\left(\begin{bmatrix}s+3&2\\-1&s\end{bmatrix}\right)=s^2+3s+2=(s+2)(s+1)$$

上式表明，使用该方法设计的状态反馈控制器能实现期望极点配置。

本例题中由于 K_1、ρ 的不唯一性，使 K 不唯一。例如，当取 $\rho=\begin{bmatrix}0\\1\end{bmatrix}$，$K_1=\begin{bmatrix}1&0\\0&1\end{bmatrix}$ 时，可以得到 $k=[-2\quad 5]$，此时 $K=\rho k+K_1=\begin{bmatrix}1&0\\-2&6\end{bmatrix}$。

在 Matlab 中采用极点配置函数 place() 求解例 6-5 的程序 syn_pole3 如下：

```
%系统极点配置 syn_pole3
A=[1 0;0 1];B=[1 1;0 1];
P=[-1;-2];%由期望极点构成向量 P
K=place(A,B,P)%求状态反馈增益矩阵 K
```

程序运行结果为 $K=\begin{bmatrix}2&-3\\0&3\end{bmatrix}$，对 MIMO 系统标点配置状态反馈矩阵 K 是不唯一的。

状态反馈矩阵 K 的这种非唯一性是多输入系统与单输入系统极点配置问题的主要区别之一。如何充分利用 K 的自由参数，以满足系统其他性能的要求，是多输入系统状态反馈设计中一个活跃的研究领域。

算法 6-4 [**龙伯格标准型算法**]对于 n 维多输入连续时间线性时不变系统 $\sum_o(A,B,C)$ [式(6-41)]，设计状态反馈控制器 K，使闭环系统 $\sum_c(A-BK,B,C)$ 的极点位于任意期望极点 $\{\lambda_1^*,\lambda_2^*,\cdots,\lambda_n^*\}$。为叙述简便，下面以 $n=9$ 和 $r=3$ 为例说明算法的步骤。

(1) 判断系统的能控性。若完全能控，则进入下一步；若不完全能控，则转到(7)。

(2)将系统化为龙伯格能控标准型。对所讨论例子，有

$$\bar{A}=S^{-1}AS=\left[\begin{array}{ccc:cc:cccc} 0 & 1 & 0 & 0 & 0 & 0 & 0 & 0 & 0 \\ 0 & 0 & 1 & 0 & 0 & 0 & 0 & 0 & 0 \\ -\alpha_{10} & -\alpha_{11} & -\alpha_{12} & \beta_{14} & \beta_{15} & \beta_{16} & \beta_{17} & \beta_{18} & \beta_{19} \\ \hdashline 0 & 0 & 0 & 0 & 1 & 0 & 0 & 0 & 0 \\ \beta_{21} & \beta_{22} & \beta_{23} & -\alpha_{20} & -a_{21} & \beta_{26} & \beta_{27} & \beta_{28} & \beta_{29} \\ \hdashline 0 & 0 & 0 & 0 & 0 & 0 & 1 & 0 & 0 \\ 0 & 0 & 0 & 0 & 0 & 0 & 0 & 1 & 0 \\ 0 & 0 & 0 & 0 & 0 & 0 & 0 & 0 & 1 \\ \beta_{31} & \beta_{32} & \beta_{33} & \beta_{34} & \beta_{35} & -\alpha_{30} & -\alpha_{31} & -\alpha_{32} & -\alpha_{33} \end{array}\right]$$

$$\bar{B}=S^{-1}B=\left[\begin{array}{ccc} 0 & 0 & 0 \\ 0 & 0 & 0 \\ 1 & \gamma & 0 \\ \hdashline 0 & 0 & 0 \\ 0 & 1 & 0 \\ \hdashline 0 & 0 & 0 \\ 0 & 0 & 0 \\ 0 & 0 & 0 \\ 0 & 0 & 1 \end{array}\right]$$

(3)将期望闭环特征值组，按龙伯格能控标准型 $\bar{A}$ 的对角块阵个数和维数分组并计算每组对应的多项式。对所讨论例子，将 $\{\lambda_1^*,\lambda_2^*,\cdots,\lambda_n^*\}$ 分为三组，计算

$$\alpha_1^*(s)=(s-\lambda_1^*)(s-\lambda_2^*)(s-\lambda_3^*)=s^3+a_{12}^*s^2+a_{11}^*s+a_{10}^*$$

$$\alpha_2^*(s)=(s-\lambda_4^*)(s-\lambda_5^*)=s^2+\alpha_{21}^*s+\alpha_{20}^*$$

$$\alpha_3^*(s)=(s-\lambda_6^*)(s-\lambda_7^*)(s-\lambda_8^*)(s-\lambda_9^*)=s^4+\alpha_{38}^*s^3+\alpha_{32}^*s^2+\alpha_{31}^*s+\alpha_{30}^*$$

(4)对龙伯格能控标准型 $\{\bar{A},\bar{B}\}$，按如下形式选取 $r\times n$ 状态反馈矩阵 $\bar{K}$，对所讨论例子为

$$\bar{K}=\left[\begin{array}{ccc:cc:cccc} \alpha_{10}^*-\alpha_{10} & \alpha_{11}^*-\alpha_{11} & \alpha_{12}^*-\alpha_{12} & \beta_{14}-\gamma(\alpha_{20}^*-\alpha_{20}) & \beta_{15}-\gamma(\alpha_{21}^*-\alpha_{21}) & \beta_{16}-\gamma\beta_{26} & \beta_{17}-\gamma\beta_{27} & \beta_{18}-\gamma\beta_{28} & \beta_{19}-\gamma\beta_{29} \\ 0 & 0 & 0 & \alpha_{20}^*-\alpha_{20} & \alpha_{21}^*-\alpha_{21} & \beta_{26} & \beta_{27} & \beta_{28} & \beta_{29} \\ 0 & 0 & 0 & 0 & 0 & \alpha_{30}^*-\alpha_{30} & \alpha_{31}^*-\alpha_{31} & \alpha_{32}^*-\alpha_{32} & \alpha_{33}^*-\alpha_{33} \end{array}\right]$$

(5)计算化 $\{A,B\}$ 为龙伯格能控标准型 $\{\bar{A},\bar{B}\}$ 的变换矩阵 S^{-1}。

(6)计算所求状态反馈矩阵 $K=\bar{K}S^{-1}$。

(7)停止计算。

注：容易验证上述算法的正确性。根据算法给出状态反馈矩阵 $\bar{K}$，有

$$\bar{A}-\bar{B}K=\left[\begin{array}{ccc:cc:cccc}0&1&0&&&&&&\\0&0&1&&&&&&\\-a_{10}^{*}&-\alpha_{11}^{*}&-\alpha_{12}^{*}&&&&&&\\\hdashline&&&0&1&&&&\\\beta_{21}&\beta_{22}&\beta_{23}&-\alpha_{20}^{*}&-\alpha_{21}^{*}&&&&\\\hdashline&&&&&0&1&0&0\\&&&&&0&0&1&0\\&&&&&0&0&0&1\\\beta_{31}&\beta_{32}&\beta_{33}&\beta_{34}&\beta_{35}&-\alpha_{30}^{*}&-\alpha_{31}^{*}&-\alpha_{32}^{*}&-\alpha_{33}^{*}\end{array}\right]$$

其中，未加标注元均为 0。再考虑到

$$A-BK=S\bar{A}S^{-1}-S\bar{B}\bar{K}S^{-1}=S(\bar{A}-\bar{B}\bar{K})S^{-1}$$

可以导出闭环系统特征值集合为

$$\begin{aligned}\Lambda(A-BK)&=\Lambda(\bar{A}-BK)\\&=\{\{\lambda_1^*,\lambda_2^*,\lambda_3^*\},\{\lambda_4^*,\lambda_5^*\},\{\lambda_6^*,\lambda_7^*,\lambda_8^*,\lambda_9^*\}\}=\{\lambda_1^*,\lambda_2^*,\cdots,\lambda_9^*\}\end{aligned}$$

这表明，算法给出的状态反馈矩阵 K 可以实现期望极点配置。

算法 6-4 具有两个优点。一是计算过程规范化，主要计算工作为计算变换阵 S^{-1} 和导出龙伯格能控标准型 $\{\bar{A},\bar{B}\}$；二是状态反馈矩阵 K 结果的元比算法 6-3 的结果要小得多，龙伯格标准型 $\bar{A}$ 中对角线块阵个数越多且每个块阵维数越小，K 结果的元一般也越小。

例 6-6 给定一个多输入连续时间线性时不变系统，设状态方程为龙伯格能控标准型：

$$\dot{x}=\left[\begin{array}{ccc:cc}0&1&0&0&0\\0&0&1&0&0\\3&1&0&1&2\\\hdashline 0&0&0&0&1\\4&3&1&-1&-4\end{array}\right]x+\left[\begin{array}{cc}0&0\\0&0\\1&2\\\hdashline 0&0\\0&1\end{array}\right]u$$

设计状态反馈矩阵 K，将闭环系统的极点配置为 $\lambda_1^*=-1,\quad \lambda_{2,3}^*=-2\pm j,\quad \lambda_{4,5}^*=-1\pm j2$

解： (1) 按龙伯格能控标准型中对角块阵数为 2 和块阵维数为 3 和 2，将期望闭环特征值相应分为 $\{\lambda_1^*,\lambda_2^*,\lambda_3^*\}$ 和 $\{\lambda_4^*,\lambda_5^*\}$ 两组，并导出其特征多项式：

$$\alpha_1^*(s)=(s+1)(s+2-j)(s+2+j)=s^3+5s^2+9s+5$$

$$\alpha_2^*(s)=(s+1-j2)(s+1+j2)=s^2+2s+5$$

(2) 系统输入维数 $r=2$，因此状态反馈矩阵 K 为 2×5，据反馈矩阵算式，可得

$$K=\begin{bmatrix}\alpha_{10}^*-\alpha_{10} & \alpha_{11}^*-\alpha_{11} & \alpha_{12}^*-\alpha_{12} & \beta_{14}-\gamma(\alpha_{20}^*-\alpha_{20}) & \beta_{15}-\gamma(\alpha_{21}^*-\alpha_{21})\\ 0 & 0 & 0 & \alpha_{20}^*-\alpha_{20} & \alpha_{21}^*-\alpha_{21}\end{bmatrix}$$
$$=\begin{bmatrix}5-(-3) & 9-(-1) & 5-0 & 1-2\times(5-1) & 2-2\times(2-4)\\ 0 & 0 & 0 & 5-1 & 2-4\end{bmatrix}$$
$$=\left[\begin{array}{ccc|cc}8 & 10 & 5 & -7 & 6\\ \hline 0 & 0 & 0 & 4 & -2\end{array}\right]$$

(3) 考虑到受控系统状态方程已为标准型，上述结果即为所求状态反馈矩阵。并且容易得出综合导出的状态反馈闭环系统的矩阵为

$$A-BK=\left[\begin{array}{ccc|cc}0 & 1 & 0 & 0 & 0\\ 0 & 0 & 1 & 0 & 0\\ -5 & -9 & -5 & 0 & 0\\ \hline 0 & 0 & 0 & 0 & 1\\ 4 & 3 & 1 & -5 & -2\end{array}\right]$$

而其特征多项式为

$$\det(sI-A+BK)=(s^3+5s^2+9s+5)(s^2+2s+5)$$

这就表明，使用上面方法设计的状态反馈控制器能实现期望极点配置。

6.2.4　输出反馈闭环系统极点配置

输出反馈变量是状态变量的线性组合，以输出变量作为反馈，其特点是易于检测和物理实现。考虑 n 阶被控系统 $\Sigma(A,B,C)$ 和任意期望闭环极点 $\lambda_i^*,i=1,2,\cdots,n$，若能确定输出反馈矩阵 $H\in\Re^{r\times n}$，使 $\lambda_i(A-BHC)=\lambda_i^*,i=1,2,\cdots,n$ 成立，则称之为输出反馈极点配置。

定理 6-4　对于线性时不变完全能控系统 $\Sigma(A,B,C)$，一般不能靠引入线性非动态输出反馈控制 $u=v-Hy$ 来任意配置闭环系统的全部极点。

证明： 由 6.1 节可知，状态反馈为 $\begin{cases}\dot{x}=(A-BK)x+Bv\\ y=Cx\end{cases}$；输出反馈为 $\begin{cases}\dot{x}=(A-BHC)x+Bv\\ y=Cx\end{cases}$，由此可得

$$HC=K \tag{6-42}$$

虽然在状态反馈中选择适当 K 可以实现被系统任意极点配置，但一般而言，很难通过式(6-42)求得 H，即选择不了适当的 H，使系统极点任意配置。证明完成。

定理 6-5　对于线性时不变完全能控的 SISO 系统 $\Sigma(A,b,c)$，采用输出反馈只能将闭环系统的极点配置在根轨迹上，而不能任意配置闭环系统的全部极点。

证明： 对于 SISO 输出反馈系统 $\Sigma_h(A-bhc,b,c)$，输出反馈矩阵为反馈放大系数 h，闭环传递函数为

$$G_h(s)=C[sI-(A-bhc)]^{-1}b=\frac{G_o(s)}{1+hG_o(s)}$$

其中，$G_o(s)=c(sI-A)^{-1}b$ 为开环系统 $\Sigma_o(A,b,c)$ 的传递函数。因此，由闭环系统特征方程

可得闭环系统根轨迹方程为

$$hG_o(s)=-1$$

由经典控制理论的根轨迹法可知，当 $G_o(s)=c(sI-A)^{-1}b$ 已知，以 $h(0\to\infty)$ 为参变量，改变反馈放大系数 h 时，闭环极点变化的轨迹是起于开环极点、终于开环零点或无限远点的一组根轨迹，即闭环极点不能配置在复平面的任意位置。证明完成。

不能任意配置反馈系统的极点正是线性非动态输出反馈的局限。为了克服这一局限，经典控制理论中，广泛带有校正网络(动态补偿器)的输出反馈控制方式，即通过增加开环零极点以改变根轨迹走向，实现闭环极点的期望配置。关于多输入多输出系统的输出反馈，有如下定理。

定理 6-6 对完全能控的 MIMO 系统 $\sum(A,B,C)$，设 $\text{rank}(B)=\bar{r}$ ， $\text{rank}(C)=\bar{m}$ ，则采用输出反馈 $u=v-Hy$ ，可对 $\min(n,\bar{r}+\bar{m}-1)$ 个闭环极点以任意接近的程度进行极点配置。

前文已阐述，除了静态输出反馈，采用动态补偿器也可以改善输出反馈功能，达到与状态反馈相同的效果。

6.3 系 统 镇 定

若被控系统 $\sum_o(A,B,C)$ 通过状态反馈(或输出反馈)能使其闭环极点均具有负实部，即闭环系统渐近稳定，则称系统是状态反馈(或输出反馈)可镇定的。

由上一节可知，如果受控系统 $\sum_o(A,B,C)$ 的状态是完全能控的，总可以通过状态反馈 $u=-Kx+v$ 任意配置闭环系统 $\sum_c(A-BK,B,C)$ 的 n 个极点。对于完全能控的不稳定系统，总可以设计状态反馈控制器 K，使闭环系统渐近稳定，即 $(A-BK)$ 的特征值均具有负实部。因此，镇定问题是一种特殊的闭环极点配置问题，其期望闭环极点只要求具有负实部即可，而不要求严格地配置到特定的位置上。如果 $\sum_o(A,B,C)$ 不是状态完全能控的，那么系统是否可以镇定？本节将讨论相关问题。

定理 6-7 线性定常时不变系统 $\sum_o(A,B,C)$ ，采用状态反馈可镇定的充要条件是其不能控子系统为渐近稳定。

证明： 若系统 $\sum_o(A,B,C)$ 不完全能控，则通过线性变换 $\bar{x}=P_c^{-1}x$ 将其按能控性进行结构分解为

$$\bar{A}=P_c^{-1}AP_c=\begin{bmatrix}\bar{A}_c & \bar{A}_{12}\\ 0 & \bar{A}_{\bar{c}}\end{bmatrix},\bar{B}=P_c^{-1}B=\begin{bmatrix}\bar{B}_1\\ 0\end{bmatrix},\bar{C}=CP_c=[\bar{C}_1 \quad \bar{C}_2] \tag{6-43}$$

其中， $\bar{\sum}_c(\bar{A}_c,\bar{B}_1,\bar{C}_1)$ 为能控子系统； $\bar{\sum}_{\bar{c}}(\bar{A}_{\bar{c}},0,\bar{C}_2)$ 为不能控子系统。

由于线性变换不改变系统的特征值，所以有

$$\det(sI-A)=\det(sI-\bar{A})=\det\left(\begin{bmatrix}\bar{A}_c & \bar{A}_{12}\\ 0 & \bar{A}_{\bar{c}}\end{bmatrix}\right)=\det(sI-\bar{A}_c)\det(sI-\bar{A}_{\bar{c}}) \tag{6-44}$$

由于 $\sum_o(A,B,C)$ 和 $\bar{\sum}(\bar{A},\bar{B},\bar{C})$ 在能控性和能观测性上是等价的。引入状态反馈

$\bar{K}=[\bar{K}_1 \quad \bar{K}_2]$，可使得闭环系统的状态矩阵为

$$\bar{A}-\bar{B}\bar{K}=\begin{bmatrix}\bar{A}_c & \bar{A}_{12}\\ 0 & \bar{A}_{\bar{c}}\end{bmatrix}-\begin{bmatrix}\bar{B}_1\\ 0\end{bmatrix}[\bar{K}_1 \quad \bar{K}_2]=\begin{bmatrix}\bar{A}_c-\bar{B}_1\bar{K}_1 & \bar{A}_{12}-\bar{B}_1\bar{K}_2\\ 0 & \bar{A}_{\bar{c}}\end{bmatrix}$$

故闭环系统特征多项式为

$$\det(sI-\bar{A}+\bar{B}\bar{K})=\det[sI-(\bar{A}_c-\bar{B}_1\bar{K}_1)]\det(sI-\bar{A}_{\bar{c}}) \tag{6-45}$$

由式(6-45)可知，只能选择$\bar{K}_1$，使$(\bar{A}_c-\bar{B}_1\bar{K}_1)$的特征值均具有负实部，从而使子系统$\bar{\sum}_c(\bar{A}_c,\bar{B}_1,\bar{C}_1)$为渐近稳定，但$\bar{K}$的选择并不能改变子系统$\bar{\sum}_{\bar{c}}(\bar{A}_{\bar{c}},0,\bar{C}_2)$的特征值分布。因此，仅当$\bar{A}_{\bar{c}}$的特征值均具有负实部，即不能控子系统$\bar{\sum}_{\bar{c}}(\bar{A}_{\bar{c}},0,\bar{C}_2)$为渐近稳定时，整个系统才能镇定。证明完成。

定理 6-8　线性定常系统$\sum_o(A,B,C)$采用输出反馈可镇定的充要条件是$\sum_o(A,B,C)$结构分解中的能控且能观测子系统是输出可镇定的；而能控不能观测、能观测不能控、不能控且不能观测的三个子系统均为渐近稳定。

证明方法与定理 6-6 类似，读者可以自行推导。

例 6-7　设$\sum_o(A,b,c)$的状态空间表达式为$\begin{cases}\dot{x}=\begin{bmatrix}0 & 1\\ 0 & 0\end{bmatrix}x+\begin{bmatrix}0\\ 1\end{bmatrix}u\\ y=[1 \quad 0]x\end{cases}$，试设计状态反馈增益矩阵，使闭环系统得到镇定。该被控系统采用输出反馈可否镇定？

解： $\sum_o(A,b,c)$为能控标准型，显然能控，故可采用状态反馈使闭环系统镇定。

若设期望极点为$\lambda_1^*=-1$，$\lambda_1^*=-2$，则对应的期望闭环特征多项式为

$$\alpha^*(s)=(s-\lambda_1)(s-\lambda_2)=(s+1)(s+2)=s^2+3s+2$$

由规范算法可确定满足期望极点配置要求的状态反馈增益$K=[k_1 \quad k_2]=[2 \quad 3]$。但若$\sum_o(A,b,c)$采用线性非动态输出反馈，则闭环系统$\sum_H(A-bhc,b,c)$的特征多项式为

$$\det(sI-A+bhc)=\begin{vmatrix}s & -1\\ h & s\end{vmatrix}=s^2+h$$

可见，引入反馈放大系数为h的线性非动态输出反馈后的闭环特征多项式仍缺项，不论如何选择反馈放大系数h，均不能使闭环系统镇定，即该系统采用线性非动态输出反馈不可镇定。

6.4　解 耦 控 制

解耦控制是系统控制理论中获得广泛研究的课题，其不仅具有重要的理论意义，而且有着广泛的应用背景。在工业控制中，特别是过程控制中，解耦控制有着重要而广泛的应用，其通过使系统实现动态解耦，对为数众多的被控变量都可以独立进行控制，从而大大简化多变量系统的控制过程。

考虑多变量线性定常系统$\sum_o(A,B,C)$的输入向量维数与输出向量维数相等，其状态空间表达式为

$$\begin{cases} \dot{x} = Ax + Bu \\ y = Cx \end{cases} \tag{6-46}$$

式中，u、y 均为 m 维列向量；x 为 n 维列向量；A、B、C 分别为 $n \times n$、$n \times m$、$m \times n$ 实数矩阵，且设 $m \leqslant n$。其传递函数阵为

$$G(s) = C(sI - A)^{-1}B = \begin{bmatrix} G_{11}(s) & G_{12}(s) & \cdots & G_{1m}(s) \\ G_{21}(s) & G_{22}(s) & \cdots & G_{2m}(s) \\ \vdots & \vdots & \ddots & \vdots \\ G_{m1}(s) & G_{m2}(s) & \cdots & G_{mm}(s) \end{bmatrix} \tag{6-47}$$

式中，$G(s)$ 为 m 阶严格真有理函数方阵；$G_{ij}(s)$ 为 $G(s)$ 的第 i 行第 j 列元素，表示第 i 个输出量与第 j 个输入量之间的传递函数。若系统初始为零状态，则其输入输出关系为

$$\begin{cases} y_1(s) = G_{11}(s)u_1(s) + G_{12}(s)u_2(s) + \cdots + G_{1m}(s)u_m(s) \\ y_2(s) = G_{21}(s)u_1(s) + G_{22}(s)u_2(s) + \cdots + G_{2m}(s)u_m(s) \\ \qquad \vdots \\ y_m(s) = G_{m1}(s)u_1(s) + G_{m2}(s)u_2(s) + \cdots + G_{mm}(s)u_m(s) \end{cases} \tag{6-48}$$

由式(6-48)可见，一般情况下，多变量系统的每一输入分量对多个输出分量均有控制作用，即每一输出分量受多个输入分量的控制。这种第 j 个输入量控制第 i 个输出量（$i \neq j$）的关系称为输入输出间的耦合作用，这种耦合作用通常使多变量系统的控制十分困难。实际中很难找到合适的输入量来达到控制某一输出量而不影响其他输出量的要求。因此，有必要引入合适的控制律，使输入输出相互关联的多变量系统实现解耦，即实现每个输出量仅受一个对应输入量控制，每个输入量也尽可能地只控制对应的一个输出量。输入输出解耦后的多变量系统化成 m 个独立的单输入单输出子系统，从而使系统的分析及进一步控制变得简单。因此，解耦控制是多变量线性定常系统综合理论的重要组成部分，其在多变量系统设计中具有很大的实用价值。显然，解耦系统的传递函数矩阵必为对角线型的非奇异矩阵，从解耦系统的定义出发，使多变量系统实现解耦的基本思路是通过引入控制装置使系统传递函数矩阵对角化，而具体实现方法主要有前馈补偿器解耦、输入变换与状态反馈相结合解耦等。

6.4.1 前馈补偿器解耦

采用前馈补偿器实现解耦的方法如图 6-8 所示，在待解耦系统前串联一个前馈补偿器，使串联后总的传递函数矩阵成为对角形的有理函数矩阵。

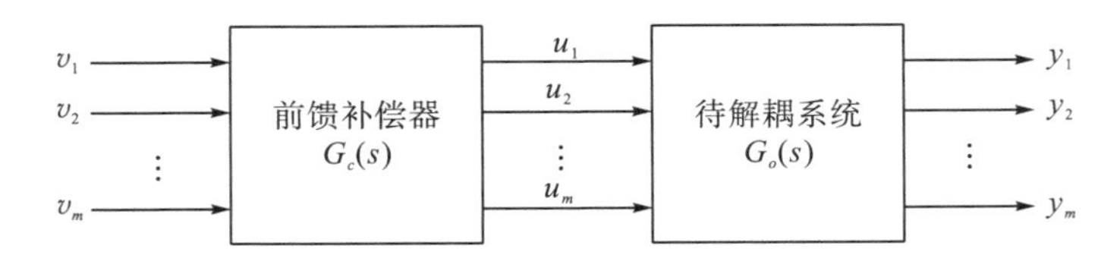

图 6-8 前馈补偿器实现解耦

图 6-8 中，待解耦系统和前馈补偿器的传递函数阵分别为 $G_o(s)$ 和 $G_c(s)$，则串接补偿器后整个系统的总传递函数阵为

$$\varPhi(s)=G_o(s)G_c(s)$$

令

$$\varPhi(s)=\begin{bmatrix}\varPhi_{11}(s) & & & \\ & \varPhi_{22}(s) & & \\ & & \ddots & \\ & & & \varPhi_{mm}(s)\end{bmatrix} \tag{6-49}$$

显然，只要待解耦系统传递函数阵 $G_o(s)$ 满秩，即 $G_o(s)$ 的 $G_o^{-1}(s)$ 存在，则可采用式(6-50)所示的前馈补偿器使系统获得解耦，即

$$G_c(s)=G_o^{-1}(s)\varPhi(s) \tag{6-50}$$

式中，$\varPhi(s)$ 为串接补偿器后解耦系统的对角线型传递函数阵，如式(6-49)所示。

串接前馈补偿器解耦的原理虽然简单，但增加了系统的维数，且实现受到 $G_o^{-1}(s)$ 是否存在及 $G_c(s)$ 物理上是否可实现的限制。

6.4.2　动态解耦控制

采用输入变换与状态反馈相结合的方式实现闭环输入输出之间动态解耦控制的系统结构如图 6-9 所示。

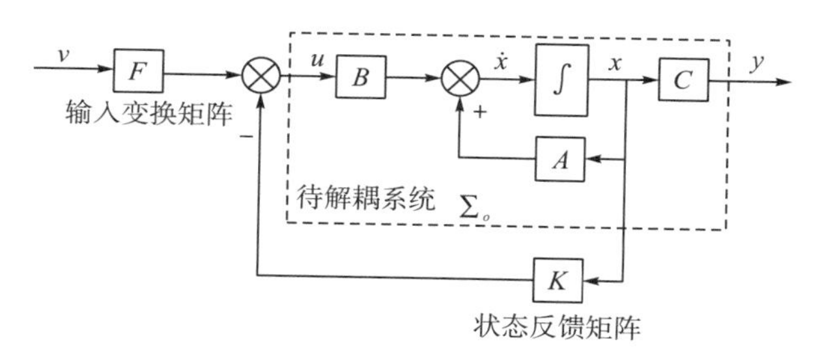

图 6-9　采用输入变换与状态反馈结合的动态解耦

图 6-9 中，待解耦系统 $\Sigma_o(A,B,C)$ 状态空间表达式及传递函数阵分别如式(6-46)及式(6-47)所示；状态反馈增益阵 K 为 $m\times n$ 实常数阵；输入变换阵 F 为 $m\times m$ 实常数非奇异阵；v 为 m 维参考输入信号列向量。由图 6-9 可见，为实现闭环解耦控制，对 $\Sigma_o(A,B,C)$ 采用的控制律为

$$u=Fv-Kx \tag{6-51}$$

将式(6-51)代入式(6-45)，得到图 6-9 所示闭环系统 Σ_{KF} 的状态空间表达式及传递函数矩阵，即

$$\begin{cases}\dot{x}=(A-BK)x+BFv\\ y=Cx\end{cases} \tag{6-52}$$

$$G_{KF}(s)=C[sI-(A-BK)]^{-1}BF \tag{6-53}$$

因此，待解耦系统$\sum_o(A,B,C)$采用式(6-51)所示控制律实现闭环解耦问题在频域中可简单描述如下：寻找适当的状态反馈增益矩阵K和输入变换阵F，使式(6-52)所示的闭环系统$\sum_{KF}$的传递函数矩阵[式(6-53)]为对角线型矩阵。

为便于说明$\sum_o(A,B,C)$状态反馈的可解耦性判据及如何选择F和K将其化为积分型解耦系统，先引入系统的两个结构特征量，即结构特征指数和结构特征向量。

1. 系统结构特征量

设$G_i(s)$为式(6-47)所示的$m\times n$严格真传递函数阵$G(s)$的第i行向量，即有

$$G_i(s)=[G_{i1}\quad G_{i2}\quad \cdots\quad G_{im}] \tag{6-54}$$

且设$G_{ij}(s)=\dfrac{P_{ij}(s)}{Q_{ij}(s)}$，

$$\delta_{ij}=\deg\left[Q_{ij}(s)\right]-\deg\left[P_{ij}(s)\right] \tag{6-55}$$

δ_{ij}为$G_{ij}(s)$的分母多项式次数和分子多项式次数之差，则系统结构特征指数d_i定义为

$$d_i=\min\{\delta_{i1},\delta_{i2},\cdots\delta_{im}\}-1,\quad i=1,2,\cdots,m \tag{6-56}$$

显然，严格真传递函数阵$G(s)$的d_i必为非负整数。对应于d_i的系统结构特征向量E_i定义为$1\times n$的常数行向量：

$$E_i=\lim_{s\to\infty}s^{d_i+1}G_i(s),\quad i=1,2,\cdots,m \tag{6-57}$$

由系统的状态空间表达式(6-46)与传递函数矩阵式(6-47)可以证明，系统两个结构特征量d_i、E_i也是由其状态空间模型式(6-46)确定的，结构特征指数d_i是$0\sim(n-1)$中满足

$$C_iA^{d_i}B\neq 0 \tag{6-58}$$

的最小整数。式中，C_i为$\sum_o(A,B,C)$输出矩阵C的第i行向量，故相应的d_i的下标i表示行数$(i=1,2,\cdots,m)$。若对$l=0,1,\cdots,n-1$，均有$C_iA^lB=0$，则令$d_i=n-1$。与d_i相对应，系统结构特征向量E_i满足状态空间模型的系数矩阵：

$$E_i=C_iA^{d_i}B \tag{6-59}$$

2. 可解耦条件

系统$\sum_o(A,B,C)$采用式(6-51)所示输入变换与状态反馈相结合控制律可解耦的充要条件是由系统结构特征向量E_i构成的$m\times m$解耦矩阵E非奇异：

$$E=\begin{bmatrix}E_1\\E_2\\\vdots\\E_m\end{bmatrix} \tag{6-60}$$

且当系统采用式(6-51)所示的输入变换与状态反馈相结合的控制律时，若输入变换阵F及

状态反馈增益阵 K 满足

$$\begin{cases} F = E^{-1} = \begin{bmatrix} C_1 A^{d_1} B \\ C_2 A^{d_2} B \\ \vdots \\ C_m A^{d_m} B \end{bmatrix}^{-1} \\ K = \begin{bmatrix} C_1 A^{d_1} B \\ C_2 A^{d_2} B \\ \vdots \\ C_m A^{d_m} B \end{bmatrix}^{-1} \begin{bmatrix} C_1 A^{d_1+1} \\ C_2 A^{d_2+1} \\ \vdots \\ C_m A^{d_m+1} \end{bmatrix} \end{cases} \tag{6-61}$$

则所得闭环系统 $\sum_{KF}$

$$\begin{cases} \dot{x} = (A - BK)x + BFv \\ y = Cx \end{cases} \tag{6-62}$$

是积分型解耦系统，其传递函数阵为

$$G_{KF}(s) = C[sI - (A - BK)]^{-1} BF = \begin{bmatrix} s^{-(d_1+1)} & & & \\ & s^{-(d_2+1)} & & \\ & & \ddots & \\ & & & s^{-(d_m+1)} \end{bmatrix} \tag{6-63}$$

可见，对可解耦被控系统式(6-46)采用式(6-61)实现 $\{K,F\}$ 解耦后的闭环系统式(6-62)，由 m 个相互独立的单变量系统组成，而各单变量系统的传递函数分别为 d_i+1 重积分器 $(i=1,2,\cdots,m)$，故这种解耦常被称为积分型解耦。显然，积分器解耦系统的所有极点均为零，故其只是综合性能满意的解耦系统的中间一步。因此，尽管被控系统式(6-46)能否采用输入变换与状态反馈来实现解耦仅由系统的两个结构特征量唯一决定，但在积分型解耦系统的基础上还需要设计附加状态反馈，对闭环解耦系统的极点进行配置，以获得良好的动态性能，这就要求被控系统状态完全能控或至少为状态反馈可镇定。

6.4.3　动态解耦系统极点配置

在积分型解耦系统的基础上，需设计附加状态反馈以对诸单变量系统实现期望极点的配置。但引入附加状态反馈的前提是，通过线性非奇异变换将积分型解耦系统化为解耦标准型，在解耦标准形中引入附加状态反馈，以实现闭环系统期望极点配置且保持输入-输出解耦。

考虑 n 阶连续时间线性定常被控系统 $\sum_o(A,B,C)$：

$$\begin{cases} \dot{x} = Ax + Bu \\ y = Cx \end{cases} \tag{6-64}$$

其中，$\dim(u) = \dim(y) = m$，$\{A,B\}$ 完全能控。在计算 $\sum_o(A,B,C)$ 的结构特征量 d_i 和 E_i，并且判断可解耦性判别矩阵 E 为非奇异的基础上，由式(6-61)计算输入变换矩阵 F 和预状

态反馈增益矩阵 $\bar{K}$ ，导出积分型解耦系统 $\Sigma_{\bar{K}F}(\bar{A},\bar{B},C)$ 。

$$\begin{cases}\dot{x}=\bar{A}x+\bar{B}v\\ y=Cx\end{cases} \tag{6-65}$$

式中， $\bar{A}=A-B\bar{K}$ ， $\bar{B}=BF$ ，且 $\{\bar{A},\bar{B}\}$ 为完全能控。

简化起见，设 $\{\bar{A},C\}$ 能观测，引入线性非奇异变换：

$$x=T\tilde{x} \tag{6-66}$$

将积分型解耦系统式(6-65)变换为解耦标准型 $\Sigma(\tilde{A},\tilde{B},\tilde{C})$ ：

$$\begin{cases}\dot{\tilde{x}}=T^{-1}\bar{A}T\tilde{x}+T^{-1}\bar{B}v=\tilde{A}\tilde{x}+\tilde{B}v\\ y=CT\tilde{x}=\tilde{C}\tilde{x}\end{cases} \tag{6-67}$$

式中，各系数矩阵分别为如下分块对角线型矩阵：

$$\tilde{A}=\begin{bmatrix}\tilde{A}_1 & & \\ & \ddots & \\ & & \tilde{A}_m\end{bmatrix},\ \tilde{B}=\begin{bmatrix}\tilde{b}_1 & & \\ & \ddots & \\ & & \tilde{b}_m\end{bmatrix},\ \tilde{C}=\begin{bmatrix}\tilde{c}_1 & & \\ & \ddots & \\ & & \tilde{c}_m\end{bmatrix} \tag{6-68}$$

式中，各子矩阵具有如下形式：

$$\tilde{A}_i=\left[\begin{array}{c|ccc}0 & 1 & & \\ \vdots & & \ddots & \\ 0 & & & 1\\ \hline 0 & 0 & \cdots & 0\end{array}\right]_{\alpha_i\times\alpha_i},\ \tilde{b}_i=\begin{bmatrix}0\\ \vdots\\ 0\\ 1\end{bmatrix}_{\alpha_i\times 1},\ \tilde{c}_i=[1\ \ 0\ \ \cdots\ \ 0]_{1\times\alpha_i} \tag{6-69}$$

其中， $\alpha_1+\alpha_2+\cdots+\alpha_m=n$ ； $\alpha_i=d_i+1$ ； $i=1,2,\cdots,m$ 。

变换矩阵 T 可基于两个最小实现之间的变换关系，由已知积分型解耦系统 $\Sigma_{\bar{K}F}(\bar{A},\bar{B},C)$ 和解耦标准型 $\Sigma(\tilde{A},\tilde{B},\tilde{C})$ 确定，即

$$T=\bar{Q}_c\tilde{Q}_c^{\mathrm{T}}(\tilde{Q}_c\tilde{Q}_c^{\mathrm{T}})^{-1} \tag{6-70}$$

式中， $\bar{Q}_c$ 、 $\tilde{Q}_c$ 分别为 $\Sigma_{\bar{K}F}(\bar{A},\bar{B},C)$ 、 $\Sigma(\tilde{A},\tilde{B},C)$ 的能控性判别矩阵，即

$$\bar{Q}_c=[\bar{B}\ |\ \bar{A}\bar{B}\ |\ \cdots\ |\ \bar{A}^{n-1}\bar{B}],\ \tilde{Q}_c=[\tilde{B}\ |\ \tilde{A}\tilde{B}\ |\ \cdots\ |\ \tilde{A}^{n-1}\tilde{B}]$$

针对式(6-67)所示的解耦标准型 $\Sigma(\tilde{A},\tilde{B},\tilde{C})$ ，选取 $m\times n$ 状态反馈增益矩阵为

$$\tilde{K}=\begin{bmatrix}\tilde{k}_1 & & \\ & \ddots & \\ & & \tilde{k}_m\end{bmatrix} \tag{6-71}$$

其中，

$$\tilde{k}_i=[\tilde{k}_{i1}\ \ \tilde{k}_{i2}\ \ \cdots\ \ \tilde{k}_{i\alpha_i}]_{1\times\alpha_i},\ i=1,2,\cdots,m \tag{6-72}$$

则得到解耦系统 $\Sigma(\tilde{A}-\tilde{B}\tilde{K},\tilde{B},\tilde{C})$ ，对其诸单变量系统指定期望极点组，按单输入系统极点配置方法，可确定状态反馈增益矩阵 $\tilde{K}$ 中如式(6-72)所示的各元组，从而确定出 $\tilde{K}$ 。对原系统 $\Sigma_o(A,B,C)$ ，满足解耦和期望极点配置要求的输入变换矩阵和状态反馈增益矩阵为

$$\begin{cases} F = E^{-1} \\ K = E^{-1}\begin{bmatrix} C_1A^{d_1+1} \\ C_2A^{d_2+1} \\ \vdots \\ C_mA^{d_m+1} \end{bmatrix} + E^{-1}\ \tilde{K}T^{-1} \end{cases} \tag{6-73}$$

例 6-8 给定一个双输入双输出连续定常被控系统：

$$\begin{cases} \dot{x} = \begin{bmatrix} 0 & 1 & 0 & 0 \\ 1 & 0 & 0 & 2 \\ 1 & 0 & 0 & 1 \\ 0 & -1 & 0 & 0 \end{bmatrix}x + \begin{bmatrix} 0 & 0 \\ 1 & 0 \\ 0 & 0 \\ 0 & 1 \end{bmatrix}u \\ y = \begin{bmatrix} 1 & 0 & 0 & 0 \\ 1 & 0 & 1 & 0 \end{bmatrix}x \end{cases}$$

要求综合满足解耦和将闭环极点配置为−3、−3、$-1\pm \mathrm{j}$ 的一个输入变换和状态反馈矩阵。

解： 被控系统 $\sum_o(A,B,C)$ 的传递函数矩阵为

$$G_o(s) = C(sI-A)^{-1}B = \begin{bmatrix} \dfrac{1}{s^2+1} & \dfrac{2}{s(s^2+1)} \\ \dfrac{1}{s^2+1} & \dfrac{s^2+2s+1}{s^2(s^2+1)} \end{bmatrix}$$

显然，每个输入分量对各个输出分量均互相耦合。经计算 $G_o(s)$ 的极点为 $\pm\mathrm{j}$、0、0，与被控系统的极点完全相同，即系统无零极点相消，故系统能控能观测。

1) 计算被控系统的结构特征量 d_i 和 $E_i(i=1,2)$

由 $G_o(s)$，根据式(6-56)，得

$$d_1 = \min\{\delta_{11},\delta_{12}\}-1 = \min\{2,3\}-1 = 2-1 = 1$$
$$d_2 = \min\{\delta_{21},\delta_{22}\}-1 = \min\{2,2\}-1 = 2-1 = 1$$

对应于 d_1、d_2，根据式(6-57)，得

$$E_1 = \lim_{s\to\infty} s_1^{d_1+1}G_1(s) = \lim_{s\to\infty} s^2\begin{bmatrix} \dfrac{1}{s^2+1} & \dfrac{2}{s(s^2+1)} \end{bmatrix} = [1\quad 0]$$

$$E_2 = \lim_{s\to\infty} s_2^{d_2+1}G_2(s) = \lim_{s\to\infty} s^2\begin{bmatrix} \dfrac{1}{s^2+1} & \dfrac{s^2+2s+1}{s^2(s^2+1)} \end{bmatrix} = [1\quad 1]$$

系统的两个结构特征量 d_i、E_i 也可由其状态空间描述确定，由题意有 $C_1=[1\quad 0\quad 0\quad 0]$，$C_2=[1\quad 0\quad 1\quad 0]$，则根据计算结果：

$C_1B=[0\quad 0]$，$C_1AB=[1\quad 0]\neq 0$，可确定 $d_1=1$，$E_1=C_1A^{d_1}B=C_1AB=[1\quad 0]$；

$C_2B=[0\quad 0]$，$C_2AB=[1\quad 1]\neq 0$，可确定 $d_2=1$，$E_2=C_2A^{d_2}B=C_2AB=[1\quad 1]$。

可见，由状态空间表达式求解系统的两个结构特征量 d_i、E_i 的结果与由传递函数矩阵求解的结果相同。

2) 判断可解耦性

构造判别矩阵：

$$E=\begin{bmatrix}E_1\\E_2\end{bmatrix}=\begin{bmatrix}1&0\\1&1\end{bmatrix}$$

显然，判别矩阵 E 非奇异，故被控系统采用输入变换与状态反馈相结合的控制律可实现解耦。

3) 导出积分型解耦系统

由式(6-61)可得实现积分型解耦所需的输入变换矩阵 F 和预状态反馈增益矩阵 $\bar{K}$ 分别为

$$\begin{cases}F=E^{-1}=\begin{bmatrix}1&0\\1&1\end{bmatrix}^{-1}=\begin{bmatrix}1&0\\-1&1\end{bmatrix}\\ \bar{K}=E^{-1}\begin{bmatrix}C_1A^{d_1+1}\\C_2A^{d_2+1}\end{bmatrix}=E^{-1}\begin{bmatrix}C_1A^2\\C_2A^2\end{bmatrix}=\begin{bmatrix}1&0&0&2\\0&0&0&0\end{bmatrix}\end{cases}$$

则积分型解耦系统 $\sum_{\bar{K}F}(\bar{A},\bar{B},C)$ 的系数矩阵和传递函数矩阵分别为

$$\bar{A}=A-B\bar{K}=\left[\begin{array}{cc:cc}0&1&0&0\\0&0&0&0\\\hdashline 1&0&0&1\\0&-1&0&0\end{array}\right],\quad \bar{B}=BF=\left[\begin{array}{c:c}0&0\\1&0\\\hdashline 0&0\\-1&1\end{array}\right],\quad C=\left[\begin{array}{cc:cc}1&0&0&0\\\hdashline 1&0&1&0\end{array}\right]$$

$$G_{\bar{K}F}(s)=C(sI-\bar{A})^{-1}\bar{B}=\begin{bmatrix}\dfrac{1}{s^2}&0\\0&\dfrac{1}{s^2}\end{bmatrix}=\begin{bmatrix}\dfrac{1}{s^{d_1+1}}&0\\0&\dfrac{1}{s^{d_2+1}}\end{bmatrix}$$

4) 将积分型解耦系统化为解耦标准型

经判断，积分型解耦系统 $\sum_{\bar{K}F}(\bar{A},\bar{B},C)$ 能观测。由

$$d_1=1,d_2=1,m_1=d_1+1=2,m_2=d_2+1=2$$

根据式(6-67)可得解耦标准型 $\sum(\tilde{A},\tilde{B},\tilde{C})$ 的系数矩阵为

$$\tilde{A}=T^{-1}\bar{A}T=\left[\begin{array}{cc:cc}0&1&0&0\\0&0&0&0\\\hdashline 0&0&0&1\\0&0&0&0\end{array}\right],\quad \tilde{B}=T^{-1}\bar{B}=\left[\begin{array}{c:c}0&0\\1&0\\\hdashline 0&0\\0&1\end{array}\right],\quad \tilde{C}=CT=\left[\begin{array}{cc:cc}1&0&0&0\\\hdashline 0&0&1&0\end{array}\right]$$

由已知能控且能观测的 $\sum_{\bar{K}F}(\bar{A},\bar{B},C)$、$\sum(\tilde{A},\tilde{B},\tilde{C})$，根据式(6-70)，求出变换矩阵为

$$T=\begin{bmatrix}1&0&0&0\\0&1&0&0\\-1&0&1&0\\-1&-1&0&1\end{bmatrix},\quad T^{-1}=\begin{bmatrix}1&0&0&0\\0&1&0&0\\1&0&1&0\\1&1&0&1\end{bmatrix}$$

5) 针对解耦标准型 $\sum(\tilde{A},\tilde{B},\tilde{C})$，进一步附加状态反馈配置闭环极点

根据解耦标准型 $\sum(\tilde{A},\tilde{B},\tilde{C})$ 的结构，根据式(6-71)，取 2×4 附加状态反馈增益矩阵 $\tilde{K}$ 为两个分块对角线型矩阵，即

$$\tilde{K}=\left[\begin{array}{cc|cc}\tilde{k}_{11} & \tilde{k}_{12} & 0 & 0 \\ \hline 0 & 0 & \tilde{k}_{21} & \tilde{k}_{22}\end{array}\right]$$

则对 $\sum(\tilde{A},\tilde{B},\tilde{C})$ 引入附加状态反馈后的状态矩阵为

$$\tilde{A}-\tilde{B}\tilde{K}=\left[\begin{array}{cc|cc}0 & 1 & 0 & 0 \\ -\tilde{k}_{11} & -\tilde{k}_{12} & 0 & 0 \\ \hline 0 & 0 & 0 & 1 \\ 0 & 0 & -\tilde{f}_{21} & -\tilde{f}_{22}\end{array}\right]$$

因解耦后的两个 SISO 系统均为二维，故将闭环期望极点−3，−3，$-1\pm \mathrm{j}$ 分为两组

$$\lambda_{11}^*=-3，\ \lambda_{12}^*=-3,\text{期望特征多项式为 } p_1^*=s^2+6s+9$$

$$\lambda_{21}^*=-1+\mathrm{j}，\ \lambda_{22}^*=-1-\mathrm{j},\text{期望特征多项式为 } p_2^*=s^2+2s+2$$

则对 $\sum(\tilde{A},\tilde{B},\tilde{C})$ 引入附加状态反馈后的期望系统矩阵为

$$A_{\tilde{K}}^*=\left[\begin{array}{cc|cc}0 & 1 & 0 & 0 \\ -9 & -6 & 0 & 0 \\ \hline 0 & 0 & 0 & 1 \\ 0 & 0 & -2 & -2\end{array}\right]$$

令 $\tilde{A}-\tilde{B}\tilde{K}=A_{\tilde{K}}^*$，解得

$$\tilde{K}=\left[\begin{array}{cc|cc}9 & 6 & 0 & 0 \\ 0 & 0 & 2 & 2\end{array}\right]$$

6) 定出针对原被控系统 $\sum_o(A,B,C)$，满足解耦和闭环期望极点配置要求的输入变换矩阵

$$F=E^{-1}=\begin{bmatrix}1 & 0 \\ -1 & 1\end{bmatrix}$$

$$K=\bar{K}+E^{-1}\tilde{K}T^{-1}=\begin{bmatrix}1 & 0 & 0 & 2 \\ 0 & 0 & 0 & 0\end{bmatrix}+\begin{bmatrix}1 & 0 \\ -1 & 1\end{bmatrix}\begin{bmatrix}9 & 6 & 0 & 0 \\ 0 & 0 & 2 & 2\end{bmatrix}\begin{bmatrix}1 & 0 & 0 & 0 \\ 0 & 1 & 0 & 0 \\ 1 & 0 & 1 & 0 \\ 1 & 1 & 0 & 1\end{bmatrix}=\begin{bmatrix}10 & 6 & 0 & 2 \\ -5 & -4 & 2 & 2\end{bmatrix}$$

相应的闭环解耦控制系统状态空间表达式和传递函数矩阵分别为

$$\begin{cases}\dot{x}=(A-BK)x+BFv=\begin{bmatrix}0 & 1 & 0 & 0 \\ -9 & -6 & 0 & 0 \\ 1 & 0 & 0 & 1 \\ 5 & 3 & -2 & -2\end{bmatrix}x+\begin{bmatrix}0 & 0 \\ 1 & 0 \\ 0 & 0 \\ -1 & 1\end{bmatrix}v \\ y=Cx=\begin{bmatrix}1 & 0 & 0 & 0 \\ 1 & 0 & 1 & 0\end{bmatrix}x\end{cases}$$

$$G_{KF}(s)=C(sI-A+BK)^{-1}BF=\begin{bmatrix}\dfrac{1}{s^2+6s+9} & 0 \\ 0 & \dfrac{1}{s^2+2s+2}\end{bmatrix}$$

在 Matlab 中求解例 6-8 中积分型解耦的程序 syn_decoupled 如下，完成的动态解耦程序见教学资源中的 syn_decoupled.m 文件。

```
% 动态解耦控制 syn_decoupled
A=[0 1 0 0;1 0 0 2;1 0 0 1;0 -1 0 0];B=[0 0;1 0;0 0;0 1];C=[1 0
0 0;1 0 1 0];
symss
[n,p]=size(B);d=[];E=[];L=[];
fori=1:p
CiAkB=0;
for k=0:n-1
if(rank(C(I,:)*A^k*B)~=0)
        d(i)=k; CiAkB=1;
break;
end
end
if(CiAkB==0)
      d(i)=n-1;                    %当 C(I,:)*A^k*B=0 时,di=n-1
end
   L=[L;C(I,:)*A^(d(i)+1)];         %计算 L 矩阵
   E=[E;C(I,:)*A^d(i)*B];           %计算 E 矩阵
end
if(det(E)==0)
   error('无法通过状态反馈实现解耦!')
else
  F=inv(E);Kbar=F*L;                %状态反馈矩阵
Abar=A-B*Kbar;Bbar=B*F;Cbar=C;
  Gs=simplify(Cbar*inv(s*eye(n)-Abar)*Bbar)%解耦后系统传递函数
end
```

6.5 渐近跟踪与鲁棒控制

6.5.1 渐近跟踪与抗干扰控制器问题的描述

考虑图 6-1 所示的状态反馈系统，如果参考输入 v 等于零，系统响应由非零初始状态引发，通过状态反馈增益矩阵使闭环系统响应以期望的速率趋于零，则称此类问题为“调节器问题”。与“调节器问题”密切关联的问题是“跟踪问题”，其主要目标是抑制外部

扰动对系统性能的影响和使系统输出无静差地跟踪参考输入。

考虑通过式(6-2)描述的被控对象能控能观测，同时作用在如图 6-10 所示的 m 维参考输入信号 $y_{\text{ref}}(t)$ 及扰动信号 $w(t)$，则系统状态空间表达式为

$$\begin{cases}\dot{x} = Ax + Bu + B_w w \\ y = Cx + D_w w\end{cases}, \quad x(0) = x_0 \tag{6-74}$$

要求设计控制律 $u(t)$（即“鲁棒控制器”），使闭环系统在稳定的前提下，实现系统输出对参考输入 $y_{\text{ref}}(t)$ 的无静差跟踪，称为“渐近跟踪和扰动抑制”，即

$$\lim_{t\to\infty} y(t) = \lim_{t\to\infty} y_{\text{ref}}(t), \quad \lim_{t\to\infty} e(t) = \lim_{t\to\infty} |y_{\text{ref}}(t) - y(t)| = 0 \tag{6-75}$$

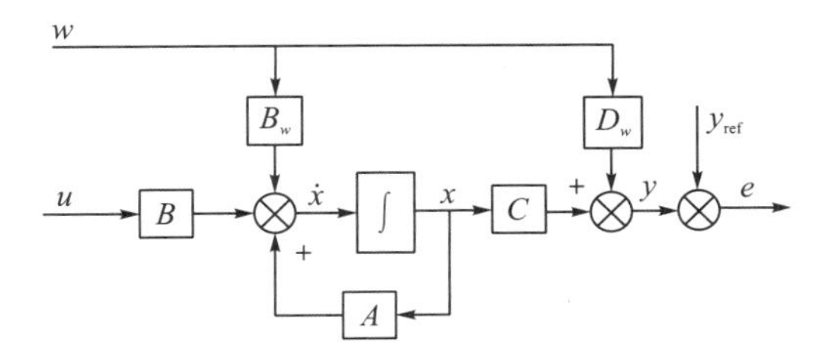

图 6-10　跟踪问题的被控系统结构框图

6.5.2　参考输入和扰动信号建模

鲁棒控制器设计是基于“内模原理”的，即在控制器中植入参考输入和扰动信号的模型，因此，建立参考输入和扰动信号的模型是鲁棒控制器设计的前提。

在时域中，对一般给定信号 $\overline{y}_{\text{ref}}(t)$ 而言，其函数结构、数量参数分别对应于“结构特性”和“非结构特性”。而在频域中，对 $\overline{y}_{\text{ref}}(t)$ 作拉普拉斯变换，得

$$\overline{Y}_{\text{ref}}(s) = L[\overline{y}_{\text{ref}}(t)] = \frac{N(s)}{D(s)} \tag{6-76}$$

式中，$D(s)$ 和 $N(s)$ 分别对应于 $\overline{y}_{\text{ref}}(t)$ 的“结构特性”和“非结构特性”。

例如，阶跃信号 $K \cdot 1(t)$ 的拉普拉斯变换函数为 $\dfrac{K}{s}$，其在时域、频域中的结构特性分别为 $1(t)$、s，而非结构特性均为阶跃幅值 K。正弦信号 $A\sin(\omega t + \theta)$ 拉普拉斯变换函数为 $\dfrac{\beta_1 s + \beta_0}{s^2 + \omega^2}$，其中，$\beta_1 = A\sin\theta$、$\beta_0 = A\omega\cos\theta$，其在时域、频域中的结构特性分别为 $\sin\omega t$、$s^2 + \omega^2$，而非结构特性则分别为幅值 A 和初相位 θ、$(\beta_1 s + \beta_0)$

在鲁棒控制器设计中，主要采用信号结构特性模型。对 $\overline{y}_{\text{ref}}(t)$ 的拉普拉斯变换函数[式(6-76)]，建立其结构特性模型，即建立线性定常自治系统：

$$\begin{cases}\dot{x} = A_{\text{ref}} x \\ \overline{y}_{\text{ref}} = C_{\text{ref}} x\end{cases}, \quad x(0) = x_0 \tag{6-77}$$

式中，$\dim(x) = D(s)$ 的阶次 $\triangleq n_{\overline{y}}$，$A_{\text{ref}}$ 的最小多项式 $= D(s)$；C_{ref} 为 $1 \times n_{\overline{y}}$ 行向量；$x(0)$ 为未知的初始状态向量。

以正弦信号 $A\sin(\omega t + \theta)$ 为例，其结构特征为

$$\begin{cases} \dot{x} = \begin{bmatrix} 0 & 1 \\ -\omega^2 & 0 \end{bmatrix} x, \quad x(0) = x_0 \\ \overline{y}_{\text{ref}} = [1 \quad 0] x \end{cases} \tag{6-78}$$

设图 6-10 中的 m 维参考输入信号为

$$y_{\text{ref}}(t) = \begin{bmatrix} y_{\text{ref}\,1} \\ y_{\text{ref}\,2} \\ \vdots \\ y_{\text{ref}\,m} \end{bmatrix} \tag{6-79}$$

其拉普拉斯变换函数为

$$Y_{\text{ref}}(s) = \begin{bmatrix} Y_{\text{ref}\,1}(s) \\ \vdots \\ Y_{\text{ref}\,m}(s) \end{bmatrix} = \begin{bmatrix} \dfrac{N_{r1}(s)}{D_{r1}(s)} \\ \vdots \\ \dfrac{N_{rm}(s)}{D_{rm}(s)} \end{bmatrix} \tag{6-80}$$

又设多项式 $D_r(s)$ 为 $\{D_{r1}(s),\cdots,D_{rm}(s)\}$ 的最小公倍式；n_r 为 $D_r(s)$ 的阶次，则 m 维参考输入号 $y_{ref}(t)$ 可视为是在未知的初始状态下由结构特性模型[式(6-81)]产生的。

$$\begin{cases} \dot{x}_r = A_r x_r \\ y_{\text{ref}} = C_r x_r \end{cases} \tag{6-81}$$

式中，A_r 为最小多项式等于 $D_r(s)$ 的任一 $n_r \times n_r$ 数值矩阵；C_r 为满足输出为 $y_{\text{ref}}(t)$ 的任一 $m \times n_r$ 矩阵。

同理，建立 m 维扰动信号 $w(t)$ 的结构特性模型为

$$\begin{cases} \dot{x}_w(t) = A_w(t) x_w(t) \\ w(t) = C_w(t) x_w(t) \end{cases} \tag{6-82}$$

式中，A_w、C_w 的构造原则和方法与式(6-81)类似。

实际上，基于内模原理，鲁棒控制器中需要植入的是 m 维参考输入信号 $y_{\text{ref}}(t)$ 及扰动信号 $w(t)$ 的“共同不稳定模型”。因为系统存在惯性，要求任何时刻均满足 $y(t) = y_{\text{ref}}(t)$ 并不现实，故渐近跟踪和扰动抑制仅要求系统具有无静差跟踪特性。若参考输入信号 $y_{\text{ref}}(t)$ 及扰动信号 $w(t)$ 当 $t \to \infty$ 时均趋于零，则只要设计控制律 u 使系统渐近稳定，式(6-75)即可成立，并且可实现无静差跟踪。但在大多数工程问题中，$y_{\text{ref}}(t)$ 及 $w(t)$ 当 $t \to \infty$ 时均不等于零，其中，$t \to \infty$ 时不趋于零的部分对系统稳态输出有影响，称为“不稳定部分”；而当 $t \to \infty$ 时趋于零的部分相应称为“稳定部分”。显然，跟踪问题中仅需考虑 $y_{\text{ref}}(t)$ 及 $w(t)$ 的不稳定部分。与 $y_{\text{ref}}(t)$ 及 $w(t)$ 分解为“稳定部分”和“不稳定部分”相对应，其结构特性模型式(6-81)及式(6-82)的最小多项式相应分解为

$$\begin{cases} A_r\text{的最小多项式} = \overline{\phi}_r(s)\phi_r(s) \\ A_w\text{的最小多项式} = \overline{\phi}_w(s)\phi_w(s) \end{cases} \tag{6-83}$$

式中，$\bar{\phi}_r(s)=0$ 和 $\bar{\phi}_w(s)=0$ 的根具有负实部即为渐近稳定；$\phi_r(s)=0$ 和 $\phi_w(s)=0$ 的根均具有非负实部，即为不稳定。设

$$\phi(s)=\phi_r(s)\text{和}\phi_w(s)\text{的最小公倍式}=s^l+\alpha_1 s^{l-1}+\cdots+\alpha_{l-1}s+\alpha_l \tag{6-84}$$

则以跟踪误差 $e(t)=y_{ref}(t)-y(t)$ 为输入的 m 维参考输入信号 $y_{ref}(t)$ 和扰动信号 $w(t)$ 共同不稳定模型为

$$\begin{cases}\dot{x}_c=A_c x_c+B_c e\\ y_c=x_c\end{cases} \tag{6-85}$$

式中，

$$A_c=\begin{bmatrix}\Gamma & & \\ & \ddots & \\ & & \Gamma\end{bmatrix}_{ml\times ml},\quad B_c=\begin{bmatrix}\beta & & \\ & \ddots & \\ & & \beta\end{bmatrix}_{ml\times ml}$$
$$\Gamma=\begin{bmatrix}0 & 1 & \cdots & 0\\ \vdots & \vdots & \ddots & \vdots\\ 0 & 0 & \cdots & 1\\ -\alpha_l & -\alpha_{l-1} & \cdots & -\alpha_1\end{bmatrix}_{l\times l},\quad \beta=\begin{bmatrix}0\\ \vdots\\ 0\\ 1\end{bmatrix}_{l\times 1} \tag{6-86}$$

6.5.3　内模原理与鲁棒控制器

针对图 6-10 所示的被控系统，设其状态完全能控，实现无静差跟踪的鲁棒控制器由镇定补偿器和伺服补偿器组成，如图 6-11 所示。其中，镇定补偿器采用被控系统的状态反馈控制律：

$$u_2=Kx \tag{6-87}$$

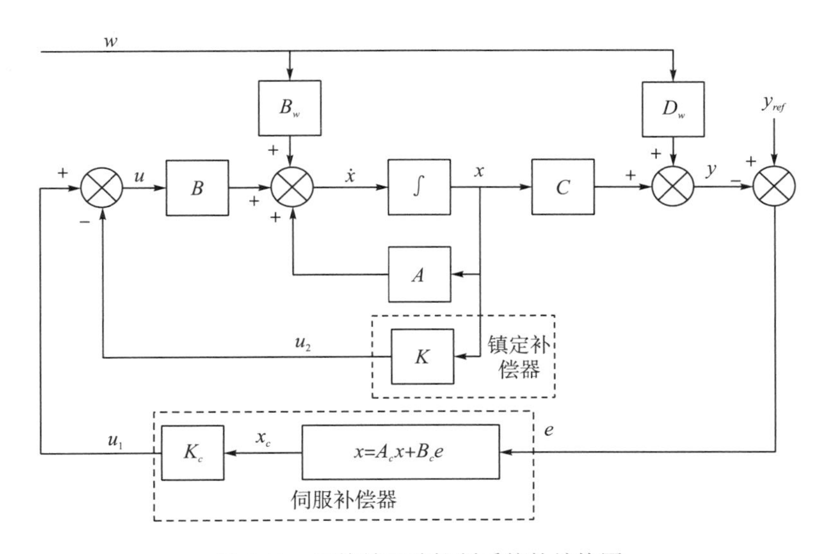

图 6-11　无静差跟踪控制系统的结构图

实现整个反馈系统镇定；伺服补偿器则采用参考输入信号 $y_{ref}(t)$ 和扰动信号 $w(t)$ 共同不稳定模型[式(6-85)]与比例型控制律(即增益矩阵 K_c)串联，以实现渐近跟踪和扰动抑制。

$$\begin{cases}\dot{x}_c = A_c x_c + B_c e \\ u_1 = K_c x_c\end{cases} \tag{6-88}$$

其中，伺服补偿器中包含的参考输入信号 $y_{ref}(t)$ 和扰动信号 $w(t)$ 的共同不稳定模型被称为“内模”。在系统渐近稳定的前提下，利用在系统内部植入一个内模，以实现无静差跟踪的原理称为“内模原理”。

内模原理实质上是经典控制理论中一阶无静差控制和二阶无静差控制的推广。在一阶、二阶无静差控制系统中，要求系统在渐近稳定的前提下分别包含一阶、二阶积分环节，其可分别被视为植入系统内部的阶跃、斜坡参考输入信号的(不稳定)模型(即内模)，从而分别实现对阶跃型、斜坡型参考输入的渐近跟踪。

根据图 6-11 可得无静差跟踪控制系统的状态方程为

$$\begin{bmatrix}\dot{x} \\ \dot{x}_c\end{bmatrix} = \begin{bmatrix}A & 0 \\ -B_c C & A_c\end{bmatrix}\begin{bmatrix}x \\ x_c\end{bmatrix} + \begin{bmatrix}B \\ 0\end{bmatrix}u + \begin{bmatrix}B_w \\ -B_c D_w\end{bmatrix}w + \begin{bmatrix}0 \\ B_c\end{bmatrix}y_{ref} \tag{6-89}$$

式中，u 为状态反馈控制律。

$$u = u_1 - u_2 = K_c x_c - Kx = [-K \quad K_c]\begin{bmatrix}x \\ x_c\end{bmatrix} \tag{6-90}$$

显然，只要系统[式(6-89)]能控，则通过式(6-90)可使图 6-11 所示系统渐近稳定，即当 $t \to \infty$ 时，跟踪误差 $e(t) = y_{ref}(t) - y(t) \to 0$，从而实现无静差跟踪，即对于任何由模型式(6-81)和式(6-82)生成的参考输入信号 $y_{ref}(t)$ 和扰动信号 $w(t)$，式(6-75)均成立。为此，对于系统[式(6-89)]完全能控有如下结论。

定理 6-9 无静差跟踪控制系统[式(6-89)]完全能控的充分条件如下。

(1) 被控系统的输入维数大于等于输出维数，即 $\dim(u) \geqslant \dim(y)$。

(2) 对参考输入信号 $y_{ref}(t)$ 和扰动信号 $w(t)$ 共同不稳定代数方程 $\phi(s)=0$ 的每个根 s_i，均有

$$\operatorname{rank}\begin{bmatrix}s_i I - A & B \\ -C & 0\end{bmatrix} = n + m, \quad i = 1,2,\cdots,l \tag{6-91}$$

证明： 记

$$Q(s) = \begin{bmatrix}sI - A & 0 & \vdots B \\ B_c C & sI - A_c & \vdots 0\end{bmatrix} \tag{6-92}$$

则由 PBH 秩判据知，若

$$\operatorname{rank} Q(s) = n + ml, \quad \forall s \in C \tag{6-93}$$

则系统式(6-89)能控。因为$\{A, B\}$能控，故有

$$\operatorname{rank}[sI - A \ \ \vdots \ \ B] = N, \quad \forall s \in C \tag{6-94}$$

由 $y_{ref}(t)$ 和 $\omega(t)$ 共同不稳定模型[式(6-85)]的状态矩阵 A_c 结构及式(6-94)，对 $\phi(s) = 0$ 的根以外的所有 s，有

$$\operatorname{rank} Q(s) = n + ml \tag{6-95}$$

$$Q(s)=\left[\begin{array}{cc|c} sI-A & 0 & B \\ B_cC & sI-A_c & 0 \end{array}\right]$$

$$=\begin{bmatrix} I_n & 0 & 0 \\ 0 & -B_c & -(sI-A_c) \end{bmatrix}\begin{bmatrix} sI-A & 0 & B \\ -C & 0 & 0 \\ 0 & -I_{ml} & 0 \end{bmatrix} \tag{6-96}$$

且由 (A_c,B_c) 为能控结构形式，有

$$\operatorname{rank}\begin{bmatrix} I_n & 0 & 0 \\ 0 & -B_c & -(sI-A_c) \end{bmatrix}=n+ml\text{，}\quad \forall s\in C \tag{6-97}$$

而由该定理中条件(1)和条件(2)，有

$$\operatorname{rank}\begin{bmatrix} sI-A & 0 & B \\ -C & 0 & 0 \\ 0 & -I_{ml} & 0 \end{bmatrix}=n+m+ml\text{，}\quad \forall \phi(s)=0\ \text{的根} \tag{6-98}$$

由于对任意 $\alpha\times\beta$ 矩阵 P_1 和 $\beta\times\gamma$ 矩阵 P_2，下述西尔维斯特矩阵不等式：

$$\operatorname{rank}P_1+\operatorname{rank}P_2-\beta\leqslant\operatorname{rank}P_1P_2\leqslant\min\{\operatorname{rank}P_1,\quad \operatorname{rank}P_2\} \tag{6-99}$$

成立，故由式(6-96)、式(6-97)和式(6-98)，对 $\phi(s)=0$ 的所有根，均有

$$(n+ml)+(n+m+ml)-(n+m+ml)=n+ml\leqslant\operatorname{rank}Q(s)\leqslant n+ml \tag{6-100}$$

成立，即

$$\operatorname{rank}Q(s)=n+ml\text{，}\quad \forall\phi(s)=0\ \text{的根} \tag{6-101}$$

联合式(6-95)和式(6-100)可得

$$\operatorname{rank}Q(s)=n+ml\text{，}\quad \forall s\in C \tag{6-102}$$

从而证得系统[式(6-89)]完全能控。证明完成。

例 6-9　设 SISO 被控对象的传递函数为 $G_o(s)=\dfrac{1}{s^2-2s-1}$，试设计鲁棒控制器，使得系统输出可渐近跟踪正弦参考输入 $y_{\text{ref}}(t)=A\sin(\omega t+\theta)$，其中，已知 $\omega=1\text{rad/s}$，幅值 A 和初相位 θ 未知，即已知参考输入 $y_{\text{ref}}(t)$ 的结构特性，未知其非结构特性。

解：采用基于内模原理的无静差跟踪控制系统，如图 6-11 所示，设计使系统实现无静差跟踪的镇定补偿器和伺服补偿器。

被控对象的能控标准型状态空间实现为

$$\Sigma_o(A,B,C):\begin{cases} \dot{x}=\begin{bmatrix} 0 & 1 \\ 1 & 2 \end{bmatrix}x+\begin{bmatrix} 0 \\ 1 \end{bmatrix}u \\ y=[1\quad 0]x \end{cases}$$

正弦参考输入 $y_{\text{ref}}(t)=A\sin(\omega t+\theta)=A\sin(t+\theta)$ 的结构特征为 s^2+1，则参考输入信号的不稳定模型为

$$\dot{x}_c=A_cx_c+B_ce$$

其中，$A_c=\begin{bmatrix} 0 & 1 \\ -\omega^2 & 1 \end{bmatrix}=\begin{bmatrix} 0 & 1 \\ -1 & 1 \end{bmatrix}$；$B_c=\begin{bmatrix} 0 \\ 1 \end{bmatrix}$；$e=y_{\text{ref}}-y(t)$。

则根据式(6-89)，不考虑扰动情况，无静差跟踪控制系统的状态方程为

$$\begin{bmatrix} \dot{x} \\ \dot{x}_c \end{bmatrix} = \begin{bmatrix} A & 0 \\ -B_c C & A_c \end{bmatrix} \begin{bmatrix} x \\ x_c \end{bmatrix} + \begin{bmatrix} B \\ 0 \end{bmatrix} u + \begin{bmatrix} 0 \\ B_c \end{bmatrix} y_{\text{ref}}$$

将式(6-90)代入上式，并设 $K_c = [k_{c11} \quad k_{c12}]$，$K = [k_{21} \quad k_{22}]$，得闭环系统状态方程：

$$\begin{bmatrix} \dot{x} \\ \dot{x}_c \end{bmatrix} = \begin{bmatrix} A - BK & BK_c \\ -B_c C & A_c \end{bmatrix} \begin{bmatrix} x \\ x_c \end{bmatrix} + \begin{bmatrix} 0 \\ B_c \end{bmatrix} y_{\text{ref}}$$

$$= \left[\begin{array}{cc|cc} 0 & 1 & 0 & 0 \\ 1-k_{21} & 2-k_{22} & k_{c11} & k_{c22} \\ \hline 0 & 0 & 0 & 1 \\ -1 & 0 & -1 & 0 \end{array}\right] \begin{bmatrix} x \\ \hline x_c \end{bmatrix} + \begin{bmatrix} 0 \\ 0 \\ 0 \\ 1 \end{bmatrix} y_{\text{ref}} \triangleq A_{KK_c} \begin{bmatrix} x \\ x_c \end{bmatrix} + \begin{bmatrix} 0 \\ 0 \\ 0 \\ 1 \end{bmatrix} y_{\text{ref}}$$

则闭环系统状态矩阵的特征多项式为

$$\begin{aligned} p_{KK_c}(s) &= \det(sI - A_{KK_c}) \\ &= s^4 + (k_{22} - 2)s^3 + k_{21}s^2 + (k_{22} + k_{c12} - 2)s + (k_{21} + k_{c11} - 1) \end{aligned}$$

指定闭环系统期望极点为 $s_{1,2}^* = -1 \pm \text{j}$，$s_3^* = -6$，$s_4^* = -6$，对应的期望闭环特征多项式为

$$p^*(s) = s^4 + 14s^3 + 62s^2 + 96s + 72$$

令 $p_{KK_c}(s) = p^*(s)$，解得 $k_{c11} = 11$，$k_{c12} = 82$，$k_{21} = 62$，$k_{22} = 16$。

定出镇定补偿器为

$$u_2 = Kx = [62 \quad 16]x$$

定出伺服补偿器为

$$\dot{x}_c = A_c x_c + B_c e = \begin{bmatrix} 0 & 1 \\ -1 & 0 \end{bmatrix} x_c + \begin{bmatrix} 0 \\ 1 \end{bmatrix} e$$

$$u_1 = K_c x_c = [11 \quad 82]x_c$$

总的控制律为

$$u = u_1 - u_2 = K_c x_c - Kx = [-62 \quad -16 \mid 11 \quad 82] \begin{bmatrix} x \\ \hline x_c \end{bmatrix}$$

例 6-10 给定带有干扰作用的 SISO 被控系统：

$$\begin{cases} \dot{x} = Ax + Bu + B_w \omega = \begin{bmatrix} -1 & 0 & 0 \\ 0 & -2 & -3 \\ 1 & 0 & 1 \end{bmatrix} x + \begin{bmatrix} 1 \\ 0 \\ 0 \end{bmatrix} u + \begin{bmatrix} 0 \\ 1 \\ 0 \end{bmatrix} \omega \\ y = Cx = [1 \quad 2 \quad 0]x \end{cases}$$

已知参考输入信号 $y_{\text{ref}}(t)$ 及扰动信号 $w(t)$ 均为阶跃函数，试设计使系统实现无静差跟踪的鲁棒控制器。

解： 1) 建立 $y_{\text{ref}}(t)$ 及 $w(t)$ 的共同不稳定模型

因 $y_{\text{ref}}(t)$ 及 $w(t)$ 均为阶跃函数，故 $\phi_r(s) = s$，$\phi_w(s) = s$，则其最小公倍式为 $\phi(s) = s$，$y_{\text{ref}}(t)$ 和 $w(t)$ 的共同不稳定模型为

$$\dot{x}_c = A_c x_c + B_c e = [0]x_c + [1]e$$

其中，$e = y_{\text{ref}}(t) - y(t)$。

2）鲁棒控制器存在条件判断

因 $\dim(u)=\dim(y)=1$，又对 $\phi(s)=s=0$ 的根，有

$$\operatorname{rank}\begin{bmatrix} -A & B \\ -C & 0 \end{bmatrix} = \operatorname{rank}\begin{bmatrix} 1 & 0 & 0 & 1 \\ 0 & 2 & 3 & 0 \\ -1 & 0 & -1 & 0 \\ -1 & -2 & 0 & 0 \end{bmatrix} = 4 = n+m$$

故基于内模原理的无静差跟踪控制系统能控，鲁棒控制器存在。

3）建立基于内模原理的无静差跟踪控制系统状态方程

根据式(6-89)得

$$\begin{bmatrix} \dot{x} \\ \dot{x}_c \end{bmatrix} = \begin{bmatrix} A & 0 \\ -B_c C & A_c \end{bmatrix}\begin{bmatrix} x \\ x_c \end{bmatrix} + \begin{bmatrix} B \\ 0 \end{bmatrix} u + \begin{bmatrix} B_w \\ 0 \end{bmatrix} w + \begin{bmatrix} 0 \\ B_c \end{bmatrix} y_{\text{ref}}$$

将状态反馈控制律[式(6-90)]代入上式，并设 $K=[k_1 \quad k_2 \quad k_3]$，得闭环系统状态方程：

$$\begin{aligned}
\begin{bmatrix} \dot{x} \\ \dot{x}_c \end{bmatrix} &= \begin{bmatrix} A-BK & Bk_c \\ -B_c C & A_c \end{bmatrix}\begin{bmatrix} x \\ x_c \end{bmatrix} + \begin{bmatrix} B_w \\ 0 \end{bmatrix} w + \begin{bmatrix} 0 \\ B_c \end{bmatrix} y_{\text{ref}} \\
&= \left[\begin{array}{ccc:c} -1-k_1 & -k_2 & -k_3 & k_c \\ 0 & -2 & -3 & 0 \\ 1 & 0 & 1 & 0 \\ \hdashline -1 & -2 & 0 & 0 \end{array}\right]\begin{bmatrix} x_1 \\ x_2 \\ x_3 \\ \hdashline x_c \end{bmatrix} + \begin{bmatrix} 0 \\ 1 \\ 0 \\ 0 \end{bmatrix} w + \begin{bmatrix} 0 \\ 0 \\ 0 \\ 1 \end{bmatrix} y_{\text{ref}} \\
&\triangleq A_{KK_c}\begin{bmatrix} x \\ x_c \end{bmatrix} + \begin{bmatrix} B_w \\ 0 \end{bmatrix} w + \begin{bmatrix} 0 \\ B_c \end{bmatrix} y_{\text{ref}}
\end{aligned}$$

相应的闭环系统特征多项式为

$$\begin{aligned}
p_{KK_c}(s) &= \det(sI - A_{KK_c}) \\
&= s^4 + (2+k_1)s^3 + (k_1+k_3+k_c-1)s^2 + (-2k_1-3k_2+2k_3+k_c-2)s - 8k_c
\end{aligned}$$

4）设计镇定补偿器和伺服补偿器

基于内模原理的无静差跟踪控制系统能控，通过状态反馈可任意配置极点。指定闭环系统期望极点为 $s_{1,2}^*=-1\pm \mathrm{j}$，$s_3^*=-3$，$s_4^*=-3$ 对应的期望闭环特征多项式为

$$p^*(s) = s^4 + 8s^3 + 23s^2 + 30s + 18$$

令 $p_{KK_c}(s)=p^*(s)$，解得

$$u_1 = k_c x_c = \begin{bmatrix} \dfrac{-9}{4} \end{bmatrix} x_c$$

故所求控制律为 $u = u_1 - u_2 = k_c x_c - Kx = \left[\begin{array}{ccc:c} -6 & \dfrac{23}{12} & \dfrac{-81}{4} & \dfrac{-9}{4} \end{array}\right]\begin{bmatrix} x \\ \hdashline x_c \end{bmatrix}$。

基于内模原理的无静差跟踪控制系统状态变量图如图 6-12 所示，图中 $y_{\text{ref}}(t)$ 及 $w(t)$ 均为阶跃函数。

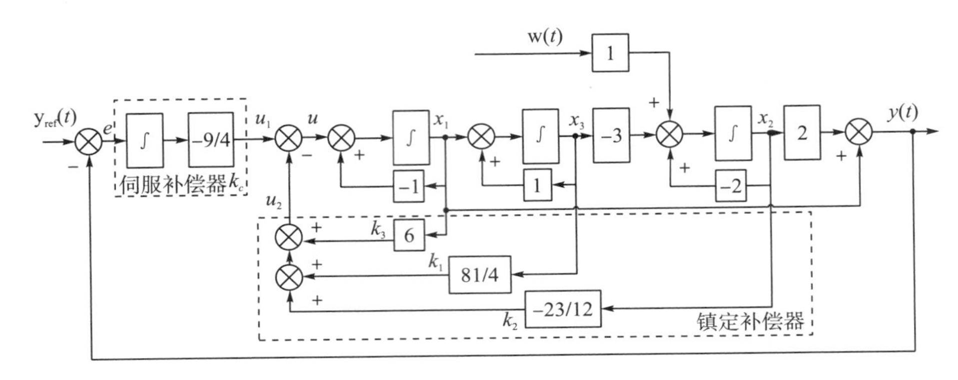

图 6-12 例 6-10 的无静差跟踪控制系统状态变量图

基于内模原理实现无静差跟踪控制的优点之一是对除内模以外的系统参数摄动具有很强的鲁棒性，当这类参数发生变化时，只要闭环控制系统仍保持为渐近稳定，则被控对象的输出仍可渐近跟踪参考输入信号。但基于内模原理的无静差跟踪控制系统对内模参数的变化[式(6-84)所示 $\phi(s)$ 系数的变化]不具有鲁棒性。实际上，内模控制的本质是依靠 $\phi(s)=0$ 的根与参考输入信号 $y_{\text{ref}}(t)$ 及扰动信号 $w(t)$ 的不稳定极点精确相消，以实现渐近跟踪和扰动抑制的目标。显然，内模参数的任何变化均使得这种精确相消不能实现，从而实现不了无静差跟踪。但在大多数工程问题中，由于 $y_{\text{ref}}(t)$ 和 $w(t)$ 有界，即使内模参数有变化或工程实现存在误差，系统输出仍能以有限静差跟踪参考输入 $y_{\text{ref}}(t)$。

6.5.4 具有输入变换的稳态精度与跟踪控制

当外部给定参考信号为定值，并且仅以消除输出对外部给定参考信号的稳态误差为目标，即要求系统具有良好的稳态性能时，实际控制系统中也通过在状态反馈控制的基础上加上输入变换来达到零稳态误差的跟踪控制目标。

考虑线性定常被控系统 $\sum_0(A,B,C)$ 的状态空间表达式为

$$\begin{cases}\dot{x}=Ax+Bu, \\ y=Cx\end{cases} \quad x(0)=x_0$$

式中，x、u、y 分别为 n 维、r 维、m 维列向量；A、B、C 分别为 $n\times n$、$n\times r$、$m\times n$ 实数矩阵。

如图 6-13 所示，被控系统的控制输入为

$$u=Hv-Kx \tag{6-103}$$

式中，K 为 $r\times n$ 状态反馈增益实数阵；v 为定值参考输入列向量，在跟踪控制中通常应与输出向量维数相同，即 m 维；$H\in\mathfrak{R}^{r\times m}$ 为输入变换矩阵，称为前置补偿器。如果输入输出维数不相同，则需要对输出状态进行设定。

闭环系统状态空间表达式为

$$\begin{cases}\dot{x}=(A-BK)x+BHv \\ y=Cx\end{cases} \tag{6-104}$$

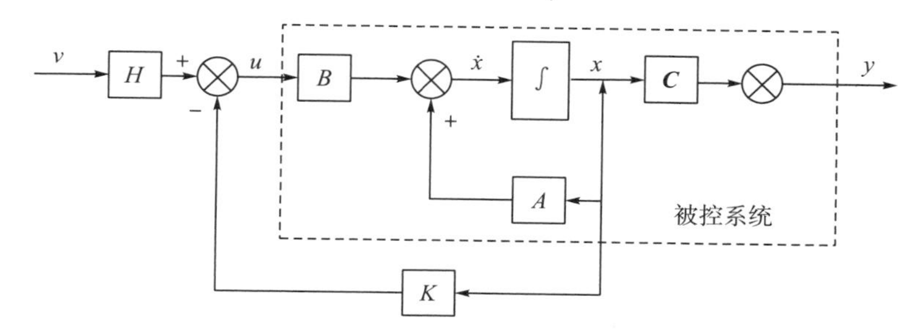

图 6-13　具有输入变换的稳态精度与跟踪控制结构框图

当系统稳定后平衡态和输出为

$$\dot{x}_e=(A-BK)x_e+BHv=0,\quad y_e=Cx_e$$

根据控制目标要求输出 $y_e=v$，所以

$$x_e=(-A+BK)^{-1}BHv$$

$$C(-A+BK)^{-1}BH=I$$

$$H=[C(-A+BK)^{-1}B]^{-1}$$

对于 SISO 系统，$m=r=1$，故有

$$H=\frac{1}{c(-A+bK)^{-1}b}$$

例 6-11　第 1 章中电动平衡车模型由车体和车轮组成，中间通过枢轴销连接。只考虑车体保持直立和直线运动，其开环特性近似于近平面独轮车，以车体俯仰角 θ 和车轮转角 α 及其相应角速度为状态变量，即 $\dot{x}=(\alpha,\theta,\dot{\alpha},\dot{\theta})$，假设通过里程计测量平衡车转角 α，其状态空间模型如下：

$$\begin{cases}\dot{x}=\begin{bmatrix}0 & 0 & 1 & 0\\ 0 & 0 & 0 & 1\\ 0 & -25.64 & 0 & 0\\ 0 & 8.85 & 0 & 0\end{bmatrix}x+\begin{bmatrix}0\\ 0\\ 1.96\\ -0.34\end{bmatrix}u\\ y=[1\quad 0\quad 0\quad 0]x\end{cases}$$

在没有输入作用的情况下电动平衡车是一个不稳定的能控能观测系统，试设计电动平衡车保持在给定位置时的反馈控制器，将所有极点配置在−2 附近。

解： 利用 Matlab 计算状态反馈矩阵 K 和前置补偿矩阵 H，程序代码 syn_preH 如下：

```
%具有输入变换的稳态精度与跟踪控制 syn_preH
A=[0 0 1 0;0 0 0 1;0 -25.641 0 0;0 8.8462 0 0];
B=[0;0;1.9658;-0.3449];
C=[1 0 0 0];
pole=[-2;-2.1;-2.2;-2.3];          %期望极点
K=acker(A,B,pole);                 %极点配置
H= inv(C*inv(B*K-A)*B);            %计算前置补偿器
```

系统输出 K=[−2.4867 −120.1640 −4.6390 −51.3752]，前置补偿器 H=−2.4867，故控制器算法 $u=-Kx+Hv$ 。构建 Sinmulink 程序对控制器进行仿真，如图 6-14，设输入为单位阶跃信号，即 $v=1(t)$ ，系统输出响应如图 6-15 所示。

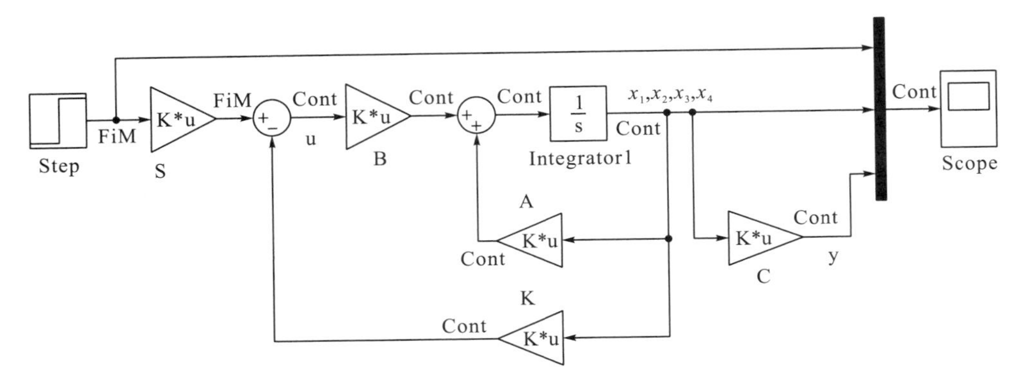

图 6-14　电动平衡车仿真模型

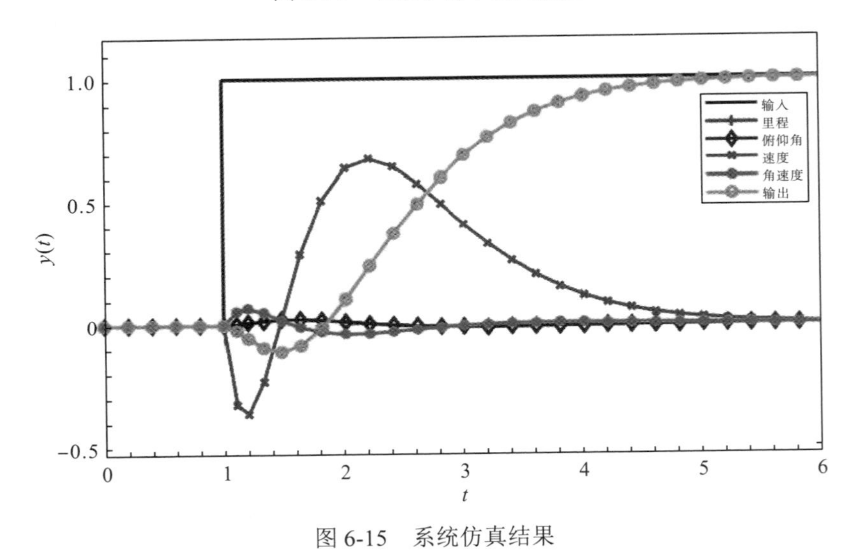

图 6-15　系统仿真结果

从图 6-15 可以看出，在 $v=1(t)$ 的单位阶跃输入作用下，系统 4 个状态变量位移、俯仰角、速度、角速度的输出响应都是稳定的，且系统输出 $y=x_1$ 能准确跟踪参考输入 v。

6.6　状态观测器

状态反馈是改善系统性能的重要方法，其不仅可以改善被控系统的稳定性、稳态误差和动态品质，而且可以实现闭环系统的解耦控制和最优控制。状态反馈实现的前提是获得系统全部状态信息，然而，状态变量并不一定是系统的物理量，一方面，选择状态变量的这种自由性本是状态空间综合法的优点之一，但这也使得系统的所有状态变量不一定都能直接被量测；另一方面，有些状态变量即使可测，其所需传感器的价格也可能会过高。状态观测或状态重构是克服这些困难的有效途径。龙伯格提出状态观测器理论，解决了确定性条件下系统状态重构问题，从而使状态反馈成为一种可实现的控制策略。

6.6.1　状态重构与状态观测器定义

定义 6-1　设连续时间线性时不变系统$\Sigma(A,B,C)$的状态向量x不能直接量测，构造与Σ具有相同属性的一个线性时不变系统$\hat{\Sigma}$，利用Σ可直接量测的输出y和输入u作为$\hat{\Sigma}$的输入，并使$\hat{\Sigma}$状态$\hat{x}$渐近于Σ状态x，即$\lim\limits_{t\to\infty}|\hat{x}-x|=0$，称$\hat{\Sigma}$状态$\hat{x}$为被观测系统$\Sigma$状态$x$的重构状态，所构造系统$\hat{\Sigma}$为被观测系统$\Sigma$的一个状态观测器。状态重构与状态观测器的直观含义如图 6-16 所示。

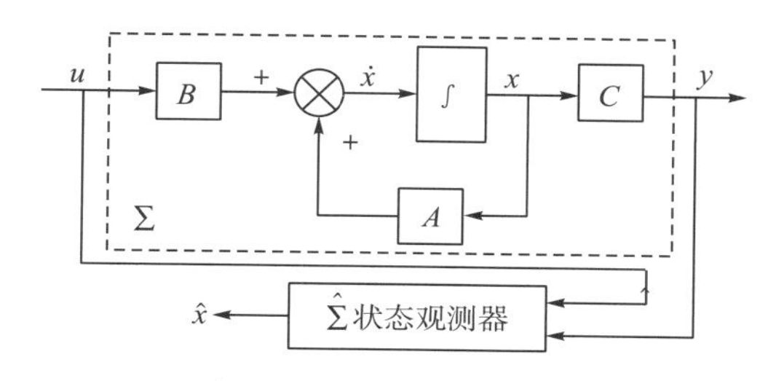

图 6-16　状态重构与状态观测器

观测器可以从功能和结构两个方面进行分类。从功能角度可把观测器分类为状态观测器和函数观测器。状态观测器以重构被观测系统状态为目标；函数观测器以重构被观测系统状态的函数[如反馈线性函数Kx（K为常数）]为目标。其特点是，当$t\to\infty$（即系统达到稳态）时可使重构输出w完全等同于被观测状态函数。其优点是在维数上低于状态观测器。从结构角度可把状态观测器分为全维观测器和降维观测器。维数等于被观测系统的状态观测器称为全维观测器，维数小于被观测系统的状态观测器称为降维观测器。降维观测器在结构上较全维观测器简单，全维观测器在抗噪声影响上较降维观测器优越。

6.6.2　全维观测器设计

考虑n维连续时间线性时不变被观测系统$\Sigma(A,B,C)$：

$$\begin{cases}\dot{x}=Ax+Bu \\ y=Cx\end{cases},\quad x(0)=x_0 \tag{6-105}$$

其中，$A\in\mathfrak{R}^{n\times n}$；$B\in\mathfrak{R}^{n\times r}$；$C\in\mathfrak{R}^{m\times n}$，状态$x$不能直接量测，输出$y$和输入$u$是可以利用的。

1. 全维观测器构造思路

构建状态观测器的直观思路是构造一个与原系统Σ结构和参数相同的重构系统$\hat{\Sigma}$来观测原系统的实际状态$x(t)$，原系统Σ和重构系统$\hat{\Sigma}$具有相同的输入，如图 6-16 所示。显然，原系统Σ和重构系统$\hat{\Sigma}$中系数矩阵A、B、C相同，只要设置两系统的初始状态相同，即$\hat{x}(t_0)=x(t_0)$，则可保证重构状态$\hat{x}(t)$与系统的实际状态$x(t)$始终相同。这对于一些理想情形是可行的。只要原系统Σ能观，根据输入和输出的测量值总能计算出原系统的初态$x(t_0)$，但每次应用图6-16所示的观测器均要计算$x(t_0)$并设置$\hat{x}(t_0)$，计算量太大。同时，对系统矩阵A包含不稳定特征值情形，只要初始状态x_0和$\hat{x}_0$存在很小的偏差，系统状态$x(t)$和重构状态$\hat{x}(t)$的偏差就会随t增加而扩散或振荡，不可能满足渐近等价目标。即使对系统矩阵A为稳定情形，尽管系统状态$x(t)$和重构状态$\hat{x}(t)$最终趋于渐近等价，但收敛速度不能由设计者按期望要求来综合，从控制工程角度这是不允许的。此外，对系统矩阵A出现摄动情形，开环型状态观测器系数矩阵不能相应调整，从而使系统状态$x(t)$和重构状态$\hat{x}(t)$的偏差情况变坏。因此，一般而言，图6-16所示的开环观测器并无实用价值。

为了消除或降低上述问题的影响，应用反馈控制原理对图6-16所示的开环观测器进行改进，形成闭环型状态观测器是必须的。具体而言，引入观测误差$\Delta x(t)=\hat{x}(t)-x(t)$负反馈，以不断修正重构系统，加快观测误差趋于零的速度。但$\Delta x(t)$不可直接量测，而$\Delta x(t)\neq 0$对应$\hat{y}(t)-y(t)=C\hat{x}(t)-Cx(t)\neq 0$，且系统输出估计值与实际值的误差$\hat{y}(t)-y(t)$可量测，故引入输出偏差$\hat{y}(t)-y(t)$负反馈至观测器的$\dot{\hat{x}}$处，构成以$u$和$y$为输入、$\hat{x}(t)$为输出的闭环渐近状态观测器，如图6-17所示。其采用了输出反馈的结构，是一种较实用的观测器结构。

2. 全维观测器状态空间描述

对图6-17所示的全维状态观测器，可以导出

$$\dot{\hat{x}}=A\hat{x}+L(y-\hat{y})+Bu,\quad \hat{x}(0)=\hat{x}_0 \tag{6-106}$$

$$\hat{y}=C\hat{x} \tag{6-107}$$

将式(6-107)代入式(6-106)，整理可得全维状态观测器的状态空间描述为

$$\dot{\hat{x}}=(A-LC)\hat{x}+Ly+Bu,\quad \hat{x}(0)=\hat{x}_0 \tag{6-108}$$

相应结构图如图6-18所示，虚线框内为被观测系统，虚线框外为全维状态观测器。

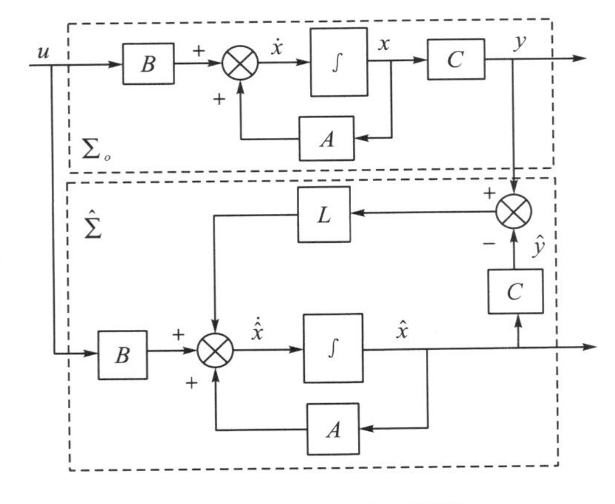

图6-17 全维状态观测器

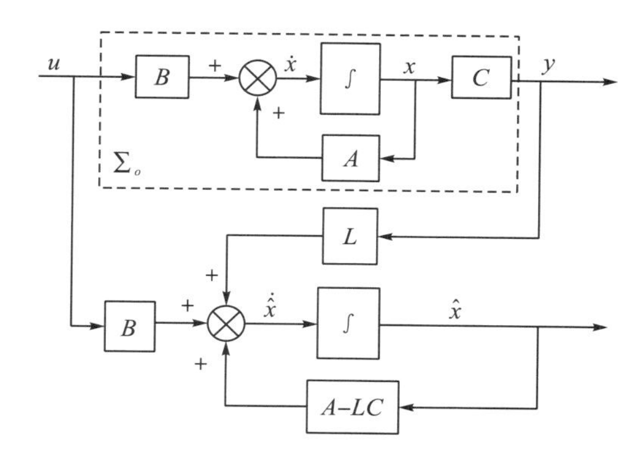

图 6-18 全维状态观测器的结构图

3. 全维状态观测误差

图 6-18 中，x 为被观测系统状态；$\hat{x}$ 为观测器状态(即重构状态)，则观测偏差的状态方程为

$$\begin{aligned}\dot{\tilde{x}} &= \dot{x}-\dot{\hat{x}}=(Ax+Bu)-[(A-LC)\hat{x}+LCx+Bu]\\ &=(A-LC)(x-\hat{x})\\ &=(A-LC)\tilde{x}\end{aligned} \tag{6-109}$$

由 $\tilde{x}=x-\hat{x}$ 直接导出初始条件为 $\tilde{x}(0)=\tilde{x}_0 \triangleq x_0-\hat{x}_0$。在初始条件下对式(6-109)求解，即可得全维状态观测器的观测偏差表达式为

$$\tilde{x}=e^{(A-LC)}\tilde{x}_0,\quad t\geqslant 0 \tag{6-110}$$

4. 全维状态观测器的存在条件

定理 6-10 构造如图 6-18 所示的全维状态观测器，充分必要条件是被观测系统 Σ 不能观测部分为渐近稳定，充分条件为被观测系统 (A,C) 完全能观测。

证明： 基于对偶原理，能观测性 (A,C) 等价于能控性 $(A^{\mathrm{T}},C^{\mathrm{T}})$。由定理 6-7 可知，对于线性定常时不变系统采用状态反馈只能使原能控子系统渐近稳定，而不能控子系统必须为渐近稳定。通过引入反馈矩阵 L 构造全维观测器只能使能观测子系统渐近稳定，因此，必须要求被观测系统的不能观测子系统为渐近稳定，才能保证状态观测器的状态观测误差趋于零，即 $\lim\limits_{t\to\infty}\tilde{x}(t)=0$，也就是使得重构状态 $\hat{x}$ 渐近于原状态 x，即 $\lim\limits_{t\to\infty}\hat{x}(t)=\lim\limits_{t\to\infty}x(t)$。证明完成。

5. 全维状态观测器的极点配置

定理 6-11 对 n 维全维状态观测器，存在 $n\times m$ 反馈矩阵 L 可任意配置观测器全部特征值的充分必要条件为被观测系统 (A,C) 完全能观测。

证明： 由对偶原理可知，$\Sigma(A,B,C)$ 能观测，则其对偶系统 $\tilde{\Sigma}(A^{\mathrm{T}},C^{\mathrm{T}},B^{\mathrm{T}})$ 能控。根据极点配置定理可知，采用状态反馈矩阵 K 可对 $\tilde{\Sigma}(A^{\mathrm{T}},C^{\mathrm{T}},B^{\mathrm{T}})$ 进行任意极点配置，即将其闭环系统 $\tilde{\Sigma}_c(A^{\mathrm{T}}-C^{\mathrm{T}}K,C^{\mathrm{T}},B^{\mathrm{T}})$ 的极点配置到期望位置，也就是将 $(A^{\mathrm{T}}-C^{\mathrm{T}}K)$ 的特征值配

置在复平面任意位置。根据矩阵转置不改变其特征值，可断定若取 $L=K^{\mathrm{T}}$，则可以将 $(A^{\mathrm{T}}-C^{\mathrm{T}}K)=(A-LC)$ 的特征值任意配置。

应该指出，状态观测器任意配置极点的条件是原系统的状态必须是完全能观测的。当系统不完全能观测，但其不能观测子系统为渐近稳定时，仍可以构造状态观测器。但这时不能任意配置闭环观测器的极点，故状态观测误差 $\tilde{x}$ 趋于零，即 $\hat{x}(t)$ 逼近 $x(t)$ 的速度将不能任意控制，而要受限于不能观测子系统的极点。

6. 观测器极点的选取

观测器极点的选取可以与控制器极点的选取采用相似的主导极点方法。作为一个经验法则，可以将观测器极点选得比控制器极点快 2~6 倍。这保证了观测器误差与期望动态相比衰减得更快，从而使得控制器极点控制整个响应过程。如果传感器噪声比较大，以致成为一个主要考虑的因素，则可将观测器极点选的比 2 倍控制器极点慢一些，这样得到一个带宽较低、噪声滤波更好的系统。然而，我们期望在这种情况下整个系统的响应能够强烈地受观测器极点位置的影响，如果观测器极点比控制器极点慢，则希望系统对扰动的响应受观测器的动态特性控制而不是受控制规律选定的动态特性控制。

与控制器极点的选取相比，选取观测器极点要求考虑一个与控制量迥然不同的关系。与控制器的情况相同，在观测器中有一个反馈项，随着要求的响应速度加快，该反馈项的幅度也增大。然而，该反馈在计算机中是以电信号或数字形式存在的，所以其增大没有引起麻烦。在控制器中，加快响应速度就是要加大控制量，这就意味着要使用一个更大的执行机构，这就要求增大执行机构的尺寸、重量和费用。观测器响应速度加快引起的严重后果是观测器的带宽变得更高，由此导致更多的传感器噪声传递到执行机构。当然，如果系统是不可观测的，那么观测器增益取任何值都得不到合适的状态估计。因此，与控制器设计一样，最好的观测器设计应能够在理想的瞬态响应与保证传感器噪声不会严重损害执行机构性能的最低带宽之间取得平衡。使用主导二阶特征方程的思想可以满足这些要求。

7. 全维状态观测器综合算法

如前所述，全维闭环状态观测器的设计就是确定合适的输出偏差反馈增益矩阵 L，使 $(A-LC)$ 具有期望的特征值，从而使由式(6-108)描述的观测误差动态方程以足够快的响应速度渐近稳定。从加快 $\hat{x}(t)$ 逼近 $x(t)$ 速度的角度看，观测器应有足够宽的频带，即期望观测器的极点在复平面左半开平面且远离虚轴，但从抑制高频干扰及超调、防止因反馈增益矩阵 L 的数值过大带来饱和效应等实现困难的角度看，观测器的频带不应太宽，即闭环观测器的极点并非离虚轴越远越好。因此，闭环观测器期望极点的选择应从工程实际出发，兼并快速性、抗干扰性等折中考虑，通常所选择的闭环观测器期望极点，应使得状态观测器的响应速度至少比所考虑的状态反馈闭环系统快 2～5 倍。

显然，状态完全能观测的单输入单输出系统，闭环观测器的极点配置设计可仿照 6.2 节介绍的状态完全能控的单输入单输出系统用状态反馈进行闭环极点配置的设计方法进行，也可以基于对偶原理采用在对偶系统中由状态反馈配置闭环极点的方法确定状态反馈增益阵 K，再根据 $L=K^{\mathrm{T}}$ 确定原系统观测器偏差反馈增益矩阵 L。

算法 6-5　[**全维观测器规范算法**] 给定 n 维单输入连续时间线性时不变受控系统 $\sum_o(A,B,C)$ 和一组任意的期望闭环特征值 $\{\lambda_1^*,\lambda_2^*,\cdots,\lambda_n^*\}$，确定 $n\times 1$ 状态反馈矩阵 L，使成立 $\lambda_i(A-LC)=\lambda_i^*$，$i=1,2,\cdots,n$。

(1) 判断能观测性。若完全能观测，则进入下一步；若不完全能观测，则转到 (6)。

(2) 计算矩阵 A 的特征多项式。

$$\det(sI-A)=\alpha(s)=s^n+\alpha_{n-1}s^{n-1}+\cdots+\alpha_1 s+\alpha_0$$

(3) 计算期望闭环特征值 $\{\lambda_1^*,\lambda_2^*,\cdots,\lambda_n^*\}$ 的特征多项式。

$$\alpha^*(s)=\prod_{i=1}^{n}(s-\lambda_i^*)=s^n+\alpha_{n-1}^*s^{n-1}+\cdots+\alpha_1^*s+\alpha_0^*$$

(4) 若 $\sum_o(A,B,C)$ 是能观测标准型，计算观测器偏差反馈增益矩阵 L，然后转到 (6)。

$$L=\begin{bmatrix} a_0^*-a_0 \\ a_1^*-a_1 \\ \vdots \\ a_{n-1}^*-a_{n-1} \end{bmatrix} \tag{6-111}$$

(5) 若 $\sum_o(A,B,C)$ 不是能观测标准型，则可采用 $\bar{x}=T_o^{-1}x$（T 为能观测标准型变换阵）变换将 $\sum_o(A,B,C)$ 转化为能观测标准型，计算变换矩阵为

$$T^{-1}=\begin{bmatrix} a_1 & a_2 & \cdots & a_{n-1} & 1 \\ a_2 & & \iddots & 1 & \\ \vdots & \iddots & \iddots & & \\ a_{n-1} & 1 & & & \\ 1 & & & & 0 \end{bmatrix}\begin{bmatrix} c \\ cA \\ \vdots \\ cA^{n-1} \end{bmatrix}$$

则所需的观测器偏差反馈增益矩阵为

$$L=\begin{bmatrix} l_0 \\ l_1 \\ \vdots \\ l_{n-1} \end{bmatrix}=T\begin{bmatrix} a_0^*-a_0 \\ a_1^*-a_1 \\ \vdots \\ a_{n-1}^*-a_{n-1} \end{bmatrix} \tag{6-112}$$

(6) 停止计算。

算法 6-6　[**全维观测器直接法**] 给定 n 维单输入连续时间线性时不变受控系统 $\sum(A,B,C)$ 和一组任意的期望闭环特征值 $\{\lambda_1^*,\lambda_2^*,\cdots,\lambda_n^*\}$，确定 $n\times 1$ 状态反馈矩阵 L，使 $\lambda_i(A-LC)=\lambda_i^*$，$i=1,2,\cdots,n$ 成立。

(1) 判断能观测性。若完全能观测，则进入下一步；若不完全能观测，则转到 (5)。

(2) 计算期望闭环特征值 $\{\lambda_1^*,\lambda_2^*,\cdots,\lambda_n^*\}$ 的特征多项式。

$$\alpha^*(s)=\prod_{i=1}^{n}(s-\lambda_i^*)=s^n+\alpha_{n-1}^*s^{n-1}+\cdots+\alpha_1^*s+\alpha_0^* \tag{6-113}$$

(3) 计算闭环系统特征多项式方程。

$$\alpha_c(s)=\det[sI-(A-LC)]=s^n+\beta_{n-1}(l)s^{n-1}+\cdots+\beta_1(l)s+\beta_0(l) \tag{6-114}$$

(4) 将闭环极点配置在期望位置，有

$$\alpha^*(s)=\alpha_c(s) \tag{6-115}$$

成立，由两个 n 阶特征多项式对应项系数相等，即 $\alpha_i^*=\beta_i(l)$，可得 n 个关于 $l_0,l_1,\cdots,l_{n-1}$ 的联立代数方程，解该联立方程可求出唯一解 $l_0,l_1,\cdots,l_{n-1}$。

(5) 停止计算。

一般当被控系统 $\sum_o(A,B,C)$ 的阶次较低(小于等于 3 阶)时，采用该方法更加方便。

例 6-12 被控系统状态空间表达式为 $\begin{cases}\dot{x}=\begin{bmatrix}1 & 3\\0 & -1\end{bmatrix}x+\begin{bmatrix}0\\1\end{bmatrix}u\\y=[1\quad 1]x\end{cases}$，试设计全维状态观测器使其极点为–3、–3。

解：(1) 判断系统的能观测性。

$$\text{rank}Q_o=\text{rank}\begin{bmatrix}C\\CA\end{bmatrix}=\text{rank}\begin{bmatrix}1 & 1\\1 & 2\end{bmatrix}=2=n$$

所以，系统状态完全能观测，可建立状态观测器，且观测器的极点可任意配置。

(2) 确定闭环状态观测器系统矩阵的期望特征多项式。

观测器系统矩阵 $A-LC$ 的期望特征值为 $\lambda_1^*=\lambda_2^*=-3$，对应的期望特征多项式为

$$\alpha^*(s)=(s-\lambda_1^*)(s-\lambda_2^*)=(s+3)(s+3)=s^2+6s+9$$

则 $a_1^*=6$， $a_0^*=9$。

(3) 求所需的观测器偏差反馈增益矩阵 $L=[l_0\quad l_1]^{\mathrm{T}}$。

方法一：规范算法。

(1) 系统的特征多项式为 $\alpha(s)=\det(sI-A)=s^2-1$，则 $a_1=0$， $a_0=-1$。

(2) 原系统不是能观测标准型，将其化为能观测标准型的变换矩阵 T，则有

$$T^{-1}=\begin{bmatrix}a_1 & 1\\1 & 0\end{bmatrix}\begin{bmatrix}c\\cA\end{bmatrix}=\begin{bmatrix}0 & 1\\1 & 0\end{bmatrix}\begin{bmatrix}1 & 1\\1 & 2\end{bmatrix}=\begin{bmatrix}1 & 2\\1 & 1\end{bmatrix}$$

$$T_o=\left[\begin{bmatrix}a_1 & 1\\1 & 0\end{bmatrix}\begin{bmatrix}c\\cA\end{bmatrix}\right]^{-1}=\left[\begin{bmatrix}0 & 1\\1 & 0\end{bmatrix}\begin{bmatrix}1 & 1\\1 & 2\end{bmatrix}\right]^{-1}=\begin{bmatrix}1 & 2\\1 & 1\end{bmatrix}^{-1}=\begin{bmatrix}-1 & 2\\1 & -1\end{bmatrix}$$

(3) 状态观测器增益矩阵为

$$L=T\begin{bmatrix}a_0^*-a_0\\a_1^*-a_1\end{bmatrix}=\begin{bmatrix}1 & 2\\1 & 1\end{bmatrix}^{-1}\begin{bmatrix}9-(-1)\\6-0\end{bmatrix}=\begin{bmatrix}-1 & 2\\1 & -1\end{bmatrix}\begin{bmatrix}10\\6\end{bmatrix}=\begin{bmatrix}2\\4\end{bmatrix}$$

方法二：直接解联立方程。

与状态反馈闭环系统极点配置的情况类似，若系统是低阶的，则将观测器偏差反馈增益矩阵 L 直接代入所期望的特征多项式往往较为简便。

(1) 观测器系统矩阵 $A-LC$ 的特征多项式为

$$p_o(s)=\det[sI-(A-LC)]=\det\left(\begin{bmatrix} s & 0 \\ 0 & s \end{bmatrix}-\begin{bmatrix} 1 & 3 \\ 0 & -1 \end{bmatrix}+\begin{bmatrix} l_0 & l_0 \\ l_1 & l_1 \end{bmatrix}\right)=\begin{vmatrix} s-1+l_0 & -3+l_0 \\ l_1 & s+1+l_1 \end{vmatrix}$$

$$=s^2+(l_1+l_0)s+2l_1+l_0-1$$

(2) 令 $p_o(s)=\alpha^*(s)$，即 $s^2+(l_1+l_0)s+2l_1+l_0-1=s^2+6s+9$，比较等式两边同次幂项系数，得

$$\begin{cases} l_1+l_0=6 \\ l_0+2l_1-1=9 \end{cases}$$

解得 $l_0=2$，$l_1=4$。

(3) 由式(6-106)和式(6-108)可求得观测器的状态方程为

$$\dot{\hat{x}}=A\hat{x}+Bu-L(\hat{y}-y)=\begin{bmatrix} 1 & 3 \\ 0 & -1 \end{bmatrix}\hat{x}+\begin{bmatrix} 0 \\ 1 \end{bmatrix}u-\begin{bmatrix} 2 \\ 4 \end{bmatrix}(\hat{y}-y)$$

或

$$\dot{\hat{x}}=(A-LC)\hat{x}+Ly+Bu=\begin{bmatrix} -1 & 1 \\ -4 & -5 \end{bmatrix}\hat{x}+\begin{bmatrix} 2 \\ 4 \end{bmatrix}y+\begin{bmatrix} 0 \\ 1 \end{bmatrix}u$$

在 Matlab 中求解例 6-12 的程序 sys_full_observer 如下：

```
%构建全维观测器 sys_full_observer
A=[1 3;0 -1];B=[0;1];C=[1 1];
G=[-3,-3];              %由观测器期望极点构成向量 G
L=acker(A',C',G)'                    %求对偶系统的状态反馈增益阵 L
P1=eig(A-L*C)                        %验证观测器极点
```

6.6.3　降维观测器设计

1. 降维状态观测器构造思路

全维观测器设计是在对原系统仿真的基础上重构其全部状态变量，因而，观测器的维数与所观测的原系统维数 n 相同。但全维观测器结构较复杂，交叉耦合也较多，这给工程实现及调试带来了一定的困难。实际上，对系统中那些可直接且精确测量的变量不必估计，因此，降低观测器的复杂程度是可能的。系统的输出量 y 总是可测量的，而输出方程 $y=Cx$ 表明输出 y 中含有可利用的状态信息，若其中某些状态变量可由 y 各分量简单线性组合出来，则可不必重构这些状态变量，从而使观测器的维数从全维 n 降下来。降低维数意味着观测器只需由较少个数积分器构成。特别是在提出状态观测器的 20 世纪 70 年代，受到那个年代模拟集成电路发展水平的限制，减少积分器个数无疑为状态观测器的工程实现提供了便捷性。

以状态完全能观测的单变量系统 $\sum_0(A,B,C)$：$\begin{cases} \dot{x}=Ax+Bu \\ y=Cx \end{cases}$ 为例，设其状态空间表达

式为能观测标准型，或已经线性非奇异变换为能观测标准型，即输出方程为

$$y = Cx = [0 \quad 0 \quad \cdots \quad 1]\begin{bmatrix} x_1 \\ x_2 \\ \vdots \\ x_n \end{bmatrix}$$

这表明，状态变量x_n可直接用原系统的输出y代替而不必重构，故只需建立$n-1$维的降维观测器，对其余的$n-1$个状态变量作出估计。这一结论可推广到具有m个彼此独立输出变量的多变量系统，可以证明若多变量系统能观测且输出矩阵C的秩为m，则系统的m个状态变量可用系统的m个输出变量直接代替或线性表达而不必重构，只需建立$n-m$维的降维观测器对其余的$n-m$个状态变量进行重构，这种降维观测器被称为龙伯格观测器。

2. 降维观测器状态空间描述

考虑完全能观测被控系统$\sum_o(A,B,C)$的状态空间表达式为

$$\begin{cases} \dot{x} = Ax + Bu \\ y = Cx \end{cases} \tag{6-116}$$

式中，x、u、y分别为n维、r维、m维列向量；A、B、C分别为$n\times n$、$n\times r$、$m\times n$实数矩阵，并设输出矩阵C的秩为m，则$n-m$降维观测器的一般设计方法如下。

构造$n\times n$ 非奇异矩阵：

$$T = \begin{bmatrix} T_{n-m} \\ C \end{bmatrix} \tag{6-117}$$

式中，T_{n-m}是使矩阵T非奇异而任意选择的$n-m$个行向量组成的$(n-m)\times n$矩阵。

T的逆矩阵T^{-1}以分块矩阵的形式表示为

$$T^{-1} = [Q_{n-m} \quad Q_m] \tag{6-118}$$

式中，Q_{n-m}为$n\times(n-m)$矩阵；Q_m为$n\times m$矩阵。

显然，有

$$TT^{-1} = \begin{bmatrix} T_{n-m} \\ C \end{bmatrix}[Q_{n-m} \quad Q_m] = \begin{bmatrix} T_{n-m}Q_{n-m} & T_{n-m}Q_m \\ CQ_{n-m} & CQ_m \end{bmatrix} = I_n = \begin{bmatrix} I_{n-m} & 0 \\ 0 & I_m \end{bmatrix} \tag{6-119}$$

对式(6-116)进行线性变换得

$$x = T^{-1}\overline{x} \tag{6-120}$$

将$\sum_o(A,B,C)$变换为按输出分解形式的$\overline{\sum}_o(\overline{A},\overline{B},\overline{C})$，即

$$\begin{cases} \dot{\overline{x}} = TAT^{-1}\overline{x} + TBu = \overline{A}\overline{x} + \overline{B}u \\ y = CT^{-1}\overline{x} = \overline{C}\overline{x} = C[Q_{n-m} \quad Q_m]\overline{x} = [0 \quad I_m]\overline{x} \end{cases} \tag{6-121}$$

式中，0为$m\times(n-m)$零矩阵；I_m为$m\times m$单位矩阵。

由式(6-121)可以看出，$\overline{x}$中的后m个状态分量可用系统的m个输出变量直接代替，故通过式(6-120)所示的线性变换将n维状态向量按可检测性分解为$\overline{x}_{\mathrm{I}}$和$\overline{x}_{\mathrm{II}}$两部分，其中，$\overline{x}_{\mathrm{I}}$为$\overline{x}$中前$n-m$个状态分量，$\overline{x}_{\mathrm{I}}$需要重构；$\overline{x}_{\mathrm{II}}$为$\overline{x}$中后$m$个状态分量，$\overline{x}_{\mathrm{II}}$可由输出$y$直

接检测取得。按 $\bar{x}_{\mathrm{I}}$ 和 $\bar{x}_{\mathrm{II}}$ 分块的动态方程式(6-121)可重新写为

$$\begin{cases}\begin{bmatrix}\dot{\bar{x}}_{\mathrm{I}}\\ \dot{\bar{x}}_{\mathrm{II}}\end{bmatrix}=\begin{bmatrix}\bar{A}_{11} & \bar{A}_{12}\\ \bar{A}_{21} & \bar{A}_{22}\end{bmatrix}\begin{bmatrix}\bar{x}_{\mathrm{I}}\\ \bar{x}_{\mathrm{II}}\end{bmatrix}+\begin{bmatrix}\bar{B}_1\\ \bar{B}_2\end{bmatrix}u\\ y=[0\quad I_m]\begin{bmatrix}\bar{x}_{\mathrm{I}}\\ \bar{x}_{\mathrm{II}}\end{bmatrix}=\bar{x}_{\mathrm{II}}\end{cases}\tag{6-122}$$

式中，$\bar{A}_{11}$、$\bar{A}_{12}$、$\bar{A}_{21}$、$\bar{A}_{22}$ 分别为 $(n-m)\times(n-m)$、$(n-m)\times m$、$m\times(n-m)$、$m\times m$ 矩阵；$\bar{B}_1$、$\bar{B}_2$ 分别为 $(n-m)\times r$、$m\times r$ 矩阵。

式(6-122)表明，$\bar{\Sigma}_o(\bar{A},\bar{B},\bar{C})$ 可按状态变量是否需要重构分解为两个子系统，即不需要重构状态的 m 维子系统 $\bar{\Sigma}_{\mathrm{II}}$ 和需要重构状态的 $n-m$ 维子系统 $\bar{\Sigma}_{\mathrm{I}}$。将式(6-122)的状态方程展开，并根据 $y=\bar{x}_{\mathrm{II}}$，得

$$\begin{cases}\dot{\bar{x}}_{\mathrm{I}}=\bar{A}_{11}\bar{x}_{\mathrm{I}}+\bar{A}_{12}y+\bar{B}_1u\\ \dot{y}=\bar{A}_{21}\bar{x}_{\mathrm{I}}+\bar{A}_{22}y+\bar{B}_2u\end{cases}\tag{6-123}$$

令

$$z=\dot{y}-\bar{A}_{22}y-\bar{B}_2u\tag{6-124}$$

代入式(6-123)，得待观测子系统 $\bar{\Sigma}_{\mathrm{I}}$ 的状态空间表达式为

$$\begin{cases}\dot{\bar{x}}_{\mathrm{I}}=\bar{A}_{11}\bar{x}_{\mathrm{I}}+\bar{A}_{12}y+\bar{B}_1u\\ z=\bar{A}_{21}\bar{x}_{\mathrm{I}}\end{cases}\tag{6-125}$$

因为式(6-125)中 u 为已知及 y 可通过检测得出，故 $\bar{A}_{12}y+\bar{B}_1u$ 可看成 $\bar{\Sigma}_{\mathrm{I}}$ 中已知的输入项，而 $z=\dot{y}-\bar{A}_{22}y-\bar{B}_2u$ 则可看成子系统 $\bar{\Sigma}_{\mathrm{I}}$ 已知的输出向量，$\bar{A}_{11}$ 为 $\bar{\Sigma}_{\mathrm{I}}$ 的系统矩阵，$\bar{A}_{21}$ 则相当于 $\bar{\Sigma}_{\mathrm{I}}$ 的输出矩阵。

由系统 $\Sigma_o(A,B,C)$ 能观测，易证明子系统 $\bar{\Sigma}_{\mathrm{I}}$ 能观测，即 $(\bar{A}_{11},\bar{A}_{21})$ 为能观测对，故可仿照全维观测器设计方法，对 $n-m$ 维子系统 $\bar{\Sigma}_{\mathrm{I}}$ 设计 $n-m$ 维观测器重构 $\bar{x}_{\mathrm{I}}$。参照全维观测器的状态方程[式(6-108)]，对式(6-125)所示子系统 $\bar{\Sigma}_{\mathrm{I}}$ 列写关于状态估值 $\hat{\bar{x}}_{\mathrm{I}}$ 的状态方程且将子系统 $\bar{\Sigma}_{\mathrm{I}}$ 的输出 z 用式(6-124)代入，得

$$\dot{\hat{\bar{x}}}_{\mathrm{I}}=(\bar{A}_{11}-\bar{G}_1\bar{A}_{21})\hat{\bar{x}}_{\mathrm{I}}+\bar{G}_1(\dot{y}-\bar{A}_{22}y-\bar{B}_2u)+\bar{A}_{12}y+\bar{B}_1u\tag{6-126}$$

式中，反馈矩阵 $\bar{G}_1$ 为 $(n-m)\times m$ 矩阵，根据定理 6-11，通过适当选择 $\bar{G}_1$ 可任意配置系统矩阵的特征值。但式(6-126)中含有系统输出的导数 $\dot{y}$，这是不希望的。为了消去式(6-126)中的 $\dot{y}$，将

$$w=\hat{\bar{x}}_{\mathrm{I}}-\bar{G}_1y\tag{6-127}$$

代入式(6-126)并整理，得降维观测器方程为

$$\begin{cases}\dot{w}=(\bar{A}_{11}-\bar{G}_1\bar{A}_{21})w+[(\bar{A}_{11}-\bar{G}_1\bar{A}_{21})\bar{G}_1+\bar{A}_{12}-\bar{G}_1\bar{A}_{22}]y+(\bar{B}_1-\bar{G}_1\bar{B}_2)u\\ \hat{\bar{x}}_{\mathrm{I}}=w+\bar{G}_1y\end{cases}\tag{6-128}$$

根据式(6-128)不需要获得系统输出的导数 $\dot{y}$ 即可构建 $n-m$ 维状态观测器实现 $\bar{x}_{\mathrm{I}}$ 的重构。

3. 降维观测器的状态估计及其观测误差

由式(6-128)及待观测子系统$\bar{\Sigma}_{\mathrm{I}}$的状态方程式，可得降维观测器状态估值误差微分方程为

$$(\dot{\bar{x}}_{\mathrm{I}}-\dot{\hat{\bar{x}}}_{\mathrm{I}})=(\bar{A}_{11}-\bar{G}_1\bar{A}_{21})(\bar{x}_{\mathrm{I}}-\hat{\bar{x}}_{\mathrm{I}}) \tag{6-129}$$

由$\tilde{\bar{x}}_{\mathrm{I}}=\bar{x}_{\mathrm{I}}-\hat{\bar{x}}_{\mathrm{I}}$直接导出初始条件为$\tilde{\bar{x}}_{\mathrm{I}}(0)=\tilde{\bar{x}}_0\triangleq\bar{x}_{\mathrm{I}}(0)-\hat{\bar{x}}_{\mathrm{I}}(0)$。在初始条件下对式(6-129)求解，即可得降维状态观测器观测偏差的表达式为

$$\tilde{\bar{x}}_{\mathrm{I}}=e^{(\bar{A}_{11}-\bar{G}_1\bar{A}_{21})}\tilde{\bar{x}}_0 \tag{6-130}$$

由于$(\bar{A}_{11},\bar{A}_{21})$为能观测对，故必能通过选择反馈矩阵$\bar{G}_1$使降维观测器系统矩阵$(\bar{A}_{11}-\bar{G}_1\bar{A}_{21})$具有任意所期望的特征值，从而保证状态$\bar{x}_{\mathrm{I}}$的估计误差以期望的收敛速度趋于零。

结合$\bar{x}_{\mathrm{II}}=y$，整个状态向量$\bar{x}$的估值可表示为

$$\hat{\bar{x}}=\begin{bmatrix}\hat{\bar{x}}_{\mathrm{I}}\\ \bar{x}_{\mathrm{II}}\end{bmatrix}=\begin{bmatrix}w+\bar{G}_1y\\ y\end{bmatrix} \tag{6-131}$$

则原系统$\Sigma_o(A,B,C)$的状态向量x的估值：

$$\hat{x}=T^{-1}\hat{\bar{x}}=[Q_{n-m}\quad Q_m]\begin{bmatrix}\hat{\bar{x}}_{\mathrm{I}}\\ \bar{x}_{\mathrm{II}}\end{bmatrix}=[Q_{n-m}\quad Q_m]\begin{bmatrix}w+\bar{G}_1y\\ y\end{bmatrix} \tag{6-132}$$

从式(6-132)可以看出，基于降维状态观测器得到的重构状态$\hat{x}$中直接包含了原系统的输出y。因此，若原系统输出y中包含噪声，则噪声直接进入重构状态$\hat{x}$。而基于全维状态观测器的重构状态$\hat{x}$不直接包含原系统输出y，可利用观测器的低通滤波特性对包含于y中的噪声产生抑制作用。这就说明，在抗噪声的影响上，降维状态观测器比全维状态观测器差。

根据式(6-128)、式(6-131)和式(6-132)可得降维观测器结构图如图6-19所示。

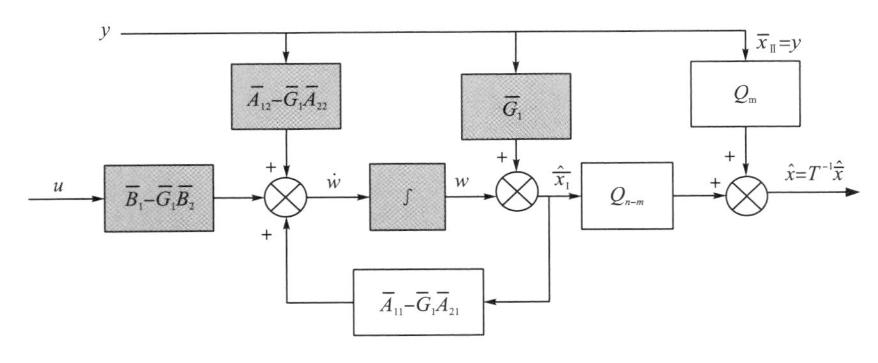

图6-19 降维观测器(龙伯格观测器)结构图

4. 降维观测器综合算法

算法6-7 [**降维观测器综合算法**]给定连续时间线性时不变被观测系统$\Sigma_o(A,B,C)$完全能观测，C满秩(即$\operatorname{rank}C=m$)，要求设计降维状态观测器，且观测器期望特征值组为

$\{\lambda_1^*,\lambda_2^*,\cdots,\lambda_{n-m}^*\}$。

(1) 对给定 C，任取 $T\in\mathfrak{R}^{(n-m)\times n}$，使

$$T\triangleq\begin{bmatrix}T_{n-m}\\C\end{bmatrix}$$

为非奇异矩阵。

(2) 计算矩阵 T 的逆矩阵，并分块化得

$$T^{-1}=[Q_{n-m}\quad Q_m]$$

式中，Q_{n-m} 为 $n\times(n-m)$ 矩阵；Q_m 为 $n\times m$ 矩阵。

(3) 计算变换系统系数矩阵，并分块化得

$$\bar{A}=TAT^{-1}\begin{bmatrix}\bar{A}_{11}&\bar{A}_{12}\\\bar{A}_{21}&\bar{A}_{22}\end{bmatrix},\ \bar{B}=TB=\begin{bmatrix}\bar{B}_1\\\bar{B}_2\end{bmatrix},\ \bar{C}=CT^{-1}=[0\quad I_m]$$

式中，$\bar{A}_{11}$、$\bar{A}_{12}$、$\bar{A}_{21}$、$\bar{A}_{22}$ 分别为 $(n-m)\times(n-m)$ 矩阵、$(n-m)\times m$ 矩阵、$m\times(n-m)$ 矩阵、$m\times m$ 矩阵；$\bar{B}_1$、$\bar{B}_2$ 分别为 $(n-m)\times r$ 矩阵、$m\times r$ 矩阵。

(4) 计算期望特征多项式：

$$\prod_{i=1}^{n-m}(s-\lambda_i^*)=a^*(s)$$

(5) 对 $\{A_{11}^{\mathrm{T}},\ A_{21}^{\mathrm{T}}\}$，采用极点配置算法，综合一个 $\bar{K}\in\mathfrak{R}^{m\times(n-m)}$ 使

$$\det(sI-A_{11}^{\mathrm{T}}+A_{21}^{\mathrm{T}}\bar{K})=a^*(s)$$

成立。

(6) 取 $\bar{G}_1=\bar{K}^{\mathrm{T}}$。

(7) 计算：

$$(\bar{A}_{11}-\bar{G}_1\bar{A}_{21}),\ (\bar{A}_{11}-\bar{G}_1\bar{A}_{21})\bar{G}_1+\bar{A}_{12}-\bar{G}_1\bar{A}_{22},\ (\bar{B}_1-\bar{G}_1\bar{B}_2)$$

(8) 综合得到的降维状态观测器为

$$\begin{cases}\dot{w}=(\bar{A}_{11}-\bar{G}_1\bar{A}_{21})w+[(\bar{A}_{11}-\bar{G}_1\bar{A}_{21})\bar{G}_1+\bar{A}_{12}-\bar{G}_1\bar{A}_{22}]y+(\bar{B}_1-\bar{G}_1\bar{B}_2)u\\\hat{\bar{x}}_1=w+\bar{G}_1y\end{cases}$$

(9) 停止计算。

例 6-13　设系统 $\sum_0(A,B,C)$ 的状态空间表达式为 $\begin{cases}\dot{x}=\begin{bmatrix}4&0&4\\-7&0&-8\\1&1&1\end{bmatrix}x+\begin{bmatrix}1\\0\\-1\end{bmatrix}u\\y=[1\quad0\quad1]x\end{cases}$，试设计极点为 -4、-4 的降维状态观测器。

解： (1) 检验系统 $\sum_0(A,B,C)$ 的能观测性。

$$\operatorname{rank}\begin{bmatrix}C\\CA\\CA^2\end{bmatrix}=\operatorname{rank}\begin{bmatrix}1&0&1\\5&1&5\\18&5&17\end{bmatrix}=3=n$$

故系统能观测。又 $m=\operatorname{rank}C=1$，故可构造 $n-m=2$ 维降维观测器。

(2) 作线性变换，使状态向量按可检测性分解。

根据式(6-117)，构造 $n\times n$ 非奇异矩阵 $T=\begin{bmatrix}T_{n-m}\\C\end{bmatrix}=\begin{bmatrix}1&0&0\\0&1&0\\1&0&1\end{bmatrix}$，则

$$T^{-1}=\begin{bmatrix}1&0&0\\0&1&0\\-1&0&1\end{bmatrix}$$

作变换 $x=T^{-1}\overline{x}$，则将 $\sum_0(A,B,C)$ 变换为 $\overline{\sum}_0(\overline{A},\overline{B},\overline{C})$，即

$$\begin{cases}\dot{\overline{x}}=TAT^{-1}\overline{x}+TBu=\overline{A}\overline{x}+\overline{B}u=\begin{bmatrix}0&0&4\\1&0&-8\\0&1&5\end{bmatrix}\overline{x}+\begin{bmatrix}1\\0\\0\end{bmatrix}u\\ y=CT^{-1}\overline{x}=\overline{C}\overline{x}=[0\quad 0\quad 1]\overline{x}\end{cases}$$

由于 $\overline{x}_{\mathrm{II}}=\overline{x}_3=y$，故只需设计二维观测器重构 $x_{\mathrm{I}}=\begin{bmatrix}\overline{x}_1\\\overline{x}_2\end{bmatrix}$。将 $\overline{A}$ 、 $\overline{B}$ 分块，得

$$\overline{A}_{11}=\begin{bmatrix}0&0\\1&0\end{bmatrix},\quad \overline{A}_{12}=\begin{bmatrix}4\\-8\end{bmatrix}\quad \overline{A}_{21}=[0\quad 1],\quad \overline{A}_{22}=5,\quad \overline{B}_1=\begin{bmatrix}1\\0\end{bmatrix},\quad \overline{B}_2=0$$

(3) 求降维观测器的 $(n-m)\times m$ 反馈矩阵 $\overline{G}_1=\begin{bmatrix}\overline{g}_1\\\overline{g}_2\end{bmatrix}$。

由降维观测器特征多项式：

$$f(\lambda)=\det[\lambda I-(\overline{A}_{11}-\overline{G}_1\overline{A}_{21})]=\det\begin{bmatrix}\lambda&\overline{g}_1\\-1&\lambda+\overline{g}_2\end{bmatrix}=\lambda^2+\overline{g}_2\lambda+\overline{g}_1$$

期望特征多项式 $f^*(\lambda)=(s+4)^2=s^2+8s+16$，比较 $f(\lambda)$ 与 $f^*(\lambda)$ 各相应项系数，联立方程解得

$$\overline{G}_1=\begin{bmatrix}\overline{g}_1\\\overline{g}_2\end{bmatrix}=\begin{bmatrix}16\\8\end{bmatrix}$$

(4) 根据式(6-128)，得变换后状态空间中的降维观测器状态方程为

$$\begin{cases}\dot{w}=(\overline{A}_{11}-\overline{G}_1\overline{A}_{21})w+[(\overline{A}_{11}-\overline{G}_1\overline{A}_{21})\overline{G}_1+\overline{A}_{12}-\overline{G}_1\overline{A}_{22}]y+(\overline{B}_1-\overline{G}_1\overline{B}_2)u\\ \quad=\begin{bmatrix}0&-16\\1&-8\end{bmatrix}\begin{bmatrix}w_1\\w_2\end{bmatrix}+\begin{bmatrix}-204\\-96\end{bmatrix}y+\begin{bmatrix}1\\0\end{bmatrix}u\\ \hat{\overline{x}}_{\mathrm{I}}=\begin{bmatrix}\hat{\overline{x}}_1\\\hat{\overline{x}}_2\end{bmatrix}=w+\overline{G}_1y=\begin{bmatrix}w_1\\w_2\end{bmatrix}+\begin{bmatrix}16\\8\end{bmatrix}y=\begin{bmatrix}w_1+16y\\w_2+8y\end{bmatrix}\end{cases}$$

则 $\overline{\sum}_0(\overline{A},\overline{B},\overline{C})$ 所对应状态向量 $\overline{x}$ 的估值为

$$\hat{\overline{x}}=\begin{bmatrix}\hat{\overline{x}}_{\mathrm{I}}\\\overline{x}_3\end{bmatrix}=\begin{bmatrix}\hat{\overline{x}}_{\mathrm{I}}\\y\end{bmatrix}=\begin{bmatrix}w_1+16y\\w_2+8y\\y\end{bmatrix}$$

(5) 将 $\hat{\bar{x}}$ 变换为原系统状态空间，得到原系统 $\sum_0(A,B,C)$ 的状态重构为

$$\hat{x} = T^{-1}\hat{\bar{x}} = \begin{bmatrix} 1 & 0 & 0 \\ 0 & 1 & 0 \\ -1 & 0 & 1 \end{bmatrix}\begin{bmatrix} w_1+16y \\ w_2+8y \\ y \end{bmatrix} = \begin{bmatrix} w_1+16y \\ w_2+8y \\ -w_1-15y \end{bmatrix}$$

由降维观测器状态方程可画出其结构图如图 6-20 所示。

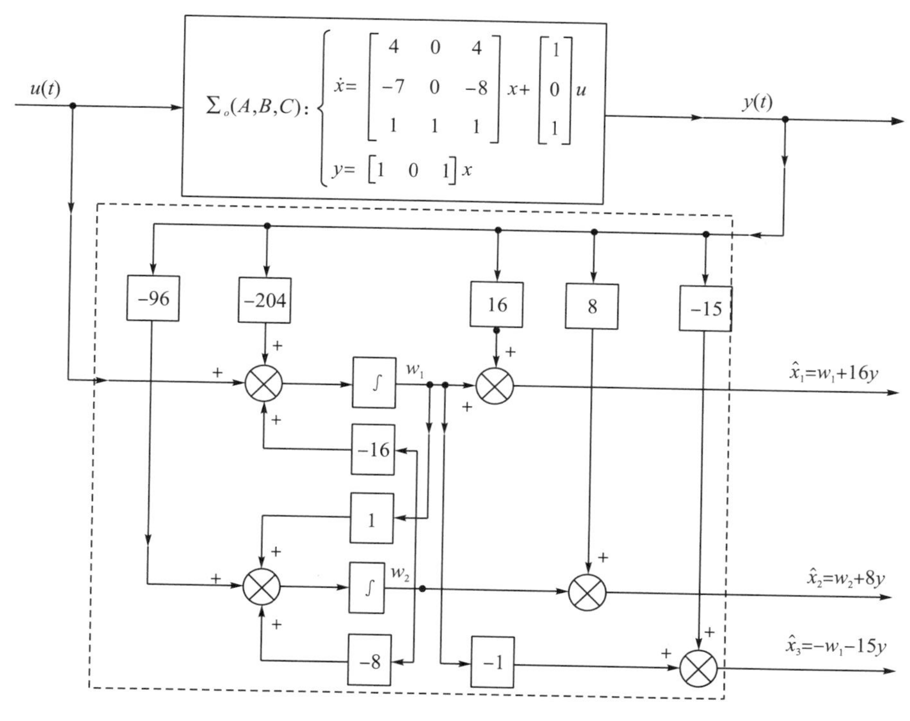

图 6-20　降维观测器结构图

在 Matlab 中求解例 6-13 的程序 syn_reduced_observer 如下：

```
 %构建降维观测器 syn_reduced_observer
A=[4 0 4;-7 0 -8;1 1 1];B=[1;0;-1];C=[1 0 1];
L=[-4,-4];                          %观测器极点向量 L
Mo=obsv(A,C);
if(rank(Mo)~=3)
   error('系统不能观测!')
else
  T=[1 0 0;0 1 0;1 0 1];
  n=size(A,1);q=size(C,1);
  A_=T*A*inv(T);B_=T*B;A11=A_(1:n-q,1:n-q);%重构状态变量系数矩阵
  A12=A_(1:n-q,n-q+1:n);
```

```
    A21=A_(n-q+1:n,1:n-q);
    A22=A_(n-q+1:n,n-q+1:n);
    B1=B_(1:n-q);
    B2=B_(n-q+1:n);
    G=acker(A11',A21',L)'             %降维观测器极点配置，确定 G
    Aw=A11-G*A21                      %降维观测器状态矩阵
    Ay=(A11-G*A21)*G+A12-G*A22        %降维观测器输入矩阵
    Bu=B1-G*B2                        %降维观测器输出矩阵
  end
```

6.7 基于观测器的状态反馈系统

设计状态观测器的目的是提供状态估值以代替真实状态 x 来实现全状态反馈，构成闭环控制系统。观测器的引入使受控系统状态反馈的物理实现成为可能。以重构状态代替系统状态实现状态反馈所导致的影响是需要进一步研究的基本问题。

6.7.1 基于观测器的闭环系统状态空间模型

基于观测器的状态反馈控制系统由受控系统、状态反馈和观测器三部分构成。一个带有全维状态观测器的状态反馈系统如图 6-21 所示。图中，K 是带观测器的闭环系统的状态反馈矩阵；L 是观测器自身的反馈矩阵。由此，基于观测器的状态反馈控制系统设计的主要问题归结为如何求解 K 和 L。

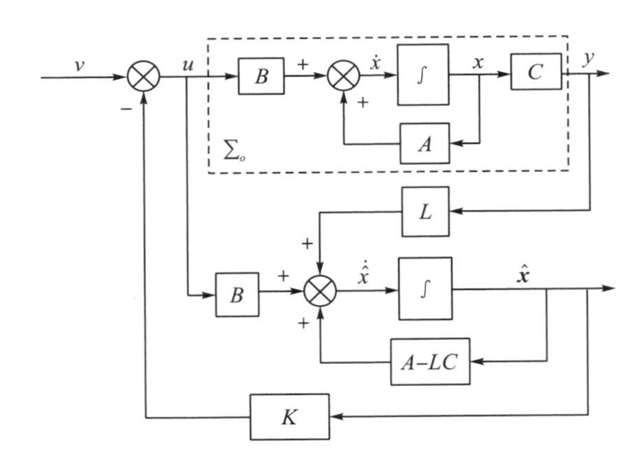

图 6-21 带全维状态观测器的状态反馈系统

考虑完全能控、完全能观测的被控系统 $\sum_0(A,B,C)$ 的状态空间表达式为

$$\begin{cases}\dot{x}=Ax+Bu\\ y=Cx\end{cases} \tag{6-133}$$

其中，$A\in\mathfrak{R}^{n\times n}$；$B\in\mathfrak{R}^{n\times r}$；$C\in\mathfrak{R}^{m\times n}$ 为满秩，即 $\operatorname{rank}C=m$。

利用观测器的状态估值 $\hat{x}$ 所实现的状态反馈控制律为

$$u = v - K\hat{x} \tag{6-134}$$

其中，反馈矩阵 K 为 $r \times n$，可按期望性能指标进行综合，v 为 r 维参考输入。

状态观测器方程为

$$\begin{cases} \dot{\hat{x}} = (A - LC)\hat{x} + Ly + Bu \\ y = C\hat{x} \end{cases}, \quad \hat{x}(0) = \hat{x}_0 \tag{6-135}$$

式中，L 为 $n \times m$ 状态观测误差反馈矩阵。

将式(6-134)代入式(6-133)、式(6-135)得整个闭环系统的状态空间表达式为

$$\begin{cases} \dot{x} = Ax - BK\hat{x} + Bv \\ \dot{\hat{x}} = (A - LC - BK)\hat{x} + LCx + Bv \\ y = Cx \end{cases} \tag{6-136}$$

写成矩阵形式为

$$\begin{cases} \begin{bmatrix} \dot{x} \\ \dot{\hat{x}} \end{bmatrix} = \begin{bmatrix} A & -BK \\ LC & A - LC - BK \end{bmatrix} \begin{bmatrix} x \\ \hat{x} \end{bmatrix} + \begin{bmatrix} B \\ B \end{bmatrix} v \\ y = [C \quad 0] \begin{bmatrix} x \\ \hat{x} \end{bmatrix} \end{cases} \tag{6-137}$$

这是一个 $2n$ 维的复合系统。

当要求系统具有良好的稳态性能时，与 6.5.4 节类似，实际控制系统中也常通过在观测器反馈控制的基础上加入前置放大器来达到减少稳态误差的控制目标。当输入端加入前置放大器时，式(6-136)变为

$$\begin{cases} \dot{x} = Ax - BK\hat{x} + BHv \\ \dot{\hat{x}} = (A - LC - BK)\hat{x} + [BH \quad L] \begin{bmatrix} v \\ y \end{bmatrix} \\ y = Cx \end{cases} \tag{6-138}$$

6.7.2　基于观测器的状态反馈闭环系统的特性

1. 闭环极点设计的分离性

为便于研究基于观测器反馈的闭环系统的基本特性，对式(6-137)进行线性非奇异等效变换，令状态估计误差 $\tilde{x} = x - \hat{x}$。

$$\begin{bmatrix} x \\ \tilde{x} \end{bmatrix} = \begin{bmatrix} x \\ x - \hat{x} \end{bmatrix} = \begin{bmatrix} I_n & 0 \\ I_n & -I_n \end{bmatrix} \begin{bmatrix} x \\ \hat{x} \end{bmatrix} \tag{6-139}$$

令变换矩阵为

$$P = \begin{bmatrix} I & 0 \\ I & -I \end{bmatrix}, \quad P^{-1} = \begin{bmatrix} I & 0 \\ I & -I \end{bmatrix}^{-1} = \begin{bmatrix} I & 0 \\ I & -I \end{bmatrix} = P \tag{6-140}$$

则 $2n$ 维复合系统的状态空间表达式变换为按能控性分解的形式，即

$$\begin{cases} \bar{A}=P^{-1}AP=\begin{bmatrix} I & 0 \\ I & -I \end{bmatrix}\begin{bmatrix} A & -BK \\ LC & A-LC-BK \end{bmatrix}\begin{bmatrix} I & 0 \\ I & -I \end{bmatrix}=\begin{bmatrix} A-BF & BF \\ 0 & A-GC \end{bmatrix} \\ \bar{B}=P^{-1}B=\begin{bmatrix} I & 0 \\ I & -I \end{bmatrix}\begin{bmatrix} B \\ B \end{bmatrix}=\begin{bmatrix} B \\ 0 \end{bmatrix} \\ \bar{C}=CP=[C \quad 0]\begin{bmatrix} I & 0 \\ I & -I \end{bmatrix}=[C \quad 0] \end{cases} \tag{6-141}$$

其状态空间表达式如下，等效结构图如图 6-22 所示。

$$\begin{cases} \begin{bmatrix} \dot{x} \\ \dot{\tilde{x}} \end{bmatrix}=\begin{bmatrix} A-BK & BK \\ 0 & A-LC \end{bmatrix}\begin{bmatrix} x \\ \tilde{x} \end{bmatrix}+\begin{bmatrix} B \\ 0 \end{bmatrix}v \\ y=[C \quad 0]\begin{bmatrix} x \\ \tilde{x} \end{bmatrix} \end{cases} \tag{6-142}$$

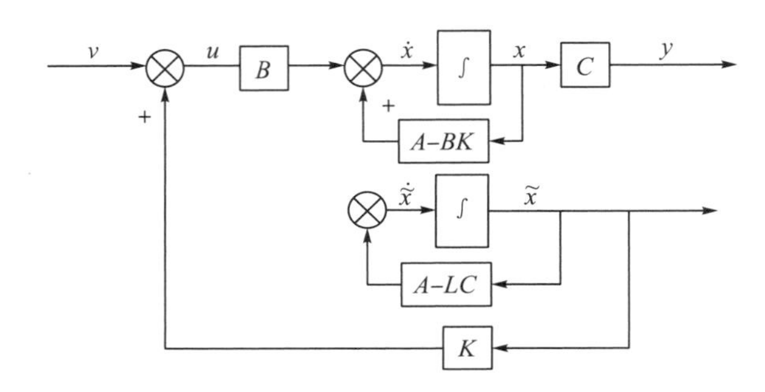

图 6-22 基于观测器的状态反馈系统的结构图

由于线性变换不改变系统的特征值，根据式(6-142)可得 $2n$ 维复合系统的特征多项式为

$$\begin{vmatrix} sI-(A-BK) & -BK \\ 0 & sI_n-(A-LC) \end{vmatrix}=|sI-(A-BK)|\cdot|sI-(A-LC)| \tag{6-143}$$

式(6-143)表明，由观测器构成状态反馈的 $2n$ 维复合系统，其特征多项式等于直接状态反馈矩阵 $(A-BK)$ 的特征多项式 $|sI-(A-BK)|$ 与观测器矩阵 $(A-LC)$ 的特征多项式 $|sI-(A-LC)|$ 的乘积。即 $2n$ 维复合系统的 $2n$ 个特征值由相互独立的两部分组成：一部分为直接状态反馈系统的系统矩阵 $A-BK$ 的 n 个特征值；另一部分为状态观测器的系统矩阵 $A-LC$ 的 n 个特征值。这种性质称为闭环系统极点配置的分离性。

根据分离性原理，只要被控系统 $\sum_o(A,B,C)$ 能控能观测，则用状态观测器估值形成状态反馈时，可对 $\sum_o(A,B,C)$ 的状态反馈控制器及状态观测器分别按各自的要求进行独立设计，即先按闭环控制系统的动态要求确定 $A-BK$ 的特征值，从而设计出状态反馈增益矩阵 K；再按状态观测误差趋于零的收敛速率要求确定 $A-LC$ 的特征值，从而设计出输出偏差反馈增益矩阵 L；最后，将两部分独立设计的结果联合起来，合并为带状态观测器的状态反馈系统。应该指出，对采用降维观测器构成的状态反馈系统，其特征值也具有分离特性，因此，其状态反馈控制器(即降维状态观测器)的设计也是相互独立的。

具体设计控制系统时，观测器极点的选取通常使状态观测误差趋于零的收敛速度较系统的响应快得多，以保证观测器的引入不致影响全状态反馈控制的性能。但观测器的响应速度太快会放大量测噪声，使系统无法正常工作。因此，观测器期望极点的选择应从工程实际出发，兼顾快速性、抗干扰性等折中考虑，通常选择观测器的响应速度比所考虑的状态反馈闭环系统快 2～5 倍。

2. 传递函数矩阵的不变性

由于传递函数矩阵在线性非奇异变换下保持不变，所以可根据式(6-142)求 $2n$ 维复合系统的传递函数矩阵为

$$
\begin{aligned}
G_{KL}(s) &= [C \quad 0]\begin{bmatrix} sI-A+BK & -BK \\ 0 & sI-A+LC \end{bmatrix}^{-1}\begin{bmatrix} B \\ 0 \end{bmatrix} \\
&= [C \quad 0]\begin{bmatrix} (sI-A+BK)^{-1} & (sI-A+BK)^{-1}(BK)(sI-A+LC)^{-1} \\ 0 & (sI-A+LC)^{-1} \end{bmatrix}\begin{bmatrix} B \\ 0 \end{bmatrix} \\
&= C(sI-A+BK)^{-1}B = G_c(s)
\end{aligned}
\tag{6-144}
$$

式(6-144)表明，带观测器状态反馈闭环系统的传递函数矩阵等于直接状态反馈闭环系统的传递函数矩阵，即观测器的引入不改变直接状态反馈控制系统的传递函数矩阵。

3. 观测器反馈与直接状态反馈的等效性

带渐进状态观测器的状态反馈闭环系统状态空间模型式(6-142)表明，闭环系统是不完全能控的，即状态观测误差 $\tilde{x}=x-\hat{x}$ 是不能控的，控制信号不会影响状态重构误差特性，只要将矩阵 $A-LC$ 的特征值均配置在复平面的左半开平面的适当位置，观测误差总能以期望的收敛速率趋于零，即有 $\lim\limits_{t\to\infty}\tilde{x}=\lim\limits_{t\to\infty}(x-\hat{x})=0$，这正是渐进观测器的重要性质，因此当 $t\to\infty$ 时，必有 $\begin{cases}\dot{x}=(A-BK)x+Bv\\ y=Cx\end{cases}$ 成立。可见，带观测器的状态反馈系统只有当 $t\to\infty$ 进入稳态时，才会与直接状态反馈系统完全等价。应通过设计输出偏差反馈增益矩阵 L 来合理配置观测器的极点，以使 $(x-\hat{x})\to 0$ 的速度足够快。

6.7.3 带观测器的状态反馈系统和带补偿器的输出反馈系统的等价性

在工程实际中人们往往更关心系统输入输出之间的控制特性，即传递性。可以证明，从输出输入角度，具有观测器的状态反馈系统实质上完全等效于具有串联补偿器和反馈补偿器的输出反馈系统。不失一般性，考虑如图 6-23 所示的具有观测器的状态反馈系统和如图 6-24 所示的具有补偿器的输出反馈系统。

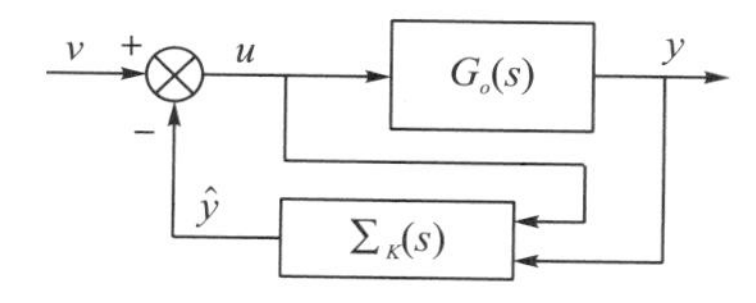

图 6-23 具有观测器的状态反馈系统

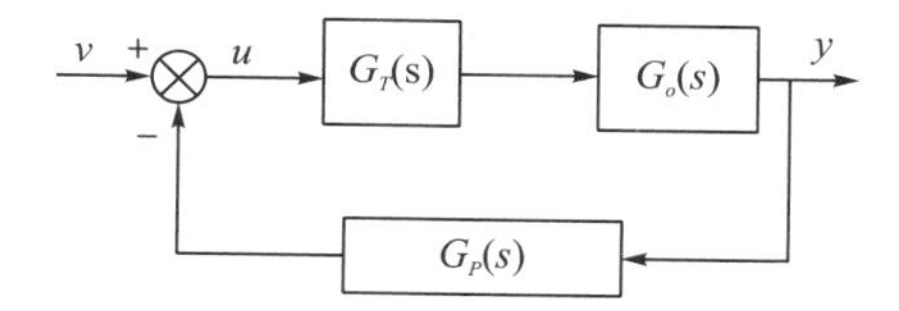

图 6-24 具有补偿器的输出反馈系统

上述反馈系统中，受控系统为多输入多输出 n 维连续时间线性时不变系统，采用 $m\times r$ 传递函数矩阵 $G_o(s)$ 描述。对图 6-23 所示的具有观测器的状态反馈系统 $\hat{\Sigma}$，其状态空间表达式为

$$\begin{cases}\dot{\hat{x}}=(A-LC)\hat{x}+Ly+Bu\\ \hat{y}=K\hat{x}\end{cases} \tag{6-145}$$

式中，A、B、C 为被控系统 Σ_o 的传递函数矩阵；$A-LC$ 为状态观测器的状态矩阵，其特征值均具有负实部，但与 A 的特征值不相等；K 为状态反馈矩阵。

将式(6-145)取拉普拉斯变换，可导出传递特性，即

$$\begin{aligned}\hat{Y}(s)&=K[(sI-(A-LC)]^{-1}[LY(s)+BU(s)]\\&=K[(sI-(A-LC)]^{-1}LY(s)+K[(sI-(A-LC)]^{-1}BU(s)\\&=G_{w1}^{*}U(s)+G_{w2}Y(s)\end{aligned} \tag{6-146}$$

式中，

$$\begin{aligned}G_{w1}^{*}&=K[sI-(A-LC)]^{-1}B\\G_{w2}&=K[sI-(A-LC)]^{-1}L\end{aligned} \tag{6-147}$$

式(6-147)表明，从传递特征的角度来看，观测器等效于两个子系统的并联，一个子系统以 u 为输入，以 G_{w1}^{*} 为传递函数阵；另一个子系统以 y 为输入，以 G_{w2} 为传递函数阵。由这两个子系统构成的闭环系统结构如图 6-25(a)所示。将其变换又可等效于图 6-25(b)、图 6-25(c)，并且有

$$G_{w1}(s)=[I+G_{w1}^{*}(s)]^{-1} \tag{6-148}$$

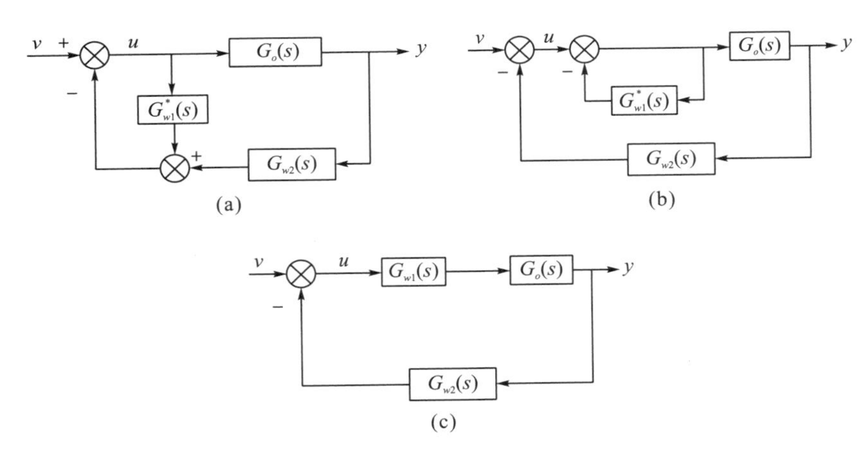

图 6-25 带观测器状态反馈系统传递特性等效变换

可以证明 $G_{w1}(s)$ 是物理可实现的。因为

$$\begin{aligned}&[I+G_{w1}^{*}(s)]^{-1}\{I-K[sI-(A-LC)+BK]^{-1}B\}\\&=I+K[sI-(A-LC)]^{-1}B-K[sI-(A-LC)+BK]^{-1}B\\&\quad-K[sI-(A-LC)]^{-1}BK[sI-(A-LC)+BK]^{-1}B\end{aligned} \tag{6-149}$$

及

$$I+K[sI-(A-LC)]^{-1}BK=[sI-(A-LC)]^{-1}B[sI-(A-LC)+BK]^{-1}$$

可得

$$[sI-(A-LC)]^{-1}BK=-I+[sI-(A-LC)]^{-1}[sI-(A-LC)+BK] \tag{6-150}$$

将式(6-150)代入式(6-149)可得

$$[I+G_{w1}^{*}(s)]^{-1}\{I-K[sI-(A-LC)+BK]^{-1}B\}=I \tag{6-151}$$

因此，

$$G_{w1}(s)=[I+G_{w1}^{*}(s)]^{-1}=I-K[sI-(A-LC)+BK]^{-1}B \tag{6-152}$$

式(6-152)表明 $G_{w1}(s)$ 是物理可实现的。因而也证明了一个带观测器的状态反馈系统在传递特性上完全等效于一个带串联补偿器和反馈补偿器的输出反馈。

由式(6-147)和式(6-152)可得两个补偿器的状态空间表达式为

$$\begin{cases}\dot{z}_{(2)}=(A-LC)z_{(2)}+Lu_{(2)}\\ G_{(2)}=Kz_{(2)}\end{cases} \tag{6-153}$$

和

$$\begin{cases}\dot{z}_{(1)}=(A-LC-BK)z_{(1)}+Bu_{(1)}\\ G_{(1)}=-Kz_{(1)}+u_{(1)}\end{cases} \tag{6-154}$$

两个补偿器和 $\sum(A,B,C)$ 构成的闭环控制系统如图 6-26 所示。

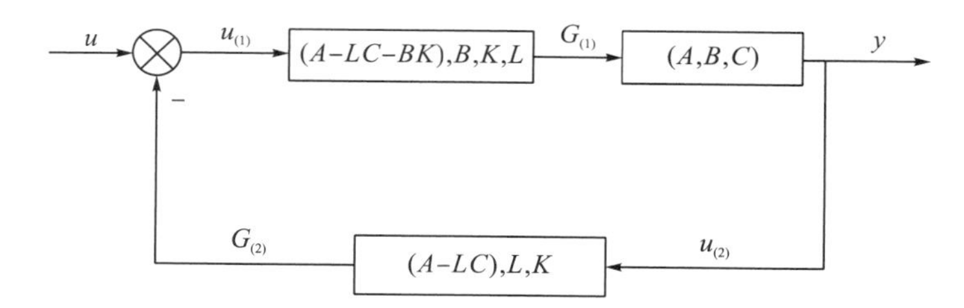

图 6-26　带补偿器构成的输入反馈闭环系统结构图

闭环系统的状态空间表达式为

$$\begin{cases}\dot{x}=Ax+BG_{(1)}=Ax-BKz_{(1)}+Bu_{(1)}\\ \dot{z}_{(2)}=(A-LC)z_{(2)}+Lu_{(2)}\\ \dot{z}_{(1)}=(A-LC-BK)z_{(1)}+Bu_{(1)}\\ u_{(2)}=y=Cx\\ u_{(1)}=u+G_{(2)}=u-Kz_{(2)}\\ y=Cx\end{cases} \tag{6-155}$$

或写成矩阵形式为

$$\begin{cases}\begin{bmatrix}\dot{z}_{(2)}\\ \dot{x}\\ \dot{z}_{(1)}\end{bmatrix}=\begin{bmatrix}(A-LC) & LC & 0\\ -BK & A & -BK\\ -BK & 0 & (A-LC-BK)\end{bmatrix}\begin{bmatrix}z_{(2)}\\ x\\ z_{(1)}\end{bmatrix}+\begin{bmatrix}0\\ B\\ B\end{bmatrix}u\\ y=[0\quad C\quad 0]\begin{bmatrix}z_{(2)}\\ x\\ z_{(1)}\end{bmatrix}\end{cases} \tag{6-156}$$

令

$$P=\begin{bmatrix}I & 0 & 0\\ 0 & I & 0\\ -I & I & -I\end{bmatrix},\quad P^{-1}=P$$

经过线性变换得

$$\begin{cases}\begin{bmatrix}\dot{z}_{(2)}\\ \dot{x}\\ \dot{z}_{(1)}\end{bmatrix}=\begin{bmatrix}(A-LC) & LC & 0\\ 0 & (A-BK) & BK\\ 0 & 0 & (A-LC)\end{bmatrix}\begin{bmatrix}z_{(2)}\\ x\\ z_{(1)}\end{bmatrix}+\begin{bmatrix}0\\ B\\ 0\end{bmatrix}u\\ y=[0\quad C\quad 0]\begin{bmatrix}z_{(2)}\\ x\\ z_{(1)}\end{bmatrix}\end{cases} \tag{6-157}$$

其传递函数阵为

$$G_z(s)=C[sI-(A-BK)]^{-1}B=G_K(s) \tag{6-158}$$

进一步验证，从传递特性上看，补偿器和观测器完全等效。

例 6-14 考虑第 1 章中自动驾驶汽车机器人模型。对于自动驾驶，我们真正关心的是汽车在道路上的相对位置，通过控制方向盘和油门来驱动汽车正常行驶。已知汽车配备了激光测距仪测量汽车后桥中心到道路边缘的距离 d 、速度传感器测量前轮的速度 v、角度传感器测量方向盘的角度 δ 。系统输入量为前轮的加速度 $\dot{v}$ 和方向盘的角速度 $\dot{\delta}$ ，系统输出量分别为后桥中心到道路边缘的距离 d 、前轮行驶速度 v 和方向盘的转角 δ ，系统状态变量为后桥中心到路边的垂直距离 d、车体航向角 θ 、前桥中心点速度 v 和前轮转向角 δ ，由第 1 章建模可知自动驾驶汽车机器人的状态空间模型如下：

$$\dot{x}(t)=\begin{bmatrix}\dot{x}_1(t)\\ \dot{x}_2(t)\\ \dot{x}_3(t)\\ \dot{x}_4(t)\end{bmatrix}=\begin{bmatrix}0 & 7 & 0 & 0\\ 0 & 0 & 0 & 7/3\\ 0 & 0 & 0 & 0\\ 0 & 0 & 0 & 0\end{bmatrix}\begin{bmatrix}x_1(t)\\ x_2(t)\\ x_3(t)\\ x_4(t)\end{bmatrix}+\begin{bmatrix}0 & 0\\ 0 & 0\\ 1 & 0\\ 0 & 1\end{bmatrix}\begin{bmatrix}u_1(t)\\ u_2(t)\end{bmatrix}$$

$$y(t)=\begin{bmatrix}y_1(t)\\ y_2(t)\\ y_3(t)\end{bmatrix}=\begin{bmatrix}1 & 0 & 0 & 0\\ 0 & 0 & 1 & 0\\ 0 & 0 & 0 & 1\end{bmatrix}\begin{bmatrix}x_1(t)\\ x_2(t)\\ x_3(t)\\ x_4(t)\end{bmatrix}$$

可以判定这是一个能控、能观测，但不稳定的系统。试设计状态观测器和控制算法，将系统所有极点配置为−2，并假定汽车以设定速度和距离沿环形道路行驶，在工作点附件对控制算法进行仿真。

解： 利用 Matlab 分别配置状态反馈的极点和状态观测器的极点，其代码为

$$K = \text{place}(A, B, [-2 \quad -2.01 \quad -2.02 \quad -2.03])$$

状态反馈矩阵为

$$K = \begin{bmatrix} 0 & 0 & 2.03 & 0 \\ 0.947 & 0.519 & 0 & 6.03 \end{bmatrix}$$

极点配置后闭环系统的阶跃响应曲线如图 6-27 所示。

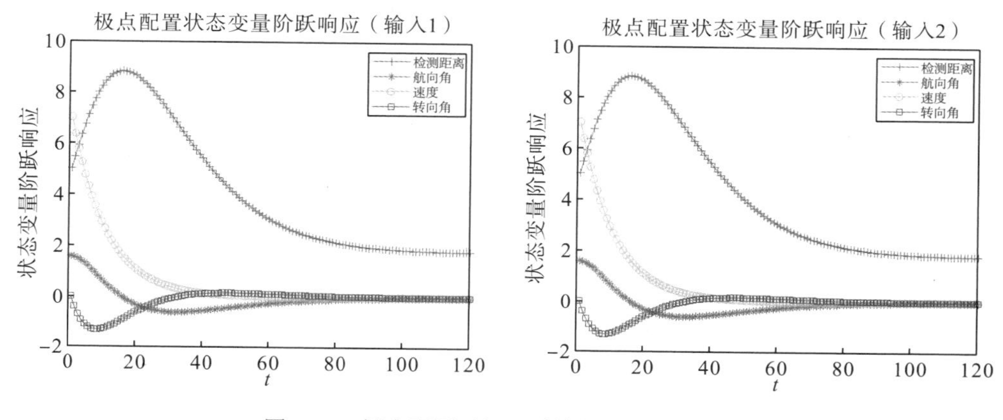

图 6-27　极点配置后闭环系统的阶跃响应曲线

状态观测器配置语句为 $L = \text{place}(A', C', [-2 \ -2.01 \ -2.02 \ -2.03])'$；状态观测器矩阵为

$$L = \begin{bmatrix} 4.05 & 0 & 0 \\ 0.586 & 0 & 2.333 \\ 0 & 2.01 & 0 \\ 0 & 0 & 2 \end{bmatrix}$$

利用带补偿器构成的输入反馈闭环系统结构(图 6-26)及其状态空间描述式(6-156)实现状态观测的函数如下：

```
%obsvsf 函数定义
%参数：G 为被控对象，K 为状态反馈矩阵，L 为观测增益矩阵
%返回值：控制器 Gc 及负反馈 Gt 的状态空间表达
function[Gc,Gt]=obsvsf(G,K,L)
Gt=ss(G.a - L*G.c,L,K,0)
Gc=ss(G.a - G.b*K-L*G.c+L*G.d*K,G.b,-K,eye(2))
end
```

在此基础上，状态观测器的阶跃响应曲线如图 6-28 所示。

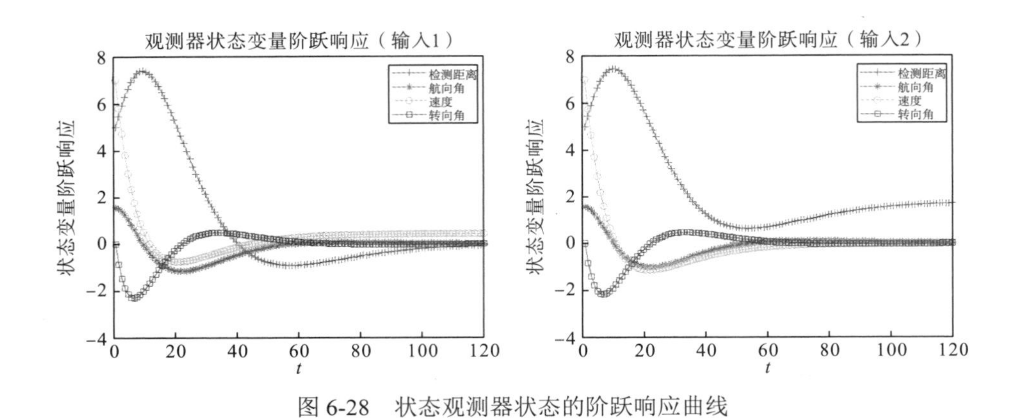

图 6-28 状态观测器状态的阶跃响应曲线

从图 6-27 和图 6-28 可以看出，汽车机器人已处于稳定状态。为了对自动驾驶行为进行仿真，在状态观测器反馈控制的基础上，需要加入前置放大器，由于设定值为汽车距路边的垂直距离 d 和汽车速度 v，即 v_0=[5，7]，因此需要设定配置矩阵 E。使设定值维数与输出维数相等，此时前置放大器 $H=[EC(-A+BK)^{-1}B]^{-1}$，$E=[1\ 0\ 0\ 0;0\ 0\ 1\ 0]$。此外，由于工作点不为零，控制算法需要考虑工作点的值，即 $u=-K\hat{x}+H(v-v_0)$，主要仿真代码如下。

```
    wbar=E*xbar;                                %指定距离和速度
    ybar=[xbar(1)/sin(xbar(2));xbar(3);xbar(4)];    %系统输出
      x=[-15;0;pi/2;7;0.1]; %包含 y 坐标的状态变量 x=(x,y,theta,v,delta)
    xr=[0;0;0;0];      %由激光测距仪检测 d 的状态变量 xr=(d,theta,v,dist)
    dt=0.1;
    for t=0:dt:25
            w=[r0;v0];
            y=circuit_g(x,P);                  %传感器模型 y=[d;x(4);x(5)]
            u=ubar+Cr*xr+Dr*[w-wbar;y-ybar];    %控制器模型
    xdot=[x(4)*cos(x(5))*cos(x(3));x(4)*cos(x(5))*sin(x(3));x(4)*
sin(x(5))/3;
              u(1);u(2) ];
            x1=x+xdot*dt;
            xr1=xr+(Ar*xr+Br*[w-wbar;y-ybar])*dt;

plot([x(1),x(1)+sin(x(3))*y(1)],[x(2),x(2)-cos(x(3))*y(1)],'-r');
            plot(x(1),x(2),'*-b');
    drawnow();
            x=x1;
    xr=xr1;
    end
```

自动驾驶汽车机器人沿环形道路行驶仿真结果如图 6-29 所示，其中红色线为激光测距仪测量的汽车后桥中心到道路边缘的距离，绿色线为汽车行驶轨迹。

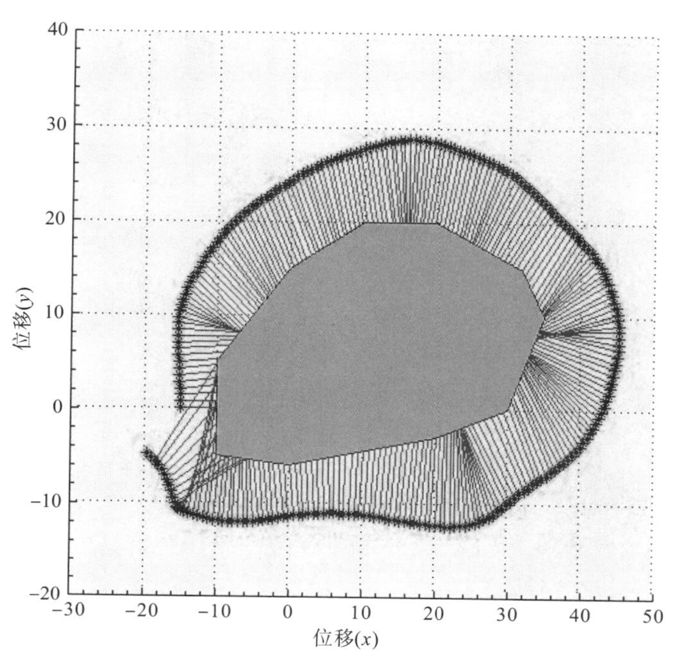

图 6-29　自动驾驶汽车机器人沿环形道路行驶仿真结果

例 6-15　设被控系统的传递函数 $G_o(s)=\dfrac{1}{s(s+6)}$ 且假设系统输出量可以准确测量，试设计降维观测器，构成状态反馈系统，使闭环极点配置为 $-6\pm 6\,\mathrm{j}$。

解：(1) 因被控系统的传递函数不存在零极点相消，且其为单变量系统，故其能控能观测。状态反馈控制与状态观测器可分别独立设计。

(2) 为便于设计观测器，被控系统按能观测标准型实现，即有

$$\begin{cases}\dot{x}=\begin{bmatrix}0 & 0\\ 1 & -6\end{bmatrix}x+\begin{bmatrix}1\\ 0\end{bmatrix}u\\ y=[0\quad 1]x\end{cases}$$

(3) 根据闭环极点配置要求设计状态反馈增益阵 K。

令 $K=[k_1\quad k_2]$，则 $(A-BK)$ 特征多项式为

$$f_k(s)=\det[sI-(A-BK)]=\begin{vmatrix}s+k_1 & k_2\\ -1 & s+6\end{vmatrix}=s^2+(6+k_1)s+(6k_1+k_2)$$

期望特征多项式为

$$\alpha^*(s)=(s+6+6\,\mathrm{j})(s+6-6\,\mathrm{j})=s^2+12s+72$$

比较得 $K=[k_1\quad k_2]=[6\quad 36]$。

(4) 设计降维观测器。

$\Sigma_o(A,B,C)$ 为能观测标准型，有 $x_2=y$，因输出量 y 可准确测量，故只需设计一维观

测器重构x_1，对应的降维观测器状态方程为

$$\begin{cases}\dot{w}=(\bar{A}_{11}-\bar{G}_1\bar{A}_{21})w+[(\bar{A}_{11}-\bar{G}_1\bar{A}_{21})\bar{G}_1+\bar{A}_{12}-\bar{G}_1\bar{A}_{22}]y+(\bar{B}_1-\bar{G}_1\bar{B}_2)u\\ \hat{x}_1=w+\bar{G}_1 y\end{cases}$$

式中，$\bar{G}_1=g_1$；$\bar{A}_{11}=0$；$\bar{A}_{12}=0$；$\bar{A}_{21}=1$；$\bar{A}_{22}=-6$；$\bar{B}_1=1$；$\bar{B}_2=0$。

基于通常选择观测器的响应速度比所考虑的状态反馈闭环系统快 2～5 倍，本例取观测器期望极点为

$$\lambda^*=2.5\times(-6)=-15$$

则降维观测器特征多项式：

$$f(\lambda)=\det[\lambda I-(\bar{A}_{11}-\bar{G}_1\bar{A}_{21})]=\lambda-(0-g_1)=\lambda+g_1$$

期望特征多项式为

$$f^*(\lambda)=\lambda+15$$

比较得

$$\bar{G}_1=g_1=15$$

则降维观测器状态方程为

$$\begin{cases}\dot{w}=-15w+u+(-15\times15+15\times6)y=-15w-135y+u\\ \hat{x}_1=w+15y\end{cases}$$

又因为$x_2=y$，则$\sum_o(A,B,C)$所对应状态向量x的估值为

$$\hat{x}=\begin{bmatrix}\hat{x}_1\\ x_2\end{bmatrix}=\begin{bmatrix}w+15y\\ y\end{bmatrix}$$

6.8 线性二次型最优控制

线性二次型(linear quadratic，LQ)最优控制属于线性系统综合理论中最具重要性和典型性的一类优化综合问题。优化综合问题的特点是需要通过对指定的性能指标函数取极大或极小来导出系统的控制律。

6.8.1 线性二次型问题

考虑连续时间线性时变受控系统：

$$\begin{cases}\dot{x}(t)=A(t)x(t)+B(t)u(t),\ x(t_0)=x_0,\ x(t_f)=x_f\\ y(t)=C(t)x(t)\end{cases},\quad t\in[t_0,t_f] \tag{6-159}$$

给定二次型性能指标函数：

$$J[u(\cdot)]=\frac{1}{2}e^{\mathrm{T}}(t_f)Se(t_f)+\frac{1}{2}\int_{t_0}^{t_f}[e^{\mathrm{T}}(t)Q(t)e(t)+u^{\mathrm{T}}(t)R(t)u(t)]\mathrm{d}t \tag{6-160}$$

式中，$x(t)$为n维状态；$u(t)$为满足解存在唯一性条件的r维允许控制；$A(t)$、$B(t)$和$C(t)$为满足解存在唯一性条件的相应维数的矩阵；$y(t)$为m维输出向量，$0<m\leqslant r\leqslant n$；输出向量误差$e(t)=y_d(t)-y(t)$，$y_d(t)$为理想输出向量；$S=S^{\mathrm{T}}\geqslant0$；$Q(t)=Q^{\mathrm{T}}(t)\geqslant0$；

$R(t)=R^{\mathrm{T}}(t)>0$。LQ 问题就是寻找一个允许控制 $u(t)\in\Re^{r\times 1}$，使沿着由初始状态 x_0 出发的相应的状态轨线 $x(t)$，性能指标函数取为极小值：

$$J[u^*(\cdot)]=\min_{u(\cdot)} J[u(\cdot)] \tag{6-161}$$

式(6-160)中被积函数中的第一项 $e^{\mathrm{T}}(t)Q(t)e(t)$ 表示由系统运动过程中动态误差 $e(t)$ 产生的分量。因为 $Q(t)$ 是正半定的，所以只要出现误差，$e^{\mathrm{T}}(t)Q(t)e(t)$ 总是非负的，若 $e(t)=0$，则 $e^{\mathrm{T}}(t)Q(t)e(t)=0$；若 $e(t)$ 增大，则 $e^{\mathrm{T}}(t)Q(t)e(t)$ 也增大。因此，$e^{\mathrm{T}}(t)Q(t)e(t)$ 是用来衡量系统控制过程中动态误差 $e(t)$ 大小的惩罚函数或代价函数，$e(t)$ 越大，则支付的代价也越大。式(6-160)被积函数第二项 $u^{\mathrm{T}}(t)R(t)u(t)$，表示由控制 $u(t)$ 产生的分量，一般用来衡量系统的控制能量消耗。因为 $R(t)$ 是正定的，所以只要存在控制，$u^{\mathrm{T}}(t)R(t)u(t)$ 总是正的。式(6-160)中第一项 $\frac{1}{2}e^{\mathrm{T}}(t_f)Se(t_f)$，是为了满足控制过程结束时刻终端误差的要求而引进的，也被称为终端代价函数。例如，在宇航的交会问题上，对两个飞行体的一致性要求特别严格，因此必须加上这一项，以保证在终端时刻 T_f 的误差 $e(T_f)$ 很小。矩阵 S、$Q(t)$、$R(t)$ 的每一元素都是对应的二次项系数，衡量各个误差分量和控制分量重要程度的加权矩阵采用时变矩阵 $Q(t)$ 和 $R(t)$，将更能适应各种特殊情况。但这样一来，也使控制系统工程的实现难度大为增加。式(6-161)二型性能指标极小的物理意义是：使系统在整个控制过程中的动态跟踪误差、控制能量消耗和控制过程结束时刻的终端跟踪误差综合最优。LQ 控制问题的实质在于用不大的控制来保持较小的误差，以达到能量和误差综合最优的目的。

6.8.2　有限时间 LQ 最优控制

1. 有限时间时变 LQ 问题的最优解

考虑时变 LQ 调节问题：

$$\dot{x}=A(t)x+B(t)u,\ \ x(t_0)=x_0,\ \ t\in[t_0,\ t_f] \tag{6-162}$$

$$J[u(\cdot)]=\frac{1}{2}x_f^{\mathrm{T}}Sx_f+\frac{1}{2}\int_{t_0}^{t_f}[x^{\mathrm{T}}(t)Q(t)x(t)+u^{\mathrm{T}}(t)R(t)u(t)]\mathrm{d}t \tag{6-163}$$

式中，x 为 n 维状态；u 为 r 维输入；$A(t)$ 和 $B(t)$ 为相应维数系数矩阵；$S=S^{\mathrm{T}}\geqslant 0$ 和 $Q(t)=Q^{\mathrm{T}}(t)\geqslant 0$ 为 $n\times n$ 正半定矩阵；$R(t)=R^{\mathrm{T}}(t)>0$ 为 $r\times r$ 正定对称阵。时变 LQ 问题的特点是受控系统系数矩阵和性能指标积分中的加权矩阵为时变矩阵。

定理 6-12　对于式(6-162)和式(6-163)描述的有限时间时变 LQ 调节问题，设末时刻 t_f 为固定，组成对应矩阵里卡蒂(Riccati)微分方程：

$$\begin{cases}-\dot{P}(t)=P(t)A(t)+A^{\mathrm{T}}P(t)+Q(t)-P(t)B(t)R^{-1}(t)B^{\mathrm{T}}(t)P(t)\\ P(t_f)=S\end{cases},\ \ t\in[t_0,\ t_f] \tag{6-164}$$

解阵 $P(t)$ 为 $n\times n$ 正半定对称矩阵，则 $u^*(t)$ 为最优控制的充分必要条件是

$$u^*(t)=-R^{-1}(t)B^{\mathrm{T}}(t)P(t)x^*(t) \tag{6-165}$$

最优轨线 $\dot{x}^*(t)$ 为式(6-166)的解，即

$$\dot{x}^*(t)=A(t)x^*(t)+B(t)u^*(t),\quad x^*(t_0)=x_0 \tag{6-166}$$

最优性能值为

$$J^*=\frac{1}{2}x_0^{\mathrm{T}}P(t_0)x_0,\quad \forall x_0\neq 0 \tag{6-167}$$

证明：(1)证必要性。若 $u^*(\cdot)$ 为最优，则式(6-165)成立。

首先，将条件极值问题式(6-162)和式(6-163)化为无条件极值问题。为此，引入拉格朗日(Lagrange)乘子 $n\times 1$ 向量函数 $\lambda(t)$，通过将性能指标泛函(6-163)设为

$$J[u(\cdot)]=\frac{1}{2}x^{\mathrm{T}}(t_f)Sx(t_f)+\int_{t_0}^{t_f}\left\{\frac{1}{2}[x^{\mathrm{T}}Q(t)x+u^{\mathrm{T}}R(t)u]+\lambda^{\mathrm{T}}[A(t)x+B(t)u-\dot{x}]\right\}\mathrm{d}t \tag{6-168}$$

就得到性能指标泛函相对于 $u(\cdot)$ 的无条件极值问题。

其次，求解无条件极值问题式(6-168)。为此，通过引入哈密顿(Hamilton)函数：

$$H(x,u,\lambda,t)=\frac{1}{2}[x^{\mathrm{T}}Q(t)x+u^{\mathrm{T}}R(t)u]+\lambda^{\mathrm{T}}[A(t)x+B(t)u] \tag{6-169}$$

进而式(6-168)可表示为

$$\begin{aligned}J[u(\cdot)]&=\frac{1}{2}x^{\mathrm{T}}(t_f)Sx(t_f)+\int_{t_0}^{t_f}[H(x,u,\lambda,t)-\lambda^{\mathrm{T}}\dot{x}]\mathrm{d}t\\&=\frac{1}{2}x^{\mathrm{T}}(t_f)Sx(t_f)+\int_{t_0}^{t_f}\left[H(x,u,\lambda,t)-\left(\frac{\mathrm{d}}{\mathrm{d}t}\lambda^{\mathrm{T}}\dot{x}\right)+\dot{\lambda}^{\mathrm{T}}x\right]\mathrm{d}t\\&=\frac{1}{2}x^{\mathrm{T}}(t_f)Sx(t_f)-\lambda^{\mathrm{T}}(t_f)x(t_f)+\lambda^{\mathrm{T}}(t_0)x(t_0)+\int_{t_0}^{t_f}[H(x,u,\lambda,t)-\dot{\lambda}^{\mathrm{T}}\dot{x}]\mathrm{d}t\end{aligned} \tag{6-170}$$

为找出 $J[u(\cdot)]$ 取极小 $u^*(\cdot)$ 应满足的条件，需要先找出由 $u(\cdot)$ 的变分 $\Delta[u(\cdot)]$ 引起的 $J[u(\cdot)]$ 的变分 $\Delta J[u(\cdot)]$。其中，$\Delta[u(\cdot)]$ 为函数 $u(\cdot)$ 的增量函数，$\Delta J[u(\cdot)]$ 定义为增量：

$$\Delta J[u(\cdot)]=J[u(\cdot)+\Delta u(\cdot)]-J[u(\cdot)] \tag{6-171}$$

的主部。由于末时刻 t_f 固定，由状态方程知，$\Delta[u(\cdot)]$ 只能连锁引起 $\Delta[x(\cdot)]$ 和 $\Delta[x(t_f)]$。为确定 $\Delta J[u(\cdot)]$，应同时考虑 $\Delta[u(\cdot)]$、$\Delta[x(\cdot)]$、$\Delta[x(t_f)]$ 的影响。因此，有

$$\begin{aligned}\Delta J[u(\cdot)]&=\left\{\frac{\partial}{\partial x(t_f)}\left[\frac{1}{2}x^{\mathrm{T}}(t_f)Sx(t_f)\right]-\frac{\partial}{\partial x(t_f)}[x^{\mathrm{T}}(t_f)\lambda(t_f)]\right\}^{\mathrm{T}}\Delta[x(t_f)]\\&\quad+\int_{t_0}^{t_f}\left\{\left[\frac{\partial}{\partial x}H(x,u,\lambda,t)+\frac{\partial}{\partial x}x^{\mathrm{T}}\dot{\lambda}\right]^{\mathrm{T}}\Delta[x(\cdot)]+\left[\frac{\partial}{\partial u}H(x,u,\lambda,t)\right]^{\mathrm{T}}\Delta[u(\cdot)]\right\}\mathrm{d}t\end{aligned} \tag{6-172}$$

将式(6-172)化简，可以导出

$$\Delta J[u(\cdot)]=[Sx(t_f)-\lambda(t_f)]^{\mathrm{T}}\Delta[x(t_f)]+\int_{t_0}^{t_f}\left\{\left[\frac{\partial H}{\partial x}+\dot{\lambda}\right]^{\mathrm{T}}\Delta[x(\cdot)]+\left[\frac{\partial H}{\partial u}\right]^{\mathrm{T}}\Delta[u(\cdot)]\right\}\mathrm{d}t \tag{6-173}$$

而据变分法知，$J[u^*(\cdot)]$ 取极小的必要条件为 $\Delta J[u^*(\cdot)]=0$。由此考虑到 $\Delta[u(\cdot)]$、$\Delta[x(\cdot)]$、$\Delta[x(t_f)]$ 的任意性，由式(6-173)可导出

$$\dot{\lambda}=-\frac{\partial}{\partial x}H(x,u^*,\lambda,t) \tag{6-174}$$

$$\lambda(t_f)=Sx(t_f) \tag{6-175}$$

$$\frac{\partial}{\partial u}H(x,u^*,\lambda,t)=0 \tag{6-176}$$

再次，推证矩阵里卡蒂微分方程。为此，利用式(6-176)和式(6-169)，有

$$\begin{aligned}0=\frac{\partial H}{\partial u}&=\frac{\partial}{\partial u}\left\{\frac{1}{2}[x^{\mathrm{T}}Q(t)x+u^{\mathrm{T}*}R(t)u^*]+\lambda^{\mathrm{T}}[A(t)x+B(t)u^*]\right\}\\&=R(t)u^*+B^{\mathrm{T}}(t)\lambda\end{aligned} \tag{6-177}$$

基于此，并考虑到 $R(t)$ 为可逆，得

$$u^*(\cdot)=-R^{-1}(t)B^{\mathrm{T}}(t)\lambda \tag{6-178}$$

利用式(6-178)，并由状态方程式(6-162)和 $\lambda(t)$ 关系式[式(6-174)与式(6-175)]，可导出如下两点边值问题：

$$\dot{x}^*=A(t)x^*-B(t)R^{-1}(t)B^{\mathrm{T}}(t)\lambda,\ x^*(t_0)=x_0 \tag{6-179}$$

$$\dot{\lambda}=-A^{\mathrm{T}}(t)\lambda-Q(t)x^*,\ \lambda(t_f)=S\cdot x^*(t_f) \tag{6-180}$$

注意到上述方程和端点条件均为线性，这意味着 $\lambda(t)$ 和 $x^*(t)$ 呈线性关系，可以表示为

$$\lambda(t)=P(t)x^*(t) \tag{6-181}$$

并且由式(6-181)和式(6-179)，得

$$\begin{aligned}\dot{\lambda}&=\dot{P}(t)x^*(t)+P(t)\dot{x}^*(t)\\&=\dot{P}(t)x^*(t)+P(t)A(t)x^*(t)-P(t)B(t)R^{-1}B^{\mathrm{T}}(t)P(t)x^*(t)\end{aligned} \tag{6-182}$$

由式(6-179)和式(6-180)，得

$$\dot{\lambda}=-A^{\mathrm{T}}(t)P(t)x^*(t)-Q(t)x^*(t) \tag{6-183}$$

于是，利用式(6-182)和式(6-183)相等，并考虑到 $x^*\neq 0$，可以导出 $P(t)$ 应满足：

$$-\dot{P}(t)=P(t)A(t)+A^{\mathrm{T}}P(t)+Q(t)-P(t)B(t)R^{-1}(t)B^{\mathrm{T}}(t)P(t) \tag{6-184}$$

而利用式(6-181)在 $t=t_f$ 结果和式(6-180)中端点条件，可导出 $P(t)$ 应满足端点条件为

$$P(t_f)=S \tag{6-185}$$

可以看出，式(6-184)和式(6-185)即所要推导的矩阵里卡蒂微分方程。

最后，证明最优控制 $u^*(\cdot)$ 的关系式(6-165)。为此，将 $\lambda(t)$ 和 $x^*(t)$ 的线性关系式(6-182)代入式(6-179)，即可证得

$$u^*(t)=-R^{-1}(t)B^{\mathrm{T}}(t)P(t)x^*(t)$$

从而必要性得证。

(2) 证充分性。若式(6-165)成立，则 $u^*(\cdot)$ 为最优控制。

首先，引入如下恒等式：

$$\frac{1}{2}x^{\mathrm{T}}(t_f)P(t_f)x(t_f)-\frac{1}{2}x^{\mathrm{T}}(t_0)P(t_0)x(t_0)=\frac{1}{2}\int_{t_0}^{t_f}\frac{\mathrm{d}}{\mathrm{d}t}[x^{\mathrm{T}}P(t)x]\mathrm{d}t$$
$$=\frac{1}{2}\int_{t_0}^{t_f}[\dot{x}^{\mathrm{T}}P(t)x+x^{\mathrm{T}}\dot{P}(t)x+x^{\mathrm{T}}P(t)\dot{x}]\mathrm{d}t \tag{6-186}$$

进而，利用状态方程式(6-162)和矩阵里卡蒂微分方程[式(6-164)]，可把式(6-186)改写为

$$\begin{aligned}&\frac{1}{2}x^{\mathrm{T}}(t_f)P(t_f)x(t_f)-\frac{1}{2}x^{\mathrm{T}}(t_0)P(t_0)x(t_0)\\&=\frac{1}{2}\int_{t_0}^{t_f}\{x^{\mathrm{T}}[A^{\mathrm{T}}(t)P(t)+\dot{P}(t)+P(t)A(t)]x\\&\quad+u^{\mathrm{T}}B^{\mathrm{T}}(t)P(t)x+x^{\mathrm{T}}P(t)B(t)u\}\mathrm{d}t\\&=\frac{1}{2}\int_{t_0}^{t_f}[-x^{\mathrm{T}}Q(t)x+x^{\mathrm{T}}P(t)B(t)R^{-1}(t)B^{\mathrm{T}}(t)P(t)x\\&\quad+u^{\mathrm{T}}B^{\mathrm{T}}(t)P(t)x+x^{\mathrm{T}}P(t)B(t)u]\mathrm{d}t\end{aligned} \tag{6-187}$$

再对式(6-187)做“配平方”处理，可得

$$\begin{aligned}&\frac{1}{2}x^{\mathrm{T}}(t_f)P(t_f)x(t_f)-\frac{1}{2}x^{\mathrm{T}}(t_0)P(t_0)x(t_0)\\&=\frac{1}{2}\int_{t_0}^{t_f}\{-x^{\mathrm{T}}Q(t)x-u^{\mathrm{T}}R(t)u\\&\quad+[u+R^{-1}(t)B^{\mathrm{T}}(t)P(t)x]^{\mathrm{T}}R(t)[u+R^{-1}(t)B^{\mathrm{T}}(t)P(t)x]\}\mathrm{d}t\end{aligned} \tag{6-188}$$

基于此，并注意到 $P(t_f)=S$，可以导出

$$\begin{aligned}J[u(\cdot)]&=\frac{1}{2}x^{\mathrm{T}}(t_f)Sx(t_f)+\frac{1}{2}\int_{t_0}^{t_f}\{x^{\mathrm{T}}Q(t)x+u^{\mathrm{T}}R(t)u\}\mathrm{d}t\\&=\frac{1}{2}x^{\mathrm{T}}(t_0)P(t_0)x(t_0)\\&\quad+\frac{1}{2}\int_{t_0}^{t_f}\{[u+R^{-1}(t)B^{\mathrm{T}}(t)P(t)x]^{\mathrm{T}}R(t)[u+R^{-1}(t)B^{\mathrm{T}}(t)P(t)x]\}\mathrm{d}t\end{aligned} \tag{6-189}$$

由式(6-189)可知，当 $u^*(t)=-R^{-1}(t)B^{\mathrm{T}}(t)P(t)x^*(t)$ 时性能指标 $J[u(\cdot)]$ 取为极小，即有

$$J^*=J[u^*(\cdot)]=\frac{1}{2}x^{\mathrm{T}}(t_0)P(t_0)x(t_0)=\frac{1}{2}x_0^{\mathrm{T}}P(t_0)x_0 \tag{6-190}$$

从而，证得 $u^*(\cdot)$ 为最优控制。充分性得证。证明完成。

对式(6-162)和式(6-163)描述的有限时间时变 LQ 问题，其最优控制必存在且唯一，即 $u^*(t)=-R^{-1}(t)B^{\mathrm{T}}(t)P(t)x^*(t)$。最优控制 $u^*(\cdot)$ 具有状态反馈形式，令状态反馈矩阵为

$$K^*(t)=R^{-1}(t)B^{\mathrm{T}}(t)P(t) \tag{6-191}$$

则最优闭环控制系统的状态方程：

$$\begin{aligned}\dot{x}^*&=[A(t)-B(t)K^*(t)]x^*\\&=[A(t)-B(t)R^{-1}(t)B^{\mathrm{T}}(t)P(t)]x^*,x^*(t_0)=x_0,t\in[t_0,t_f]\end{aligned} \tag{6-192}$$

系统结构框图如图 6-30 所示。

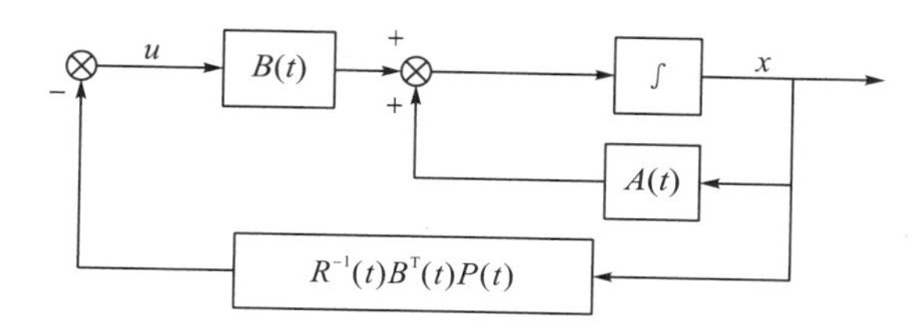

图 6-30　有限时间时变最优调节系统结构框图

2. 有限时间时不变 LQ 问题的最优解

考虑线性时不变 LQ 问题：

$$\dot{x}=Ax+Bu\,,\quad x(t_0)=x_0\,,\quad t\in(t_0,t_f) \tag{6-193}$$

$$J[u(\cdot)]=\frac{1}{2}x^{\mathrm{T}}(t_f)S_x(t_f)+\frac{1}{2}\int_{t_0}^{t_f}[x^{\mathrm{T}}Qx+u^{\mathrm{T}}Ru]\mathrm{d}t \tag{6-194}$$

式中，x 为 n 维状态；u 为 r 维输入；A 和 B 为相应维数的系数矩阵；加权矩阵 $S=S^{\mathrm{T}}>0$，$Q=Q^{\mathrm{T}}>0$，$R=R^{\mathrm{T}}>0$。

时不变 LQ 问题的特点是，受控系统系数矩阵和性能指标加权矩阵均为时不变常阵。

对有限时间时不变 LQ 调节问题[式(6-193)和式(6-194)]，组成对应矩阵里卡蒂微分方程：

$$\begin{cases}-\dot{P}(t)=P(t)A+A^{\mathrm{T}}P(t)+Q-P(t)BR^{-1}B^{\mathrm{T}}P(t)\\ P(t_f)=S,t\in[t_0,t_f]\end{cases} \tag{6-195}$$

解阵 $P(t)$ 为 $n\times n$ 正半定对称矩阵，则 $u^*(\cdot)$ 为最优控制的充分必要条件是

$$u^*=-K^*(t)x^*(t)\,,\quad K^*(t)=R^{-1}B^{\mathrm{T}}P(t) \tag{6-196}$$

最优轨线 $x^*(\cdot)$ 为方程(6-197)的解：

$$\dot{x}^*=Ax^*(t)+Bu^*(t),x^*(t_0)=x_0 \tag{6-197}$$

最优性能值 $J^*=J[u^*(\cdot)]$ 为

$$J^*=\frac{1}{2}x_0^{\mathrm{T}}P(t_0)x_0\,,\quad \forall x_0\neq 0 \tag{6-198}$$

类似地，对于式(6-193)和式(6-194)描述的有限时间时不变 LQ 调节问题，最优控制必存在且唯一，即 $u^*(t)=-R^{-1}B^{\mathrm{T}}P(t)x^*(t)$。最优控制具有状态反馈形式，状态反馈矩阵为

$$K^*=R^{-1}B^{\mathrm{T}}P(t) \tag{6-199}$$

则最优闭环控制系统的状态方程：

$$\dot{x}^*=[A-BR^{-1}B^{\mathrm{T}}P(t)]x^*,\ x^*(t_0)=x_0,t\in[t_0,t_f] \tag{6-200}$$

例 6-16　设系统状态方程为

$$\begin{cases}\dot{x}(t)=\begin{bmatrix}0&0\\1&0\end{bmatrix}x+\begin{bmatrix}1\\0\end{bmatrix}u(t),x(0)=\begin{bmatrix}1\\0\end{bmatrix}\\ y=[1\quad 1]x\end{cases}$$

性能指标 $J=\int_0^{t_f}\left[x_2^2(t)+\frac{1}{4}u^2(t)\right]\mathrm{d}t$，$t_f$ 为某一给定值。试求使 J 极小的最优控制 $u^*(t)$。

解：由 $J=\frac{1}{2}\int_0^{t_f}\left[2x_2^2(t)+\frac{1}{2}u^2(t)\right]\mathrm{d}t=\frac{1}{2}\left\{\int_0^{t_f}[x_1 \quad x_2]\begin{bmatrix}0 & 0\\0 & 2\end{bmatrix}\begin{bmatrix}x_1\\x_2\end{bmatrix}+\frac{1}{2}u^2(t)\right\}\mathrm{d}t$，可得 $A=\begin{bmatrix}0 & 0\\1 & 0\end{bmatrix}$，$B=\begin{bmatrix}1\\0\end{bmatrix}$；$Q=\begin{bmatrix}0 & 0\\0 & 2\end{bmatrix}>0$，即正定；$R=\frac{1}{2}>0$，即正定，且 $\mathrm{rank}[B \quad AB]=\mathrm{rank}\begin{bmatrix}1 & 0\\0 & 1\end{bmatrix}=2$，故 $\{A,B\}$ 完全能控，即无限时间状态调节器的最优控制 $u^*(t)$ 存在。

令 $P=\begin{bmatrix}p_{11} & p_{12}\\p_{21} & p_{22}\end{bmatrix}$，由里卡蒂方程 $PA+A^{\mathrm{T}}P+Q-PBR^{-1}B^{\mathrm{T}}P=0$ 得代数方程组：

$$\begin{cases}2p_{12}-2p_{11}^2=0\\p_{22}-2p_{11}p_{12}=0\\-2p_{12}^2+2=0\end{cases}$$

联立求解可得 $P=\begin{bmatrix}1 & 1\\1 & 2\end{bmatrix}>0$，于是可得最优控制 $u^*(t)$ 和最优性能指标 J^* 为

$$u^*(t)=-R^{-1}B^{\mathrm{T}}Px(t)=-2x_1(t)-2x_2(t)$$

$$J^*[x(t)]=\frac{1}{2}x^{\mathrm{T}}(0)Px(0)=-1$$

闭环系统的状态方程为 $\dot{x}(t)=(A-BR^{-1}B^{\mathrm{T}}P)x(t)=\begin{bmatrix}-2 & -2\\1 & 0\end{bmatrix}x(t)$，其特征方程为

$$\det(sI-\bar{A})=\det\begin{bmatrix}s+2 & 2\\-1 & s\end{bmatrix}=s^2+2s+2=0$$

特征值为 $s_{1,2}=-1\pm \mathrm{j}$，故闭环系统渐近稳定。

在 Matlab 中求解例 6-16 的程序 syn_LQ_adjustor 如下，系统状态响应、输出响应曲线分别如图 6-31 和图 6-32 所示。从 Matlab 状态响应曲线与输出响应曲线可以看出，最优控制把原来不稳定的系统变为稳定；同时，当 t=3.5 时系统状态即趋于零，调节过程快速有效。

```
%有限时间状态调节器 syn_LQ_adjustor:x0 为初始状态向量,u 为最优控制
%R 为正定加权矩阵,Q 为正半定加权矩阵,x 为最优轨线,J 为目标泛函值
Symst,xi;tmax=5;A=[0 0;1 0];B=[1;0];C=[1 1];D=0;x0=[1;0];Q=[0
0;0 2];R=0.5;
if rank(ctrb(A,B))~=length(A)
disp('系统不能控,无限时间状态调节器的最优控制不存在!')
else
   [K,P,E]=lqr(A,B,Q,R)         %求里卡蒂方程矩阵 P,状态反馈阵 K 及特征值 E
   AK=A-B*K;                    %调节器系统矩阵
Phit=expm(AK*t);                %调节器状态转移矩阵
```

```
    x=simplify(Phit*x0);        %最优轨线
    u=simplify(-K*x);           %最优控制
  Jmin=x0'*P*x0/2               %最小目标泛函值
    y=simplify(C*x+D*u);        %输出响应
    xi='状态 x';q=size(C,1);n=size(x0);
  for k=1:n
        subplot(2,2,k);ezplot(t,x(k),[0,tmax],1);grid;title(' 状态量变化曲线')
  xlabel('时间 t');ylabel([xi,num2str(k)])
  end
  for k=1:q
        subplot(2,2,k);ezplot(t,y(k),[0,tmax],2);grid;title(' 输出量变化曲线')
  xlabel('时间 t ');ylabel('输出量 y');
  end
  end
```

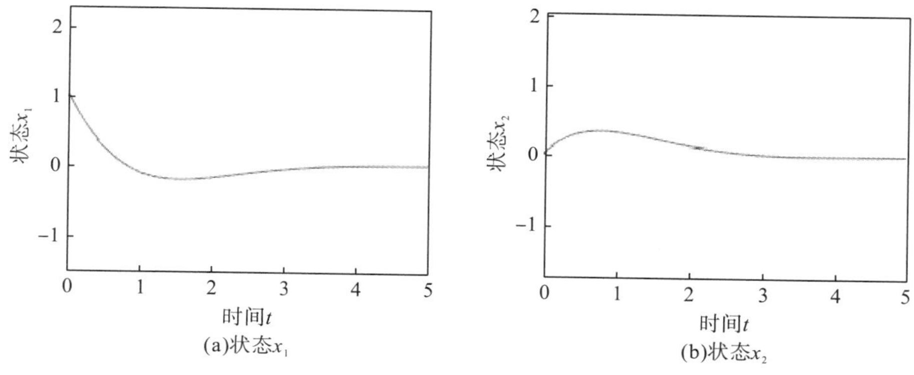

图 6-31　系统状态响应曲线

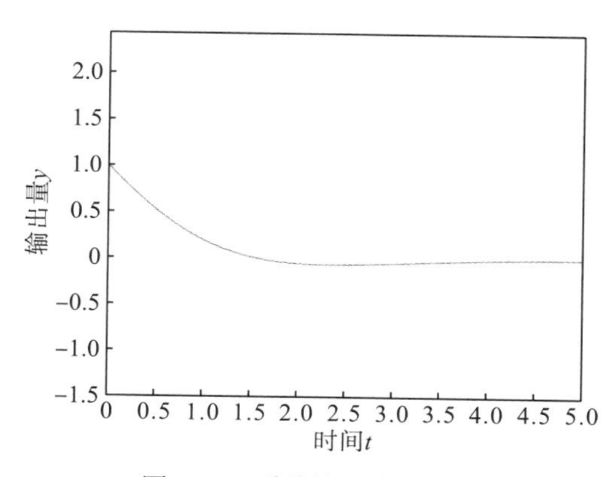

图 6-32　系统输出响应曲线

6.8.3 无限时间 LQ 最优控制

无限时间 LQ 问题是指末时刻 $t_f=\infty$ 的一类 LQ 问题。有限时间 LQ 问题和无限时间 LQ 问题的直观区别在于，前者只是考虑系统在过渡过程中的最优运行，后者还需要考虑系统趋于平衡状态时的渐进行为。在控制工程中，无限时间 LQ 问题通常更有意义且更实用。

1. 无限时间 LQ 问题的最优解

基于工程背景和理论研究的实际，对无限时间 LQ 问题需要引入一些附加限定：一是受控系统限定为线性时不变系统；二是由调节问题平衡状态为 $x=0$ 和最优控制系统前提为渐进系统所决定，性能指标泛函中无须再考虑相对于末状态的二次项；三是对受控系统结构特性和性能指标加权矩阵需要另加假定。考虑无限时间时不变 LQ 问题为

$$\dot{x}=Ax+Bu\text{，}\quad x(0)=x_0\text{，}\quad t\in[0,\infty) \tag{6-201}$$

$$J[u(\cdot)]=\int_0^{\infty}(x^{\mathrm{T}}Qx+u^{\mathrm{T}}Ru)\mathrm{d}t \tag{6-202}$$

式中，x 为 n 维状态；u 为 r 维输入；A 和 B 为相应维数的系数矩阵，$\{A,B\}$ 为完全能控，对加权阵有

$$R=R^{\mathrm{T}}>0$$

$$Q=Q^{\mathrm{T}}>0\text{ 或 }Q=Q^{\mathrm{T}}\geqslant 0\text{ 且 }\{A,Q^{1/2}\}\text{ 完全能观测}$$

其中，$Q^{1/2}=G\Lambda^{1/2}G^{\mathrm{T}}$，$\Lambda$ 为由 Q 的特征值构成的对角矩阵，G 为具有正交矩阵形式的变换阵。

(1) 矩阵里卡蒂方程解阵的特性。对无限时间时不变 LQ 问题式(6-201)和式(6-202)，基于 6.8.2 节中的分析可知，对应的矩阵里卡蒂微分方程具有如下形式：

$$-\dot{P}(t)=P(t)A+A^{\mathrm{T}}P(t)+Q-P(t)BR^{-1}B^{\mathrm{T}}P(t),\quad P(\infty)=0,\quad t\in[0,\ \infty] \tag{6-203}$$

现设 $n\times n$ 解阵 $P(t)=P(t,0,t_f)$ 可以直观反映对末时刻 t_f 和端点条件 $P(t_f)=0$ 的依赖关系，且有 $P(t_f,0,t_f)=P(\infty)=0$。对解矩阵 $P(t)=P(t,0,t_f)$，下面给出它的一些基本属性。

性质 6-1 解阵 $P(t)=P(t,0,t_f)$ 在 $t=0$ 时，结果 $P(0)=P(0,0,t_f)$ 对一切 $t_f\geqslant 0$ 有上界，即对任意 $x_0\neq 0$，都对应存在不依赖于 t_f 的一个正实数 $m(0,x_0)$，使对一切 $t_f\geqslant 0$ 有下式成立：

$$x_0^{\mathrm{T}}P(0,0,t_f)x_0\leqslant m(0,\ x_0)<\infty \tag{6-204}$$

性质 6-2 对任意 $t>0$，当末时刻 $t_f\to\infty$ 时，解阵 $P(t)=P(t,0,t_f)$ 极限必存在，即

$$\lim_{t_f\to\infty}P(t,0,t_f)=P(t,0,\infty) \tag{6-205}$$

性质 6-3 当末时刻 $t_f\to\infty$ 时，解阵 $P(t)=P(t,0,t_f)$ 的极限 $P(t,0,\infty)$ 为不依赖于 t 的一个常阵，即

$$P(t,0,\infty)=P \tag{6-206}$$

性质 6-4　常阵 $P(t,0,\infty)=P$ 为下列无限时间时不变 LQ 问题的矩阵里卡蒂代数方程的解阵：

$$PA+A^{\mathrm{T}}P+Q-PBR^{-1}B^{\mathrm{T}}P=0 \tag{6-207}$$

性质 6-5　矩阵里卡蒂代数方程[式(6-207)]在 $P=R^{\mathrm{T}}>0$，$Q=Q^{\mathrm{T}}>0$ 或 $R=R^{\mathrm{T}}>0$，$Q=Q^{\mathrm{T}}\geqslant 0$ 且 $\{A,Q^{1/2}\}$ 完全能观测的条件下，必有唯一正定对称解阵 P。

(2) 无限时间时不变 LQ 问题的最优解。考虑无限时间线性时不变 LQ 调节问题式(6-201)和式(6-202)，对应的矩阵里卡蒂代数方程式(6-207)，解阵 P 为 $n\times n$ 正定对称阵，则 $u^*(t)$ 为最优控制的充分必要条件是

$$u^*(t)=-K^*x^*(t),\quad K^*=R^{-1}B^{\mathrm{T}}P \tag{6-208}$$

最优轨线 $x^*(\cdot)$ 为下述状态方程的解：

$$x^*(t)=Ax^*(t)+Bu^*(t),\quad x^*(0)=x_0 \tag{6-209}$$

最优性能值 $J^*=J[u^*(\cdot)]$ 为

$$J^*=x_0^{\mathrm{T}}Px_0,\quad \forall x_0\neq 0 \tag{6-210}$$

(3) 最优控制的状态反馈属性。对无限时间时不变 LQ 调节问题式(6-201)和式(6-202)，最优控制具有状态反馈的形式，令状态反馈矩阵为

$$K^*=R^{-1}BP \tag{6-211}$$

则闭环系统的状态空间描述为

$$\dot{x}^*=[A-BR^{-1}B^{\mathrm{T}}P]x^*,\quad x^*(0)=x_0,\quad t\geqslant 0 \tag{6-212}$$

2. 最优调节系统的渐进稳定性

无限时间时不变 LQ 调节问题由于需要考虑 $t_f\to\infty$ 的系统运动行为，最优调节系统将会面临稳定性的问题。

定理 6-12　对无限时间时不变 LQ 调节问题式(6-201)和式(6-202)，其中 $R>0$，$Q>0$ 或 $R>0$，$Q\geqslant 0$ 且 $\{A,Q^{1/2}\}$ 完全能观测（$Q^{1/2}=G\Lambda^{1/2}G^{\mathrm{T}}$，$\Lambda$ 为 Q 的特征值对角阵），则最优调节系统式(6-212)必为大范围渐进稳定。

证明：首先，对 $R>0$，$Q>0$ 情形证明结论。对此，有矩阵里卡蒂代数方程式(6-207)解阵 P 为正定，取候选李雅普诺夫函数 $V(x)=x^{\mathrm{T}}Px$，且 $V(x)>0$。基于此，利用矩阵里卡蒂代数方程式(6-207)，可以导出 $V(x)$ 沿系统轨线对 t 的导数为

$$\begin{aligned}\dot{V}(x)&=\frac{\mathrm{d}V(x)}{\mathrm{d}t}=\dot{x}^{\mathrm{T}}Px+x^{\mathrm{T}}P\dot{x}\\&=x^{\mathrm{T}}(A^{\mathrm{T}}-PBR^{-1}B^{\mathrm{T}}P)x+x^{\mathrm{T}}(PA-PBR^{-1}B^{\mathrm{T}}P)x\\&=x^{\mathrm{T}}[(PA+A^{\mathrm{T}}P-PBR^{-1}B^{\mathrm{T}}P)-PBR^{-1}B^{\mathrm{T}}P]x\\&=-x^{\mathrm{T}}(Q+PBR^{-1}B^{\mathrm{T}}P)x\end{aligned} \tag{6-213}$$

且由 $R>0$，$Q>0$，可知 $\dot{V}(x)$ 为负定。此外，当 $\|x\|\to\infty$ 时显然 $V(x)\to\infty$。因此，据李雅普诺夫主稳定性定理知，最优调节系统式(6-212)为大范围渐进稳定。结论得证。

其次，对 $R>0$，$Q\geqslant 0$ 且 $\{A,\ Q^{1/2}\}$ 完全能观测情形证明结论。对此，由矩阵里卡蒂代

数方程式(6-207)解阵 P 为正定，取候选李雅普诺夫函数 $V(x)=x^{\mathrm{T}}Px$，且知 $V(x)>0$。基于此，由上述推导结果[式(6-213)]，有

$$0\equiv x^{\mathrm{T}}(t)Q^{1/2}Q^{1/2}x(t)=[Q^{1/2}x(t)]^{\mathrm{T}}[Q^{1/2}x(t)] \tag{6-214}$$

即 $Q^{1/2}x(t)\equiv 0$；这表明，对 $u^*(t)\equiv 0$ 情形的非零 $x(t)$ 有输出 $Q^{1/2}x(t)\equiv 0$，与已知 $\{A,Q^{1/2}\}$ 为完全能观测矛盾。从而反设不成立，对于一切 $x_0\neq 0$ 为初始状态的运动解 $x(t)$ 有 $\dot{V}(x)\neq 0$。此外，易知 $\|x\|\to\infty$ 时有 $V(x)\to\infty$。据李雅普诺夫主稳定性定理可知，最优调节系统式(6-212)为大范围渐进稳定系统。证明完成。

3. 最优调节系统的指数稳定性

在无限时间时不变系统 LQ 问题性能指标中同时引入对运动和控制的指定指数衰减度，可归结为使最优控制系统具有期望的指数稳定性。对此情形，问题的描述具有如下形式：

$$\begin{aligned}&\dot{x}=Ax+Bu,\quad x(0)=x_0,\quad t\geqslant 0\\&J[u(\cdot)]=\int_0^\infty \mathrm{e}^{2at}(x^{\mathrm{T}}Qx+u^{\mathrm{T}}Ru)\,\mathrm{d}t\\&\lim_{t\to\infty}x(t)\mathrm{e}^{at}=0,\quad a\geqslant 0\end{aligned} \tag{6-215}$$

式中，x 为 n 维状态；u 为 p 维输入；A 和 B 为相应维数的系数矩阵；$\{A,B\}$ 为完全能控；对加权阵有 $R>0$，$Q>0$ 或 $R>0$，$Q\geqslant 0$ 且 $\{A,Q^{1/2}\}$ 完全能观测；a 为指定衰减上限。直观上，a 表示在综合得到的最优调节系统中状态 $x(t)$ 每一分量 $x_i(t)$ 都必快于 $x_i(0)\mathrm{e}^{-at}$，或闭环系统矩阵所用特征值的实部均小于 $-a$。

对指定指数衰减度的无限时间时不变系统 LQ 问题[式(6-215)]，组成相应矩阵里卡蒂代数方程：

$$P(A+\alpha I)+(A+\alpha I)^{\mathrm{T}}P+Q-PBR^{-1}B^{\mathrm{T}}P=0 \tag{6-216}$$

解阵 P 为 $n\times n$ 正定矩阵。取最优控制 $u^*(\cdot)$ 为

$$u^*(t)=-K^*x^*(t),\quad K^*=R^{-1}B^{\mathrm{T}}P \tag{6-217}$$

最优调节系统为

$$\dot{x}^*=[A-BR^{-1}B^{\mathrm{T}}P]x^*,\quad x^*(0)=x_0,\quad t\geqslant 0 \tag{6-218}$$

则最优调节系统(6-218)以 a 为衰减上限指数稳定，即

$$\lim_{t\to\infty}x(t)\mathrm{e}^{\alpha t}=0 \tag{6-219}$$

6.8.4 最优跟踪问题

对于线性时变系统，当 $C(t)\neq I$，$y_d\neq 0$ 时线性二次型最优控制问题归结为：当理想输入 y_d 作用于系统时，要求系统产生一控制量 $u^*(\cdot)$，使系统实际输出 $y(t)$ 始终跟踪 $y_d(t)$ 的变化，并使性能指标极小。这一类线性二次性最优控制问题称为输出跟踪问题。

1. 有限时间最优输出跟踪器

考虑线性时变系统状态空间表达式

$$\begin{cases}\dot{x}(t)=A(t)x(t)+B(t)u(t)\\ y(t)=C(t)x(t)\end{cases},\quad x(0)=x_0,\quad t\in[0,\infty) \tag{6-220}$$

其性能指标为

$$J=\frac{1}{2}e^{\mathrm{T}}(t_f)Se(t_f)+\frac{1}{2}\int_{t_0}^{t_f}[e^{\mathrm{T}}(t)Q(t)e(t)+u^{\mathrm{T}}(t)R(t)u(t)]\mathrm{d}t \tag{6-221}$$

式中，$A(t)$、$B(t)$、$C(t)$ 为满足解存在唯一性条件的相应维数的矩阵；$y(t)$ 为 m 维输出向量，$0<m\leqslant r\leqslant n$，输出向量误差 $e(t)=y_d(t)-y(t)$，$y_d(t)$ 为理想输出向量；加权阵 S 为 $m\times m$ 的正半定常值矩阵，$Q(t)$ 为 $m\times m$ 的正半定对称阵；$R(t)$ 为 $r\times r$ 的正定对称阵。$Q(t)$、$R(t)$ 各元在 $[t_0\quad t_f]$ 上连续有界，t_f 固定。使性能指标式(6-221)为极小的最优解如下。

(1) 最优控制。

$$u^*(t)=-R^{-1}(t)B^{\mathrm{T}}(t)[P(t)x(t)-\xi(t)] \tag{6-222}$$

式中，$P(t)\in R^{n\times n}$ 为非负定实对矩阵，满足如下里卡蒂矩阵微分方程：

$$-\dot{P}(t)=P(t)A(t)+A^{\mathrm{T}}(t)P(t)-P(t)B(t)R^{-1}(t)B^{\mathrm{T}}(t)P(t)+C^{\mathrm{T}}(t)Q(t)C(t) \tag{6-223}$$

及终端边界条件：

$$P(t_f)=C^{\mathrm{T}}(t_f)SC(t_f) \tag{6-224}$$

式中，$\xi(t)$ 为 n 维伴随向量，满足：

$$-\dot{\xi}(t)=[A(t)-B(t)R^{-1}(t)B^{\mathrm{T}}(t)P(t)]^{\mathrm{T}}\xi(t)+C^{\mathrm{T}}(t)Q(t)y_d(t) \tag{6-225}$$

及终端边界条件：

$$\xi(t_f)=C^{\mathrm{T}}(t_f)Sy_d(t_f) \tag{6-226}$$

(2) 最优性能指标。

$$J^*=\frac{1}{2}x^{\mathrm{T}}(t_0)Px(t_0)-\xi^{\mathrm{T}}(t_0)x(t_0)+\varphi(t_0)$$

其中，函数 $\varphi(t)$ 满足：

$$\dot{\varphi}(t)=-\frac{1}{2}y_d^{\mathrm{T}}(t_0)Q(t_0)y_d(t_0)-\xi^{\mathrm{T}}(t)B(t)R^{-1}(t)B^{\mathrm{T}}(t)\xi(t) \tag{6-227}$$

及终端边界条件：

$$\varphi(t_f)=y_d^{\mathrm{T}}(t_f)Sy_d(t_f) \tag{6-228}$$

(3) 最优控制轨线。最优跟踪闭环系统的状态空间方程为

$$\dot{x}(t)=[A(t)-B(t)R^{-1}(t)B^{\mathrm{T}}(t)P(t)]x(t)+B(t)R^{-1}(t)B^{\mathrm{T}}(t)\xi(t) \tag{6-229}$$

初始条件 $x(t_0)=x_0$ 下的解，为最优轨线 $x^*(t)$。

由伴随方程式(6-225)可见，求解伴随向量 $\xi(t)$ 需要理想输出 $y_d(t)$ 的全部信息，从而使输出跟踪器最优控制 $u^*(t)$ 的现在值与理想输出 $y_d(t)$ 的将来值有关。在许多实际工程问题中是难以做到的。因此，为了便于设计最优输出跟踪控制器，往往假定理想输出 $y_d(t)$ 为典型外作用函数，如单位阶跃、单位斜坡或单位加速度函数等。

2. 无限时间最优输出跟踪器

如果$t_f \to \infty$，系统及性能指标中各矩阵均为常数矩阵，这样的输出跟踪称为无限时间输出跟踪问题。对于这类问题，目前尚无严格的一般性求解方法。当理想输出值为常值向量时，工程上可以采用近似方法。

考虑完全能控能观测的线性时不变系统：$\begin{cases} \dot{x} = Ax + Bu \\ y = Cx \end{cases}$，其性能指标

$$J = \frac{1}{2}\int_{t_0}^{\infty}[e^{\mathrm{T}}(t)Qe(t) + u^{\mathrm{T}}(t)Ru(t)]\mathrm{d}t \tag{6-230}$$

式中，Q为$m \times m$的正半定实对称阵；R为$r \times r$的正定实对称阵；$e(t) = y_d(t) - y(t)$。使性能指标式(6-230)为极小的近似最优控制为

$$u^* = -R^{-1}B^{\mathrm{T}}Px + R^{-1}B^{\mathrm{T}}\xi \tag{6-231}$$

式中，$P \in R^{n\times n}$为正定常实对矩阵，满足如下里卡蒂代数方程：

$$PA + A^{\mathrm{T}}P - PBR^{-1}B^{\mathrm{T}}P + C^{\mathrm{T}}QC = 0 \tag{6-232}$$

常值伴随向量为

$$\xi = [PBR^{-1}B^{\mathrm{T}} - A^{\mathrm{T}}]^{-1}C^{\mathrm{T}}Qy_d \tag{6-233}$$

闭环系统的状态空间方程为

$$\dot{x} = [A - BR^{-1}B^{\mathrm{T}}P]x + BR^{-1}B^{\mathrm{T}}\xi \tag{6-234}$$

及初始条件$x(t_0) = x_0$下的解，为近似最优轨线x^*。

例 6-17 设轮船操纵系统从激励信号$u(t)$到实际航向$y(t)$的传递函数为$\dfrac{4}{s^2}$，理想输出为$y_d(t) = 1(t)$，试设计使如下性能指标极小的最优控制$u^*(t)$。

$$J = \int_0^{\infty}\{[y_d(t) - y(t)]^2 + u^2(t)\}\mathrm{d}t$$

解：(1)系统传递函数为

$$G(s) = \frac{Y(s)}{U(s)} = \frac{4}{s^2}$$

建立状态空间模型：

$$\begin{cases} \dot{x}(t) = Ax(t) + Bu(t) \\ y(t) = Cx(t) \end{cases}$$

$$A = \begin{bmatrix} 0 & 1 \\ 0 & 0 \end{bmatrix},\ B = \begin{bmatrix} 0 \\ 4 \end{bmatrix},\ C = [1 \quad 0]$$

(2) 检查系统的能控能观测性。

$$\operatorname{rank}[B \quad AB] = \operatorname{rank}\begin{bmatrix} 0 & 4 \\ 4 & 0 \end{bmatrix} = 2$$

$$\operatorname{rank}\begin{bmatrix} C \\ CA \end{bmatrix} = \operatorname{rank}\begin{bmatrix} 1 & 0 \\ 0 & 1 \end{bmatrix} = 2$$

故系统能控能观测。

(3) 解里卡蒂方程。

令 $P = \begin{bmatrix} p_{11} & p_{12} \\ p_{21} & p_{22} \end{bmatrix}$，由里卡蒂方程：$PA + A^{\mathrm{T}}P - PBR^{-1}B^{\mathrm{T}}P + C^{\mathrm{T}}QC = 0$ 得代数方程组：

$$\begin{cases} -8p_{12}^2 = 2 \\ p_{11} - 8p_{12}p_{22} = 0 \\ 2p_{12} - 8p_{22}^2 = 0 \end{cases}$$

联立求解可得 $P = \begin{bmatrix} \sqrt{2} & \dfrac{1}{2} \\ \dfrac{1}{2} & \dfrac{\sqrt{2}}{4} \end{bmatrix} > 0$

(4) 求解伴随向量。

$$\xi = [PBR^{-1}B^{\mathrm{T}} - A^{\mathrm{T}}]^{-1}C^{\mathrm{T}}Qy_d = \begin{bmatrix} \sqrt{2} \\ \dfrac{1}{2} \end{bmatrix}$$

(5) 确定最优控制。

$$\begin{aligned} u^*(t) &= -R^{-1}B^{\mathrm{T}}Px(t) + R^{-1}B^{\mathrm{T}}\xi \\ &= -x_1(t) - \frac{\sqrt{2}}{2}x_2(t) + 1 \\ &= -y(t) - \frac{\sqrt{2}}{2}\dot{y}(t) + 1 \end{aligned}$$

(6) 验证闭环系统的状态方程为

$$\dot{x}(t) = [A - BR^{-1}B^{\mathrm{T}}P]x(t) + BR^{-1}B^{\mathrm{T}}\xi$$

系统矩阵：

$$\bar{A} = A - BR^{-1}B^{\mathrm{T}}P = \begin{bmatrix} 0 & 1 \\ -4 & -2\sqrt{2} \end{bmatrix}$$

其特征方程为

$$\det(sI - \bar{A}) = \det\begin{bmatrix} s+2 & 2 \\ -1 & s \end{bmatrix} = s^2 + 2\sqrt{2}s + 4 = 0$$

特征值为 $s_1 = s_2 = -\sqrt{2} \pm \mathrm{j}\sqrt{2}$，故闭环系统渐近稳定。

根据无限时间 LQ 最优跟踪算法，设计 LQ 跟踪器函数 syn_LQ_tracker( )如下。

```
%最优跟踪控制syn_LQ_tracker;xt0为初始状态向量,u为最优控制,x为最优轨线
Symst;
A=[0 1;0 0];B=[0;4];C=[1 0];D=0;xt0=[5;5];
t0=0;tf=10;ydt=1;Q=2;R=2;Qy=C'*Q*C;
[K,P,E]=lqr(A,B,Qy,R)                  %求里卡蒂方程矩阵 P,状态反馈阵 K
及特征值 E
gt=inv(P*B*inv(R)*B'-A')*C'*Q*ydt % g(t)伴随向量
AK=A-B*K                               %跟踪器状态反馈系统矩阵
Phit=expm(AK*t);                       %状态转移矩阵
x=simplify(Phit*xt0+B*inv(R)*B'*gt)  %最优轨线
u=simplify(-K*x+inv(R)*B'*gt)         %最优控制
y=simplify(C*x);                       %输出响应
e=ydt-y;%输出误差
ef=subs(e,t,tf);                       %终端输出误差
q=size(C,1);
for k=1:q
   subplot(2,2,k);ezplot(t,y(k),[t0,tf],1);grid;title(' ')
xlabel('时间 t');ylabel('输出量 y')
end
for k=1:q
   subplot(2,2,k);ezplot(t,e(k),[t0,tf],2);
grid;title(' ');xlabel('时间 t');ylabel('输出误差 e')
end
```

系统输出变量变化曲线和输出误差曲线如图 6-33 所示。

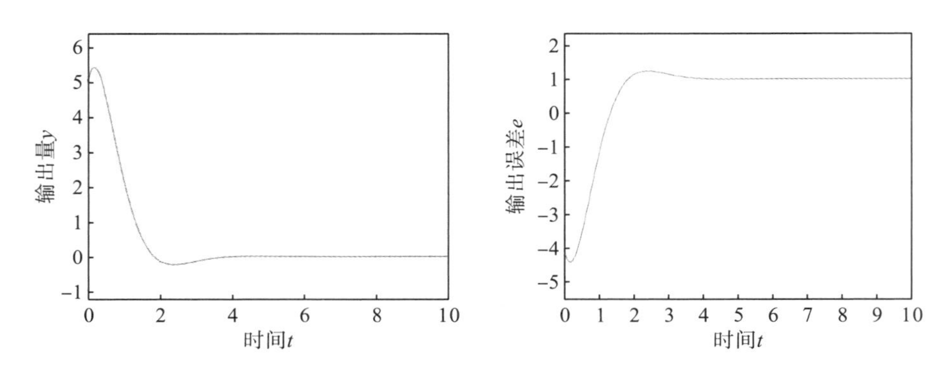

图 6-33　输出变量变化曲线和输出误差曲线

6.9　本 章 小 结

(1) 本章讨论了连续时间线性时不变系统的综合与实现问题，包括极点配置、镇定、解耦控制、状态观测器、LQ 最优控制问题。其中，极点配置、镇定、状态观测器是最基本的综合问题，应正确理解其基本概念，掌握基本方法。

(2) 在现代控制理论中，反馈仍是基本的控制方式，且更多地采用状态反馈。若被控系统状态完全能控，则利用状态反馈可任意配置闭环系统的特征值，这是状态反馈最重要的性质，体现了系统能控性概念的实用价值。控制系统综合的实质归结为按期望性能指标设计状态反馈控制器。线性非动态输出反馈具有易于工程实现的突出优点，但不能任意配置反馈系统的极点，为了使输出反馈达到满意的性能，应加入动态补偿器。

(3) 极点配置是线性系统综合中最为基本的一类综合问题。对于线性时不变受控系统，基于状态反馈可任意配置全部闭环特征值的充分必要条件是受控系统完全能控。极点配置可采用多种综合算法，基于能控标准型的算法由于计算上规范性和性能较好而受到更多采用。镇定问题是一类特殊的闭环极点配置问题，其期望闭环极点均只要求具有负实部。线性定常系统采用状态反馈可镇定的充要条件是其不能控子系统为渐近稳定。

(4) 解耦控制是多变量线性定常系统综合理论的重要组成部分，在工业控制领域有着广泛的背景和应用。基于状态反馈和输入变换的可综合条件，对于动态解耦是由受控系统结构决定的解耦判别矩阵为非奇异。使多变量系统实现动态解耦的基本思路是通过引入控制装置使系统传递函数对角化，而具体实现方法主要有前馈补偿器解耦、输入变换与状态反馈相结合解耦等。

(5) 渐近跟踪与鲁棒控制广泛存在于运动控制和过程控制。鲁棒控制器设计基于“内模原理”，在控制器中植入参考输入和扰动信号的模型。实现无静差跟踪的鲁棒控制器由镇定补偿器和伺服补偿器构成。镇定控制器的功能是实现闭环系统渐近稳定。伺服控制器采用内模原理，通过植入参考输入和扰动信号共同不稳定模型，从机理上实现渐近跟踪与鲁棒控制。

(6) 状态观测器理论是为了克服状态反馈物理实现的困难而提出的，其是现代控制理论中具有工程实用价值的基本内容之一。本章介绍了观测器理论中的基本问题，即观测器存在条件、闭环观测器极点配置问题和降维观测器问题。若被控系统状态完全能观测，则闭环状态观测器的极点可任意配置。配置状态观测器极点的方法为规范算法和解联立方程。对采用状态观测器实现状态反馈的控制系统，可根据分离原理(即复合系统特征值的分离性质)，分别独立设计状态反馈控制器和状态观测器。

(7) 线性二次型最优控制问题是线性系统综合理论中最具重要性和典型性的一类优化综合问题。本章简要讨论了有限时间 LQ 最优控制和无限时间 LQ 最优控制的基本理论、方法和结论，为培养读者优化控制意识和最优控制思想打下基础。

习　题

6-1 判断下列各连续时间线性时不变系统能否可用状态反馈任意配置全部特征值。

（1）$\dot{x}=\begin{bmatrix}1 & 2\\ 3 & 1\end{bmatrix}x+\begin{bmatrix}1\\ 0\end{bmatrix}u$

（2）$\dot{x}=\begin{bmatrix}1 & 0 & 0\\ 0 & -2 & 1\\ 0 & 0 & -2\end{bmatrix}x+\begin{bmatrix}1 & 0\\ 0 & 1\\ 0 & 0\end{bmatrix}u$

（3）$x=\begin{bmatrix}0 & 1 & 0 & 0\\ 0 & 0 & 1 & 0\\ 0 & 0 & 0 & 1\\ -2 & -4 & -3 & -5\end{bmatrix}x+\begin{bmatrix}0 & 0 & 0\\ 0 & 0 & 1\\ 0 & 1 & 0\\ 1 & 0 & 0\end{bmatrix}u$

6-2 给定单输入连续时间线性时不变受控系统：

$$\dot{x}=\begin{bmatrix}1 & 2\\ -3 & 1\end{bmatrix}x+\begin{bmatrix}1\\ 0\end{bmatrix}u$$

试确定一个状态反馈矩阵 K，使闭环特征值配置为 $\lambda_1^*=-2+\mathrm{j}$ 和 $\lambda_2^*=-2-\mathrm{j}$。

6-3 给定单输入单输出连续时间线性时不变受控系统的传递函数为

$$g_0(s)=\frac{1}{s(s+4)(s+8)}$$

试确定一个状态反馈矩阵 K，使闭环极点配置为 $\lambda_1^*=-2$，$\lambda_2^*=-4$ 和 $\lambda_3^*=-7$。

6-4 对 6-3 题给出的受控系统，试确定一个状态反馈矩阵 k，使相对于单位阶跃参考输入的输出过渡过程满足期望指标：超调量 $\sigma\%\leqslant 20\%$，峰值时间 $t_p\leqslant 0.4\ \mathrm{s}$。

6-5 给定连续时间线性时不变受控系统：

$$\begin{cases}\dot{x}=\begin{bmatrix}1 & 1\\ 0 & 1\end{bmatrix}x+\begin{bmatrix}0\\ 1\end{bmatrix}u\\ y=\begin{bmatrix}2 & 0\\ 0 & 1\end{bmatrix}x\end{cases}$$

试确定一个输出反馈矩阵 K，使闭环特征值配置为 $\lambda_1^*=-2$ 和 $\lambda_2^*=-4$。

6-6 给定连续时间线性时不变受控系统：

$$\dot{x}=\begin{bmatrix}1 & 1 & 0\\ 0 & 1 & 0\\ 0 & 0 & 2\end{bmatrix}x+\begin{bmatrix}0 & 0\\ 1 & 0\\ 0 & -1\end{bmatrix}u$$

确定两个不同状态反馈矩阵 K_1 和 K_2，使闭环特征值配置为 $\lambda_1^*=-2$，$\lambda_2^*=-1+2\mathrm{j}$，$\lambda_3^*=-1-2\mathrm{j}$。

6-7 给定连续时间线性时不变受控系统：

$$\dot{x}=\begin{bmatrix}0&2&0&0\\0&0&1&0\\-3&1&2&3\\2&1&0&0\end{bmatrix}x+\begin{bmatrix}0&0\\0&0\\1&2\\0&2\end{bmatrix}u$$

确定两个不同状态反馈矩阵 K_1 和 K_2，使闭环特征值配置为 $\lambda_{1,2}^*=-2\pm \mathrm{j}3$，$\lambda_{3,4}^*=-5\pm \mathrm{j}6$。

6-8　给定单输入单输出连续时间线性时不变系统的传递函数：

$$g_0(s)=\frac{(s+2)(s+3)}{(s+1)(s-2)(s+4)}$$

试判断是否存在状态反馈矩阵 K 使闭环传递函数为 $g(s)=\dfrac{(s+3)}{(s+2)(s+4)}$，如果存在，测定出一个状态反馈矩阵 k。

6-9　给定连续时间线性时不变受控系统：

$$\dot{x}=\begin{bmatrix}2&1&0\\0&1&0\\1&0&1\end{bmatrix}x+\begin{bmatrix}0\\1\\0\end{bmatrix}u$$

试定出一个状态反馈矩阵 k，使 $(A-bk)$ 相似于 $F=\begin{bmatrix}-3&0&0\\0&-2&0\\0&0&-1\end{bmatrix}$。

6-10　给定下列连续时间线性时不变系统的传递函数矩阵或状态空间描述，分别判断系统能否用状态反馈和输入变换实现动态解耦。

(1) $G_0(s)=\begin{bmatrix}\dfrac{3}{s^2+2}&\dfrac{2}{s^2+s+1}\\\dfrac{4s+1}{s^3+2s+1}&\dfrac{1}{s}\end{bmatrix}$

(2) $\dot{x}=\begin{bmatrix}3&1&0\\0&0&-1\\0&1&-1\end{bmatrix}x+\begin{bmatrix}0&0\\1&0\\0&1\end{bmatrix}u$，$y=\begin{bmatrix}2&-1&1\\0&2&1\end{bmatrix}x$

6-11　给定连续时间线性时不变系统：

$$\dot{x}=\begin{bmatrix}-1&0&0\\0&-2&-3\\1&0&1\end{bmatrix}x+\begin{bmatrix}1&0\\0&1\\0&-1\end{bmatrix}u,\quad y=\begin{bmatrix}1&2&0\\0&1&1\end{bmatrix}x$$

(1) 判断系统能否由输入变换和状态反馈实现动态解耦。

(2) 若能，定出使系统实现积分型解耦的输入变换阵和状态反馈矩阵 $\{L,K\}$。

6-12　给定连续时间线性时不变系统：

$$\dot{x}=\begin{bmatrix}0&1\\0&0\end{bmatrix}x+\begin{bmatrix}0\\1\end{bmatrix}u,\quad y=[1\quad 0]x$$

试确定其全维状态观测器，且指定观测器的特征值为 $\lambda_1=-2$ 和 $\lambda_2=-4$。

6-13 给定连续时间线性时不变系统：

$$\dot{x}=\begin{bmatrix}-1 & -2 & -2\\ 0 & -1 & 1\\ 1 & 0 & -1\end{bmatrix}x+\begin{bmatrix}2\\ 0\\ 1\end{bmatrix}u,\quad y=[1\quad 1\quad 0]x$$

(1) 确定特征值为−3、−3、−4 的一个三维状态观测器。

(2) 确定特征值为−3 和−4 的一个二维状态观测器。

6-14 给定单输入单输出连续时间线性时不变受控系统的传递函数：

$$g_0(s)=\frac{1}{s(s+1)(s+2)}$$

(1) 确定一个状态反馈阵 K，使闭环系统极点为 $\lambda_1^*=-3$，$\lambda_{2,3}^*=-\frac{1}{2}\pm \mathrm{j}\frac{\sqrt{3}}{2}$。

(2) 确定特征值均为−5 的一个降维状态观测器。

(3) 按综合结果画出整个闭环控制系统的结构图。

(4) 确定闭环控制系统的传递函数 $g(s)$。

6-15 根据 6-14 题计算结果，对极点配置等价的具有串联补偿器和并联补偿器的输出反馈系统，确定串联补偿器和并联补偿器的传递函数，并画出输出反馈控制系统的结构图。

6-16 给定单输入单输出连续时间线性时不变受控系统：

$$\dot{x}=\begin{bmatrix}0 & 1 & 0 & 0\\ 0 & 0 & -1 & 0\\ 0 & 0 & 0 & 1\\ 0 & 0 & 5 & 0\end{bmatrix}x+\begin{bmatrix}0\\ 1\\ 0\\ -2\end{bmatrix}u,\quad y=[1\quad 0\quad 0\quad 0]x$$

指定系统期望闭环特征值为 $\lambda_1^*=-1$，$\lambda_{2,3}^*=-1\pm \mathrm{j}$，$\lambda_4^*=-2$，状态观测器特征值为 $s_1=-3$，$s_{2,3}=-3\pm \mathrm{j}2$，试对具有观测器的状态反馈控制系统设计状态反馈矩阵和状态观测器，并画出整个控制系统的组成结构图。

6-17 给定连续时间线性时不变受控系统：

$$\dot{x}=\begin{bmatrix}0 & 1\\ 0 & 0\end{bmatrix}x+\begin{bmatrix}0\\ 1\end{bmatrix}u,\quad x(0)=\begin{bmatrix}1\\ 2\end{bmatrix}$$

和性能指标 $J=\int_0^\infty (2x_1^2+2x_1x_2+x_3^2+u^2)\mathrm{d}t$，试确定最优状态反馈矩阵 k 和最优性能值 J^*。

6-18 给定连续时间线性时不变受控系统：

$$\dot{x}=\begin{bmatrix}1 & 0\\ 0 & 2\end{bmatrix}x+\begin{bmatrix}1\\ 1\end{bmatrix}u,\quad x(0)=\begin{bmatrix}2\\ 1\end{bmatrix},\quad y=[1\quad 2]x$$

和性能指标 $J=\int_0^\infty (y^2+2u^2)\mathrm{d}t$，试确定最优状态反馈阵 K 和最优性能值 J^*。

第7章　线性时不变系统的多项式矩阵描述

前6章系统介绍了线性系统状态空间法的基本内容。相对输入输出描述而言，状态空间模型是一种内部描述，不但揭示了系统的外部特征和行为，而且揭示了系统的内部特征和行为。它不仅适用于规模庞大、结构复杂的线性时不变多变量系统，也适用于非线性时变的系统。但是状态空间法也有自身的缺点。例如，对于极为复杂的线性系统，建立系统动态方程可能是一件非常复杂且困难的事，甚至难以实现。除此之外，由于状态变量的物理概念比较隐晦，存在不总是具备可测量特性、测量的经济成本很高，以及在分析和设计过程中数值计算工作量很大等问题。比较输入输出描述法和状态空间法，可看出其各有优缺点，而且这些优缺点还呈现出互补性。例如，当状态空间法难以建立精确的数学模型时，采用窄脉冲信号作为输入可比较容易地确定系统的单位冲激响应矩阵或相应的传递函数矩阵。正因如此，就在状态空间法诞生不久，一批系统理论学者努力将经典线性系统理论由单变量系统推广到多变量系统，在频域中通过传递函数矩阵探求与状态空间法并行的有益结果，创建了用多项式矩阵理论描述系统的多项式矩阵描述法(ploynomial matrix description，PMD)和传递函数矩阵的矩阵分式描述法(matrix fraction description，MFD)。数学上最早研究多项式矩阵理论的学者可追溯到法国数学家贝祖(E. Bezout)，1764年他研究了多项式的互质性。贝尔维奇(V. Belevitch)率先将多项式矩阵的互质性与卡尔曼(Kalman)提出的能控性和能观测性联系起来，罗森布罗克(H. Rosenbrock)更集中更系统地研究了多项式矩阵表达式和状态空间表达式之间的关系，以及多项式矩阵互质性和能控性、能观测性之间的关系，并提出了解耦零点的概念。随后大量学者对线性时不变系统的多项式矩阵描述法及相应矩阵分式描述法给予极大的关注并投身其研究工作，使线性系统理论这一分支得到迅速发展。

正因如此，本章着重对线性时不变系统复频率域分析中多项式矩阵理论进行介绍，主要内容涉及多项式矩阵的定义与性质、多项式矩阵分析描述法及其状态空间模型实现、多项式矩阵描述法及其状态空间模型实现，旨在让读者理解线性时不变系统复频率域理论基础，适当地将多项式矩阵理论与状态空间模型相联系，不仅有利于深入理解线性时不变系统时域理论，也为线性时不变系统复频率域分析与综合奠定基础。

7.1 多项式矩阵及其性质

7.1.1 多项式的定义与性质

1. 多项式的定义

线性系统理论中，不论是对于时间域方法还是对于复频域方法，多项式都有着广泛的应用。对于时间域方法，基于系数矩阵 A 的特征多项式 $\det(sI-A)$ 是建立在系统分析与综合的基础上的。对于复频域方法，无论是系统描述、系统分析还是系统综合，都是全面建立在多项式的扩展形式(即多项式矩阵)的基础上的。

设 C 表示复数域，R 表示实数域，则多项式可以描述一个以复数 s 为自变量的多个形如 $d_i s^i$ 项组成的代数关系式，即

$$D(s)=d_n s^n+d_{n-1}s^{n-1}+\cdots+d_1 s+d_0,\quad s\in C,\quad d_i\in\mathfrak{R},\quad i=0,1,2,\cdots,n \tag{7-1}$$

多项式的次数定义为多项式系数非零项的 s 最高次幂，以 $\deg D(s)$ 表示。对于式(7-1)所示多项式 $D(s)$ 的系数，若 $d_n\neq 0$，则 $\deg D(s)=n$，称 $D(s)$ 为 n 次多项式。相应地，称次数项的对应系数 d_n 为多项式 $D(s)$ 的首系数。若 s 的最高次幂系数 $d_n=1$，则称为首一多项式。下述所指的多项式若没有特别说明均表示这种首一多项式。对于式(7-1)所示的多项式，其首一多项式为

$$D(s)=s^n+d_{n-1}s^{n-1}+\cdots+d_1 s+d_0,\quad s\in C,\quad d_i\in\mathfrak{R},\quad i=0,1,2,\cdots,n-1 \tag{7-2}$$

多项式具有下述性质：设 $D(s)$、$N(s)\in\mathfrak{R}[s]$、$D(s)\neq 0$、$N(s)\neq 0$，则有：

(1) $D(s)N(s)\neq 0$；

(2) $\deg[D(s)N(s)]=\deg D(s)+\deg N(s)$；

(3) 当且仅当 $\deg D(s)=\deg N(s)=0$ 时，$\deg[D(s)N(s)]=0$；

(4) 若 $D(s)+N(s)\neq 0$，$\deg[D(s)+N(s)]\leqslant\max[\deg D(s),\deg N(s)]$；

(5) 若 $D(s)$、$N(s)$ 均为首一多项式，$D(s)N(s)$ 必为首一多项式。

2. 多项式的最大公因式

若 $N(s)=Q(s)D(s)$，且 $D(s)\neq 0$，则称 $N(s)$ 可被 $D(s)$ 整除，$D(s)$ 称作 $N(s)$ 的一个因式。若存在 $Q(s)$，可以整除 $D(s)$ 和 $N(s)$，则称 $Q(s)$ 为 $D(s)$ 和 $N(s)$ 的公因式。若 $Q(s)$ 是 $D(s)$ 和 $N(s)$ 的公因式，且能被 $D(s)$ 和 $N(s)$ 的每个公因式整除，则称 $Q(s)$ 是 $D(s)$ 和 $N(s)$ 的最大公因式。由于非零常数总是每对 $D(s)$ 和 $N(s)$ 的公因式，其常被称作平凡的公因式。阶次大于或等于 1 的多项式称为非平凡公因式。

3. 多项式的互质性

如果 $D(s)$ 和 $N(s)$ 的最大公因式是(与 s 无关的)非零常数，则称 $D(s)$ 和 $N(s)$ 为互质多项式，简称 $D(s)$ 和 $N(s)$ 互质。由上文定义看出，$D(s)$ 和 $N(s)$ 的最大公因式并非唯一。若

最大公因式为首一多项式，则最大公因式具有唯一性。另外，若 $D(s)$ 和 $N(s)$ 只有平凡公因式，则它们是互质的，若它们有非平凡公因式，则它们不是互质的。

当且仅当多项式 $D(s)$ 和 $N(s)[D(s)\neq 0]$ 满足下列条件之一时，$D(s)$ 和 $N(s)$ 是互质多项式。

(1) $D(s)$ 和 $N(s)$ 满足

$$\operatorname{rank}\begin{bmatrix} D(s) \\ N(s) \end{bmatrix}=1,\quad \forall s\in\mathbb{C} \tag{7-3}$$

(2) 存在两个多项式 $X(s)$ 和 $Y(s)$ 使得

$$X(s)D(s)+Y(s)N(s)=1 \tag{7-4}$$

(3) 不存在多项式 $A(s)$ 和 $B(s)$ 使得

$$\frac{N(s)}{D(s)}=\frac{B(s)}{A(s)} \tag{7-5}$$

且 $\deg A(s) < \deg D(s)$。

7.1.2　多项式矩阵的定义

定义 7-1　[**多项式矩阵**]以多项式为元组成的矩阵称为多项式矩阵。设 $q_{ij}(s)\in R(s)$ 为多项式，$i=1,2,\cdots,m$；$j=1,2,\cdots n$，则以 $q_{ij}(s)$ 为元的 $m\times n$ 多项式矩阵为

$$Q(s)=\begin{bmatrix} q_{11}(s) & q_{12}(s) & \cdots & q_{1n}(s) \\ q_{21}(s) & q_{22}(s) & \cdots & q_{2n}(s) \\ \vdots & \vdots & & \vdots \\ q_{m1}(s) & q_{m2}(s) & \cdots & q_{mn}(s) \end{bmatrix}$$

多项式矩阵是对实数矩阵的自然扩展。实质上，实数矩阵就是元均为零次多项式的一类特殊多项式。多项式矩阵则是实数矩阵中将零次多项式元全部或部分拓展为非零次多项式所导出的结果。因此，基于实数矩阵的许多概念和运算规则，如矩阵和、矩阵乘、矩阵逆、行列式和奇异、非奇异等，均可以推广用于多项式矩阵。下面通过例题说明。

例 7-1　给定 2×2 多项式矩阵 $Q(s)$，求其行列式、秩和逆矩阵。

$$Q(s)=\begin{bmatrix} s+1 & s+3 \\ s^2+3s+2 & s^2+5s+4 \end{bmatrix}$$

解：(1) 按实数矩阵运算规则，即可求出 $Q(s)$ 的行列式为

$$\det Q(s)=(s+1)(s^2+5s+4)-(s+3)(s^2+3s+2)=-2s-2$$

由于 $\det Q(s)\neq 0$，故 $Q(s)$ 为非奇异的。

(2) 求多项式矩阵的秩。由 (1) 可知 $\det Q(s)=-2s-2\neq 0$，因此多项式的秩等于 2，即 $\operatorname{rank} Q(s)=2$。

(3) 求 $Q(s)$ 的逆矩阵。

$$Q^{-1}(s)=\frac{\operatorname{adj}Q(s)}{\det Q(s)}=\frac{\begin{bmatrix} s^2+5s+4 & -(s+3) \\ -(s^2+3s+2) & s+1 \end{bmatrix}}{-2s-2}=\begin{bmatrix} -\frac{1}{2}(s+4) & \frac{s+3}{2s+2} \\ \frac{1}{2}(s+2) & -\frac{1}{2} \end{bmatrix}$$

7.1.3 单模矩阵与单模变换

单模矩阵(unimodular matrix)(或称单模阵)是一类重要的多项式矩阵。在多项式矩阵理论和基于多项式矩阵方法的线性系统复频率域理论中，单模矩阵由于其特有的性质而有广泛的应用。

1. 单模矩阵的定义

定义 7-2 [**单模矩阵**]称方多项式矩阵 $Q(s)$ 为单模阵，当且仅当其行列式 $\det Q(s)=c$ 为独立于 s 的非零常数。

例 7-2 给定 2×2 多项式矩阵 $Q(s)$ 如下，试判定 $Q(s)$ 是否为单模矩阵。

$$Q(s)=\begin{bmatrix} s+1 & s+2 \\ s+3 & s+4 \end{bmatrix}$$

解： $Q(s)$ 的行列式为

$$\det Q(s)=(s+1)(s+4)-(s+2)(s+3)=-2$$

因此根据定义，$Q(s)$ 为单模矩阵。

2. 单模矩阵判据

定理 7-1 一个多项式方阵为单模矩阵的充分必要条件是当且仅当其逆也是多项式方阵且为单模矩阵。

证明：(1) 证必要性。已知 $Q(s)$ 为单模矩阵，欲证 $Q^{-1}(s)$ 为多项式矩阵。对此，由 $Q(s)$ 为单模矩阵，根据定义可知 $\det Q(s)=c\neq 0$。因此，

$$Q^{-1}(s)=\frac{\operatorname{adj}Q(s)}{\det Q(s)}=\frac{1}{c}\operatorname{adj}Q(s)$$

其中，伴随矩阵 $\operatorname{adj}Q(s)$ 为多项式矩阵。这表明 $Q^{-1}(s)$ 为多项式矩阵。而由 $Q(s)Q^{-1}(s)=I$，又可导出 $\det Q(s)\det Q^{-1}(s)=1$，即 $\det Q^{-1}(s)=\frac{1}{c}$，$Q^{-1}(s)$ 为单模矩阵。必要性得证。

(2) 证充分性。已知 $Q^{-1}(s)$ 为多项式矩阵，欲证 $Q(s)$ 为单模矩阵。对此，由 $Q^{-1}(s)$ 和 $Q(s)$ 均为多项式矩阵可知，其行列式 $\det Q^{-1}(s)=b(s)$ 和 $\det Q(s)=a(s)$ 均为多项式。同理，由 $Q(s)Q^{-1}(s)=I$，又可导出 $\det Q(s)\det Q^{-1}(s)=a(s)b(s)=1$，显然，该式要成立仅当 $a(s)$ 和 $b(s)$ 均为独立于 s 非零常数。这表明 $\det Q(s)=a\neq 0$，即 $Q(s)$ 为单模矩阵。充分性得证。证明完成。

可以验证，例 7-2 中 $Q(s)$ 的逆矩阵也为单模矩阵，即

$$Q^{-1}(s)=\frac{\operatorname{adj}Q(s)}{\det Q(s)}=\frac{\begin{bmatrix} s+4 & -(s+2) \\ -(s+3) & s+1 \end{bmatrix}}{(s+1)(s+4)-(s+3)(s+2)}=-\frac{1}{2}\begin{bmatrix} s+4 & -(s+2) \\ -(s+3) & s+1 \end{bmatrix}$$

$\det Q^{-1}(s)=-\dfrac{1}{2}[(s+4)(s+1)-(s+3)(s+2)]=1$，故 $Q^{-1}(s)$ 为单模矩阵。

3. 单模矩阵的性质

(1) 非奇异性。单模矩阵具有非奇异多项式矩阵的基本属性，但反命题不成立。

(2) 单模矩阵的乘积矩阵。任意两个同维单模矩阵的乘积矩阵也为单模矩阵。

(3) 单模矩阵的逆矩阵。单模矩阵 $Q(s)$ 的逆矩阵也为单模矩阵。

(4) 奇异、非奇异和单模的关系。方多项式矩阵的奇异性、非奇异性和单模性存在如下对应关系：① $Q(s)$奇异 $\Leftrightarrow$ 不存在一个$s\in\mathbb{C}$，使$\det Q(s)\neq 0$ 成立；② $Q(s)$非奇异 $\Leftrightarrow$ 对几乎所有$s\in\mathbb{C}$，使$\det Q(s)\neq 0$ 成立；③ $Q(s)$单模 $\Leftrightarrow$ 对所有$s\in\mathbb{C}$，使$\det Q(s)\neq 0$ 成立。

4. 单模变换

与常值矩阵一样，多项式矩阵可以进行行和列的初等变换，包括以下几种情况：①将某行或某列乘以非零的实数或负数；②任意两行或两列位置互相交换；③将某行或某列乘以多项式加到另外一行或一列上。同样地，这些初等的行变换或列变换可分别以式(7-6)中三种非奇异矩阵进行左乘或右乘实现。

$$E_1=\begin{bmatrix} 1&0&0&0&0\\ 0&1&0&0&0\\ 0&0&1&0&0\\ 0&0&0&c&0\\ 0&0&0&0&1 \end{bmatrix},\ E_2=\begin{bmatrix} 1&0&0&0&0\\ 0&0&0&0&1\\ 0&0&1&0&0\\ 0&0&0&1&0\\ 0&1&0&0&0 \end{bmatrix},\ E_3=\begin{bmatrix} 1&0&0&0&0\\ 0&1&0&0&0\\ 0&0&1&0&0\\ 0&d(s)&0&1&0\\ 0&0&0&0&1 \end{bmatrix} \tag{7-6}$$

这里假设所需要的初等变换矩阵为五阶方阵，其中 $c\neq 0$，$d(s)$ 为多项式。它们的逆矩阵与式(7-7)中三式分别对应。这些逆矩阵也是初等变换矩阵。这些初等变换矩阵的行列式是与 s 无关的非零常数，变换矩阵均为单模矩阵。

$$E_1^{-1}=\begin{bmatrix} 1&0&0&0&0\\ 0&1&0&0&0\\ 0&0&1&0&0\\ 0&0&0&c^{-1}&0\\ 0&0&0&0&1 \end{bmatrix},\ E_2^{-1}=E_2,\ E_3^{-1}=\begin{bmatrix} 1&0&0&0&0\\ 0&1&0&0&0\\ 0&0&1&0&0\\ 0&-d(s)&0&1&0\\ 0&0&0&0&1 \end{bmatrix} \tag{7-7}$$

对 $m\times n$ 的多项式矩阵 $Q(s)$，设 $m\times m$ 的多项式矩阵 $R(s)$ 和 $n\times n$ 的多项式矩阵 $T(s)$ 为任意单模矩阵，称 $R(s)Q(s)$、$Q(s)T(s)$、$R(s)Q(s)T(s)$ 为 $Q(s)$ 单模变换。

在基于多项式矩阵方法的线性系统复频率域理论中，单模变换是用来简化和推导的一个基本手段。对矩阵 $Q(s)$ 左乘单模矩阵(即左单模变换)，可等价地化为对 $Q(s)$ 的相应一系列行初等变换。对矩阵 $Q(s)$ 右乘单模矩阵(即右单模变换)，可等价地化为对 $Q(s)$ 的相应一系列列初等变换。矩阵 $Q(s)$ 的单模变换和初等变换存在如下对应关系。

(1) $R(s)Q(s) \Leftrightarrow$ 对 $Q(s)$ 作等价一系列行初等变换。

(2) $Q(s)T(s) \Leftrightarrow$ 对 $Q(s)$ 作等价一系列列初等变换。

(3) $R(s)Q(s)T(s) \Leftrightarrow$ 对 $Q(s)$ 同时作等价一系列行和列初等变换。

单模矩阵的特点在于其不仅在有理函数域上是非奇异的，而且在复数域上也是非奇异的。一般非奇异多项式矩阵在排除了行列式零点后的复数域上非奇异，在这些零点上是奇异的。多项式矩阵的正则秩在其被非奇异多项式矩阵特别是单模矩阵左乘或右乘后保持不变。

设多项式矩阵 $A(s)$、$B(s) \in \mathfrak{R}^{n\times m}[s]$，如果存在 n 阶单模矩阵 $U_L(s)$ 和 m 阶单模矩阵 $U_R(s)$，使得

$$B(s)=U_L(s)A(s) \tag{7-8}$$

则称 $B(s)$ 和 $A(s)$ 行等价；

若使得

$$B(s)=A(s)U_R(s) \tag{7-9}$$

则称 $B(s)$ 和 $A(s)$ 列等价；

若使得

$$B(s)=U_L(s)A(s)U_R(s) \tag{7-10}$$

则称 $B(s)$ 和 $A(s)$ 等价。

7.1.4 多项式矩阵的最大公因式

公因子和最大公因子是对多项式矩阵间关系的基本表征。最大公因子是讨论多项式矩阵间互质性的基础。对于线性时不变系统复频率域理论，最大公因子及其衍生的互质性概念具有重要意义。由于矩阵的乘积一般不遵循交换律，多项式矩阵的公因式和互质性概念比多项式的公因式和互质性复杂。

1. 公因式

设有三个阶次适当的多项式矩阵满足关系式 $A(s)=B(s)C(s)$，则称 $C(s)$ 是 $A(s)$ 的右因式，同样地，称 $B(s)$ 是 $A(s)$ 的左因式。

有两个列数同为 r 的多项式矩阵 $N_r(s)\in\mathfrak{R}^{p\times r}$ 和 $D_r(s)\in\mathfrak{R}^{q\times r}$，另有一个 r 阶多项式方阵 $R_r(s)\in\mathfrak{R}^{r\times r}$，如果存在多项式矩阵 $\bar{N}_r(s)\in\mathfrak{R}^{p\times r}$ 和 $\bar{D}_r(s)\in\mathfrak{R}^{q\times r}$ 使得式(7-11)成立，

$$N_r(s)=\bar{N}_r(s)R_r(s),\ \ D_r(s)=\bar{D}_r(s)R_r(s) \tag{7-11}$$

则称 $R_r(s)$ 是 $N_r(s)$ 和 $D_r(s)$ 的右公因式。这里并不要求 $N_r(s)$ 和 $D_r(s)$ 有相同的行数。

有两个行数同为 m 的多项式矩阵 $N_l(s)\in\mathfrak{R}^{m\times p}$ 和 $D_l(s)\in\mathfrak{R}^{m\times q}$，另有一个 m 阶多项式方阵 $R_l(s)\in\mathfrak{R}^{m\times m}$，如果存在多项式矩阵 $\bar{N}_l(s)\in\mathfrak{R}^{m\times p}$ 和 $\bar{D}_l(s)\in\mathfrak{R}^{m\times q}$ 使得式(7-12)成立，

$$N_l(s)=R_l(s)\bar{N}_l(s),\ \ D_l(s)=R_l(s)\bar{D}_l(s) \tag{7-12}$$

则称 $R_l(s)$ 是 $N_l(s)$ 和 $D_l(s)$ 的左公因式。这里并不要求 $N_l(s)$ 和 $D_l(s)$ 有相同的列数。

从上面的描述可以看出，无论是左公因式还是右公因式都不具有唯一性。

2. 最大公因式

如果 $r\times r$ 多项式方阵 $R_r(s)$ 不仅是两个列数同为 r 的多项式矩阵 $N_r(s)\in\mathfrak{R}^{p\times r}$ 和 $D_r(s)\in\mathfrak{R}^{q\times r}$ 的右公因式，而且 $N_r(s)$ 和 $D_r(s)$ 所有其他任一右公因式如 $\tilde{R}_r(s)$ 均是 $R_r(s)$ 右乘因子式，即存在一个 $r\times r$ 的多项式矩阵 $Q_r(s)$ 使 $R_r(s)=Q_r(s)\tilde{R}_r(s)$，则称 $R_r(s)$ 是 $N_r(s)$ 和 $D_r(s)$ 的最大右公因式。

如果 $m\times m$ 多项式方阵 $R_l(s)$ 不仅是两个行数同为 m 的多项式矩阵 $N_l(s)\in\mathfrak{R}^{m\times p}$ 和 $D_l(s)\in\mathfrak{R}^{m\times q}$ 的左公因式，而且 $N_l(s)$ 和 $D_l(s)$ 所有其他任一左公因式如 $\tilde{R}_l(s)$ 是 $R_l(s)$ 的左乘因子，即存在一个 $m\times m$ 的多项式矩阵 $Q_l(s)$ 使 $R_l(s)=\tilde{R}_l(s)Q_l(s)$，则称 $R_l(s)$ 为 $N_l(s)$ 和 $D_l(s)$ 的最大左公因式。

3. 最大公因式的构造方法

结论 7-1　对列数相同的两个多项式矩阵 $D_r(s)\in R^{p\times p}(s)$ 和 $N_r(\mathrm{s})\in R^{q\times p}(s)$，如果可找到 $(p+q)\times(p+q)$ 的单模矩阵 $U(s)$，使式(7-13)成立：

$$U(s)\begin{bmatrix}D_r(s)\\N_r(s)\end{bmatrix}=\begin{bmatrix}U_{11}(s)&U_{12}(s)\\U_{21}(s)&U_{22}(s)\end{bmatrix}\begin{bmatrix}D_r(s)\\N_r(s)\end{bmatrix}=\begin{bmatrix}R_r(s)\\0\end{bmatrix}\tag{7-13}$$

则导出的 $p\times p$ 多项式矩阵 $R_r(s)$ 就为 $\{D_r(s),\ N_{\mathrm{r}}(\mathrm{s})\}$ 的一个最大右公因子。其中，分块矩阵 $U_{11}(s)$ 为 $p\times p$ 阵；$U_{12}(s)$ 为 $p\times q$ 阵；$U_{21}(s)$为$q\times p$ 阵；$U_{22}(s)$ 为 $q\times q$ 阵。

证明：(1) 证明 $R_r(s)$ 为 $\{D_r(s),N_r(s)\}$ 的最大右公因子。对此，设单模矩阵 $U(s)$ 的逆矩阵 $V(s)$ 为

$$V(s)\triangleq U^{-1}(s)=\begin{bmatrix}V_{11}(s)&V_{12}(s)\\V_{21}(s)&V_{22}(s)\end{bmatrix}\tag{7-14}$$

其中，分块矩阵 $V_{11}(s)$ 为 $p\times p$ 阵；$V_{12}(s)$ 为 $p\times q$ 阵；$V_{21}(s)$ 为 $q\times p$ 阵；$V_{22}(s)$ 为 $q\times q$ 阵。基于此，利用式(7-13)，可以导出

$$\begin{bmatrix}D_r(s)\\N_r(s)\end{bmatrix}=U^{-1}(s)\begin{bmatrix}R_r(s)\\0\end{bmatrix}=\begin{bmatrix}V_{11}(s)&V_{12}(s)\\V_{21}(s)&V_{22}(s)\end{bmatrix}\begin{bmatrix}R_r(s)\\0\end{bmatrix}\Rightarrow\begin{bmatrix}V_{11}(s)R_r(s)\\V_{21}(s)R_r(s)\end{bmatrix}\tag{7-15}$$

这表明，存在多项式矩阵对 $\{V_{11}(s),V_{21}(s)\}$，使式(7-16)成立：

$$D_r(s)=V_{11}(s)R_r(s),\quad N_r(s)=V_{21}(s)R_r(s)\tag{7-16}$$

根据右公因子的定义可知 $R_r(s)$ 为 $\{D_r(s),N_r(s)\}$ 的右公因子。

(2) 证明 $\{D_r(s),N_r(s)\}$ 的任一其他右公因子如 $\tilde{R}_r(s)$ 均为 $R_r(s)$ 的右乘因子。由 $\tilde{R}_r(s)$ 为 $\{D_r(s),N_r(s)\}$ 的右公因子，可以导出

$$D_r(s)=\tilde{D}(s)\tilde{R}_r(s),\quad N_r(s)=\tilde{N}(s)\tilde{R}_r(s)\tag{7-17}$$

再由式(7-13)，可以得

$$R_r(s)=U_{11}(s)D_r(s)+U_{12}(s)N_r(s)\tag{7-18}$$

将式(7-17)代入式(7-18)，有

$$R_r(s)=[U_{11}(s)\tilde{D}(s)+U_{12}(s)\tilde{N}(s)]\tilde{R}_r(s)=W(s)\tilde{R}_r(s) \tag{7-19}$$

由各组成部分均为多项式矩阵知，$W(s)$ 为多项式矩阵。从而 $\tilde{R}_r(s)$ 为 $R_r(s)$ 的右乘因子。

因此，根据最大右公因式的定义，证得由式(7-13)导出的 $R_r(s)$ 为 $\{D_r(s),N_r(s)\}$ 的一个最大右公因式。证明完成。

同样地，构造行数相同的两个多项式的最大公因式，可采用如下方法。

结论 7-2 对行数相同的两个多项式矩阵：

$$D_l(s)\in R^{q\times q}(s)，\quad N_l(s)\in R^{q\times p}(s)$$

如果可找到 $(q+p)\times(q+p)$ 的一个单模矩阵 $\bar{U}(s)$，使式(7-20)成立：

$$[D_l(s)\quad N_l(s)]\bar{U}(s)=[D_l(s)\quad N_l(s)]\begin{bmatrix}\bar{U}_{11}(s) & \bar{U}_{12}(s)\\ \bar{U}_{21}(s) & \bar{U}_{22}(s)\end{bmatrix}=[R_l(s)\quad 0] \tag{7-20}$$

则导出的 $q\times q$ 多项式矩阵 $R_l(s)$ 就为 $\{D_l(s),N_l(s)\}$ 的一个最大左公因子。其中，分块矩阵 $\bar{U}_{11}(s)$ 为 $q\times q$ 阵；$\bar{U}_{12}(s)$ 为 $q\times p$ 阵；$\bar{U}_{21}(s)$ 为 $p\times q$ 阵；$\bar{U}_{22}(s)$ 为 $p\times p$ 阵。

例 7-3 求如下 $D(s)$ 和 $N(s)$ 的最大右公因式。

$$D(s)=\begin{bmatrix}s & 3s+1\\ -1 & s^2+s-2\end{bmatrix}，\quad N(s)=[-1\quad s^2+2s-1]$$

解： 构造式(7-13)左乘单模矩阵 $U(s)$，等价于对表示矩阵作一系列行初等变换，将其最后一行化为零行，则上面两行便是所求的最大右公因式。

$$\begin{bmatrix}D(s)\\ N(s)\end{bmatrix}=\begin{bmatrix}s & 3s+1\\ -1 & s^2+s-2\\ -1 & s^2+2s-1\end{bmatrix}\xrightarrow[E_a]{\text{交换行1和行2}}\begin{bmatrix}-1 & s^2+s-2\\ s & 3s+1\\ -1 & s^2+2s-1\end{bmatrix}\xrightarrow[(-1)\times\text{行1加到行3},(E_c)]{s\times\text{行1加到行2},(E_b)\ (-1)\times\text{行1},(E_d)}\begin{bmatrix}1 & -s^2-s+2\\ 0 & s^3+s^2+s+1\\ 0 & s+1\end{bmatrix}$$

$$\xrightarrow[(E_e)]{\text{交换行2和行3}}\begin{bmatrix}-1 & s^2+s-2\\ 0 & s+1\\ 0 & s^3+s^2+s+1\end{bmatrix}\xrightarrow[(E_f)]{-(s^2+1)\times\text{行2加到行3}}\begin{bmatrix}-1 & s^2+s-2\\ 0 & s+1\\ 0 & 0\end{bmatrix}$$

$$\xrightarrow[(E_g)]{(-s)\times\text{行2加到行1}}\begin{bmatrix}-1 & -2\\ 0 & s+1\\ 0 & 0\end{bmatrix}$$

所以最大右公因式是

$$R_1(s)=\begin{bmatrix}-1 & s^2+s-2\\ 0 & s+1\end{bmatrix}，\quad R_2(s)=\begin{bmatrix}-1 & -2\\ 0 & s+1\end{bmatrix}$$

可以验证：

$$D(s)=\begin{bmatrix}s & 3s+1\\ -1 & s^2+s-2\end{bmatrix}=\begin{bmatrix}-s & s^2+1\\ 1 & 0\end{bmatrix}\begin{bmatrix}-1 & s^2+s-2\\ 0 & s+1\end{bmatrix}=D_1(s)R_1(s)$$

$$N(s)=[-1\quad s^2+2s-1]=[1\quad 1]\begin{bmatrix}-1 & s^2+s-2\\ 0 & s+1\end{bmatrix}=N_1(s)R_1(s)$$

$$D(s)=\begin{bmatrix}s & 3s+1\\ -1 & s^2+s-2\end{bmatrix}=\begin{bmatrix}-s & 1\\ 1 & s\end{bmatrix}\begin{bmatrix}-1 & -2\\ 0 & s+1\end{bmatrix}=D_2(s)R_2(s)$$

$$N(s)=[-1 \quad s^2+2s-1]=[1 \quad s+1]\begin{bmatrix}-1 & -2\\ 0 & s+1\end{bmatrix}=N_2(s)R_2(s)$$

相应地，单模变换矩阵 $U_1(s)$ 为

$$U_1(s)=E_fE_eE_dE_cE_bE_a=\begin{bmatrix}1 & 0 & 0\\ 0 & 1 & 0\\ 0 & -(s^2+1) & 1\end{bmatrix}\times\begin{bmatrix}1 & 0 & 0\\ 0 & 0 & 1\\ 0 & 1 & 0\end{bmatrix}\times\begin{bmatrix}-1 & 0 & 0\\ 0 & 1 & 0\\ 0 & 0 & 1\end{bmatrix}\times\begin{bmatrix}1 & 0 & 0\\ 0 & 1 & 0\\ -1 & 0 & 1\end{bmatrix}$$

$$\times\begin{bmatrix}1 & 0 & 0\\ s & 1 & 0\\ 0 & 0 & 1\end{bmatrix}\times\begin{bmatrix}0 & 1 & 0\\ 1 & 0 & 0\\ 0 & 0 & 1\end{bmatrix}=\begin{bmatrix}0 & -1 & 0\\ 0 & -1 & 1\\ 1 & s^2+s+1 & -(s^2+1)\end{bmatrix}$$

单模变换矩阵 $U_2(s)$ 为

$$U_2(s)=E_gE_fE_eE_dE_cE_bE_a=\begin{bmatrix}1-s & 0 & 0\\ 0 & 1 & 0\\ 0 & 0 & 1\end{bmatrix}\times\begin{bmatrix}1 & 0 & 0\\ 0 & 1 & 0\\ 0 & -(s^2+1) & 1\end{bmatrix}\times\begin{bmatrix}1 & 0 & 0\\ 0 & 0 & 1\\ 0 & 1 & 0\end{bmatrix}\times\begin{bmatrix}-1 & 0 & 0\\ 0 & 1 & 0\\ 0 & 0 & 1\end{bmatrix}$$

$$\times\begin{bmatrix}1 & 0 & 0\\ 0 & 1 & 0\\ -1 & 0 & 1\end{bmatrix}\times\begin{bmatrix}1 & 0 & 0\\ s & 1 & 0\\ 0 & 0 & 1\end{bmatrix}\times\begin{bmatrix}0 & 1 & 0\\ 1 & 0 & 0\\ 0 & 0 & 1\end{bmatrix}=\begin{bmatrix}0 & s-1 & 0\\ 0 & -1 & 1\\ 1 & s^2+s+1 & -(s^2+1)\end{bmatrix}$$

该例题也说明一对多项式矩阵的最大右公因式并不是唯一的，在一定条件下，彼此间可以通过单模矩阵相互转换。例如本题中，

$$R_1(s)=\begin{bmatrix}-1 & s^2+s-2\\ 0 & s+1\end{bmatrix}=\begin{bmatrix}1 & s\\ 0 & 1\end{bmatrix}\begin{bmatrix}-1 & -2\\ 0 & s+1\end{bmatrix}=\begin{bmatrix}1 & s\\ 0 & 1\end{bmatrix}R_2(s)$$

7.1.5　多项式矩阵的次数表达式

1. 列次数与行次数

对于一个给定的多项式列向量或行向量，规定向量中所有元素的 s 的最高次幂指数为向量的次数。对于 $m\times n$ 的多项式矩阵：

$$Q(s)=\begin{bmatrix}q_{11} & q_{12} & \cdots & q_{1n}\\ q_{21} & q_{22} & \cdots & q_{2n}\\ \vdots & \vdots & \ddots & \vdots\\ q_{m1} & q_{m1} & \cdots & q_{mn}\end{bmatrix}$$

各元素 $q_{ij}(s)$ 中的最高次数称为 $Q(s)$ 的次数，记为 $\delta Q(s)$，即

$$k=\delta Q(s)=\max\{\deg[q_{ij}(s)], i=1,2,\cdots,n; j=1,2,\cdots,m\}$$

$Q(s)$ 中第 i 行元素 $q_{i1}(s),q_{i2}(s),\cdots,q_{in}(s)$ 中次数最大的值，称为 $Q(s)$ 中第 i 行的行次数，记为 $\delta_{ri}Q(s)$；$Q(s)$ 中第 j 列元素 $q_{1j}(s),q_{2j}(s),\cdots,q_{mj}(s)$ 中次数最大的值，称为 $Q(s)$ 中第 j 列的列次数，记为 $\delta_{cj}Q(s)$。

例如，对于$Q(s)=\begin{bmatrix} s+1 & s^2+2s+1 & s \\ s-1 & s^3 & 0 \end{bmatrix}$，有$\delta_{c1}=1$，$\delta_{c2}=3$，$\delta_{c3}=1$；$\delta_{r1}=2$，$\delta_{r2}=3$。$Q(s)$的次数$k=3$。

2. 次数表达式

将多项式系数向量的概念推广到多项式矩阵，可将多项式矩阵$Q(s)$展开为

$$Q(s)=Q_0s^k+Q_1s^{k-1}+\cdots+Q_{k-1}s+Q_k$$

式中，k为$Q(s)$的次数；$Q_0,Q_1,\cdots,Q_{k-1},Q_k$均为$m\times n$的常系数矩阵。这时，$m\times n(k+1)$维常数矩阵$[Q_0\quad Q_1\quad \cdots\quad Q_k]$称为$Q(s)$按总幂次展开的系数矩阵。

多项式矩阵的列次表达式和行次表达式是对列次数和行次数的直接应用。在线性时不变系统的复频域分析中，采用列次表达式和行次表达式有助于简化问题。

对于$m\times n$的多项式矩阵$Q(s)$，令列次数$\delta_{cj}=k_{cj},j=1,2,\cdots,n$，则$Q(s)$的列次表达式为

$$Q(s)=Q_{hc}S_c(s)+Q_{Lc}(s) \tag{7-21}$$

式中，$S_c(s)=\mathrm{diag}(s^{k_{c1}},s^{k_{c2}},\cdots,s^{k_{cn}})$；常数矩阵$Q_{hc}$称作列次系数矩阵；多项式矩阵$Q_{Lc}(s)$为$Q(s)$和$Q_{hc}S_c(s)$的差组成的列次低于$k_{cj}$的低次多项式矩阵。

类似地，对于$m\times n$的多项式矩阵$Q(s)$，令行次数$\delta_{ci}=k_{ri},i=1,2,\cdots,m$，则$Q(s)$的行次表达式为

$$Q(s)=S_r(s)Q_{hr}+Q_{Lr}(s) \tag{7-22}$$

式中，$S_r(s)=\mathrm{diag}(s^{k_{r1}},s^{k_{r2}},\cdots,s^{k_{rm}})$；常数矩阵$Q_{hr}$称作行次系数矩阵；多项式矩阵$Q_{Lr}(s)$为$Q(s)$和$Q_{hr}S_r(s)$的差组成的行次低于$k_{rj}$的低次多项式矩阵。

例 7-4 给定多项式矩阵$Q(s)$如下，求$Q(s)$的次数、列(行)次数及其系数矩阵，以及列(行)次表达式。

$$Q(s)=\begin{bmatrix} s^2-3 & 1 & 2s \\ 4s+2 & s & 0 \\ -s^2 & s+3 & -3s+2 \end{bmatrix}$$

解： 因为

$$\begin{aligned}\det Q(s)&=(s^2-3)\left(\det\begin{bmatrix} s & 0 \\ s+3 & -3s+2 \end{bmatrix}\right)\\ &\quad+\det\begin{bmatrix} 4s+2 & 0 \\ -s^2 & -3s+2 \end{bmatrix}+2s\left(\det\begin{bmatrix} 4s+2 & s \\ -s & s+3 \end{bmatrix}\right)\\ &=-s^4+10s^3+49s^2+4s-4\end{aligned}$$

因此，$\mathrm{rank}\,Q(s)=3$，$Q(s)$非奇异。

$Q(s)$的次数$k=2$，$k_{c1}=2$，$k_{c2}=1$，$k_{c3}=1$；$k_{r1}=2$，$k_{r2}=1$，$k_{r3}=2$，

$$Q_{hc}=\begin{bmatrix} 1 & 0 & 2 \\ 0 & 1 & 0 \\ -1 & 1 & -3 \end{bmatrix},\quad Q_{hr}=\begin{bmatrix} 1 & 0 & 0 \\ 4 & 1 & 0 \\ -1 & 0 & 0 \end{bmatrix}$$

$Q(s)$的列次表达式为

$$Q(s)=\begin{bmatrix}1&0&2\\0&1&0\\-1&1&-3\end{bmatrix}\begin{bmatrix}s^2&&\\&s&\\&&s\end{bmatrix}+\begin{bmatrix}-3&1&0\\4s+2&0&0\\0&3&2\end{bmatrix}$$

$Q(s)$的行次表达式为

$$Q(s)=\begin{bmatrix}s^2&&\\&s&\\&&s\end{bmatrix}\begin{bmatrix}1&0&0\\4&1&0\\-1&0&0\end{bmatrix}+\begin{bmatrix}-3&1&2s\\2&0&0\\0&3&2\end{bmatrix}$$

7.1.6 既约性

既约性(irreducibility)是多项式矩阵的一个基本属性。既约性实质上反映了多项式矩阵在次数上的不可简约属性。既约性可分类为列既约性和行既约性。

1. 列既约性和行既约性

给定 $p\times p$ 方非奇异多项式矩阵 $M(s)$，设 $\delta_{ci}M(s)$ 和 $\delta_{ri}M(s)$ 分别为列次数和行次数，$i=1,2,\cdots,p$ 。当且仅当

$$\deg\det M(s)=\sum_{i=1}^{p}\delta_{ci}M(s) \tag{7-23}$$

称 $M(s)$ 为列既约，当且仅当

$$\deg\det M(s)=\sum_{i=1}^{p}\delta_{ri}M(s) \tag{7-24}$$

称 $M(s)$ 为行既约。

非奇异多项式矩阵的列既约和行既约一般是不相关的。但若非奇异多项式矩阵为对角阵，则列既约必意味着行既约。

例 7-5 给定多项式矩阵 $M(s)=\begin{bmatrix}3s^2+2s&2s+4\\s^2+s-3&7s\end{bmatrix}$，试判定其既约性。

解： $M(s)$的列次与行次分别为

$$k_{c1}=2,\quad k_{c2}=1;\quad k_{r1}=2,\quad k_{r2}=2$$

$$\deg\det M(s)=\deg(19s^3+8s^2+2s+12)=3$$

因此，有

$$\sum_{i=1}^{2}k_{ci}=3=\deg\det M(s)=3$$

$$\sum_{i=1}^{2}k_{ri}=4>\deg\det M(s)=3$$

据定义知，$M(s)$为列既约但非行既约。

另外，对于给定的 $q\times p$ 非方满秩多项式矩阵 $M(s)$，当且仅当 $q\geqslant p$ 且 $M(s)$ 至少包含一个 $p\times p$ 列既约矩阵时，$M(s)$ 为列既约；当且仅当 $p\geqslant q$ 且 $M(s)$ 至少包含一个 $q\times q$ 行既约矩阵时，$M(s)$ 为行既约。

2. 既约性判据

对于给定 $p\times p$ 方非奇异多项式矩阵 $M(s)$，令 M_{hc} 和 M_{hr} 分别为列次系数矩阵和行次系数矩阵，k_{ci} 和 k_{ri} 分别为列次数和行次数，$i=1,2,\cdots,p$，则

$$\begin{aligned} &M(s)\text{列既约} \Leftrightarrow \text{列次系数矩阵} M_{hc} \text{非奇异} \\ &M(s)\text{行既约} \Leftrightarrow \text{行次系数矩阵} M_{hr} \text{非奇异} \end{aligned} \tag{7-25}$$

对于给定 $q\times p$ 非方满秩多项式矩阵 $M(s)$，令 M_{hc} 和 M_{hr} 分别为列次系数矩阵和行次系数矩阵，k_{cj} 和 k_{ri} 分别为列次数和行次数，其中 $j=1,2,\cdots,p$，$i=1,2,\cdots,q$，则

$$\begin{aligned} &M(s)\text{列既约} \Leftrightarrow q \geqslant p \text{且} \operatorname{rank} M_{hc} = p \\ &M(s)\text{行既约} \Leftrightarrow p \geqslant q \text{且} \operatorname{rank} M_{hr} = q \end{aligned} \tag{7-26}$$

例 7-6 给定非奇异方多项式矩阵为

$$M(s)=\begin{bmatrix} 3s^2+2s & 2s+4 \\ s^2+s-3 & 7s \end{bmatrix}$$

试判定其既约性。

解： $M(s)$ 列次系数矩阵 M_{hc} 和行次系数矩阵 M_{hr} 为

$$M_{hc}=\begin{bmatrix} 3 & 2 \\ 1 & 7 \end{bmatrix},\quad M_{hr}=\begin{bmatrix} 3 & 0 \\ 1 & 0 \end{bmatrix},\quad \det M_{hc}=19\neq 0,\quad \det M_{hr}=0$$

即 M_{hc} 为非奇异，M_{hr} 为奇异，故 $M(s)$ 为列既约但非行既约。

7.1.7 互质性

互质性是对两个多项式矩阵间的不可简约属性的表征，是线性时不变系统复频域理论中最重要的一个基本概念。

1. 右互质性与左互质性

互质性可以分为右互质性和左互质性。两个多项式矩阵的互质性(coprimeness)可基于其最大公因子进行定义。

如果列数相同的多项式矩阵 $D_r(s)\in R^{p\times p}(s)$ 和 $N_r(s)\in R^{q\times p}(s)$ 的最大右公因子为单模矩阵，称 $D_r(s)$ 和 $N_r(s)$ 为右互质。如果行数相同的多项式矩阵 $D_l(s)\in R^{q\times q}(s)$ 和 $N_l(s)\in R^{q\times p}(s)$ 的最大左公因子为单模矩阵，称 $D_l(s)$ 和 $N_l(s)$ 为左互质。

在线性时不变系统的复频域理论中，从系统结构特性角度，右互质性概念对应于系统能观测性，左互质性对应于系统能控性。

2. 互质性判据

1) 贝祖(Bezout)判据

对于多项式矩阵 $N_r(s)\in \mathfrak{R}^{q\times p}$ 和 $D_r(s)\in \mathfrak{R}^{p\times p}$，并且 $D_r(s)$ 非奇异，存在阶次为 $p\times p$ 和 $p\times q$ 的两个多项式矩阵 $X(s)$ 和 $Y(s)$ 使得下面的贝祖恒等式成立。

$$X(s)D_r(s)+Y(s)N_r(s)=I_p \tag{7-27}$$

对于多项式矩阵 $N_l(s)\in\Re^{q\times q}$ 和 $D_l(s)\in\Re^{q\times p}$，并且 $D_l(s)$ 非奇异，存在阶次为 $q\times q$ 和 $p\times q$ 的两个多项式矩阵 $X(s)$ 和 $Y(s)$ 使得下面的贝祖等式成立。

$$D_l(s)X(s)+N_l(s)Y(s)=I_q \tag{7-28}$$

下面仅对右互质进行证明，左互质证明过程可通过对偶性进行推导。

证明：(1) 证必要性。已知 $D_r(s)$ 和 $N_r(s)$ 为右互质，欲证贝祖等式(7-27)成立。为此，据最大右公因式构造方法式(7-13)，可以导出

$$R_r(s)=U_{11}(s)D(s)+U_{12}(s)N_r(s) \tag{7-29}$$

其中，$U_{11}(s)$ 和 $U_{12}(s)$ 分别为 $p\times p$ 和 $p\times q$ 多项式矩阵。而由 $D_r(s)$ 和 $N_r(s)$ 为右互质，按定义知 $R_r(s)$ 为单模矩阵，从而 $R_r^{-1}(s)$ 存在且也为多项式矩阵。将式(7-29)左乘 $R_r^{-1}(s)$ 得到

$$R_r^{-1}(s)U_{11}(s)D_r(s)+R_r^{-1}(s)U_{12}(s)N_r(s)=I \tag{7-30}$$

式中，令 $X(s)=R_r^{-1}(s)U_{11}(s)$ 和 $Y(s)=R_r^{-1}(s)U_{12}(s)$，即导出贝祖等式(7-27)。必要性得证。

(2) 证充分性。已知贝祖等式(7-27)成立，欲证 $D_r(s)$ 和 $N_r(s)$ 为右互质，为此，令多项式矩阵 $R_r(s)$ 为 $D_r(s)$ 和 $N_r(s)$ 的一个最大右公因式，则据右公因式定义知，存在多项式矩阵 $\tilde{D}(s)$ 和 $\tilde{N}(s)$ 使下式成立：

$$D_r(s)=\tilde{D}(s)R_r(s),\quad N_r(s)=\tilde{N}(s)R_r(s) \tag{7-31}$$

将式(7-31)代入贝祖等式(7-27)，可以得

$$[X(s)\tilde{D}_r(s)+Y(s)\tilde{N}_r(s)]R_r(s)=I \tag{7-32}$$

这表明，$R_r^{-1}(s)$ 存在，且

$$R_r^{-1}(s)=X(s)\tilde{D}(s)+Y(s)\tilde{N}(s) \tag{7-33}$$

也为多项式矩阵。基于此可知，$R_r(s)$ 为单模矩阵，据定义知 $D_r(s)$ 和 $N_r(s)$ 为右互质，充分性得证。证明完成。

2) 秩判据

对列数相同的 $p\times p$ 和 $q\times p$ 多项式矩阵 $D_r(s)$ 和 $N_r(s)$，其中 $D_r(s)$ 为非奇异，则有

$$D_r(s)\text{和}N_r(s)\text{右互质}\Leftrightarrow \operatorname{rank}\begin{bmatrix}D_r(s)\\N_r(s)\end{bmatrix}=p,\quad \forall s\in\mathbb{C} \tag{7-34}$$

对行数相同的 $q\times q$ 和 $q\times p$ 多项式矩阵 $D_l(s)$ 和 $N_l(s)$，其中 $D_l(s)$ 为非奇异，则有

$$D_l(s)\text{和}N_l(s)\text{左互质}\Leftrightarrow \operatorname{rank}[D_l(s)\quad N_l(s)]=q,\quad \forall s\in\mathbb{C} \tag{7-35}$$

例 7-7　判定下面多项式矩阵 $D(s)$ 和 $N(s)$ 是否右互质。

$$D(s)=\begin{bmatrix}s+1 & 0\\(s-1)(s+2) & s-1\end{bmatrix},\ N(s)=[s\quad 1]$$

解：由 $\det D(s)=(s+1)(s-1)\neq 0,\ D(s)$ 非奇异。由 $\det D(s)=0$ 解出 $\{s_0\}=\{-1,1\}$

对于 $s_0=-1$，

$$\operatorname{rank}\begin{bmatrix}D(s_0)\\N(s_0)\end{bmatrix}=\operatorname{rank}\begin{bmatrix}0&0\\-2&-2\\-1&1\end{bmatrix}=2$$

对于 $s_0=1$，

$$\operatorname{rank}\begin{bmatrix} D(s_0) \\ N(s_0) \end{bmatrix} = \operatorname{rank}\begin{bmatrix} 2 & 0 \\ 0 & 0 \\ 1 & 1 \end{bmatrix} = 2$$

因此，$D(s)$ 与 $N(s)$ 右互质。

3) 行列式判据

对列数相同的 $p \times p$ 和 $q \times p$ 多项式矩阵 $D_r(s)$ 和 $N_r(s)$，其中 $D_r(s)$ 为非奇异，则 $D_r(s)$ 和 $N_r(s)$ 为右互质，当且仅当存在 $q \times q$ 和 $q \times p$ 多项式矩阵 $A(s)$ 和 $B(s)$，式(7-36)和式(7-37)同时成立。

$$-B(s)D_r(s) + A(s)N_r(s) = [-B(s) \quad A(s)]\begin{bmatrix} D_r(s) \\ N_r(s) \end{bmatrix} = 0 \tag{7-36}$$

$$\deg\det A(s) = \deg\det D_r(s) \tag{7-37}$$

对行数相同的 $q \times q$ 和 $q \times p$ 多项式矩阵 $D_l(s)$ 和 $N_l(s)$，其中 $D_l(s)$ 为非奇异，则 $D_l(s)$ 和 $N_l(s)$ 为左互质，当且仅当存在 $p \times p$ 和 $q \times p$ 多项式矩阵 $\bar{A}(s)$ 和 $\bar{B}(s)$ 时，式(7-38)和式(7-39)同时成立。

$$-D_l(s)\bar{B}(s) + N_l(s)\bar{A}(s) = [D_l(s) \quad N_l(s)]\begin{bmatrix} -\bar{B}(s) \\ \bar{A}(s) \end{bmatrix} = 0 \tag{7-38}$$

$$\deg\det \bar{A}(s) = \deg\det D_l(s) \tag{7-39}$$

线性时不变系统复频域理论中，更为常用的是行列式次数判据的反向形式，即判别非互质性的判据。对应于 $D(s)$ 和 $N(s)$ 非右互质，当且仅当存在 $q \times q$ 和 $q \times p$ 多项式矩阵 $A(s)$ 和 $B(s)$ 时，式(7-40)和式(7-41)同时成立。

$$-B(s)D(s) + A(s)N(s) = [-B(s) \quad A(s)]\begin{bmatrix} D(s) \\ N(s) \end{bmatrix} = 0 \tag{7-40}$$

$$\deg\det A(s) < \deg\det D(s) \tag{7-41}$$

对应于 $D_l(s)$ 和 $N_l(s)$ 为非左互质，当且仅当存在 $p \times p$ 和 $q \times p$ 多项式矩阵 $\bar{A}(s)$ 和 $\bar{B}(s)$ 时，式(7-42)和式(7-43)同时成立。

$$-D_l(s)\bar{B}(s) + N_l(s)\bar{A}(s) = [D_l(s) \quad N_l(s)]\begin{bmatrix} -\bar{B}(s) \\ \bar{A}(s) \end{bmatrix} = 0 \tag{7-42}$$

$$\deg\det \bar{A}(s) < \deg\det D_l(s) \tag{7-43}$$

7.2 Smith 规范型、矩阵束和 Kronecker 型

7.2.1 Smith 规范型

Smith(史密斯)规范型是多项式矩阵的一种重要规范型。任一多项式矩阵都可通过初等行(列)变换化为 Smith 规范型，在 Smith 规范型的基础上导出的有理分式矩阵史密斯-麦克米伦型是研究传递函数矩阵极点和零点的基础。本节是对 Smith 规范型的简要介绍，

内容涉及 Smith 规范型的形式、算法和属性等。

1. Smith 规范型的形式

设 $A(s)$ 为 $m\times r$ 阶多项式矩阵，$\operatorname{rank}[A(s)]=p$，$0\leqslant p\leqslant\min(m,r)$，对 $\{V(s),U(s)\}$ 总可以通过一系列单模变换，将其变换为式(7-44)表示的 Smith 规范型：

$$\Lambda(s)\triangleq U(s)A(s)V(s)=\left[\begin{array}{cccc|c}\lambda_1(s) & & & & \\ & \lambda_2(s) & & & \\ & & \ddots & & 0 \\ & & & \lambda_p(s) & \\ \hline & & 0 & & 0\end{array}\right]_{m\times r} \tag{7-44}$$

其中，$\lambda_i(s)$ 为非零的首一多项式，$i=1,2,\cdots,p$ 且 $\lambda_i(s)$ 可以整除 $\lambda_{i+1}(s)$，$i=1,2,\cdots,p-1$。

2. Smith 规范型的算法

给出一个多项式矩阵 $A(s)$，通过单模变换，将其变换成 Smith 规范型 $\Lambda(s)$。

(1) 令 $M(s)=A(s)$，如果 $M(s)=0$，则 $M(s)=\Lambda(s)$，否则进入(2)。

(2) 通过行(列)变换将次数最低的元素移到(1,1)位置上，将所得到的矩阵记为 $M(s)=[m_{ij}(s)]$。

(3) 计算 $m_{i1}(s)$ 和 $m_{1j}(s)$ 被 $m_{11}(s)$ 除的商和余式。

$$m_{i1}(s)=q_{i1}(s)m_{11}(s)+r_{i1}(s),\quad i=2,3,\cdots,m$$
$$m_{1j}(s)=q_{1j}(s)m_{11}(s)+r_{1j}(s),\quad j=2,3,\cdots,r$$

若余式 $r_{i1}(s)$ 和 $r_{1j}(s)$ 全部为零，则转入(4)，否则找出次数最低的余式。如果是 $r_{k1}(s)$，则计算 $m_{kj}(s)-q_{k1}(s)m_{1j}(s)$，$j=1,2,3,\cdots,r$。

如果是 $r_{1k}(s)$，则计算 $m_{ik}(s)-q_{1k}(s)m_{i1}(s)$，$i=1,2,3,\cdots,m$，然后返回到(2)。因为 $r_{k1}(s)$ 或 $r_{1k}(s)$ 一定是比 $m_{11}(s)$ 更低次的多项式，经过有限次循环后，所有余式均为零。于是 M(s) 具有如下形式：

$$\begin{bmatrix}m_{11}(s) & & 0 & \\ & m_{22}(s) & \cdots & m_{2r}(s) \\ 0 & \vdots & \ddots & \vdots \\ & m_{m2}(s) & \cdots & m_{mr}(s)\end{bmatrix},\quad \text{s.t.}\begin{cases}\deg m_{11}(s)\leqslant\delta m_{ij}(s)\\ i=2,\cdots,m\\ j=2,\cdots,r\end{cases} \tag{7-45}$$

(4) 若 $m_{ij}(s)$ 均可被 $m_{11}(s)$ 整除，则进入(5)；若 $m_{kj}(s)$ 不能被 $m_{11}(s)$ 整除，则可将第 k 行加到第一行再转入(3)。与前面一样经过有限次(2)、(3)、(4)的循环，$m_{11}(s)$ 必可整除所有 $m_{ij}(s)$。进入(5)。

(5) 以式(7-45)右下方式子矩阵为新的 $M(s)$，重复(1)～(4)，经过有限次循环必将得到更低阶次的 $M(s)$。由于 $\operatorname{rank}A(s)=p$ 和初等变换不改变矩阵的秩，$M(s)$ 必将具有式(7-46)的形式，这就是最后的结果，记为 $\Lambda(s)$，$\lambda_i(s)=m_{ii}(s)$。

$$\Lambda(s) \triangleq \left[\begin{array}{cccc|c} \lambda_1(s) & & & & \\ & \lambda_2(s) & & & \\ & & \ddots & & 0 \\ & & & \lambda_p(s) & \\ \hline & & 0 & & 0 \end{array}\right]_{m\times r} \tag{7-46}$$

若$\lambda_i(s)$的最高次系数不为1，用该系数除以第i行便得到首一多项式。经如此处理后[式(7-46)]便是$A(s)$的Smith规范型多项式矩阵，其中对角线上非零多项式称为$A(s)$的不变因式。

例 7-8 将下面多项式矩阵化为Smith规范型

$$A(s)=\begin{bmatrix} s^2+9s+8 & 4 & s+3 \\ 0 & s+3 & s+2 \end{bmatrix}$$

解： 行(列)变换过程如下：

$$A(s) \to \begin{bmatrix} s^2+9s+8 & 4 & s+3 \\ 0 & s+3 & s+2 \end{bmatrix}$$

$$\xrightarrow{\text{列1与列2变换行}} \begin{bmatrix} 4 & s^2+9s+8 & s+3 \\ s+3 & 0 & s+2 \end{bmatrix}$$

$$\xrightarrow{\text{行2}-\frac{s+3}{4}\times\text{行1}} \begin{bmatrix} 4 & s^2+9s+8 & s+3 \\ 0 & -\frac{1}{4}(s+3)(s^2+9s+8) & -\frac{(s+1)^2}{4} \end{bmatrix}$$

$$\xrightarrow{\begin{matrix}\text{列2}-\frac{s^2+9s+8}{4}\times\text{列1} \\ \text{列3}-\frac{s+3}{4}\times\text{列3}\end{matrix}} \begin{bmatrix} 4 & 0 & 0 \\ 0 & -\frac{(s+3)(s^2+9s+8)}{4} & -\frac{(s+1)^2}{4} \end{bmatrix}$$

$$\xrightarrow{\text{列2与列3交换}} \begin{bmatrix} 4 & 0 & 0 \\ 0 & -\frac{(s+1)^2}{4} & -\frac{(s+3)(s^2+9s+8)}{4} \end{bmatrix}$$

$$\xrightarrow{\text{列3}-(s+10)\times\text{列2}} \begin{bmatrix} 4 & 0 & 0 \\ 0 & -\frac{(s+1)^2}{4} & -\frac{14(s+1)}{4} \end{bmatrix}$$

$$\xrightarrow{\begin{matrix}\text{列2与列3交换} \\ 4\times\text{行2}\end{matrix}} \begin{bmatrix} 4 & 0 & 0 \\ 0 & -14(s+1) & -(s+1)^2 \end{bmatrix}$$

$$\xrightarrow{\text{列3}-\frac{s+1}{14}\text{列2}} \begin{bmatrix} 4 & 0 & 0 \\ 0 & -14(s+1) & 0 \end{bmatrix}$$

$$\xrightarrow{\frac{1}{4}\times\text{行1},\ -\frac{1}{14}\times\text{行2}} \begin{bmatrix} 1 & 0 & 0 \\ 0 & s+1 & 0 \end{bmatrix}$$

$$=\Lambda(s)$$

3. Smith 规范型的属性

1) Smith 规范型的唯一性与变换矩阵对的非唯一性

设$m\times r$阶$A(s)$的秩为p，$d_k(s)$为$A(s)$的k级式子的最大公因式，$k=0,1,2,\cdots,p$，并规定$d_0(s)=1$。当$d_k(s)$取首一多项式时称为$A(s)$的k级行列式因式。显然，$A(s)$的 Smith 规范型$\Lambda(s)$的行列式因式为

$$d_0(s)=1,\ d_k(s)=\lambda_1(s)\lambda_2(s)\cdots\lambda_k(s),\ k=1,\cdots,p$$

而$\Lambda(s)=U(s)A(s)V(s)$，$U(s)$和$V(s)$分别表示一系列初等行变换和列变换的单模矩阵。在单模变换下，$\lambda_k(s)$和行列式因式$d_k(s)$都具有不变性，故称为$A(s)$的不变因式。这就决定了多项式矩阵的 Smith 规范型$\Lambda(s)$是唯一的。

但是，在将$A(s)$变换为$\Lambda(s)$的过程中初等行和列变换的顺序和形式并不是唯一的，因此变换矩阵对$\{U(s),V(s)\}$不是唯一的。

2) Smith 意义的等价性

设两个不同多项式矩阵$A(s)$和$B(s)$，若其对应的 Smith 规范型$\Lambda(s)$相同，称$A(s)$和$B(s)$为 Smith 意义等价，记为

$$A(s)\overset{s}{=}B(s) \tag{7-47}$$

式中，$\overset{s}{=}$为严格等价符，其内涵是它们具有相同的秩和相同的不变因式及其他相同特征，即自反性、对称性和传递性，表示如下：

(1) 自反性：$A(s)\overset{s}{=}A(s)$。

(2) 对称性：$A(s)\overset{s}{=}B(s)\to B(s)\overset{s}{=}A(s)$。

(3) 传递性：$A(s)\overset{s}{=}B(s)$，$B(s)\overset{s}{=}C(s)\to A(s)\overset{s}{=}C(s)$。

3) 基于 Smith 规范型的互质性判据

设$m\times r$阶和$r\times r$阶多项式矩阵$D_r(s)$和$N_r(s)$，其右互质的充要条件是

$$\begin{bmatrix}D_r(s)\\N_r(s)\end{bmatrix}\text{的 Smith 规范型 }\Lambda(s)=\begin{bmatrix}I_r\\0\end{bmatrix} \tag{7-48}$$

设$m\times m$阶和$m\times r$阶多项式矩阵$D_l(s)$和$N_l(s)$，其左互质的充要条件是

$$[D_l(s)\quad N_l(s)]\text{的 Smith 规范型 }\Lambda(s)=[I_m\quad 0] \tag{7-49}$$

证明：仅对右互质进行证明，根据对偶性即可得左互质。

(1) 证必要性。若$D_r(s)$和$N_r(s)$右互质，必有单模矩阵$U(s)$，使得

$$U(s)\begin{bmatrix}D_r(s)\\N_r(s)\end{bmatrix}=\begin{bmatrix}R(s)\\0\end{bmatrix}=\begin{bmatrix}I_r\\0\end{bmatrix}R(s)$$

且$R(s)$为单模矩阵，所以有

$$U(s)\begin{bmatrix}D_r(s)\\N_r(s)\end{bmatrix}R^{-1}(s)=\begin{bmatrix}I_r\\0\end{bmatrix}$$

(2) 证充分性。若有单模矩阵$U(s)$和$V(s)$使得

$$U(s)\begin{bmatrix}D_r(s)\\N_r(s)\end{bmatrix}V(s)=\begin{bmatrix}I_m\\0\end{bmatrix}$$

则存在单模矩阵$V^{-1}(s)$使得下式成立，这意味着$D_r(s)$和$N_r(s)$最大右公因式$R_r(s)$为单模矩阵。

$$U(s)\begin{bmatrix}D_r(s)\\N_r(s)\end{bmatrix}=\begin{bmatrix}V^{-1}(s)\\0\end{bmatrix}=\begin{bmatrix}R_r(s)\\0\end{bmatrix}$$

充分性得证。证明完成。

例 7-9 利用 Smith 规范型判定例 7-3 中多项式矩阵$D(s)$和$N(s)$的右互质性。

$$D(s)=\begin{bmatrix}s & 3s+1\\-1 & s^2+s-2\end{bmatrix},\quad N(s)=[-1\quad s^2+2s-1]$$

解： 右互质性判定矩阵为

$$\begin{bmatrix}D(s)\\N(s)\end{bmatrix}=\begin{bmatrix}s & 3s+1\\-1 & s^2+s-2\\\hline -1 & s^2+2s-1\end{bmatrix}$$

现通过行(列)变换将右互质判定矩阵变换为 Smith 规范型$\Lambda(s)$。

$$\begin{bmatrix}D(s)\\\hline N(s)\end{bmatrix}=\begin{bmatrix}s & 3s+1\\-1 & s^2+s-2\\\hline -1 & s^2+2s-1\end{bmatrix}\xrightarrow{\text{交换行1和行2}}\begin{bmatrix}-1 & s^2+s-2\\s & 3s+1\\-1 & s^2+2s-1\end{bmatrix}$$

$$\xrightarrow{\text{列1}\times(s^2+s-2)\text{ 加到列2}}\begin{bmatrix}-1 & 0\\s & s^3+s^2+s+1\\-1 & s+1\end{bmatrix}\xrightarrow{\text{行1}\times s\text{加到行2}}\begin{bmatrix}-1 & 0\\0 & s^3+s^2+s+1\\-1 & s+1\end{bmatrix}$$

$$\xrightarrow{\text{行1}\times(-1)\text{ 加到行3}}\begin{bmatrix}-1 & 0\\0 & s^3+s^2+s+1\\0 & s+1\end{bmatrix}\xrightarrow{\text{交换行2和行3}}\begin{bmatrix}-1 & 0\\0 & s+1\\0 & s^3+s^2+s+1\end{bmatrix}$$

$$\xrightarrow{\text{行2}\times(-s^2-1)\text{加到行3}}\begin{bmatrix}-1 & 0\\0 & s+1\\0 & 0\end{bmatrix}\xrightarrow{\text{行1}\times(-1)}\begin{bmatrix}1 & 0\\0 & s+1\\\hline 0 & 0\end{bmatrix}$$

由所得的 Smith 规范型$\Lambda(s)$可以判定$D(s)$和$N(s)$是非右互质的。

7.2.2 矩阵束与 Kronecker 型矩阵束

矩阵束是一类特殊的多项式矩阵。Kronecker(克罗内克)型是相对于矩阵束的一类多项式矩阵规范型。Kronecker 型能够直观反映和分析矩阵束的正则性和奇异性。本节介绍矩阵束及其 Kronecker 型。

1. 矩阵束

设E和A为$m\times n$的常数矩阵，以$sE-A$形式组成的矩阵被称为线性矩阵束，简称矩

阵束，即

$$矩阵束 \triangleq sE - A, s \in \mathbb{C} \tag{7-50}$$

$m \times n$ 的矩阵束 $(sE - A)$ 实质上是对 $n \times n$ 特征矩阵 $(sI - A)$ 的推广。特征矩阵 $(sI - A)$ 是 E 为单位矩阵的特殊情况。比起特征矩阵 $(sI - A)$，矩阵束 $(sE - A)$ 的特征结构要丰富得多。若 $(sE - A)$ 为方阵且 $\det(sE - A) \neq 0$，则称作正则矩阵束，否则就称作奇异的矩阵束，即 $(sE - A)$ 不是方阵，或虽是方阵但 $\det(sE - A) \equiv 0$。倘若存在两个分别为 $r \times r$ 和 $m \times m$ 的非奇异常数方阵 U 和 V，使 $U(sE - A)V = (s\bar{E} - \bar{A})$ 成立，或能同时使得 $UEV = \bar{E}$ 和 $UAV = \bar{A}$ 成立，那么 $(sE - A)$ 和 $(s\bar{E} - \bar{A})$ 严格等价，意味着两个系统具有相同的结构。

在控制理论中，矩阵束 $(sE - A)$ 的提出是基于研究广义线性系统的需要。广义线性时不变系统的状态方程为 $E\dot{x} = Ax + Bu$。在经济、社会、生态、工程等领域，存在一些系统需要采用广义线性系统模型，其结构特征由矩阵束 $(sE - A)$ 表征。在线性系统中矩阵束的理论也占有重要地位。例如，判别线性时不变系统能控性和能观测性的 PBH 判据就是检验矩阵束的秩，即

$$\operatorname{rank}[sI - A \quad B] = \operatorname{rank}\{s[I \quad 0] - [A \quad -B]\}$$

$$\operatorname{rank}\begin{bmatrix} sI - A \\ C \end{bmatrix} = \operatorname{rank}\left\{ s\begin{bmatrix} I \\ 0 \end{bmatrix} - \begin{bmatrix} A \\ -C \end{bmatrix} \right\}$$

2. Kronecker 型矩阵束

如同多项式矩阵 $A(s)$ 的规范型(如 Smith 规范型)在研究 $A(s)$ 的性质时十分有用一样，研究矩阵束的性质应设法找到其规范型。Kronecker 型是相对于矩阵束的一类多项式矩阵规范型。Kronecker 型能以显式和分离形式将矩阵束分解为奇异和正则部分、左奇异和右奇异部分、无穷远处特征结构和有穷远处特征结构。Kronecker 型是研究线性时不变系统奇异性的基本手段，基于此导出的 Kronecker 指数是对奇异性程度的一种度量。

Kronecker 证明任一矩阵束 $(sE - A)$ 都可选用合适的非奇异常数矩阵 U 和 V 使得 $U(sE - A)V$ 具有如下 Kronecker 型：

$$K(s) = U(sE - A)V = \begin{bmatrix} L_{\mu_1} & & & & & & & \\ & \ddots & & & & & & \\ & & L_{\mu_\alpha} & & & & & \\ & & & L_{\nu_1} & & & & \\ & & & & \ddots & & & \\ & & & & & L_{\nu_\beta} & & \\ & & & & & & sJ - I & \\ & & & & & & & sI - F \end{bmatrix} \tag{7-51}$$

$$= \operatorname{diag}[L_{\mu_1} \quad \cdots \quad L_{\mu_\alpha} \quad L_{\nu_1} \quad \cdots \quad L_{\nu_\beta}, \quad sJ - I, \quad sI - F]$$

其中，$\{F, J, \{L_{\mu_i}\}, \{L_{\nu_j}\}\}$ 均是唯一的，且有以下几种情况。

(1) F 是约当(或有理)型。

$$F=\left[\begin{array}{cccc|cc} a & 1 & & & & \\ & a & 1 & & & \\ & & a & 1 & & \\ & & & a & & \\ \hline & & & & b & 1 \\ & & & & & b \end{array}\right]$$

(2) J 是幂零约当型，即特征值为零的约当型矩阵。

$$J=\left[\begin{array}{ccc|cc} 0 & 1 & & & \\ & 0 & 1 & & \\ & & 0 & & \\ \hline & & & 0 & 1 \\ & & & & 1 \end{array}\right]$$

(3) L_{μ_i} 是 $\mu_i \times (\mu_i + 1)$ 阶矩阵。

$$L_{\mu_i}=\begin{bmatrix} s & -1 & & & \\ & s & -1 & & \\ & & \ddots & \ddots & \\ & & & s & -1 \end{bmatrix}$$

(4) L_{v_j} 是 $(v_j + 1) \times v_j$ 阶矩阵。

$$L_{v_j}=\begin{bmatrix} s & & & \\ -1 & s & & \\ & -1 & \ddots & \\ & & \ddots & s \\ & & & -1 \end{bmatrix}$$

上述关系式中，a 和 b 为常数，没有标出的元均为零元。

例如，下列矩阵束的 Kronecker 型：

$$\left[\begin{array}{ccccccc|ccc|ccc|ccc}
0 & 0 & s & -1 & & & & & & & & & & & & \\
& & & & s & -1 & 0 & & & & & & & & & \\
& & & & 0 & s & -1 & & & & & & & & & \\
\hline
& & & & & & & s & 0 & 0 & & & & & & \\
& & & & & & & -1 & s & 0 & & & & & & \\
& & & & & & & 0 & -1 & s & & & & & & \\
& & & & & & & & & -1 & & & & & & \\
\hline
& & & & & & & & & & -1 & & & & & \\
& & & & & & & & & & & -1 & s & & & \\
& & & & & & & & & & & & -1 & & & \\
\hline
& & & & & & & & & & & & & s-2 & & \\
& & & & & & & & & & & & & & s-3 & -1 \\
& & & & & & & & & & & & & & 0 & s-3
\end{array}\right]
\begin{array}{l} \\ L_{\mu_i} \\ \\ \hline \\ L_{v_j} \\ \\ \\ \hline \\ J \\ \\ \hline \\ F \\ \\ \end{array}$$

其中，$\mu_1=0$，$\mu_2=0$，$\mu_3=1$，$\mu_4=2$，$v_1=0,v_2=3$。

$$J=\begin{bmatrix}0 & & \\ & 0 & 1 \\ & & 0\end{bmatrix}, \quad F=\begin{bmatrix}2 & & \\ & 3 & 1 \\ & & 3\end{bmatrix}$$

在 Kronecker 矩阵束中 $\{L_{\mu_i}\}$ 和 $\{L_{v_i}\}$ 表示 $(sE-A)$ 的奇异性，$\{\mu_i, i=1,2,\cdots,a\}$ 称为 Kronecker 右指数集，$\{v_j, j=1,2,\cdots,\beta\}$ 称为 Kronecker 左指数集。若在 Kronecker 型中只有 L_{μ_i}，$\operatorname{rank}[L_{\mu_i}]=\mu_i$，则方程：

$$L_{\mu_i}X(s)=0 \tag{7-52}$$

存在非平凡解 $X(s)$。而在这些多项式向量解中最简单的形式为 $X(s)=[1 \quad s \quad s^2 \quad \cdots \quad s^{\mu_i}]^{\mathrm{T}}$，$\mu_i$ 指明了解向量的次数最低值。式(7-52)中解向量为列向量，Kronecker 右指数集又称为 Kronecker 列指数集。类似地，可解释 Kronecker 左指数集(也称作 Kronecker 行指数集)体现了式(7-53)多项式行向量解的最低次数。

$$X(s)L_{\mu_i}=0 \tag{7-53}$$

Kronecker 型与矩阵束具有对应关系。如果矩阵束是正则的，则有

$$U(sE-A)V=\operatorname{diag}[sJ-I \quad sI-F] \tag{7-54}$$

式中，$(sJ-I)$ 表示常数阵 E 的奇异性，也就是表示 $(sI-A)$ 在 $s\to\infty$ 处的奇异性。

如果两个矩阵束 $(sE-A)$ 和 $(s\bar{E}-\bar{A})$ 严格等价，则具有相同的 Kronecker 型。这与两个严格等价的多项式矩阵 $A(s)$ 和 $B(s)$ 具有相同的 Smith 规范型是一样的。

7.3　多项式矩阵分式描述

传递函数矩阵的矩阵分式描述(matrix fraction description，MFD)是复频率域理论中表征线性时不变系统输入输出关系的一种基本模型。

7.3.1　多项式矩阵分式描述

矩阵分式描述(MFD)实质上是把有理分式矩阵形式的传递函数矩阵 $G(s)$ 表示为两个多项式矩阵之比。MFD 形式上则是对标量有理分式形式传递函数 $g(s)$ 相应表示的一种自然推广。

现在考察 r 维输入 m 维输出的线性时不变系统，其输入输出的传递函数矩阵 $G(s)$ 为 $m\times r$ 的有理分式矩阵。数学上，对于 $m\times r$ 的有理分式矩阵 $G(s)$，一定存在 $m\times r$ 的多项式矩阵 $N_r(s)$ 和 $r\times r$ 的多项式矩阵 $D_r(s)$，以及 $m\times r$ 的多项式矩阵 $N_l(s)$ 和 $m\times m$ 的多项式矩阵 $D_l(s)$，将 G(s) 因式分解成

$$G(s)=N_r(s)D_r^{-1}(s) \tag{7-55}$$

或

$$G(s)=D_l^{-1}(s)N_l(s) \tag{7-56}$$

式(7-55)中，$r\times r$ 阶方阵 $D_r(s)$ 称为右分母矩阵；$m\times r$ 阶矩阵 $N_r(s)$ 称为右分子矩阵。相应地，式(7-56)中，$m\times m$ 阶方阵 $D_l(s)$ 和 $m\times r$ 阶矩阵 $N_l(s)$ 分别称为左分母矩阵和左分子矩阵。它们都是多项式矩阵，式(7-55)和式(7-56)称作有理矩阵 $G(s)$ 的右矩阵分式描述(右 MFD)和左矩阵分式描述(左 MFD)。例如：

$$\begin{bmatrix} \frac{n_{11}}{d_{11}} & \frac{n_{12}}{d_{12}} & \frac{n_{13}}{d_{13}} \\ \frac{n_{21}}{d_{21}} & \frac{n_{22}}{d_{22}} & \frac{n_{23}}{d_{23}} \end{bmatrix} = \begin{bmatrix} \frac{\bar{n}_{11}}{d_{c1}} & \frac{\bar{n}_{12}}{d_{c2}} & \frac{\bar{n}_{13}}{d_{c3}} \\ \frac{\bar{n}_{21}}{d_{c1}} & \frac{\bar{n}_{22}}{d_{c2}} & \frac{\bar{n}_{23}}{d_{c3}} \end{bmatrix}$$
$$= \begin{bmatrix} \bar{n}_{11} & \bar{n}_{12} & \bar{n}_{13} \\ \bar{n}_{21} & \bar{n}_{22} & \bar{n}_{23} \end{bmatrix} \begin{bmatrix} d_{c1} & 0 & 0 \\ 0 & d_{c2} & 0 \\ 0 & 0 & d_{c3} \end{bmatrix}^{-1} \tag{7-57}$$
$$= \begin{bmatrix} \frac{n_{11}}{d_{r1}} & \frac{n_{12}}{d_{r1}} & \frac{n_{13}}{d_{r1}} \\ \frac{n_{21}}{d_{r2}} & \frac{n_{22}}{d_{r2}} & \frac{n_{23}}{d_{r2}} \end{bmatrix}$$
$$= \begin{bmatrix} d_{r1} & 0 \\ 0 & d_{r2} \end{bmatrix}^{-1} \begin{bmatrix} n_{11} & n_{12} & n_{13} \\ n_{21} & n_{22} & n_{23} \end{bmatrix}$$

其中，d_{ci} 是 $G(s)$ 中第 i 列元素的最小公分母；d_{ri} 是 $G(s)$ 中第 i 行元素的最小公分母。这种矩阵分式描述很容易计算出来，但一般 $N_r(s)$ 和 $D_r(s)$ 并非右互质，$N_l(s)$ 和 $D_l(s)$ 也并非左互质。

例 7-10 给定 2×3 传递函数矩阵为

$$G(s) = \begin{bmatrix} \frac{(s+1)}{(s+2)(s+3)^2} & \frac{(s+1)}{(s+3)} & \frac{s}{(s+2)} \\ \frac{-(s+1)}{(s+3)} & \frac{(s+3)}{(s+4)} & \frac{s}{(s+1)} \end{bmatrix}$$

试构造 $G(s)$ 的左 MFD 和右 MFD。

解： 首先定出 $G(s)$ 各列的最小公分母：

$$d_{c1}(s) = (s+2)(s+3)^2，\ d_{c2}(s) = (s+3)(s+4)，\ d_{c3}(s) = (s+2)(s+1)$$

将 $G(s)$ 表示为

$$G(s) = \begin{bmatrix} \frac{(s+1)}{(s+2)(s+3)^2} & \frac{(s+1)(s+4)}{(s+3)(s+4)} & \frac{s(s+1)}{(s+2)(s+1)} \\ \frac{-(s+1)(s+2)(s+3)}{(s+2)(s+3)^2} & \frac{(s+3)^2}{(s+3)(s+4)} & \frac{s(s+2)}{(s+2)(s+1)} \end{bmatrix}$$

于是，给定 $G(s)$ 的一个右 MFD 为

$$G(s)=N_r(s)D_r^{-1}(s)=\begin{bmatrix}(s+1) & (s+1)(s+4) & s(s+1)\\ -(s+1)(s+2)(s+3) & (s+3)^2 & s(s+2)\end{bmatrix}$$

$$\times\begin{bmatrix}(s+2)(s+3)^2 & & \\ & (s+3)(s+4) & \\ & & (s+2)(s+1)\end{bmatrix}^{-1}$$

为构造 $G(s)$ 的左 MFD，先定出 $G(s)$ 各行的最小公分母：

$$d_{c1}(s)=(s+2)(s+3)^2，\ d_{c2}(s)=(s+3)(s+4)(s+1)$$

基于此，将 $G(s)$ 表示为

$$G(s)=\begin{bmatrix}\dfrac{(s+1)}{(s+2)(s+3)^2} & \dfrac{(s+1)(s+2)(s+3)}{(s+2)(s+3)^2} & \dfrac{s(s+3)^2}{(s+2)(s+3)^2}\\ \dfrac{-(s+1)(s+4)(s+1)}{(s+3)(s+4)(s+1)} & \dfrac{(s+3)^2(s+1)}{(s+3)(s+4)(s+1)} & \dfrac{s(s+3)(s+4)}{(s+3)(s+4)(s+1)}\end{bmatrix}$$

从而，就可导出给定 $G(s)$ 的一个左 MFD 为

$$G(s)=D_l^{-1}(s)N_l(s)=\begin{bmatrix}(s+2)(s+3)^2 & \\ & (s-3)(s+4)(s+1)\end{bmatrix}^{-1}$$

$$\times\begin{bmatrix}(s+1) & (s+1)(s+2)(s+3) & s(s+3)^2\\ -(s+1)(s+4)(s+1) & (s+3)^2(s+1) & s(s+3)(s+4)\end{bmatrix}$$

传递函数 $G(s)$ 的右 MFD 和左 MFD 是不唯一的，但不论是右 MFD 还是左 MFD，其表征结构特征的基本特性为真(严真)性和不可简约性。

7.3.2　MFD 的真(严真)性

传递函数矩阵的矩阵分式描述的真(严真)性是表征其物理可实现性的一个基本特性。严格地说，只有真(严真)MFD 所表征的系统才是用实际物理元件可以构成的，即才是在物理世界中存在的。

所谓严真有理矩阵 $G(s)$，即 $G(\infty)=0$。应用 $G(s)$ 的元素 $g_{ij}(s)=n_{ij}(s)/d_{ij}(s)$ 很容易指明 $G(s)$ 是否为严真有理矩阵或真有理矩阵，只要观察每一个 $g_{ij}(s)$ 是否有 $\deg n_{ij}(s)\leqslant\deg d_{ij}(s)$。

1. 列既约左 MFD 真(严真)性判据

设 $G(s)$ 是 $m\times r$ 阶有理矩阵 $G(s)=N_r(s)D_r^{-1}(s)$，$D_r(s)$ 为 $r\times r$ 阵且为列既约，$N_r(s)$ 为 $m\times r$ 阵。当且仅当

$$\delta_{cj}N_r(s)\leqslant\delta_{cj}D_r(s),\ j=1,2,\cdots,r \tag{7-58}$$

$N_r(s)D_r^{-1}(s)$ 为真，当且仅当

$$\delta_{cj}N_r(s)<\delta_{cj}D_r(s),\ j=1,2,\cdots,r \tag{7-59}$$

$N_r(s)D_r^{-1}(s)$ 为严真。

式中，δ_{cj} 为所示矩阵第 j 列的列次数。

需要指出，$D_r(s)$ 列既约是一个不可缺少的前提。否则，式(7-58)和式(7-59)分别只是 $N_r(s)D_r^{-1}(s)$ 为真和严真的必要非充分条件。也就是说，对 $D_r(s)$ 非列既约情形，尽管式(7-58)和式(7-59)满足，但 $N_r(s)D_r^{-1}(s)$ 仍有可能为非真。

例 7-11 给定 3×2 右 MFD $N_r(s)D_r^{-1}(s)$ 为

$$N_r(s)=\begin{bmatrix} s^2+2s+1 & 4 \\ s+7 & 3s^2+7s \\ 4s^2+s+2 & 6s-1 \end{bmatrix},\quad D_r(s)=\begin{bmatrix} 0 & s^3+2s^2+s+1 \\ s^2+2s-4 & s+2 \end{bmatrix}$$

试判定 MFD 的真(严真)性。

解： 容易判断，$D_r(s)$ 为列既约。进而直接验证知：

$$2=d_{c1}N(s)=d_{c1}D(s)=2$$
$$2=d_{c2}N(s)<d_{c2}D(s)=3$$

据上述判据知，给定 MFD $N(s)D^{-1}(s)$ 为真但非严真。

例 7-12 给定 1×2 右 MFD 的 $N_r(s)D_r^{-1}(s)$ 为

$$N_r(s)=[1\quad 2],\quad D_r(s)=\begin{bmatrix} s^2 & s-1 \\ s+1 & 1 \end{bmatrix}$$

试判定 MFD 的真(严真)性。

解： 不难看出，$D_r(s)$ 为非列既约。所以，尽管满足结论中的式(7-59)，即

$$0=\delta_{c1}N_r(s)<\delta_{c1}D_r(s)=2$$
$$0=\delta_{c2}N_r(s)<\delta_{c2}D_r(s)=1$$

但是，$N_r(s)D_r^{-1}(s)=[1\quad 2]\begin{bmatrix} s^2 & s-1 \\ s+1 & 1 \end{bmatrix}^{-1}=[-2s-1\quad 2s^2-s+1]$ 是多项式矩阵，既不是真有理矩阵，也不是严真有理矩阵。

2. 行既约左 MFD 真(严真)性判据

设 $G(s)$ 是 $m\times r$ 阶有理矩阵，$G(s)=D_l^{-1}(s)N_l(s)$，$D_l(s)$ 为 $m\times m$ 阵且为行既约，$N_l(s)$ 为 $m\times r$ 阵。当且仅当

$$\delta_{rj}N_l(s)\leqslant \delta_{rj}D_l(s),\quad j=1,2,\cdots,m \tag{7-60}$$

$D_l^{-1}(s)N_l(s)$ 为真。当且仅当

$$\delta_{rj}N_l(s)<\delta_{rj}D_l(s),\quad j=1,2,\cdots,m \tag{7-61}$$

$D_l^{-1}(s)N_l(s)$ 为严真。

其中，δ_{rj} 为所示矩阵第 j 行的行次数。

3. 非列既约右 MFD 真(严真)性判据

设 $G(s)$ 是 $m\times r$ 阶有理矩阵，$G(s)$ 的右 MFD $N_r(s)D_r^{-1}(s)$，$D_r(s)$ 为 $r\times r$ 阵但为非列既约，$N_r(s)$ 为 $m\times r$ 阵，引入 $r\times r$ 的单模矩阵 $V(s)$，设

$$\bar{D}_r(s)=D_r(s)V(s),\quad \bar{N}_r(s)=N_r(s)V(s)$$

使 $\bar{D}_r(s)$ 为列既约。当且仅当

$$\delta_{cj}\bar{N}_r(s) \leqslant \delta_{cj}\bar{D}_r(s),\ j=1,2,\cdots,r \tag{7-62}$$

$N_r(s)D_r^{-1}(s)$ 为真。当且仅当

$$\delta_{cj}\bar{N}_r(s) < \delta_{cj}\bar{D}_r(s),\ j=1,2,\cdots,r \tag{7-63}$$

$N_r(s)D_r^{-1}(s)$ 为严真。

例 7-13　给定 2×2 右 MFD $N_r(s)D_r^{-1}(s)$：

$$N_r(s)=\begin{bmatrix} s & 0 \\ 2 & s+1 \end{bmatrix},\quad D_r(s)=\begin{bmatrix} (s+2)^2(s+1)^2 & -(s+1)^2(s+2) \\ 0 & s+2 \end{bmatrix}$$

试判定 MFD 的真(严真)性。

解：容易判断，$D_r(s)$ 为非列既约。为此，引入一个 2×2 单模矩阵 $V(s)$，则

$$\bar{D}_r(s)=D_r(s)V(s)=\begin{bmatrix} (s+2)^2(s+1)^2 & -(s+1)^2(s+2) \\ 0 & s+2 \end{bmatrix}\begin{bmatrix} 1 & 0 \\ s+2 & 1 \end{bmatrix}$$

$$=\begin{bmatrix} 0 & -(s+1)^2(s+2) \\ (s+2)^2 & s+2 \end{bmatrix}$$

$$\bar{N}_r(s)=N_r(s)V(s)=\begin{bmatrix} s & 0 \\ 2 & s+1 \end{bmatrix}\begin{bmatrix} 1 & 0 \\ s+2 & 1 \end{bmatrix}$$

$$=\begin{bmatrix} s & 0 \\ s^2-3s+4 & s+1 \end{bmatrix}$$

并知 $\bar{D}(s)$ 为列既约。那么，由于

$$2=\delta_{c1}\bar{N}(s)=\delta_{c1}\bar{D}(s)=2,\ 1=\delta_{c2}\bar{N}(s)<\delta_{c2}\bar{D}(s)=3$$

根据上述结论可知，给定 $N_r(s)D_r^{-1}(s)$ 为真但非严真。

4. 非行既约左 MFD 真(严真)性判据

设 $G(s)$ 是 $m\times r$ 阶有理矩阵，$G(s)=D_l^{-1}(s)N_l(s)$，$D_l(s)$ 为 $m\times m$ 阵但不为行既约，$N_l(s)$ 为 $m\times r$ 阵，引入 $m\times m$ 的单模矩阵 $V(s)$，设

$$\bar{D}_l(s)=V(s)D_l(s),\quad \bar{N}_l(s)=V(s)N_l(s)$$

使 $\bar{D}_l(s)$ 为行既约。当且仅当

$$\delta_{rj}\bar{N}_l(s) \leqslant \delta_{rj}\bar{D}_l(s),\ j=1,2,\cdots,m \tag{7-64}$$

$D_l^{-1}(s)N_l(s)$ 为真。当且仅当

$$\delta_{rj}\bar{N}_l(s) < \delta_{rj}\bar{D}_l(s),\ j=1,2,\cdots,m \tag{7-65}$$

$D_l^{-1}(s)N_l(s)$ 为严真。

5. 化非真 MFD 为严真 MFD

在复频域方法中，常常需要由非真 MFD 导出严真 MFD，设 $m\times r$ 维右 MFD $N_r(s)D_r^{-1}(s)$ 非真，则可以先计算乘积 $N_r(s)D_r^{-1}(s)$，得到有理分式矩阵 $G(s)$；对 $G(s)$ 中各非真和真元有理分式 $G_{ij}(s)$，由多项式除法可得

$$G_{ij}(s)=q_{ij}(s)+[G_{ij}(s)]_{sp}$$

式中，$q_{ij}(s)$ 为多项式或常数；$[G_{ij}(s)]_{sp}$ 为严真有理分式；对 $G(s)$ 中各严真元有理分式记为

$$G_{ij}(s)=0+[G_{ij}(s)]_{sp}$$

分别以 $[G_{ij}(s)]_{sp}$、$q_{ij}(s)$ 或 0 为元素构成 $m\times r$ 维严真有理分式矩阵 $G_{sp}(s)$、多项式矩阵 $Q_r(s)$；计算 $R_r(s)=G_{sp}(s)D_r(s)$，则非真右 MFD $N_r(s)D_r^{-1}(s)$ 分解为

$$N_r(s)D_r^{-1}(s)=R_r(s)D_r^{-1}(s)+Q_r(s) \tag{7-66}$$

式中，$R_r(s)D_r^{-1}(s)$ 为 $N_r(s)D_r^{-1}(s)$ 中严真右 MFD；$Q_r(s)$ 为多项式矩阵部分。

基于上述化非真右 MFD 为严真右 MFD 的方法，应用对偶原理，可导出由非真左 MFD 确定严真左 MFD 的方法。

例 7-14 给定 2×1 左 MFD：

$$G(s)=D_l^{-1}(s)N_l(s)=\begin{bmatrix} s^2+5s+4 & s+4 \\ s+1 & s+4 \end{bmatrix}^{-1}\begin{bmatrix} s^3+6s^2+9s+4 \\ s^2+8s+16 \end{bmatrix}$$

试确定左 MFD 是否为严真的，若非严真，则确定其左严真 MFD。

解： 因 $D_l(s)$ 的行次数矩阵 $D_{hr}=\begin{bmatrix} 1 & 0 \\ 1 & 1 \end{bmatrix}$ 为非奇异，$D_l(s)$ 为行既约。由 $3=\delta_{r1}N_l(s)>\delta_{r1}D_l(s)=2$，$2=\delta_{r2}N_l(s)>\delta_{r2}D_l(s)=1$，故 $D_l^{-1}(s)N_l(s)$ 非真。

首先，确定出 $D_l^{-1}(s)N_l(s)$ 的有理分式矩阵，即

$$G(s)=D_l^{-1}(s)N_l(s)=\begin{bmatrix} \dfrac{s^3+5s^2+s-12}{s^2+4s+3} \\ \dfrac{6s+15}{s+3} \end{bmatrix}$$

其次，对有理分式矩阵 $G(s)$ 中各元传递函数应用多项式除法，将 $G(s)$ 分解为多项式矩阵 $Q_l(s)$ 和严真有理分式 $G_{sp}(s)$ 之和，即

$$G(s)=\begin{bmatrix} (s+1)+\dfrac{-6s-15}{s^2+4s+3} \\ 6+\dfrac{-3}{s+3} \end{bmatrix}=\begin{bmatrix} s+1 \\ 6 \end{bmatrix}+\begin{bmatrix} \dfrac{-6s-15}{s^2+4s+3} \\ \dfrac{-3}{s+3} \end{bmatrix}=Q_l(s)+G_{sp}(s)$$

$$R_l(s)=D_l(s)G_{sp}(s)=\begin{bmatrix} s^2+5s+4 & s+4 \\ s+1 & s+4 \end{bmatrix}\begin{bmatrix} \dfrac{-6s-15}{s^2+4s+3} \\ \dfrac{-3}{s+3} \end{bmatrix}=\begin{bmatrix} -6s-24 \\ -9 \end{bmatrix}$$

从而确定出非真左 MFD $D_l^{-1}(s)N_l(s)$ 的严真左 MFD 为

$$D_l^{-1}(s)R_l(s)=\begin{bmatrix} s^2+5s+4 & s+4 \\ s+1 & s+4 \end{bmatrix}^{-1}\begin{bmatrix} -6s-24 \\ -9 \end{bmatrix}$$

7.3.3　不可简约 MFD

不可简约 MFD(irreducible MFD)实质上是系统传递函数矩阵的一类最简结构 MFD，通常也称为最小阶 MFD。在线性时不变系统复频率域理论中，对系统的分析和综合总是相对于不可简约 MFD 进行讨论的。

1. 不可简约 MFD 的定义

考虑 $m\times r$ 传递函数矩阵 $G(s)$，$N_r(s)D_r^{-1}(s)$ 和 $D_l^{-1}(s)N_l(s)$ 分别为其一个右 MFD 和一个左 MFD。其中，$D_r(s)$ 和 $N_r(s)$ 分别为 $r\times r$ 和 $m\times r$ 多项式矩阵；$D_l(s)$ 和 $N_l(s)$ 分别为 $m\times m$ 和 $m\times r$ 多项式矩阵。当且仅当 $D_r(s)$ 和 $N_r(s)$ 为右互质时，称 $G(s)$ 的一个右 MFD $N_r(s)D_r^{-1}(s)$ 为不可简约或右不可简约；当且仅当 $D_l(s)$ 和 $N_l(s)$ 为左互质时，称 $G(s)$ 的一个左 MFD $D_l^{-1}(s)N_l(s)$ 为不可简约或左不可简约。

例 7-15　给定 1×2 严真右 MFD $N_r(s)D_r^{-1}(s)$：

$$N_r(s)=[1\quad -1],\quad D_r(s)=\begin{bmatrix}2s+1 & 1\\ s-2 & s^2\end{bmatrix}$$

试判定 MFD 的不可简约性。

解：容易判断：

$$\operatorname{rank}\begin{bmatrix}2s+1 & 1\\ s-2 & s^2\\ 1 & -1\end{bmatrix}=2,\quad \forall s\in\mathbb{C}$$

据右互质性秩判据知，$D_r(s)$ 和 $N_r(s)$ 为右互质。从而，给定 $N(s)D^{-1}(s)$ 为不可简约 MFD。

2. 不可简约 MFD 的基本特性

(1) 不可简约 MFD 的不唯一性。对 $m\times r$ 传递函数矩阵 $G(s)$，其右不可简约 MFD 和左不可简约 MFD 均为不唯一。

(2) 两个不可简约 MFD 的关系。设 $N_{r1}(s)D_{r1}^{-1}(s)$ 和 $N_{r2}(s)D_{r2}^{-1}(s)$ 为 $m\times r$ 传递函数矩阵 $G(s)$ 的任意两个右不可简约 MFD，则必存在 $r\times r$ 单模矩阵 $U(s)$，使式(7-67)成立。

$$D_{r1}(s)=D_{r2}(s)U(s),\quad N_{r1}(s)=N_{r2}(s)U(s) \tag{7-67}$$

(3) 不可简约 MFD 的广义唯一性。传递函数矩阵 $G(s)$ 的右不可简约 MFD 满足广义唯一性，即若定出一个右不可简约 MFD，则所有右不可简约 MFD 可以基于此定出。具体地说，若 MFD $N_r(s)D_r^{-1}(s)$ 为 $m\times r$ 的 $G(s)$ 的右不可简约 MFD，$U(s)$ 为任一 $r\times r$ 单模矩阵，且取

$$\bar{D}_r(s)=D_r(s)U(s),\quad \bar{N}_r(s)=N_r(s)U(s) \tag{7-68}$$

则 $\bar{N}_r(s)\bar{D}_r^{-1}(s)$ 也为 $G(s)$ 的右不可简约 MFD。

(4) 右不可简约 MFD 的同一性。对 $r\times m$ 传递函数矩阵 $G(s)$ 的所有右不可简约 MFD，即

$$G(s)=N_{ri}(s)D_{ri}^{-1}(s),\quad i=1,2,\cdots$$

必有：① $N_{ri}(s)$ 具有相同的 Smith 规范型 $(i=1,2,\cdots)$；② $D_{ri}(s)$ 具有相同的不变多项式 $(i=1,2,\cdots)$。

(5) 不可简约 MFD 的最小阶。对 $m\times r$ 传递函数矩阵 $G(s)$ 的一个左 MFD $D_l^{-1}(s)N_l(s)$ 和一个右 MFD $N_r(s)D_r^{-1}(s)$ 定义其阶次分别为

$$n_l=\deg\det D_l(s) \text{ 和 } n_r=\deg\det D_r(s) \tag{7-69}$$

则当且仅当其为左不可简约 MFD 时，$D_l^{-1}(s)N_l(s)$ 为最小阶；当且仅当其为右不可简约 MFD 时，$N_r(s)D_r^{-1}(s)$ 为最小阶。

3. 不可简约 MFD 的实质

不可简约性是对 MFD 结构最简性的一种表达。从内涵上看，当且仅当其分母矩阵和分子矩阵的最大公因式为单模矩阵时，MFD 为不可简约。从直观上看，MFD 不可简约性反映 MFD 的最小阶属性，MFD 的阶次定义为其分母矩阵行列式的次数。

4. 确定不可简约 MFD 的算法

不可简约 MFD 在线性时不变系统的复频率域分析和综合中具有基本的地位。由可简约 MFD 确定不可简约 MFD 是一个常遇到的基本问题。下面介绍一种基于最大公因子的不可简约 MFD 构建法。

对传递函数矩阵 $G(s)$，在已知其可简约 MFD $\tilde{N}_r(s)\tilde{D}_r^{-1}(s)$ 或 $\tilde{D}_l^{-1}(s)\tilde{N}_l(s)$ 的前提下，由 $\tilde{N}_r(s)\tilde{D}_r^{-1}(s)$ 确定不可简约 $N_r(s)D_r^{-1}(s)$，由 $\tilde{D}_l^{-1}(s)\tilde{N}_l(s)$ 确定不可简约 $D_l^{-1}(s)N_l(s)$。

对 $m\times r$ 传递函数矩阵 $G(s)$，设 $\tilde{N}_r(s)\tilde{D}_r^{-1}(s)$ 为任一右可简约 MFD，$r\times r$ 多项式矩阵 $R(s)$ 为 $\tilde{D}_r(s)$ 和 $\tilde{N}_r(s)$ 的一个最大右公因子且为非奇异，若取

$$N_r(s)=\tilde{N}_r(s)R^{-1}(s),\quad D_r(s)=\tilde{D}_r(s)R^{-1}(s) \tag{7-70}$$

则 $N_r(s)D_r^{-1}(s)$ 必为 $G(s)$ 的一个右不可简约 MFD。

对偶地，设 $\tilde{D}_l^{-1}(s)\tilde{N}_l(s)$ 为一左可简约 MFD，$m\times m$ 多项式矩阵 $R_l(s)$ 为 $\tilde{D}_l(s)$ 和 $\tilde{N}_l(s)$ 的一个最大左公因子为非奇异，若取

$$N_l(s)=R_l^{-1}(s)\tilde{N}_l(s),\quad D_l(s)=R_l^{-1}(s)\tilde{D}_l(s) \tag{7-71}$$

则 $\tilde{D}_l^{-1}(s)\tilde{N}_l(s)$ 必为 $G(s)$ 的一个左不可简约 MFD。

例 7-16 给定右可简约 MFD：

$$\tilde{N}_r(s)=\begin{bmatrix} s & s(s+1)^2 \\ -s(s+1)^2 & -s(s+1)^2 \end{bmatrix},\quad \tilde{D}_r(s)=\begin{bmatrix} (s+1)^2(s+2)^2 & 0 \\ 0 & (s+1)^2(s+2)^2 \end{bmatrix}$$

试确定一个右不可简约 MFD $N_r(s)D_r^{-1}(s)$。

解： 首先，定出 $\tilde{D}_r(s)$ 和 $\tilde{N}_r(s)$ 的一个最大右公因子 $R(s)$：

$$R(s)=\begin{bmatrix} 1 & (s+1)^2 \\ -(s+2) & 0 \end{bmatrix}$$

对 $R(s)$ 求逆，得到 $R^{-1}(s)=\begin{bmatrix} 0 & -\dfrac{1}{(s+2)} \\ \dfrac{1}{(s+1)^2} & \dfrac{1}{(s+1)^2(s+2)} \end{bmatrix}$

于是，

$$N_r(s)=\tilde{N}_r(s)R^{-1}(s)=\begin{bmatrix} s & s(s+1)^2 \\ -s(s+1)^2 & -s(s+1)^2 \end{bmatrix}\begin{bmatrix} 0 & -\dfrac{1}{(s+2)} \\ \dfrac{1}{(s+1)^2} & \dfrac{1}{(s+1)^2(s+2)} \end{bmatrix}=\begin{bmatrix} s & 0 \\ -s & s^2 \end{bmatrix}$$

$$D_r(s)=\tilde{D}_r(s)R^{-1}(s)=\begin{bmatrix} (s+1)^2(s+2)^2 & 0 \\ 0 & (s+1)^2(s+2)^2 \end{bmatrix}\begin{bmatrix} 0 & -\dfrac{1}{(s+2)} \\ \dfrac{1}{(s+1)^2} & \dfrac{1}{(s+1)^2(s+2)} \end{bmatrix}$$

$$=\begin{bmatrix} 0 & -(s+1)^2(s+2) \\ (s+2)^2 & (s+2) \end{bmatrix}$$

故所求的一个右不可简约为

$$N_r(s)D_r^{-1}(s)=\begin{bmatrix} s & 0 \\ -s & s^2 \end{bmatrix}\begin{bmatrix} 0 & -(s+1)^2(s+2) \\ (s+2)^2 & (s+2) \end{bmatrix}^{-1}$$

7.3.4　基于 MFD 的状态空间模型实现

为了研究以矩阵分式表达 MFD 的传递函数矩阵的状态空间实现，以及通过 MFD 状态空间实现研究下一节多项式矩阵描述(polynomial matrix description，PMD)的状态空间实现，本节研究右 MFD 的控制器形实现和左 MFD 的观测器形实现。

1. 右 MFD 的控制器形实现

考虑 $m\times r$ 维严真右 MFD 式(7-72)，其列次数 $\delta_{ci}D_r(s)=k_{ci}$，$i=1,2,\cdots r$，且 $\sum_{i=1}^{r}k_{ci}=n$，

$$G(s)=N_r(s)D_r^{-1}(s)，\quad D_r(s)\text{ 列既约} \tag{7-72}$$

称满足 $C_c(sI-A_c)^{-1}B_c=N_r(s)D_r^{-1}(s)$，且 $\{A_c,B_c\}$ 完全能控的一个状态空间描述 $\begin{cases}\dot{x}=A_cx+B_cu \\ y=C_cx\end{cases}$ 为右 MFD[式(7-72)]的控制器形实现。

对右 MFD[式(7-72)]，将列既约 $D_r(s)$ 按式(7-21)分解为

$$D_r(s)=D_{hc}H_c(s)+D_{Lc}L_c(s) \tag{7-73}$$

式中，D_{hc} 为非奇异的列次数系数矩阵，因为 $D_r(s)$ 列既约，故 $r\times r$ 维矩阵 D_{hc} 非奇异，

$$H_c(s)=\begin{bmatrix} s^{k_{c1}} & & \\ & \ddots & \\ & & s^{k_{cr}} \end{bmatrix} \tag{7-74}$$

D_{Lc} 为 $D_r(s)$ 的 $r\times m$ 维低次系数矩阵，

$$L_c(s)=\left[\begin{array}{c:c:c:c} \begin{matrix}1\\ s\\ \vdots\\ s^{k_{c1}-1}\end{matrix} & 0 & 0 & \\ \hdashline 0 & \begin{matrix}1\\ s\\ \vdots\\ s^{k_{c2}-1}\end{matrix} & & 0 \\ \hdashline & & \ddots & \\ \hdashline 0 & 0 & & \begin{matrix}1\\ s\\ \vdots\\ s^{k_{cr}-1}\end{matrix} \end{array}\right] \tag{7-75}$$

式中，若 $k_{cj}=0$，则 $L_c(s)$ 的第 j 列为零列。

类似地，因为 $m\times r$ 维右 MFD 式(7-72)为严格真，故 $N_r(s)$ 又表示为

$$N_r(s)=N_{Lc}L_c(s) \tag{7-76}$$

式中，N_{Lc} 为 $m\times n$ 阶常系数矩阵，令 $V(s)=D_r^{-1}(s)U(s)$，则

$$D_r(s)V(s)=U(s) \tag{7-77}$$

$$Y(s)=N_r(s)D_r^{-1}(s)U(s)=N_r(s)V(s) \tag{7-78}$$

将式(7-73)和式(7-76)分别代入式(7-77)和式(7-78)，有

$$[D_{hc}H_c(s)+D_{Lc}L_c(s)]V(s)=U(s)$$

$$Y(s)=N_{Lc}(s)L_c(s)V(s)$$

因为 $D_r(s)$ 是列既约的，D_{hc} 非奇异，所以有

$$H_c(s)V(s)=-D_{hc}^{-1}D_{Lc}L_c(s)V(s)+D_{hc}^{-1}U(s) \tag{7-79}$$

定义：

$$X(s)\triangleq L_c(s)V(s) \tag{7-80}$$

并在时域中表示为

$$\begin{aligned} x_{ji_j}(t)&=\frac{d^{i_j-1}v_j(t)}{dt^{i_j-1}},\ j=1,2,\cdots,r;\ i_j=1,2,\cdots k_{cj} \\ \dot{x}_{ji_j}(t)&=x_{j(i_j+1)}(t),\ j=1,2,\cdots,r;\ i_j=1,2,\cdots k_{cj}-1 \end{aligned} \tag{7-81}$$

根据 $H_c(s)$ 的定义式(7-74)及 $X(s)$ 的定义式(7-80)，可以将式(7-79)表达成

$$\begin{bmatrix}\dot{x}_{1k_{c1}}\\ \dot{x}_{2k_{c2}}\\ \vdots\\ \dot{x}_{rk_{cr}}\end{bmatrix}=-D_{hc}^{-1}D_{Lc}x(t)+D_{hc}^{-1}u(t)\triangleq\begin{bmatrix}-a_{1k_{c1}}\\ -a_{2k_{c2}}\\ \vdots\\ -a_{rk_{cr}}\end{bmatrix}x(t)+\begin{bmatrix}-b_{1k_{c1}}\\ -b_{2k_{c2}}\\ \vdots\\ -b_{rk_{cr}}\end{bmatrix}u(t) \tag{7-82}$$

式中，$-a_{jk_{cj}}$、$-b_{jk_{cj}}$ 分别表示 $-D_{hc}^{-1}D_{Lc}$、D_{hc}^{-1} 的第 j 行，$j=1,2,\cdots,r$。

由式(7-81)和式(7-82)可画出 $m\times r$ 严真右 MFD 状态变量模拟结构图，如图 7-1 所示。

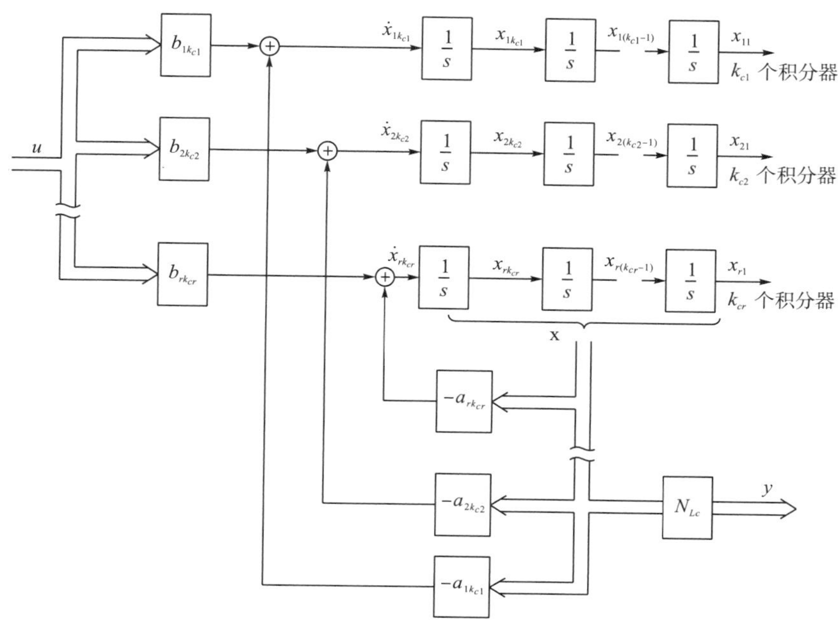

图 7-1　有 r 条积分链的右 MFD 的控制器形实现框图

图 7-1 中含有由式(7-81)确定的 r 条积分链，每条积分链含有 k_{cj} 个积分器，每个积分器的输出作为状态变量。根据式(7-81)和式(7-82)或者图 7-1 很容易写出 $m\times r$ 严真右 MFD[式(7-72)]的控制器实现为

$$
\left\{
\begin{aligned}
&\begin{bmatrix} \dot{x}_{11} \\ \dot{x}_{12} \\ \vdots \\ \dot{x}_{1k_{c1}} \\ \hline \dot{x}_{21} \\ \dot{x}_{22} \\ \vdots \\ \dot{x}_{2k_{c2}} \\ \hline \vdots \\ \hline \dot{x}_{r1} \\ \dot{x}_{r2} \\ \vdots \\ \dot{x}_{rk_{cr}} \end{bmatrix}
=
\left[\begin{array}{ccccc:ccccc:c:ccccc}
0 & 1 & 0 & \cdots & 0 & & & & & & & & & & & \\
0 & 0 & 1 & \cdots & 0 & & & & & & & & & & & \\
\vdots & \vdots & \vdots & \ddots & \vdots & & & 0 & & & & & & 0 & & \\
0 & 0 & 0 & \cdots & 1 & & & & & & & & & & & \\
* & * & * & \cdots & * & * & * & (-a_{1k_{c1}}) & \cdots & * & & * & * & * & \cdots & * \\
\hdashline
 & & & & & 0 & 1 & 0 & \cdots & 0 & & & & & & \\
 & & & & & 0 & 0 & 1 & \cdots & 0 & & & & & & \\
 & & 0 & & & \vdots & \vdots & \vdots & \ddots & \vdots & \cdots & & & 0 & & \\
 & & & & & 0 & 0 & 0 & \cdots & 1 & & & & & & \\
 & & & & & * & * & (-a_{2k_{c2}}) & \cdots & * & & * & * & * & \cdots & * \\
\hdashline
 & & \vdots & & & & & \vdots & & & \ddots & & & \vdots & & \\
\hdashline
 & & & & & & & & & & & 0 & 1 & 0 & \cdots & 0 \\
 & & & & & & & & & & & 0 & 0 & 1 & \cdots & 0 \\
 & & 0 & & & & & 0 & & & & \vdots & \vdots & \vdots & \ddots & \vdots \\
 & & & & & & & & & & & 0 & 0 & 0 & \cdots & 1 \\
* & * & * & \cdots & * & * & * & (-a_{rk_{cr}}) & \cdots & * & & * & * & * & \cdots & *
\end{array}\right] x(t) +
\begin{bmatrix} 0 \\ 0 \\ \vdots \\ 0 \\ b_{1k_{c1}} \\ \hdashline 0 \\ 0 \\ \vdots \\ 0 \\ b_{2k_{c2}} \\ \hdashline \vdots \\ \hdashline 0 \\ 0 \\ \vdots \\ 0 \\ b_{rk_{cr}} \end{bmatrix} u(t) \\
&y(t) = N_{Lc}x(t) = C_c x(t)
\end{aligned}
\right.
\tag{7-83}
$$

其中，*号表示可能的非零元素。系统矩阵 A 的第 k_{c1} 行等于 $-a_{1k_{c1}}$，第 $(k_{c1}+k_{c2})$ 行等于 $-a_{2k_{c2}}$，以此类推。若 $k_{cj}=0$，则图 7-1 中就没有第 j 条积分链，状态方程中也就没有相应的行。

例 7-17 设严格真有理矩阵 $G(s)$ 如下，求其控制器形实现。

$$G(s)=\begin{bmatrix}-3s^2-6s-2 & 1 & 0\\ s & 0 & 0\end{bmatrix}\begin{bmatrix}s^3+3s^2+3s+1 & -1 & -1\\ 0 & s-2 & -3\\ 0 & 0 & 1\end{bmatrix}^{-1}$$

解： 显然，$k_{c1}=3$，$k_{c2}=1$，$k_{c3}=0$，$n=k_{c1}+k_{c2}+k_{c3}=4$，$\deg\det D_r(s)=4$，即 $D_r(s)$ 列既约。将 $D_r(s)$ 和 $N_r(s)$ 写成式(7-73)和式(7-76)的形式。

$$D_r(s)=\begin{bmatrix}1 & 0 & -1\\ 0 & 1 & -3\\ 0 & 0 & 1\end{bmatrix}\begin{bmatrix}s^3 & & \\ & s^2 & \\ & & 1\end{bmatrix}+\left[\begin{array}{ccc|c}1 & 3 & 3 & -1\\ 0 & 0 & 0 & -2\\ 0 & 0 & 0 & 0\end{array}\right]\left[\begin{array}{c|c|c}1 & 0 & 0\\ s & 0 & 0\\ s^2 & 0 & 0\\ \hline 0 & 1 & 0\end{array}\right]$$

$$=D_{hc}H_c(s)+D_{Lc}L_c(s)$$

$$N_r(s)=\left[\begin{array}{ccc|c}-2 & -6 & -3 & 1\\ 0 & 1 & 0 & 0\end{array}\right]\left[\begin{array}{c|c|c}1 & 0 & 0\\ s & 0 & 0\\ s^2 & 0 & 0\\ \hline 0 & 1 & 0\end{array}\right]=N_{Lc}L_c(s)$$

注意，因为 $k_{c3}=0$，$L_c(s)$ 的最后一列为零列。进一步计算出

$$D_{hc}^{-1}=\begin{bmatrix}1 & 0 & 1\\ 0 & 1 & 3\\ 0 & 0 & 1\end{bmatrix},\quad D_{hc}^{-1}D_{Lc}=\begin{bmatrix}1 & 3 & 3 & -1\\ 0 & 0 & 0 & -2\\ 0 & 0 & 0 & 0\end{bmatrix}$$

从而得

$$\begin{bmatrix}\dot{x}_{11}\\ \dot{x}_{12}\\ \dot{x}_{13}\\ \dot{x}_{21}\end{bmatrix}=\left[\begin{array}{ccc|c}0 & 1 & 0 & 0\\ 0 & 0 & 1 & 0\\ -1 & -3 & -3 & 1\\ \hline 0 & 0 & 0 & 2\end{array}\right]x+\left[\begin{array}{ccc}0 & 0 & 0\\ 0 & 0 & 0\\ 1 & 0 & 1\\ \hline 0 & 1 & 3\end{array}\right]u$$

$$y=\left[\begin{array}{ccc|c}-2 & -6 & -3 & 1\\ 0 & 1 & 0 & 0\end{array}\right]x$$

注意，因为 $k_{c3}=0$，D_{hc}^{-1} 和 $D_{hc}^{-1}D_{Lc}$ 的第三行就不在状态方程式(7-83)中出现。

状态空间模型式(7-83)是由 $G(s)=N_r(s)D_r^{-1}(s)$ 导出的，故它是右 MFD $N_r(s)D_r^{-1}(s)$ 的一个实现。接下来推导 $C_c(sI-A_c)^{-1}B_c=N_r(s)D_r^{-1}(s)$。

因为 $C_c(sI-A_c)^{-1}B_c=N_r(s)D_r^{-1}(s)=N_{Lc}(sI-A_c)^{-1}B_c$，$N_r(s)=N_{Lc}L_c(s)$，故只需证明 $(sI-A_c)^{-1}B_c=L_c(s)D_r^{-1}(s)=L_c(s)[D_{hc}H_c(s)+N_{Lc}L_c(s)]^{-1}$，或者证明 $B_cD_{hc}[H_c(s)+$

$D_{hc}^{-1}N_{Lc}L_c(s)]=(sI-A_c)L_c(s)$。

由于状态方程式(7-83)中 $n\times m$ 阶矩阵 B_c 是由零行和 D_{hc}^{-1} 的行组成的，BD_{hc} 只在位置 (η,i) 上含有元素 1，$\eta_i=k_1+k_2+\cdots k_i,i=1,2,\cdots,m$，其余元素均为 0。结果，$B_cD_{hc}[H_c(s)+D_{hc}^{-1}N_{Lc}L_c(s)]$ 的第 η_i 行等于 $[H_c(s)+D_{hc}^{-1}N_{Lc}L_c(s)]$ 的第 i 行，其余行皆为零行。$(sI-A_c)L_c(s)$ 具体形式如下：

$$(sI-A_c)L_c(s)=\left[\begin{array}{c:c:c:c}
\begin{matrix} s & -1 & 0 & \cdots & 0\\ 0 & s & -1 & \cdots & 0\\ \vdots & \vdots & \vdots & \ddots & \vdots\\ 0 & 0 & 0 & \cdots & -1\\ -* & -* & -* & \cdots & -*\end{matrix} & \begin{matrix} \\ \\ 0\\ \\ -*\ \ -*\ \ -*\ \ \cdots\ \ -*\end{matrix} & & \begin{matrix} \\ \\ 0\\ \\ -*\ \ -*\ \ -*\ \ \cdots\ \ -*\end{matrix}\\ \hdashline
0 & \begin{matrix} s & -1 & 0 & \cdots & 0\\ 0 & s & -1 & \cdots & 0\\ \vdots & \vdots & \vdots & \ddots & \vdots\\ 0 & 0 & 0 & \cdots & -1\\ -* & -* & -* & \cdots & -*\end{matrix} & \cdots & \begin{matrix} \\ \\ 0\\ \\ -*\ \ -*\ \ -*\ \ \cdots\ \ -*\end{matrix}\\ \hdashline
\vdots & \vdots & \ddots & \vdots\\ \hdashline
\begin{matrix} \\ \\ 0\\ \\ -*\ \ -*\ \ -*\ \ \cdots\ \ -*\end{matrix} & \begin{matrix} \\ \\ 0\\ \\ -*\ \ -*\ \ -*\ \ \cdots\ \ -*\end{matrix} & & \begin{matrix} s & -1 & 0 & \cdots & 0\\ 0 & s & -1 & \cdots & 0\\ \vdots & \vdots & \vdots & \ddots & \vdots\\ 0 & 0 & 0 & \cdots & -1\\ -* & -* & -* & \cdots & -*\end{matrix}
\end{array}\right]\left[\begin{array}{c:c:c:c}
\begin{matrix}1\\ s\\ \vdots\\ s^{k_{c1}-1}\end{matrix} & 0 & 0 & \\ \hdashline
0 & \begin{matrix}1\\ s\\ \vdots\\ s^{k_{c2}-1}\end{matrix} & & 0\\ \hdashline
 & & \ddots & \\ \hdashline
0 & 0 & & \begin{matrix}1\\ s\\ \vdots\\ s^{k_{cr}-1}\end{matrix}
\end{array}\right]$$

可见仅是第 η_i 行为非零行，其余行皆为零行，令 $L_c(s)$ 中 $\eta_i(i=1,2,\cdots,m)$ 行组成矩阵 $L_{\eta_i}(s)$，即 $L_{\eta_i}(s)=\mathrm{diag}[s^{k_1-1}\quad s^{k_2-1}\quad\cdots\quad s^{k_m-1}]$，即 $sL_{\eta_i}(s)=H_c(s)$，结合式(7-82)可知 $(sI-A_c)L_c(s)$ 中非零行组成的矩阵正是 $H_c(s)+D_{hc}^{-1}D_{Lc}L_c(s)$。

应当指出，只要 $D_r(s)$ 是列既约的，就可应用这一实现方法，并不要求 $N_r(s)$ 和 $D_r(s)$ 右互质。并且，不论 $N_r(s)$ 和 $D_r(s)$ 是否右互质，只要 $D_r(s)$ 是列既约的，$\delta_{cj}N_r(s)<\delta_{cj}D_r(s)$ 这一实现方法得到的状态空间模型都是能控的，故称为控制器形实现。然而，式(7-83)的实现未必是能观测的，故未必是最小实现。可以证明当且仅当 $N_r(s)$ 和 $D_r(s)$ 是右互质时，控制器形实现式(7-83)是能观测的，即为最小实现或既约实现。

2. 左 MFD 的观测器形实现

控制器形实现是依据严真有理矩阵 $G(s)$ 右矩阵分式 $N_r(s)D_r^{-1}(s)$ 进行的，其中以 $D_r(s)$ 为列既约十分重要。基于左矩阵分式 $D_l^{-1}(s)N_l(s)$ 的实现称为观测器形实现，其中 $D_l(s)$ 为行既约同样是十分重要的条件。

考虑 $m\times r$ 维严真左 MFD[式(7-84)]，其行次数为 $\delta_{ri}D_l(s)=k_{ri}$，$i=1,2,\cdots,m$，且 $\sum_{i=1}^{r}k_{ri}=n$，

$$G(s)=D_l^{-1}(s)N_l(s),\quad D_l(s)\text{ 行既约} \tag{7-84}$$

称满足

$$C_o(sI-A_o)^{-1}B_o=D_l^{-1}(s)N_l(s) \tag{7-85}$$

且 $\{A_o, B_o\}$ 完全能观测的一个状态空间描述 $\begin{cases}\dot{x}=A_o x+B_o u\\ y=C_o x\end{cases}$ 为左 MFD[式(7-84)]的观测器形实现。

考虑实现 $G(s)$ 的转置：

$$G^{\mathrm{T}}(s)=N_l^{\mathrm{T}}(s)[D_l^{-1}(s)]^{\mathrm{T}}=N_l^{\mathrm{T}}(s)[D_l^{\mathrm{T}}(s)]^{-1} \tag{7-86}$$

这样严真左 MFD 式(7-84) $D_l(s)$ 行既约就变成了 $D_l^{\mathrm{T}}(s)$ 列既约。基于严真右 MFD 控制器形实现方法，可直接得到式(7-84)的观测器形实现为

$$\begin{cases}\dot{\overline{x}}=A_c\overline{x}+B_c\overline{u}\\ \overline{y}=C_c\overline{x}\end{cases}$$

利用对偶原理，得到严真左 MFD[式(7-84)]的观测器形实现为

$$\begin{cases}\dot{x}=A_c^{\mathrm{T}}x+C_c^{\mathrm{T}}u=A_o x+B_o u\\ y=B_c^{\mathrm{T}}x=C_o x\end{cases}$$

利用类似推导严真右 MDF 控制器形实现的方法，也可由左 MFD 直接得到观测器形实现。设 $D_l(s)$ 行次数为 $\delta_{ri}D_l(s)=k_{ri}$，$i=1,2,\cdots,m$，且 $\sum_{i=1}^{m}k_{ri}=n$，将行既约 $D_l(s)$ 分解为

$$D_l(s)=H_r(s)D_{hr}+L_r(s)D_{Lr}=[H_r(s)+L_r(s)D_{Lr}D_{hr}^{-1}]D_{hr} \tag{7-87}$$

式中，D_{hr} 为非奇异的行次数系数矩阵，因为 $D_l(s)$ 行既约，故 $m\times m$ 维矩阵 D_{hr} 非奇异，

$$H_r(s)=\begin{bmatrix} s^{k_{r1}} & & \\ & \ddots & \\ & & s^{k_{rm}}\end{bmatrix} \tag{7-88}$$

D_{Lr} 为 $D_l(s)$ 的 $n\times m$ 维低次系数矩阵；$L_r(s)$ 为 $m\times n$ 维矩阵，即

$$L_r(s)=\left[\begin{array}{c|c|c|c} 1\ \ s\ \ \cdots\ \ s^{k_{r1}-1} & 0 & 0 & \\ \hline 0 & 1\ \ s\ \ \cdots\ \ s^{k_{r2}-1} & & 0 \\ \hline & & \ddots & \\ \hline 0 & 0 & & 1\ \ s\ \ \cdots\ \ s^{k_{rm}-1} \end{array}\right] \tag{7-89}$$

式中，若 $k_{rj}=0$，则 $L_r(s)$ 的第 j 行为零列。

因为 $m\times r$ 维左 MFD[式(7-84)]为严真，故

$$N_l(s)=L_r(s)N_{Lr} \tag{7-90}$$

式中，N_{Lr} 为 $n\times r$ 阶常系数矩阵。类似严真右 MDF 控制器形实现推导过程，严真左 MFD[式(7-84)]的观测器形实现为

$$\begin{cases}\dot{x}=A_o x+B_o u\\ y=C_o x\end{cases} \tag{7-91}$$

$$
\begin{cases}
A_o=\left[\begin{array}{ccccc:ccccc:c:ccccc}
0 & 0 & & 0 & * & & & & & * & & & & & & * \\
1 & 0 & & 0 & * & & & & & * & & & & & & * \\
0 & 1 & \cdots & 0 & * & & & 0 & & * & & & & 0 & & * \\
\vdots & \vdots & \ddots & \vdots & \vdots & & & & & \vdots & & & & & & \vdots \\
0 & 0 & \cdots & 1 & * & & & & & * & & & & & & * \\
\hdashline
 & & & & & 0 & 0 & & 0 & * & & & & & & * \\
 & & & & & 1 & 0 & & 0 & * & & & & & & * \\
 & & 0 & & & 0 & 1 & \cdots & 0 & * & \cdots & & & 0 & & * \\
 & & & & & \vdots & \vdots & \ddots & \vdots & \vdots & & & & & & \vdots \\
 & & & & & 0 & 0 & \cdots & 1 & * & & & & & & * \\
\hdashline
 & & \vdots & & & & & \vdots & & & \ddots & & & \vdots & & \\
\hdashline
 & & & & * & & & & & * & & 0 & 0 & & 0 & * \\
 & & & & * & & & & & * & & 1 & 0 & & 0 & * \\
 & & 0 & & * & & & 0 & & * & & 0 & 1 & \cdots & 0 & * \\
 & & & & \vdots & & & & & \vdots & & \vdots & \vdots & \ddots & \vdots & \vdots \\
 & & & & * & & & & & * & & 0 & 0 & \cdots & 1 & *
\end{array}\right] \\
B_o=N_{Lr} \\
C_o=[0\ \ 0\ \ \cdots\ \ 0\ \ c_{1k_{r1}}\ |\ 0\ \ 0\ \ \cdots\ \ 0\ \ c_{2k_{r2}}\ |\ \cdots\ |\ 0\ \ 0\ \ \cdots\ \ 0\ \ c_{mk_{rm}}]
\end{cases}
$$

其中，*表示可能的非零元素；$c_{ik_{ri}}$ 是 D_{hr}^{-1} 的第 i 列，$i=1,2,\cdots,m$，n 维状态矩阵 A_o 的第 $\sum_{j=1}^{i}k_{rj}(i=1,2,\cdots,m)$ 列为 $-D_{Lr}D_{hr}^{-1}$ 的第 i 列。因为式(7-91)是严真左 MFD[式(7-84)]的一个实现，故有 $C_o(sI-A_o)^{-1}B_o=C_o(sI-A_o)^{-1}N_{Lr}=D_l^{-1}(s)N_l(s)=D_l^{-1}(s)L_r(s)N_{Lr}$，由此可得

$$
D_l^{-1}(s)L_r(s)=C_o(sI-A_o)^{-1}\ 或\ L_r(s)(sI-A_o)=D_l(s)C_o \tag{7-92}
$$

式(7-92)为左 MFD 观测器形实现的关键等式，也将在多项式矩阵描述(PMD)的状态空间模型实现中应用。

基于 $G(s)=D_l^{-1}(s)N_l(s)$ 的实现式(7-91)可证明是能观测的，不论 $D_l(s)$ 和 $N_l(s)$ 左互质与否。倘若 $D_l(s)$ 和 $N_l(s)$ 是左互质的，则实现式(7-91)便是既约实现，否则其是能观测但不能控的。同样，对左 MFD 观测器形实现式(7-91)是能控的充分必要条件是 $D_l(s)$ 和 $N_l(s)$ 是左互质，即为最小实现或既约实现。

例 7-18　设严真有理矩阵 $G(s)$ 如下，求其观测器形实现。

$$
G(s)=\begin{bmatrix}\dfrac{1}{s+1} & \dfrac{1}{s+1}\\[2mm] \dfrac{s}{s^2-1} & \dfrac{2}{s-1}\end{bmatrix}
$$

解： 由 $G(s)$ 的各行最小公分母，得 $G(s)$ 的一个左 MFD 为

$$
G(s)=\begin{bmatrix}s+1 & \\ & s^2-1\end{bmatrix}^{-1}\begin{bmatrix}1 & 1\\ 2 & 2s+2\end{bmatrix}=D_l^{-1}(s)N_l(s)
$$

由于 $k_{r1}=1$，$k_{r2}=2$，$n=k_{r1}+k_{r2}=3$，且 $D_l(s)$ 行既约，将 $D_l(s)$ 和 $N_l(s)$ 分别写成式(7-87)和式(7-90)的形式：

$$D_l(s)=\begin{bmatrix} s & \\ & s^2 \end{bmatrix}\begin{bmatrix} 1 & \\ & 1 \end{bmatrix}+\left[\begin{array}{c|cc} 1 & 0 & 0 \\ \hline 0 & 1 & s \end{array}\right]\begin{bmatrix} 1 & 0 \\ \hline 0 & -1 \\ 0 & 0 \end{bmatrix}=H_r(s)D_{hr}+L_r(s)D_{Lr}$$

$$N_l(s)=\left[\begin{array}{c|cc} 1 & 0 & 0 \\ \hline 0 & 1 & s \end{array}\right]\begin{bmatrix} 1 & 1 \\ \hline 0 & 2 \\ 1 & 2 \end{bmatrix}=L_r(s)N_{Lr}$$

进一步计算出

$$D_{hr}^{-1}=\begin{bmatrix} 1 & \\ & 1 \end{bmatrix}^{-1}=\begin{bmatrix} 1 & \\ & 1 \end{bmatrix},\ D_{Lr}D_{hr}^{-1}=\begin{bmatrix} 1 & 0 \\ 0 & -1 \\ 0 & 0 \end{bmatrix}\begin{bmatrix} 1 & \\ & 1 \end{bmatrix}=\begin{bmatrix} 1 & 0 \\ 0 & -1 \\ 0 & 0 \end{bmatrix}$$

从而得

$$\begin{bmatrix} \dot{x}_{11} \\ \hline \dot{x}_{21} \\ \dot{x}_{22} \end{bmatrix}=\left[\begin{array}{c|cc} -1 & 0 & 0 \\ \hline 0 & 0 & 1 \\ 0 & 1 & 0 \end{array}\right]x+\begin{bmatrix} 1 & 1 \\ \hline 0 & 2 \\ 1 & 2 \end{bmatrix}u$$

$$y=\left[\begin{array}{c|cc} 1 & 0 & 0 \\ 0 & 0 & 1 \end{array}\right]x$$

由 $\det D(s)=(s+1)(s^2-1)\neq 0$ 得 $D(s)$ 非奇异。由 $\det D(s)=0$ 解出 $\{s_0\}=\{-1\}$，当 $s_0=-1$ 时，$\mathrm{rank}\begin{bmatrix} 0 & & 1 & 1 \\ & 0 & 2 & 0 \end{bmatrix}=2$，故 $D(s)$ 与 $N(s)$ 左互质，因此该观测器形实现能控能观测，为最小实现。

7.4 多项式矩阵描述和传递函数矩阵性质

为了保留描述系统的变量既能像输入输出描述那样具有明确的物理概念，又能像状态空间那样全面深刻地指出系统的内部特性和外部特性，V.Belevitch 和 H.H.Rosenbrock 等提出了系统的多项式矩阵描述(PMD)，随后 C.A.Desoer 等在这方面做了大量工作。本节首先以电路系统为例，指明线性多变量系统的 PMD 构建方法，然后介绍 PMD 表达式与状态空间表达式的关系、基于 MFD 的多项式矩阵描述等，最后重点阐述由 PMD 引申出传递矩阵的状态空间实现。

7.4.1 线性多变量系统的 PMD

在介绍了多项式矩阵分式描述之后，本节介绍另外一种复频域系统描述方法——多项式矩阵描述，其由英国学者 Rosenbrock 等于 20 世纪 60 年代中期提出。本节内容主要包含由多项式矩阵求取系统传递函数矩阵、右矩阵分式形有理传递函数矩阵的控制器形实现、左矩阵分式形有理传递函数矩阵的观测器形实现、传输零点和解耦零点、严格等价系统等。

1. 线性多变量系统 PMD 表达式

为引出多项式矩阵的形式，讨论如图 7-2 所示的一个简单电路。取左回路电流 $i_1(t)$ 和 $i_2(t)$ 为广义的状态变量，$u(t)$ 为输入变量，$y(t)$ 为输出变量。在 s 域上由基尔霍夫定律，可以很容易列出左右两个回路的代数方程为

左回路：$(3s+2)I_1(s)+\dfrac{1}{3s}[I_1(s)-I_2(s)]=U(s)$

右回路：$\dfrac{1}{3s}[I_1(s)-I_2(s)]=\left(2s+1+\dfrac{1}{s}\right)I_2(s)$

电路的输出方程：$Y(s)=2sI_2(s)$

$$\text{化简可得}\begin{cases}\left(3s+2+\dfrac{1}{3s}\right)I_1(s)-\dfrac{1}{3s}I_2(s)=U(s)\\ -\dfrac{1}{3s}I_1(s)+\left(2s+1+\dfrac{4}{3s}\right)I_2(s)=0\\ Y(s)=2sI_2(s)\end{cases}$$

写成矩阵形式有

$$\begin{bmatrix}9s^2+6s+1 & -1\\ -1 & 6s^2+3s+4\end{bmatrix}\begin{bmatrix}I_1(s)\\ I_2(s)\end{bmatrix}=\begin{bmatrix}3s\\ 0\end{bmatrix}U(s)$$

$$Y(s)=[0\quad 2s]\begin{bmatrix}I_1(s)\\ I_2(s)\end{bmatrix}+[0]U(s)$$

上文描述了给定电路的广义状态方程和输出方程，且系数矩阵均为多项式矩阵，相应地称为给定电路的一个多项式矩阵描述(PMD)。

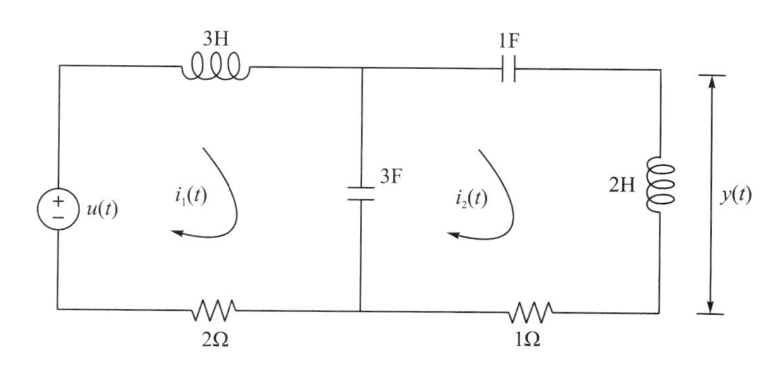

图 7-2　一个简单电路原理图

设多输入多输出线性时不变系统为

$$输入\ u(t)=\begin{bmatrix}u_1\\u_2\\\vdots\\u_r\end{bmatrix},\ 广义状态\ \zeta(t)=\begin{bmatrix}i_1\\i_2\\\vdots\\i_q\end{bmatrix},\ 广义状态\ y(t)=\begin{bmatrix}y_1\\y_2\\\vdots\\y_m\end{bmatrix}$$

则系统的多项式矩阵描述为

$$\begin{cases}P(s)\xi(s)=Q(s)U(s)\\Y(s)=T(s)\xi(s)+W(s)U(s)\end{cases}\tag{7-93}$$

式中，$P(s)$ 为 $q\times q$ 的多项式矩阵；$Q(s)$、$T(s)$、$W(s)$ 分别为 $q\times r$、$m\times q$、$m\times r$ 多项式矩阵。与状态空间模型类似，$P(s)$ 为系统矩阵，$Q(s)$ 为输入(或控制)矩阵，$T(s)$ 为输出(或观测)矩阵，$W(s)$ 为直接传输矩阵。这样有助于将两种描述联系起来研究考察系统的特性，如互质性、能控性和能观测性等。

式(7-93)虽然是由特定的电路系统得到的，但具有普遍意义。倘若将式(7-93)中复频率 s 以微分算子 $p=\mathrm{d}/\mathrm{d}t$ 代替，得到的就是系统的广义微分算子描述，就可在时域中研究系统的特性，也不必假设系统在初始时刻为松弛的，因此需要一定数量的初始条件。显然用拉普拉斯变换法处理高阶线性微分方程组会带来许多方便，因此主要研究系统的多项式矩阵描述是合乎情理的事情。下面主要研究式(7-93)这种标准形式的 PMD。式(7-93)可以写为

$$\begin{bmatrix}P(s)&-Q(s)\\T(s)&W(s)\end{bmatrix}\begin{bmatrix}\xi(s)\\U(s)\end{bmatrix}=\begin{bmatrix}0\\Y(s)\end{bmatrix}\tag{7-94}$$

上式的系数矩阵又被称为系统矩阵。为了避免和状态空间描述式中的系统矩阵 A 混淆，称其为 R-系统矩阵，记为 $S_R(s)$，即

$$S_R(s)=\left[\begin{array}{c|c}P(s)&-Q(s)\\\hline T(s)&W(s)\end{array}\right]\tag{7-95}$$

接下来研究系统的 PMD 如何描述系统外部特性。系统唯一解性决定了 $P(s)$ 非奇异，因此对松弛系统，由式(7-94)可解出

$$\xi(s)=P^{-1}(s)Q(s)U(s)$$

$$Y(s)\triangleq[T(s)P^{-1}(s)Q(s)+W(s)]U(s)=G(s)U(s)$$

其中

$$G(s)\triangleq T(s)P^{-1}(s)Q(s)+W(s)\tag{7-96}$$

这正是线性多变量系统的传递函数矩阵。

2. PMD 表达式与状态空间表达式的关系

考虑线性定常系统状态空间模型：

$$\begin{cases}\dot{x}=Ax+Bu\\y=Cx+D(p)u\end{cases}\tag{7-97}$$

其中，$D(p)$ 为多项式矩阵，$p=\mathrm{d}/\mathrm{d}t$ 为微分算子，$x(0)\equiv 0$，且 $D(p)$ 的存在反映了系统

的非真性。在零初始条件下，对式(7-97)取拉普拉斯变换可得状态空间描述的 PMD 为

$$\begin{cases}(sI-A)\xi(s)=BU(s)\\Y(s)=C\xi(s)+D(s)U(s)\end{cases} \tag{7-98}$$

其中，$\xi(s)=X(s)$ 为 $q\times 1$ 的广义状态向量，PMD 的各系数矩阵为

$$\begin{aligned}&P(s)=(sI-A),Q(s)=B\\&T(s)=C,\ \ W(s)=D(s)\end{aligned} \tag{7-99}$$

应注意，采用不同的系统方法列出同一多变量系统的 PMD 所得到的 R-系统矩阵阶次可能不一样。

3. 基于 MFD 的多项式矩阵描述

现在考察 r 维输入 m 维输出的线性时不变系统，其输入输出的传递函数矩阵 $G(s)$ 为 $m\times r$ 的有理分式矩阵。$G(s)$ 的右 MFD 和左 MFD 分别为

$$G(s)=N_r(s)D_r^{-1}(s) \text{ 和 } G(s)=D_l^{-1}(s)N_l(s)$$

与式(7-96)所示的 PMD 的传递函数矩阵相比较：

$$G(s)\triangleq T(s)P^{-1}(s)Q(s)+W(s)$$

将右 MFD 视为 $Q(s)=I_r$，$W(s)=0$ 的特例，可得到右 MFD 的 PMD 系统矩阵为

$$S_R(s)=\left[\begin{array}{c|c}D_r(s)&-I_r\\\hline N_r(s)&0\end{array}\right]$$

即右 MFD 的 PMD 为

$$\begin{cases}D_r(s)\xi(s)=IU(s)\\Y(s)=N_r(s)\xi(s)\end{cases}$$

同理，将左 MFD 视为 $T(s)=I_m$，$W(s)=0$ 的特例，可得到左 MFD 的 PMD 系统矩阵为

$$S_R(s)=\left[\begin{array}{c|c}D_l(s)&-N_l(s)\\\hline I_m&0\end{array}\right]$$

即左 MFD 的 PMD 为

$$\begin{cases}D_l(s)\xi(s)=N_l(s)U(s)\\Y(s)=I\xi(s)\end{cases}$$

由上述结论可见 PMD 是线性连续系统最具普遍意义的一种系统描述方式。系统的其他描述方式可以看成 PMD 的一种特例。

7.4.2　PMD 的状态空间实现

PMD 的状态空间实现就是给定的 PMD 表达式，即

$$\begin{cases}P(s)\xi(s)=Q(s)U(s)\\Y(s)=T(s)\xi(s)+W(s)U(s)\end{cases} \tag{7-100}$$

式中，$U(s)$ 和 $Y(s)$ 分别为 $r\times 1$ 维输入向量和 $m\times 1$ 维输出向量；$P(s)$、$Q(s)$、$T(s)$ 和 $W(s)$ 分别为复变量 s 的 $q\times q$、$q\times r$、$m\times q$ 和 $m\times r$ 维多项式矩阵。设法找到一种状态空间描述

$$(sI-A)X(s)=BU(s) \tag{7-101}$$

$$Y(s)=CX(s)+D(s)U(s) \tag{7-102}$$

使得两者具有相同的传递函数矩阵，即

$$G(s)=T(s)P^{-1}(s)Q(s)+H(s)=C(sI-A)^{-1}B+D(s) \tag{7-103}$$

则称状态空间描述$\{A,B,C,D(s)\}$是给定的 PMD$\{P(s),Q(s),T(s),H(s)\}$的一个实现。和有理矩阵的状态空间实现一样，PMD 的实现也不是唯一的，其中 $\dim A$ 最小实现称为给定的 PMD 的最小实现。

对于 PMD$\{P(s),Q(s),T(s),H(s)\}$的实现可以基于右 MFD 的控制器形实现或左 MFD 的观测器形实现而建立。本节仅讨论基于左 MFD 的观测器形实现构造 PMD 实现的方法。

若 $P(s)$ 非行既约，引入一个 $q\times q$ 的左单模矩阵 $F(s)$ 使 $F(s)P(s)$ 行既约，并表示为

$$P_r(s)=F(s)P(s)\,,\quad Q_r(s)=F(s)Q(s) \tag{7-104}$$

用左单模矩阵 $F(s)$ 左乘式(7-100)两边可得

$$F(s)P(s)\xi(s)=F(s)Q(s)U(s) \tag{7-105}$$

故有

$$\xi(s)=[F(s)P(s)]^{-1}F(s)Q(s)U(s)=P_r^{-1}(s)Q_r(s)U(s) \tag{7-106}$$

因为 $F(s)$ 为单模矩阵，$P_r(s)$ 行既约，故有

$$\deg\det P_r(s)=\sum_{i=1}^{q}\delta_{ri}P_r(s)=\sum_{i=1}^{q}k_{ri}=\deg\det P(s)\triangleq n \tag{7-107}$$

式中，k_{ri} 为 $P_r(s)$ 第 i 行的行次，又因为

$$P_r^{-1}(s)Q_r(s)=[F(s)P(s)]^{-1}F(s)Q(s)=P(s)Q(s) \tag{7-108}$$

故可以判定 $P_r^{-1}(s)Q_r(s)$ 和 $P(s)Q(s)$ 具有同等实现。

若 $P_r^{-1}(s)Q_r(s)$ 不为严真，则将 $Q_r(s)$ 用 $P_r(s)$ 左除，得

$$Q_r(s)=P_r(s)\zeta(s)+\bar{Q}_r(s) \tag{7-109}$$

式中，$\delta_{ri}\bar{Q}_r(s)<\delta_{ri}P_r(s)$，$i=1,2,\cdots,q$。将式(7-109)代入式(7-106)得

$$\xi(s)=P_r^{-1}(s)\bar{Q}_r(s)U(s)+\zeta(s)U(s) \tag{7-110}$$

式中，$P_r^{-1}(s)\bar{Q}_r(s)$ 为严真 MFD 且行既约；$\zeta(s)$ 为多项式矩阵。故可以应用左严真 MFD 的观测器形实现方法，构造出如式(7-91)所示的观测器形实现 $\sum_o(A_o,B_o,C_o)$，且满足：① A_o 为 $n\times n$ 阵，B_o 为 $n\times r$ 阵，C_o 为 $q\times n$ 阵；② $C_o(sI-A)^{-1}B_o=P_r^{-1}(s)\bar{Q}_r(s)$；③ $\{A_o,B_o\}$ 完全能观测；④ $q=\deg\det P_r(s)$。且根据式(7-90)、式(7-91)和式(7-92)可得

$$\bar{Q}_r(s)=L_r(s)B_o$$

$$P_r^{-1}(s)L_r(s)=C_o(sI-A_o)^{-1} \text{或} L_r(s)(sI-A_o)=P_r(s)C_o \tag{7-111}$$

$L_r(s)$ 为 $q\times n$ 维矩阵，即

$$L_r(s)=\left[\begin{array}{c|c|c|c} 1\ \ s\ \ \cdots\ \ s^{k_{r1}-1} & 0 & 0 & \\ \hline 0 & 1\ \ s\ \ \cdots\ \ s^{k_{r2}-1} & & 0 \\ \hline & & \ddots & \\ \hline 0 & 0 & & 1\ \ s\ \ \cdots\ \ s^{k_{rq}-1} \end{array}\right] \tag{7-112}$$

式中，若 $k_{rj}=0$，则 $L_r(s)$ 的第 j 行为零列。并且

$$\{P_r^{-1}(s), L_r(s)\} \text{ 左负质}，\ \{sI-A_o, C_o\} \text{ 右负质} \tag{7-113}$$

将式(7-111)代入式(7-110)，得

$$\xi(s)=C_o(sI-A)^{-1}B_oU(s)+\zeta(s)U(s) \tag{7-114}$$

将式(7-114)代入式(7-100)，得

$$Y(s)=[T(s)C_o(sI-A)^{-1}B_o+T(s)\zeta(s)+W(s)]U(s) \tag{7-115}$$

由式(7-115)可得

$$G(s)=\frac{Y(s)}{U(s)}=T(s)C_o(sI-A)^{-1}B_o+T(s)\zeta(s)+W(s) \tag{7-116}$$

式(7-116)中，$T(s)C_o(sI-A)^{-1}B_o$ 一般为非严真，为此引入矩阵右除法，可以导出

$$T(s)C_o=X(s)(sI-A_o)+[T(s)C_o]_{s\to A}=X(s)(sI-A_o)+C \tag{7-117}$$

于是，就有

$$C=[T(s)C_o]_{s\to A} \tag{7-118}$$

将式(7-117)代入(7-115)、式(7-116)，有

$$\begin{aligned} Y(s)&=[C(sI-A)^{-1}B_o+X(s)B_o+T(s)\zeta(s)+W(s)]U(s) \\ &=[C(sI-A)^{-1}B_o+D(s)]U(s) \end{aligned} \tag{7-119}$$

$$\begin{aligned} G(s)&=C(sI-A)^{-1}B_o+X(s)B_o+T(s)\zeta(s)+W(s) \\ &=C(sI-A)^{-1}B_o+D(s) \end{aligned} \tag{7-120}$$

其中，

$$D(s)=X(s)B_o+T(s)\zeta(s)+W(s) \tag{7-121}$$

所以，PMD 实现为

$$\begin{cases} \dot{x}=A_ox+B_ou \\ y=Cx+D(p)u, \quad p=\mathrm{d}/\mathrm{d}t \end{cases} \tag{7-122}$$

式中，$C=[T(s)C_o]_{s\to A}$，$D(s)=X(s)B_o+T(s)\zeta(s)+W(s)$，只有当 $D(s)$ 等于零时，$G(s)$ 才是严真的，$W(s)$ 等于零时 $G(s)$ 未必是严真有理矩阵。

应该指出，尽管 $\{A_o, C_o\}$ 完全能观测，但 $\{A_o, C\}$ 未必完全能观测。可以证明，对于多项式矩阵描述式(7-100)的状态空间实现式(7-122)而言，当且仅当 $\{P(s), Q(s)\}$ 左互质时，$\{A_o, B_o\}$ 完全能控；当且仅当 $\{P(s), T(s)\}$ 右互质时，$\{A_o, C\}$ 完全能观测。因此，状态空间表达式(7-122)为多项式矩阵描述式(7-100)最小实现的充分必要条件为：$\{P(s), Q(s)\}$ 左互质且 $\{P(s), T(s)\}$ 右互质，即多项式矩阵描述式(7-100)不可简约。

例 7-19　对于 SISO 线性定常系统的多项式矩阵描述如下，求其状态空间实现。

$$\begin{cases} \begin{bmatrix} s^2 & -1 \\ 1 & s^2+s+1 \end{bmatrix}\xi(s)=\begin{bmatrix} s \\ -1 \end{bmatrix}U(s) \\ Y(s)=[s \quad 0]\xi(s) \end{cases}$$

解： $P(s)$ 的行次分别为 $k_{r1}=2$，$k_{r2}=2$，$n=k_{r1}+k_{r2}=4$，$P(s)=\begin{bmatrix} s^2 & -1 \\ 1 & s^2+s+1 \end{bmatrix}$ 行既

约，且 $P^{-1}(s)Q(s)=\begin{bmatrix} s^2 & -1 \\ 1 & s^2+s+1 \end{bmatrix}^{-1}\begin{bmatrix} s \\ -1 \end{bmatrix}$ 为严真，故直接对其定出观测器形实现 $\sum(A_o,B_o,C_o)$。将 $P(s)$ 和 $Q(s)$ 分别写成式(7-87)和式(7-90)的形式为

$$P(s)=H_r(s)D_{hr}+L_r(s)D_{Lr}=\begin{bmatrix} s^2 & \\ & s^2 \end{bmatrix}\begin{bmatrix} 1 & 0 \\ 0 & 1 \end{bmatrix}+\left[\begin{array}{cc|cc} 1 & s & 0 & 0 \\ \hline 0 & 0 & 1 & s \end{array}\right]\left[\begin{array}{cc} 0 & -1 \\ 0 & 0 \\ \hline 1 & 1 \\ 0 & 1 \end{array}\right]$$

$$Q(s)=L_r(s)N_{Lr}=\left[\begin{array}{cc|cc} 1 & s & 0 & 0 \\ 0 & 0 & 1 & s \end{array}\right]\left[\begin{array}{c} 0 \\ 1 \\ \hline -1 \\ 0 \end{array}\right]$$

根据式(7-91)可得 $P^{-1}(s)Q(s)$ 的最小观测器形实现的系数矩阵分别为

$$A_o=\left[\begin{array}{cc|cc} 0 & 0 & 0 & 1 \\ 1 & 0 & 0 & 0 \\ \hline 0 & -1 & 0 & -1 \\ 0 & 0 & 1 & -1 \end{array}\right],\quad B_o=\left[\begin{array}{c} 0 \\ 1 \\ \hline -1 \\ 0 \end{array}\right],\quad C_o=\left[\begin{array}{cc|cc} 0 & 1 & 0 & 0 \\ 0 & 0 & 0 & 1 \end{array}\right]$$

已知 $T(s)=[s \quad 0]$，计算 $T(s)C_o(sI-A_o)^{-1}$，可知其为非严真。

$$T(s)C_o=[s \quad 0]\left[\begin{array}{cc|cc} 0 & 1 & 0 & 0 \\ 0 & 0 & 0 & 1 \end{array}\right]=[0 \quad 1 \quad 0 \quad 0]s$$

故由式(7-118)得

$$C=[T(s)C_o]_{s\to A}=[0 \quad 1 \quad 0 \quad 0]A=[0 \quad 1 \quad 0 \quad 0]\left[\begin{array}{cc|cc} 0 & 0 & 0 & 1 \\ 1 & 0 & 0 & 0 \\ \hline 0 & -1 & 0 & -1 \\ 0 & 0 & 1 & -1 \end{array}\right]$$

$$=[1 \quad 0 \quad 0 \quad 0]$$

由式(7-117)可得 $X(s)=[0 \quad 1 \quad 0 \quad 0]$。

由式(7-121)得 $D(s)=X(s)B_o+T(s)\zeta(s)+W(s)=[0 \quad 1 \quad 0 \quad 0]\left[\begin{array}{c} 0 \\ 1 \\ \hline -1 \\ 0 \end{array}\right]+0+0=1\neq 0$。

故系统的状态空间实现为

$$\begin{cases} \dot{x}=A_ox+B_ou=\left[\begin{array}{cc|cc} 0 & 0 & 0 & 1 \\ 1 & 0 & 0 & 0 \\ \hline 0 & -1 & 0 & -1 \\ 0 & 0 & 1 & -1 \end{array}\right]x+\left[\begin{array}{c} 0 \\ 1 \\ \hline -1 \\ 0 \end{array}\right]u \\ y=Cx+D(p)u=[1 \quad 0 \quad 0 \quad 0]x+u \end{cases}$$

本例中给定的 PMD 描述中 $W(s)=0$，但因 $D(s)=1\neq0$，故其传递函数并非严真。状态空间实现能控能观测，故为给定 PMD 描述的最小实现。事实上，可以判定给定 PMD 的 $\{P(s),Q(s)\}$ 左互质且 $\{P(s),T(s)\}$ 右互质，即为既约 PMD 描述。

7.5　本章小结

(1) 本章对线性时不变系统复频率域的多项式矩阵理论进行了讨论，主要涉及多项式矩阵的定义与性质、Smith 规范型、矩阵束与 Kronecker 型、多项式矩阵分式描述(MFD)及其状态空间实现、多项式矩阵描述(PMD)及其状态空间实现，旨在让读者了解线性时不变系统复频率域分析的理论基础，不仅有利于深入理解线性时不变系统时域理论，也为线性时不变系统复频率域分析与综合奠定基础。

(2) 多项式矩阵中单模矩阵与单模变换是线性时不变系统复频率域方法中进行理论推演和简化计算的基本手段，其角色类似于线性系统状态空间方法中的非奇异变换。互质性是表征维数相容的两个多项式矩阵间不可简约性的一种属性，分为右互质和左互质。在线性系统复频率域方法中，左互质性对应能控性，右互质性对应能观测性。既约性是反映多项式矩阵列/行次数上不可简约性的一种属性，在线性时不变系统复频率域方法中是研究系统真性和严真性的一个基本属性。

(3) Smith 规范型是最具重要性的一种多项式矩阵规范型，其特点是由多项式矩阵不变多项式显式表示。不变多项式可由多项式矩阵各阶子式最大公因子导出。Kronecker 型是相对于矩阵束一类多项式矩阵的规范型。矩阵束是研究广义线性时不变系统中导出的一种特征矩阵。Kronecker 型能以显式和分离形式将矩阵束分解为奇异和正则部分、左奇异和右奇异部分、无穷远处特征结构和有穷处特征结构。Kronecker 型是研究线性时不变系统奇异性的基本手段，基于此导出的 Kronecker 指数则是对奇异性程度的一种度量。

(4) 矩阵分式描述(MFD)在复频率域方法中的角色和重要性类似于时间域方法中的状态空间描述，但两者具有不同的属性。状态空间描述属于系统内部描述，MFD 属于系统外部描述。表征 MFD 的两个基本特性是真性严真性和不可简约性。直观上，MFD 真性严真性体现其所代表系统的物理可实现性。不可简约性是对 MFD 结构最简性的一种表征。直观上，MFD 不可简约性反映 MFD 的最小阶属性。MFD 状态空间实现讨论了右 MFD 传递矩阵的控制器形实现和左 MFD 传递矩阵的观测器形实现，其中观测器形实现是多项式矩阵描述(PMD)状态空间实现的基础。

(5) 多项式矩阵描述(PMD)是表征系统广义状态、输入和输出之间关系的一类复频域模型，属于系统内部描述范畴，主要用于系统输入输出特征的研究。对线性时不变系统，PMD 是一类最具一般性的描述，其他类型内部描述和外部描述都可以表示为特征形式的一类 PMD。左右互质性和能控能观测性分别属于系统在复频域描述和状态空间描述中的基本结构特性。PMD 沟通了左右互质性和能控能观测性的对应关系，为线性时不变系统复频域分析与综合提供了理论支持，对于 PMD $\{P(s),Q(s),T(s),W(s)\}$ 及其状态空间实现 $\{A,B,C,D(p)\}$，$\{P(s),Q(s)\}$ 左互质等价于 $\{A,B\}$ 完全能控，$\{P(s),T(s)\}$ 右互质等价于

$\{A,C\}$完全能观测。对 PMD 的讨论有助于揭示系统不同模型描述结构特征之间的关系，也有助于建立不同描述的严格等价性，基于 PMD 导出的结果是分析与综合线性时不变系统的复频域理论的基础。

习　题

7-1　试判定下列矩阵是否为单模矩阵。

(1) $Q(s)=\begin{bmatrix} s+3 & s+2 \\ s^2+2s-1 & s^2+s \end{bmatrix}$

(2) $Q(s)=\begin{bmatrix} s+4 & 1 \\ s^2+2s+1 & s+2 \end{bmatrix}$

(3) $Q(s)=\begin{bmatrix} s+1 & 1 & s+1 \\ 0 & s+2 & 3 \\ s+3 & 1 & s+3 \end{bmatrix}$

7-2　试求下列多项式矩阵的最大右公因式。

$$D(s)=\begin{bmatrix} s^2+2s & s+3 \\ s^2+s & 3s-2 \end{bmatrix},\quad N(s)=[s \quad 1]$$

7-3　判定下列多项式矩阵对是否为右互质。

(1) $D(s)=\begin{bmatrix} s+1 & 0 \\ s^2+s-2 & s-1 \end{bmatrix}$，$N(s)=[s+2 \quad s+1]$

(2) $D(s)=\begin{bmatrix} s-1 & 0 \\ s^2+s-2 & s+1 \end{bmatrix}$，$N(s)=[s+2 \quad s+1]$

(3) $D(s)=\begin{bmatrix} 0 & -(s+1)^2(s-2) \\ (s+2)^2 & s+2 \end{bmatrix}$，$N(s)=\begin{bmatrix} s & 0 \\ -s & s^2 \end{bmatrix}$

7-4　定出下列多项式矩阵的列次数和行次数及对应列次数表达式和行次数表达式。

$$M(s)=\begin{bmatrix} 0 & s+3 \\ s^3+2s^2+s & s^2+2s+3 \\ s^2+2s+1 & 7 \end{bmatrix}$$

7-5　判断下列多项式矩阵是否为列既约和行既约。

$$M(s)=\begin{bmatrix} s^3+s^2+1 & 2s+1 & 2s^2+s+1 \\ 2s^3+s-1 & 0 & 2s^2+s \\ 1 & s-1 & s^2-s \end{bmatrix}$$

7-6　通过单模变换$U(s)$和$V(s)$，使$M(s)U(s)$和$V(s)M(s)$为列既约。

(1) $M(s)=\begin{bmatrix} s^2+2s & s^2+s+1 \\ s & s+2 \end{bmatrix}$

(2) $M(s)=\begin{bmatrix} 3s^3+s^2+1 & s+1 & 4s^2+s+3 \\ 2s^3+s-1 & 0 & 2s^2+s \\ 1 & s-1 & s^2-4 \end{bmatrix}$

7-7　将下列多项式矩阵化为 Smith 规范型。

$$Q(s)=\begin{bmatrix} s^2+7s+1 & 0 \\ 3 & s^2+s \\ s+1 & s+3 \end{bmatrix}$$

7-8　判定下列矩阵对 $\{E, A\}$ 组成的矩阵束 $\{sE, A\}$ 是否正则，并导出对应的 Kronecker 型。

(1) $E=\begin{bmatrix} 4 & 1 \\ 0 & 0 \end{bmatrix}$，$A=\begin{bmatrix} 4 & 1 \\ 4 & 1 \end{bmatrix}$

(2) $E=\begin{bmatrix} 2 & 0 & 0 \\ 0 & 3 & 0 \\ 1 & 0 & 0 \end{bmatrix}$，$A=\begin{bmatrix} 1 & 0 & 2 \\ 2 & 1 & 0 \\ 3 & 1 & 1 \end{bmatrix}$

7-9　确定下列传递数矩阵的右 MFD 和左 MFD。

$$G(s)=\begin{bmatrix} \dfrac{2s+1}{s^2-1} & \dfrac{s}{s^2+5s+4} \\ \dfrac{1}{s-3} & \dfrac{2s+5}{s^2+7s+12} \end{bmatrix}$$

7-10　判定下列各传递函数矩阵是否为非真、真或严真。

(1) $G(s)=\begin{bmatrix} \dfrac{s+3}{s^2-2s+1} & 0 & \dfrac{3}{s+2} \end{bmatrix}$

(2) $G(s)=\begin{bmatrix} \dfrac{s+3}{2s^2+2s+1} & \dfrac{6}{3s+1} \\ 3 & \dfrac{s^2+2s+1}{s^3+2s^2+s} \end{bmatrix}$

(3) $G(s)=\begin{bmatrix} \dfrac{s^2}{s+1} & 3 \\ 0 & \dfrac{s+1}{s(s+2)} \end{bmatrix}$

7-11　判定下列各 MFD 是否为不可简约。

(1) $\begin{bmatrix} s+2 & s+1 \end{bmatrix}\begin{bmatrix} s+1 & 0 \\ (s+1)(s+2) & s-1 \end{bmatrix}^{-1}$

(2) $\begin{bmatrix} s^2 & 0 \\ 1 & -s+1 \end{bmatrix}^{-1}\begin{bmatrix} s+1 & 0 \\ 1 & 1 \end{bmatrix}$

(3) $\begin{bmatrix} s^2+s & 0 \\ 2s+1 & 1 \end{bmatrix}\begin{bmatrix} s^3 & 0 \\ -s^2+s+1 & -s+1 \end{bmatrix}^{-1}$

7-12 确定下列线性时不变系统 MFD 的一个不可简约 PMD。

$$G(s)=\begin{bmatrix}\dfrac{1}{s} & \dfrac{s+1}{s^2} & 0\\ \dfrac{s+1}{s+2} & 0 & \dfrac{s}{s+2}\end{bmatrix}$$

7-13 确定下列右 MFD 的一个控制器形状态空间实现。

(1) $[s^2-1 \quad s+1]\begin{bmatrix}s^3 & s^2-1\\ s+1 & s^3+s^2+1\end{bmatrix}^{-1}$

(2) $\begin{bmatrix}2s & 0\\ -s & s^2\end{bmatrix}\begin{bmatrix}0 & s^4+4s^2+5s+2\\ (s+2)^2 & s+2\end{bmatrix}^{-1}$

7-14 确定下列各左 MFD 的观测器形状态空间实现。

(1) $\begin{bmatrix}s^2-1 & 0\\ 0 & s-1\end{bmatrix}^{-1}\begin{bmatrix}1 & s-1\\ 2 & s^2\end{bmatrix}$

(2) $\begin{bmatrix}0 & s^2-1\\ s-1 & 0\end{bmatrix}^{-1}\begin{bmatrix}s-1 & 1 & s-1\\ s+1 & 0 & s+1\end{bmatrix}$

7-15 确定下列各线性时不变系统 MFD 的不可简约 PMD。

(1) $[s+2 \quad s+1]\begin{bmatrix}s+1 & 0\\ (s+1)(s+2) & s^2-1\end{bmatrix}^{-1}$

(2) $\begin{bmatrix}s^2-1 & 0\\ 0 & s-1\end{bmatrix}^{-1}\begin{bmatrix}0 & s-1\\ 2 & s^2\end{bmatrix}$

7-16 给定线性时不变系统 PMD 如下，试计算系统的传递函数，并写出系统的最小实现。

$$\begin{bmatrix}s^2+2s+1 & 2\\ 0 & s+1\end{bmatrix}\xi(s)=\begin{bmatrix}s+2\\ s+1\end{bmatrix}U(s)$$

$$Y(s)=[s+1 \quad 2]\xi(s)+2U(s)$$

主要参考文献

段广仁, 2016. 线性系统理论: 第三版: 上下册[M]. 北京: 科学出版社.

韩敏, 2017. 线性系统理论与设计[M]. 北京: 人民邮电出版社.

韩致信, 2014. 现代控制理论及其 MATLAB 实现[M]. 北京: 电子工业出版社.

姜长生, 吴庆宪, 江驹, 等, 2008. 线性系统理论与设计: 中英文版[M]. 北京: 科学出版社.

李俊民, 李靖, 杜彩霞, 2009. 线性控制系统理论与方法[M]. 西安: 西安电子科技大学出版社.

刘豹, 唐万生, 2006. 现代控制理论. 3 版[M]. 北京: 机械工业出版社.

陆军, 王晓陵, 2019. 线性系统理论[M]. 北京: 科学出版社.

吕克·若兰, 2017. 机器人自动化建模、仿真与控制[M]. 黄心汉, 彭刚, 译. 北京: 机械工业出版社.

田卫华, 王艳, 李丽霞, 2012. 现代控制理论[M]. 北京: 人民邮电出版社.

仝茂达, 2012. 线性系统理论与设计: 第 2 版[M]. 合肥: 中国科学技术大学出版社.

王宏华, 2020. 线性系统理论与设计[M]. 北京: 电子工业出版社.

王孝武, 2013. 现代控制理论基础: 第 3 版[M]. 北京: 机械工业出版社.

薛定宇, 2006. 控制系统计算机辅助设计——MATLAB 语言与应用: 第 2 版[M]. 北京: 清华大学出版社.

闫茂德, 胡延苏, 朱旭, 2018. 线性系统理论[M]. 西安: 西安电子科技大学出版社.

俞立, 2007. 现代控制理论[M]. 北京: 清华大学出版社.

张嗣瀛, 高立群, 2006. 现代控制理论[M]. 北京: 清华大学出版社.

赵光宙, 2009. 现代控制理论[M]. 北京: 机械工业出版社.

郑大钟, 2002. 线性系统理论: 第 2 版[M]. 北京: 清华大学出版社.

Åström K J, Murray R M, 2010. 自动控制: 多学科视角[M]. 尹华杰, 译. 北京: 人民邮电出版社.

Chen C-T, 2019. 线性系统理论与设计: 第 4 版[M]. 高飞, 王俊, 孙进平, 译. 北京: 北京航空航天大学出版社.

Dorf R C, Bishop R H, 2015. 现代控制系统: 第十二版[M]. 谢红卫, 孙志强, 宫二玲, 等, 译. 北京: 电子工业出版社.

Franklin G F, Powell J D, Emami-Naeini A, 2004. 动态系统的反馈控制: 第四版[M]. 朱齐丹, 张丽珂, 原新, 等, 译. 北京: 电子工业出版社.